0 Geographische Kompetenzen helfen 6

0.1 Geographie – Verbindung naturwissenschaftlicher und gesellschaftlicher Fragestellungen 8

0.2 Kompetenzen erwerben im Geographieunterricht 10

0.3 Raumwahrnehmung – eine besondere geographische Kompetenz 12
- Einführung 12
- Prozess der Raumwahrnehmung 13
- Wahrnehmung städtischer Strukturen 14
- Raum und Gefühl – Neue Erlebniswelten 16
- Exkursionen im virtuellen Raum des Internets 17
- Raum und Zeit 18

1 Geofaktoren, Geoprozesse, Geozonen: Das System Erde – Mensch 20

1.1 Landschaft – ein komplexes Beziehungsgeflecht 22
- Landschaft im Wandel 23
- TERRA **METHODE: Mit Modellen arbeiten** 26
- Unruhige Erde: Fallbeispiel Oberrheingraben 28
- Atmosphärische Prozesse 38
- TERRA **METHODE: Klimadiagramme auswerten** 60
- Niederschlag – Grundwasser – Fließgewässer 62
- Lüneburger Heide – gewachsene Kulturlandschaft unter Naturschutz 66
- TERRA **METHODE: Topografische Karten interpretieren** 74

1.2 Geozonen 76
- Klima- und Vegetationszonen und ihre Bedeutung für Agrarregionen 76
- Geozonen als Ökosysteme mit labilem Gleichgewicht 84

TERRA **KOMPETENT** 88

Kompetenzen festigen, überprüfen und nachweisen

Die Doppelseiten TERRA **KOMPETENT**
- liefern Ihnen eine Liste mit wichtigen Fachbegriffen des Kapitels. Diese Begriffe finden Sie im Glossar des Buches definiert. Auf diesem Wege können Sie Ihr **Begriffswissen** wiederholen und festigen.
- ermöglichen Ihnen einen systematisierten Rückblick auf die Inhalte eines Kapitels,
- geben Ihnen Anregungen zur **Selbstüberprüfung** Ihres Arbeitsstandes zum jeweiligen Kapitel.

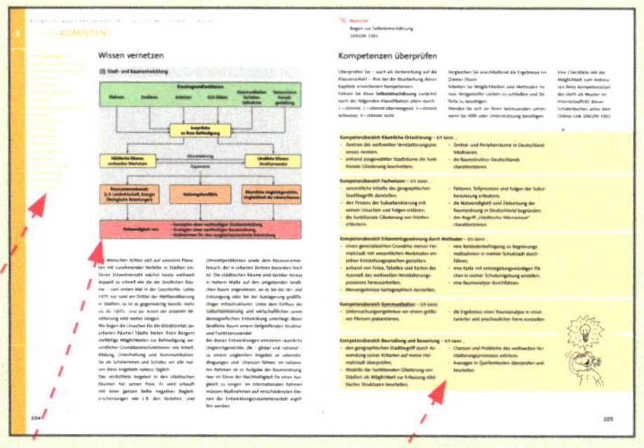

Vernetzt arbeiten

Der Kolumnentitel auf der linken oberen Buchseite zeigt Ihnen jederzeit, in welchem Kapitel und Teilkapitel Sie gerade arbeiten.

Monsun

Fette Begriffe im Text sind im Glossar des Arbeitsanhanges definiert.

- - ➔
Seite 300 – 301
Klima Nordamerikas

Mit dem Verweispfeil in der Randspalte wird auf andere Seiten,

(s. Grafik 1)

durch Verweise in Klammern wird in Texten auf Materialien, Aufgaben, ... verwiesen.

Arbeitsanhang – Wissen und Können erfolgreich nachweisen und erweitern

Der Arbeitsanhang
- bietet Ihnen eine Musterklausur mit Lösungshinweisen zum Üben und hilft Ihnen damit, sich auf diese Form des Nachweises Ihres Wissens und Könnens in der Oberstufe besser vorzubereiten,
- liefert Ihnen zu den Kapiteln und Teilkapiteln Literaturhinweise für vertiefende Studien und Arbeiten,
- beinhaltet das Glossar mit wichtigen Fachbegriffen,
- ermöglicht Ihnen, sich Inhalte des Buches über die Seitenangaben zu den Registerbegriffen rückwirkend zu erschließen.

Zusatzangebot im Internet

Weitere Materialien, weiterführende Links, Lernangebote und Hilfsmittel zu den Themen der Kapitel dieses Buches finden Sie im Internet, leicht erschließbar mithilfe von Online-Links.
Die Online-Links, z. B. 104109-2101, stehen, den Teilkapiteln zugeordnet, immer oben auf der rechten Buchseite.

Material
Bogen zur Selbsteinschätzung
104109-2801

Öffnen Sie die Internetseite **www.klett.de/online** und geben Sie den Online-Link im Suchfenster ein.

So gelangen Sie zum jeweiligen Material.

Titelbild: Pulvermaar bei Gillenfeld in der Vulkaneifel

1. Auflage 1 5 4 3 2 1 | 15 14 13 12 11

Autoren: Marcus Aunkofer, Nördlingen; Dr. Egbert Brodengeier, Lichtenberg; Dr. Günther Dress, Kempten; Kathrin Eger, Liberec; Bernd Haberlag; Lahstedt; Dr. Franz Xaver Heckl, Wolznach; Dr. Thomas Hoffmann, Achern; Jens Joachim, Leipzig; Dr. Wilfried Korby, Korb; Arno Kreus, Aachen; Jürgen Mackevicius, Kempten; Sebastian Pungel, Bonn; Norbert von der Ruhren, Aachen; Matthias Scholliers, Konstanz; Bernd Stallhofer, Regensburg; Dietmar Wagener, Hofgeismar
Mit Beiträgen von: Hans-Ulrich Bender, Köln; Dirk Lehmann, Berlin

Redaktion: Klaus-Peter Herr, Andrea John
Herstellung: Birgit Jäkel

Gestaltung: Nathanaël Gourdin & Katy Müller GbR, Leipzig
Umschlaggestaltung: Nathanaël Gourdin & Katy Müller GbR, Leipzig
Illustrationen: Steffen Butz, Karlsruhe; Bettina Eckenfelder, Wenigenlupnitz; Rudolf Hungreder, Leinfelden-Echterdingen; Diana Jäckel, Erfurt; Wolfgang Schaar, Grafing
Karten: Ernst Klett Verlag GmbH, Abt. Atlas, Gotha (Henry Waldenburger); Kartografix, Suhl, Dagmar Hengelhaupt
Satz: Druckmedienzentrum Gotha GmbH, Gotha
Reproduktion: Druckmedienzentrum Gotha GmbH, Gotha
Druck: Offizin Andersen Nexö, Leipzig

Printed in Germany
ISBN 978-3-12-104109-1

9 783121 041091

Inhalt

Geographie

Oberstufe Rheinland-Pfalz

TERRA

Beratung
Prof. Dr. Volker Wilhelmi

Arno Kreus
Dr. Wilfried Korby
Norbert von der Ruhren

Ernst Klett Verlag
Stuttgart · Leipzig

2

Wirtschaftliche Strukturen und Prozesse im Raum 90

2.1 Natürliche Voraussetzungen und Grenzen der landwirtschaftlichen Produktion 92
Ökologische Folgen der landwirtschaftlichen Nutzung in den Tropen 94

2.2 Landwirtschaft in den Industrieländern – Fallbeispiel Deutschland 100
Rahmenbedingungen und Probleme 100
Markt und Politik als Steuerungsinstrumente 103
TERRA **METHODE:**
Statistiken und Tabellen interpretieren 106

2.3 Agrarraumstrukturen im Wandel 108
Ökologische Landwirtschaft 108
Fallbeispiel Agrobusiness und Familyfarmen im Westen der USA 110

2.4 Industrie im Raum 114
Unternehmerische Standortwahl und ihre Auswirkungen im Raum 114
TERRA **METHODE:**
Eine Expertenbefragung durchführen 120
Probleme altindustrieller Räume: Fallbeispiel Ruhrgebiet 122
Wachstumsimpulse durch neue Technologien – Hightech-Region Bangalore, Indien 126

2.5 Tertiärisierung der Wirtschaft – Ausmaß und Folgen 128
Von der Industrie- zur Dienstleistungsgesellschaft 128
Wandel im Dienstleistungssektor 130
Unternehmensorientierte Dienstleistungen 132
Dienstleistungszentren 134

2.6 Tourismus prägt Räume 138
Bedeutung des Tourismus 138
Tradition und Wandel in Feriengebieten – Nordseebad Sylt 140
Nachhaltige Nutzung durch sanften Tourismus? 142
Nationalparks und nachhaltiger Tourismus 143

2.7 Verkehr und Logistik verbinden Räume 144
Rahmenbedingungen und Entwicklungen im Verkehr 144
Neue Logistik – neue Tendenzen 148
Entwicklungen in Verkehrsräumen 150

TERRA **KOMPETENT** **152**

Inhalt

3

Raumgestaltung durch die Gesellschaft 154

3.1 Stadt und Verstädterung 156
- Der geographische Stadtbegriff 156
- Stadtentwicklung Mitteleuropas 158
- Herausbildung städtischer Teilräume: Funktionale Gliederung 162
- Stadt-Umland-Beziehungen: Suburbanisierungsprozesse 164
- Berlin: Großstadt vor neuen Herausforderungen 168
- Stadtklima 176
- Außereuropäische Stadtmodelle 182
- Verstädterung und Urbanisierung 184

3.2 Raumentwicklung und Raumordnung 186
- Ziele der Raumordnung 186
- Raumeingriffe verändern die Landschaft – Fallbeispiel „Die baden-württembergische Landesmesse auf den Fildern vor Stuttgart" 188
- Probleme der Raumstruktur 190
- TERRA **METHODE: Raumanalyse einer Kulturlandschaft – Beispiel „Die Region Bodensee-Oberschwaben" 192**
- Möglichkeiten und Probleme grenzüberschreitender Planung – die Idee der Euregios 200

TERRA **KOMPETENT 204**

4

Tragfähigkeit der Erde 206

4.1 Verteilung und Entwicklung der Weltbevölkerung 208
- Globale und regionale Bevölkerungsverteilung 208
- Bevölkerungsentwicklung in Räumen unterschiedlichen Entwicklungsstandes 210
- Bevölkerungsmobilität 218

4.2 Probleme der Welternährungssicherung 222
- Agrargüter – regional produziert, global gehandelt 222
- Bewässerungslandwirtschaft 224
- Intensivlandwirtschaft in Mitteleuropa – erfolgreich, aber mit ökologischen Problemen 230
- Marine Ökosysteme und zukunftsfähige Fischereiwirtschaft 236

4.3 Weltproblem Energie 240
- Nutzungsformen von Energieträgern und ihre Verteilung 240
- Erdöl – ein strategischer Rohstoff 248
- Das Meer als Energiereservoir 250
- Folgen des Energiemangels 252
- Entwicklung des Weltenergiebedarfs 254

4.4 Gefährdung des globalen Ökosystems 256
- Klimawandel 256
- Fluorchlorkohlenwasserstoffe (FCKW) und Ozon 268

TERRA **KOMPETENT 270**

5 Raumstrukturen im Wandel: national – regional – global 272

5.1 Räume unterschiedlichen Entwicklungsstandes **274**
„Eine Welt" mit vielen Gesichtern 275
Indikatoren des Entwicklungsstandes 276
Länderklassifizierungsversuche 278
TERRA **METHODE:**
Mit Geographischen Informationssystemen (GIS) räumliche Disparitäten untersuchen **280**

5.2 TERRA **METHODE: Bolivien und Japan: Ein Raumvergleich von Ländern mit unterschiedlichen Entwicklungsständen** **282**
Materialien zu Bolivien 284
Materialien zu Japan 290

5.3 Indien, bald Nr. 1 in der Weltbevölkerung? **296**

5.4 Die USA – ein Riese im Wandel **298**
Das naturräumliche Potenzial 298
Landwirtschaft der USA – TERRA **METHODE: Thematische Karten interpretieren** **306**
Schwerpunkte der industriellen Entwicklung 310
Bevölkerungsdynamik 314

5.5 Großraum mit Problemen – das Gebiet der ehemaligen Sowjetunion **318**
Umweltprobleme 318
Agrarwandel mit Problemen – die russische Landwirtschaft 322
Ethno-territoriale Konflikte im Kaukasus 324

5.6 Integrationsraum Europa **326**
Europa: Einheit und Vielfalt 326
Der europäische Integrationsprozess: Chancen und Probleme 328
Die Türkei – der Südosten Europas? 330
Wandel durch Transformationsprozesse 332
Die Stellung Europas in der Weltwirtschaft 336
Räumliche Disparitäten in Europa 340
Regional- und Strukturpolitik der EU 346
Instrumente zum Abbau regionaler Disparitäten in der EU 347

5.7 Kooperation in Nordamerika – die NAFTA **352**

5.8 Weltweite Verflechtungen im Prozess der Globalisierung **354**
Globale Verflechtungen 354
Auslandsverschuldung 360
Globalisierung – Chance oder Risiko für Entwicklungsländer? 362
Globalisierung – eine Gefahr für Deutschland? 364
Fallbeispiel: Global Player VW 366

TERRA **KOMPETENT** **368**

6 Arbeitsanhang: Kompetenzen erfolgreich nachweisen und erweitern 370

6.1 TERRA **METHODE:**
Eine Klausur erfolgreich bewältigen **372**
Klausurbeispiel: „Motortown" Detroit – Wandlungen einer US-amerikanischen Stadt 374
Lösung des Klausurbeispiels 378

6.2 Literatur für die Schülerhand **380**

6.3 Glossar **388**

6.4 Sachregister **395**

Bildnachweis 400

Anforderungsbereiche und Operatoren — im hinteren inneren Buchdeckel

0 Geographische Kompetenzen helfen

Am 2. Weihnachtstag des Jahres 2004 ereignete sich in Süd- und Südostasien eine der größten Katastrophen der Neuzeit: Ein Seebeben vor Sumatra löste eine Riesenwelle aus, einen Tsunami, welcher innerhalb weniger Stunden die Küstenregionen von Sri Lanka und Südindien, den Norden der Insel Sumatra, die Ferienparadiese auf der thailändischen Insel Phuket ebenso wie auf den Malediven überflutete. Über 200 000 Menschen verloren ihr Leben, sehr viele mehr wurden obdachlos.
Die Hilfsbereitschaft der Menschen in Europa und Nordamerika war groß, auch deshalb, weil die Betroffenen sozusagen schuldlos einer Naturkatastrophe ausgeliefert waren. Die internationale Katastrophenhilfe setzte sofort ein. Doch einige der am schlimmsten betroffenen Regionen waren nur schwer erreichbar, auch weil es sich um „Rebellengebiete" handelte, welche um Unabhängigkeit von der jeweiligen Zentralregierung kämpften. Gebiete in der Provinz Aceh auf Sumatra gehörten dazu. In den ersten Wochen nach der Katastrophe ruhten wenigstens die Waffen – die indonesische Regierung ließ ausländische Hilfsorganisationen in die Region. Allerdings saßen die meisten in der Stadt Banda Aceh fest, auch weil bewaffnete Militärs deren Bewegungsfreiheit einschränkten. Im Augenblick höchster Not, so könnte man meinen, müssten doch eigentlich alle an einem Strang ziehen.
Was hat das alles mit Geographie zu tun? Geographie ist wie keine andere Wissenschaft dazu befähigt, die vielfach miteinander verknüpften Problemlagen einer Katastrophe wie der des Sumatra-Andaman-Bebens umfassend zu verstehen: als geotektonischen Vorgang, Naturkatastrophe, medizinisches Problem, als Problem der Verwundbarkeit von Bevölkerungsgruppen, von religiösen Gegensätzen oder politischen Konflikten. Geographische Kompetenzen ermöglichen ein besseres Verständnis solcher Ereignisse und bilden die Grundlage für ein verantwortungsvolles Handeln in einer globalisierten Welt.

Hans Gebhardt u.a. (Hrsg.): Geographie. Heidelberg: Spektrum Akad. Verlag 2007, S. 3–4; verändert

1 **Indonesien, Sumatra, Provinz Aceh**: Blick auf die von der Flutwelle am 26.12.2004 zerstörte Stadt Meulaboh am 2.1.2005

0.1 Geographie – Verbindung naturwissenschaftlicher und gesellschaftlicher Fragestellungen

1 Opferzahlen in der Tsunami-Region vom 26.12.2004

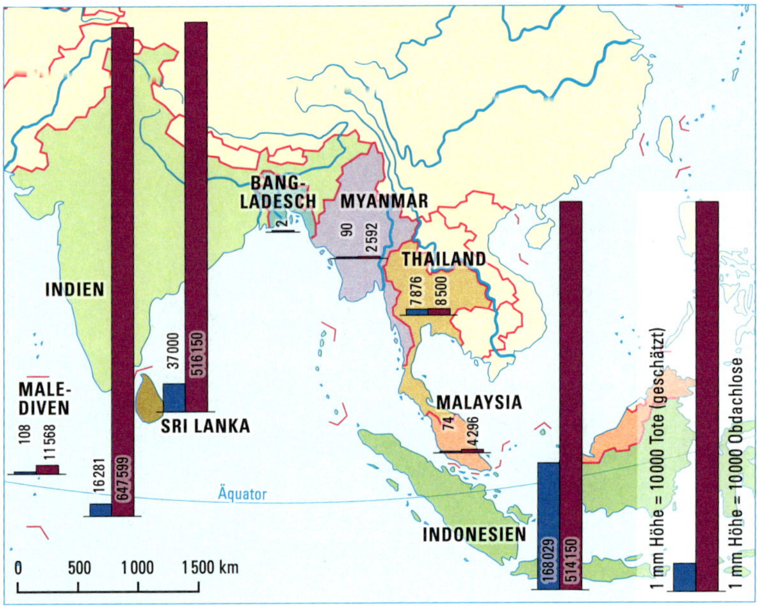

2 Ausbreitung des Tsunami beim Seebeben vor Sumatra am 26.12.2004

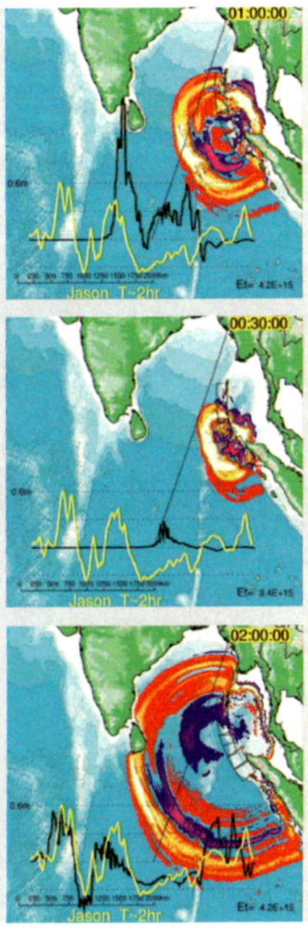

Hilfsmaßnahmen und Probleme

Weltweit versuchen Forscher, das Ereignis vom 26. Dezember 2004 zu begreifen und Lehren für die Zukunft abzuleiten. Die seismischen Wellen waren so stark, dass in anderen vulkanisch aktiven Regionen weitere Erdbeben ausgelöst wurden. Fragen nach den Ursachen solcher Naturereignisse, ihren unterschiedlichen Folgen oder nach den Gründen, die wirksame Hilfsmaßnahmen in der Provinz Aceh behinderten, können nur beantwortet werden, wenn die Wechselbeziehungen zwischen Natur und Gesellschaft in diesem Raum analysiert werden.

In der Provinz Aceh finden seit 30 Jahren Auseinandersetzungen zwischen der „Bewegung Freies Aceh" und der indonesischen Regierung statt. Über 12 000 Menschen sollen dabei schon getötet worden sein. Die Ursachen für den Konflikt sind vielschichtig. Hier verläuft die Straße von Malakka, eine der wichtigsten Schifffahrtsrouten der Welt. Ein großer Teil der Erdöl- und Gasvorkommen Indonesiens befindet sich in dieser Provinz. Die Firma „Exxon Mobil Group" beschäftigt hier etwa 5 000 Mitarbeiter.

Die Unabhängigkeitsbestrebungen der „Bewegung Freies Aceh" zielen auch darauf, die eigene Verfügungsgewalt über diese Rohstoffvorkommen zu bekommen. Die Situation wird außerdem durch ethnische Spannungen in der Region Banda Aceh verschärft. Teile des indonesischen Militärs verdienen an diesem Guerillakrieg. Es sind legale und illegale Geschäfte, wie die Stellung von Wachpersonal für die Ölfirma „Exxon" oder der Einschlag von Edelhölzern im Norden Sumatras. Dazu gehört auch die Parteinahme für radikale muslimische Milizionäre, die mit Duldung des Militärs vorgeben, im Katastrophengebiet Hilfe zu leisten. Vor diesem Hintergrund muss man die Behinderung der Helfer vor Ort durch das Militär sehen. Es verwundert deshalb nicht, dass der Gouverneur von Aceh, der eigentlich Koordinator der Hilfsmaßnahmen sein sollte, zum Jahresende 2004 seines Amtes enthoben und wegen Korruption angeklagt wurde.

Die Helfer in den betroffenen Regionen standen vor weiteren Problemen. So waren die obdachlosen Menschen großen Gefahren durch Mücken ausgesetzt, die das Dengue-Fieber übertragen. In manchen Regionen war es sicherer, die Menschen in andere Orte zu evakuieren, als eine medizinische Versorgung und die Lieferung von sauberem Trinkwasser zu organisieren.

Frühwarnsystem

Die seismischen Wellen des Sumatra-Erdbebens gingen um die Welt. Nach zwölf Minuten hatten die ersten Ausläufer das Geoforschungszentrum Potsdam erreicht und wurden dort automatisch erfasst und ausgewertet. Zu diesem Zeitpunkt waren die ersten Tsunamiwellen noch nicht an der Küste Sumatras aufgelaufen. Es gab allerdings keine Möglichkeit, die Warnung rechtzeitig an die Menschen weiterzugeben. Es existierte auch keine Institution, die eine solche Warnung ernst genommen hätte. Wegen der besonderen geologischen Situation Indonesiens wäre eine solche Institution aber dringend notwendig gewesen. Elf Wochen nach der

3 **An der Küste von Banda Aceh ... vorher**

4 **An der Küste von Banda Aceh ... nachher**

5 **Freiwillige Helfer des Roten Kreuzes**

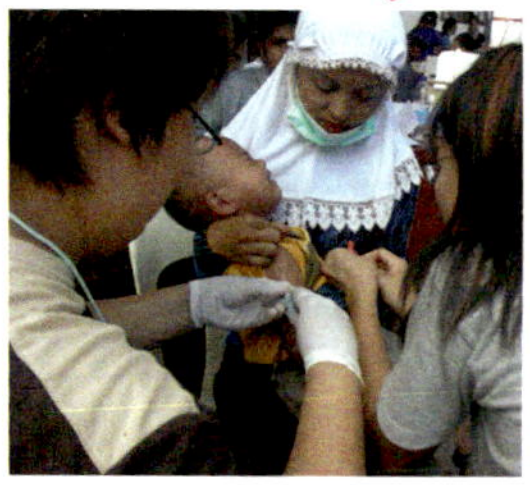

6 **Hilfsgütertransport bei Banda Aceh**

verheerenden Flut in Asien hat Deutschland ein Tsunami-Frühwarnsystem an Indonesien übergeben, das vom Geoforschungszentrum Potsdam entwickelt wurde.

Die Tsunami-Katastrophe von 2004 zeigt beispielhaft die Bedeutung der Geographie als „Nahtstelle" zwischen naturwissenschaftlichen und gesellschaftswissenschaftlichen Fragestellungen. Geographie hilft, solche Ereignisse zu verstehen, richtig zu reagieren und verantwortungsbewusst damit umzugehen.

Geographie verknüpft langfristige Entwicklungen wie die Plattenbewegungen mit aktuellen Ereignissen, z. B. Erdbeben. Dabei werden auch unterschiedliche Maßstabsebenen, von global bis lokal, verknüpft.

0.2 Kompetenzen erwerben im Geographieunterricht

1 Tilly Smith, 10 Jahre. Eine französische Kinderzeitschrift ehrte die britische Schülerin 2005 als „Kind des Jahres".

2 Britische Schülerin warnte über hundert Menschen vor der Riesenwelle

London. Kleine Wunder mitten in der Katastrophe: Weil sie die Anzeichen für einen bevorstehenden Tsunami richtig deutete, hat eine britische Schülerin in Thailand ihre Familie und rund 100 andere Touristen gerettet.
Die zehnjährige Tilly Smith erkannte die Gefahr, als sich das Wasser plötzlich zurückzog, und warnte ihre Mutter, schrieb die Zeitung „The Sun". Sie habe die Wirkung von Flutwellen nach Seebeben erst zwei Wochen zuvor in ihrer Schule in Oxshott südlich von London durchgenommen, berichtete das Mädchen.
Bevor die gigantische Welle auf das Ufer zurollt, zieht sich das Meer weit zurück. Tilly erkannte, dass aus dem scheinbar harmlosen Naturphänomen des zurückweichenden Wassers eine tödliche Bedrohung werden könnte und erzählte dies ihren Eltern. Penny und Colin Smith warnten daraufhin andere Urlauber und Beschäftigte ihres Hotels auf der Insel Phuket – und konnten diese auch von der drohenden Gefahr überzeugen.
Das Hotel habe den Maikhao-Strand umgehend evakuiert, wenige Minuten vor dem Eintreffen der Flutwelle. Laut „Sun" war der Strand einer von ganz wenigen auf Phuket, an dem niemand getötet oder schwer verletzt wurde.

Berliner Morgenpost vom 03.01.2005, verändert

Das Beispiel der Schülerin zeigt, wie wichtig Sachkompetenzen sind. Tilly Smith hat zudem bewiesen, dass Sachkenntnisse allein nicht ausreichen, sondern auch Fähigkeiten zur Beurteilung von Erscheinungen und zum situationsgerechten Handeln notwendig sind.
Geographische Kompetenzen sind wesentlicher Teil von Allgemeinbildung und stellen darüber hinaus Grundlagen für anschlussfähiges berufsbezogenes Lernen in zahlreichen Berufsfeldern dar, z. B. in den Bereichen Planung, Umweltschutz, Tourismus und Wirtschaftsförderung in öffentlicher und privater Hand.
Dieses Schulbuch hilft Ihnen in der gymnasialen Oberstufe bei der Vermittlung von Wissen sowie bei der Aneignung und Anwendung von Arbeitstechniken und Methoden. Es will zur Entwicklung Ihrer Urteils- und Kritikfähigkeit beitragen sowie zum Handeln anregen.

Der Beitrag des Faches Geographie zur Bildung
Aktuelle geographische Erscheinungen und Prozesse, z. B. Globalisierung, Klimawandel, Erdbeben, Hochwasser und Stürme, aber auch Bevölkerungsentwicklung, Migration, Disparitäten und Ressourcenkonflikte, prägen unser Leben und unsere Gesellschaft auf dem Planeten Erde in vielen Bereichen.
Für den Umgang mit diesen komplexen Entwicklungen ist es nötig, bisherige Verhaltensweisen zu ändern. Grundlage dafür sind fundiertes Sachwissen, Urteilsfähigkeit sowie Problemlösungskompetenz, z. B. in den Bereichen Umweltschutz, Risikovorsorge, Stadt- und Raumplanung, Wasserversorgung, wirtschaftliche Entwicklung und entwicklungspolitische Zusammenarbeit. Weil die genannten Prozesse ihre Dynamik aus den Wechselwirkungen zwischen naturgeographischen Gegebenheiten und menschlichen Aktivitäten erhalten, können diese Qualifikationen insbesondere durch eine Verknüpfung von naturwissenschaftlicher und gesellschaftswissenschaftlicher Bildung aufgebaut werden. Gerade hierin liegt die Bedeutung des Faches Geographie.

3 Unsere gemeinsame Verantwortung

Dazu ist ein Verständnis des Systems Erde erforderlich, also der verschiedenen natürlichen Systeme und Teilsysteme der Geosphäre, z. B. Boden oder Atmosphäre. Geographieunterricht vermittelt aber auch ein Verständnis gesellschaftlicher Systeme in ihren wesentlichen raumbezogenen Strukturen. Mit diesem Ansatz trägt das Fach in besonderem Maße dazu bei, vernetztes und problemlösendes Denken zu fördern.
Geographieunterricht ist vor allem gegenwartsbezogen und zukunftsorientiert, schließt aber auch die historisch-genetische Betrachtung von Natur- und Kulturräumen ein. So gewinnen Sie Kenntnisse und Grundeinsichten über Wechselwirkungen zwischen Mensch und Raum.
Geographie ist traditionell ein methoden- und medienintensives Fach; Anschaulichkeit und Aktualität spielen in ihm eine große Rolle. Hier haben Sie die Gelegenheit, sich mit vielen traditionellen oder computergestützten Medien vertraut zu machen. Dadurch erwerben Sie Fähigkeiten zum effektiven und reflektierten Umgang mit Medien; dazu gehört vor allem der Umgang mit Karten aller Art.

4 Geographische Kompetenzen

Orientierungskompetenz
Orientierungskompetenz bedeutet, sich in Räumen orientieren zu können. Dazu gehören topographisches Orientierungswissen, die Fähigkeit, mit Karten umgehen zu können sowie sich in Realräumen zu orientieren, aber auch die Reflexion von Raumwahrnehmungen.

Sachkompetenz
Sachkompetenz umfasst die Beherrschung von allgemein- und regionalgeographischen Kenntnissen über Räume, die sowohl von Naturfaktoren als auch von menschlichen Aktivitäten geprägt werden. Dazu gehören auch Kenntnisse über die Wechselwirkungen zwischen Mensch und Raum und die damit verbundenen Folgen.

Methodenkompetenz
Methodenkompetenz zeigt sich in der Fähigkeit und Fertigkeit, räumliche Strukturen und Prozesse zu erschließen. Das bedeutet, geographisch relevante Informationen aus unterschiedlichen Medien oder unmittelbar durch originale Begegnungen wie Befragungen oder Erkundungen gewinnen zu können. Dazu gehören auch Fähigkeiten zur themen- und adressatenbezogenen Darstellung der gewonnenen Informationen mithilfe grafischer Mittel und in einer angemessenen sprachlichen Form.

Kommunikationskompetenz
Kommunikationskompetenz meint die Fähigkeit, geographische Sachverhalte zu verstehen und unter Verwendung der Fachsprache mündlich, schriftlich sowie mit angemessener Medienunterstützung darzustellen. Die Kommunikationskompetenz umschließt ferner die Fähigkeit, sich im Gespräch mit anderen sachgerecht austauschen zu können.

Urteilskompetenz
Urteilskompetenz zeigt sich in der Bereitschaft und Fähigkeit, räumliche Strukturen und Prozesse hinsichtlich ihrer Bedeutung für die Gestaltung der aktuellen und zukünftigen Lebenswirklichkeit zu beurteilen sowie sich mit eigenen und fremden Positionen und den ihnen zugrunde liegenden Wertevorstellungen auseinanderzusetzen.

Handlungskompetenz
Handlungskompetenz bezieht sich auf die Fähigkeit und Bereitschaft, auf verschiedenen Gebieten verantwortungsbewusst handeln zu können.
Das Verfügen über ein solches Handlungsrepertoire ist für eine verantwortungsbewusste Mitwirkung bei der Entwicklung, Gestaltung und Bewahrung von Räumen Voraussetzung.

0.3 Raumwahrnehmung – eine besondere geographische Kompetenz

1 Räume unterschiedlich wahrgenommen.
Links: Margareta Korby: Toscana (Ausschnitt), Acryl auf Leinwand, Original 80 x 70 cm; **rechts: Heiliger Ort oder Lagerstätte?**

„Wenn es nur eine einzige Wahrheit gäbe, könnte man nicht hundert Bilder über dasselbe Thema malen." (Picasso)

In Gemälden zum Beispiel bringen Künstler ihre ganz persönlichen und für sie wichtigen Eindrücke von einer Landschaft zum Ausdruck. Allerdings gibt es sicher Reisende und Besucher, die die mittelitalienische Toskana mit ganz anderen Augen sehen.

2 Wo in Australien die grünen Ameisen träumen ...

„Da sitzen einige Aborigines mit ihren Didgeridoos [Blasinstrumente] im australischen Wüstenschotter vor der Riesenschaufel eines Caterpillars. Der Fahrer will sie mit 500 PS beiseite schieben, aber ein junger Geologe von der Explorationsfirma ... nimmt [ihm] den Schlüssel ab. Dann wird verhandelt. Die Aborigines erklären, dass an dieser Stelle die ‚grünen Ameisen' träumen und dass der Ort deshalb für sie heilig sei. Die Geologen erklären, dass sie hier nach Bodenschätzen schürfen und dass sie dafür die Lizenz der Regierung haben. Was kann man aber tun, angesichts dieses Interessenkonflikts und dieser zwei Sichten auf den Ort? ...
Das Ganze wird schließlich auch rechtlich-formal verhandelt; ein verständnisvoller Richter ... hört ernsthaft und sorgenvoll zu, entscheidet dann aber bodenrechtlich für die Bergbaufirma und die staatliche Lizenz.
Die Aborigines sitzen wieder im Kreis und meditieren über die ‚grünen Ameisen'; jetzt am Boden in einem neuen Supermarkt in der Wüstensiedlung, in der Ecke mit den Waschmitteln, wo nur wenig Kunden sind. Es ist genau die Stelle, wo die ‚grünen Ameisen' träumen. Der Ladenbesitzer oder die Bergbaufirma lassen die Aborigines an dieser Stelle gewähren; aber es ist nun ein anderer Ort, ein Ort mit doppelter Bedeutung. Die Macht hat sich durchgesetzt, aber die Verlierer werden gleichwohl nicht vernichtet."

Tilman Rhode-Jüchtern: Wo die grünen Ameisen träumen ... Zur Bedeutungsvielfalt von Räumen. In: Praxis Geographie 36, 2006, H. 4, S. 4

Räume bewußt wahrnehmen ist eine wichtige geographische Kompetenz

Einführung

Für eine differenzierte Gesellschaft mit ihren vielfältigen Interessenlagen haben ein und dieselben Orte, Räume oder Landschaften ganz unterschiedliche Bedeutungen oder Wertigkeiten. Wie deren Potenziale genutzt werden, hängt in starkem Maße davon ab, wie einzelne Gruppen in der Gesellschaft einen Raum wahrnehmen und von welchen Interessen sie sich leiten lassen. Bei unterschiedlichen Wahrnehmungen sowie Bedeutungszuweisungen und widerstreitenden Interessen entstehen Konflikte. Es sind also nicht Raum und Natur, die das Handeln der Menschen determinieren, in erster Linie entscheiden die Akteure einer Gesellschaft selbst über die Nutzung der natürlichen Möglichkeiten.

Woraus ergeben sich die unterschiedlichen Wahrnehmungen eines Raumes? Wie beeinflusst der Prozess der Wahrnehmung die Entscheidungen der Menschen? Welche Folgen ergeben sich für die Behandlung, Nutzung und Ausgestaltung von Räumen?

Prozess der Raumwahrnehmung

Die moderne Wahrnehmungsforschung hat ermittelt, dass jedes Individuum seine räumliche Umwelt subjektiv wahrnimmt und daraus spezifische Vorstellungsbilder entwickelt. Für den einen ist die Wüstenlandschaft ein heiliger Ort, für den anderen eine Uranlagerstätte. Diese Bilder der persönlich wahrgenommenen und damit transformierten Umwelt werden auch als „kognitive Karten" oder „mental maps" bezeichnet. Ihre Ausprägung ergibt sich aus den Informationen („Stimulus/Reiz"), die der Wahrnehmende über einen bestimmten Raum („potenzielle Umwelt") aufnimmt. Diese Informationen werden aber nur gefiltert wahrgenommen, wobei Faktoren wie persönliche Erfahrungen, Werteorientierungen, Emotionen, Bedürfnisse und vor allem die eigenen Interessen und damit Intentionen ausschlaggebend sind. Auch Alter, Bildungsniveau und die Gruppen- bzw. Schichtzugehörigkeit spielen eine wichtige Rolle.

Unter dem Einfluss der genannten Faktoren wird ein bestimmter Raum „gelesen" und es entsteht durch diese Form der Informationsverarbeitung („Kognition") die persönlich „rezipierte Umwelt". Der Aborigine sieht in dem Ausschnitt aus der australischen Wüstenlandschaft ein zu bewahrendes Heiligtum, der Caterpillar-Fahrer eine Baustelle und die Vertreter der Bergbaufirma ein profitables Investitionsprojekt. Aus dem jeweiligen Vorstellungsbild folgt eine spezifische Reaktion, ein unterschiedliches räumliches Handeln. Jeder der Beteiligten versucht seine Ziele und Interessen zu verwirklichen und in ein entsprechendes „Projekt" umzusetzen. Die Entscheidung für eine bestimmte Handlungsmöglichkeit – also z. B. für die Ausbeutung der Uranlagerstätte – schafft mit der Verwirklichung des entsprechenden Projekts wiederum neue Fakten und Informationen, die bei allen Beteiligten u. U. zu modifizierten Vorstellungsbildern und zu einem veränderten räumlichen Handeln führen. Die subjektiven Vorstellungsbilder sind also nie endgültig. Unsere „mental maps" werden mit jeder Aufnahme neuer Informationen verändert.

3 Geographischer Wahrnehmungsprozess im Modell

W. Sitte und H. Wohlschlägl (Hrsg.): Beiträge zur Didaktik des Geographie- und Wirtschaftskunde-Unterrichts. Materialien zur Didaktik der Geographie und Wirtschaftskunde Bd. 16, Wien 2001, S. 520

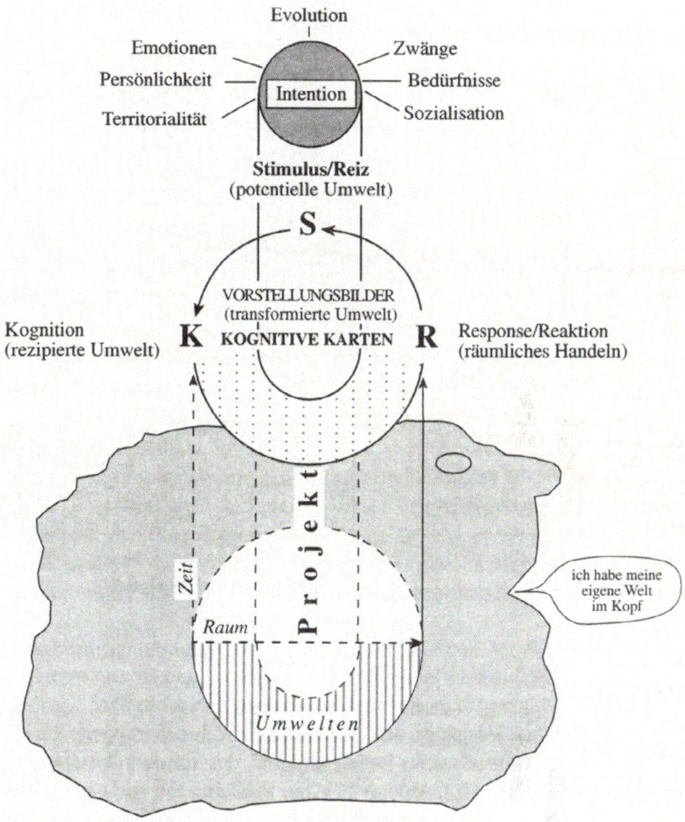

1 Beschreiben Sie, wie Sie die in Material 1 dargestellten Landschaften wahrnehmen.

2 Vergleichen Sie Ihre Eindrücke mit der Wahrnehmung von Landschaft durch die im Quellentext 2 vorgestellten Personen bzw. Personengruppen.

3 Erklären Sie anhand der Grafik 3 den Prozess der Raumwahrnehmung.

4 Erläutern Sie am Beispiel der im Material 1 vorgestellten Landschaften, wie sich unterschiedliche Vorstellungsbilder („mental maps") auf das räumliche Handeln der jeweiligen Personen bzw. Personengruppen auswirken.

Wahrnehmung städtischer Strukturen

4 Der Wahrnehmungsraum

„Wahrnehmungsraum ist derjenige Ausschnitt der räumlichen Umwelt eines Individuums ..., der bewusst oder unbewusst wahrgenommen oder bewertet wird... Zur Untersuchung der Wahrnehmung ... sind verschiedene Techniken entwickelt worden. Kartographische Darstellungen derartiger kognitiver Vorstellungsbilder nennt man Kognitive Karten oder Mental Maps.

Eine bahnbrechende Arbeit bezüglich kognitiver Kartierungen städtischer Strukturen stammt von K. Lynch (1960). Lynch ließ von Untersuchungspersonen die von ihnen wahrgenommene städtische Umwelt beschreiben und skizzieren, wobei zur kartographischen Auswertung der dadurch ermittelten Vorstellungsbilder wichtige Grundelemente des Stadtbildes mit Symbolen festgelegt wurden:

(1) Paths = Wege. Damit sind Straßen, Spazierwege, Wasserwege, Eisenbahnlinien etc. gemeint;

(2) Districts = Teile der Stadt, die von den Bewohnern identifiziert werden können bzw. mit Lokalbezeichnungen versehen sind (z. B. Altstadt bestimmte Stadtviertel);

(3) Nodes = Knotenpunkte, d. h. wichtige Verkehrskreuzungen;

(4) Landmarks = bestimmte Wahrzeichen der Stadt;

(5) Edges = bestimmte, physiognomisch wahrnehmbare Grenzlinien innerhalb der Stadt, wie die Ufer eines die Stadt durchfließenden Flusses, ein Steilhang innerhalb der Stadt, ein Eisenbahndamm als Barriere etc.

Die Abbn. [5ab] geben [zwei] Darstellungen („Mental Maps“) nach der Lynchschen Methode wieder, die Zusammenfassungen der Zeichnungen räumlicher Vorstellungsbilder von Angehörigen ... unterschiedlicher ethnischer und sozialer Gruppen in Los Angeles sind.“

Heinz Heineberg: Grundriss allgemeine Geographie: Stadtgeographie. Stuttgart: Schöningh UTB 2001, S. 155–156

5 Los Angeles: Räumliches Vorstellungsbild der Bewohner von ihrer Stadt: links: weiße Oberschicht des Stadtteils Westwood; rechts: spanisch sprechende Bewohner des Stadtteils Boyle Heights

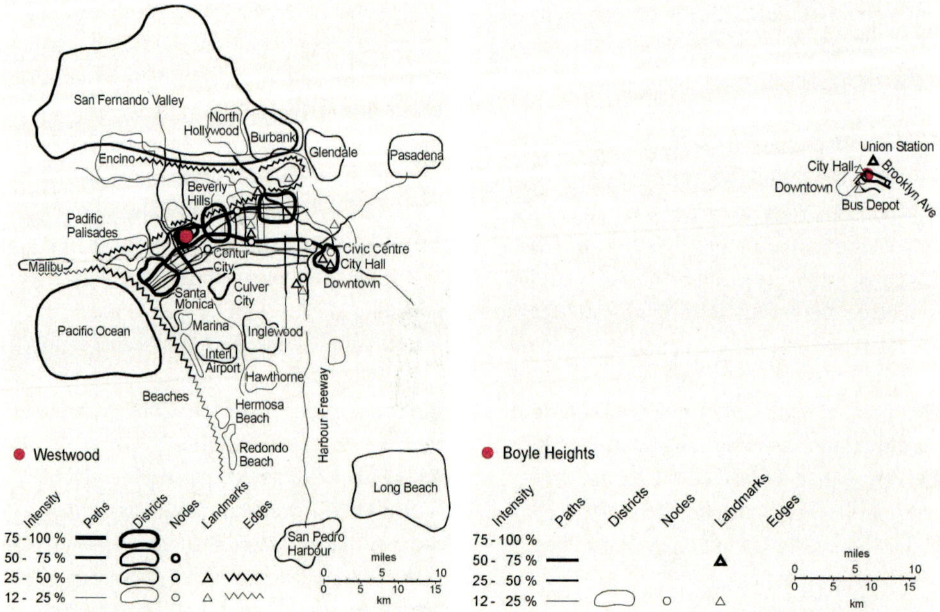

Die Stadt in der Musik und in der Malerei

6 Streets of London

„Have you seen the old man
in the closed down market
kicking up the papers
with his worn-out shoes?
In his eyes you see no pride,
hand held loosely at his side
yesterday's paper
telling yesterday's news.

So how can you tell me
you're lonely
and say for you
that the sun don't shine?
Let me take you by the hand
and lead you through the streets of London,
I'll show you something
that will make you change your mind

Have you seen the old girl
who walks the streets of London,
dirt in her hair
and her clothes in rags?
She's no time for talkin',
she just keeps right on walkin',
carrying her home
in two carrier bags."

Text und Musik: Ralph McTell. © Westminster Music Ltd.; Hamburg: Essex Musikvertrieb GmbH

7 Die Stadt in der Malerei

„Die um die Mitte des 19. Jahrhunderts einsetzende ‚erste Industrielle Revolution' hat ... Entwicklungen hervorgebracht, die das Bild der Stadt im schwärzesten Licht erscheinen lassen. Die[se] Epoche ... ist auch eine Zeit des explosiven Städtewachstums ...
Es waren vor allem Expressionisten, Schriftsteller und Maler, die ... die Nöte und Ängste ihrer Bewohner thematisierten ...

Norbert von der Ruhren: Jakob Steinhardt – Die Stadt. In: Geographie und Schule 22. Jg., H. 124 (4/2000). Köln: Aulis 2000, S. 48

8 Aloys Ludwig Wach (eigtl. Wachlmeier), 1892–1940: „Zusammenbruch", um 1917 (aus der Mappe „Totentanz 1914"). Radierung

5 Erstellen Sie eine mental map Ihres Schulortes (vom Zentrum bis zu den Vororten bzw. Eingemeindungen).

6 Arbeiten Sie auf der Grundlage eines Stadtplans und mithilfe von Quellentext 4 wichtige „Grundelemente des Stadtbildes" Ihres Schulortes heraus.

7 Erklären Sie mithilfe des Modells 3 (S. 13) die Wahrnehmung städtischer Strukturen in der Musik (Text 6) und in der Kunst (Text 7 und Bild 8).

9 Realität oder Täuschung?

Raum und Gefühl – Neue Erlebniswelten

Der heutige Stadtbewohner hat nur noch selten die Gelegenheit, naturnahe Räume unmittelbar zu erleben und wahrzunehmen. Um „der Natur“ nahe zu kommen, muss er sich entweder am Wochenende auf eine Wanderung in einen unserer Natur- bzw. Nationalparks begeben oder er muss für seinen Urlaub eine Safari in exotische Räume buchen. Das gilt für einen Großteil unserer Bevölkerung, denn für die meisten von uns stellt die Stadt den Lebensraum dar, in dem wir unseren Alltag verbringen. Das bedeutet, dass wir in einer zunehmend von der Natur entfremdeten, mehr und mehr künstlichen Umwelt leben. Der uns umgebende Raum ist in immer stärkerem Maße gekennzeichnet durch intensive Bebauung mit Glas und Beton als vorherrschende Baumaterialien, durch Flächenversiegelung und dichte Verkehrsnetze.

Die moderne Erlebnisindustrie bietet hierfür einen Ausgleich. Sie schafft Traumwelten der Natur, die es dem Stadtbewohner erlauben, der Alltagsmonotonie seiner Umwelt für eine gewisse Zeit zu entfliehen.

10 Erlebniscenter

„Geboten werden Fantasy-Abenteuer nach der Devise ‚Entführt mich in ein anderes Leben – aber holt mich zum Abendessen zurück‘ ... Hotels im Mittleren Westen der USA bieten Abenteuernächte in ‚Fantasuites‘ an, wobei man zwischen einem Tropenparadies, einer Dschungelhütte oder einem Beduinenzelt wählen kann.

So unwirklich Themenparks und Erlebniswelten auch erscheinen mögen, aus psychologischer, ökonomischer und ökologischer Sicht gibt es verschiedene Gründe dafür:

- Erlebnispsychologisch gesehen treffen die rosaroten Traumwelten offensichtlich den Massengeschmack. Erlebnismarketing bedeutet in Zukunft vor allem: Szenerie und Dramaturgie von Erlebnislandschaften, erholen kann man sich auch zu Hause.
- Ökonomisch erweisen sich Freizeitparks und Erlebniswelten geradezu als Erfolgsformel Nr. 1 ...
- Ökologisch gesehen sind die Kunstwelt-Konzepte mitunter fast ein Segen ... Die Besucherströme konzentrieren sich auf die künstlichen Erlebnislandschaften, während die natürlichen Landschaften weitgehend unbehelligt bleiben.

Die Frage, ob es wichtig bzw. unverzichtbar ist, ‚wirklich‘ in der Karibik zu sein, um sich wie in der Karibik fühlen zu können, entspricht nicht dem Denken und Wahrnehmen des Erlebniskonsumenten. Eine Erlebniswelt ‚muss‘ nicht in jedem Fall dem Anspruch von Wahrheit und Wirklichkeit entsprechen .... Der Erlebniskonsument lässt sich in aller Regel auf einen Kompromiss ein: so viel Ursprünglichkeit wie möglich, so viel Kulisse wie nötig.“

Horst W. Opaschowski: Kathedralen des 21. Jahrhunderts. Erlebniswelten im Zeitalter der Eventkultur. Hamburg: Germa Press Verlag 2000

8 Nennen Sie mögliche „Intentionen“, mit denen die urbane Bevölkerung naturnahe Räume wahrnimmt.

9 Erörtern Sie mögliche Folgen dieser Wahrnehmung für das „räumliche Handeln“ der urbanen Bevölkerung.

Surftipp
Virtuelle Exkursionen
104109-0301

Material
Methode Recherche
104109-0302

Exkursionen im virtuellen Raum des Internets

Im Zeitalter des Internets erleben wir ein völlig neues Raumgefühl. Es scheint so, als sei die ganze Welt derart miteinander verbunden, dass räumliche Distanzen nahezu aufgehoben sind. Das suggeriert schon der Name „world wide web". Das weltweite Kommunikationsnetz bietet nahezu unbegrenzte Möglichkeiten der Informationsbeschaffung und des Austausches. Es bringt Menschen aus entferntesten Regionen miteinander in Kontakt, die ohne dieses neue Medium möglicherweise nichts von den Lebensbedingungen und dem Wirtschaften der jeweils anderen wüssten. Das Internet schafft damit einen neuen, einen virtuellen Raum, der keine Grenzen mehr kennt. Dieser Raum unterscheidet sich deutlich vom klassischen geographischen Verständnis des Raumes mit seiner genauen Verortung, seinen spezifischen und doch so unterschiedlich wahrgenommenen bzw. bewerteten Merkmalen und seiner Abgeschlossenheit.
Die angesprochenen Chancen des Internet können genutzt werden, um ausgewählte klassische „Räume" zu erschließen. Hierzu dienen virtuelle Exkursionen. Damit sind computertechnische Möglichkeiten gemeint, mit der Anwender in die Lage versetzt werden, sich in einer computersimulierten Umwelt umzusehen, sich dort zu bewegen und möglicherweise auch auf diese Umwelt zu reagieren.
Der virtuelle Besuch eines Vulkans, eines Gletschers, einer Stadt, einer Region oder eines Landes bietet neue Erlebnisse, die zwar im Vergleich zu einer realen Exkursion nur einen indirekten Eindruck vermitteln. Aber sie machen Spaß, weil sie es erlauben, selbstgesteuert und in entfernten Regionen auf Entdeckungsreise gehen zu können.
Virtuelle Exkursionen haben den Vorteil, dass sie jederzeit ohne großen Aufwand durchführbar sind. Ein PC-Raum, der Zugang zum Internet und eine Aufgabenstellung bzw. „Forschungsfrage" reichen aus – und schon kann die Exkursion beginnen.

11 Virtuelle Exkursion auf den Stromboli

Eine virtuelle Exkursion durchführen

1. Vorbereitung im Team

Als Methode bietet sich das Mindmapping an.
- Formulieren Sie ihre Exkursionsthemen.
- Grenzen Sie den Exkursionsraum ab.
- Legen Sie die Teilräume und die zu untersuchenden Aspekte (z. B. Aufbau der Landschaft, Klima, Landwirtschaft, Wirtschaft, bedeutende Städte und geschichtliche Entwicklung) fest.
- Formulieren Sie Arbeitsaufträge.
- Verteilen Sie Aufgaben an die Exkursionsteilnehmer.

2. Durchführung

- Recherchieren Sie im Internet.
- Planen Sie Exkursionspausen ein, in denen sich die Exkursionsteilnehmer treffen und austauschen können.

3. Auswertung

- Stellen Sie die wichtigsten Ergebnisse in einem virtuellen Exkursionbericht dar, der im Internet veröffentlicht werden kann.

12 Alpidische Faltung: räumlicher Prozess von langer Dauer

Raum und Zeit

Geographie ist eine Wissenschaft der räumlicher Prozesse und Veränderungen. Die Dimension Zeit spielt daher eine entscheidende Rolle als Untersuchungskategorie. Sie dient dazu, die Vorgänge im Raum zu strukturieren und zu verstehen. Die Zeitspanne reicht dabei von der Betrachtung Jahrmillionen dauernder geologischer Prozesse bis zur Analyse von sehr kurzfristigen, manchmal nur Sekunden, Minuten oder Stunden dauernden Katastrophenereignissen wie Erdbeben oder Vulkanausbrüchen mit ihren dann wieder langfristigen Folgen. Aber auch Vorgänge mit einer mittleren Reichweite, die also in einigen Jahrtausenden ablaufen wie zum Beispiel kulturhistorische Entwicklungen, stehen im Blickfeld der Geographie.

Unsere Alltagswahrnehmung räumlicher Prozesse konzentriert sich in der Regel – gesteuert durch die Medien – auf das Neue, Plötzliche, Unerwartete, Sensationelle. Dabei sollte uns bewusst sein, dass gerade die Veränderungen mittlerer oder langer Reichweite unsere Lebensgrundlagen und das Dasein auf diesem Planeten entscheidend mitbestimmen.

13 Räumliche Prozesse unterschiedlicher Reichweite

„‚How many years can a mountain exist, before it is washed into the sea', textete der amerikanische Liederschreiber Bob Dylan in seinem berühmten Song ‚Blowin' in the wind'. Eine Frage, die vor allem von Geomorphologen beantwortet wird und deutlich macht, dass die Physische Geographie einen langen Atem hat ... Wer Prozesse der Gebirgsentstehung und -erosion nachvollziehen will, muss sich mit der Plattentektonik beschäftigen. Vorgänge aus diesem Bereich zählen zu den langsamen Entwicklungen auf unserem Planeten und vollziehen sich in der Größenordnung von Milliarden oder Millionen von Jahren ...

Die Umgestaltung der natürlichen Umwelt durch menschliche Gruppen [stellt dagegen] einen über mehrere Jahrtausende ablaufenden Prozess dar ... Sicherlich haben schon die steinzeitlichen Menschen punktuell, beispielsweise durch Brände, ihre Lebensumwelt beeinflusst, aber erst mit dem Übergang von der aneignenden Wirtschaftsweise der Jäger und Sammler zur produzierenden bäuerlichen Lebensweise, welcher sich in Europa zwischen 9000 und 5000 v. Chr. vollzog, war der Mensch in der Lage, seine physische Umwelt dauerhaft – und zunehmend – zu verändern ...

Die Geowissenschaften ... [wenden) sich heute [auch] stärker einzelnen, mitunter „katastrophalen" Ereignissen zu wie Vulkankatastrophen, Tsunamis, Lawinen, Wirbelstürmen oder Sturmfluten. Auch in den humangeographischen Bereichen spielt die Untersuchung wirkungsmächtiger Einzelereignisse eine durchaus zunehmende Rolle. Dazu gehören Forschungen über die ‚Inszenierungs- und Eventkultur' einer postmodernen Freizeitgesellschaft ebenso wie Untersuchungen von raumbezogenen Auseinandersetzungen und Konflikten aus der Perspektive der Politischen Geographie."

Hans Gebhardt u. a.: Raum und Zeit. In: Hans Gebhardt u. a. (Hrsg.): Geographie. Physische Geographie und Humangeographie. Heidelberg: Spektrum Akademischer Verlag 2007. S. 33–35

14 Zyklische Strukturen in der Geographie

„In den Geowissenschaften folgen zahlreiche zeitbezogene Abläufe einer zyklischen Struktur, die im Kreislaufmodell gefasst werden können. Im so genannten Kreislauf der Gesteine (‚rock cycle') wird das Entstehen und Vergehen von Relief, das Aufschmelzen, die Anatexis, die Metamorphose und die Hebung sowie die Erosion und Abtragung in einem langfristigen, Millionen und Milliarden Jahre umfassenden Kreislauf verstanden ...
Auch bereits in der Frühzeit der Geomorphologie spielten zyklische Vorstellungen eine wesentliche Rolle. W.M. Davis entwickelte um 1900 seine Zyklenlehre der Landschaftsentwicklung, in der er von einem Jugend-, Reife- und Greisenstadium sprach. In ähnlicher Weise entwickelte Büdel in den 1950er-Jahren sein Konzept der Reliefgenerationen. Im heutigen Relief lassen sich seiner Konzeption folgend Formen erkennen, die unter anderen klimatischen Bedingungen gebildet wurden und mit tropischen Verhältnissen während des Tertiärs in Zusammenhang gebracht werden ...
Auch zahlreiche klimatische Abläufe werden mit zyklischen oder quasizyklischen Prozessen in Zusammenhang gebracht. Die bekanntesten sind wohl die Klimaschwankungen, die im Zusammenhang mit Sonnenfleckenzyklen, etwa dem elfjährigen ‚Schwabe-Zyklus' diskutiert werden ...
Zyklische Modelle spielen nicht nur in der Physischen Geographie eine Rolle, sondern auch in wichtigen Teilen der Humangeographie, insbesondere in der Wirtschaftsgeographie. So macht die Produktzyklushypothese die Aussage, dass industrielle Produkte nur eine begrenzte Lebensdauer besitzen und einen mehrphasigen Lebenszyklus durchlaufen, wobei sich beim Übergang von der Entwicklungs- und Einführungsphase, über die Wachstums-, Reife- bis zur Schrumpfungsphase die Produktions- und Absatzbedingungen verändern. Kurz: Im Laufe des Lebenszyklus´ eines Produkts verschiebt sich der betriebswirtschaftlich optimale Produktionsstandort."

Hans Gebhardt u.a.: Raum und Zeit. a.a.O. S. 36–38

15 Oberflächenformen als Durchgangsstadien eines zyklischen Prozesses

(Zyklenlehre der Landschaftsentwicklung von W.M. Davis, um 1900)

Aus Hans Gebhardt u.a.: Raum und Zeit. a.a.O. S. 38

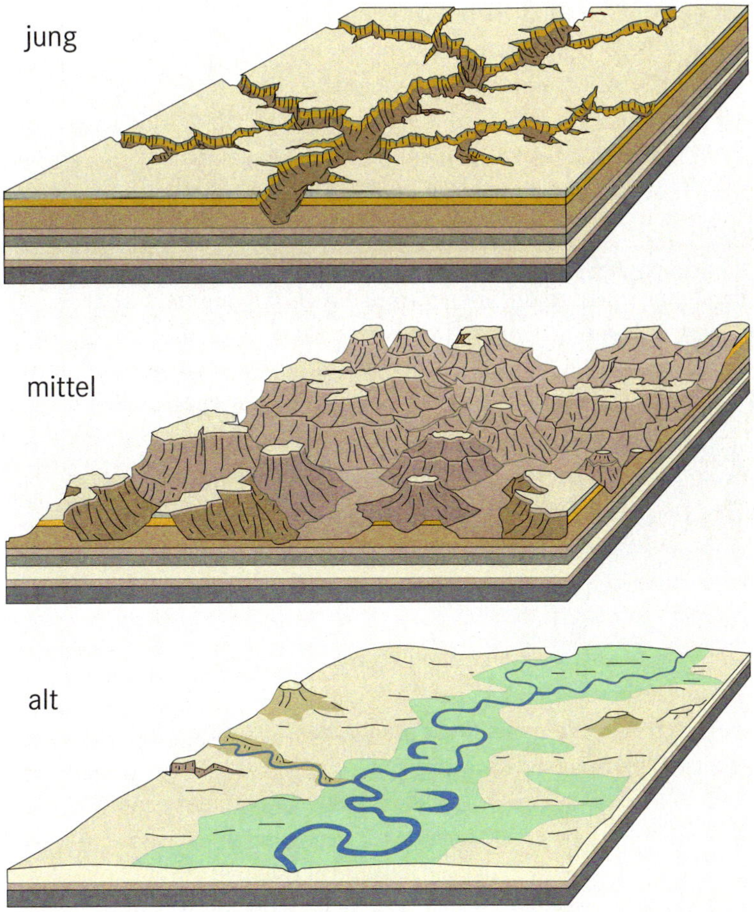

10 Arbeiten Sie aus Foto 12 und den Grafiken 15 die Bedeutung der Komponente Zeit für räumliche Prozesse heraus.

11 Charakterisieren Sie anhand von Quelle 13 räumliche Prozesse unterschiedlicher Reichweite.

12 Erstellen Sie aus den folgenden Kapiteln 1 bis 5 dieses Buches eine Liste mit Beispielen von geographischen Prozessen unterschiedlicher Reichweite.

13 Erläutern Sie zyklische Strukturen in der Geographie.

14 Überprüfen Sie, ob und wie Sie selbst zeitliche geographische Prozesse unterschiedlicher Reichweite wahrnehmen.

1 Geofaktoren, Geoprozesse, Geozonen: Das System Erde–Mensch

Seit der Mensch wirtschaftet, wirkt er verändernd auf die Erde ein. Besonders seit dem Beginn der industriellen Entwicklung geschieht dies mit zunehmender Dynamik.
Wir beeinflussen und belasten die Atmosphäre, wir verringern die Eismassen an den Polen, wir holzen Regenwälder ab oder verschmutzen Gewässer und Böden. Einsichten in diese Vorgänge zu gewinnen und aus ihnen Schlüsse für ein umweltbewusstes Handeln zu ziehen, ist eine notwendige Voraussetzung für einen nachhaltigen Umgang mit unserem Planeten.
Wir brauchen daher genauere Kenntnisse von dem System Erde–Mensch und seinen einzelnen Teilsystemen. Dabei muss man bedenken, dass ein System mehr ist als nur die Summe dieser Teilsysteme. Ganz wesentlich sind zwei Aspekte: Die einzelnen Elemente des Gesamtsystems stehen miteinander in Beziehung, sie bilden ein Netz von Wechselwirkungen. Und: Systeme sind immer dynamisch, das heißt, sie unterliegen Veränderungen. Das Systemdenken hilft uns, Strukturen und Regelmäßigkeiten in den Teilsystemen, den sogenannten Sphären, zu erfassen, aber auch die Zusammenhänge in und zwischen ihnen nachzuvollziehen und zu verstehen.
Diese Zusammenhänge zwischen den Teilsystemen des Systems Erde stehen im Mittelpunkt des folgenden Kapitels. Die Betrachtung geht dabei von den Wechselwirkungen zwischen einzelnen landschaftsprägenden Geofaktoren aus, ehe in einem zweiten Schritt deren Veränderungen durch menschliche Eingriffe am Beispiel ausgewählter Geozonen untersucht wird.

1 **Die Internationale Raumstation ISS (hier über Gibraltar) dient auch der Erforschung des Systems Erde–Mensch**

Fünf Schritte bis zum Ziel

Ziele

- die Landschaft als Beziehungsgeflecht von Faktoren erkennen sowie ihre Genese aus dem Zusammenwirken endogener und exogener Kräfte erklären
- atmosphärische Prozesse in ihren Grundzügen darstellen und das Regionalklima in Abhängigkeit von der geographischen Lage und dem Relief erklären
- den Wasserhaushalt, die Böden und die potenzielle natürliche Vegetation in ihrem Zusammenwirken mit Relief und Klima erklären
- ausgewählte Landschaftstypen als Ergebnis des Zusammenwirkens von Geofaktoren aufzeigen

1. Einstieg: Einführung in die Thematik und Problemstellung

- anhand eines Bildes und eines Modells Faktoren aufzeigen, die das Wesen einer Landschaft ausmachen
- den Einflussfaktor Mensch auf den Landschaftswandel thematisieren

2. Inhalte erarbeiten, exemplarische Untersuchungen durchführen

- Erarbeitung der im Einstieg angesprochenen Thematik mithilfe der Materialien
- Analyse natürlicher Prozesse im Landschaftsgefüge
- Untersuchung von Ursachen und möglichen Folgen des Landschaftswandels
- Vergleich von Landschaftstypen
- Anwendung spezifischer Methoden und Arbeitsweisen

3. Ergebnisse präsentieren

z. B. zu folgenden Themen:
- der Oberrheingraben im Konzept der Plattentektonik
- Wettererscheinungen beim Durchzug einer Zyklone
- die Lüneburger Heide – eine Kultursteppe unter Naturschutz

4. Ergebnisse individuell überprüfen

- z. B. die Bedeutung geologisch-tektonischer Vorgänge für den Menschen in einer Mindmap darstellen
- z. B. aus Wolkenformen Rückschlüsse auf mögliche Wettererscheinungen ziehen
- z. B. aus einer topografischen Karte wesentliche Inhalte zur Genese und zum Relief einer Landschaft herausarbeiten

5. Erworbene Kompetenzen anwenden

- z. B. andere Landschaftstypen der vorher behandelten Landschaft vergleichend gegenüberstellen
- z. B. Bewertung des menschlichen Einflusses auf das Landschaftsgefüge
- z. B. in einem Fließdiagramm Nutzungskonflikte und Landschaftsbelastungen darstellen

Kompetenzen erwerben:
- die Landschaft als Ausschnitt des Systems Erde erkennen,
- die Wechselwirkungen zwischen einzelnen Geofaktoren an Beispielen erläutern,
- den Einfluss des Menschen auf das Geofaktorengefüge einer Landschaft beschreiben,
- Zusammenhänge zwischen geologischen Prozessen und der Oberflächenformung am Beispiel des Oberrheingrabens darstellen,
- den Aufbau und die Zusammensetzung der Atmosphäre beschreiben,
- den Strahlungs- und Wärmehaushalt der Erde erläutern,
- die Atmosphärische Zirkulation in ihren Grundzügen darstellen,
- die Entstehung von Wolken und Niederschlag erklären,
- Großwetterlagen über Deutschland beschreiben,
- Wettererscheinungen beim Durchzug einer Zyklone erläutern,
- Klimadiagramme auswerten,
- den globalen Wasserhaushalt beschreiben,
- das Abflussregime eines Flusses am Beispiel des Rheins darstellen,
- eine topografische Karte interpretieren.

1 Realer Landschaftsausschnitt: Küstenlandschaft auf den norwegischen Lofoten

1.1 Landschaft – ein komplexes Beziehungsgeflecht

Wenn wir im Alltag von „**Landschaft**“ sprechen, entstehen in aller Regel positive Assoziationen, etwa von der „grandiosen Landschaft“, die wir im Urlaub in den Alpen oder Rocky Mountains oder an einer Mittelmeerküste gesehen haben. Dabei ist oft eine Verknüpfung mit dem Begriff Natur selbstverständlich, z. B. bei Wiesen, durch die sich ein Bach schlängelt, oder bei Wäldern, die Bergrücken oder Hänge bedecken. Der Begriff Landschaft kann aber auch komplexer für einen Natur- und Kulturraum verwendet werden, beispielsweise für das Limburger Becken oder das Oberrheinische Tiefland.

Geographisch verwendet man den Begriff Landschaft für einen Teil der Erdoberfläche. Ein solcher Ausschnitt wird durch das Zusammenwirken verschiedener **Geofaktoren** wie Relief, Wasser, Boden, Klima geprägt. Hierdurch entsteht die Wahrnehmung eines einheitlichen Erscheinungsbilds, das wir als **Naturlandschaft** bezeichnen. Da der Mensch durch seine Aktivitäten – Wirtschaften, Siedeln, Verkehrswege errichten etc. – auf die Naturlandschaft einwirkt, hat er sie bis heute weitgehend zur **Kulturlandschaft** umgewandelt.

2 Die Sphären des Systems Erde und ihr Zusammenwirken

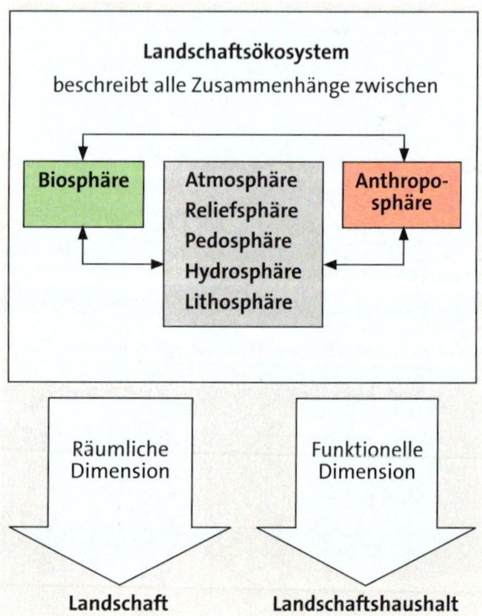

3 Modell der Landschaft

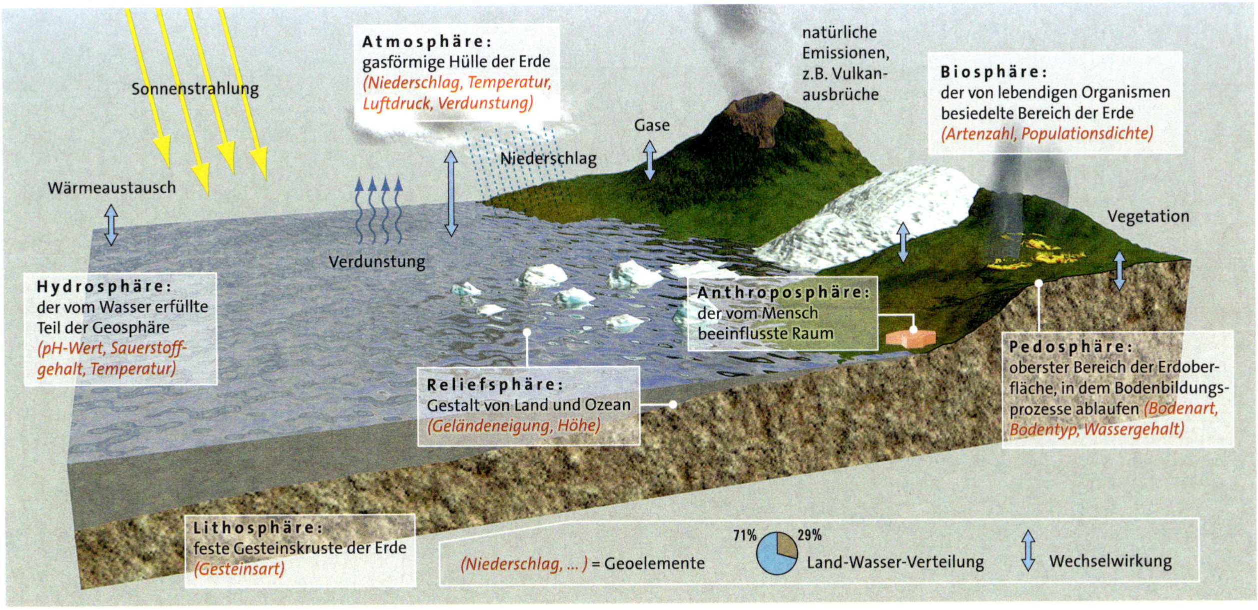

Landschaft im Wandel

Veränderungen gehören zum Wesen unseres Planeten: Kontinente werden bewegt, Gebirge entstehen und werden abgetragen, Klimazonen verschieben sich. Diese Veränderungen laufen allerdings in so langen Zeiträumen ab, dass sie während eines Menschenlebens kaum wahrnehmbar sind.

Der Landschaftswandel kann sich auch in viel kürzeren Zeitabschnitten vollziehen. Veränderungen der Landschaft, in der wir leben, können wir an vielen Stellen und fast täglich beobachten.

Vor allem seit der Industriellen Revolution hat das Maß menschlicher Einflussnahme stark zugenommen, wobei sich bis heute das Tempo der Eingriffe und Einwirkungen nahezu beständig verschärft hat. Flächenverbrauch für Siedlungen, Industrie und Verkehr, Rodungen für Agrarflächen zur Ernährung einer wachsenden Bevölkerung, Ausstoß von Emissionen, Veränderungen der Oberflächengewässer durch Flussbegradigungen oder Staudammbau, Wasserverbrauch und Wasserbelastung durch die Landwirtschaft usw. – gesellschaftliche, wirtschaftliche und technische Entwicklungen beeinflussen die einzelnen Sphären und ihre Geofaktoren. So entstehen neue Kulturlandschaften, die in der Folge immer weiteren Wandlungen unterworfen sind.

Damit kommt den Vorgängen in der **Anthroposphäre** in den letzten 200–250 Jahren eine besondere Bedeutung zu.

Geofaktoren
Klima, geologischer Bau, Boden, Oberflächenformen, Wasser, Tier- und Pflanzenwelt

Geoelemente
Zum Beispiel: Niederschlag, Temperatur, Luftdruck, Verdunstung, Gesteinsart, Bodenart, Bodentyp, Geländeneigung, Höhe, pH-Wert, Artenzahl, Populationsdichte

1 Beschreiben Sie an einem ausgewählten Beispiel Zusammenhänge zwischen einzelnen Sphären im Modell der Landschaft (Grafik 3).

2 Vergleichen Sie das Modell mit der realen Landschaft (Foto 1), indem Sie Aussagen des Modells auf die norwegische Küstenlandschaft anwenden.

3 Stellen Sie an einem ausgewählten Beispiel Veränderungen im Landschaftsbild Ihrer Heimatregion dar.

4 Gefährdung ausgewählter Tier- und Pflanzenarten

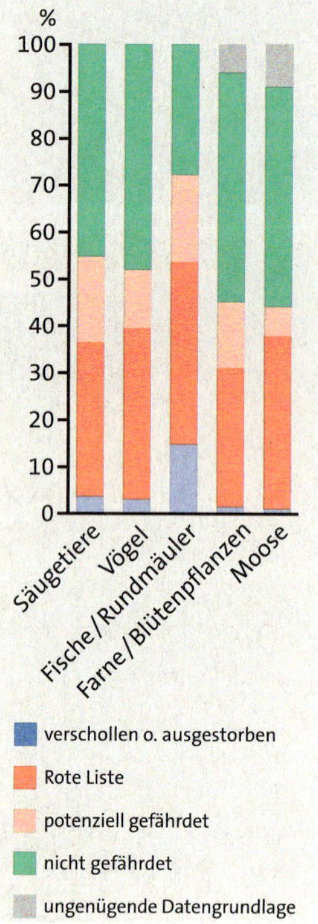

5 Geschätzte Veränderung der Flächenanteile der fünf Hauptökosysteme der mitteleuropäischen Kulturlandschaft

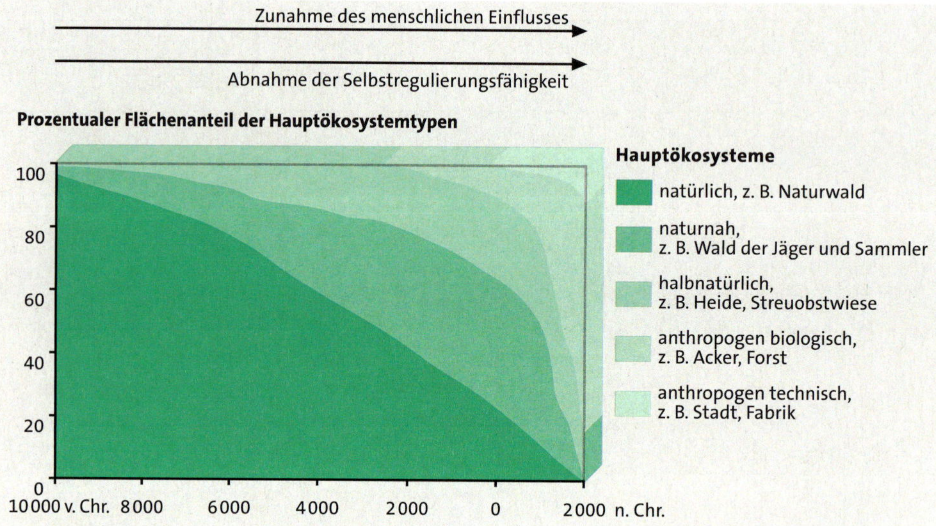

Ökosystem
Ein Wirkungsgefüge, das sich aus biotischen (lebenden) und abiotischen (unbelebten) Faktoren zusammensetzt, die untereinander sowie mit ihrer Umwelt in energetischen und stofflichen Wechselwirkungen stehen.

Einflussfaktor „Mensch"

6 Der Mensch – ein Krebsgeschwür?

„Die Erde ist ein Organismus, in dem Pflanzen, Tiere und Menschen wie Zellen sind. Jede winzige Kleinigkeit in diesem Organismus hat seine bestimmte Aufgabe zu erfüllen, und nur wenn das stets in guter Harmonie übereinstimmt, lebt, blüht und gedeiht dieser Organismus. Der technische Zivilisationsmensch mit seiner zwanghaften Manie, Natürliches zu verdrängen, zu vermeiden und zu zerstören, um es durch gigantisches Wachstum von Unnatürlichem zu ersetzen, hat fatale Ähnlichkeit mit Krebs! Seit diese Geisteskrankheit wuchert und wuchert, breiten sich ihre Folgen wie Metastasen über die Erde aus. Indianer sagen das seit mehr als dreihundert Jahren. Man kann es nachlesen. Aber wie sollte man einem Tumor begreiflich machen, dass gerade das, was er für einen großartigen Erfolg hält, in Wirklichkeit Selbstmord ist!"

zit. nach: F. Vester: Leitmotiv vernetztes Denken – Für einen besseren Umgang mit der Welt, München: Heyne 1988, 2. Aufl., S. 13 f.

Noch 1960 betrachtete man die Landesnatur im Wesentlichen als das natürliche Potenzial für den Wirtschafts- und Gestaltungsprozess des Menschen. Man sprach demgemäß von der „Inwertsetzung" von Räumen durch den Menschen. Ohne Zweifel hat eine solche Formulierung fünf Jahrzehnte später einen schalen Beigeschmack, klingt sie doch ausschließlich nach einer ökonomischen Betrachtungsweise des Natur- bzw. Landschaftsraums durch den Menschen, nach einer Bewertung der Naturraumpotenziale und -ressourcen nach dem wirtschaftlichen Nutzen. Deutlicher als damals sind uns ökologische Grenzen des Wachstums bewusst geworden, ist die Einsicht gewachsen, dass Zukunftsfähigkeit nur erreicht werden kann, indem die natürlichen Lebensgrundlagen erhalten und Ressourcen geschont werden.
In diesem Zusammenhang wird es immer wichtiger, dass der Mensch bei der Betrachtung, Planung und Nutzung seiner Umwelt eindimensionales Denken aufgibt und die Wechselwirkungen in den Systemen der Natur ebenso erkennt wie die Vernetzungen der Systeme untereinander. Nur das Erkennen der Vielfalt verhindert einseitige Konzepte und Scheinlösungen, die zu unbeabsichtigten und unerwünschten Wirkungen führen.

Material
Landschaftsgenese
104109-1101

7 Hauptentwicklungsetappen der mitteleuropäischen Kulturlandschaft

Landschaftswandel	
	Naturlandschaft, meist bestehend aus Laubmischwäldern
Jäger und Sammler	– nicht sesshafte, nomadisierende Stammesgemeinschaften – Jagen und Sammeln – einfachste, nicht feste Unterkünfte – Gebrauch des Feuers – Siedlungsgebiete meist an Flüssen und Seen
Agrargesellschaft	**ca. 6000 v. Chr.** – Sesshaftwerdung des Menschen – Bau von festen Siedlungen; Dorfformen entstehen – Ackerbau und Viehzucht – naturnahe Landwirtschaft – flächenhafte Rodungen – Gründung von Städten – Ausbau der Verkehrswege – zunehmender Raubbau am Wald – erste Wiederaufforstungen – Abbau von Bodenschätzen
Industriegesellschaft	**ca. 1800 n. Chr.** – intensive Landwirtschaft – Industrialisierung – rasches Wachstum der Städte – Entstehung von Industriegebieten – zunehmende Flächenversiegelung – wachsende Umweltverschmutzung – flächendeckende Verkehrsnetze
Dienstleistungsgesellschaft	**nach 1945** – Zunahme des Flächenverbrauchs durch Städte, Verkehrs-, Industrie- und Entsorgungsanlagen – Abnahme der landschaftlichen Vielfalt durch Vergrößerung der Ackerflächen – drastischer Rückgang der Artenvielfalt – Zunahme künstlich gestalteter Umwelt

8 Entwicklungsetappen im Bild

4 Arbeiten Sie mit den Grafiken 5 und 7:
a) Beschreiben Sie die Veränderung der Flächenanteile der fünf Hauptökosysteme.
b) Begründen Sie die Veränderungen.

5 Stellen Sie anhand der Materialien 7 und 8 zentrale Aspekte des Landschaftswandels dar.

6 Bewerten Sie die Aussage des Indianerhäuptlings der Oneida-Irokesen Bruce Eliah (Text 6).

TERRA **METHODE**

Modelle sind abstrakte Abbildungen der Realität. Ihre Aufgabe liegt darin, das Regelhafte in Zuständen oder Prozessen zu erfassen. Indem sie komplexe Sachverhalte vereinfacht darstellen, lassen sich sowohl Einzelaspekte als auch Zusammenhänge besser erkennen.
So ermöglichen sie auch, Prognosen über zukünftige Entwicklungen in dem modellhaft erfassten Ausschnitt der Realität zu erstellen. Und diese Prognosen zeigen eventuell Möglichkeiten auf, wie die zukünftigen Entwicklungen sinnvoll gesteuert werden können.
Doch Vorsicht: Das Modell einer Landschaft wie in Grafik 9 hilft zwar, Strukturen dieses Ausschnitts aus dem System Erde begreifbar zu machen, aber es ist kein exaktes Abbild der Realität. Ein Modell ist immer von dem subjektiven Reduzieren dessen beeinflusst, der es unter seinen eigenen Akzentsetzungen entwirft.

Mit Modellen arbeiten

1. Schritt: Formulierung einer Leitfrage

Ausgangspunkt ist ein komplexer Sachverhalt mit Strukturen und Prozessen, die beschrieben und erklärt werden sollen. Dabei hilft eine Leitfrage.

Beispiel Grafik 9:
„Welche wesentlichen natürlichen Elemente stehen beim System Landschaft in welchen Wechselwirkungen und wie reagieren sie auf mögliche Einflussnahmen von außen?“

2. Schritt: Modellbeschreibung

Es geht um das Erfassen dessen, was im Modell dargestellt ist, um die Grundaussagen und wesentlichen Merkmale.

Beispiel Grafik 9:
„Welche Strukturen und Prozesse sind im Modell des Landschaftshaushalts zu erkennen? Wie stehen einzelne Elemente in Wechselbeziehungen?“

3. Schritt: Modellerklärung

Mithilfe bisher erworbener Kenntnisse und eventuell unter Hinzuziehung weiterer Informationsquellen werden Ursachen für einzelne Kernaussagen des Modells ermittelt und erklärt.

Beispiel Grafik 9:
„Welche zentrale Rolle kommt den Pflanzen im Mineral- und Wasserhaushalt zu?“

4. Schritt: Überprüfung der Modellaussagen

Die Aussagen des Modells über regelhafte Strukturen oder Vorgänge werden mit der tatsächlichen Situation, mit der Realität, verglichen. Dabei kann auch bewertet werden, ob das Modell zur Klärung der Ausgangsfrage eine Hilfe war.

Beispiel Grafik 9:
„Kann man die Kernaussagen dieses Modells zu regelhaften Strukturen und Prozessen auf Fallbeispiele anwenden?“

9 Strukturen und Prozesse im Modell des Landscha

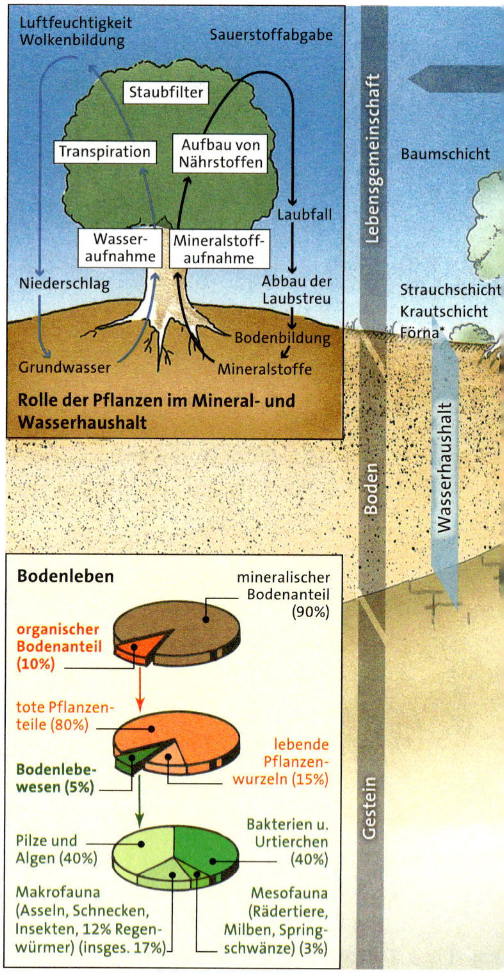

10 Von der Realität zum Modell

Nach H. Leser (Hrsg.): Handbuch des Geographieunterrichts, Band 1

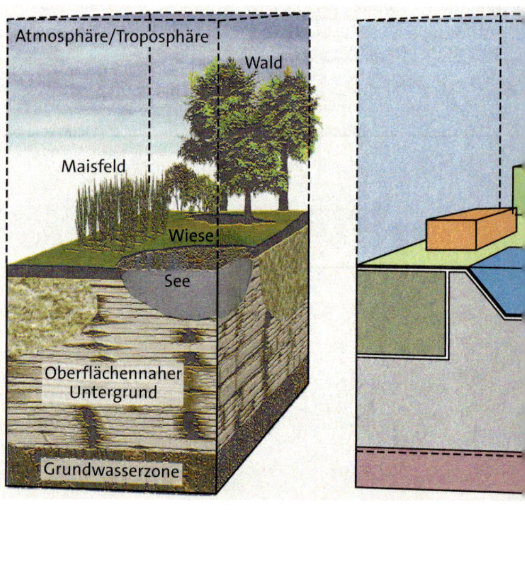

haushalts

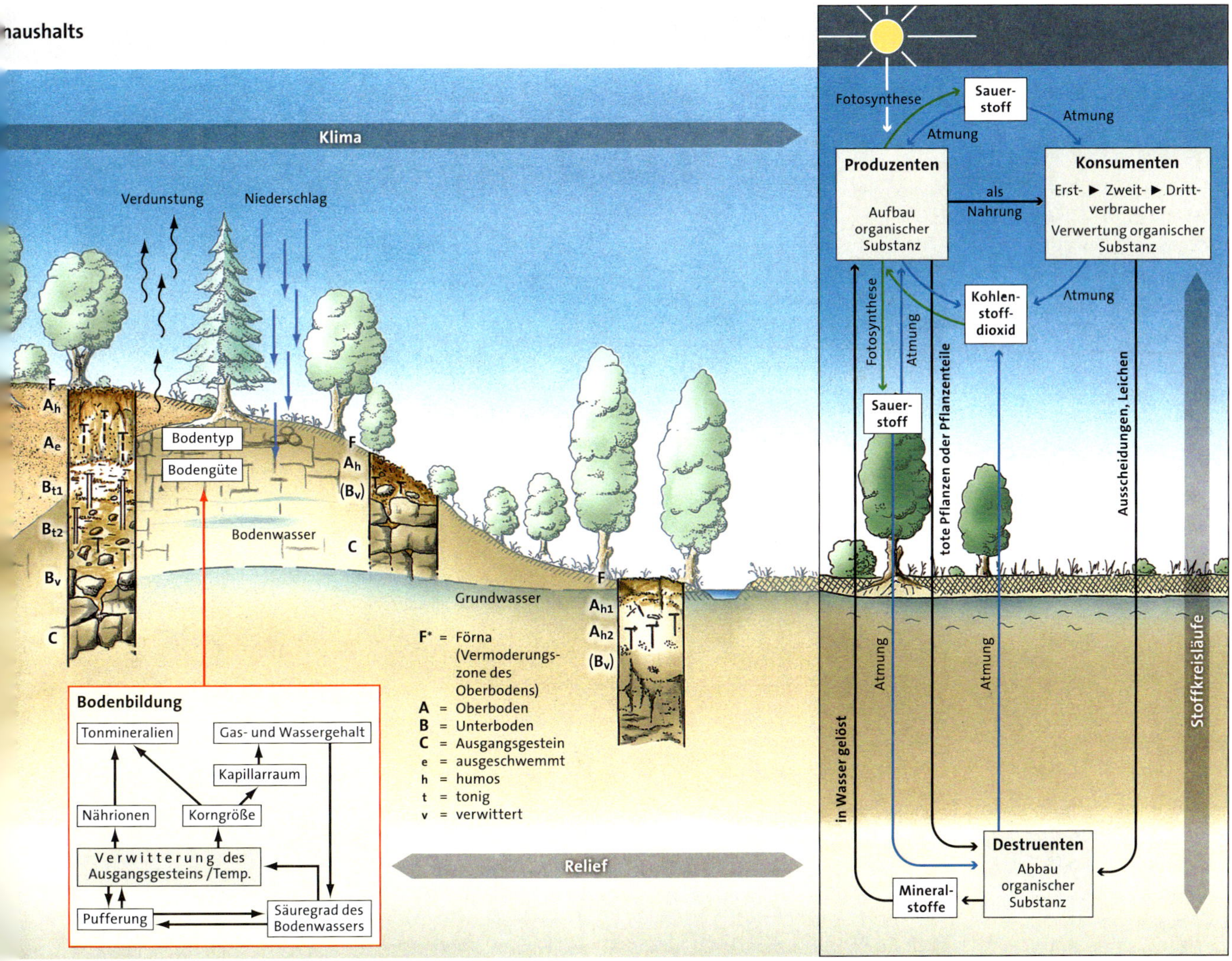

mwelt – Geoökosysteme und Umweltschutz. Köln: Aulis 1997, S. 29

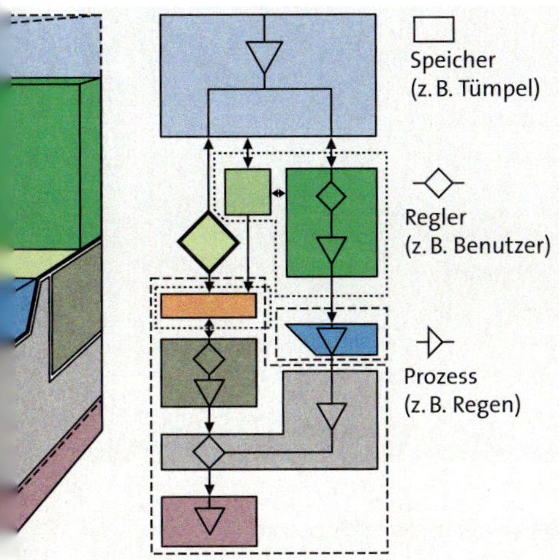

7 Beschreiben Sie wichtige Elemente und Prozesse im Modell des Landschaftshaushalts.

8 Erklären Sie anhand des Modells
- die Rolle der Pflanzen im Wasser- und Mineralhaushalt,
- den Wasserhaushalt in diesem Landschaftsausschnitt,
- die Folgen einer Rodung auf der Anhöhe bzw. am Hang,
- die Folgen einer Absenkung des Grundwasserspiegels im Tal.

Das Gebiet des Oberrheingrabens und des Südschwarzwaldes gehört zu den seismisch aktivsten Regionen Deutschlands. Verwerfungen sind Zeugnisse von anhaltenden tektonischen Bewegungen in der Erdkruste. Um etwa 0,1 bis 0,6 mm sinkt der Oberrheingraben jährlich gegenüber dem Schwarzwald ab und wird dabei jedes Jahr etwa 0,5 mm breiter. Womit lassen sich solche Ereignisse und Vorgänge erklären? Entsteht hier ein neuer Ozean?

Unruhige Erde: Fallbeispiel Oberrheingraben

11 Oberflächengestalt des Oberrheingrabens

12 Erdbeben im Schwarzwald

„Frankfurt/Paris (rpo). Schreck am frühen Sonntagmorgen für viele Menschen im Südwesten Deutschlands: Ein starkes Erdbeben ließ im Breisgau und in angrenzenden Gebieten Frankreichs den Boden wackeln. Bei den Polizeidienststellen gingen hunderte besorgte Anrufe ein.

Die Auswirkungen waren auch in der Schweiz, im Elsass und in Stuttgart spürbar. Das Beben von 2.52 Uhr hatte nach Angaben des Landesamtes für Geologie in Freiburg eine Stärke von 5,4 auf der Richterskala. Sein Epizentrum lag in der Nähe von Waldkirch im Breisgau. Viele Menschen wurden durch die Erschütterungen aus dem Schlaf gerissen. Allein in Emmendingen gingen innerhalb einer Viertelstunde 120 Notrufe ein ... Das Beben ereignete sich in zwölf Kilometern Tiefe und ist ... ein normales Ereignis im Oberrheingraben, wo die Erdkruste eingebrochen ist und sich über Jahre Spannungen aufbauen. Dabei treffen aber nicht wie in Japan oder Kalifornien zwei Erdplatten aufeinander."

Rheinische Post vom 05.12.2004, Düsseldorf, auf: www.rp-online.de/public/article/nachrichten/journal/umwelt/deutschland/71053, Nov. 2005

13 Verwerfung im Oberrheingraben

14 Seit 1970 im südlichen Oberrheingraben registrierte Erdbeben

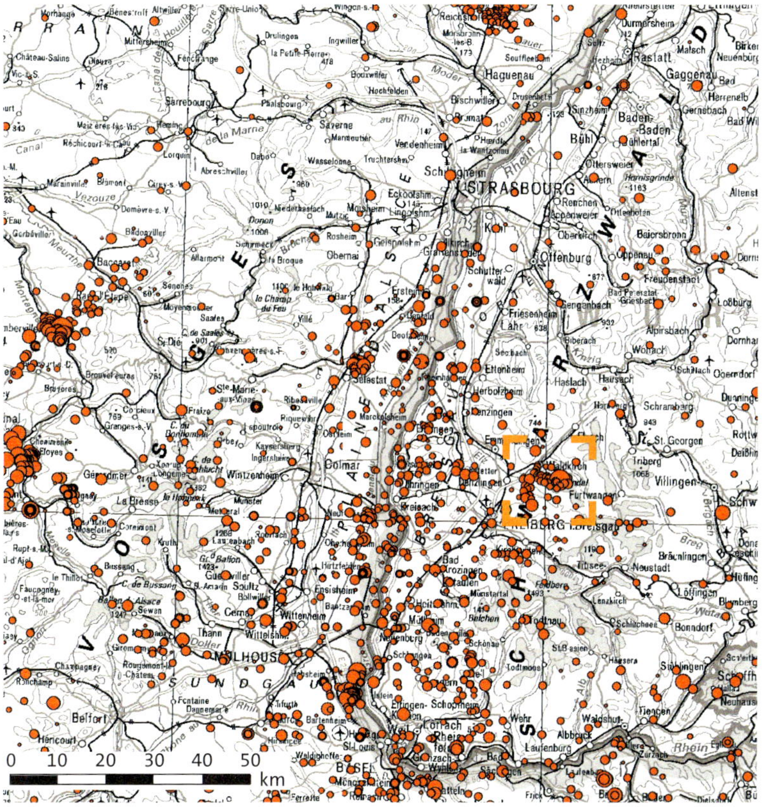

15 Der Oberrheingraben

„Als Graben bezeichnet der Geologe eine Bruchstruktur, in der ein lang gestreckter, keilförmiger Körper gegenüber seinen Flanken abgesunken ist ...

An der Erforschung des Oberrheingrabens haben sich viele Generationen von Geowissenschaftlern beteiligt. In den beiden letzten Jahrzehnten ist das Interesse an seiner Entwicklung besonders stark angestiegen. Das erklärt sich aus der Erkenntnis, die erst in allerjüngster Zeit Allgemeingut geworden ist, dass nämlich ein neu entstehender Ozean mit einem Graben-Stadium beginnt. Aus der Untersuchung von Gräben können wir daher Gesetzmäßigkeiten über das frühe Stadium des Zerbrechens von Kontinenten und die Entstehung von Ozeanen ableiten."

Reinhard Pflug: Bau und Entwicklung des Oberrheingrabens. Darmstadt: Wissenschaftliche Buchgesellschaft 1982, S. 1f.

16 Schematische Darstellung einer Grabenbildung

H = Horst und G = Graben; die Pfeile zeigen die Bewegungen der Schollen an

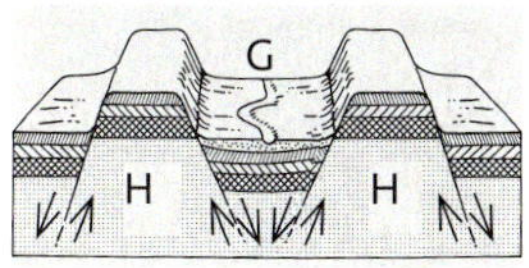

17 **Plattentektonik: Plattenbewegungen und Plattengrenzen**

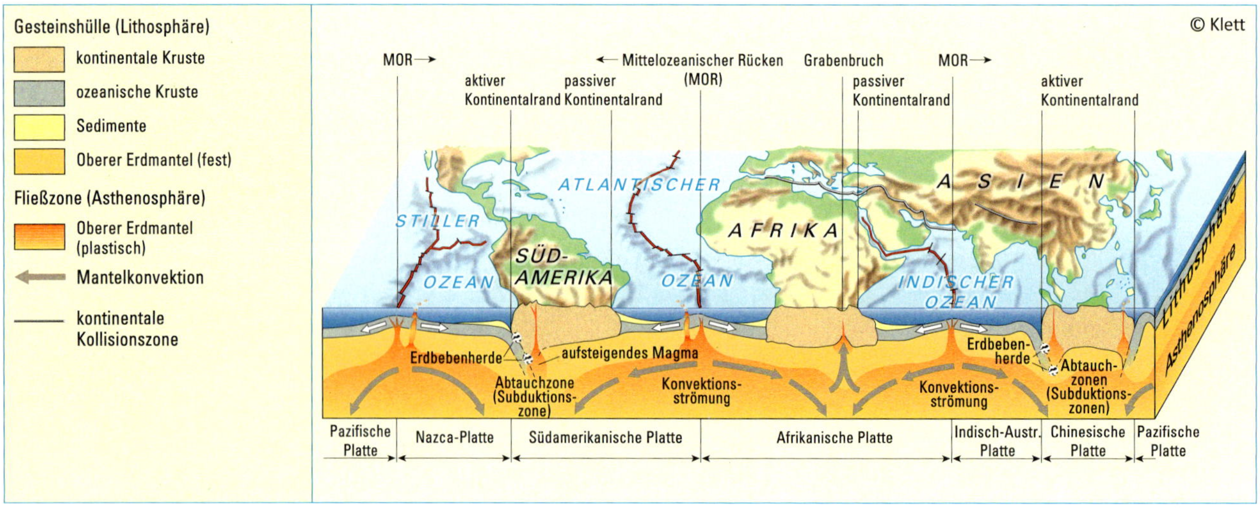

18 **Schematische Darstellung der drei Arten von Plattengrenzen**

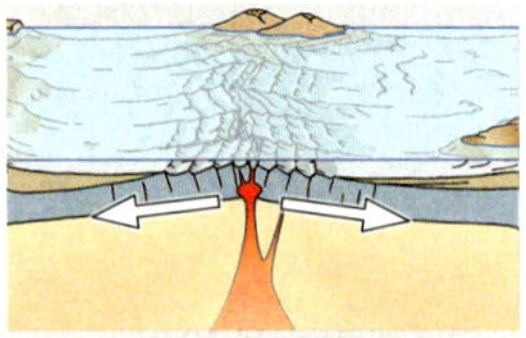

Divergierende Plattengrenze: Mittelozeanischer Rücken

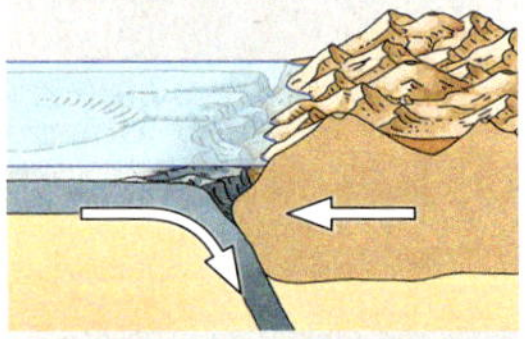

Konvergierende Plattengrenze: Subduktionszone oder Kollisionszone

Konservierende Plattengrenze: Transformstörung

Von der Kontinentverschiebung zur Plattentektonik

Der deutsche Meteorologe und Polarforscher Alfred Wegener trat im Jahre 1912 erstmals mit seinen Gedanken über Verschiebungen von Kontinenten an die Öffentlichkeit. Er ging davon aus, dass es ursprünglich nur einen Urkontinent gegeben habe: Pangäa. Die heutige Lage der Kontinente und Ozeane sei Ergebnis von horizontalen Bewegungen von Teilen dieses vor Jahrmillionen zerbrochenen Urkontinents. Seine Gedanken stießen bei den führenden Geologen der damaligen Zeit zunächst auf Ablehnung. Sogar als „Phantasiegebilde“ oder „Hindernis für die Forschung“ wurden sie bezeichnet. Die wissenschaftlichen Vorstellungen gingen damals davon aus, dass sich die Lage der Kontinente und Ozeane im Laufe der Erdgeschichte nicht verändert hat. Wegeners Vermutungen stützten sich auf seine Beobachtungen der Umrisse der Kontinente, die sich stellenweise wie Teile eines Puzzles zusammenfügen lassen. Mit einer Fülle von Indizien gelang es ihm, die frühere Existenz eines solchen Urkontinents nachzuweisen. 1927 wurde im Bereich der Kontinente eine Grenzfläche (Diskontinuität) zwischen einer oberen, weniger dichten Kruste und einer dichteren unteren Kruste entdeckt. Wegener ging nun davon aus, dass sich die Kontinente auf der unteren Kruste horizontal bewegen. Ein

19 **Paläomagnetisches Streifenmuster an einem Mittelozeanischen Rücken**

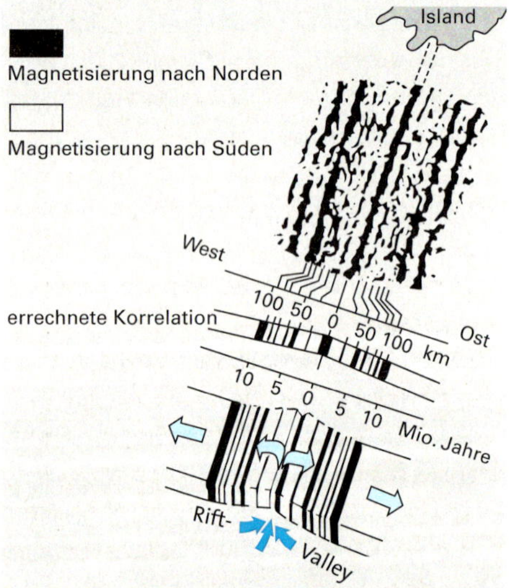

Nachweis der Kräfte für diese gewaltigen Bewegungen gelang ihm jedoch nicht.

Die Theorie der Plattentektonik. Erst die großflächige Vermessung und Erkundung der Ozeanböden in den 1960er-Jahren lieferte die Daten für die Formulierung einer neuen Theorie – der von der **Plattentektonik**. Zu den wichtigsten Forschungsergebnissen gehören:

Material

Schalenbau der Erde

104109-1102

20 **Platten, Vulkan- und Erdbebengebiete der Erde**

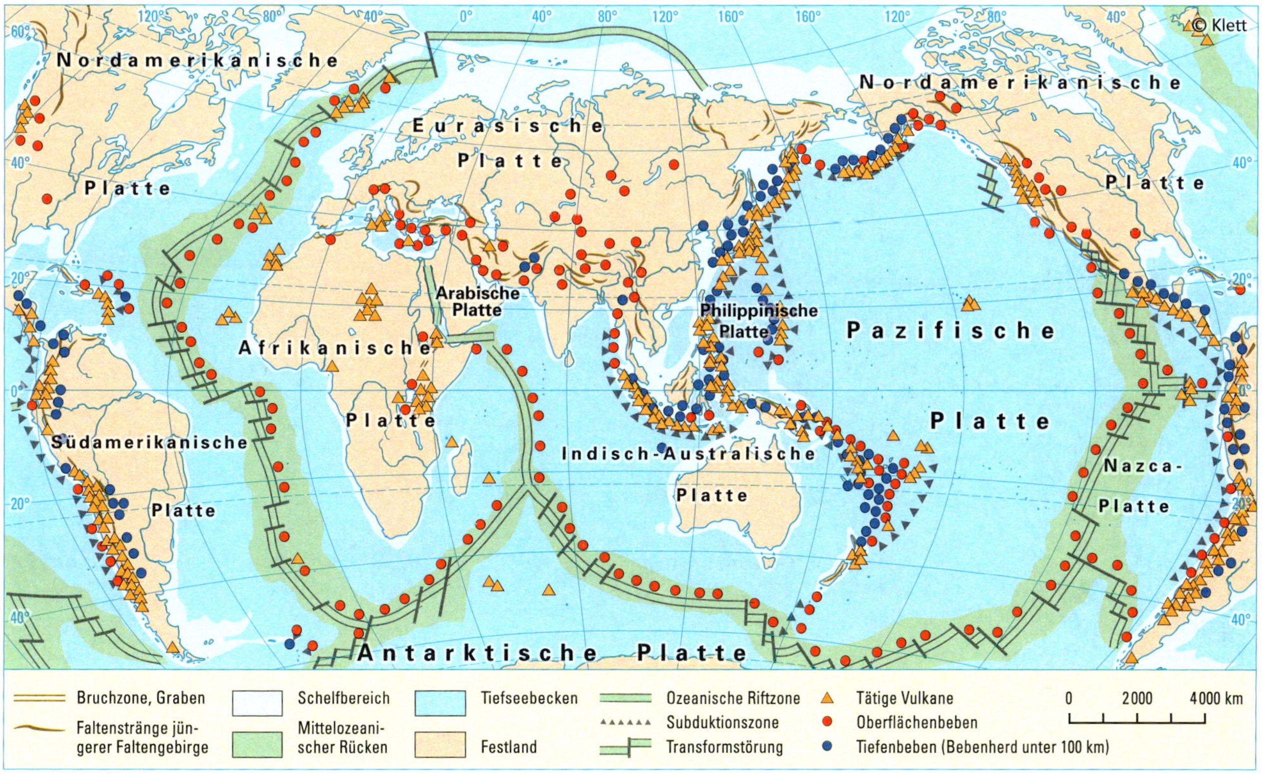

- der Nachweis lang gestreckter Mittelozeanischer Rücken mit zahlreichen Spaltensystemen und Riftzonen (Gräben) im zentralen Bereich;
- die Entdeckung parallel und spiegelbildlich-symmetrisch verlaufender magnetischer Streifenmuster der ozeanischen Kruste mit abwechselnder positiver und negativer Magnetisierung (Abb. 19). Daraus schlussfolgerte man, dass das Alter der Gesteine von den Riftzonen zu den Kontinenten hin zunimmt;
- die Formulierung der „Sea-floor-spreading"-Hypothese, wonach sich die Gesteinshülle der Erde (Lithosphäre) aus einem Mosaik von Platten zusammensetzt, die sich passiv auf einer plastischen Zone im Oberen Erdmantel (Asthenosphäre) bewegen. Die in den mittelozeanischen Rücken entstehende ozeanische Kruste wird bei der Abkühlung nach der jeweiligen Polarität des Erdmagnetfeldes magnetisiert und driftet zu beiden Seiten vom Rücken weg. Entlang der Ränder des Pazifiks wird im Bereich der Tiefseegräben ozeanische Kruste in Subduktionszonen wieder verschluckt. Die schwerere basaltische ozeanische Kruste taucht unter die spezifisch leichtere kontinentale Kruste ab und wird im Erdmantel wieder aufgeschmolzen;
- die Entdeckung zahlreicher Erdbebenherde rund um den Pazifik, die auf einer schräg abtauchenden Fläche angeordnet sind.

Alfred Wegener:

01.11.1880: in Berlin geboren

1900–1904: Studium der Naturwissenschaften

1909–1919: Privatdozent in Marburg

1919–1930: Professor in Hamburg und Graz

1906/1908, 1912/1913, 1929/1930: drei Grönlandexpeditionen

Nov. 1930: Tod auf dem Inlandeis in Grönland

9 Erstellen Sie eine Tabelle mit den Typen von Plattenrändern und ordnen Sie jeweils räumliche Beispiele zu.

10 Vergleichen Sie die Auffassungen von Alfred Wegener mit denen der Plattentektonik.

11 Begründen Sie die Verbreitung von Tiefen- und Oberflächenbeben in Karte 20.

21 Stressfeld Mitteleuropa

Nach Günter Olbert: Geologie. Die Wissenschaft von der Erdgeschichte. Arbeitshefte für die Sek II. Stuttgart: Klett 1980, S. 45

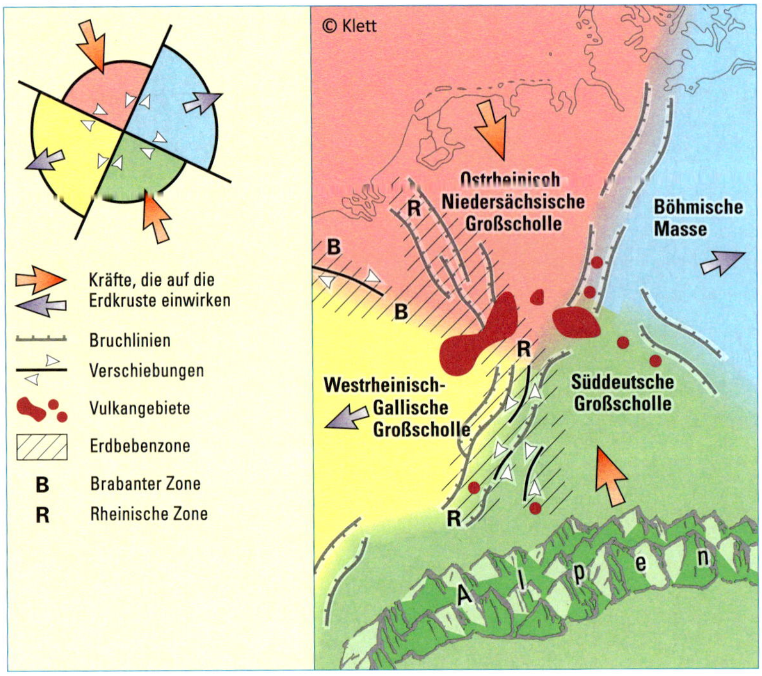

23 Südteil des westeuropäischen Riftgürtels (vgl. Karte 21)

Gerhard H. Eisbacher: Einführung in die Tektonik. Heidelberg: Elsevier GmbH/Spektrum Akademischer Verlag 1991, S. 206

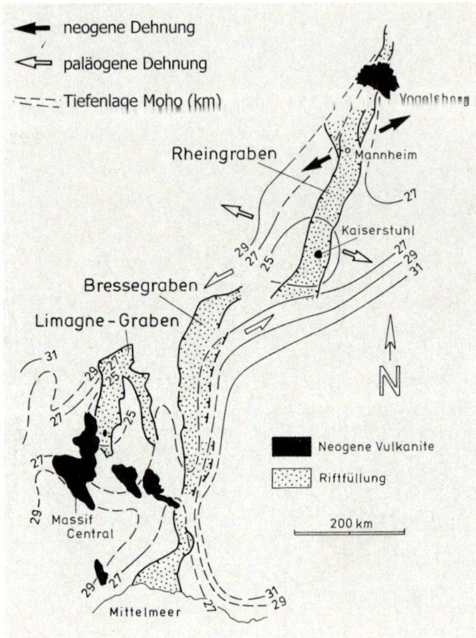

22 Geologische Tourismuswerbung

„Die Gegend um den Kaiserstuhl ist bis heute die wärmste Gegend Deutschlands. Viele schätzen den guten Wein aus dem sonnigen Südbaden! Aber nur wenige wissen, dass der Kaiserstuhl ein erloschener Vulkan ist. Sie haben auf dieser Wanderung Gelegenheit ... die Ausbruchsphasen des Kaiserstuhls mit zu verfolgen ...
Für jeden – also auch für den Laien – werden [hier] die geologischen Prozesse anschaulich und verständlich ...“

www.geoexx.de/html/kaiserstuhl.html, Autor: Martin Ernst, Nov. 2005

Der Oberrheingraben im Konzept der Plattentektonik

Großräumige Plattenbewegungen wirken sich bis heute auch in Europa aus. Ursache sind entgegengesetzt wirkende Druckkräfte zwischen Atlantik und Alpenraum. Mit der Öffnung des Mittelatlantischen Rückens wirken Kräfte aus Nordwesten auf die Rheinzone ein. Die Bewegung der Afrikanischen Platte auf die Eurasische Platte verursacht Druckkräfte aus Südosten. Dadurch entsteht ein sogenanntes Stressfeld mit Verwerfungen und horizontalen Verschiebungen.

Der Oberrheingraben ist dabei lediglich Teilstück eines teilweise unterbrochenen Bruch- und Grabensystems, welches sich vom Mittelmeer bis nach Norddeutschland/in die Niederlande erstreckt. Geologen sprechen von einer Mittelmeer-Nordsee-Zone, die Westeuropa von der Eurasischen Platte trennt.

Nach Norden besteht eine Verbindung zur Hessischen Senke und zur Niederrheinischen Bucht. Im Süden stößt der Oberrheingraben an den Schweizer Faltenjura. Hier befindet sich eine alte Transformstörung, die ihn mit dem Bresse-Graben verknüpft, der in den Mittelmeerraum überleitet.

Plattentektonisch stellt der Oberrheingraben eine geologisch junge kontinentale Riftzone dar. Ob sich daraus eine richtige Plattengrenze entwickelt oder die Grabenbildung im Embryonalstadium stecken bleibt, werden die nächsten zehn bis 20 Mio. Jahre zeigen.

12 Der Oberrheingraben aus plattentektonischer Sicht:

a) Erklären Sie die Erdbebenhäufigkeit und den tertiären Vulkanismus im Oberrheingraben aus plattentektonischer Sicht.
b) Vergleichen Sie die geologischen Strukturen zwischen dem Oberrheingraben und dem Roten Meer (Atlas).
c) Das westeuropäische Grabensystem ist Ergebnis großräumiger Plattenbewegungen. Erklären Sie diese These.

13 Beschreiben Sie den Öffnungs- und Schließungsprozess im Plattentektonischen Zyklus (Online-Link 104109-1103).

Material
Plattentektonischer Zyklus
104109-1103

Material
Geologische Zeittafel
104109-1105

24 Plattenbewegungen und Grabenbildung

„Das Auseinanderdriften zweier Platten entlang einer divergenten Plattengrenze, die die kontinentale Lithosphäre durchschneidet, beginnt, wenn die Kruste und ihr darunter liegender Mantel gedehnt und damit verdünnt werden. In langen, schmalen Zonen bilden sich Störungen aus. Innerhalb dieser Zonen sinken die gestörten Krustengesteine unterschiedlich ab und bilden große, schräg gestellte Blöcke. Da der obere Teil des Mantels an den Dehnungen beteiligt ist, steigt Material von seinen tieferen Schichten auf und nimmt dort Platz. (Das heißere und leichter dehnbare Stockwerk wird Asthenosphäre genannt.) Auf diese Weise erhöht sich der Wärmefluss innerhalb der Lithosphäre. Die Folge ist ein partielles Aufschmelzen des Mantels und ein charakteristischer Vulkanismus ...
Manchmal endet die Divergenz nach einer Dehnung von einigen Dutzend Kilometern, sodass Zonen mit verdünnter, kontinentaler Kruste als isolierte Narben in den Kontinenten verbleiben. Einige junge, noch aktive Beispiele sind der Oberrheingraben und die mit ihm verknüpften Gräben in Mitteleuropa, das Ostafrikanische Grabensystem und der Rio-Grande-Graben im Südwesten der USA. Ältere Beispiele sind der Oslo-Graben in Südskandinavien, etwa 280 Millionen Jahre alt, das Keweenawan-Rift im mittleren Teil der USA mit einer Milliarde Jahren sowie das Athapuscow-und das Bathurst-Rift im Nordwesten Kanadas mit über zwei Milliarden Jahren.
In anderen Fällen hält das Auseinanderrücken länger an. Die Kruste verdünnt sich dadurch noch stärker, bis schließlich zwei Teilblöcke kontinentaler Kruste und ein neues ozeanisches Becken entstehen, das von einer sich ausweitenden ozeanischen Kruste unterlagert wird. Jedes Randgebiet der kontinentalen Kruste entfernt sich von dieser Zentralspalte und mit ihm der heiße obere Mantel. Mit der Zeit kühlt dieser heiße obere Mantel ab und kontrahiert ..., wodurch sich die Kruste absenkt. Inzwischen werden die Störungen inaktiv, die das Dehnen und Verdünnen der Kruste begleiten. Sedimente bilden mächtige Ansammlungen über der ausgedünnten, abgesunkenen Kruste. Sie sammeln sich auch am Übergang von kontinentaler zu ozeanischer Kruste und bilden so einen charakteristischen Kontinentalrand aus (passiver Kontinentalrand genannt), der viele ozeanische Becken begrenzt.“

B. Clark Burchfield: Die kontinentale Kruste. In: Reinhart Kraatz (Hrsg.): Die Dynamik der Erde. Heidelberg: Spektrum der Wissenschaft-Verlag 1988, S. 85f

Moho = Mohorovičić-Diskontinuität:
Grenze zwischen Erdkruste und Erdmantel, 1909 vom kroatischen Geophysiker Andrija Mohorovičić durch seismologische Messungen entdeckt, unter den Ozeanen durchschnittlich bei 5 – 10 km, unter den Kontinenten bei etwa 35 km; kann unter großen Gebirgen bis auf über 70 km abtauchen.

25 Zwei Modellvorstellungen zur Dehnung kontinentaler Lithosphäre

Heinrich Bahlburg/Christoph Breitkreuz: Grundlagen der Geologie. Heidelberg: Elsevier GmbH/Spektrum Akademischer Verlag 2004

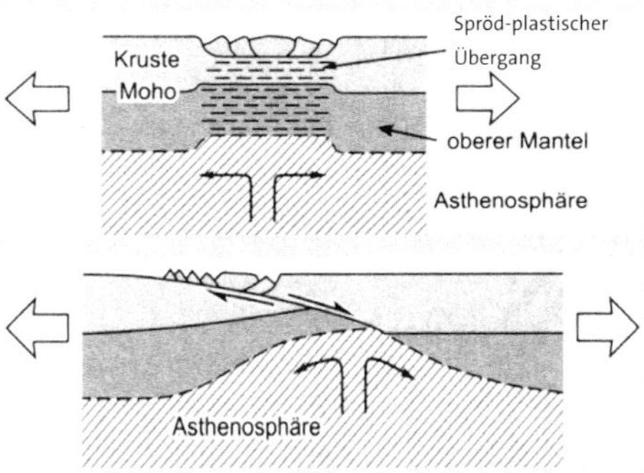

Reine Scherung
Dehnung der oberen Kruste durch reine Scherung; spröde und plastische Verformungen sind gleichmäßig über die Dehnungszone verteilt.

Einfache Scherung
Dehnung erfolgt als Folge einer asymmetrischen Scherung der Lithosphäre, wobei sich eine große Abschiebung schräg durch die gesamte Lithosphäre zieht. Spröde und plastische Verformungen sind innerhalb der Dehnungszone asymmetrisch verteilt.

Seismische Daten scheinen die Einfache Scherung für den Oberrheingraben zu bestätigen.

26 Zugversagen-Modell der Bildung des Oberrheingrabens

Nach www.oberrheingraben.de/Ursachen/Ursachen.htm

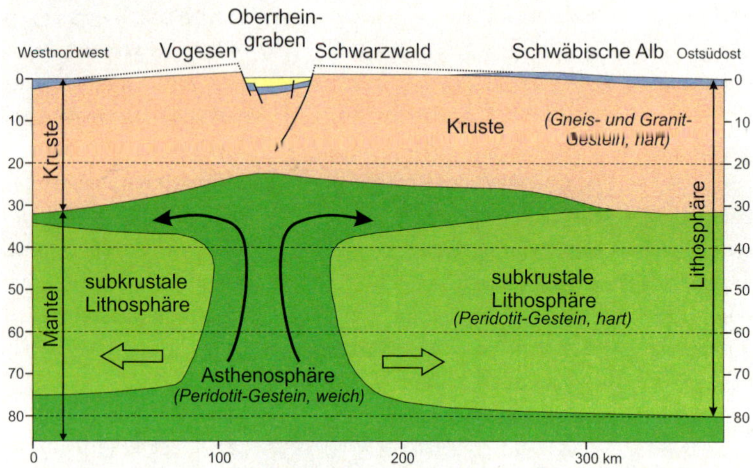

27 Aufwölbung und Einbruch des Oberrheingrabens

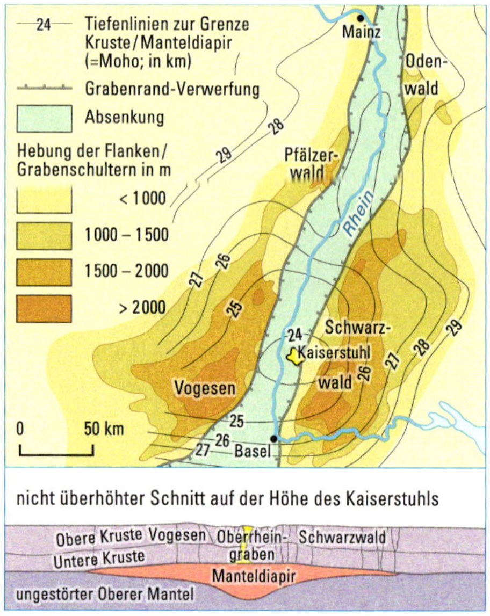

Das Zugversagen-Modell nimmt an, dass der harte obere Teil des Mantels, die subkrustale Lithosphäre, äußeren Zugkräften nicht widerstehen konnte und gerissen ist. Das weiche Gestein der Asthenosphäre ist von unten her kommend in den Riss eingedrungen und hat die subkrustale **Lithosphäre** überschichtet. Dabei wurde die Kruste hochgewölbt. Im Scheitel des Gewölbes ist der Oberrheingraben eingebrochen.

www.oberrheingraben.de/Ursachen/Ursachen.htm

Die Entstehung des Oberrheingrabens

Nach der Abtragung des Variskischen Gebirges im Oberkarbon/Unterperm waren große Teile des heutigen Europas mehrmals von flachen Meeren bedeckt. Auf der Rumpffläche des abgetragenen Gebirges, dem Grundgebirge, lagerten sich mächtige Sedimente ab, im Gebiet des heutigen Oberrheingrabens vor allem Ablagerungen aus den Perioden Trias und Jura. In der Kreidezeit setzte durch Aufstieg eines Manteldiapirs in einem Bereich von ca. 400 km Durchmesser eine langsame Aufwölbung ein. In dieser Zeit traten die ersten vulkanischen Aktivitäten auf, die im Kaiserstuhl-Vulkanismus ihren Höhepunkt erreichten. Eine zweite Aufwölbung mit knapp 100 km Durchmesser entstand südlich von Strasbourg. Mit der Aufwölbung war eine starke Dehnung der Kruste verbunden, die zu großen Spannungen führte. Mit dem Aufreißen und seitlichen Auseinanderweichen des Gewölbescheitels begann im Eozän die Grabeneinsenkung.

Das Gebiet des Oberrheingrabens war zu dieser Zeit Festlandsbereich. Den Beginn der Grabenbildung zeigen marine Einflüsse im Obereozän an. In dieser Zeit drang ein schmaler Meeresarm aus dem alpinen Raum in den sich bildenden Oberrheingraben ein.

28 Absenkung und Füllung des Oberrheingrabens

„Die Anlage einer Senkungszone im Bereich des heutigen Oberrheingrabens hat im Unter- bis Mitteleozän zunächst zögernd mit flachen, unregelmäßig verteilten Einmuldungen begonnen. Im Obereozän setzten die ersten stärkeren Senkungen ein ... Nach einer Pause im Miozän setzte sich die Einsenkung fort und ist vermutlich auch heute noch nicht abgeschlossen. Seit dem Eozän hat der Graben knapp 19 000 km³ Sedimente aufgenommen. Der größte Teil dieses Volumens ist aus der Abtragung der Grabenschultern abzuleiten ...

Die Sedimentfüllung des Grabens besteht vom Eozän bis Miozän überwiegend aus brackischen ... und limnischen ... Ablagerungen, mit fluviatilen Einschüttungen von den Seiten. Zeitweise haben Verbindungen zum alpinen Meer im Süden und zum Nordmeer bestanden. Mit dem Pliozän setzten sich fluviatile Schüttungen im gesamten Grabengebiet durch ... Die Entwicklung des Grabens lässt sich am besten aus den Schichtmächtigkeiten der Grabenfüllung rekonstruieren."

R. Pflug: Bau und Entwicklung des Oberrheingrabens. Darmstadt: Wissenschaftliche Buchgesellschaft 1982, S. 7 f.

Surftipp
Oberrheingraben
104109-1104

Material
Geologische Zeittafel
104109-1105

29 Tektonisch-morphologische Entwicklung des Oberrheingrabens

Otto F. Geyer/Manfred P. Gwinner: Geologie von Baden-Württemberg, 4. Aufl. Stuttgart: Schweizerbart'sche Verlagsbuchhandlung 1991, S. 272

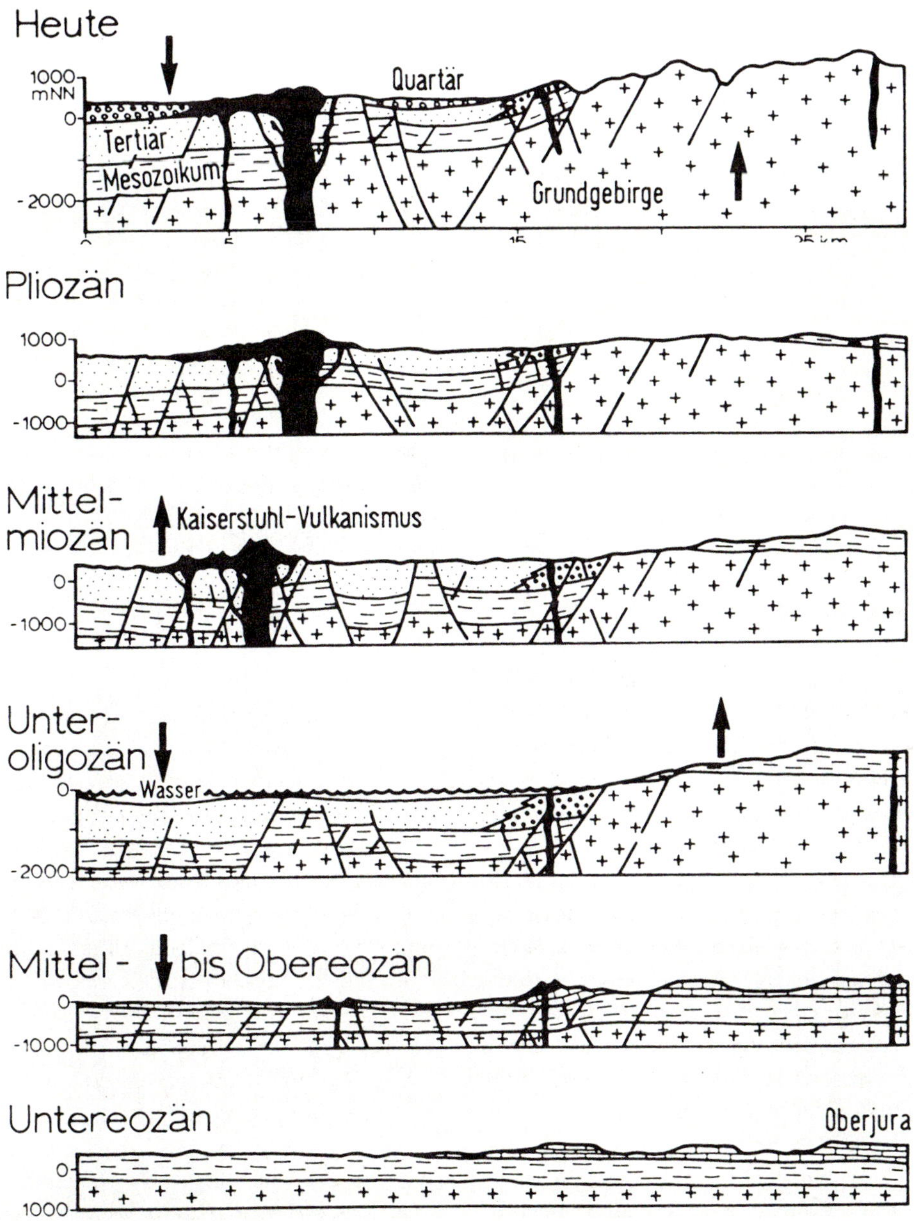

Variskisches Gebirge
während der variskischen Gebirgsbildungsphase (vor etwa 400 bis 300 Mio. Jahren, Devon bis Karbon) im mittleren Paläozoikum entstandenes Faltengebirge; Reste = Grundgebirge in den heutigen europäischen Mittelgebirgen; Nordost-Südwest ausgerichtete Gesteinsformationen, auf die gemeinsame variskische **Orogenese** zurückgehend

Rumpffläche
flachwellige Abtragungsebene, entstanden unter subtropisch-wechselfeuchten Bedingungen durch dominierende flächenhafte Abtragung (Denudation); die morphologische Härte der Gesteine spielt dabei eine völlig untergeordnete Rolle.

14 Zusammenhang zwischen geologischen Prozessen und Oberflächenformung:

a) Beschreiben Sie die tektonisch-morphologische Entwicklung des Oberrheingrabens nach der Profilfolge 29.

b) Erläutern Sie Zusammenhänge zwischen der Dehnung der Erdkruste und dem Absinken von Gesteinsschollen sowie der Oberflächengestaltung.

c) Stellen Sie die Phasen der Entstehung des Oberrheingrabens in einem Fließschema mit ungefähren absoluten Zeitangaben dar.

15 Erläutern Sie mithilfe einer Geologischen Zeittafel (z. B. Online-Link 104109-1105) den Zerfall des Urkontinents Pangäa.

30 Weinberge am Rand des Oberrheingrabens/Kaiserstuhl

31 Geologischer Schnitt durch den Oberrheingraben

LGRB-Nachrichten Nr. 27/2002 (Landesamt für Geologie, Rohstoffe und Bergbau Baden-Württemberg); www.lgrb.uni-freiburg.de

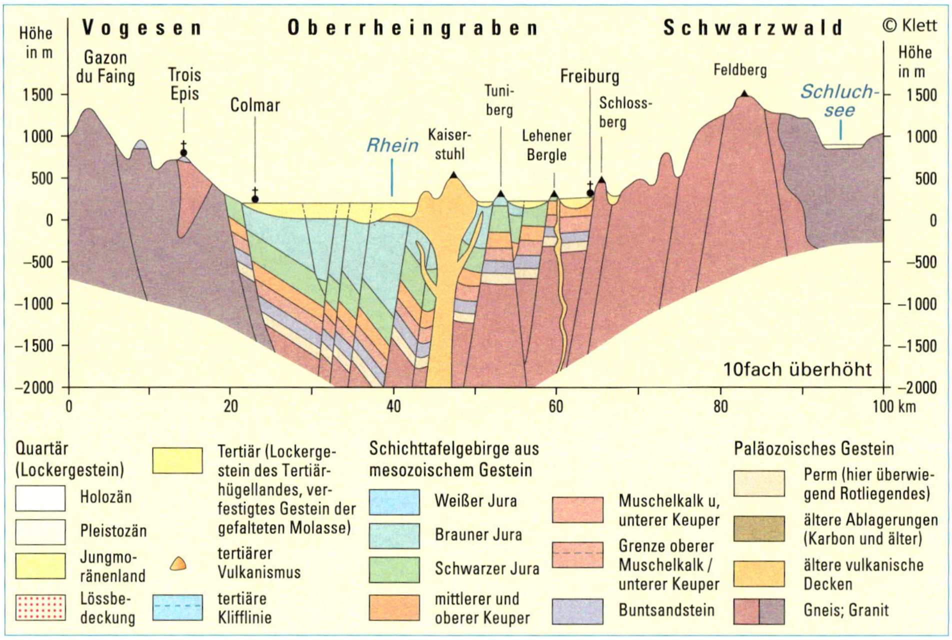

Geologischer Bau und Relief

32 Geologisch-morphologische Gliederung des Oberrheingrabens

„Der Oberrheingraben gliedert sich in den tief eingesenkten Trogbereich sowie einen westlichen und östlichen Grabenrandbereich. Nach außen schließen die unterschiedlich stark herausgehobenen Flankenbereiche („Grabenschultern") an. Die Sprunghöhen der Hauptrandverwerfungen, die ein steiles grabenwärtiges Einfallen (55°–85°) zeigen, betragen bis zu 1000 m, am Rande des Odenwaldes noch wesentlich mehr. Die Relativbewegungen zwischen den abgesenkten Trogbereichen und den herausgehobenen alten Gebirgsrümpfen waren allerdings erheblich größer; hieraus resultieren Werte bis zu 5000 m. Sowohl Trog- als auch Grabenrandbereiche sind durch zahlreiche Störungen in eine Vielzahl von Graben-, Horst- und Staffelschollen zerlegt."

Otto F. Geyer/Manfred P. Gwinner: a. a. O., S. 257 f.

33 Oberrheingraben mit Randbereichen: Geologie, Quellen/Bäder (blaue Quadrate)

Nach Otto F. Geyer/Manfred P. Gwinner: a. a. O., S. 177; Hermann Burkard u. a.: Baden-Württemberg. Eine Heimat- und Landeskunde. Stuttgart: Klett 1990, S. 121

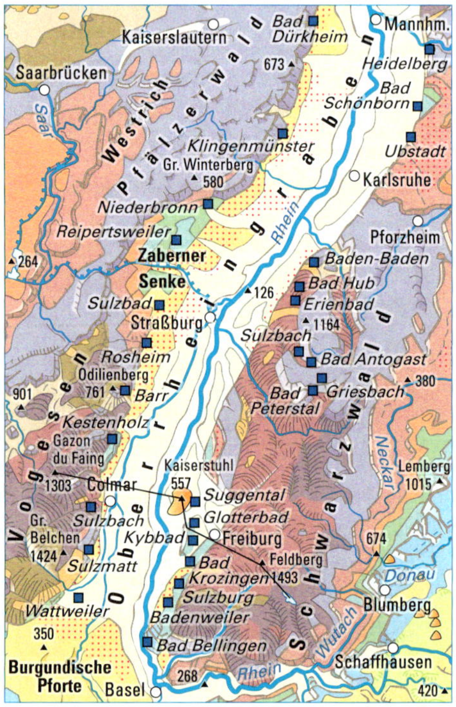

34 Geologisch-tektonische Verhältnisse und Kulturlandschaftsentwicklung

„In Südwestdeutschland sind die Zusammenhänge von Material und Struktur des Untergrundes mit raumgebundenen geschichtlichen Prozessen evident ... Die verkehrs-, siedlungs- und wirtschaftsräumliche Entwicklung des Landes wurde in hohem Maße von der Anordnung der Gesteine und der Oberflächenbeschaffenheit des Landes bestimmt ...
Der wichtigste Verkehrsraum ... ist das Oberrheinische Tiefland. Hier münden im Süden die Verbindungswege, die durch die Burgunder Pforte ins Rhônetal, und die, welche über Basel und den Hochrhein zum Bodenseebecken und den Alpenpässen führen. Im Norden treffen im Rhein-Main-Gebiet die Verkehrsstränge aus Nord- und Mitteldeutschland zusammen. Im mittleren Oberrheinland öffnet die Zaberner Senke und das Landstühler Gebrüch (Saarbrücken – Kaiserslautern – Speyer) die Verbindung nach Westen, während die Fernstraßen nach Osten im Schwarzwald durch das Zartener Becken und die Kinzigmulde führen, vor allem aber die weite Kraichgausenke benutzen ...
Mit ... der unterschiedlichen Qualität und Anordnung der Gesteine sind zahlreiche andere Faktoren verkettet: die siedlungsräumliche Gliederung, die landwirtschaftliche Bodennutzung, die Lagerstätten ... Seit dem Neolithikum sind die sog. Altsiedelgebiete von sesshaften Ackerbauern bewohnt. Hierzu gehören die klima- und bodengünstigen Kernräume des Oberrheinischen Tieflands ...
Mit den geologisch-tektonischen Gegebenheiten sind auch die zahlreichen Thermalquellen und Mineralquellen des Landes verbunden ... Die Thermen reihen sich an den Verwerfungslinien des Oberrheingrabens auf, oder sie stehen wie auch die Säuerlinge [= Mineralquellen mit hoher Konzentration von CO_2] in engem Zusammenhang mit postvulkanischen Erscheinungen. Die Mineralquellen erhalten ihren spezifischen Chemismus meist aus den löslichen Gesteinsschichten des Deckgebirges."

Siegfried Kullen: Baden-Württemberg. Klett Länderprofile. 3. Aufl. Stuttgart: Klett 1989, S. 20–23

35 Quellenhalle Baden-Baden

In den sandig-kiesigen Ablagerungen des Oberrheingrabens haben sich große zusammenhängende Grundwasserkörper gebildet. Grundwasser sammelt sich vor allem auf der rechtsrheinischen Seite in mehreren Grundwasserleitern, der erste liegt in einer Tiefe von bis zu 30 m.
An Bodenschätzen wurden früher im Schwarzwald lediglich Gangerze (u. a. Blei, Eisen, Kobalt, Kupfer, Silber) und im Oberrheingraben bei Buggingen Kalisalze abgebaut. Heute sind vor allem die mächtigen Kies- und Sandablagerungen der eiszeitlichen Aufschüttungsgebiete im Oberrheinischen Tiefland für die Bauwirtschaft von Bedeutung.
Das Oberrheinische Tiefland ist das wärmste Gebiet Deutschlands. Die Klimagunst ermöglicht heute den Anbau zahlreicher **Sonderkulturen**.

36 Thermalwasseranalyse Baden-Baden

Geologisches Landesamt Baden-Württemberg, 1987

Temperatur	64,6 °C
pH-Wert	7,47
Radongehalt	10 Bq/kg
Gesamtinh. an Mineralstoffen (mg/kg)	3 032,31
Kationen (mg/kg)	
Natrium	850,66
Kalium	75,05
Lithium	9,03
Rubidium	2,5
Calcium	129,35
Magnesium	0,27
Eisen-II	0,04
Mangan-II	0,46
Aluminium	0,37
Anionen (mg/kg)	
Chlorid	1437,60
Bromid	3,10
Iodid	0,004
Fluorid	5,40
Nitrat	0,18
Nitrit	0,31
Hydrogencarbonat	155,10
Sulfat	152,81
Hydrogenphosphat	0,08
Freie Kohlensäure	16,50

16 Analysieren Sie den geologischen Bau des Oberrheingrabens im Profilschnitt 31.

17 Ziehen Sie geologisch-tektonische Schlussfolgerungen aus dem Vorhandensein von Schichten des Deckgebirges im Grabenbereich sowie aus der größeren Mächtigkeit jungtertiärer Ablagerungen im Norden des Oberrheingrabens.

18 Stellen Sie die Bedeutung der geologisch-tektonischen Verhältnisse für den Menschen in einer Mindmap dar und erläutern Sie diese.

19 Vergleichen Sie die geologischen Strukturen des Oberrheingrabens mit denen im Roten Meer zwischen Ägypten und Saudi-Arabien (Atlas).

37 Zusammensetzung der Atmosphäre
(Vol.-% bzw. ppm/ppb = parts per million/billion)

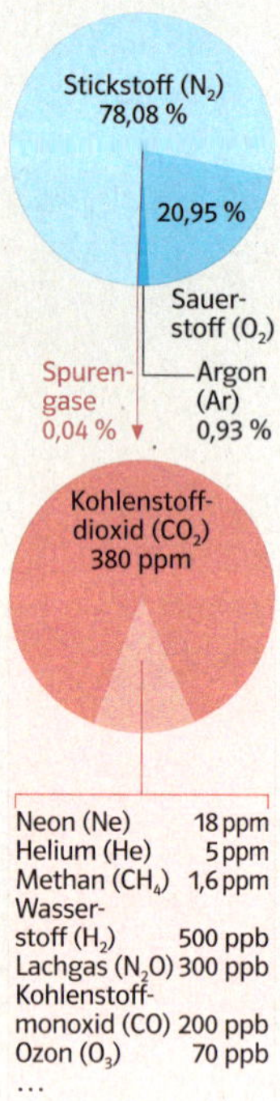

38 Aufbau der Atmosphäre

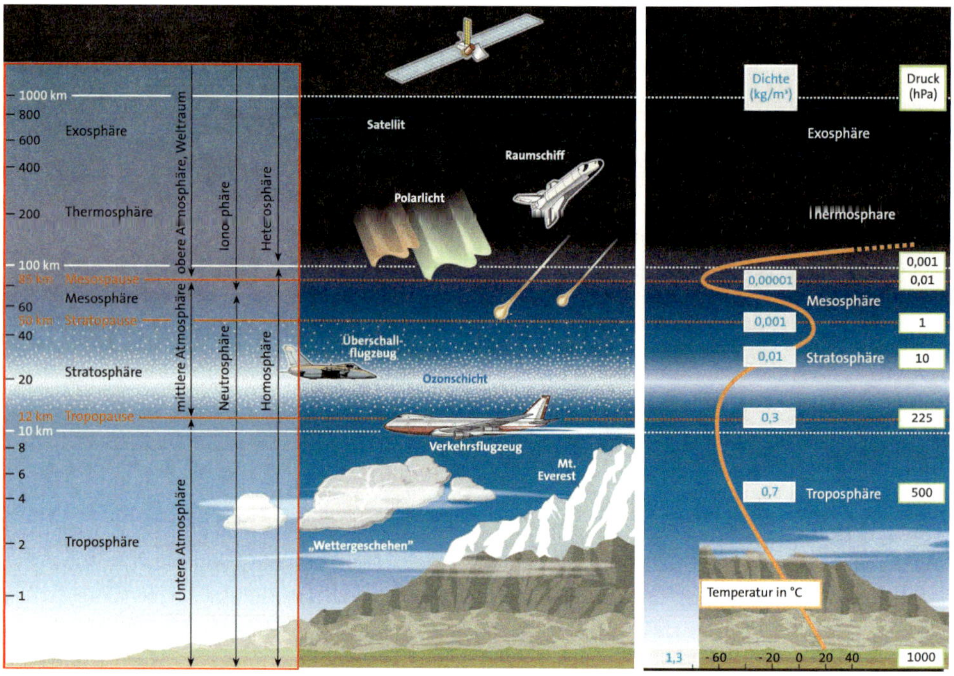

Atmosphärische Prozesse

Um den **Klimawandel** und seine Folgen verstehen zu können, ist es notwendig, vorab wichtige atmosphärische Prozesse kennen zu lernen. Die **Atmosphäre** ist die Lufthülle, die die Erde umgibt. Ihre untere Grenze bilden die festen Landgebiete bzw. Wasserflächen, nach oben geht sie allmählich in den interplanetarischen Raum über. Eine fiktive obere Grenze wird meist bei ca. 1 000 km Höhe angegeben, wo die Fluchtbewegung der Gasmoleküle und Partikel die Erdanziehungskraft überwindet. Von der Erde aus betrachtet scheint die Atmosphäre bis ins Unendliche zu reichen. Im Vergleich zum Durchmesser unseres Planeten ist sie jedoch nur ein hauchdünner Schleier. Wäre die Erde so groß wie ein Apfel, dann hätte die Atmosphäre gerade einmal die Dicke seiner Schale.

Die Atmosphäre setzt sich zusammen aus einem Gasgemisch, genannt „Luft", aus Wassertropfen und Eispartikeln (sichtbar als Wolken und Niederschlag) sowie aus festen und flüssigen Schwebeteilchen, den sogenannten Aerosolen (sichtbar als Rauch).

Unter den Gasen ist das Kohlenstoffdioxid von besonderem Interesse, da sein Anteil in der Atmosphäre in den letzten ca. 200 Jahren stetig angestiegen ist. Wichtige natürliche Quellen sind Vulkanausbrüche, Verwesungsprozesse und Atmungsvorgänge. Vor allem wird es aber bei der Verbrennung von Holz, Kohle und Öl eingebracht. Zusammen mit Wasserdampf und diversen Spurengasen ist es verantwortlich für den anthropogenen Treibhauseffekt, der eine schleichende Klimaänderung verursacht.

In der Stratosphäre ist zwischen 20 und 30 km Ozon in der sogenannten **Ozonschicht** angereichert. Diese absorbiert den lebenszerstörenden ultravioletten Anteil der Sonnenstrahlung und bildet somit einen lebensrettenden Schirm für alles Leben auf der Erde. Auch sie wird durch menschliche Einflüsse bedroht, vor allem durch Fluorchlorkohlenwasserstoffe (FCKW), die das stratosphärische Ozon zerstören. Dadurch kommt es zum sogenannten Ozonloch, das sich regelmäßig, vor allem im Frühling der Südhalbkugel, über der Antarktis bildet.

→ Seite 256–267 Klimawandel, Treibhauseffekt

→ Seite 268–269 Ozonabbau

Material
Animation Aufbau der Atmosphäre
104109-1106

Material
Treibhauseffekt
104109-1107

Aufbau der Atmosphäre

Die Atmosphäre kann vertikal nach unterschiedlichen Kriterien gegliedert werden, z. B. hinsichtlich der chemischen Zusammensetzung oder der elektrischen Ladung der Atome und Moleküle. Die häufigste Einteilung ist die nach dem Temperaturverlauf. Wir beschränken uns hier auf die Betrachtung der beiden unteren Stockwerke, da diese besonders interessant für das Wettergeschehen und den globalen Klimawandel sind.

Das unterste Stockwerk bildet die Troposphäre. Sie enthält ungefähr drei Viertel der Gasmasse der Atmosphäre, darunter den gesamten Wasserdampf. Sie wird nur in geringem Maße direkt durch die Sonnenstrahlen erwärmt. Der größte Teil der Wärme wird vielmehr vom Boden aufgenommen. Dies erklärt, warum die Lufttemperatur mit der Höhe abnimmt – im Schnitt um etwa 0,65 °C pro 100 Meter. Da warme Gase aufsteigen und kalte absinken, wird die Luft innerhalb der Troposphäre ständig durchmischt. Erst dies ermöglicht die Entstehung von Wolken und Niederschlag, mithin von Wetter. Deswegen wird die Troposphäre auch als Wetterschicht bezeichnet.

Die Grenzschicht zwischen der Troposphäre und der darüber liegenden Stratosphäre ist die sogenannte Tropopause. Ihre Höhenlage variiert zwischen Äquator und Pol. In den äquatorialen Breiten liegt sie bei 17–18 km mit Temperaturen um –75 °C, in den gemäßigten Breiten bei etwa 12 km mit –60 °C und an den Polen bei 8–10 km mit etwa –40 °C. In den gemäßigten Breiten treten in der Tropopause die sogenannten Strahlströme (engl. jetstreams) auf. Das sind relativ schmale Bänder mit Windgeschwindigkeiten von bis zu 500 km/h. Sie sind maßgeblich für die Luftdruckverteilung und damit für die Ausbildung von Wind- und Luftdruckgürteln auf der Erde verantwortlich.

In der Stratosphäre steigt die Temperatur wieder an und erreicht in 50 km Höhe ca. 0 °C. Ursache dieser Erwärmung ist das in dieser Höhe angereicherte Ozon. Es absorbiert den größten Anteil der kurzwelligen Sonnenstrahlung, wobei Wärme freigesetzt wird. Die Stratosphäre ist praktisch wolkenfrei, da infolge der niedrigen Temperaturen in der darunter liegenden Tropopause kaum ein Transport von Wasserdampf aus der Troposphäre in die Stratosphäre erfolgt.

39 **Aerosole in der Atmosphäre, für uns sichtbar als „Dunst“ oder „Rauch“**

Seite 44
Jetstreams/Strahlströme

20 Beschreiben Sie den Aufbau der Atmosphäre.

21 Begründen Sie den unterschiedlichen Temperaturverlauf in den beiden unteren Stockwerken.

22 Erstellen Sie ein kurzes Exposé zur Bedeutung der Atmosphäre für das Leben auf der Erde.

40 Albedowerte verschiedener natürlicher Oberflächen (kurzwellige Albedo in %)

Neuschnee	75–95
Wolken (hoch)	90
Wolken (tief)	60
Gletschereis	30–45
Dünensand	30–60
Ackerboden	7–17
Wasserflächen bei Sonnenhöhe	
>10°	3–10
<10°	8
Regenwald	10–12
Laubwald	15–20
Nadelwald	5–12
Wiesen	12–30
Siedlungen	15–20

41 Strahlungshaushalt (Zahlenangaben in Watt pro m²)

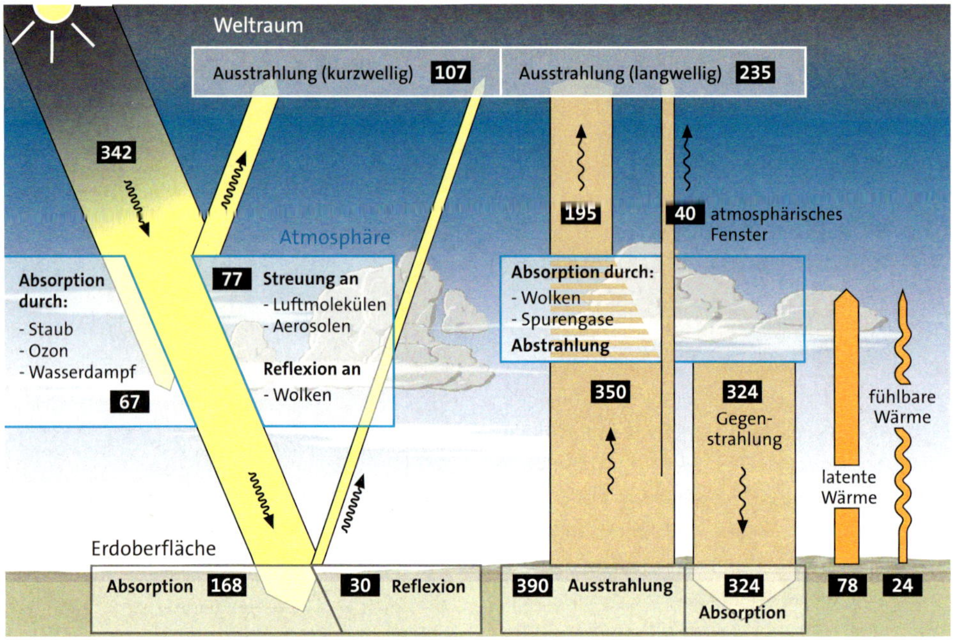

Sonnenstrahlung und Wärmehaushalt

Die Erde erhält ihre Energie von der Sonne in Form von Strahlung. Zu unterscheiden ist dabei zwischen kurzwelligen und langwelligen Strahlen. Die Strahlung, die von der Sonne ausgeht und die Erdoberfläche erreicht, ist im Wesentlichen kurzwellig. Auch alle mit der Sonnenstrahlung zusammenhängenden Vorgänge in der **Atmosphäre**, wie Reflexion oder Streuung an Luftmolekülen und Aerosolen, liegen im kurzwelligen Bereich. Die vom Erdboden ausgehende Strahlung ist hingegen langwellig.

Auf ihrem Weg durch die Atmosphäre wird die Sonnenstrahlung verändert, sodass sie nur teilweise auf der Erdoberfläche wirksam wird. Ein Teil wird in der **Ozonschicht** absorbiert und erreicht somit die Erdoberfläche nicht. Ein weiterer Teil wird an den Luftmolekülen der Atmosphäre diffus nach allen Richtungen reflektiert. Davon ist besonders der kurzwellige, der blaue, Spektralbereich betroffen. Deswegen sehen wir den Himmel blau und deswegen ist die Erde vom Weltraum aus gesehen der „Blaue Planet".

Derjenige Teil der Sonnenstrahlung, der schließlich die Erdoberfläche erreicht, wird als Globalstrahlung bezeichnet. Sie setzt sich aus der direkten Sonnenstrahlung und dem Streulichtanteil aus der Atmosphäre zusammen.

Beim Auftreffen auf die Erde werden die Sonnenstrahlen z. T. reflektiert und absorbiert, d. h. in langwellige Wärmestrahlung umgewandelt. Das Verhältnis von reflektierter zu einfallender Strahlung wird als Albedo einer Oberfläche bezeichnet. Eine geschlossene Neuschneedecke reflektiert nahezu 95 % der einfallenden Globalstrahlung und absorbiert nur 5 %, ein dunkler Nadelwald reflektiert hingegen nur 5 % und absorbiert 95 %.

Die langwellige Wärmestrahlung der erwärmten Erdoberfläche verlässt die Atmosphäre größtenteils nicht auf direktem Wege, sondern wird von den in der Atmosphäre verteilten Treibhausgasen absorbiert. Dadurch wird Wärmeenergie an die Luft abgegeben, von der ein Teil ins Weltall entweicht. Der größere Teil wird aber zur Erdoberfläche zurückgestrahlt. Diese Gegenstrahlung bezeichnet man als natürlichen Treibhauseffekt, der die durchschnittliche Temperatur von etwa 15 °C auf der Erde erst bewirkt.

42 Sonneneinstrahlung und Jahreszeiten

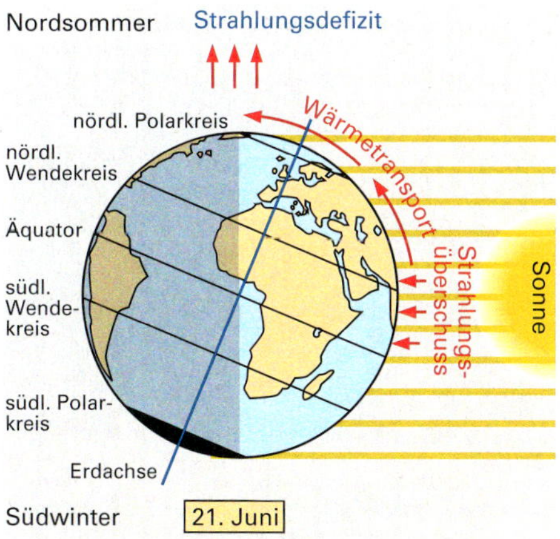

44 Geschätzte Verteilung der Strahlungsbilanz auf der Nordhalbkugel

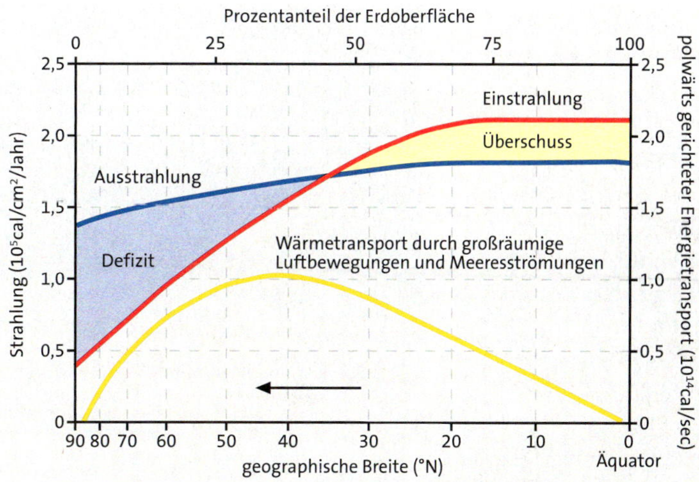

Ohne die Wärmetransporte zwischen Tropen und Außertropen wären die Jahresmitteltemperaturen in den gemäßigten Breiten etwa 15–20K niedriger.

43 Strahlung und Lufttemperatur

„[Die] langwellige Strahlung wird auch als Wärmestrahlung bezeichnet. Trifft sie nämlich auf Luftmoleküle, so erhöht sich deren Bewegungsgeschwindigkeit ... Stoßen diese angeregten Luftteilchen dann zusammen, wird Bewegungsenergie in Form von Wärme freigesetzt. Dies ist die Wärme, die wir in Grad Celsius oder Kelvin mit dem Thermometer messen und als Lufttemperatur ausdrücken. Je dichter die Luft, also etwa nahe dem Erdboden, desto dichter sind die Moleküle gepackt. Wie auf einer belebten Autobahn erhöht sich damit mit zunehmender Geschwindigkeit der Moleküle die Wahrscheinlichkeit von Kollisionen. Die Luft erwärmt sich stark. Bei wesentlich geringerer Luftdichte, also in größerer Höhe, können auch nur wenige Luftteilchen kollidieren, obwohl auf sie gleichviel, in der Regel aber sogar mehr Sonnenstrahlung trifft. Insgesamt erwärmt sich die weniger dichte Luft in geringerem Maße als die Luft hoher Dichte. Daraus ergibt sich: Die Lufttemperatur nimmt mit zunehmender Höhe ab, obwohl die Strahlung zunimmt."

Peter Frankenberg: Moderne Klimakunde. Braunschweig: Westermann 1995, S. 22

Fühlbare und latente Wärme. Die Wärme, die durch die Wärmestrahlung der bodennahen Luftschicht zugeführt wird und die wir mit dem Thermometer messen können, wird als fühlbare Wärme bezeichnet. Ein Teil der Strahlung wird allerdings zur Verdunstung des in der Luft enthaltenen Wassers eingesetzt. Diese Energie ist jedoch nicht verloren, sondern geht gleichsam in den Wasserdampf über. Sie scheint dort verborgen (latent) und wird daher als latente Wärme bezeichnet. Kondensiert der Wasserdampf, dann wird diese Wärme wieder frei und geht in fühlbare Wärme über.

Ein Teil der Sonnenstrahlung wird, wie bereits gezeigt, von den Wolken und der Erdoberfläche reflektiert, also nicht in Wärme umgesetzt. Dies ist nur über die absorbierte Strahlung möglich. Wie viel der einkommenden Strahlung absorbiert wird, hängt von vier Faktoren ab: dem Einstrahlungswinkel, der Bewölkung, der Oberflächenbeschaffenheit und der Zustrahlungsdauer.

23 Erläutern Sie das Schema 41 zum Strahlungshaushalt der Erde.

24 Erklären Sie den natürlichen Treibhauseffekt.

25 Erklären Sie, warum sich Gebiete mit gleicher Strahlungsbilanz unterschiedlich erwärmen können.

26 Erläutern Sie, wie sich die Schrägstellung der Erdachse auf den globalen Wärmehaushalt auswirkt.

Luftdruck
Der Druck, den die Luftsäule auf die Erdoberfläche ausübt. Maßeinheit für den Luftdruck sind Hektopascal (hPa), früher auch Millibar genannt.

Isobaren (griech. iso = gleich und baris = Druck) Linien gleichen Luftdrucks. In der Wetterkarte beziehen sie sich immer auf Meereshöhe.

45 **Wind ist bewegte Luft**

Luftdruck und Wind

Hoch- und Tiefdruckgebiete. Aufgrund der unterschiedlichen Beschaffenheit der Erdoberfläche (z.B. Wasser oder Vegetationsbedeckung) und unterschiedlicher Geländeformen (z.B. Hänge oder Ebenen) werden die Erdoberfläche sowie die darüber liegende bodennahe Luftschicht unterschiedlich erwärmt. Warme Luft hat nun eine geringere Dichte als kalte Luft. Deswegen steigt sie auf, während kalte Luft absinkt. Daraus ergibt sich, dass im ersten Fall (aufsteigende Warmluft) der Luftdruck fällt, während im zweiten Fall (absinkende Luft) der Luftdruck am Boden steigt. Mit anderen Worten: Am Boden entstehen Gebiete mit unterschiedlichem Luftdruck: ein Tief, wo die warme Luft aufsteigt, ein Hoch, wo die Luft absinkt. Da diese Druckunterschiede thermisch bedingt sind, spricht man von thermischen Hoch- und Tiefdruckgebieten.

Zwischen benachbarten Gebieten unterschiedlichen Drucks besteht die Tendenz zum Druckausgleich. Dabei strömen Luftteilchen vom Gebiet hohen Luftdrucks zum Gebiet mit tiefem Druck. Diese Ausgleichsströmung heißt Wind. Je höher der Druckunterschied ist, desto kräftiger weht der Wind.

46 **Luftdruck und Luftdichte**

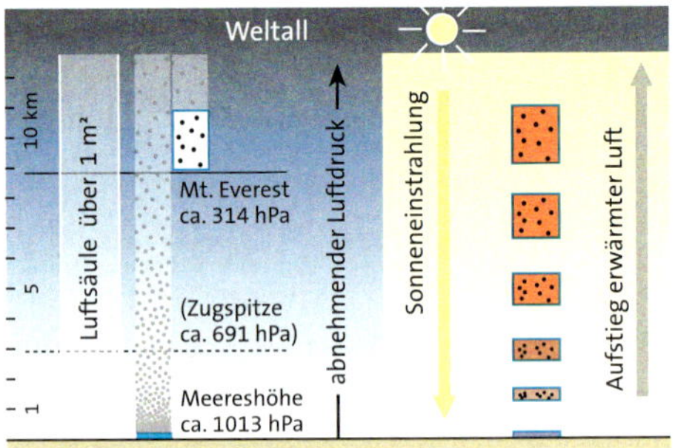

47 **Schema eines thermischen Hoch- und Tiefdruckgebietes**

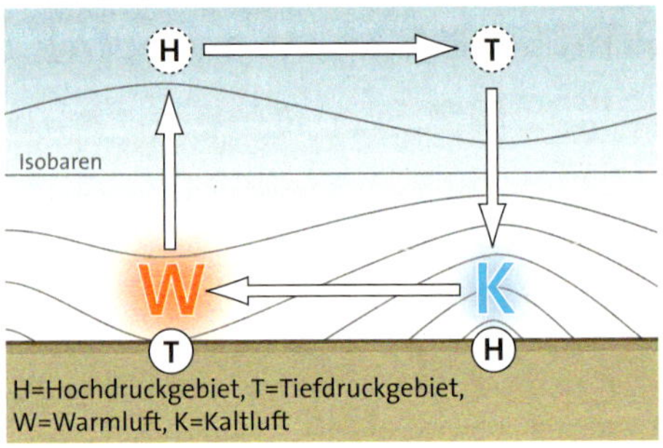

Land-Seewind-System. Bei ruhiger Wetterlage kann man an Meeresküsten und größeren Seen feststellen, dass tagsüber der Wind vom Meer zum Land weht und nachts umgekehrt vom Land zum Meer. Welche Erklärung gibt es dafür?

An sonnigen Tagen erwärmt sich die Luft über dem Festland schneller als über dem Wasser. Die über dem Festland erwärmte Luft steigt nach oben und bewirkt in der Höhe eine Verschiebung der Isobarenflächen gegenüber den Wasserflächen. Dadurch entsteht in der Höhe über dem Land ein Höhenhoch, über dem Meer ein Höhentief und damit ein Druckgefälle.
Die sich einstellende Luftströmung sorgt in der Höhe für einen ständigen Abfluss von Luftteilchen über dem Festland in Richtung Wasserfläche. Diese Luftmassenabnahme ist mit einer Verringerung des Luftdrucks über dem Festland verbunden, sodass sich dort in Bodennähe ein Tief ausbildet. Über dem Meer sinkt die inzwischen abgekühlte Luft wegen der größeren Dichte nach unten, sodass dort ein Hoch entsteht. Zum Ausgleich des Druckgefälles zwischen Wasser und Land bildet sich ein Wind, der Seewind. Nachts kehren sich Druck- und Windverhältnisse um.

48 Corioliskraft

„Diese Kraft entsteht durch die Drehbewegung der Erde um ihre eigene Achse (Rotation). Am Äquator dreht sich die Erde schneller als an den Polen (am Äquator ist der ‚Weg' länger → v = s/t). Wenn nun ein Luftpaket seine geographische Breite verlässt, behält es diese Geschwindigkeit bei. Wenn es also beispielsweise auf der Nordhalbkugel nach Süden strömt, kommt es in Breiten, die sich schneller bewegen als seine Herkunftsregion. Das Luftpaket bewegt sich hier dann langsamer als die Erde unter ihm, damit hinkt es hinter der Erde her, es wird also scheinbar nach Westen abgelenkt. Strömt es aber nach Norden, dann gelangt es in ‚langsamere' Regionen. Es ist also selbst schneller und eilt der Erdoberfläche voraus; der Wind wird ergo nach Osten abgelenkt. Auf der Südhalbkugel ist es aber anders herum.
Die Coriolis-Kraft lenkt also Strömungen:
– auf der Nordhalbkugel nach rechts und
– auf der Südhalbkugel nach links ab."

Matthias Forkel, www.klima-der-erde.de

49 Luftdruck und Strömungsverhältnisse im Land-Seewind-System

Nach Hans Gebhardt u. a. (Hrsg.): Geographie. Heidelberg: Spektrum Akad. Verlag 2007, S. 231

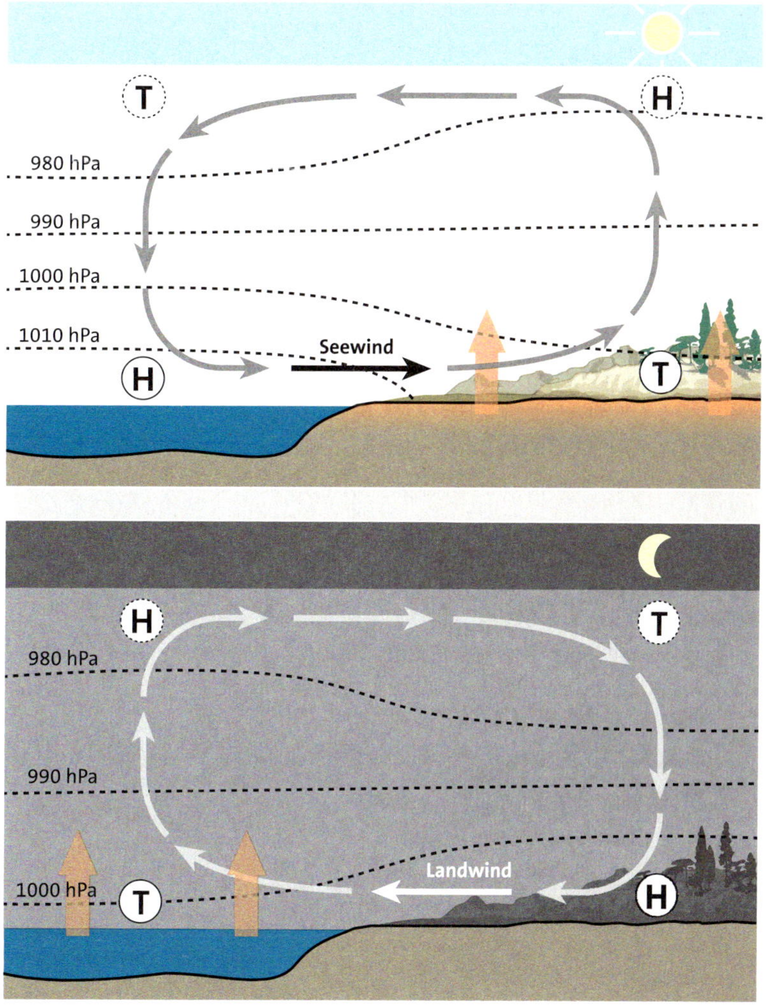

50 Wirkung der Corioliskraft

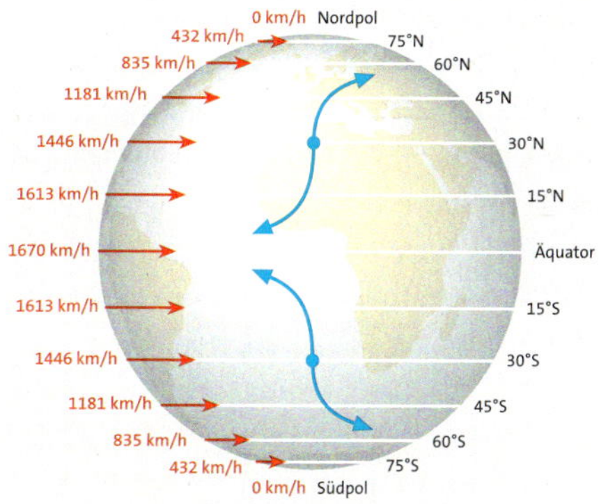

Geschwindigkeitsangaben: Rotationsgeschwindigkeit der Erde in Abhängigkeit von der geographischen Breite

51 Schema der Druckverhältnisse in der Troposphäre und Ausbildung des Jetstreams

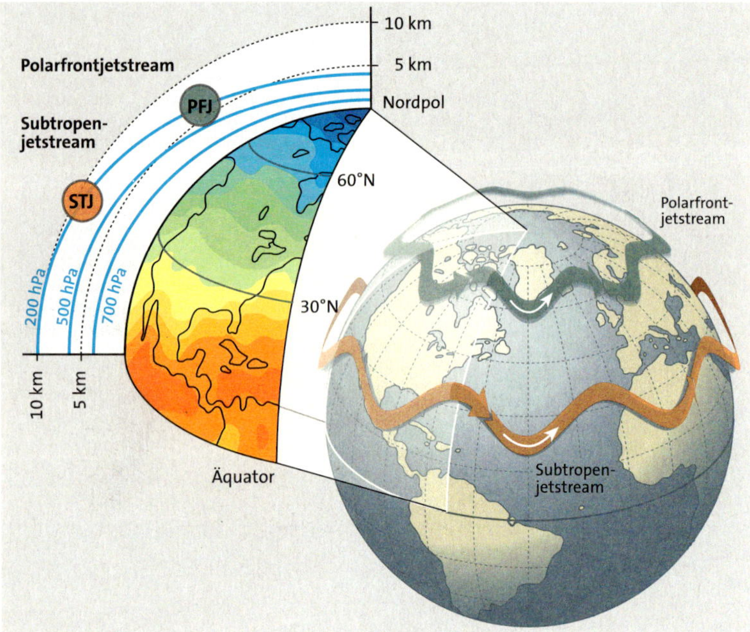

52 Bodennahe Strömungsverhältnisse bei Tief und Hoch auf der Nordhalbkugel

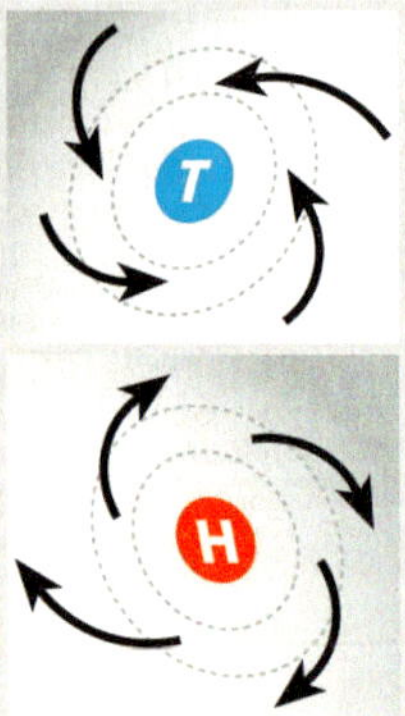

Windrichtung
Bei Windrichtungen wird die Himmelsrichtung angegeben, aus der der Wind weht.

Seite 43
Corioliskraft

Großräumige Luftbewegungen

Das Prinzip der Entstehung von Land- und Seewind lässt sich auf die globalen Luftdruck- und Windverhältnisse übertragen. Wegen der unterschiedlich starken Sonneneinstrahlung erwärmt sich die Luft am Äquator viel stärker als an den Polen. Am Äquator entstehen dadurch großräumige thermische Tiefdruckgebiete und an den Polen bilden sich durch die absinkende Luft großräumige thermische Hochdruckgebiete.
Die Obergrenze der Troposphäre, die Tropopause, liegt infolge der Ausdehnung der stark erwärmten Luft am Äquator wesentlich höher (17–18 km) als in den polaren Gebieten (8–9 km). Das Vorhandensein von tropisch-warmen und polar-kalten Luftmassen hat zur Folge, dass die Flächen mit dem gleichen Luftdruck in den Tropen höher liegen als an den Polen. Daraus entstehen Luftdruckgegensätze, die in großer Höhe zu einem Abströmen von Luftmassen aus dem Äquatorbereich (Höhenhoch) polwärts (Höhentief) führen. Auf der Nordhalbkugel müssten demnach in der Höhe ständig Südwinde und auf der Südhalbkugel Nordwinde wehen. In Wirklichkeit werden diese Winde durch die Corioliskraft abgelenkt, sodass

53 Entstehung der Frontalzone. Generalisierte Druckverteilung in der Troposphäre

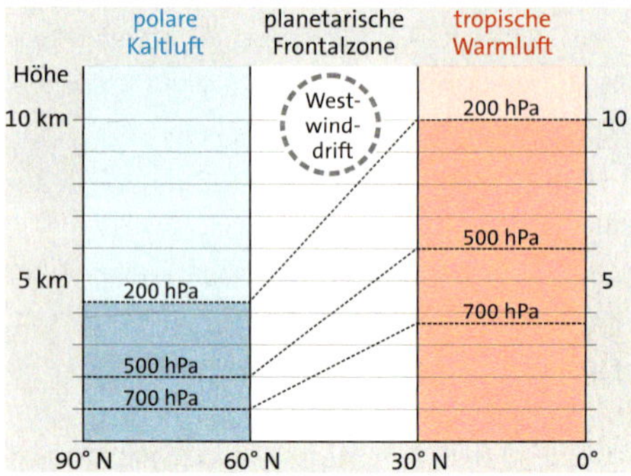

Westwinde wehen. Besonders stark sind sie zwischen dem 35. und 65. Breitenkreis ausgeprägt, da hier, in der sogenannten planetarischen Frontalzone, das Temperatur- und Luftdruckgefälle in der Höhe besonders groß ist.

Jetstreams. Innerhalb der planetarischen Frontalzone entstehen infolge besonders großer Temperatur- und Luftdruckunterschiede Strahlströme (engl. = jetstreams). Das sind Starkwindfelder mit Geschwindigkeiten > 30 m/s. Sie können 100 bis 500 km breit sein, in der Vertikalen eine Ausdehnung von 1 bis 4 km erreichen und mehrere Tausend Kilometer lang sein.
Man unterscheidet den Polarfront-Jetstream im polaren Bereich und den subtropischen Jetstream (Subtropenjet). Diese Strahlströme behindern zunächst den Ausgleich der Temperatur- und Druckgegensätze zwischen dem polaren und dem äquatorialen Bereich. Erst wenn diese Strahlströme nicht mehr breitenparallel, sondern mäanderförmig verlaufen, kann polare Kaltluft Richtung Äquator und tropische Warmluft Richtung Pol vordringen. Die Wellenbewegungen der Strahlströme werden durch die unterschiedliche Land-Meer-Verteilung und den störenden Einfluss der von Nord nach Süd verlaufenden Hochgebirge verursacht.
Im Bereich dieser Wellen kommt es einerseits zu Absinkvorgängen aus dem oberen Teil der Troposphäre Richtung Erdoberfläche und damit verbunden zu einem Luftdruckanstieg am Boden. So entstehen die sogenannten subtropischen

Hochdruckgebiete, die auch als **Antizyklonen** bezeichnet werden. In anderen Bereichen der Wellen steigt Luft nach oben, sodass ein Tief am Boden entsteht. Diese Tiefdruckgebiete sind die sogenannten **Zyklonen**. Sie bilden die subpolare Tiefdruckrinne (s. Grafik 54).
Da diese Luftdruckgegensätze durch dynamische Luftbewegungen verursacht werden, spricht man – im Gegensatz zu den thermischen Hoch- und Tiefdruckgebieten – von dynamischen Hoch- und Tiefdruckgebieten.

Atmosphärische Zirkulation. Als atmosphärische oder planetarische Zirkulation bezeichnet man die Gesamtheit der großräumigen vertikalen und horizontalen Luftbewegungen auf der Erde, wie sie in der nebenstehenden Abbildung zusammenfassend dargestellt sind. Aus der unterschiedlichen Druckverteilung auf der Erdoberfläche ergeben sich dabei drei Zirkulationssysteme:

1. Die tropische Passatzirkulation zwischen 35° N und 30° S. Aufgrund der starken Erwärmung und der aufsteigenden Luftbewegungen entsteht hier am Boden ein thermisches Tief (äquatoriale Tiefdruckrinne) und in der Höhe ein thermisches Hoch. Aus dem Höhenhoch strömt die Luft polwärts. Im Bereich der Wendekreise sinkt sie ab und bildet dort am Boden ein Hoch (subtropischer Hochdruckgürtel). Von diesem Gebiet hohen Drucks strömt die Luft als **Passat** wiederum in Richtung der äquatorialen Tiefdruckrinne. Durch die Corioliskraft wird der Passat abgelenkt – auf der Nordhalbkugel zum Nordostpassat und auf der Südhalbkugel zum Südostpassat. Die Zone, in der die Passate zusammenstoßen (konvergieren), nennt man **Innertropische Konvergenzzone (ITC)**.

2. Die außertropische Westwindzirkulation. Hier sorgen die oben beschriebenen großräumigen Hoch- und Tiefdruckgebiete für einen meridionalen Luftaustausch.

54 Schema der planetarischen Luftdruck- und Windgürtel in 0–2 km Höhe sowie der meridionalen und vertikalen Luftströmungen

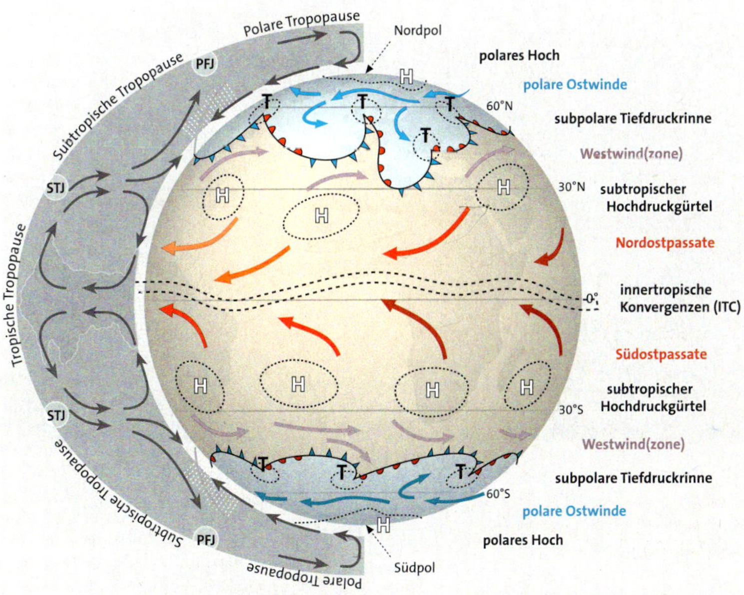

55 Generalisiertes Modell der planetarischen Zirkulation
verändert nach www.hamburger-bildungsserver.de

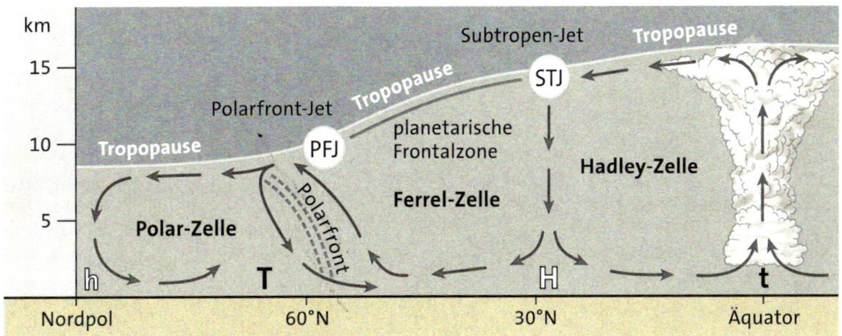

3. An den Polen strömt aus den polaren Hochdruckgebieten kalte Luft oberflächennah nach Süden auf der Nordhalbkugel bzw. nach Norden auf der Südhalbkugel. Durch die Corioliskraft werden sie zu Ostwinden umgelenkt.

27 Erarbeiten Sie eine wissenschaftliche Definition des Begriffes „Wind".
28 Erläutern Sie, wie beim Land-Seewind-System nachts ein Landwind entsteht.
29 Erläutern Sie Unterschiede zwischen thermischen und dynamischen Druckgebieten.
30 Erklären Sie die Entstehung folgender Windgürtel: Westwindzone der Außertropen, polare Ostwindzone, Passatwindzone.

56 **Hinter der wunderbaren Welt der Wolken stehen komplexe physikalische Phänomene**

Wolkenbildung und Niederschlag

Aufgrund ihrer Schönheit und ihrer optischen Eigenschaften haben Wolken schon immer die Phantasie der Menschen angeregt. Nüchtern betrachtet sind sie jedoch nichts anderes als eine Ansammlung von feinsten Wassertröpfchen oder Eiskristallen und als solche ein untrennbarer Bestandteil der **Atmosphäre**.

Wolken sind bei zahlreichen wissenschaftlichen Fragestellungen wichtig, z. B. bei der Untersuchung des Strahlungshaushalts der Erde, großräumiger Luftbewegungen oder der Niederschlagsverteilung.

Wolken besitzen eine hohe Eigendynamik und reagieren schnell auf Bedingungen in ihrer Umgebung. Wer ihre Form, ihr Aussehen und ihre Höhe richtig interpretieren kann, ist in der Lage konkrete Vorhersagen zur lokalen Wetterentwicklung zu machen.

Luftfeuchtigkeit, Niederschlag und Wolkenbildung. Wie entstehen Niederschläge und Wolken? Warum kommt es auf der Luvseite eines Gebirges zu Wolkenbildung und Niederschlag, auf der Leeseite dagegen zur Auflösung von Wolken und Trockenheit? Zur Klärung bedarf es einer Erörterung einfacher physikalischer Fakten.

Den Gehalt der Atmosphäre an Wasserdampf bezeichnet man als Luftfeuchtigkeit. Sie bildet sich durch Verdunstung. Abhängig von ihrer Temperatur kann die Luft unterschiedliche Mengen an Wasserdampf aufnehmen. Je wärmer die Luft ist, desto mehr Wasser kann sie aufnehmen. Den wirklich in der Luft enthaltenen Wasserdampf bezeichnet man als absolute Feuchtigkeit. Sie wird gemessen in Gramm pro m^3. Die relative Luftfeuchtigkeit gibt das Verhältnis der in der Luft wirklich vorhandenen

57 **Aggregatzustände des Wassers in der Luft**

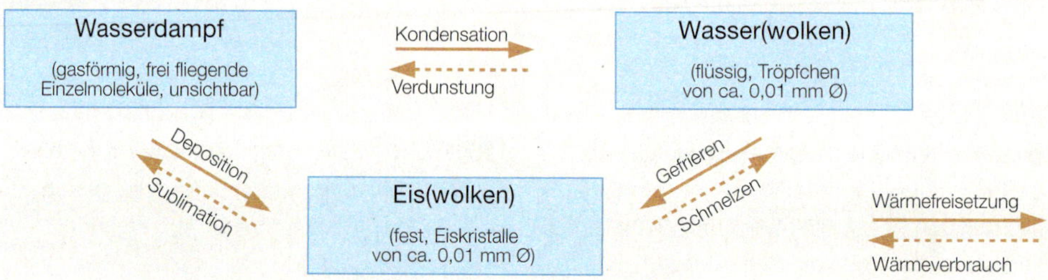

58 Sättigungskurve der Luft für Wasserdampf bei verschiedenen Temperaturen

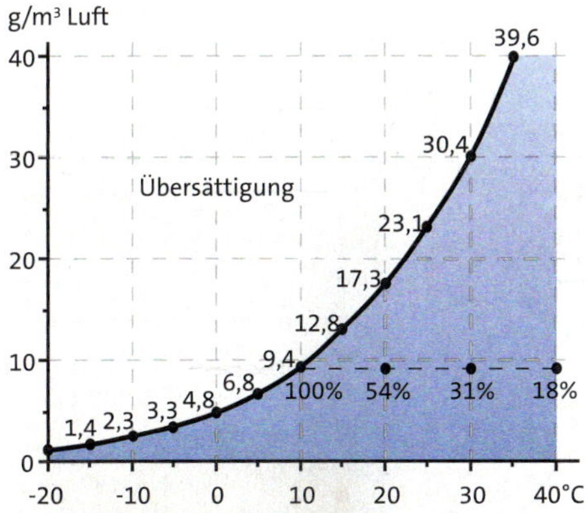

Lesebeispiel: Luft, die bei 10° C gesättigt ist, also 100 % relative Luftfeuchtigkeit aufweist, zeigt bei Erwärmung auf 20° C nur noch 54 % relative Luftfeuchtigkeit.

59 Prozess der Wolkenbildung (Schema)

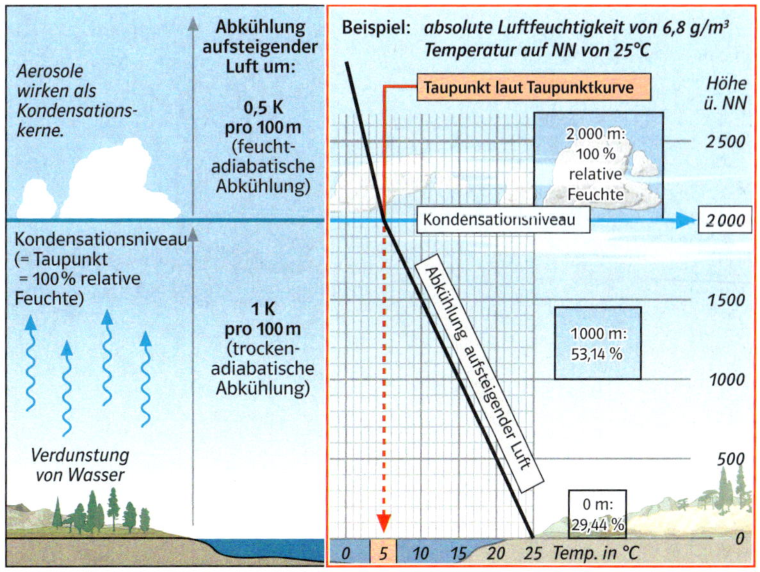

Wasserdampfmenge zu der bei der herrschenden Temperatur maximal möglichen Wasserdampfmenge an. Sie wird in Prozent angegeben. 100 % Luftfeuchtigkeit bedeutet demnach, dass die Luft mit Wasserdampf gesättigt ist.
Steigt Luft auf, weil sie z. B. erwärmt wird, dehnt sie sich wegen der Verringerung des Luftdrucks mit zunehmender Höhe aus. Dabei kühlt sie sich ab und die relative Luftfeuchtigkeit steigt. Ist die Luft schließlich mit Wasserdampf gesättigt (100 % relative Luftfeuchtigkeit), ist der sogenannte Taupunkt erreicht. Bei weiterer Abkühlung muss der überschüssige Wasserdampf kondensieren, es bilden sich Tröpfchen oder Eiskristalle. Diese lagern sich an die in der Luft enthaltenen Staubteilchen (Aerosole) an, es entstehen Wolken. Die Staubteilchen dienen dabei als Kondensationskerne. Niederschlag setzt aber erst ein, wenn Millionen von Tröpfchen oder Eiskristallen zusammenwachsen und so groß sind, dass sie ohne zu verdunsten die Erdoberfläche erreichen.

Steigungsregen. Am Beispiel des Steigungsregens lässt sich eine Art der Niederschlagsentstehung anschaulich erläutern. Durch Stau horizontaler Strömungen wird Luft an der Luvseite von Gebirgen angehoben und kühlt dabei ab, und zwar um 1 K pro 100 m (trockenadiabatisch). Die relative Luftfeuchtigkeit steigt, womit das Vermögen sinkt, Wasserdampf aufzunehmen. Kondensation und Wolkenbildung setzen ein und es kann zu Niederschlägen kommen. Mit dem Erreichen des Taupunkts und der einsetzenden Kondensation wird Wärme frei und die Luft kühlt sich nur noch um ca. 0,65 K je 100 m ab. Man spricht in diesem Fall von feuchtadiabatischer Abkühlung.
Umgekehrt führt das Absinken von Luft zu Verdichtung, Erwärmung, Abnahme der relativen Luftfeuchtigkeit und zur Wolkenauflösung.

adiabatisch
Zustandsänderung eines Gases oder Gasgemisches wie Luft ohne die Zufuhr oder Abgabe von Wärme

trockenadiabatisch
Vorgänge bei Luftmassen, die nicht mit Wasserdampf gesättigt sind

feuchtadiabatisch
Vorgänge bei Luftmassen, die mit Wasserdampf gesättigt sind

31 Ein Volumen Luft hat in 500 m Höhe eine Temperatur von 10° C und eine relative Luftfeuchtigkeit von 24,47 %. Berechnen Sie die Taupunkttemperatur und die Höhe, bei der diese erreicht wird.

32 Erklären Sie, warum nicht aus jeder Wolke Niederschläge fallen.

60 Wolkenformen

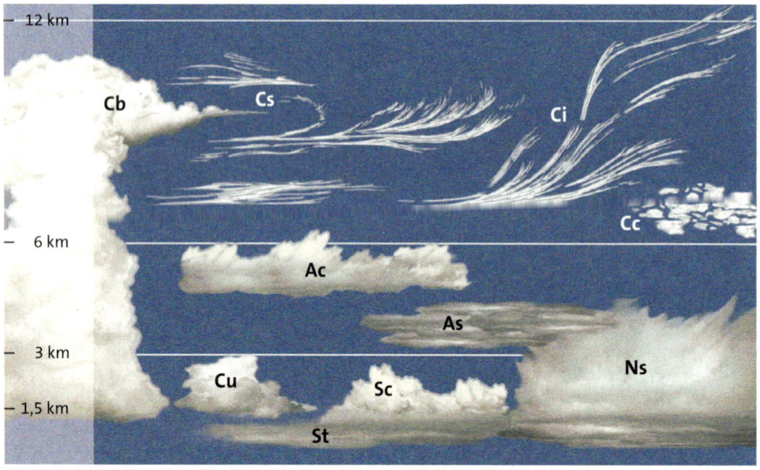

Wolkenfamilie	Wolkengattung	Merkmale	Wetter
hohe Wolken	Cirrus (Ci) Federwolke	hellweiß, faserig, bandartige Struktur	kein Niederschlag
	Cirrocumulus (Cc) Schäfchenwolke	weiß, flockig, oft in Gruppen angeordnet	kein Niederschlag
	Cirrostratus (Cs) Schleierwolke	weiß, faserig, nebelartig	kein Niederschlag
mittlere Wolken	Altocumulus (Ac) grobe Schäfchenwolke	weiße bis graue Wolkenballen	kein Niederschlag
	Altostratus (As) mittelhohe Schichtwolke	hellgraue bis bläuliche, gleichmäßige Schichten	Landregen, Schnee, Eis
tiefe Wolken	Stratocumulus (Sc), Schicht-, Haufenwolke	grau, mit weißlichen, z.T. auch dunkleren Flecken	schwacher Regen, Schnee, Graupel
	Stratus (St), tiefe Schichtwolke	graue, gleichförmige Wolkenschicht	Sprühregen, Schneegriesel
	Cumulus (Cu), Haufen- oder Quellwolke	grau bis blaugrau, flache Unterseite, mächtig aufgetürmt	schönes Wetter
Wolken mit großem vertikalen Aufbau	Cumulonimbus (Cb), Schauer- oder Gewitterwolke	schwarzgrau, flache Unterseite, mächtige aufquellende Wolkenmassen	Regen, Schnee, Graupel, Hagel
	Nimbostratus (Ns), Regenschichtwolke	graue bis dunkelgraue, gleichmäßig dichte Wolkenschicht	Regen, Schnee, Eis

Wolkenfamilien/Wolkengattungen. Wolken entstehen, wie gezeigt, durch Kondensation, d.h. den Übergang des Wasserdampfes vom gasförmigen in den flüssigen Zustand. Die Wolkenbildung ist stets verbunden mit einer Turbulenz der Luft, z.B. bei starker Erwärmung und Aufsteigen der Luft (Konvektion) oder durch Aufgleitvorgänge unterschiedlich temperierter Luftmassen (Advektion).

Bei einer starken vertikalen Konvektion entstehen Quellwolken, auch Haufen- oder Cumuluswolken genannt. Abhängig von der vertikalen Luftströmung können sie eine große Ausdehnung erhalten und heftige Niederschläge bringen.

Bei vorherrschend horizontalen Luftbewegungen bilden sich vor allem Schichtwolken. Werden feuchte und wärmere Luftmassen vom Wind über ein Gebiet mit kälterer Luft geschoben, steigt die Luft allmählich auf und kühlt sich langsamer ab als bei der Konvektion. Das Kondensationsniveau wird erst in großer Höhe erreicht. Es bildet sich eine gleichmäßige Wolkendecke, deren horizontale Ausdehnung um ein Vielfaches größer ist als die der Quellwolken.

Der unterschiedlichen Höhenlage entsprechend lassen sich Wolken in vier Wolkenfamilien untergliedern (Material 60). Tiefe Wolken (Stratuswolken) bestehen aus nicht unterkühlten Wassertröpfchen und werden deswegen auch Wasserwolken genannt. Im mittleren Stockwerk enthalten die Wolken unterkühlte Wassertröpfchen, z.T. durchmischt mit Eiskristallen (Altowolken bzw. Mischwolken). Im hohen Stockwerk sind alle Wolken Eiswolken. Sie werden mit der Bezeichnung Cirruswolken zusammengefasst. Außerdem existieren Wolken, die stark vertikal aufgebaut sind und sich über zwei oder gar drei Stockwerke erstrecken.

Die Wolkenklassifikation, wie sie vom Wetterdienst zur Beschreibung der Beobachtungen benutzt wird, unterscheidet zehn Wolkengattungen (vgl. nebenstehende Abbildung und Tabelle), die wiederum in Arten und Unterarten unterteilt werden.

Surftipp
Wolkenatlas
104109-1108

Material
Grafik Konvektion und Advektion
104109-1109

61 Beispiele für Wolkenformen

33 Arbeiten Sie mit der Zusammenstellung von Fotos in Material 61.

a) Beschreiben Sie die Wolkenformen.

b) Ordnen Sie sie bestimmten Wolkengattungen zu.

c) Ziehen Sie Rückschlüsse auf mögliche Wettererscheinungen.

62 Typische Luftströmungen über Mitteleuropa

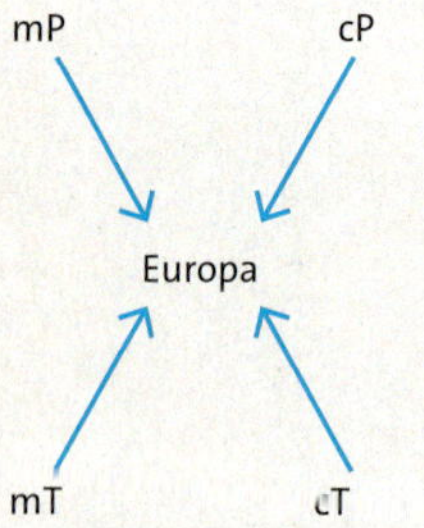

Wetterwirksame Hauptluftmassen schematisch

mP = maritime Polarluft
mT = maritime Tropikluft
cP = kontinentale Polarluft
cT = kontinentale Tropikluft

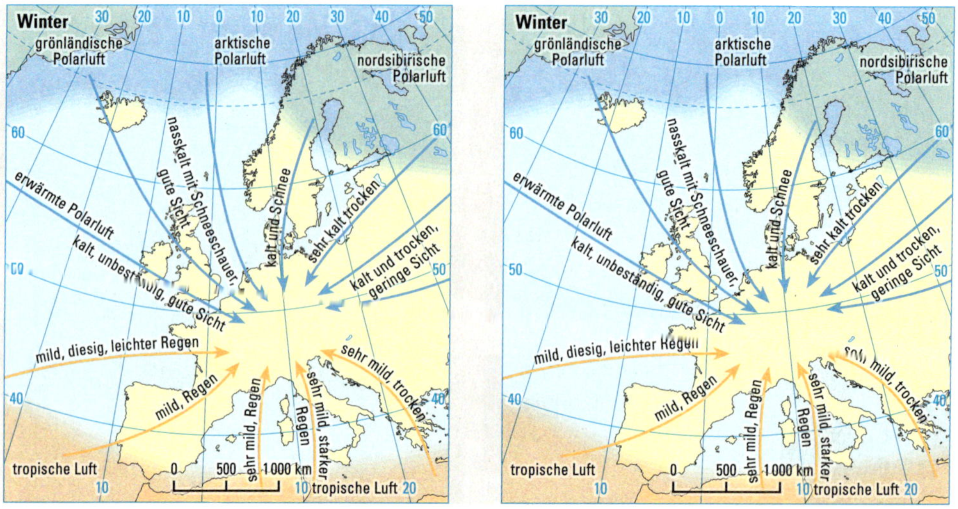

Klima und Wetter in Mitteleuropa

Mitteleuropa ist ganzjährig das „Kampffeld" verschiedener Luftmassen, die sich je nach ihrer Herkunft in Temperatur und Luftfeuchtigkeit unterscheiden. Die Temperaturen werden weniger durch die solare Strahlungsbilanz bestimmt als durch Luftmassentransporte.

Entsprechend der Lage Mitteleuropas und der Richtung der Jetstreams werden die klimatischen Verhältnisse in besonderem Maße durch die Westwinde bestimmt, sodass am häufigsten „Westwindwetter" herrscht.

Im Durchschnitt ändert sich die Wetterlage in Mitteleuropa jedoch alle vier bis fünf Tage. Ursache dafür sind die durch dynamische Hoch- und Tiefdruckgebiete (Antizyklonen und **Zyklonen**) ausgelösten atmosphärischen Prozesse.

Seite 44
Jetstream

63 Zyklonen und Antizyklonen

„Die wandernden Antizyklonen sorgen infolge der weiträumigen Absinkvorgänge in ihrem Bereich für Niederschlagsarmut, meist auch für Bewölkungsarmut und entsprechendes Strahlungswetter. Es sind dies Folgen der Kompressionserwärmung, der absinkende Luft wegen der Druckzunahme auf der Absinkstrecke unterliegt; damit ist eine Abnahme der relativen Luftfeuchtigkeit und gegebenenfalls Verdampfung von Wolkenelementen verbunden ...

Die wandernden außertropischen Zyklonen sind unentbehrlich für den meridionalen Wärmetransport aus den Wärmeüberschussgebieten niedriger Breiten. Die Zyklonen vermögen dieser Funktion gerecht zu werden, indem sie auf ihrer (östlichen) Vorderseite Warmluft mit höherem Wärmeinhalt aus einstrahlungsbegünstigten südlichen Breiten polwärts verfrachten und gleichzeitig auf ihrer (westlichen) Rückseite Kaltluft mit niedrigerem Wärmeinhalt aus einstrahlungsbenachteiligten nördlicheren Breiten äquatorwärts dirigieren. Die letztere nimmt dabei Wärme ... auf ..., während der ersteren fortgesetzt Wärme entzogen wird, was zu ihrer allmählichen Transformation in polare Kaltluft führt."

Manfred Hendt/Herbert Liedtke: Lehrbuch der allgemeinen physischen Geographie. Gotha: Klett-Perthes Verlag 1997, S. 378

Material
Infoblatt Hauptluftmassen und Großwetterlagen
104109-1110

Großwetterlagen über Deutschland. Hält die Wetterlage in einem Gebiet mehrere Tage oder länger an, spricht man von Witterung. Die großräumige Verteilung von Hoch- und Tiefdruckgebieten, die für den einheitlichen Charakter eines solchen Witterungsabschnittes verantwortlich ist, wird als Großwetterlage bezeichnet. In Mitteleuropa wechseln im Jahresverlauf unterschiedliche Großwetterlagen, was meist mit einer Änderung der Hauptwindrichtung verbunden ist. Je nach vorherrschender Luftströmung gerät Mitteleuropa in den Einflussbereich verschiedener Luftmassen. Ihre Eigenschaften können sich abhängig vom Weg, den die Luftmassen von ihrem Ursprungsort nach Mitteleuropa nehmen, verändern. Wird zum Beispiel maritime Polarluft im Winter über dem Atlantik weit nach Süden abgelenkt, um dann über Frankreich nach Mitteleuropa einzuströmen, erwärmt sie sich und sorgt bei uns für milde Wintertemperaturen. Meteorologen unterscheiden etwa 40 Großwetterlagen. Diese werden in Deutschland zu acht Typen zusammengefasst: West, Südwest, Nordwest, Nord, Süd, Ost, Hochdruck über Mitteleuropa und Tiefdruck über Mitteleuropa. Davon treten die Typen West, Nordwest und Südwest am häufigsten auf. Diese sind mit dem Durchzug von Zyklonen und der Zufuhr maritimer Luftmassen verbunden. Im Winter wirken sie mildernd, im Sommer dagegen abkühlend. Im Herbst treten häufig Sturmtiefs mit orkanartigen Böen auf. Das „Markenzeichen" der Westlage ist zu allen Jahreszeiten ihre Unbeständigkeit.

64 **Vb-Zugbahn eines Tiefdruckgebietes in Mitteleuropa im Vergleich zu „normalen Zugbahnen"**

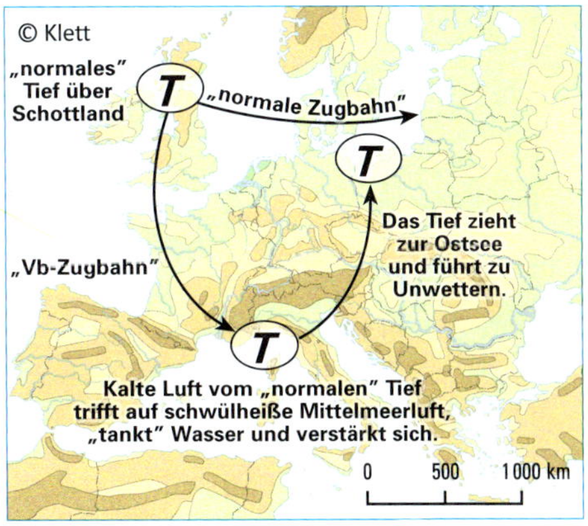

Entsteht zwischen Island und den Britischen Inseln ein ausgedehntes Hochdruckgebiet, dann stellt sich der Großwettertyp Nord ein. An der Ostseite dieses Hochs gelangt kalte Polarluft in unseren Raum. Deutliche Temperaturrückgänge und Schneefälle im Winter und Frühjahr sind die Folge.
Eine Besonderheit stellt die mit Vb (sprich „fünf b") bezeichnete Wetterlage dar. Meteorologen haben die Hauptzugbahnen von Zyklonen nummeriert und die Nummer Vb bezeichnet eine Zugbahn, bei der eine Zyklone über den Golf von Biscaya in den Mittelmeerraum gelenkt wird. Diese Wetterlage bedeutet für den Osten Deutschlands sehr hohe Niederschläge. Ein Beispiel dafür ist das Jahrhunderthochwasser der Elbe aus dem Jahr 2002.

65 **Typische Wetterlagen in Europa**

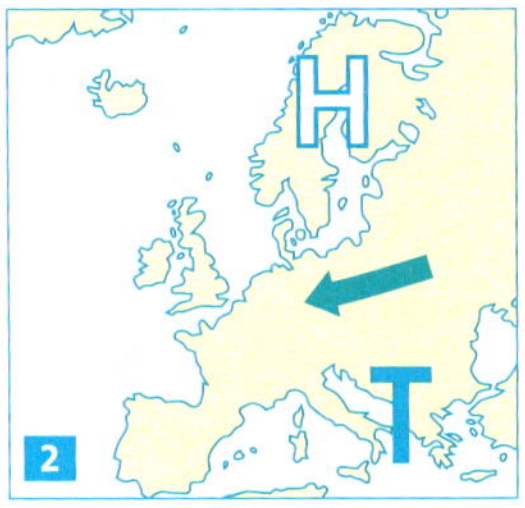

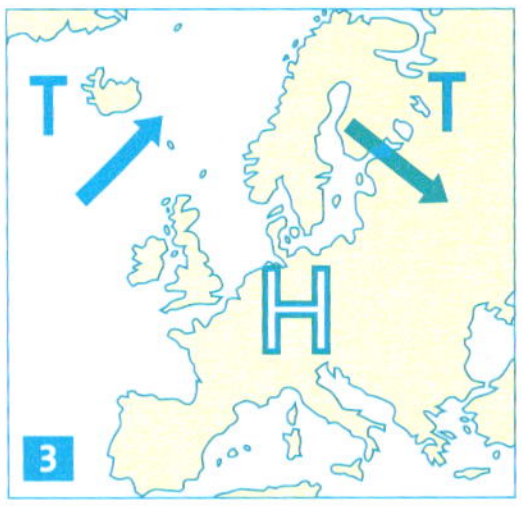

34 Stellen Sie die Eigenschaften der wetterwirksamen Hauptluftmassen (mP, mT, cP und cT) im Sommer und Winter in einer Tabelle zusammen.

35 Erläutern Sie die Bedeutung der Zyklonen und Antizyklonen für das Wetter in Mitteleuropa.

36 Typische Wetterlagen in Europa (Karten 65):
a) Beschreiben Sie die typischen Wetterlagen und bestimmen Sie die sich jeweils einstellende Hauptwindrichtung.
b) Erklären Sie, welches Wetter sich jeweils im Sommer und Winter einstellen würde, wenn sich diese Wetterlagen ausbilden.

37 Erklären Sie mithilfe ihrer Kenntnisse zum Strahlungs- und Wärmehaushalt die großen täglichen Temperaturschwankungen bei einer Hochdruckwetterlage.

66 Reifestadium einer Zyklone

Illustration © Carl-W. Röhrig/CO-Art, Hamburg

- a Cumuluswolke (Haufenwolke)
- b Ambosswolken
- c Tief hängende Schichtwolken (Regenwolken)
- d Hohe Schichtwolken
- e Federwolken
- KL Kaltluft
- WL Warmluft
- T Tiefdruckgebiet

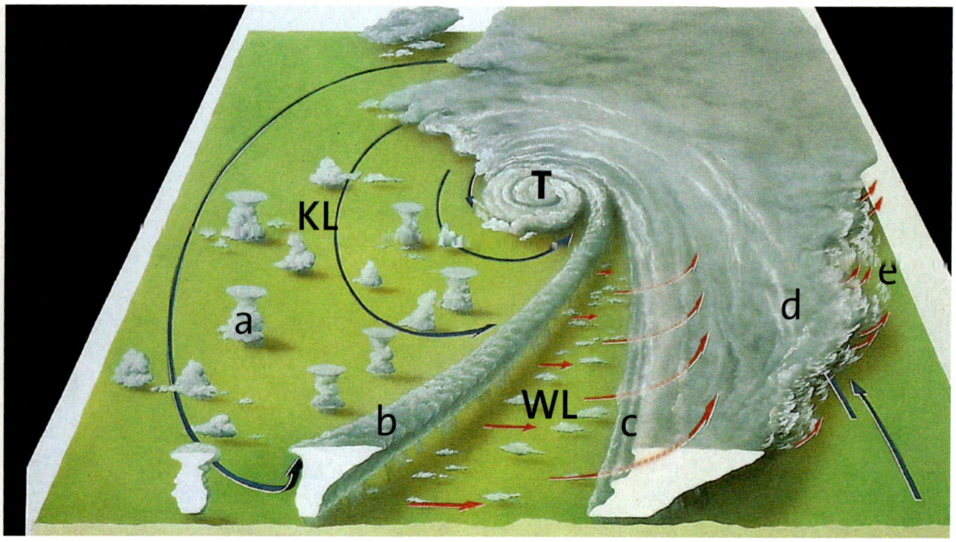

Seite 44 Polarfrontjet

Häufig melden Wetterberichte Tiefs, die über Europa hinweg ziehen und unser Wetter maßgeblich beeinflussen. Tatsächlich sind mit dem Durchzug solcher **Zyklonen** typische Wettererscheinungen verbunden.

Zyklonen weisen einen Durchmesser von etwa 1500 km auf und ziehen wegen der in den gemäßigten Breiten vorherrschenden Westwindströmung überwiegend von West nach Ost. Deshalb wird ihre Westseite auch als „Rückseite" und die Ostseite als „Vorderseite" bezeichnet. Auf der Nordhalbkugel der Erde entstehen Zyklonen vorrangig aus dem Polarfrontjet zwischen 40° und 55° nördlicher Breite.

Weil in diese Tiefdruckgebiete unterschiedlich temperierte Luftmassen einströmen, bilden sich Luftmassengrenzen zwischen kalter und warmer Luft aus. Diese werden in der Meteorologie als Fronten bezeichnet. Das sind geneigte Grenzen zwischen zwei Luftmassen, an denen sich Temperatur und Luftfeuchtigkeit sprunghaft ändern.

Beim Vorstoß warmer Luft gegen kalte Luftmassen entsteht eine Warmfront. Trifft Kaltluft auf Warmluft, bildet sich eine Kaltfront aus. Der zwischen diesen Fronten liegende Keil von Warmluft wird Warmsektor genannt.

Warmfronten und Kaltfronten.

67 Wetterlage

„Das Sturmtief zieht von der Nordsee weiter zur Ostsee. Mit ihm beeinflusst ein Schwall Warmluft Norddeutschland. Rückseitig wird für kurze Zeit wieder Kaltluft aus dem Nordmeer herangeführt. Sie beeinflusst unser Wetter allerdings nicht auf Dauer, da sich gleichzeitig ein intensives Tief südwestlich von Island entwickelt. Es weitet in der Folge seinen Einfluss auf die Britischen Inseln aus und bringt rechtzeitig zum Frühjahrsbeginn wieder milde Luft über der Nordsee heran."

Auszug aus einem Wetterbericht

68 **Idealschema der Entwicklung einer Zyklone über Europa**

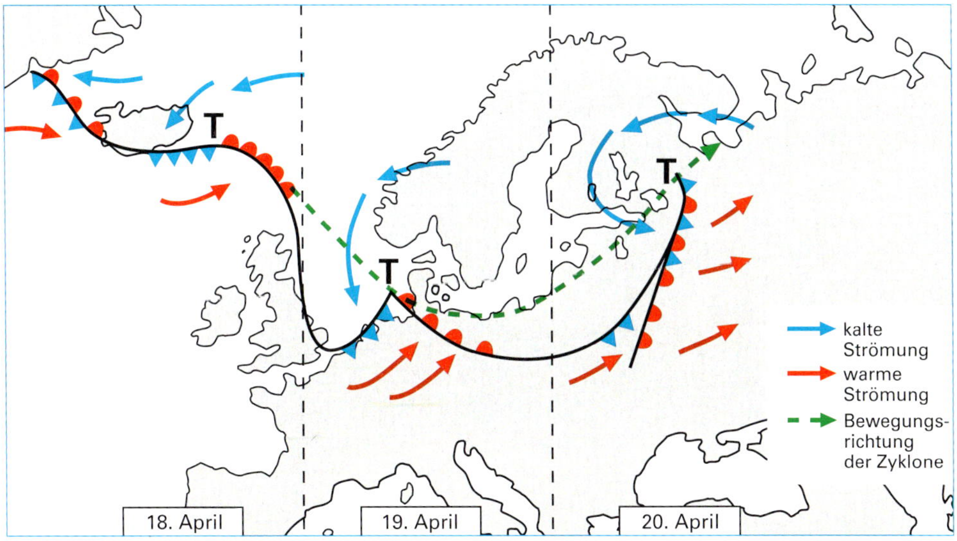

71 **Warmfront**

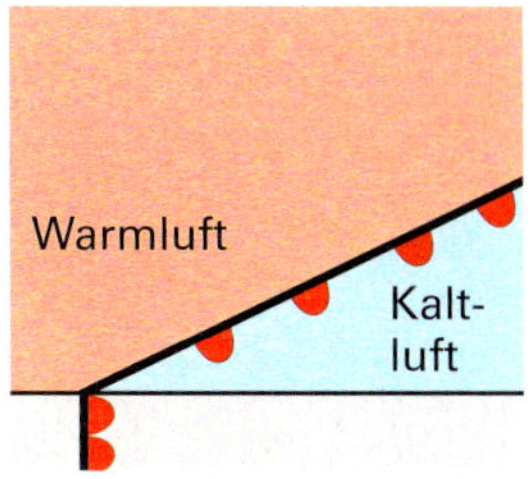

72 **Kaltfront**

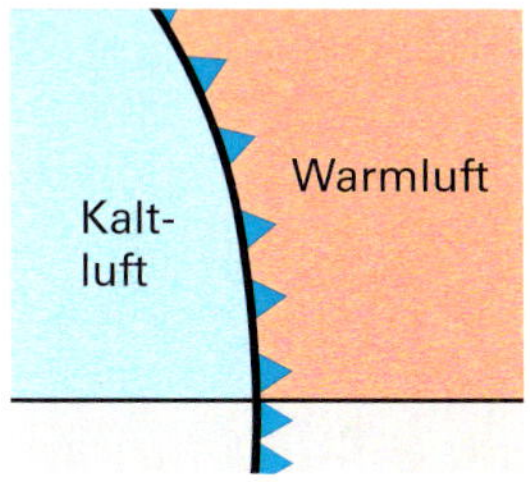

69 **Warmfront und Kaltfront in einer Zyklone**

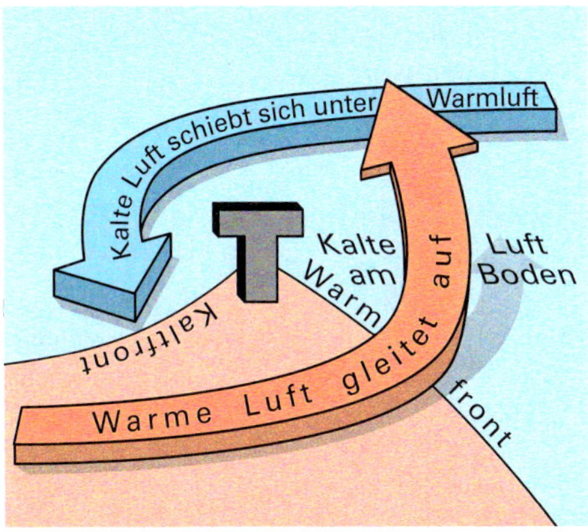

70 **Luftdruck und Windverhältnisse in einer Zyklone**

Darstellung auf einer Wetterkarte

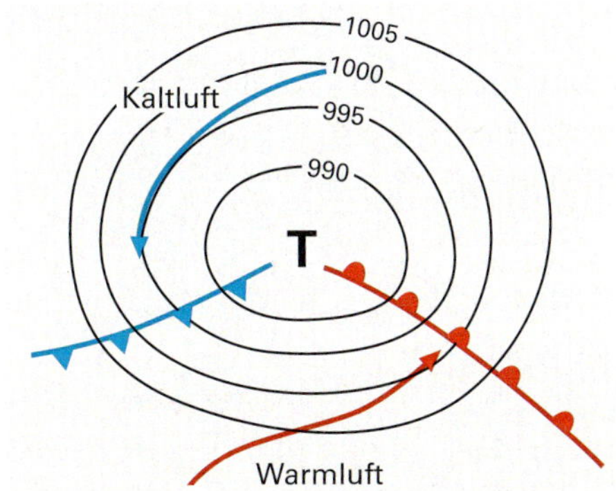

73 **Okklusionsfront**

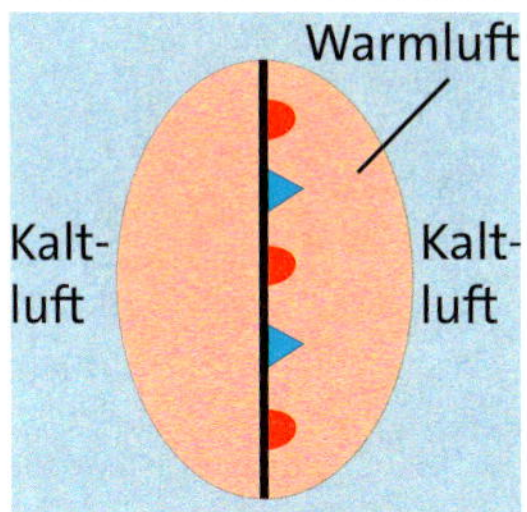

An der Vorderseite der Zyklone werden Warmluftmassen aus Süden und Südwesten herangeführt. Diese haben aufgrund ihrer Temperatur eine geringere Dichte und sind damit relativ leicht. Die Warmfront bewegt sich verhältnismäßig langsam. Dabei gleitet die warme Luft auf die kältere auf. Auf der Rückseite dagegen stößt die schwere Kaltluft ziemlich schnell gegen die Warmluft vor. Weil sich die Kaltfront wesentlich schneller bewegt, erreicht sie im Verlauf der weiteren Entwicklung der Zyklone die Warmfront.

Die im Bereich des Tiefdruckgebietes am Boden vorherrschende Warmluft wird dann durch Kaltluft ersetzt und vom Boden abgehoben. Dieses Stadium heißt Okklusion (lat. occludere = verschließen), wobei sich eine Okklusionsfront, auch Mischfront bildet. Damit verliert die Zyklone ihre Eigendynamik und „stirbt ab". Inzwischen sind aber im Gebiet von Island längst neue Tiefdruckgebiete entstanden und auf dem Weg nach Nordost- und Osteuropa. Treten mehrere Zyklonen hintereinander auf, spricht man von „Zyklonenfamilien".

74 Schematisches Profil und Wettererscheinungen einer ideal ausgebildeten Zyklone

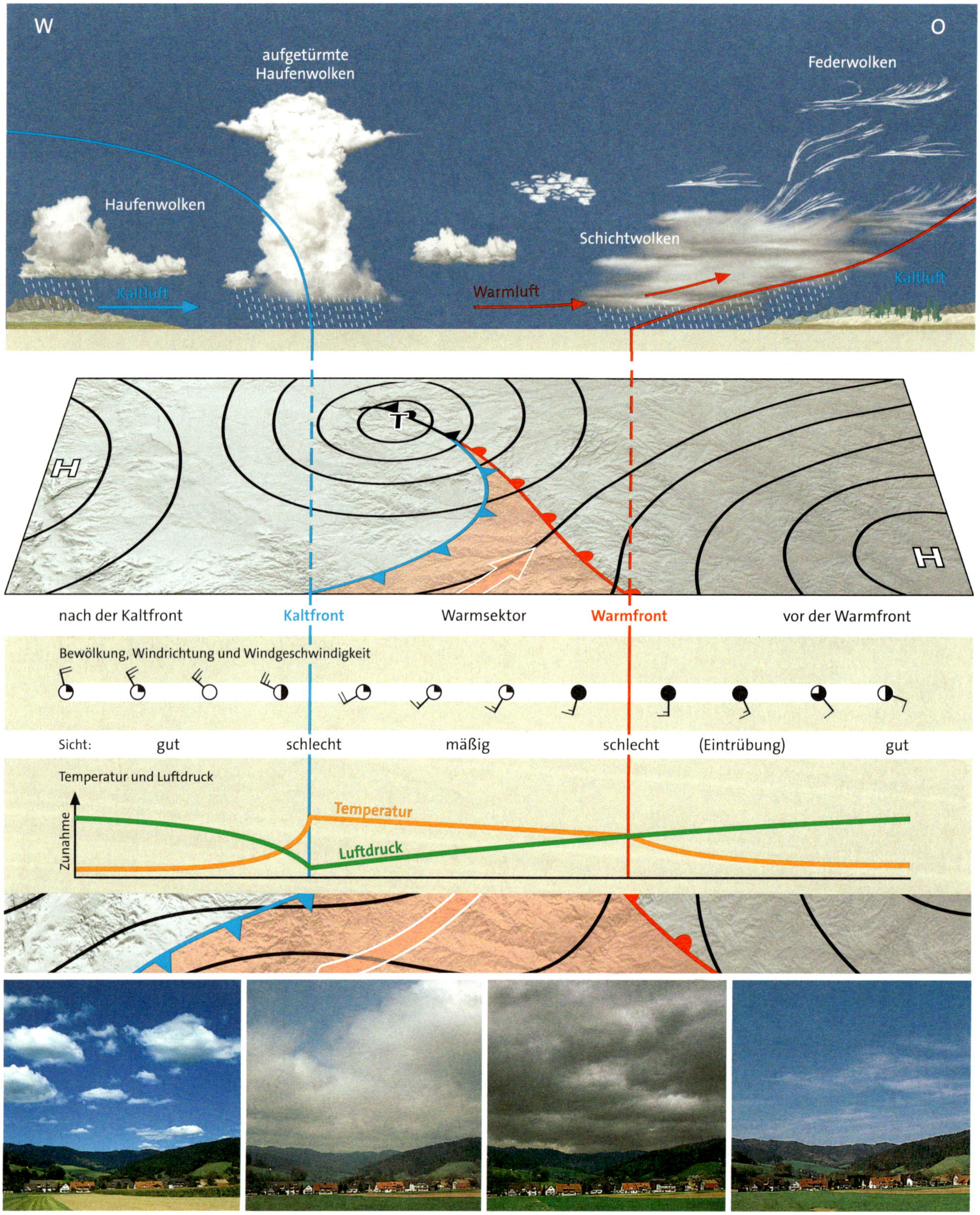

Wettererscheinungen beim Durchzug einer Zyklone in Mitteleuropa

Überquert eine **Zyklone** Mitteleuropa, zeigt der Wetterablauf eine gesetzmäßige Abfolge, die mit den Wettervorgängen an der Warmfront und Kaltfront erklärt werden kann. Die Abbildung 74 verdeutlicht schematisch die wichtigsten Wettererscheinungen beim Durchzug einer Zyklone.

Beim Vordringen der Warmfront gleitet die leichtere Warmluft auf die schwerere Kaltluft auf und kühlt sich ab. Hohe Cirren und später im mittleren Niveau gelegene Schichtwolken kündigen das Herannahen einer Warmfront an. Die nachfolgenden tiefliegenden Stratus- und Nimbostratuswolken bringen erst Niesel- und später zum Teil länger anhaltenden Landregen. Sobald die Warmfront am Boden durchgezogen ist, lösen sich die Wolken auf.

Aber das „schöne" Wetter hält nicht lange an, denn die vordringende Kaltluft an der Kaltfront schiebt sich wie ein großer Keil unter die Warmluft und treibt sie in die Höhe. Mächtige Haufenwolken türmen sich auf und bei böigen Windstößen kommt es zu kräftigen Regenschauern, mitunter sogar zu heftigen Gewittern, sogenannten Frontgewittern. Die Temperaturen fallen in kurzer Zeit um 5 bis 10 K. Die Schauer lassen im weiteren Verlauf allmählich nach und es klart auf. Häufig zeigt das „Rückseitenwetter" weiße Cumuluswolken und einen tiefblauen Himmel. Die glasklare kalte Luft erlaubt oft eine sehr gute Fernsicht.

An der Okklusionsfront gibt es unterschiedliche Wettererscheinungen. Am Beginn der Okklusion ähneln die Vorgänge denen an der Warmfront, zum Ende hin aber eher denen der Kaltfront. Heftige Niederschläge können einsetzen.

75 Satellitenaufnahme einer Zyklone vom 27. 10. 2004

Die Bewölkung ist gemischt und nicht so klar definierbar wie bei ausgebildeten Fronten.

Die klimatischen Verhältnisse in Mitteleuropa werden somit in besonderem Maße durch die Westwinde und durch die Lage an der Westseite des eurasischen Großkontinents geprägt. Dadurch stehen sie unter dem Einfluss der feuchten, im Winter erwärmenden, im Sommer kühlenden Westwinde vom Atlantik her.

38 Beschreiben Sie die Entwicklungsstadien einer Zyklone und erklären Sie die Entstehung von Fronten.

39 Stellen Sie die Merkmale von Temperatur, Bewölkung, Niederschlag, Luftdruck und Wind für die drei Abschnitte einer Zyklone (Vorderseite, Warmsektor und Rückseite) in einer Tabelle zusammen.

40 Begründen Sie die Wettervorgänge an einer Warmfront und Kaltfront.

41 Satellitenbild 75:

a) Beschreiben Sie die Bewölkung und bestimmen Sie die Lage der Warmfront, Kaltfront und Okklusionsfront.

b) Benennen Sie Gebiete Europas, die im Einflussbereich der Kaltfront und Warmfront liegen.

42 Begründen Sie das Fehlen von Warmfronten und Kaltfronten im Bereich einer Antizyklone.

76 **Passatströmung, Schema mit doppelter ITC und Westwindzone**

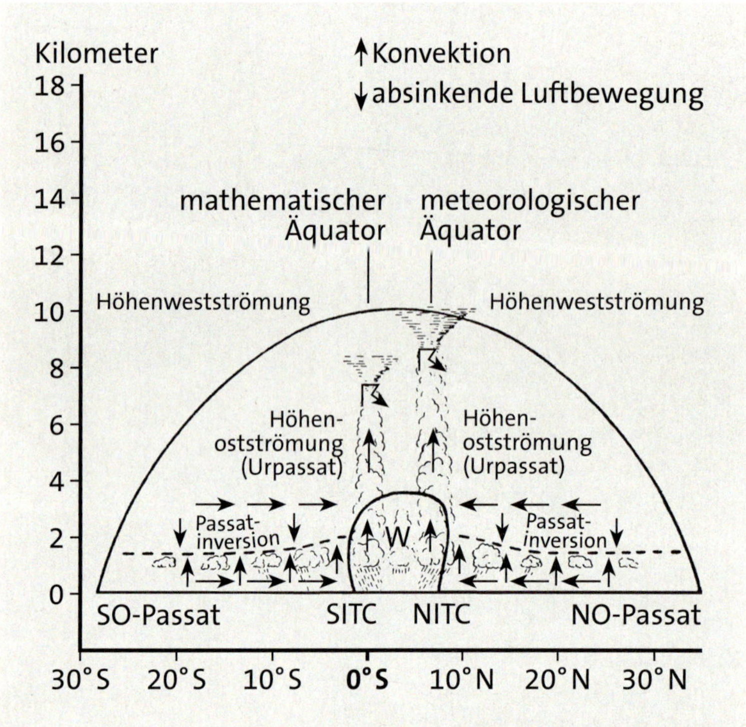

77 **Druck- und Windverteilung in der Troposphäre**

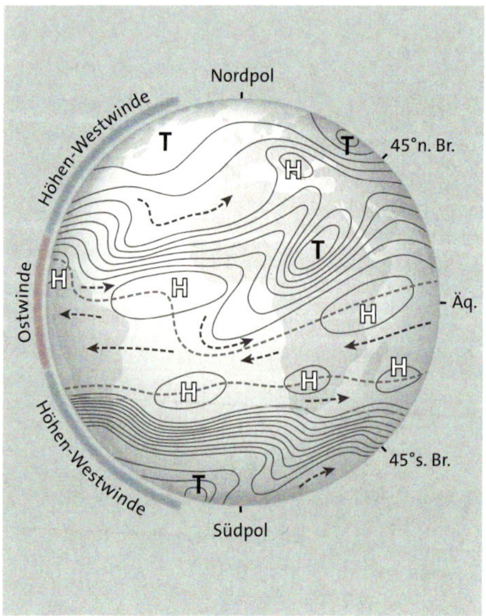

Seite 45
ITC

Tropische Zirkulation

Die Innertropische Konvergenz und der Passatkreislauf. Auf S. 45 wurde die Passatzirkulation in ihren Grundzügen erklärt. Um genauere Kenntnis zu erhalten, z. B. über Entstehung und Eigenschaften der **Monsune**, wird folgend auf die tropische Zirkulation näher eingegangen.

Die tropische Zirkulation wird primär durch die Passatzirkulation geprägt. Aufgrund der ganzjährig hohen Sonnenstrahlung am Äquator werden hier die bodennahen Luftschichten stark erwärmt und es kommt zu einem raschen Aufstieg der Luftmassen. Diese nehmen große Mengen an Wasserdampf mit. Es bilden sich mächtige Gewitterwolken mit Starkregen. In der oberen Troposphäre strömen die nunmehr trockenen Luftmassen zunächst Richtung gemäßigte Breiten. Durch die Corioliskraft werden diese Höhenwinde zu westlichen Winden abgelenkt. Im Bereich der Wendekreise sinkt die Luft ab, wodurch in Bodennähe ein beständig hoher Luftdruck aufgebaut wird, die subtropische Hochdruckzone. Dieser Raum zeichnet sich durch große Trockenheit, hohe Temperaturen und Wolkenlosigkeit aus. Die starke Erwärmung der bodennahen Luftschichten führt wiederum zu einem Aufstieg der Luft. Dieser Aufstieg ist allerdings der vorherrschend abwärts gerichteten Luftbewegung entgegengesetzt. So endet der Aufstieg bereits in geringer Höhe an der sogenannten Passatinversion.

Das Druckgefälle zwischen dem subtropischen Hochdruckgürtel und den Hitzetiefs am Äquator (äquatoriale Tiefdruckrinne) lässt die Winde von den Wendekreisen in Richtung Äquator wehen. Unter dem Einfluss der Coriolisablenkung werden sie in östliche Richtung zum Nordostpassat auf der nördlichen bzw. Südostpassat auf der südlichen Halbkugel abgelenkt.

Aufgrund der unterschiedlich starken Erwärmung der Nord- bzw. Südhalbkugel verändert sich im jahreszeitlichen Verlauf die Lage der **Innertropischen Konvergenzzone (ITC).** Dabei kommt es zur Aufspaltung in eine stärker ausgeprägte ITC (thermischer oder meteorologischer Äquator = NITC) und eine schwächere ITC am mathematischen Äquator (SITC).

78 Feuchtlabile Schichtung ohne Temperaturinversion

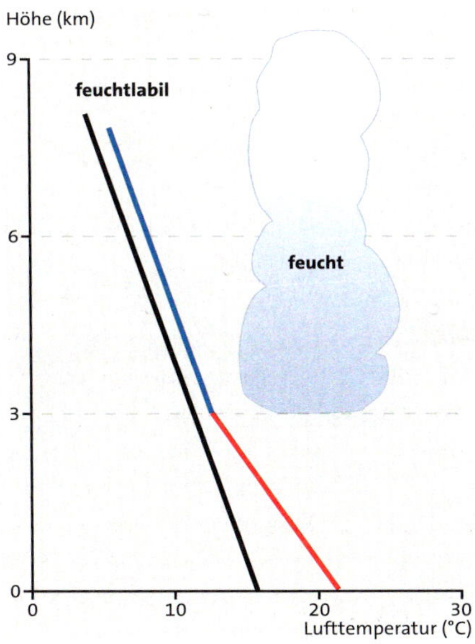

80 Typischer Vertikalaufbau einer ozeanischen Passatströmung

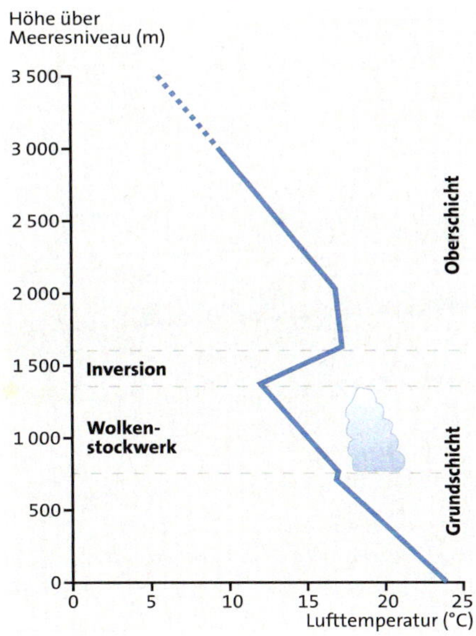

Passatinversion
Temperaturumkehr innerhalb der Passatluft, die sich zwischen der aus der Höhe absinkenden Luft und der von der Erdoberfläche aufsteigenden Luft bildet. Sie wirkt als Sperrschicht für die Konvektion und verhindert die weitere Wolkenbildung und Niederschläge.

79 Passate und Passatinversion

„Zur weiteren Charakterisierung der Passate sollte man sich vergegenwärtigen, dass es sich hier um Luftmassen handelt, deren Ursprung in den Antizyklonen des subtropisch-randtropischen Hochdruckgürtels liegt. Dort sind sie abgesunken und dabei entsprechend ausgetrocknet. Wenn sie jetzt zum Äquator abfließen, vergrößert sich die ihnen zur Verfügung stehende Fläche entsprechend der Meridiandivergenz (die Meridiane laufen äquatorwärts immer weiter auseinander), was eine Verringerung der vertikalen Mächtigkeit, also Absinkbewegungen mit weiterer Austrocknung, nach sich zieht. Der Passat ist folglich stabil geschichtet und neigt somit auch wenig zur Wolkenbildung; nicht umsonst sind die kontinentalen Passatzonen die Trockenzonen der Erde (‚Wendekreiswüsten').
Über dem Meer werden die typischen Merkmale dieser Winde deutlich: große räumliche Konstanz in Richtung und Stärke. Entsprechend ihrer Bedeutung für die Segelschifffahrt wurden sie daher auch als ‚trade winds' bezeichnet. Beim Überströmen großer Wasserflächen reichern sich die Passatluftmassen mit Wasser an. Trifft der Passat dann auf ein orographisches Hindernis, so wird die Passatinversion durchbrochen. Die erzwungene Vertikalbewegung bringt auf der Luvseite der Gebirge ergiebige Stauniederschläge mit entsprechend hoch reichender Wolkenbildung. Beobachten kann man diesen Effekt sehr gut bei Inseln, die in der Passatzone liegen, z. B. Hawaii oder den Inseln über dem Winde in der Karibik, aber auch dort, wo der Passat auflandig weht, z. B. an den Ostküsten Südamerikas.
Besondere Beachtung fand die Passatzone zur Zeit der Segelschifffahrt. Vor allem die sogenannten Rossbreiten – das ist die Wurzelzone absteigender Luftmassen – waren berüchtigt, da man hier bei Windstille oft wochenlang festlag und dann kein Trinkwasser mehr hatte. Die Pferde gingen ein, und Seuchen brachen aus. Auch in der Auslaufzone der Passate waren die Bedingungen für die Segelschiffe nicht besonders günstig. Schwache, unbeständige Winde brachten dieser Zone die Bezeichnung ‚Mallungen' (von niederdeutsch mal = verrückt) ein."

Eckardt Jungfer: Einführung in die Klimatologie. Stuttgart: Klett, 1985, S. 63/64

81 Winde und Niederschlagsverteilung in Indien im Sommer (links) und Winter (rechts)

Nach Dirk Bronger/Norbert von der Ruhren: Indien. Stuttgart: Ernst Klett Verlag 1986, S. 40

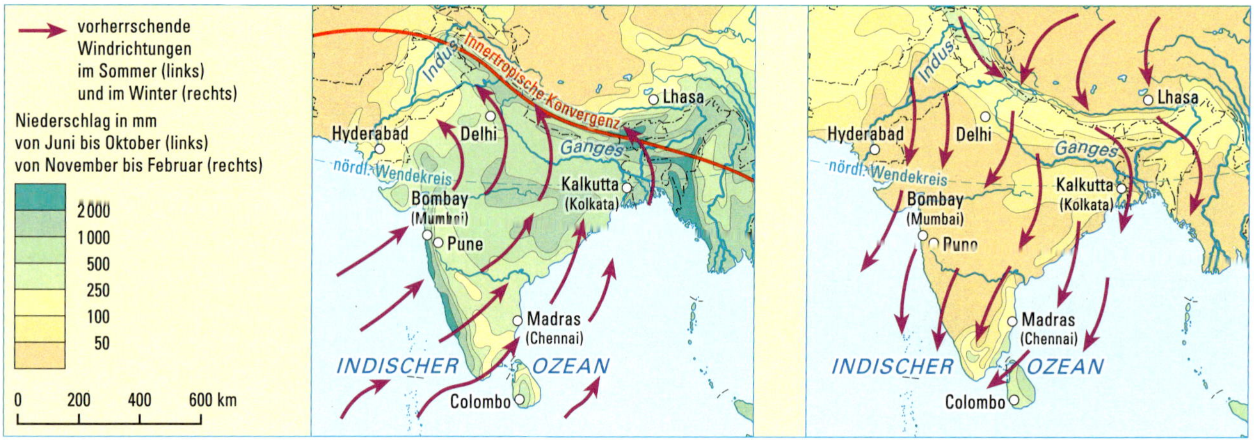

Monsun
(von arab. Mausim = Jahreszeit): beständig wehender, kontinentalweiter Wind mit halbjährlichem Richtungswechsel (mindestens 120°). Der Sommermonsun (Südwestmonsun) bringt große Niederschlagsmengen, der ablandige Wintermonsun (Nordostmonsun) ist trocken und bringt nur dann Regen, wenn er Meeresgebiet überquert.

←
Seite 45
ITC

Der Monsun. Wohl für kaum eine andere Region der Erde spielen das Klima und seine Wechselfälle eine so beherrschende und entscheidende Rolle wie für den südasiatischen Raum, und wohl nirgendwo sonst beeinflussen sie das Leben der Menschen so tiefgreifend wie in Indien. Mit seinem jahreszeitlichen Wechsel zwischen Regen- und Trockenzeit ist der **Monsun** in diesem Land entscheidend für Vegetation und Ackerbau und damit für das Überleben von Millionen von Menschen. Er ermöglicht in dem noch überwiegend agrarisch geprägten Land Bevölkerungsdichten, wie sie sonst nur in reinen Bewässerungskulturen möglich sind. Trotz moderner Techniken hängt in Indien auch heute noch von einem normalen oder abnormen Jahresablauf für Hunderte von Millionen Hunger oder Sattsein und für die gesamte Volkswirtschaft Krise oder Blüte ab. So ist auch der viel zitierte Satz zu verstehen: Der Monsun ist Indiens Segen und Fluch zugleich.

Kennzeichnend für das Monsunklima sind der jahreszeitliche Wechsel der Windrichtungen und die damit verbundenen Veränderungen der Niederschlagsverhältnisse. Dieser regelhafte Wechsel führte zur Namensgebung mausim durch arabische Seefahrer, die diese Winde auf ihren Handelsfahrten über das Arabische Meer nutzten.

Entstehung des indischen Monsuns: Der jahreszeitliche Richtungswechsel der Monsunwinde Vorderindiens lässt sich aus der planetarischen Zirkulation erklären. Danach ist der im Winter wehende Nordostmonsun (Wintermonsun) mit dem Nordostpassat identisch. Als trockene und kalte Luftströmung fließt er vom asiatischen Festland, über dem im Winter ein ausgeprägtes Kältehoch liegt, nach Vorderindien. Da er vom Land kommt und ablandig ist, ist er trocken und bringt lediglich der Südostküste Indiens einige Niederschläge.

Der als Sommermonsun bezeichnete Südwestmonsun ist hingegen ein innertropischer Westwind. Im Nordsommer wird die **Innertropische Konvergenzzone** mit dem Zenitstand der Sonne bis etwa 30° n. Br. verlagert (NITC). Der Südostpassat der Südhalbkugel wird über den Äquator hinweg angezogen und nach dessen Überschreiten nach rechts (NO) abgelenkt (Corioliskraft). Beim Übertritt über den Äquator ergibt sich durch seine Ablenkung ein Staueffekt, der sich als lokale ITC (SITC) bemerkbar macht. Diese SITC am Äquator ist schwächer als die äquatorferne NITC. Dadurch ergibt sich ein Druckgefälle von der äquatorfernen NITC zum mathematischen Äquator (SITC). Unter dem Einfluss der Corioliskraft bildet sich eine west-östliche Windströmung: der Sommermonsun. Da dieser sich über dem Indischen Ozean mit Wasserdampf aufgeladen hat, bringt er Indien die von den Bauern ersehnten Niederschläge.

82 **Luftdruck, Winde und Niederschlag im Januar und Juli**

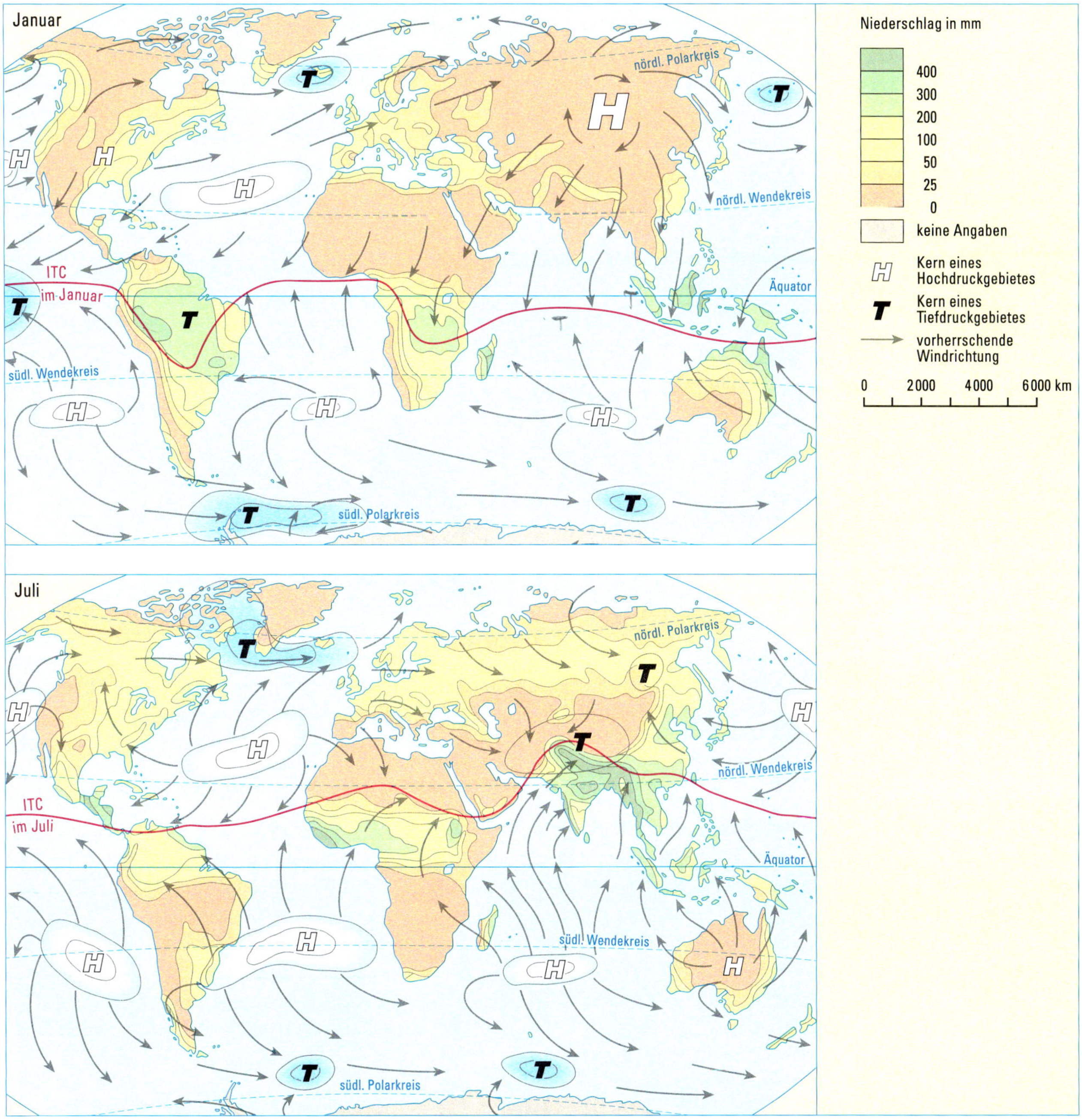

43 Erklären Sie mithilfe der Grafik 76 und des Quellentextes 79 die Passatzirkulation.

44 Erstellen Sie eine Tabelle zu den Luftdruck- und Windgürteln auf der Erde.

45 Nehmen Sie Stellung zu der folgenden Behauptung: „Beim Monsun handelt es sich um eine jahreszeitliche Entsprechung des tagesperiodischen Land-Seewind-Systems".

46 Erklären Sie anhand der Karte 81 und mithilfe des Atlas die regional unterschiedliche Niederschlagsverteilung auf dem indischen Subkontinent im Sommer.

TERRA **METHODE**

Klimadiagramme sind zusammengefasste Darstellungen wichtiger Klimaelemente, vor allem Temperatur und Niederschlag. Sie dienen der vereinfachten, aber übersichtlichen Erfassung der klimatischen Verhältnisse an einem bestimmten Ort und eignen sich besonders für den Vergleich verschiedener Klimate.

Klimadiagramme auswerten

Klimadiagramm nach Walter. Dies ist die in der Oberstufe am häufigsten verwendete Darstellungsform des Klimadiagramms. Darin werden Niederschlags- und Temperaturwerte in Form von Kurven dargestellt, wobei die beiden Kurven in ein bestimmtes Skalenverhältnis zueinander gesetzt werden: 10 °C Monatsmitteltemperatur = 20 mm Monatsniederschlag im Bereich bis 100 mm Niederschlag.

Dies ermöglicht eine grobe Unterscheidung von ariden und humiden Monaten bzw. Jahreszeiten: Liegt die Temperaturkurve über der Niederschlagskurve, kann man von ariden Verhältnissen in diesem Zeitraum sprechen, liegt die Temperaturkurve unter der Niederschlagskurve, liegen humide Verhältnisse vor.

83 Klimadiagramm nach Walter

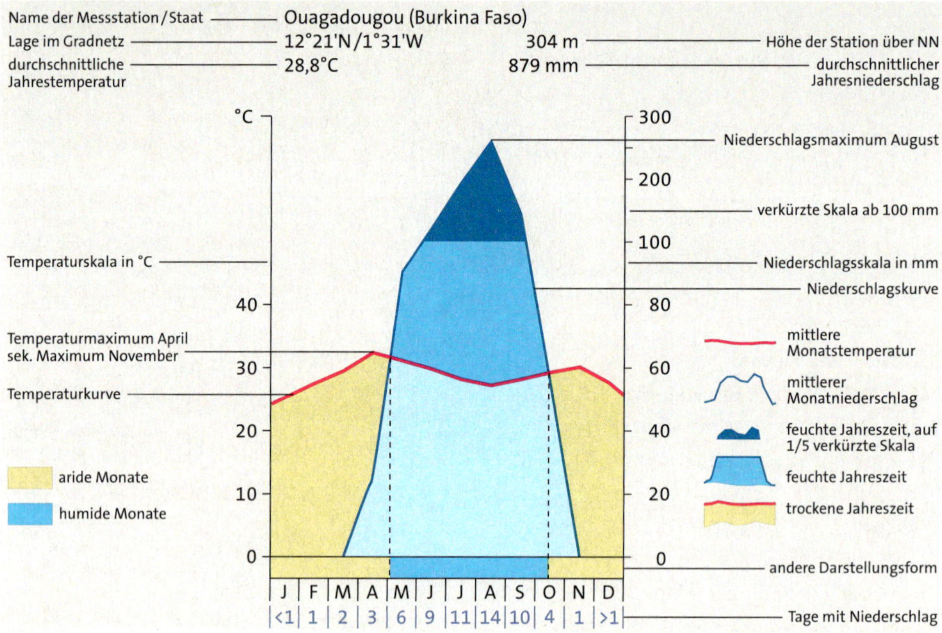

84 Ein Vergleich zweier Stationen in Rheinland-Pfalz verdeutlicht das unterschiedliche Klima

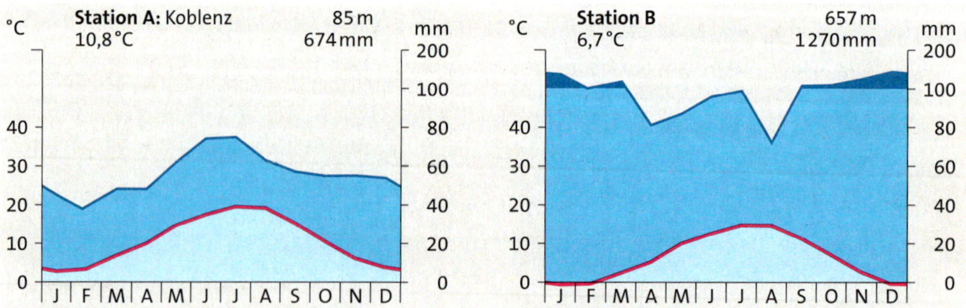

Auswertung Station A: Koblenz
1. Schritt: Zuordnung zu Klimazonen mithilfe der Temperatur
gemäßigte Monatsmittel 0 bis 18 °C
→ gemäßigte Zone

2. Schritt: Weitere Differenzierung (Niederschlag, Temperaturamplituden usw.)
ganzjährig humid, milder Winter (0 bis 2 °C), mäßig warmer Sommer (15 bis 18 °C)
→ kühlgemäßigtes Klima mit Charakteristika eines ozeanischen Klimas
Auswertung Station B: siehe Aufgabe 47

Literaturtipp
Klimadiagramme
104109-1111

Material
Andere Klimadiagrammtypen
104109-1112

Thermoisoplethendiagramm. Diese Klimadiagrammform stellt den Tagesgang und den Jahresgang der Temperatur an einem bestimmten Ort mit Linien dar, die die jeweils gleichen Werte miteinander verbinden. In der Senkrechten lässt sich der Tagesgang an einem bestimmten Tag im Jahr ablesen, in der Waagerechten der Jahresgang zu einer bestimmten Uhrzeit. Verlaufen die Linien überwiegend waagerecht, liegt ein Tageszeitenklima vor, verlaufen die Linien überwiegend senkrecht, liegt ein Jahreszeitenklima vor.

Interpretationsschritte bei der Auswertung von Klimadiagrammen

1. Schritt: Formales

- Welche Diagrammform liegt vor: Walter-Klimadiagramm, Thermoisoplethendiagramm, andere?
- Name der Station (Land).
- Lagemerkmale der Station: Lage im Gradnetz, Höhe über NN.

2. Schritt: Beschreibung

- Durchschnittliche Jahrestemperatur und durchschnittlichen Jahresniederschlag ablesen (meist über dem Diagramm angegeben).
- Verlauf der beiden Kurven beschreiben und aride und humide Zeiten ermitteln.
- Kältesten und wärmsten Monat ablesen und Jahresschwankungen der Temperatur berechnen.
- Monate mit dem höchsten und geringsten Niederschlag ablesen.

3. Schritt: Zuordnung bzw. Erklärung

- Einordnung in eine Klimazone (Atlas).
- Differenzierende Zuordnung anhand des Niederschlagsgangs und der Temperaturamplituden.
- Ggf. klimatische Verhältnisse mithilfe der atmosphärischen Zirkulation erklären.

85 **Thermoisoplethendiagramme von Belem und Konstanz**

Belém 10 m, 1°27′ S/ 48°29′ W

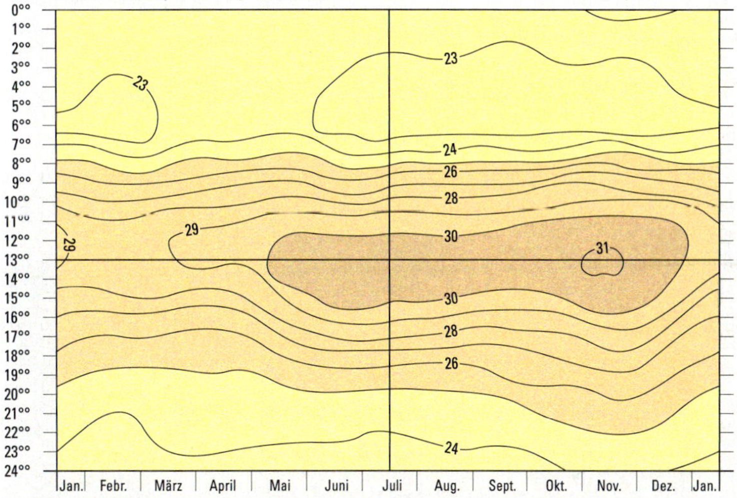

Lesehilfe Belém

Breitenlage: 1° 27′S → Lage auf der Südhalbkugel in der Nähe des Äquators

Man verfolgt zunächst den Tagesgang der Temperatur und dann den Jahresgang.

Tagesgang Juli: Minimum um ca. 2⁰⁰ Uhr bei 23 °C, Maximum um ca. 13⁰⁰ Uhr bei 30 °C, Temperaturamplitude: 7 K

Tagesgang November: Minimum um ca. 3⁰⁰ Uhr bei 23 °C, Maximum um ca. 13⁰⁰ Uhr bei 31 °C, Temperaturamplitude: 8 K

Jahresgang 13⁰⁰ Uhr: Minimum im Januar bei 29 °C, Maximum im November bei 31 °C, Temperaturamplitude: 2 K
Jahresgang 1⁰⁰ Uhr: konstant bei ca. 23 °C

Schlussfolgerung: Größere Unterschiede im Tagesgang als im Jahresgang
→ Belém hat ein Tageszeitenklima.

Konstanz 443 m, 47°41′ N/ 9°11′ O

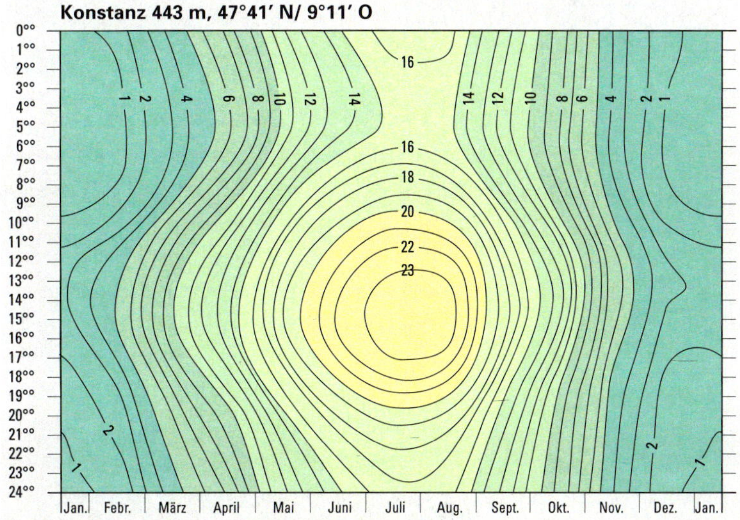

47 Charakterisieren Sie das Klima der Station B analog zu Station A (Diagramme 84).

48 Beschreiben Sie das Klima der beiden Stationen.

49 Beschreiben Sie das Thermoisoplethendiagramm von Konstanz (Material 85).

50 Ordnen Sie die beiden Thermoisoplethendiagramme 85 ihren Klimazonen und Klimatypen zu (Atlas).

86 **Der globale Wasserkreislauf**

Aggregatzustände des Wassers und Übergangsprozesse

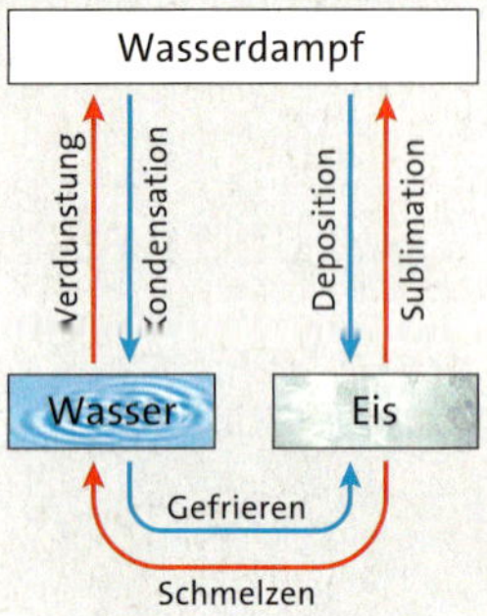

Verweildauer des Wassers

Atmosphäre: *8 – 10 Tage;*
Eis/Gletscher: *10 Jahre bis Jahrtausende;*
Pflanzen: *7 Tage;*
Seen: *Tage bis Jahre;*
Grundwasser: *bis zu 10 000 Jahre;*
Flüsse: *14 Tage;*
Ozean: *mehr als 4 000 Jahre*

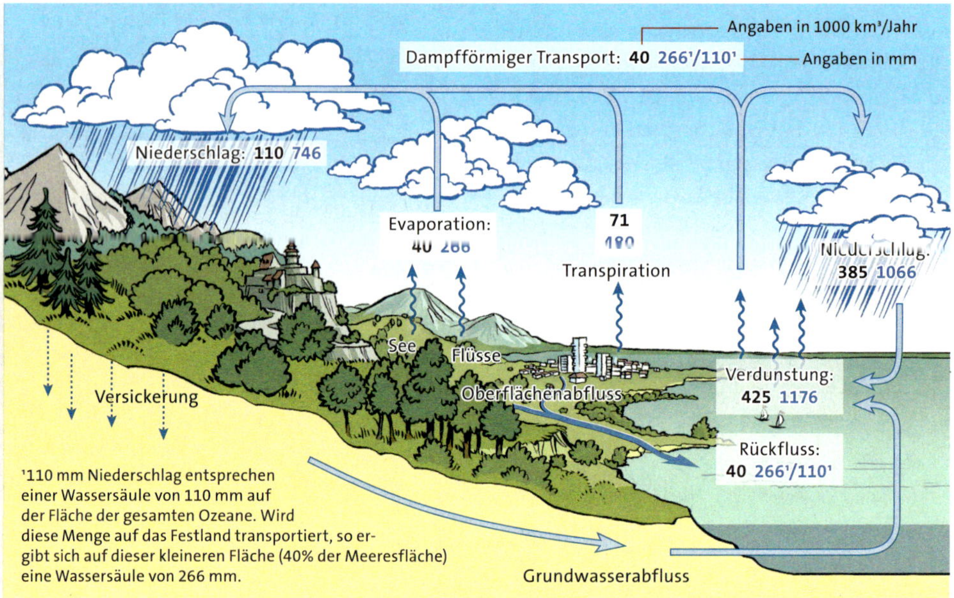

Niederschlag – Grundwasser – Fließgewässer

Wasserplanet Erde

Obwohl Wasser nur etwa 0,1 % des Volumens der Erde ausmacht, sind dennoch 71 % der Erdoberfläche mit Wasser bedeckt. Wasser prägt aber nicht nur die Oberfläche unseres Planeten, es ist für die belebte Natur auf der Erde existenziell.

Wasserkreislauf. Das auf der Erde vorkommende Wasser befindet sich dank Sonnenenergie und Schwerkraft in einem stetigen Kreislauf zwischen Ozeanen, **Atmosphäre** und Festland, der durch Niederschlag, Abfluss sowie Verdunstung charakterisiert ist. Die durch die Sonnenstrahlung angetriebene Verdunstung erfolgt vor allem über dem Meer und bildet aus Meerwasser Süßwasser. Die zur Verfügung stehende Strahlungsenergie bestimmt neben der Wassertemperatur, dem Sättigungsgrad der Luft und den Luftturbulenzen die Verdunstungsrate. Von der Luft kann nur eine bestimmte Maximalmenge von Wasser in gasförmiger Form aufgenommen werden, wobei die Aufnahmefähigkeit mit der Temperatur ansteigt. Jede darüber hinausgehende Wasserdampfmenge führt zur Kondensation und setzt die latente Wärme des Wasserdampfes frei, sodass sich bei Wolkenbildung die Luft erwärmt.

87 **Wasserbilanz**

Da die Erde ein geschlossenes System darstellt, kann der globale Wasserkreislauf einfach mit N = V, also Niederschlag gleich Verdunstung, beschrieben werden. Für eine differenziertere Betrachtung lassen sich Teilkreisläufe ausgliedern, welche aber über Flüsse und Luftbewegung miteinander verbunden sind. So gilt für die Meere (M) die Formel:
VM = NM + AL
Für das Festland (L) muss neben Niederschlag, Verdunstung und Abfluss (A) auch die Differenz zwischen Rücklage (R) und deren Aufbrauch (B) durch Abfluss oder Verdunstung berücksichtigt werden. Als Rücklage bezeichnet man Wasser, welches zum Beispiel in der Bodenfeuchte, im Eis oder in den stehenden Gewässern gespeichert wird. Daher ergibt sich für das Festland die Gleichung:
NL = VL + AL + (R – B).

Literaturtipp
Das Wasser der Erde
104109-1113

Material/Surftipp
Wasserkreislauf
104109-1114

Material/Surftipp
Stehende Gewässer
104109-1115

88 Blaues und grünes Wasser

„Der sichtbare, flüssige Wasserstrom, der sich durch Gewässer, Flüsse, Seen und das Grundwasser bewegt, wird als blaues Wasser bezeichnet. Wenn also Niederschlag auf den Erdboden trifft, kann der blaue Wasserstrom aus Oberflächenabfluss in Rinnen, auf Wegen, in Bächen und Flüssen bestehen. Er kann aber auch aus unterirdischem Abfluss bestehen... Demgegenüber bezeichnet man den unsichtbaren Fluss von Wasserdampf von der Erdoberfläche in die Atmosphäre durch Verdunstung als grünes Wasser. Produktives grünes Wasser bezeichnet die Verdunstung durch die Vegetation [Transpiration], da dieser Wasserfluss zur Produktion von Biomasse führt... Der produktive Fluss des grünen Wassers unterscheidet sich, da Pflanzen ihn strategisch steuern, um ihr Überleben zu sichern, radikal von der rein physikalischen, ungesteuerten Evaporation der unbelebten Natur ..."

Wolfram Mauser: Wie lange reicht die Ressource Wasser? Schriftenreihe der Bundeszentrale für politische Bildung, Bd. 659. Bonn: Bundeszentrale f. pol. Bildung 2007, S. 56–62

89 Die Wasservorräte der Erde

Nach Peter Krebs: Wasser – eine endliche Ressource. TU Dresden, Fachrichtung Wasserwesen, Institut für Siedlungs- und Industriewasserwirtschaft, S. 2, unter: http://tu-dresden.de, Juni 2010

Wasserressource	**Volumen**	**Anteil am Wasser**	**Anteil am verfügbaren Süßwasser**	**Erneuerungszeit**
	(× 10³ km³)	(%)	(%)	(a)
Salzwasser	1 370 323	93,942		3 000
Fossiles Grundwasser	60 000	4,113		5 000
Eis	24 000	1,645		8 000
Aktives Grundwasser	4 000	0,274	91,38	330
Seewasser	280	0,019	6,34	7
Bodenfeuchte	85	0,0058	1,93	1
Atmosphäre	14	0,00096	0,32	0,027
Fließgewässer	1,2	0,00008	0,03	0,031
Verfügbares Süßwasser	**4380,2**	**0,3**		
Total	**1 475 703**	**~ 100**	**100**	

Süßwasser

Global steigt der Bedarf an Süßwasser. Sein Anteil am Wasservorkommen der Erde beträgt je nach Schätzung 2,6 bis 3,5 %. Davon sind jedoch nur etwa 10 % als blaues oder grünes Wasser für die menschliche Nutzung verfügbar.
Ein Teil der weltweiten Süßwasservorräte kann immer wieder erneuert werden. Dies geschieht im terrestrischen Teil des Wasserkreislaufs mit den Komponenten Niederschlag, Interzeption, Evapotranspiration, Abfluss und Infiltration.
Etwa zwei Drittel des Niederschlags über dem Festland verdunsten wieder. Der Rest fließt oberirdisch über Fließgewässer oder zu einem kleinen Teil über das Grundwasser zurück ins Meer. Dabei ist zu berücksichtigen, dass Teile des Niederschlagswassers an der Oberfläche, in Pflanzen, Mooren oder Seen zwischengespeichert werden, bevor sie verdunsten oder abfließen.

90 Niederschlag, Interzeption und Oberflächenabfluss

Nach Alan H. Strahler, Arthur N. Strahler: Physische Geographie, 3. Aufl. = UTB 8159. Stuttgart: Ulmer 2005, S. 345

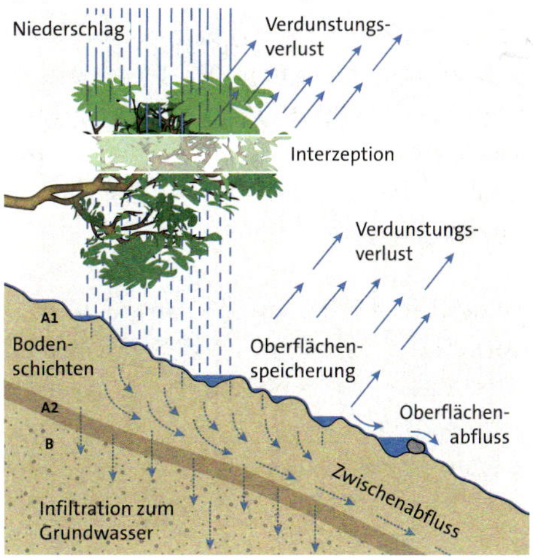

Süßwasser enthält bei 8–12 °C maximal 0,5 ‰ Salz

Interzeption
Zurückhalten von Niederschlägen auf der Oberfläche von Pflanzen.

Infiltration
Eindringen von Niederschlägen in den Boden.

Evaporation
Verdunstung von Wasser auf unbewachsenem Land oder von Wasserflächen.

Transpiration
Verdunstung von Wasser über die Oberflächen von Pflanzen.

51 Beschreiben Sie mithilfe von Grafik 86 den Wasserkreislauf.

52 Erklären Sie, weshalb die Erde als Wasserplanet bezeichnet wird, obwohl nur 0,1 % des Erdvolumens Wasser sind.

53 Begründen Sie mithilfe der Materialien, dass für den Wasserhaushalt der Erde N = V gilt.

54 Erläutern Sie, weshalb blaues Wasser mehrmals, aber grünes Wasser nur einmal genutzt werden kann.

91 Erscheinungsformen des Grundwassers

Nach Senatsverwaltung für Gesundheit, Umwelt und Verbraucherschutz (Hrsg.): Grundwasser in Berlin. Berlin: ohne Verlag 2007, S. 17, unter: www.berlin.de

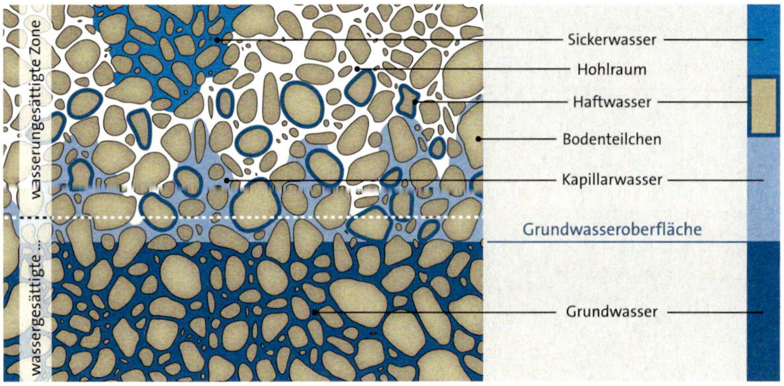

Ungespanntes oder freies Grundwasser
Die Grundwasseroberfläche liegt innerhalb eines Grundwasserleiters, Oberfläche und Druckfläche (gegen die Atmosphäre) fallen zusammen.

Gespanntes Grundwasser
Liegt über dem Grundwasserleiter ein Grundwasserstauer, kann dieses nicht so ansteigen, wie es seinem hydrostatischen Druck entspricht. Das Wasser steht unter (artesischem) Druck.

Grundwasser
Wasser ist unter der Erdoberfläche vielfältig vorhanden. So sorgt es als Kapillarwasser für die Bodenfeuchte oder ist an Mineralstrukturen der Gesteine gebunden. Die Höhe des kapillaren Aufstiegs von Wasser ist im Wesentlichen von der Größe der Kapillarräume abhängig. Sie nimmt mit kleiner werdendem Korndurchmesser zu.
Von Grundwasser spricht man erst, wenn es in Hohlräumen zusammenhängend vorliegt und seine Bewegung durch die Schwerkraft bestimmt wird. Die Hohlräume können Poren in Locker- oder Festsedimenten sein, Klüfte entlang tektonischer Risse in kristallinen Gesteinen oder Karsthohlräume. Grundwasseranreicherungen entstehen nach Versickerung von Oberflächenwasser und Sättigung in grundwasserleitenden Schichten, die auch als **Aquifere** bezeichnet werden. Der Grundwasserspiegel beschreibt die Tiefe der oberen Grenzfläche der Sättigungszone in einem Aquifer. Grundwassernichtleiter oder Aquicluden sind z. B. aus kaum wasserdurchlässigen Tonen aufgebaut. Wenn sie eine Grundwasser leitende Schicht begrenzen, können sich Grundwasserstockwerke oder Grundwasserhorizonte ausbilden.
Grundwasser ist ständig in Bewegung. Bei unterschiedlicher Höhenlage des Grundwasserspiegels oder vorhandener Neigung grundwasser-

93 Nicht-erneuerbares (fossiles) Grundwasser

„Der Begriff ... Grundwasser bezeichnet Grundwasservorkommen, die gegenwärtig nicht Teil des hydrologischen Kreislaufs sind. Dies bedeutet, dass keine Erneuerung über Niederschläge oder Infiltration erfolgt bzw. dass diese Erneuerung sehr gering ist und nur in sehr langen Zeiträumen zu einer nennenswerten Grundwasserneubildung führt. Da diese Zeiträume – häufig handelt es sich um mehrere hundert bis tausend Jahre – den menschlichen Planungshorizont deutlich übersteigen, werden diese Ressourcen als nicht-erneuerbar betrachtet. Der Grund für die Abkoppelung vom hydrologischen Kreislauf sind Veränderungen der klimatischen Bedingungen im Einzugsgebiet. Nicht-erneuerbares Grundwasser findet sich insbesondere in ariden und semiariden Gebieten... Die Vorkommen haben sich zu einer Zeit gebildet, als in den betreffenden Regionen noch feuchteres Klima vorherrschte. Aufgrund ihres hohen Alters spricht man auch von fossilem oder Paläo-Grundwasser."

Bundesanstalt für Geowissenschaften und Rohstoffe (BGR): Strategien für ein nachhaltiges Management nicht-erneuerbaren Grundwassers. Hannover: BGR 2007, S. 2

92 Grundwasser horizontaler Schichten

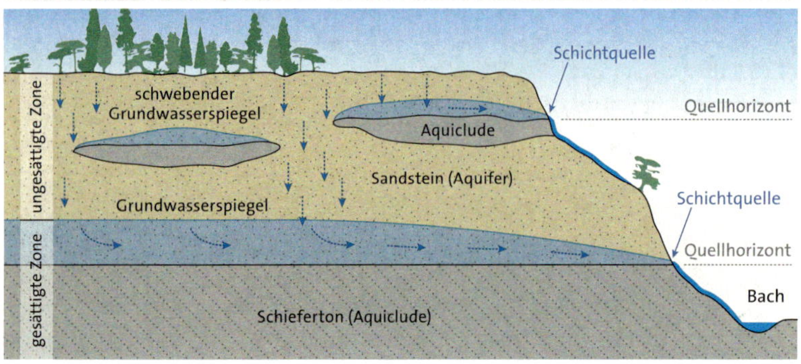

94 Artesisches Wassersystem

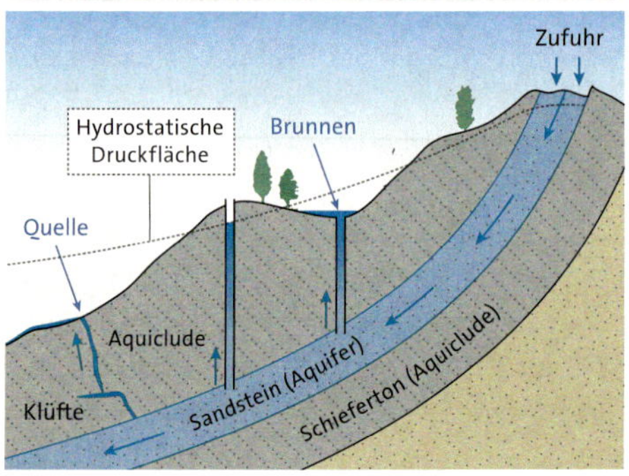

Surftipp
Grundwasser
104109-1116

Material/Surftipp
Fließende Gewässer
104109-1117

95 **Der Rhein – Beispiel für ein komplexes Abflussregime**

Nach Joachim Marcinek, Erhard Rosenkranz: Das Wasser der Erde. 2. Aufl. Gotha: Perthes 1996, S. 211

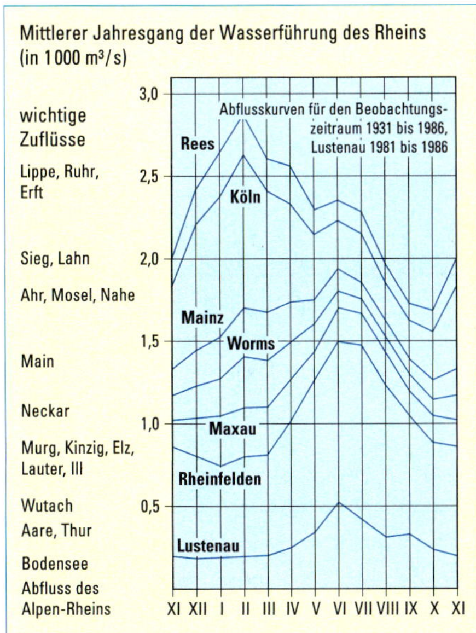

Abflusskurven werden üblicherweise für das hydrologische Jahr von November bis Oktober dargestellt.

Rees
MQ: 2280
MHQ: 6430
HHQ: 11 700
(1.1.1926/1880)

Köln
MQ: 2110
MHQ: 6210
HHQ: 11 100
(1.1.1926/1880)

Mainz
MQ: 1590
MHQ: 3970
HHQ: 7000
(28.11.1882/1880)

Worms
MQ: 1410
MHQ: 3340
HHQ: 5600
(17.1.1955/1880)

Karlsruhe-Maxau
MQ: 1250
MHQ: 3050
HHQ: 4550
(31.12.1882/1880)

Rheinfelden
MQ: 1030
MHQ: 2710
HHQ: 4600
(19.12.1994/1901)

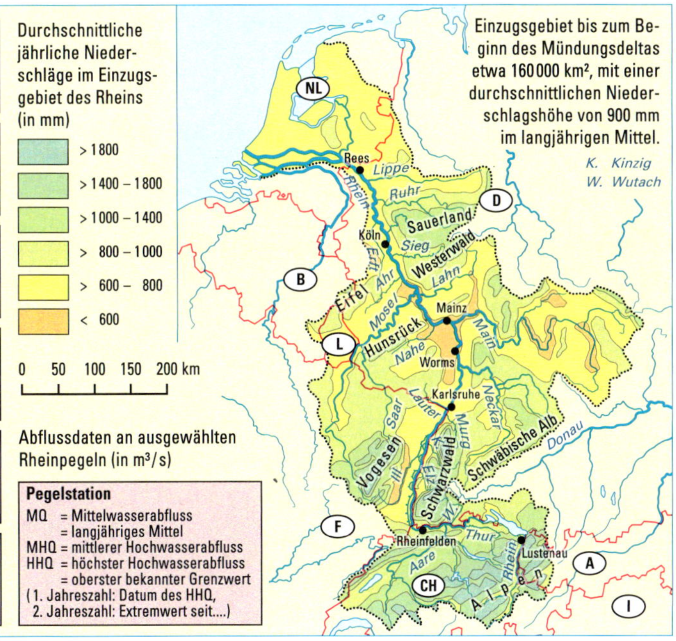

Abflussdaten an ausgewählten Rheinpegeln (in m³/s)

Pegelstation
MQ = Mittelwasserabfluss = langjähriges Mittel
MHQ = mittlerer Hochwasserabfluss
HHQ = höchster Hochwasserabfluss = oberster bekannter Grenzwert
(1. Jahreszahl: Datum des HHQ, 2. Jahreszahl: Extremwert seit....)

leitender Schichten hat das Grundwasser Gefälle und beginnt zu fließen. Allerdings sind die Fließgeschwindigkeiten relativ gering. So wurden im Untergrund von Berlin Werte von 10 bis 500 Metern pro Jahr gemessen. Verweildauer und Gesteinsverhältnisse geben dem Grundwasser seine Eigenschaften, wie Härtegrad oder Mineralgehalt. Das Grundwasser strömt entweder Flüssen oder Seen zu oder tritt in Quellen an der Landoberfläche aus. In Regionen mit geneigten Schichten können artesische Wassersysteme entstehen. In Grafik 94 ist der Aquifer aus Sandstein von einer Aquiclude überdeckt. Das Grundwasser im Aquifer steht unter hydrostatischem Druck. In einem artesischen Brunnen kann das Wasser spontan aus dem Aquifer bis zur Höhe der hydrostatischen Druckfläche aufsteigen. Liegt der Brunnen über der hydrostatischen Druckfläche, tritt kein Wasser aus.

Fließgewässer

Über fließende Gewässer, in der Hydrologie auch als Vorfluter bezeichnet, werden oberirdisch große Flächen, die Einzugsgebiete, entwässert. Im Rhein fließt z. B Wasser aus einem fast 160 000 km² großen Gebiet ab.

Aufgrund der Größe des Einzugsgebietes mit seinen Zuflüssen aus unterschiedlichen Klimaregionen, hat sich für den Rhein ein komplexes Abflussregime eingestellt.

Im Gegensatz zu einfachen Systemen überlagern sich hier zwei Abflusssysteme. Dies lässt sich an der Anzahl und den sich jahreszeitlich verändernden Höhen der Abflussregime erkennen, wie es Material 95 verdeutlicht. Für den Rhein sind Maxima von Juni bis Juli und mit zunehmender Flusslänge vom Februar bis März zu erkennen.

Abflussregime
Damit wird der mittlere jahreszeitliche Verlauf des Abflusses eines Gewässers bezeichnet.

55 Arbeiten Sie aus den Materialien dieser Doppelseite Kennzeichen von Grundwasser, Aquiferen und Aquicluden heraus.

56 Erläutern Sie die Funktionsweise eines artesischen Brunnens.

57 Beschreiben Sie, was man unter dem Abflussregime eines Flusses versteht.

58 Analysieren Sie die unterschiedlichen Abflusssysteme des Rheins anhand von Material 95.

96 **Ansicht total: „Totengrund“ in der Lüneburger Heide**

Lüneburger Heide – gewachsene Kulturlandschaft unter Naturschutz

Ist die Heide eine durch Klima und Boden bedingte natürliche Pflanzenformation (Klimaxvegetation) oder wurde ihre Entstehung durch menschliche Eingriffe bedingt? Pflanzensoziologische, pollenanalytische und historische Untersuchungen haben ergeben, dass sie als Vegetationsform eine vom Menschen geschaffene Folgeform des natürlichen Waldes ist, eine „Ersatzgesellschaft“ für einen artenarmen Eichen-Birken-Wald.

97 **Ansichten verbal**

„Von Zeit zu Zeit kündigen Gänse, Enten und Schafe von einem erbärmlichen Ansehen (Heidschnucken) die Nachbarschaft eines armseligen Dorfes, einer elenden Hütte an. Welche Wohnplätze! Ganze Familien mit bleichen Gesichtern, mit zerfetzten Kleidern, leben, essen, schlafen im Stall ihres Viehes. In der Nähe dieser Katakomben sieht man einige dünne Roggen- und Gerstenhalme und hier und da ein Fleckchen Buchweizen.“

Aus einem Reisebericht über die Lüneburger Heide von M.-A.-B. Mangourit: Voyage en Hanovre. Paris: Dentu 1805

„Die Heide eine Landschaft aus Menschenhand. Die vielbesungene ‚rosarote Weite‘ ist keine gefällige Laune der Natur, sondern eine durch Raubbau geschaffene Kultursteppe, die paradoxerweise heute unter Naturschutz steht.“

Henry Makowski: Die Lüneburger Heide. Merian, H. 33,3. Hamburg: Hoffmann und Campe 1980

„Die Lüneburger Heide als Großraumlandschaft zwischen Elbe und Aller ist eine der interessantesten und in der Vielseitigkeit ihres Ausdrucks schönsten Landschaften Deutschlands.“

Werner Harry König (Hrsg.): Die Lüneburger Heide. Essen: Burckhard 1958

59 Die drei Texte und das Foto sind Ausdruck unterschiedlicher Wahrnehmung einer Landschaft. Versuchen Sie die scheinbaren Widersprüche zu erklären und vergleichen Sie die Ansichten mit Ihrer eigenen Vorstellung von der Lüneburger Heide.

Die Heide – eine Kultursteppe

Der Prozess der Verheidung. Das Aufkommen großer geschlossener Heideflächen begann mit der Bronzezeit. Folgende menschliche Eingriffe haben dazu beigetragen:

- Raubbau an den Laubwäldern zur Deckung des hohen Holzbedarfs für Köhlerei, Haus- und Siedlungsbau, Schiffbau und Salzgewinnung in den Lüneburger Salinen,
- Rodung, um Ackerland zu gewinnen,
- Vieheintrieb („Hutewald") und dadurch starker Viehverbiss sowie übermäßige Laubstreunutzung, z. B. für die Einstreu in Ställen,
- Waldvernichtung durch Brand.

Der Fortbestand und die Ausdehnung der Heide wurden ferner begünstigt durch:

- Plaggenhieb, d. h., die Wurzelpolster der Heide, die „Plaggen", wurden abgehackt und als Stalleinstreu und Naturdung genutzt; auf den abgeplaggten Flächen kann der Heidesamen besonders gut aufgehen,
- Beweidung durch Schafe („Heidschnucken"); dadurch ständige Verjüngung des Heidekrauts; Unterholz und Jungwuchs kommen nicht auf,
- Abbrennen in trockeneren Zeiten, um eine Regeneration der Heide zu begünstigen.

Natürliche Sukzession. Bleibt die Heide von wirtschaftlichen Eingriffen verschont, so setzt eine natürliche Sukzession (zeitliche Aufeinanderfolge von Pflanzengesellschaften an einem bestimmten Ort) ein: Birken, Eichen, Ebereschen, Kiefern und Fichten überziehen sie mit einem lichten Anflugwald. Vegetationsgenetisch gesehen ist die Heide das Produkt der wirtschaftlichen Nutzung, eine Kultursteppe.

Für die großräumige Verbreitung der Heide ist also neben den menschlichen Eingriffen aber auch das Klima von Bedeutung. Nur im subatlantischen Bereich der Kalten und Gemäßigten Zone Europas erlangt die Zwergstrauchheide (Calluna vulgaris) ihre optimale Entwicklung:

- Jahresniederschläge von 600–1400 mm,
- hohe relative Luftfeuchtigkeit,
- geringe jahreszeitliche und tageszeitliche Temperaturschwankungen.

98 Vegetationsentwicklung in Nordwestdeutschland seit der Späteiszeit

Hans Grupe: Naturschutzpark Lüneburger Heide in Farbe. Stuttgart und Hamburg: Verlag des Vereins Naturschutzpark e. V. 1978, S. 9 (verändert)

Klima	vorherrschende Vegetation	Kulturen	Jahre
	Kiefern-Fichten-Forsten	Land- u. Forstwirtschaft; Mineraldünger; Naturschutz; Umwandlung der Wald- in Heideflächen;	
feucht, kühl	Eiche, Birke, Kiefer		1000 n. Chr.
		Saatweizen, Hafer, Roggen; Haushuhn	0
Subatlantikum	Buche, Hainbuche	**Eisenzeit**	
kühler werdend	Buche und Hainbuche erscheinen	Bienen- und Schafzucht, Pferd; Dinkel	1000 v. Chr.
Subboreal		**Bronzezeit**	
warm, feucht, ozeanisch	Eichen-Mischwälder	Rind, Schaf, Ziege, Schwein, Gans, Ente;	2000 v. Chr.
		Gerste, Hirse; Heide nachweisbar; Fischer, Bauern, Jäger, Sammler	3000 v. Chr.
Wärmezeit		**Jungsteinzeit**	4000 v. Chr.
	Linde, Ulme, Erle	Hund;	
Atlantikum		Jäger, Sammler, Fischer	5000 v. Chr.
wärmer werdend,	Kiefern-Laubmischwälder		6000 v. Chr.
kontinental	mit Hasel		7000 v. Chr.
Boreal			
Proboreale Vorwärmezeit	Birken-Kiefern-Wälder	**Mittelsteinzeit**	8000 v. Chr.
Subarktische			9000 v. Chr.
Zeit	Weide, Birke,	Rentierjäger, Sammler	10000 v. Chr.
	Kiefer,		11000 v. Chr.
Arktische Zeit	Tundra	**Altsteinzeit**	12000 v. Chr.

Aufforstung

Ihre größte Ausdehnung erreichte die Heide in der zweiten Hälfte des 18. Jh. Damals war mehr als die Hälfte der Gesamtfläche von der Heide bedeckt.

Seit Mitte des 19. Jh. wurden die ausgedehnten offenen Heideflächen vor allem durch Aufforstungen eingeschränkt, sodass Wälder heute fast 40 % der Gesamtfläche einnehmen.

99 Schema der Eiszeitfolge der nordischen Vereisungen

Weichsel-Eiszeit	Bornholmer Staffel Kopenhagener Staffel Velgaster Staffel Franzburger Staffel Rosenthaler Staffel Gerswalder Staffel Angermünder Staffel
	Pommersches Stadium
	Krajna-Staffel Kujawische Staffel
	Frankfurter Phase
	Brandenburger Stadium
	Eem-Warmzeit
Saale-Eiszeit	Nordmasowische Phase
	Warthe-Stadium
	Lamstedter Phase Rehburger Phase
	Drenthe-Stadium
	Holstein-Warmzeit
Elster-Eiszeit	
	Cromer-Warmzeit

101 Schematische Darstellung einer norddeutschen Glaziallandschaft („Glaziale Serie")

Nach Peter Singer, Dietrich Fliedner: Niedersachsen. Harms Landeskunde. München: List 1970, S. 32

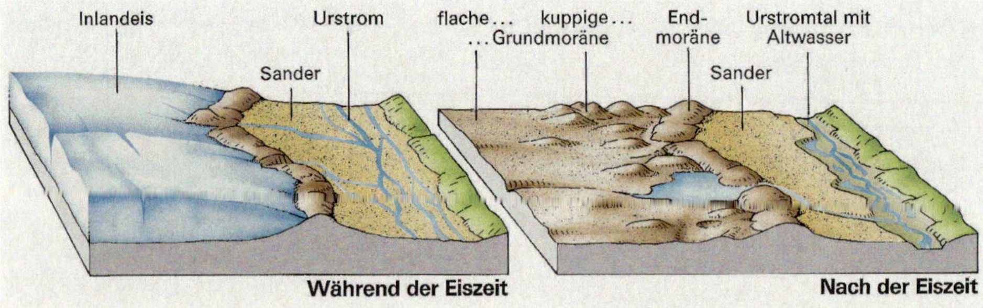

Aufbau und Landschaftsformen der Lüneburger Heide

Das Landschaftsbild der Lüneburger Heide wurde im Wesentlichen von den pleistozänen Vereisungen und ihren Begleiterscheinungen geformt. Bei ihren Vorstößen nach Süden während der Kaltzeiten breiteten sich die skandinavischen Gletscher als geschlossene Inlandeisdecke über große Gebiete des heutigen Norddeutschen Tieflandes aus und schufen mit ihren Ablagerungen eine regelhaft gegliederte **Landschaft**.

Wenn der südliche Rand der Inlandeisdecke über einen längeren Zeitraum zum Stillstand kam, da Nachschub und Abschmelzen des Eises sich die Waage hielten, häufte sich der Schutt an der Stirn des Inlandeises in Form eines lang gestreckten Höhenrückens auf, der sogenannten Endmoräne. Sie besteht aus groben Gesteins- und Kiesmassen, durchsetzt von Sanden und vereinzelt lehmig-tonigem Material.

Das Gebiet südlich der Endmoräne wurde maßgeblich von den Schmelzwässern geformt, die den Endmoränenwall durchbrachen und in dessen Vorland eine Zone von Sanden oder feinem Kies ablagerten. Sie wird mit dem isländischen Ausdruck Sander bezeichnet.

Vor den Sandern sammelten sich die Schmelzwässer in einem breiten Talzug und flossen, der allgemeinen Abdachung des Tieflandes nach Nordwesten folgend, zum Meer ab. Als Urstromtäler begleiten diese mehrere Kilometer breiten Talzüge die Endmoränen der jeweiligen Haupteisrandlagen.

Schmolz nun das Eis in wärmeren Klimazeiten (Warmzeiten, Interglazialzeiten) ab, wurden auch die Gebiete nördlich der Endmoränen eisfrei. Der im Eis enthaltene Gesteinsschutt, den der Gletscher wie ein Hobel zerkleinert und zermahlen hatte, lagerte sich ab und bildete die aus Geschiebelehm und Geschiebemergel bestehende großflächige Grundmoräne.

Grundmoräne, Endmoräne, Sander und Urstromtal bilden genetisch eine Einheit gesetzmäßig angeordneter Gesteins- und Reliefgürtel, die als Glaziale Serie bezeichnet wird.

Das nordische Inlandeis hat die Gebiete südlich der Ost- und Nordsee mehrmals überzogen, sodass die genannten Formen der Glazialen Serie im heutigen Landschaftsbild auch mehrfach vorkommen.

In der Lüneburger Heide tritt der älteste der in Norddeutschland nachgewiesenen Eisvorstöße, die Elster-Vereisung, nur wenig in Erscheinung. Ihre Ablagerungen wurden von der folgenden Saale-Vereisung überfahren, deren Moränen

100 Im Gegensatz zur Lüneburger Heide noch mit „frischen" Formen: Jungmoränenlandschaft nördlich von Berlin (Chorin)

102 Die quartären Landschaften Norddeutschlands und Strukturbild der Lüneburger Heide

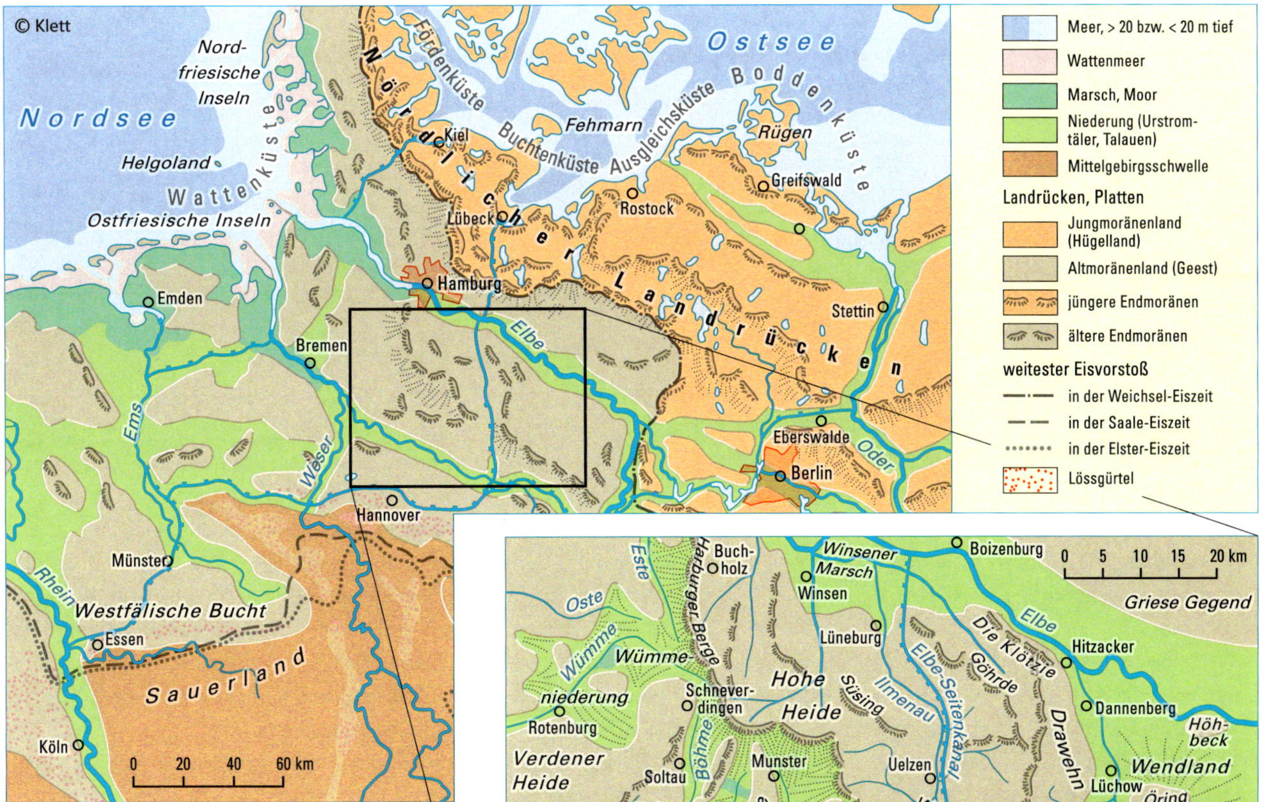

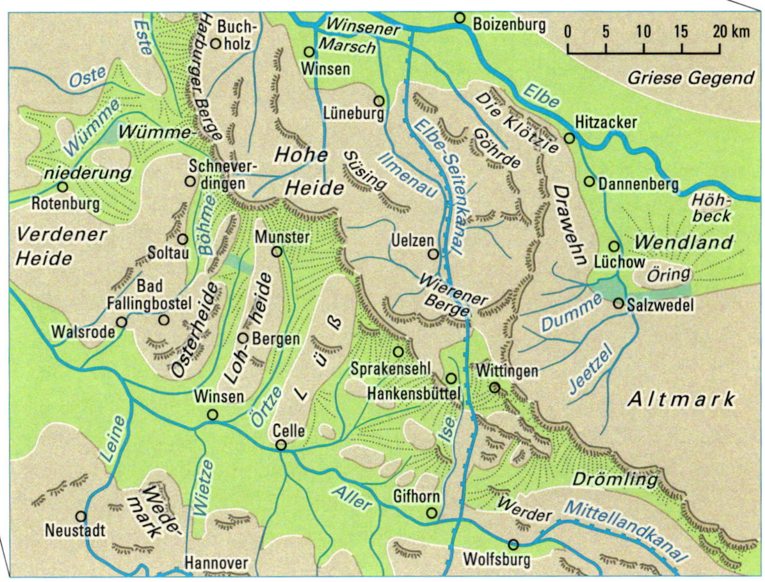

und Sander das Relief der Heide entscheidend bestimmen.

Im Landschaftsbild sind mehrere Endmoränenzüge zu erkennen, die verschiedenen Stillstandslagen (Stadien) der Saale-Vereisung zuzuordnen sind. Besonders deutlich tritt ein Endmoränenzug hervor, der von Nordwesten nach Südosten verläuft. Er erreicht eine Kammhöhe von durchschnittlich 120 m NN und gliedert das Gebiet der Lüneburger Heide morphologisch in zwei verschiedene Landschaften: in die hügelige Nordheide und die vor allem von flachen Sander- und Moorflächen aufgebaute Südheide.

Während der letzten Kaltzeit, der Weichsel-Vereisung, wurde die Elbe nicht mehr überschritten. Die Lüneburger Heide blieb eisfrei, doch waren die indirekten Auswirkungen dieser Vereisung auch hier insofern von Bedeutung, als die periglazialen Kräfte (Kräfte in der räumlichen Umgebung des Eises) den Formenschatz erweiterten und veränderten.

Durch das subpolare Klima mit Bodengefrornis und Bodenfließen (Solifluktion) wurden die saalezeitlichen Moränen erniedrigt: Die Lüneburger Heide erhielt ein ausgeglicheneres Relief. Im Gegensatz zu den jüngeren Diluviallandschaften Schleswig-Holsteins und Mecklenburgs bezeichnet man die Lüneburger Heide daher als Altmoränenlandschaft. In Nordwestdeutschland ist dafür die Bezeichnung Geest gebräuchlich.

103 **Reste typischer Heidevegetation**

104 **Profil eines Podsolbodens**

Podsol
stammt aus dem Russischen und bedeutet so viel wie „Ascheboden". Diese Benennung weist auf das charakteristische Profil dieses **Bodentyps** hin. Unter dem meist durch organische Stoffe dunkel gefärbten oberen Mineralboden (Ah) folgt ein aschgrauer Horizont, der seine Farbe durch die Auswaschung der organischen Substanz erhalten hat.

Böden und Bodenentwicklung
In Abhängigkeit vom Ausgangsgestein, dem Relief, der Pflanzendecke, den Grundwasserverhältnissen sowie der Dauer und Art der menschlichen Einwirkungen variieren die Böden innerhalb der Lüneburger Heide z.T. erheblich. So entstanden aus dem in der Grundmoräne enthaltenen kalkhaltigen, sandig-lehmigen Material, dem Geschiebelehm, mittlere bis gute Böden, während die Böden auf den Sanderflächen und den Endmoränen in der Regel nährstoffarm sind. In Senken, Bach- und Flusstälern, besonders dort, wo bei stark verdichtetem Unterboden eine intensive Vergleyung durch Staunässe stattfand, sind Moore weit verbreitet. Ihre Böden sind für den Ackerbau zumeist ungeeignet, ähnlich wie die Talsandböden auf den grundwasserfernen und somit trockenen Terrassen der Urstromtäler. Fruchtbare Ackerbaulandschaften finden sich wiederum in einzelnen Becken, deren Böden aus eiszeitlichen Flottlehmen bestehen (verwittertes und daher meist entkalktes Gemenge von Löss und Sand), wie z.B. im Uelzener Becken, in dem selbst der Anbau von Zuckerrüben lohnend ist.
Zusammen mit der Höhenlage und den Wasserverhältnissen bestimmt dieses Nebeneinander verschiedener Böden das ständig wechselnde Vegetations- und Siedlungsbild der Lüneburger Heide, die Lage der Dörfer, die Siedlungsdichte sowie die Verbreitung von Wald, Acker und Heide.

Die Entwicklung des „Heidebodens". Im Ganzen gesehen, spielen die Vorkommen der fruchtbaren Geschiebelehm- und Flottlehmböden in der Lüneburger Heide nur eine untergeordnete Rolle. Unter den Bodentypen herrscht der nährstoffarme Eisen-Humus-Podsol vor. Er ist der typische „Heideboden".
Unter den Eichen-/Birkenwäldern der Nacheiszeit hatten sich aus dem glazialen Geschiebemergel sowie den kalkreichen Sanden und Schottern zunächst Pararendzinen gebildet. Im humiden Klima des Atlantikums führten dann Entkalkung, Verbraunung und Tondurchschlämmung zur Bildung von Parabraunerden. Typisch für diesen Bodentyp sind die Horizonte der Tonverarmung (Al) und der Tonanreicherung (Bt). Letzterer geht ohne scharfe Grenze in den tonärmeren C-Horizont über.
Die Ausbreitung der Heide und die Aufforstungen mit Nadelhölzern führten in der Folgezeit zur Podsolierung. Wie pollenanalytische Befunde nachweisen, begann dieser Prozess in der Bronzezeit, vielleicht auch schon während der Jungsteinzeit.
Wesentliche Kennzeichen der Podsolierung sind Tonzerstörung infolge des starken Angriffs von Säuren, Verlagerung von Eisen- und Aluminiumoxiden sowie von organischen Verbindungen aus den oberen Horizonten und die Anreicherung dieser Stoffe im Unterboden.

105 Mögliche Entwicklung des Eisen-Humus-Podsols

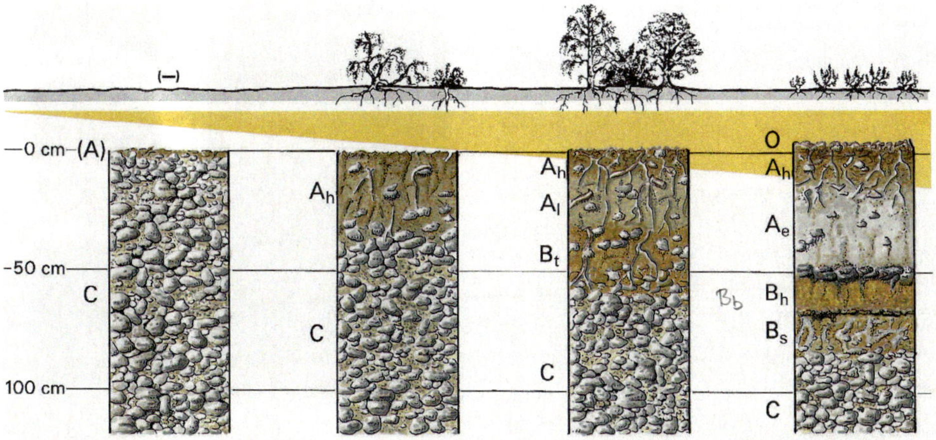

106 Verbreitung von Podsolen und podsolierten Böden in Deutschland

Die Podsolierung läuft wie folgt ab: Infolge der Zersetzung von Nadelstreu und Heidekraut sinkt der pH-Wert des Bodens, er versauert. Das Bodenleben wird dadurch gehemmt und einseitig zugunsten von Pilzen verändert; Bodentiere zur Durchmischung der organischen und mineralischen Bestandteile fehlen weitgehend. Als Folge stockt die Zersetzung der organischen Substanz. Es bildet sich eine mehr oder weniger mächtige Rohhumusauflage, in der wasserlösliche starke Säuren entstehen. Sie zerstören die Tonminerale im Oberboden. Zusammen mit den Eisen- und Aluminiumoxiden werden deren Reste durch das Sickerwasser (abwärts gerichteter Bodenwasserstrom im feuchtkühlen Klima) in den Unterboden verlagert. Dadurch wird der Oberboden stark ausgewaschen und gebleicht. Im Bodenprofil wird dies wie folgt sichtbar: Unter der braunen, mäßig zersetzten Rohhumusauflage liegt in klarer Abgrenzung der Auswaschungshorizont, im oberen Bereich durch organische Stoffe dunkelgrau gefärbt (Ah), im unteren Bereich aschgrau und humusarm (Ae = Bleichhorizont).

Unter dem A-Horizont liegt in klarer Abgrenzung der Anreicherungshorizont (B). Die Humus- und Eisenanreicherungen können hier das Hüllengefüge mörtelartig verkitten, sodass eine feste, kaum durchlässige Schicht entsteht, der „Ortstein“. Er hemmt sowohl die Wasserbewegung als auch den Wurzelwuchs, sodass im Ae-Horizont Wasser gestaut und der Oberboden entsprechend schlecht durchlüftet wird, während im Bh/s-Horizont die Durchwurzelung in den nährstoffhaltigeren Unterboden blockiert werden kann.

Liegt die Ortsteinschicht nicht tiefer als 80 cm, so muss sie durch Tiefpflügen aufgebrochen werden, falls der Boden ackerbaulich genutzt werden soll. Wegen des geringen Tongehalts trocknet der Podsolboden jedoch schnell aus. Er ist nährstoffarm und verlangt eine hohe Kalk- und Düngerzufuhr.

60 Ordnen Sie die „Heide“ in die Glaziallandschaften Norddeutschlands ein (räumlich und zeitlich).

61 Informieren Sie sich anhand eines Lexikons der Biologie über den Begriff Heide und ordnen Sie die Lüneburger Heide ein.

62 Erklären Sie am Beispiel der Lüneburger Heide die Begriffe „natürliche Sukzession“, „Klimaxvegetation“ und „Ersatzgesellschaft“.

63 „Die heutige Vegetation der Lüneburger Heide ist das Ergebnis des Wechselspiels zwischen natürlichen Standortfaktoren und jahrhundertelangen menschlichen Eingriffen.“ Erläutern Sie das Zitat.

64 Erläutern Sie den Prozess der Podsolierung.

65 Die für die Lüneburger Heide typische Vegetation ist durch jahrhundertelange extensive Nutzung entstanden. Ist die Heide somit eine Kultur- oder eine Naturlandschaft? Begründen Sie.

Kennzeichnung der Bodenhorizonte

O Organischer Auflagehorizont
Sammelbegriff für eine Auflage aus mehr oder weniger zersetzter Pflanzensubstanz (O von organisch)

O_f Vermoderungshorizont; (f von engl. fermentation layer)

O_h Humusstoff-Horizont; Horizont mit überwiegend organischer Feinsubstanz (h von Humus)

A Oberboden
allgemeine Bezeichnung für den im obersten Bereich gebildeten Mineralbodenhorizont

A_h durch die Anreicherung von Humus entstandener, oberster A-Horizont

A_e durch Auswaschung von Huminstoffen und durch Säure gebleichter A-Horizont (e von eluvial = ausgeschwemmt)

A_l durch Auswaschung von Ton aufgehellter A-Horizont (l von lessiviert = ausgewaschen)

A_p durch die Pflugarbeit gelockerter, gewendeter und durchmischter A-Horizont (p von Pflug)

(Fortsetzung rechte Randspalte)

Bodentypen

Im Unterschied zum Begriff **Bodenarten**, mit dem die Korngrößenzusammensetzung eines Bodens angegeben wird, fasst man unter der Bezeichnung **Bodentypen** diejenigen Böden zusammen, die sich in einem gleichen oder sehr ähnlichen Entwicklungszustand befinden. Da in einem Landschaftsraum mit gleichartigen Bodenbildungsfaktoren (Ausgangsgestein, Relief, Klima, Vegetation, Wasser, Bearbeitung durch den Menschen) die Verwitterungs-, Umwandlungs- und Verlagerungsprozesse ähnlich ablaufen, entstehen auch gleichartige Böden. Diese Gleichartigkeit drückt sich vor allem in der Folge von Bodenhorizonten aus, die die Grundlage für die Klassifizierung nach Bodentypen bilden. Unter Bodenhorizonten versteht man horizontal angeordnete Schichten, die dieselben Merkmale und Eigenschaften hinsichtlich Farbe, Gefüge, Mineralgehalt oder Chemismus besitzen.

107 Vertikale Gliederung eines typischen dreihorizontigen (A-B-C-) Bodens
Neben den A-B-C-Profilen kommen auch A-C-Böden vor.

108 Prägende Bodentypen in verschiedenen

Braunerde

Sie ist einer der für Mitteleuropa typischen Böden. Sie entwickelt sich im gemäßigt humiden Klima bei einem Niederschlagsmittel von 500 bis 800 mm und einer mittleren Jahrestemperatur von 8 bis 10 °C. Die natürliche Vegetation ist der Laubwald, der den Boden gut durchwurzelt.

Braunerden entstehen auf unterschiedlichen Ausgangsgesteinen, besonders auf kalk- und dolomitfreien Silikatgesteinen, wie Schiefer, Sandstein, Granit oder Grauwacke (= grauer, feinkörniger Sandstein). Entsprechend unterschiedlich ist der Nährstoffgehalt.

Für die Namensgebung ist die braune Farbe des Bv-Horizonts bestimmend. Diese entsteht dadurch, dass aus eisenhaltigen Mineralien Eisen freigesetzt wird, das zu Eisenoxiden und Eisenhydroxiden umgewandelt wird. Die Mineralkörper des Bodens sind von Oxidhäutchen umgeben, wodurch der Bv-Horizont die typische braune Farbe erhält. Die Verbraunung ist mit einem weiteren Vorgang verbunden, der Verlehmung, d. h. Tonanreicherung. Infolge starker Bodendurchfeuchtung verwittern die Silikate, vor allem Feldspäte und Glimmer, und es werden Tonminerale neu gebildet.

Je nach Ausgangsgestein sind die Braunerden sandig, sandig-lehmig oder gar lehmig. Entsprechend unterschiedlich sind die physikalischen Eigenschaften. Sandig und sandig-lehmige Braunerden sind im Allgemeinen gut durchlüftet und für Wasser durchlässig. Sie werden z. T. ackerbaulich genutzt, teils forstlich.

Schwarzerde

Dieser **Bodentyp** (nach russisch: Tschernosem = schwarze Erde) ist weit verbreitet in den kontinentalen Steppengebieten. Voraussetzung für die Bildung ist ein semiarides winterkaltes Klima.

Die im feuchten Frühjahr sich entwickelnde üppige Steppenvegetation liefert die organische Substanz für eine starke Humusbildung. Die Sommerdürre und die Winterkälte unterbrechen immer wieder den bakteriellen Abbau, sodass es zu einer intensiven Anreicherung der organischen Substanz kommt. Es entsteht ein 50–80 cm mächtiger A_h-Horizont, dessen grau-schwarze Farbe dem Bodentyp den Namen gegeben hat.

Zur Entstehung der Schwarzerde ist ein kalkhaltiges, lockeres Ausgangsgestein notwendig, am günstigsten Löss. Von Bedeutung ist ferner die Tätigkeit der Steppentiere (Hamster, Wühlmäuse, Ziesel). Sie arbeiten die organische Substanz zum Teil tief in den Boden ein und durchmischen ihn mit den mineralischen Bestandteilen.

Aufgrund der krümeligen, porösen Struktur sind die Durchwurzelbarkeit und der Lufthaushalt optimal. Der hohe Anteil an Huminstoffen verbunden mit dem Tongehalt sorgt für eine gute Wasserspeicherfähigkeit, sodass die Pflanzen auch längere Trockenphasen überstehen. Die Bodenfruchtbarkeit ist somit extrem hoch.

Die Schwarzerdegebiete in Deutschland (z. B. südliche Niederrheinische Ebene, Soester Börde, Magdeburger Börde) sind vor etwa 8 000 bis 10 000 Jahren entstanden, als hier das Klima trockener und kontinentaler war. Sie sind heute weitgehend zu Parabraunerden degradiert.

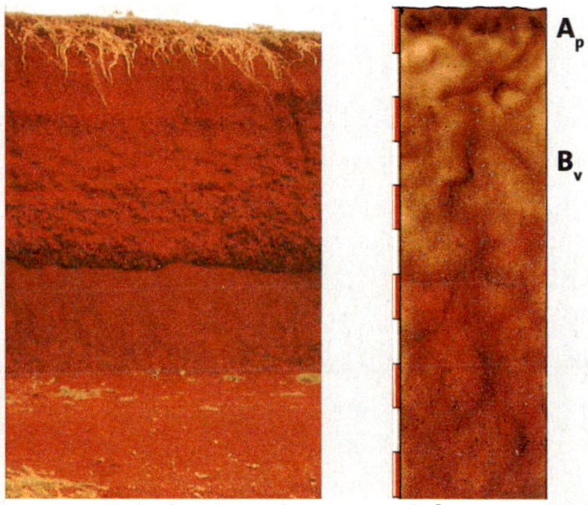

C-Horizont erst in 8–15 m Tiefe

Ferrallitischer Boden

Diese auch als Roterden, Latosole, Laterite benannten Bodentypen finden sich in Gebieten des immerfeuchten tropischen Regenwaldes und Teilen der Feuchtsavannen.

Die ganzjährig hohen Niederschläge und Temperaturen bedingen eine intensive chemische Verwitterung, sodass sich ein mehrere Meter mächtiger B-Horizont bildet. Der C-Horizont liegt in der Regel so tief, dass die Pflanzenwurzeln ihn nicht erreichen können und er somit auch keine Bedeutung für die Nachlieferung von Primärmineralien hat.

Aufgrund der hohen Temperaturen und Niederschläge wird die reichlich anfallende organische Substanz sehr schnell zersetzt; entsprechend geringmächtig ist der A-Horizont.

Durch die intensive chemische Verwitterung werden sogar die Silikate zersetzt und als lösliche Kieselsäuren mit dem abwärts gerichteten Sickerwasserstrom ausgeschwemmt. Dadurch kommt es zu einer Anreicherung von Aluminium- und Eisenoxiden, die die Rotfärbung der ferrallitischen Böden (Fe = Eisen, lateinisch: Ferrum, Al = Aluminium) bedingen.

Bei fehlender Pflanzendecke und **Erosion** des A-Horizontes, z. B. durch Eingriffe des Menschen, kommt es zur Laterisierung (lateinisch: later = Ziegel), d. h. zu einer tiefgründigen Verhärtung der Aluminium- und Eisenoxide.

Kennzeichnung der Bodenhorizonte

(Fortsetzung)

B Unterboden
allgemeine Bezeichnung für den Verwitterungs- und/oder Anreicherungshorizont

B_v durch Verwitterung verbraunter und verlehmter B-Horizont (v von verwittert)

B_h mit Huminstoffen angereicherter B-Horizont

B_s mit Eisen- und Aluminiumoxiden angereicherter B-Horizont (s von Sesquioxid = Al- + Fe-Oxide)

B_t mit Ton angereicherter B-Horizont (t von Ton)

C Ausgangsgestein

C_v schwach verwitterter Übergangshorizont zum Ausgangsgestein

G durch das Grundwasser beeinflusster Horizont (G von Grundwasser)

S durch Staunässe beeinflusster Horizont (S von Stauwasser)

TERRA METHODE

Topografische Karten dienen der allgemeinen Orientierung. Sie stellen Landschaftselemente wie Geländeformen, Gewässer, Vegetation, Siedlungen oder Verkehrswege dar und geben eine Reihe sonstiger Erscheinungen, die einen Raum prägen und sich in der Regel nicht kurzfristig ändern, relativ genau wieder.
Die Informationsdichte einer Topografischen Karte hängt entscheidend vom Maßstab ab. Das amtliche deutsche Kartenwerk unterscheidet:
die Deutsche Grundkarte (1 : 5 000),
die Topografischen Karten im eigentlichen Sinne 1 : 25 000 (Messtischblatt = 4-cm-Karte), 1 : 50 000 und 1 : 100 000,
die Topografische Übersichtskarte 1 : 200 000.

109 Legende zur Topografischen Karte 1 : 50 000 (Ausschnitt)

Siedlung	Verkehr	Relief	Vegetation
PEINE Name einer Stadt*	Autobahn/im Bau	Zähllinie 100 m	Wald/Baumgruppe Grünland/Gartenland
Stuhr Name einer Gemeinde	Bundesstraße mit/ohne Fahrbahnabtrennung	Hauptlinie 20 m	Naturdenkmal
MITTE Name einer Stadtbezirkes*	Stadt-/Landstraße mit/ohne Fahrbahnabtrennung	1. Hilfslinie 10 m	Baumreihe/Hecke
DÖHREN Name eines Stadtteils*	Befestigter/unbefestigter Wirtschaftsweg	2. Hilfslinie 5 m	Ackerland/Obstbaumplantage, Baumschule
Rosenhof Name eines Gemeindeteils*	Fußweg/Klettersteig	3. Hilfslinie 2,5 m	Hopfen/Wein
Siedlungsfläche: geschl./offene Bebauung	Fußgängerzone	Geländekante/Böschung	Heide/Moor, Moos Sumpf/Nasser Boden
Industrie- u. Gewerbefläche	Tunnelstrecke	Damm/Deich befahrbar/nicht befahrbar	Sand/Steine, Schotter, Geröll
Ausgewählte Gebäude/Hochhaus	Brücke > 350m	Kessel/Senke	

Topografische Karten interpretieren

Themengeleitete Karteninterpretation

In der Schule wird in der Regel keine Komplexanalyse verlangt, also keine Beschreibung und Deutung aller in einer Topografischen Karte dargestellten **Geofaktoren**. Da hierfür umfangreiche Kenntnisse aller Zweige der Geographie, vor allem die der systematischen Allgemeinen Geographie nötig sind, bleibt dies zumeist dem Hochschulstudium vorbehalten.

In der Oberstufe geht es vor allem darum, einzelne Themen in den Vordergrund der Betrachtung zu rücken, d. h. einzelne Inhaltselemente der Karte unter einer bestimmten Fragestellung zu beschreiben und zu erklären.

Beispiel: Untersuchung des Reliefs, des Siedlungsgefüges, des Verkehrsnetzes. Aber auch hier darf sich die Auswertung nicht auf eine Beschreibung der Einzelelemente beschränken. Es gilt vielmehr, die Beziehungen der Einzelelemente untereinander aufzudecken, denn nur so lassen sie sich in ihrer räumlichen Anordnung erklären und nur so ist es möglich, ursächliche Zusammenhänge aufzuzeigen.

1. Schritt: Formales/Orientierung

- Was stellt die Karte dar?
- Wo liegt der dargestellte Raum?
- Welches ist der Maßstab der Karte?
- Wie groß ist der Raumausschnitt?
- Woher stammt die Karte (Quellenangabe)?

2. Schritt: Beschreibung

Hier bieten sich zwei Möglichkeiten an:

a) Fensterprinzip: Gliederung in unterscheidbare Teilräume und deren Beschreibung,
b) Schichtenprinzip: Beschreibung des gesamten Kartenausschnitts gegliedert nach Geofaktoren bzw. Landschaftselementen mit anschließender Zusammenschau.

Leitfragen:

- Welches sind die dominanten Geofaktoren?
- Sind auffällige Raumstrukturen erkennbar?
- Sind Entwicklungsprozesse festzustellen?

Teilfragen für Detailuntersuchungen:

Beispiel Relief:

- höchsten und niedrigsten Punkt suchen,
- Verlauf und Abstand der Höhenlinien feststellen,
- Geländeformen beschreiben,
- Dichte und Fließrichtung der Gewässer feststellen.

Beispiel Bodennutzung:

- Art und Verbreitung der Vegetation beschreiben,
- Verteilung von Ackerflächen, Wiesen und Wald bestimmen.

3. Schritt: Erklärung

- Welche kausalen und funktionalen Zusammenhänge werden in der Karte sichtbar?
- Welche Erklärungsansätze stecken in Namen und sonstigen Beschriftungen?

66 Beschreiben Sie die natürlichen Landschaftseinheiten nach Oberflächengestalt, Höhenlage und Vegetation.

67 Stellen Sie Ihre Ergebnisse in einer einfachen Skizze dar.

110 **Ausschnitt aus der Topografischen Karte 1 : 50 000, Blatt L 5906 Daun**

Hrsg.: Landesamt für Vermessung und Geobasisinformationen Rheinland-Pfalz, 1. Auflage 2007 (Grundaktualität 9/2005 mit Ergänzungen), Koblenz

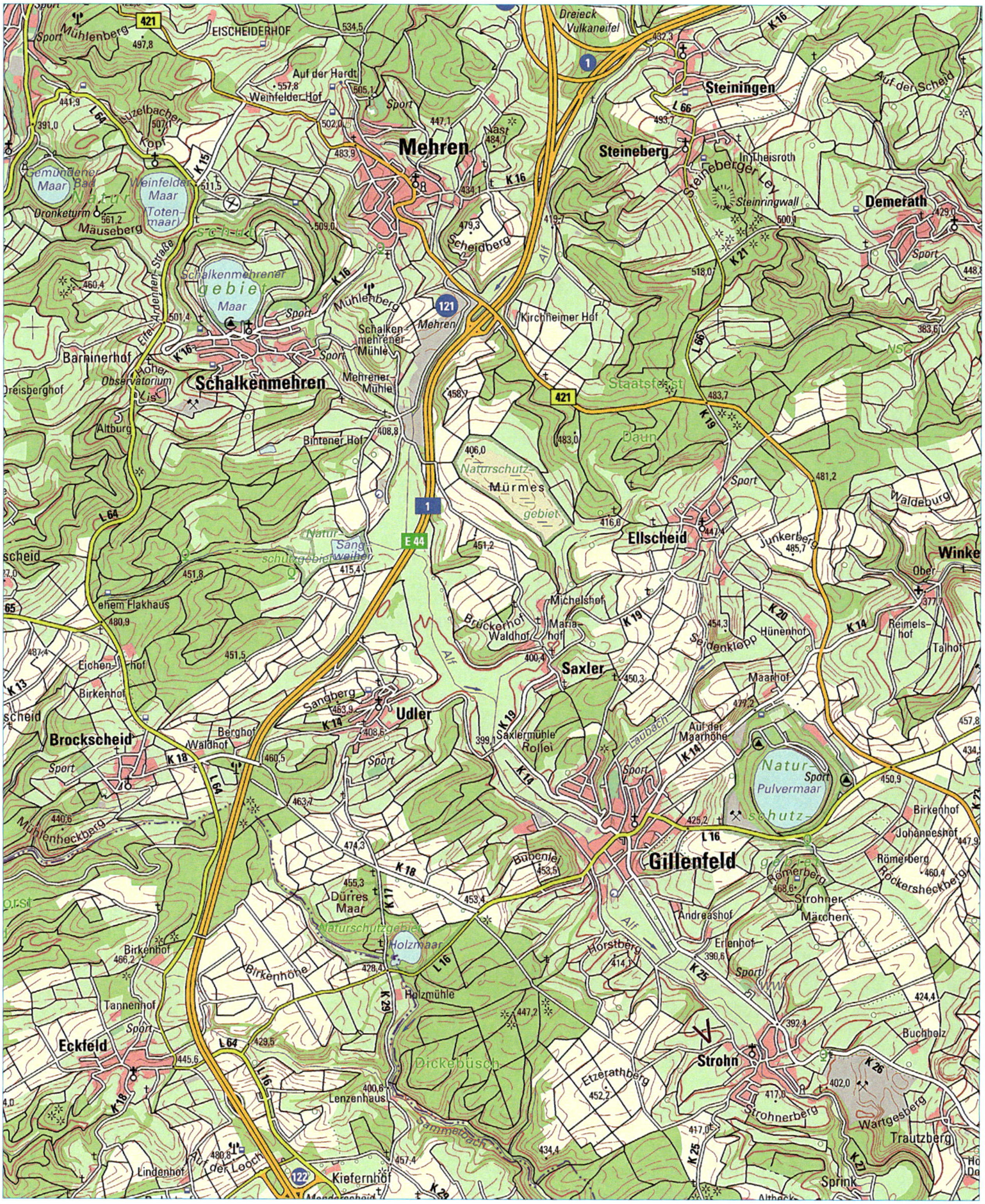

Kompetenzen erwerben:
- die Gliederung der Erde in Klima- und Vegetationszonen beschreiben,
- Klimabedingungen für ausgewählte Nutzpflanzen herausarbeiten,
- Bodenverhältnisse als wesentliche Faktoren für kleinräumige landwirtschaftliche Nutzungsmöglichkeiten bestimmen,
- agrarische Gunsträume auf der Erde herausarbeiten,
- Folgen menschlicher Eingriffe auf labile Ökosysteme am Beispiel des borealen Nadelwaldes und mediterraner Räume erörtern,
- Landschaftsbelastungen und Landnutzungskonflikte im Mittelmeerraum erörtern.

„Wer die räumliche Ordnung der Weltlandwirtschaft studieren und verstehen will, muss sich an die Klimazonen halten. Sie nämlich sind großräumig das wichtigste differenzierende Moment.“

Bernd Andreae: Agrargeographie. Strukturzonen und Betriebsformen in der Weltlandwirtschaft. Berlin und New York: de Gruyter 1977.

1.2 Geozonen

Klima- und Vegetationszonen und ihre Bedeutung für Agrarregionen

Die agrarische **Tragfähigkeit** eines Raumes wird in erster Linie von den Naturfaktoren Klima, Boden und Relief bestimmt, und hierbei ist es eine Vielzahl von sich gegenseitig bedingenden natürlichen Faktoren, die darüber entscheiden, welche Pflanzen an einem konkreten Standort angebaut werden können. So kommt es beispielsweise nicht nur auf die Höhe der Niederschläge an, sondern auch auf deren Art und Verteilung sowie auf den Grad der Versickerung bzw. die Menge des Abflusses. Schließlich ist auch die Fähigkeit des Bodens, Wasser zu speichern, von entscheidender Bedeutung. Gleiches gilt für die anderen Naturfaktoren. Deswegen ist es im Einzelfall auch außerordentlich schwierig, die Verbreitungsgrenze einer Pflanze genau mit physikalischen Angaben festzulegen.

Auch die Summe der Naturfaktoren ist nicht allein ausschlaggebend für das Verbreitungsmuster der Kulturpflanzen. Denn neben den natürlichen Voraussetzungen spielen andere Einflussfaktoren eine Rolle: wirtschaftliche, soziale, individuelle und politische. Schließlich ist jede landwirtschaftliche Produktion Resultat bewussten menschlichen Handelns, das sowohl von der jeweiligen persönlichen Situation des Handelnden als auch von seinem sozialen Umfeld und von politischen Zwängen beeinflusst wird. Zu den wirtschaftlichen Einflussfaktoren zählen z. B. Angebot und Nachfrage, die Kapitaldecke des landwirtschaftlichen Betriebes, seine Größe und Ausstattung mit Betriebsmitteln. Wie sehr politische Vorgaben die landwirtschaftliche Produktion beeinflussen können, zeigt sich besonders deutlich in der Agrarmarktordnung der EU.

Ob ein Raum als Gunst- oder Ungunstraum für die Landwirtschaft einzustufen ist, hängt also zwar vorrangig von den naturräumlichen Gegebenheiten ab, durch technische Mittel hat aber der Mensch die Möglichkeit die natürlichen Bedingungen zu ändern oder seine Produktionsstruktur den sich ändernden Erfordernissen des Marktes anzupassen.

1 Klimate der Erde

Maßstab ca. 1 : 110 000 000

Nach Troll und Paffen 1964, Schulbearbeitung nach L. Buck und A. Schultze, aus Lehrwerk TERRA, Stuttgart: Klett, leicht geändert

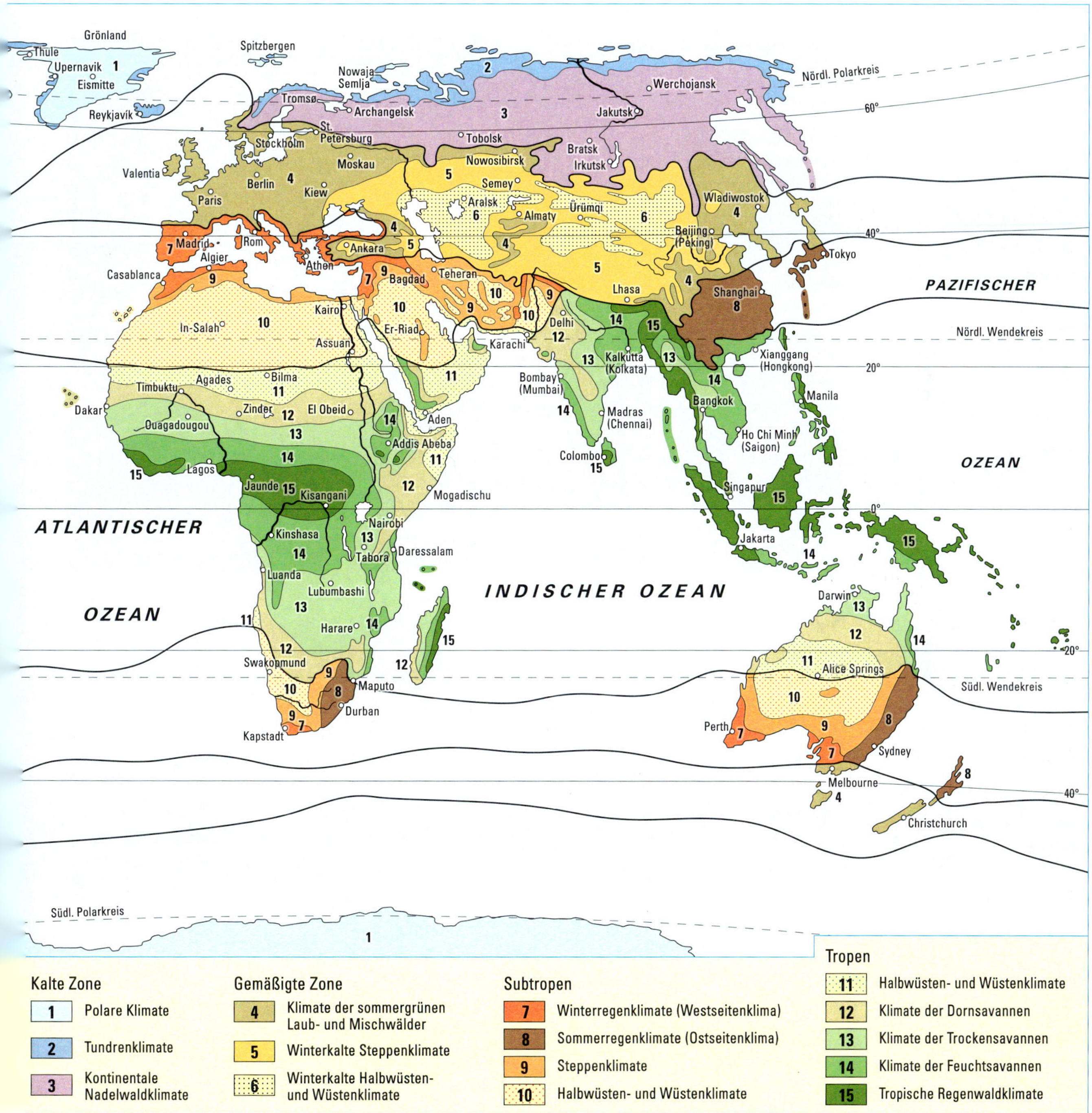

2 Nassreisterrassen in Südostasien – Ausnahmegebiete mit Klima- und Bodengunst durch Vulkanasche

Klimabedingungen

Die klimatischen Bedingungen bestimmen in der Regel die großräumige agrarische Nutzung, denn die solare Strahlung liefert die für das Pflanzenwachstum notwendige Energie. Nutzpflanzen benötigen meist eine tägliche Mitteltemperatur von mehr als 5 °C für das Wachstum (**Vegetationsperiode**, **Wachstumszeit**). Günstig ist eine lange Wachstumszeit mit ausreichendem Wasserangebot ohne Extreme bei geringer Häufigkeit von Naturkatastrophen. Die Temperatur ist vor allem von den unterschiedlichen Einstrahlungsverhältnissen abhängig und der damit zusammenhängenden atmosphärischen Zirkulation. Besonders auf dem afrikanischen Kontinent ist diese nach Breitengraden differenzierte Eigenschaft deutlich ausgeprägt. Auf anderen Kontinenten werden die generellen durch die Einstrahlung bedingten Temperaturverhältnisse durch die Lage der Gebirge und die Lage zu den Meeren stärker modifiziert. Der **Golfstrom** beispielsweise mildert das Klima so stark, dass noch im Norden Schottlands Mittelmeerpflanzen gedeihen.

Seite 300/301
Klima Nordamerikas

An den Westseiten der Gemäßigten Zone entsteht durch die außertropische atmosphärische Zirkulation ein ausgeglichenes maritimes Klima.

Das Temperaturangebot bestimmt auch die Kälte- und Höhengrenzen des Pflanzenwachstums.

Der Wasserbedarf der Pflanzen schwankt innerhalb der Vegetationszeit: in der Hauptwachstumszeit ist er hoch, in der Reifezeit eher gering. Nicht die Summe der Niederschläge ist entscheidend, sondern die gleichmäßige Verteilung ohne längere Trockenphasen in der Hauptwachstumszeit. Durchfeuchtung bis in den Wurzelbereich ist wichtig.

Die Vegetationszonen lehnen sich eng an die Klimazonen an. Dementsprechend ist die zonale Vegetation z. B. in Afrika besonders deutlich ausgeprägt. Azonale Vegetation überwiegt dagegen, wo Hochgebirgsketten die atmosphärische Zirkulation beeinflussen, wie z. B. im Westen Nord- und Südamerikas. Entsprechend der mit der Höhe abnehmenden Temperatur in den Gebirgen verändern sich die dortigen Pflanzengesellschaften.

3 Exkurs: Die antiken Wurzeln des Geozonen-Konzeptes

Seite 93
Klimaansprüche von Nutzpflanzen

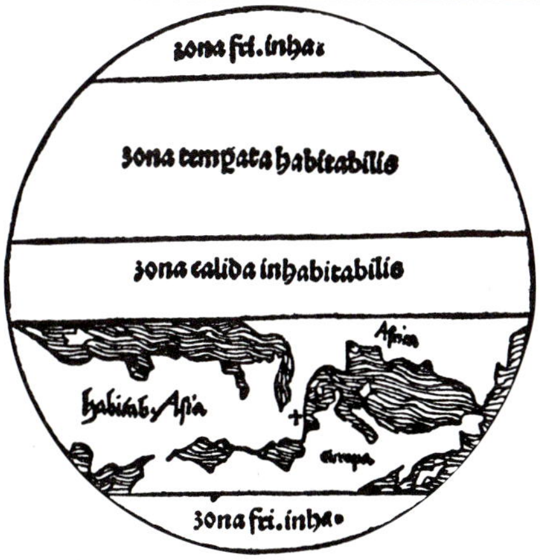

zona fri(gida) inha(bitabilis) = kalte, unbewohnbare Zone
zona temp(er)ata habitabilis = gemäßigte bewohnbare Zone
zona calida inhabitabilis =heiße unbewohnbare Zone

Das Kreuz steht für Jerusalem.

Die Idee des Konzepts von den Geozonen reicht bis in die Antike zurück. Das zeigt die hier abgebildete südorientierte Zonen-Weltkarte „Opusculum“ des englischer Mathematikers und Astronomen Sacroboscos (geb. um 1195, gest. 1256) – dieser Abdruck: Leipzig, um 1500.
Er berief sich auf den griechischen Philosophen Parmenides (ca. 540–470 v.Chr.), der für die Erde bereits eine verbrannte und zwei gemäßigte Zonen unterschied.
Eine wissenschaftliche Grundlegung erhielt das Konzept jedoch erst in der Neuzeit, vor allem durch den Geographen Alexander von Humboldt (1769–1859), der aufgrund seiner Reisen in Südamerika zu Schilderungen der bereisten Gebiete im Sinne der Landschaftsgürtel gelangt war.

4 Höhenstufen der Vegetation

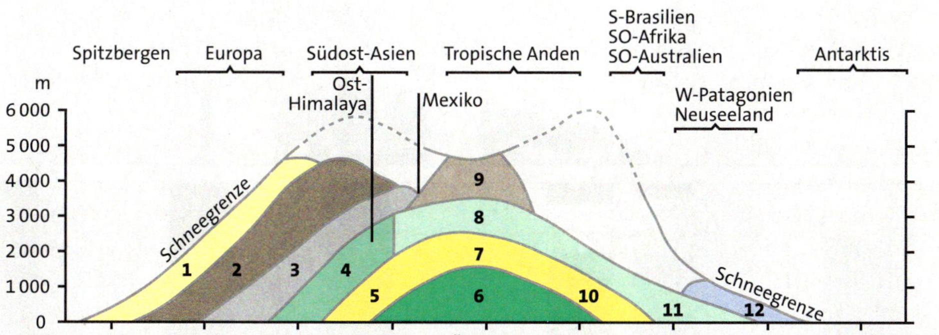

1 Tundra, Fjell, alpine Vegetation
2 Borealer Nadelwald
3 Sommergrüner und Nadelwald
4 Sommergrüner und Lorbeerwald
5 Subtropischer Lorbeerwald
6 Tropischer Regenwald
7 Tropischer Bergwald
8 Nebelwald
9 Paramo
10 Subtropischer Regenwald
11 Kühler Regenwald
12 Subantarktis

Es sind nur die immerfeuchten Klimate berücksichtigt, außer für die Schneegrenze (gestrichelt).
Verwandte Vegetationen der tropischen Höhen und der höheren Breiten sind durch gleiche Signaturen gekennzeichnet.

5 Polargrenze einiger Kulturpflanzen (Breitengrade)

Kulturpflanze/ Breitengrade	
Sommergerste, Hafer, Kartoffel	70°
Sommerweizen	63°
Zuckerrübe	61°
Mais, Reis	45°–54°
Agrumen, Baumwolle, Tabak, Erdnuss, Zuckerrohr	35°–42°
Kakao, Kaffee, Banane	19°–25°
Kokospalme, Ölpalme	15°–16°

1 Erklären Sie, warum die Breitenlage der Klimazonen auf den verschiedenen Kontinenten von einander abweicht (Karte 1 und Grafik 4).

6 Landschaftsprofil 15° Ost

Entwurf: W. Wallert

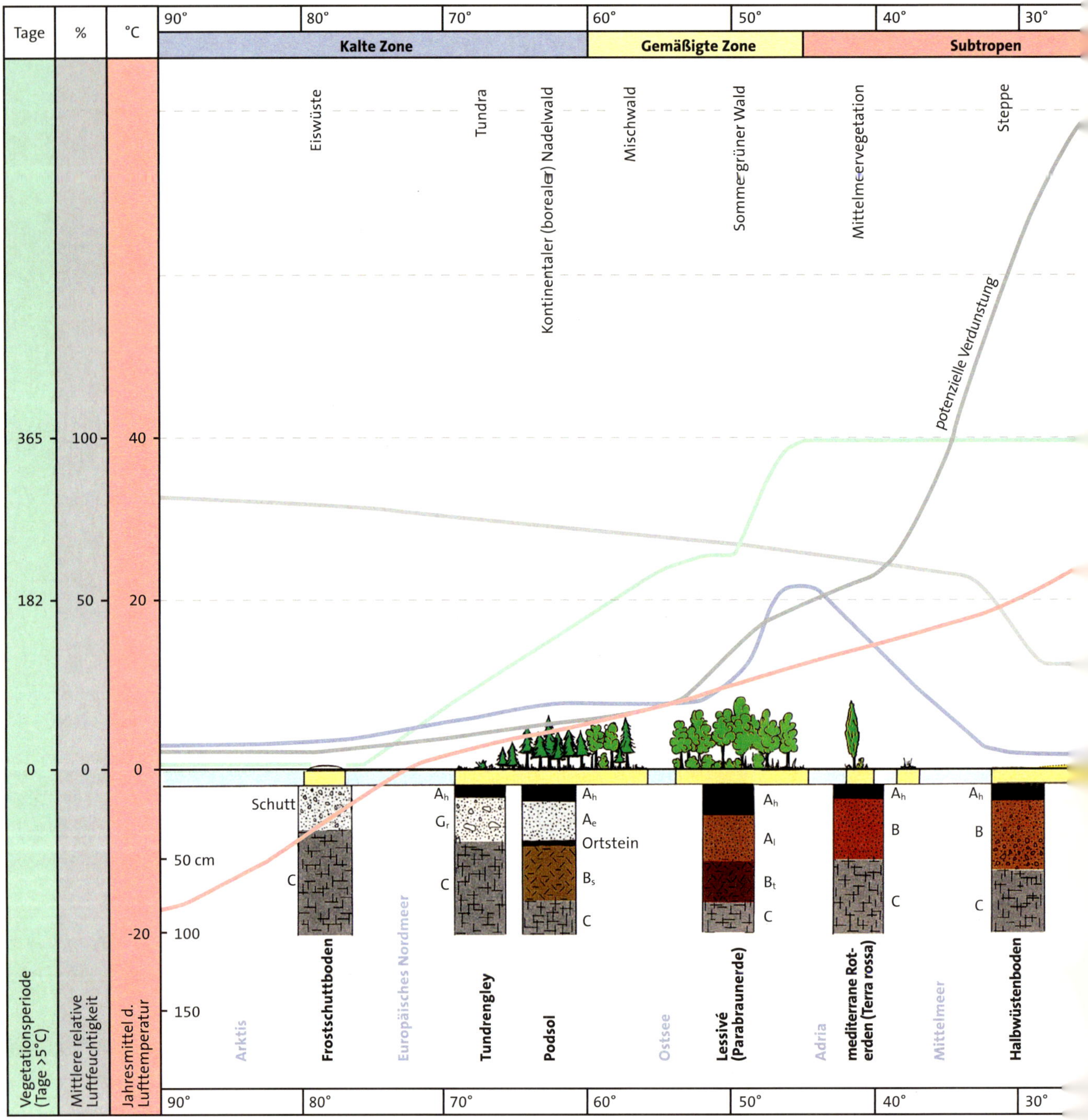

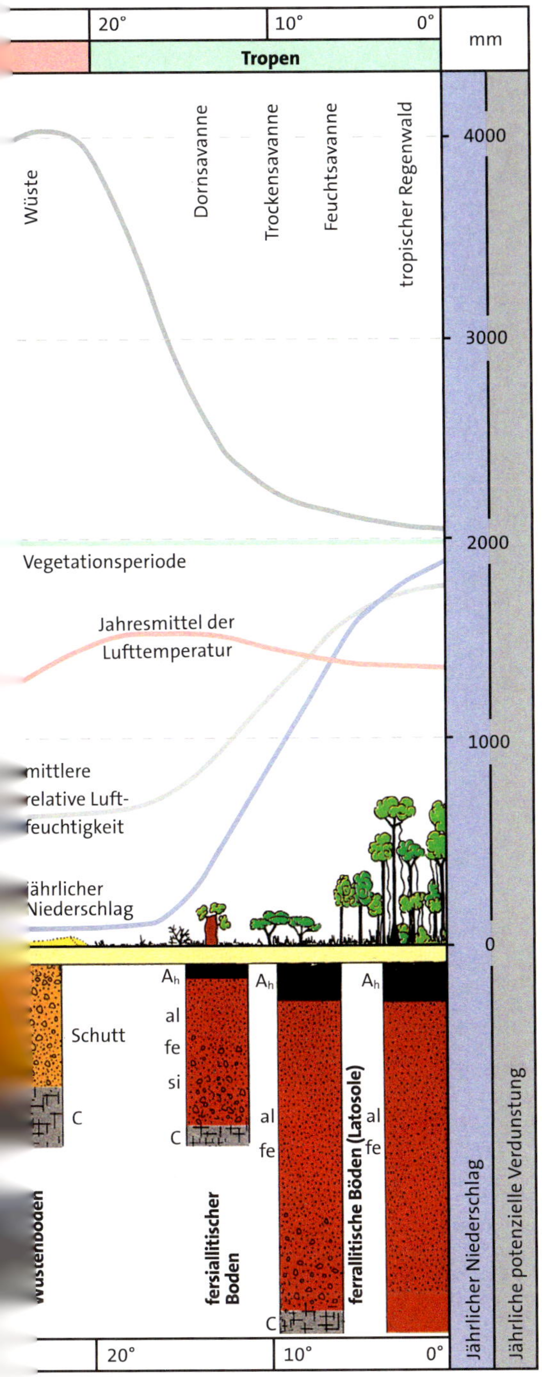

7 Boden als Ressource des Agrarraums

Seite 70–73
Böden

„Während das Klima das potenzielle Spektrum der Nutzpflanzengesellschaft begrenzt, beeinflussen die lokalen Bodenverhältnisse die Entscheidung, welche der vom Klima tolerierten Pflanzen tatsächlich angebaut werden. Die Böden der Erde sind zwar in Anlehnung an die Klimazonen gleichfalls zonal geordnet, doch führen außerklimatische Faktoren wie Ausgangsgestein, Relief und Wasserzufuhr zu einer azonalen Kleingliederung des Raumes mit erheblichen Bodenunterschieden. Die Standortentscheidungen eines landwirtschaftlichen Betriebes sind in der Regel weit stärker von den lokalen Bodenverhältnissen als von den großen Bodenzonen abhängig."

Adolf Arnold: Agrargeographie. Paderborn: Schöningh 1985, S. 47

Böden

Die jeweilige Fruchtbarkeit der verschiedenen Böden hängt von einer Reihe chemischer, physikalischer und biologischer Faktoren ab. Die wichtigsten sind:

– das Sorptionsvermögen, d. h. die Fähigkeit, bestimmte Pflanzennährstoffe vor der Auswaschung zu bewahren, also festzuhalten und an die Pflanzen abzugeben,
– das Puffervermögen, d. h. die Fähigkeit, überschüssige Säuren oder Basen sofort zu binden und eine gleichbleibend für das Pflanzenwachstum günstige Reaktion einzuleiten,
– der Gehalt an Nährstoffen und Spurenelementen sowie der pH-Wert,
– die Korngröße, das Porenvolumen (wichtig für die Fähigkeit, Luft und Wasser zu speichern) und die Durchwurzelbarkeit,
– der Gehalt an Bodentieren und Pflanzenteilen (Humusgehalt).

Die Bodenfruchtbarkeit ist aber auch entscheidend von dem Zustand abhängig, in den der Boden durch Bearbeitung gebracht wird. Bodengare heißt der optimale Zustand des Bodens, wenn er mit günstiger Krümelstruktur für Durchlüftung und Durchfeuchtung, mit Gehalt an Mikroorganismen und Mineralstoffen höchste Ertragsfähigkeit aufweist.

8 Agrarregionen der Erde

Nach Adolf Arnold: Allgemeine Agrargeographie. Gotha: Perthes 1997, S. 120

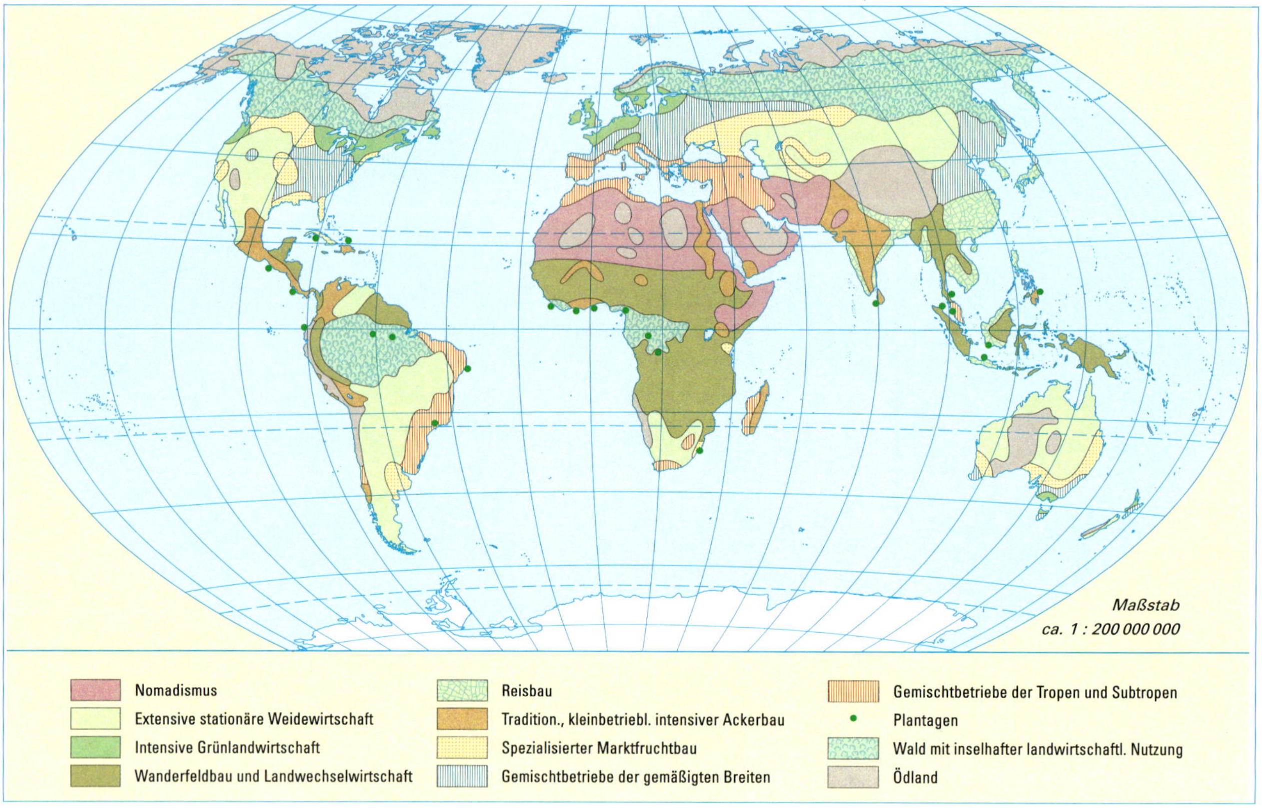

Nach dem Agrargeographen Bernd Andreae sind die Agrarregionen des Weltwirtschaftsraumes derartig zahlreich und vielfältig, dass es eine Subsumation zu nur zehn oder 15 Typen nach streng logischer Systematik niemals geben wird. Es bleibt nichts anderes übrig, als kurze und prägnante Bezeichnungen zu komponieren, die mindestens Betriebsform, Agrarsystem und geographische Lage erkennen lassen. Beispiel: Grünlandzonen im bäuerlich besiedelten Voralpenraum.

Agrarregionen

Diese Raumkategorie bezeichnet großräumige Landnutzungseinheiten, die durch eine bestimmte Nutzungsform (Betriebssystem) gekennzeichnet sind, z. B. **Wanderfeldbau**, **Nomadismus**, Plantagenwirtschaft. Es lassen sich vier übergeordnete Betriebssysteme unterscheiden: Viehwirtschaftssysteme, Ackerbau- und Dauerkultursysteme, spezialisierte Marktfruchtbausysteme sowie Gemischtbetriebssysteme Westeuropas und Nordamerikas. Diese vier Systeme lassen sich wiederum in jeweils mehrere Subsysteme untergliedern, wie die Karte 8 zeigt. Die einzelnen Nutzungsformen kommen in ihrer räumlichen Verbreitung in der Regel nicht in Reinform vor, sondern sind zumeist mit anderen Formen kombiniert, z. B. Reisbau mit Viehhaltung.

Die Abgrenzung der einzelnen Agrarregionen wird im Wesentlichen durch die natürlichen Faktoren Klima und Boden bestimmt. Eine strenge zonale Bindung, d. h. Übereinstimmung mit den Klimazonen, besteht jedoch nicht; die Übergänge sind in aller Regel **fließend**.

Die Ausrichtung der Agrarregionen auf die Eigenschaften von Klima und Böden ist ferner durch den jeweiligen Bedarf der Landwirte modifiziert. Je nachdem, ob reine Selbstversorgung (Subsistenzwirtschaft), Markt- oder Exportorientierung vorherrschen, ob Viehwirtschaft, **Dauerkulturen** oder Marktfruchtbau im Vordergrund stehen. Auch die einzelnen Formen sind vielgestaltig. Nomadismus z. B. ist „Wanderhirtentum mit Viehhaltung“, kann aber auch andere Wirtschaftsformen einschließen wie Transport, Handel, z. T. auch Getreidebau.

2 Die Bodenverhältnisse bestimmen als ein wesentlicher Faktor die kleinräumigen Nutzungsmöglichkeiten. Erklären Sie die unterschiedliche Bodenfruchtbarkeit folgender Gebiete: Magdeburger Börde, Lüneburger Heide, Marschgebiete an der Nordsee, Grund-

9 Landnutzung und Nutzungssysteme in Abhängigkeit von der Anzahl der humiden Monate in den Vegetationszonen

Tropen: Vegetationszone	Tropen: Landnutzung	Tropen: Nutzungssysteme	humide Monate (ca.)	Nutzungsgrenzen	Außertropen: Vegetationszone	Außertropen: Landnutzung	Außertropen: Nutzungssysteme
Tropische Vollwüste		randlicher bzw. episodischer Nomadismus	0	Trockengrenze der Viehhaltung	Außertropische Vollwüste		episodischer Nomadismus
Tropische Halbwüste					Außertropische Halbwüste		
Dornsavanne	Oasenfrüchte, Dattelpalmen, Hirse	Oasenwirtschaft	1		Trockensteppe	Getreide, Baumwolle	Bewässerungsfeldbau, dry farming
	Schafe, Ziegen, Rinder, Kamele	Ackerbau mit langjähriger Brache, Nomadismus, stationäre extensive Weidewirtschaft, geringer Arbeits- und Kapitaleinsatz	2	Grenze des Regenfeldbaus		Naturweide: Schafe, Ziegen, Rinder	extensive Weidewirtschaft; Nomadismus in der Alten Welt löst sich auf
			3				
Trockensavanne	Hirse, Mais, Erdnüsse	Sommerregenfeldbau, spezialisierter Marktfruchtbau	4		Kurzgrassteppe	Getreide (z. T. mit Brache)	
	Rinder, Schafe, Kamele	Weidewirtschaft (Estanzien, Fazendas)	5			Rinder, Schafe, Ziegen	
			6	Klimatische Trockengrenze			
Feuchtsavanne	Mais, Erdnüsse, Bataten, Baumwolle	Jahreszeitenfeldbau, oft 2 Ernten	7		Langgrassteppe/ Schwarzerdesteppe	Weizen, Mais	intensive Getreidewirtschaft
	Sisal	Plantagenwirtschaft	8			Milchvieh, Rindermast	intensive Viehhaltung (z. T. auf Grünlandbasis), hoher Organisationsgrad bei Milchwirtschaft
			9	Feuchtegrenze der Weidewirtschaft in den Tropen			
Immerfeuchter Regenwald	trop. Knollengewächse u. Fruchtbäume	Wanderfeldbau, Landwechselwirtschaft	10		Sommergrüne Laub- und Mischwälder, Waldsteppe	vielseitiger Ackerbau (Getreide, Kartoffeln, Futtermittel), Obst, Gemüse;	mixed farming (kleine Flächen, hohe Intensität und Produktivität)
	Kaffee, Bananen, Kakao, Kautschuk	Plantagenwirtschaft	11			Viehhaltung mit Stallfütterung (Milchvieh, Rinder-, Geflügelbeimast)	Massentierhaltung auf kleinem Raum, hoher Organisationsgrad (Verarbeitung, Vermarktung)
	Reis	Bewässerungsfeldbau (Nassfeldbau)	12				

gebirgsschwarzwald. Erläutern Sie davon ausgehend die agrarische Nutzung in diesen Teilräumen (Atlas).

3 Nennen Sie agrarische Gunsträume und die ihnen jeweils zugrundeliegenden positiven Naturfaktoren (Atlas).

4 Vergleichen Sie die Klimazonen (Karte 1, S. 76/77) und die Agrarregionen der Erde (Karte 8). Stellen Sie Übereinstimmungen und Abweichungen heraus und begründen Sie letztere.

10 **Nach dem Kahlschlag**

11 **Kahlschlag in der Taiga**

Geozonen als Ökosysteme mit labilem Gleichgewicht

Raubbau
Wirtschaftsweise, bei der natürliche Rohstoffe rücksichtslos ausgebeutet werden. So erfolgt z. B. keine Wiederaufforstung abgeholzter Wälder.

- - ➜
Seite 318/319
Umweltprobleme im Gebiet der ehemaligen Sowjetunion

Fallbeispiel Boreale Zone: Raubbau in der Taiga

Bis weit in das vergangene Jahrhundert hinein blieb die Taiga vor allem aufgrund der extremen natürlichen Bedingungen vor großen Eingriffen des Menschen verschont. Erst ab etwa 1960 beschloss die Führung der damaligen Sowjetunion Rohstofferschließungsprogramme. Seither führen Straßen und Bahnlinien in die sibirischen Nadelwälder, die großflächig zugunsten von Industriegebieten, Pipelinetrassen, Abbaugebieten von metallischen Rohstoffen sowie Energierohstoffen und zur Nutzholzgewinnung, z. B. für Zellstoff, abgeholzt werden.

Mittlerweile sind auch Holzkonzerne aus den USA, Japan und zunehmend aus Europa auf den Holzreichtum aufmerksam geworden, nicht zuletzt, weil die Hölzer der Taiga ca. 50 % billiger als Tropenhölzer gehandelt werden.

Wälder spielen für die Lebensräume der Erde eine elementare Rolle. Sie regulieren das Klima, indem sie die Luftfeuchtigkeit erhöhen, Winde bremsen und extreme Klimaverhältnisse wie Hitze, Frost, Trockenheit und Sturm abmildern. Sie filtern die Luft, reichern sie mit Sauerstoff an, speichern und reinigen Wasser und verhindern Erosion.

Der boreale Nadelwald ist der größte Waldgürtel unserer Erde. Er bedeckt eine Fläche von etwa der Größe Europas. Ungefähr ein Drittel des organischen Kohlenstoffs der Welt ist in der organischen Bodensubstanz der borealen Wälder als Streu, Humus oder Torf gespeichert.

5 Interpretieren Sie die sich auf den nordamerikanischen Raum beziehende Karikatur 10 und prüfen Sie deren Gültigkeit für Europa und Nordasien.

6 Nennen Sie Gründe für die großflächige Abholzung der Taiga und erläutern Sie Folgen für die Umwelt im kleinen und großen Maßstab.

7 Erklären Sie unter anderem mithilfe der Grafik 13, warum sich eine nachhaltige Forstwirtschaft, z. B. in Form von Wiederaufforstungsmaßnahmen, in Sibirien als sehr viel schwieriger gestaltet als beispielsweise in Mitteleuropa.

8 Ordnen Sie mithilfe der Karte 12 und der Karte 3 auf S. 319 das Problem der Waldvernichtung in den Gesamtkontext der Umweltschäden in Russland ein. Bewerten sie die dargestellten ökologischen Probleme.

12 Waldschäden und Waldschutz in Russland

Die großflächigen Rodungen können zusammen mit anderen negativen Umwelteinflüssen wie dem durch Haushalte, Industrie und Verkehr verursachten CO_2-Ausstoß Auswirkungen auf das Weltklima haben.

Unmittelbar sichtbar sind jedoch nur die direkten Folgen des Holzeinschlags, wie zum Beispiel weite Kahlschläge aufgrund der industriellen Holzproduktion, starke Bodenerosion und damit die Verschlammung von Flüssen sowie der Verlust wertvoller Lebensräume für die Tierwelt.

Die gravierenden Folgen des **Raubbaus** und das stark verlangsamte Wachstum des Nadelwalds wegen der nährstoffarmen Böden und des rauen Klimas erfordern in der Zukunft eine nachhaltige und geregelte Nutzung der Ressource Holz. Zwar befinden sich die Wälder Russlands fast ausschließlich im Staatseigentum, doch deren Überwachung und Kontrolle gestaltet sich oft schwierig. Obwohl einige Waldgebiete Sibiriens bereits unter Naturschutz gestellt worden sind, werden sowohl legal – als „Waldpflege" deklariert – als auch durch illegale Holzfällerkolonnen wertvolle Wälder gerodet.

13 Nährstoffkreislauf in der Taiga

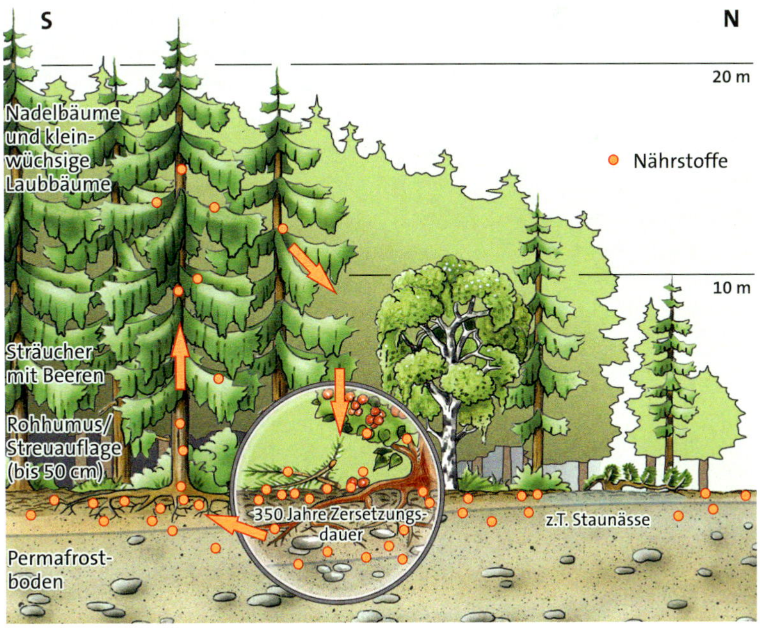

14 Stadtregion Valencia (Spanien) – ins Bewässerungsland vordringende städtische Bebauung

Seite 226/227
Bewässerungslandwirtschaft im Mittelmeerraum

Fallbeispiel Mediterrane Zone

Der Mittelmeerraum weist aufgrund seines subtropisch-wechselfeuchten Klimas mit nach Süden zunehmender Variabilität der Niederschläge und seiner Engpässe im Wasserhaushalt äußerst labile Ökosysteme mit eingeschränkter Regenerationsfähigkeit auf. Umweltverschmutzungen und Eingriffe in den **Landschaftshaushalt** führen daher zu schwerwiegenden und kaum reparablen Schädigungen. Das gilt in besonderem Maße für die unmittelbar ans Meer grenzenden Räume. Hier ist die Bevölkerung seit der Mitte des letzten Jahrhunderts in starkem Maße gewachsen. Ursache sind Wanderungsbewegungen zur Küste, ausgelöst durch den sich immer mehr ausweitenden Massentourismus und durch die Verlagerung von Industrie und Gewerbe in die standortgünstigen Küstenstädte. Als Folge dieser Verdichtung ergeben sich vielfältige Nutzungskonflikte, die im gesamten mediterranen Raum ähnlich verlaufen und vergleichbare Merkmale aufweisen. Betroffen sind nicht nur die urbanen Ballungsräume, sondern auch die Agrarlandschaften.

Siedlungsbau, Landwirtschaft, Gewerbe und Tourismus konkurrieren um Freiflächen. Ihre Nutzungsansprüche führen zu schwerwiegenden Eingriffen in den Landschaftshaushalt. Ein weiterer Streitpunkt ist das Wasser – und das wird besonders im Bereich der Verdichtungsräume immer knapper. Darüber hinaus ist die Qualität des Meerwassers durch Verunreinigungen aller Art gefährdet.

15 Umweltprobleme im Mittelmeerraum

„Die alles in allem 100 000 Tonnen Rohöl, die jährlich beim illegalen Säubern von Schiffstanks ins Mittelmeer gespült werden, erregen ... meist nur dann Aufsehen, wenn die feinen Strände etwa an der Côte d'Azur verunreinigt werden könnten. Noch heimtückischer, weil unbemerkt, ist die alltägliche Verschmutzung durch Millionen Plastiktüten, Überreste vom Ölwechsel, Chemie aus der Landwirtschaft und Zigarettenkippen. All das ist allerdings nicht so spektakulär wie das Bild von leidenden Vögeln mit verklebtem Gefieder nach einer Ölpest.

‚Das Mittelmeer ist unser Mülleimer, es kann aber nicht alles aufnehmen', sagt die französische Umweltschützerin Isabelle Poitou. Sie kämpfte in Marseille mit ihrer Organisation ‚Merterre' dafür, ein ökologisches Siechtum des Urlaubsparadieses Mittelmeer zu verhindern: ‚Das Meer erbricht all das auf den Strand, was es nicht verdaut hat.' Und weil vier Fünftel der Verschmutzung von den Küsten in das Meer gelangen, gibt es für Poitou nur eine Lösung: ‚Wir müssen Abfälle 100-prozentig an Land recyceln, und die Behörden müssen uns dabei helfen.'

Allein die spanisch-französische Nordwestregion des Mittelmeeres hat ... 175 Millionen Stück von Überresten der Wegwerfgesellschaft ‚schlucken' müssen. Tag für Tag wirft das Meer pro Kilometer Küste zwei Kubikmeter auf die Strände und Felsen als ‚unverdaubar' zurück ..."

Hanns-Jochen Kaffsack: Das Mittelmeer erbricht auf die Strände. dpa 25.07.2006; www.heute.de/ZDFheute/inhalt/17/0,3672,3960625,00.html

9 Erklären Sie am Beispiel von Klima, Relief und Boden die natürliche Sensibilität bzw. Anfälligkeit mediterraner Ökosysteme.

10 Erläutern Sie an ausgewählten Beispielen die Folgen anthropogener Eingriffe für mediterrane Ökosysteme.

11 Gestalten Sie, ausgehend von Schema 16, ein möglichst umfassendes Fließdiagramm zu Nutzungskonflikten und Landschaftsbelastungen im Mittelmeerraum.

16 Mittelmeerraum: Nutzungskonflikte und Landschaftsbelastung

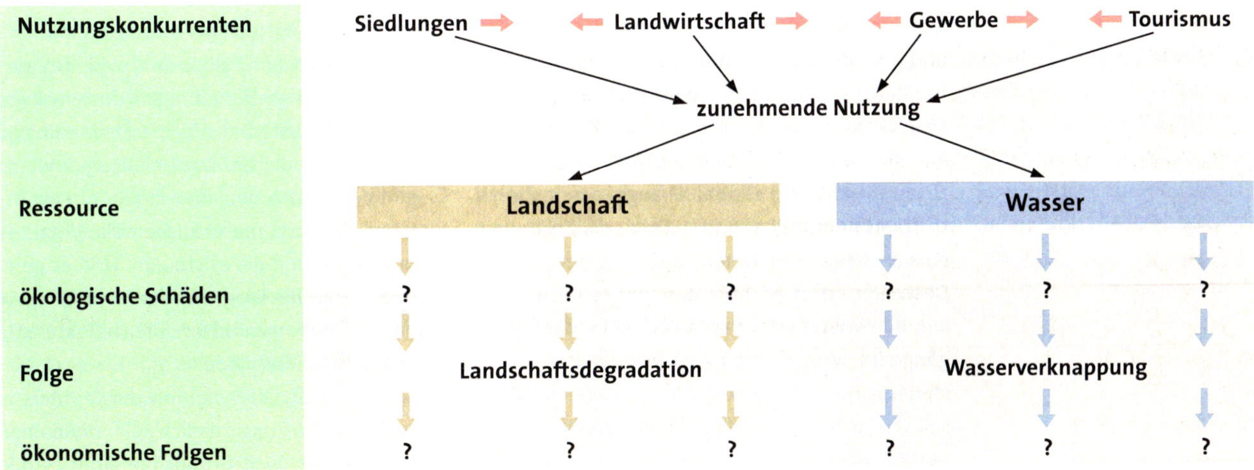

17 Natürliche Sensibilität mediterraner Ökosysteme

„Die natürlichen Risiken und Störungsanfälligkeiten ...werden besonders in vier Teilsystemen deutlich ...

1) Das hygrische Risiko nimmt im Rahmen des subtropisch-wechselfeuchten Klimas im Mittelmeerraum von Nordwesten nach Südosten zu... Ursachen dafür sind die saisonale Konzentration und die ... unterschiedliche regionale Mengenverteilung der Niederschläge von Jahr zu Jahr, die Abweichung der tatsächlich zu erwartenden Regenmengen vom langjährigen statistischen Mittelwert (Variabilität) und die nach Süden zunehmende potenzielle Verdunstung in Abhängigkeit vom planetarischen Wandel des Temperaturanstiegs. In diesem Zusammenhang kommt es im südlichen Teil zu exzeptionellen, großen Niederschlagsereignissen, die katastrophale Hochfluten mit erheblichen Folgeschäden verursachen. Mittel- und langfristig treten ... Abfolgen von Feucht- und Trockenjahren auf ...

2) Für Relief und Boden ergeben sich daraus zwei Konsequenzen: Erstens führt die Abtragung zu linienhafter fluviatiler Erosion und zu ... schleichender Denudation... Zweitens unterliegen in allen Teilen des Mittelmeerraumes die oberen Horizonte der Böden ... verstärkter Abspülung mit Verlust organischer Bestandteile. Der Substanzverlust übersteigt die Regenerationsfähigkeit ... Zu den wichtigsten resultierenden Formen zählen die Minderung der Versickerungs- und Speicherkapazität, linienhafte Rillen- und Grabenerosion, die Beseitigung der Humusschichten und Freilegung des Gesteinsuntergrundes, Lösungsvorgänge auf Kalk mit Verkarstung, Skelettbodenbildung, Hangrutschungen in quellfähigem Untergrund, Sedimentation von abgetragenem Material am Hangende, Überschüttung bisher anders genutzter Flächen, Akkumulation in den Talböden, Transport von Schwebstoffen bis ins Meer ...

3) Die Vegetation unterlag historisch der Störung und Zerstörung... Die heutige Vegetation im Mittelmeerraum ist deshalb nicht als eine optimal angepasste Endform aufzufassen, sondern wird bei wachsender Inanspruchnahme weiter reduziert ... Die flächenhafte Vegetationsvernichtung steigert die Bodenerosion ... Umgekehrt beeinträchtigt ihre Degradierung das Mikro- und Regionalklima ...

4) Der Wasserhaushalt wurde in unmittelbarer Konsequenz von Vegetationszerstörung und demographischem Wachstum zum wichtigsten Engpass... Er verschärft sich angesichts geringeren Wasseraufkommens... Die Beschaffung von sauberem Trink- und Brauchwasser und schadarme Wasserbeseitigung stellen gegenwärtig entscheidende Handicaps der wirtschaftlichen Entwicklung dar ... Auch die wachsende Inanspruchnahme ... durch Tourismus und landwirtschaftliche Exportproduktion auf Bewässerungsbasis hat zur Erschöpfung großer Teile der oberen Grundwassersysteme geführt... Das Zusammenwirken dieser vier Prozesse bestimmt die hochgradige natürliche Disposition mediterraner Geoökosysteme für eine Landdegradierung. Darunter versteht man abnehmende Leistungskraft, Zehrung an der Substanz, schwindende Fähigkeit der Ökosysteme zur Selbstregulierung und Regeneration.“

Horst-Günter Wagner: Mittelmeerraum. Darmstadt: Wissenschaftliche Buchgesellschaft 2001, S. 225–227

2

Wirtschaftliche Strukturen und Prozesse im Raum

Alle wirtschaftlichen Tätigkeiten des Menschen üben einen mehr oder weniger tiefgreifenden Einfluss auf die Gestaltung und Entwicklung von Räumen aus. Erst durch diese Tätigkeiten, seien es die eines Landwirts, Bergmanns oder eines Industrieunternehmers, wandelten sich Naturräume zu Kulturräumen. Aber auch diese Kulturräume sind keineswegs etwas Statisches. Ebenso wie sich unser wirtschaftliches Handeln in seinen Zielen und Aktionen ständig ändert, verändern sich auch die wirtschaftlichen und räumlichen Strukturen. So wurden Agrarräume zu Industrielandschaften, ländliche Siedlungen zu Industriestädten und Dienstleistungszentren, Dörfer zu Arbeiterwohngemeinden, naturnahe Landschaften zu Freizeitregionen.
Die Untersuchung von wirtschaftsräumlichen Strukturen und Prozessen in Vergangenheit und Gegenwart ist eine wesentliche Grundlage für regionalpolitische Entscheidungen, mithin für die Gestaltung unserer gegenwärtigen und künftigen Welt.
Fragen der Raumbezogenheit und Raumwirksamkeit wirtschaftlichen Handels stehen im Mittelpunkt des folgenden Kapitels. Die Betrachtung geht dabei von agrargeographischen Themen aus. In einem zweiten Schritt werden sodann industriegeographische Themen betrachtet, danach wird die Raumwirksamkeit des Tertiären Sektors untersucht.

1 Medienhafen Düsseldorf 2004
2 Handelshafen Düsseldorf 1976

Fünf Schritte bis zum Ziel

Ziel

- Raumgebundenheit und Raumwirksamkeit landwirtschaftlichen Handelns in verschiedenen Geozonen erörtern
- agrarwirtschaftliche Strukturen in den Industrieländern erläutern sowie landschaftsprägende Wirkungen der Agrarwirtschaft untersuchen
- Grundlagen der Entstehung von Industrieregionen und deren Wandel aufzeigen sowie die Standortgegebenheiten bewerten
- vom Tertiären Sektor geprägte Räume untersuchen sowie das Ausmaß und die Folgen der Tertiärisierung der Wirtschaft erörtern

1. Einstieg: Einführung in die Thematik und Problemstellung

- anhand eines Bildes den Wandel einer Wirtschaftslandschaft aufzeigen
- Ursachen, Erscheinungsformen und Auswirkungen des Wandels thematisieren

2. Inhalte erarbeiten, exemplarische Untersuchungen durchführen

- Erarbeitung der im Einstieg angesprochenen Thematik mithilfe der Materialien
- Analyse natürlicher Voraussetzungen und Bedingungen agrar-, industrie- und tertiärwirtschaftlicher Aktivitäten
- Untersuchung der Raumwirksamkeit der wirtschaftlichen Aktivitäten
- Aufzeigen von Möglichkeiten und Grenzen der Raumentwicklung durch Industrie, Dienstleistungen, Tourismus und Verkehr
- Anwendung spezifischer Methoden und Arbeitsweisen

3. Ergebnisse präsentieren

Zum Beispiel zu folgenden Themen:
- eingeschränktes natürliches Potenzial der Tropen für eine landwirtschaftliche Nutzung
- ökologische Folgen nichtangepasster Bewirtschaftungsmethoden
- Landwirtschaft zwischen wirtschaftlichen Zwängen und ökologischen Notwendigkeiten, dargestellt an einem Betrieb in der Heimatregion
- Ruhrgebiet, ein altindustrialisierter Raum im Wandel
- Frankfurt, Dienstleistungsmetropole von internationalem Rang

4. Ergebnisse individuell überprüfen

- die aus den Materialien erworbenen allgemeinen wirtschaftlichen Kenntnisse auf konkrete Räume anwenden
- Theorien der industriellen Standortlehre an Beispielen auf ihre Gültigkeit hin überprüfen
- die raumprägende Wirkung des Tourismus an einer Beispielregion erörtern

5. Erworbene Kompetenzen anwenden

- ökologische Zwänge und Folgen der Landwirtschaft in verschiedenen Geozonen vergleichen
- wirtschaftliches Handeln mit Blick auf das Gefüge einer Landschaft untersuchen
- aus den erworbenen Kenntnissen über die negativen Auswirkungen des Massentourismus alternative Reiseformen entwickeln

Kompetenzen erwerben:
- natürliche Voraussetzungen und Grenzen der landwirtschaftlichen Produktion aufzeigen,
- den Nährstoffkreislauf im tropischen Regenwald mit dem im Laubwald der gemäßigten Breiten vergleichen,
- das landwirtschaftliche Potenzial verschiedener Geozonen vergleichen und bewerten,
- die Auswirkungen nicht angepasster Landnutzung in den immerfeuchten und wechselfeuchten Tropen erörtern.

2.1 Natürliche Voraussetzungen und Grenzen der landwirtschaftlichen Produktion

Das Ausmaß, in dem naturgeographische Faktoren die Landwirtschaft begrenzen, ist variabel. Das kommt vor allem daher, dass in den hochindustrialisierten Staaten Agrartechniken entwickelt worden sind, die diese Grenzen verändert und verschoben haben. Ein Beispiel hierfür ist die „Westwärtswanderung" des Baumwollanbaus in den USA aus den traditionellen Anbaugebieten des Südostens in die ariden Räume von Texas, Arizona und New Mexico. Hier löst man das Wasserproblem, indem man in den extrem niederschlagsarmen Regionen durch Bewässerung zum passenden Zeitpunkt den Pflanzen Wasser zuführt und damit von den Zufälligkeiten des natürlichen Niederschlags unabhängig wird.
Dennoch spielen die natürlichen Voraussetzungen eine Rolle, wie das niedersächsische Beispiel zeigt. In acht Jahrzehnten stieg zwar die Flächenproduktivität stark an und Ertragsschwankungen fielen prozentual geringer aus, es gab sie aber vor allem aufgrund klimatischer Einflüsse immer noch.

1 Ertragsschwankungen: Vergleich – Provinz Hannover/Land Niedersachsen
Nach Adolf Arnold: Allgemeine Agrargeographie. Gotha: Perthes 1997, S. 21

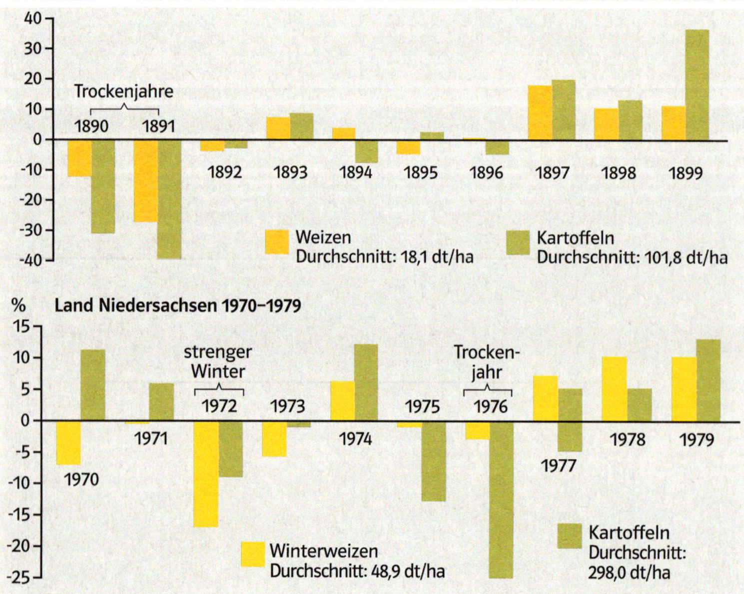

Naturfaktor Klima
Das Klima, d.h. die Temperatur- und Niederschlagsverhältnisse sowie in Übergangsregionen auch die klimatische Variabilität, bestimmt die großräumige agrarische Nutzung.
Temperatur. Nutzpflanzen benötigen für ihr Wachstum in der Regel eine Temperatur von mehr als 5 °C, einige allerdings auch eine Temperatur, die deutlich darüber liegt. Die Zahl der Tage eines Jahres, die über diesem Wert liegt, bezeichnet man als die **Vegetationsperiode**. In Europa umfasst sie eine Spanne zwischen ca. 100 Tagen in Nordeuropa und etwa 260 Tagen im Mittelmeerraum. Allerdings schwanken die Ansprüche von Pflanze zu Pflanze. Für das Reifen von Getreide sind 90–100 Tage mit >10 °C notwendig. Man spricht hier von der Wärmegrenze.
Niederschlag. Hier lassen sich aufgrund des extrem unterschiedlichen Wasserbedarfs der Nutzpflanzen keine generellen Angaben machen. Grundsätzlich ist der Wasserbedarf während der **Wachstumszeit** höher als während der Reifezeit; und ein gleichmäßiger Niederschlag, der zu einer regelmäßigen Durchfeuchtung der oberen Bodenhorizonte führt, ist besser als Starkregen, bei dem es durch den größeren Oberflächenabfluss für die Pflanzen zu Wasserverlusten kommt.
Von besonderer Bedeutung ist die **Trockengrenze**. Sie grenzt die Gebiete des **Regenfeldbaus**, der weltweit häufigsten agrarischen Wirtschaftsform, durch das zur Verfügung stehende Niederschlagswasser ein. Für die gemäßigten Breiten, die landwirtschaftlichen Kernräume der Erde, lässt sich diese Grenze bei Getreide mit der Formel $N = 15\,T$ abschätzen, d.h., der mittlere Jahresniederschlag muss 15-mal der mittleren Jahresdurchschnittstemperatur entsprechen. Der minimale Wert für den

1 Erläutern Sie mit Karte 2 die nördliche Anbaugrenze verschiedener Agrarprodukte in Europa.
2 Erstellen Sie ein Schema zu den natürlichen Einflussfaktoren auf die landwirtschaftliche Produktion.

Material
Ausgewählte Nutzpflanzen
104109-2101

Regenfeldbau fällt ungefähr mit der 400-mm-Isohyete (Linien gleicher Niederschlagsmengen) zusammen; darunter ist man auf Bewässerungsfeldbau angewiesen. Allerdings ist dieser Wert nicht starr, da andere Faktoren wie Niederschlagsvariabilität oder Bodenbeschaffenheit ebenfalls eine Rolle spielen.
Variabilität. Besonders in klimatischen Übergangs- bzw. Grenzregionen stellt die Variabilität der Niederschläge einen wichtigen Faktor dar. Über Jahre hinweg schwankende Niederschläge bedeuten für den Feldbau ein erhebliches Anbaurisiko. Ein Beispiel hierfür ist die Sahelzone, wo die Variabilität der Niederschläge in den letzten Jahrzehnten immer wieder zu Dürren und – aufgrund nicht angepasster Wirtschaftsformen – zu Missernten und Hungersnöten geführt hat. Der als Lösung geeignete Bewässerungsfeldbau stellt für die Staaten oft ein Problem dar – er erfordert die Erschließung von Wasserressourcen und ist sehr kapitalaufwändig.

Naturfaktor Böden

Die kleinräumige agrarische Nutzung ist überwiegend vom Boden und dessen unterschiedlichen Eigenschaften abhängig. Die Bodenfruchtbarkeit hängt von einer Reihe chemischer, physikalischer und biologischer Faktoren ab. Die wichtigsten sind:

- das Sorptionsvermögen, d. h. die Fähigkeit, Pflanzennährstoffe vor der Auswaschung zu bewahren und an die Pflanzen abzugeben,
- das Puffervermögen, d. h. die Fähigkeit, überschüssige Säuren oder Basen sofort zu binden und eine gleichbleibend für das Pflanzenwachstum günstige Reaktion einzuleiten,
- der Gehalt an Nährstoffen und Spurenelementen sowie der pH-Wert,
- die Korngröße, das Porenvolumen (wichtig für die Fähigkeit, Luft und Wasser zu speichern) und die Durchwurzelbarkeit,
- der Gehalt an Bodentieren und Pflanzenteilen (Humusgehalt).

Die Qualität der Böden wird in der so genannten Bodenzahl angegeben. Dabei setzt man einen Boden ins Verhältnis zu einem optimalen Boden, dem man die Maßzahl 100 gibt (z. B. die Schwarzerde der Magdeburger Börde).

2 Nördliche Anbaugrenzen in Europa

Nach Bernd Andreae: Agrargeographie. Berlin, New York: de Gryuter 1977, S. 50

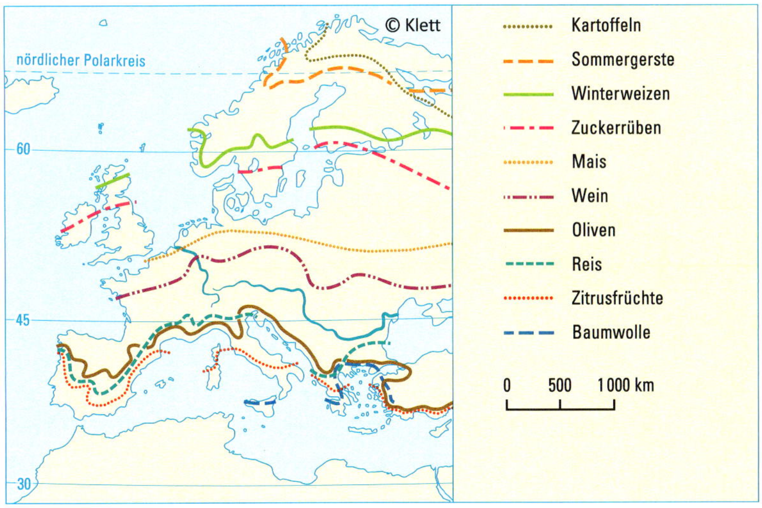

3 Klimaansprüche von Nutzpflanzen

verschiedene Quellen, u. a. basierend auf Sigmund Rehm/Gustav Espig: Die Kulturpflanzen der Tropen und Subtropen. Stuttgart: Ulmer 1976

	Zeitraum des Wachstums bzw. Heranreifens (Zahl der Tage und benötigte Temperatur)		**Niederschlag** (mm/Jahr)
Sommergerste	50	>5 °C	>250
Winterweizen	90	>5 °C	300–900
Sommerweizen	105	>5 °C (Winter nicht unter −22 °C)	250–500
Mais	130–150	>5 °C	250–4 000
Erdnuss	120–150	>15 °C	250–700
Hirse	90–120	20–30 °C	200–700
Reis	90–200	20–30 °C	>1 000
Kartoffeln	60	>5 °C	450–600
Maniok	190–270	>20 °C	500–2 000
Baumwolle	120–150	25–28 °C	600–1 500
Zitrusfrüchte	150–200	15–20 °C	1 200–2 000
Bananen	90	>25 °C	1 200–2 500
Kaffee	250	17–22 °C	1 000–1 500
Kakao	365	22–28 °C	1 300–2 000
Tee	240	18–20 °C	1 500–2 500
Zuckerrohr	>240	25–28 °C	1 500–2 500
Ölbaum	–	15–22 °C	200–700
Kautschuk	–	>27 °C	>2 000

4 Stockwerkbau des tropischen Regenwaldes

Nach Dieter Heinrich/Manfred Hergt: Atlas zur Ökologie. Gütersloh: Bertelsmann 1990, S. 106

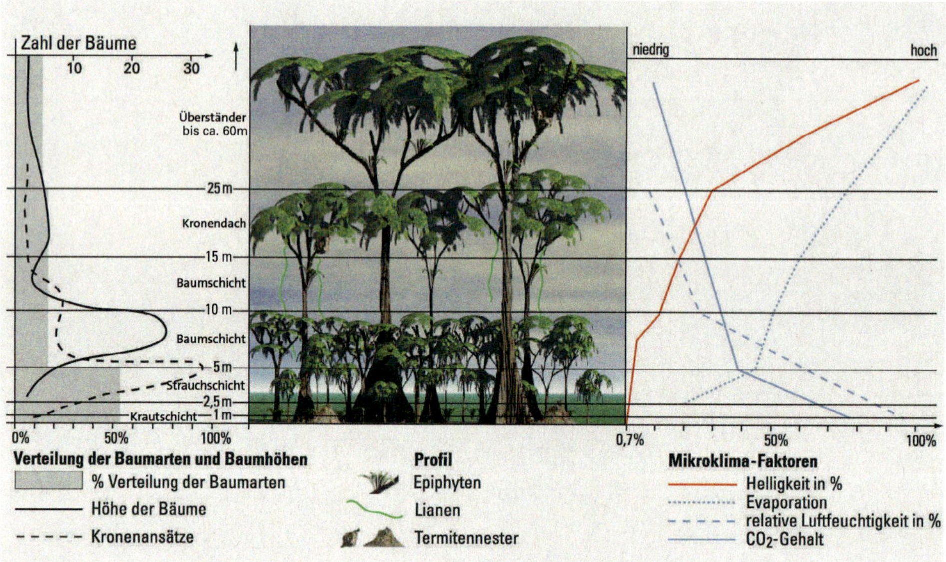

Ökologische Folgen der landwirtschaftlichen Nutzung in den Tropen

Seite 82
Agrarregionen der Erde

Fallbeispiel Immerfeuchte Tropen

Die immerfeuchten (inneren) Tropen bilden einen Gürtel entlang des Äquators mit den artenreichsten **Ökosystemen** unserer Erde. Hier finden wir mit mehr als 50 % aller Tier- und Pflanzenarten die größte Artenvielfalt der Erde. Man geht davon aus, dass bisher erst ein kleiner Teil dieser Arten bekannt ist.

Tropische Regenwälder sind aus bis zu fünf Stockwerken aufgebaut (Stockwerkbau). Viele der Bäume haben Stelz- oder Brettwurzeln. Da der Unterboden nährstoffarm ist, konzentrieren sich die Wurzeln nur auf die obersten Zentimeter des Bodenprofils.

Klima. Ergiebige Niederschläge und ganzjährig hohe Temperaturen sind Gunstfaktoren für das Pflanzenwachstum. Sie ermöglichen eine permanente **Vegetationsperiode** und sind Garanten einer hohen **Biomasseproduktion**. Diese wiederum ist für das globale Klima bedeutsam, da in den Pflanzen riesige Mengen Kohlenstoff gespeichert sind.

5 Der geschlossene Nährstoffkreislauf

„Der geschlossene **Nährstoffkreislauf** kommt dadurch zustande, dass der Wald ein oberflächliches Wurzelsystem von jedoch außerordentlicher Dichte besitzt, das dreimal so dicht wie das der Wälder unserer gemäßigten Klimagürtel ist. Und dieses dichte Wurzelnetz wirkt als perfekter Filter, das alle Nährstoffe, die bei der Zersetzung der Laubstreu mit den Exkrementen der Waldtiere usw. frei werden, sofort wieder aufnimmt und in die lebende Substanz des Waldes zurückführt. Es sind also dieselben Nährstoffe, die stets wiederholt durch die Generationen der Urwaldorganismen kreisen; etwaige Verluste liegen in der Größenordnung der in den Regen enthaltenen Stoffmengen, sodass sie durch dieselben ausgeglichen werden. Die Remineralisation der Waldstreu und die zum Teil direkte Rückführung der in ihr enthaltenen Nährstoffe in die Wurzeln der Bäume werden vor allem durch Bodenpilze (Mykorrhizen) besorgt."

Harald Sioli: Amazonien. Stuttgart: Wissenschaftliche Verlagsgesellschaft, 1983, S. 54, gekürzt

Material
Tropischer Regenwald
104109-2102

6 Nährstoffkreislauf im Tropischen Regenwald und im Laubwald der gemäßigten Breiten

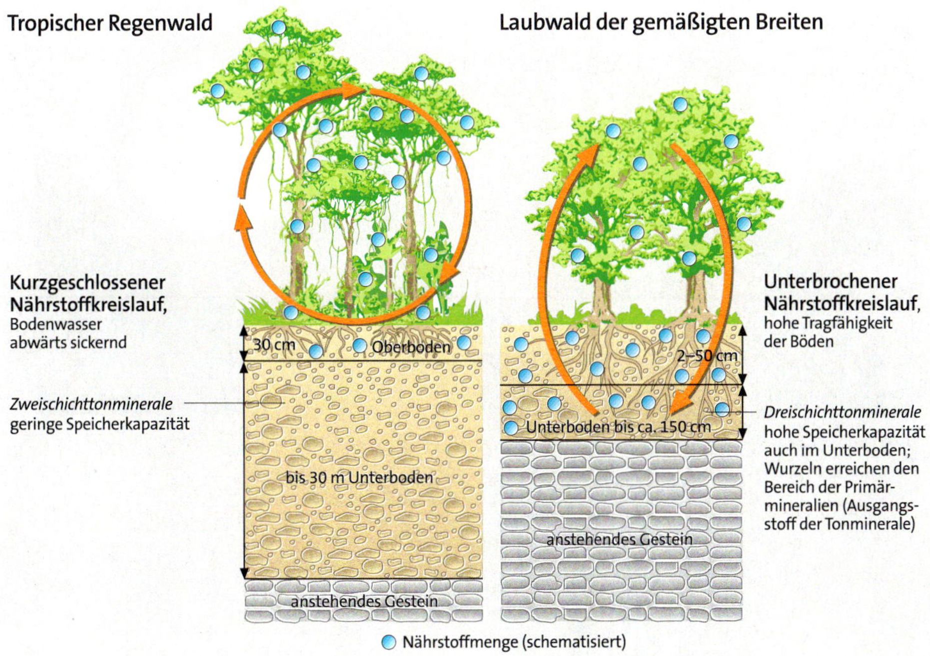

8 Kationenaustauschkapazität der Böden

„In Böden überwiegen Partikel mit negativ geladenen Oberflächen, die als Kationenaustauscher wirken. Diese dienen als Reservoir für Pflanzennährstoffe, die ... von den Wurzeln aufgenommen werden können. Diese Kationenaustauschkapazität hängt ab von der Art und der Menge der Tonminerale, vom Gehalt an organischer Substanz ... sowie vom Anteil pedogener Oxide."

Geologischer Dienst NRW, unter www.gd.nrw.de/g_bkkati.htm, Nov. 2010, gekürzt

Böden. Im Vergleich zu den mitteleuropäischen Braun- und Parabraunerden sind tropische Böden nährstoffarm. Infolge der starken, tiefgründigen chemischen Verwitterung liegt der C-Horizont, das Ausgangsgestein, sehr tief (meist 5 bis 20 Meter), sodass die Pflanzenwurzeln die dort enthaltenen Primärmineralien nicht erreichen. Tropische Böden haben zudem eine geringe Nährstoffspeicherkapazität. Anstelle von Dreischichttonmineralen, die in gemäßigt-humiden Klimaten vorherrschen, überwiegen hier Zweischichttonminerale. Diese können Mineralsalze weniger gut binden, sodass sie rasch ausgeschwemmt werden, gleichgültig ob sie natürlichen Ursprungs sind oder durch Düngung zugeführt werden. Die Böden der Tropen weisen eine hohe Acidität (pH-Wert 3,5 – 5) auf. Das bedeutet, dass große Mengen an Wasserstoff- und Aluminiumionen an die Austauscher gelangen und dadurch die Aufnahme der Nährelemente durch die Pflanzenwurzeln gehemmt wird. Ungünstige Gefügeeigenschaften des Bodens, Verdichtung und periodische Vernässung können zu Wasserstau, Eisen- und Aluminiumoxidanreicherungen im A-Horizont (Oberboden) führen.

7 Aufbau und Kationenaustauschkapazität bei Tonmineralen

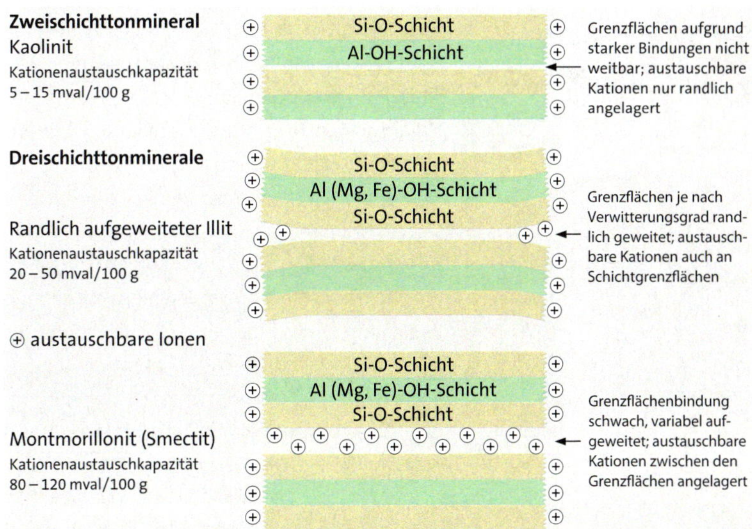

3 Beschreiben Sie die Zusammensetzung der Stockwerke des tropischen Regenwaldes und die dort herrschenden mikroklimatischen Gegebenheiten.

4 Vergleichen Sie die Nährstoffkreisläufe im Regenwald und im Laubwald der gemäßigten Breiten.

9 Jährliche Erosionsraten in den feuchten Tropen für ausgewählte Vegetationsformen

Nach Eberhard F. Bruenig: Ökosysteme der Tropen. In: Umschau 1974, H. 13. Frankfurt am Main: Umschau-Verlag, S. 407

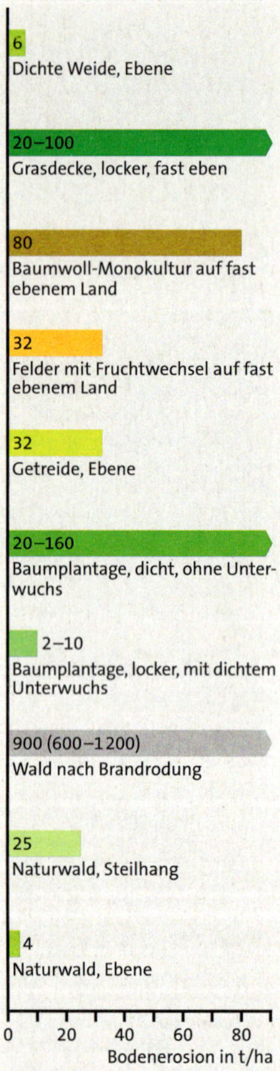

10 Mengenwerte der Nährstoffe im tropischen Waldboden nach Brandrodung und Entnahme durch Kulturpflanzen

Nach Wolfgang Weischet: Die ökologische Benachteiligung der Tropen. Stuttgart: Teubner 1977, S. 48

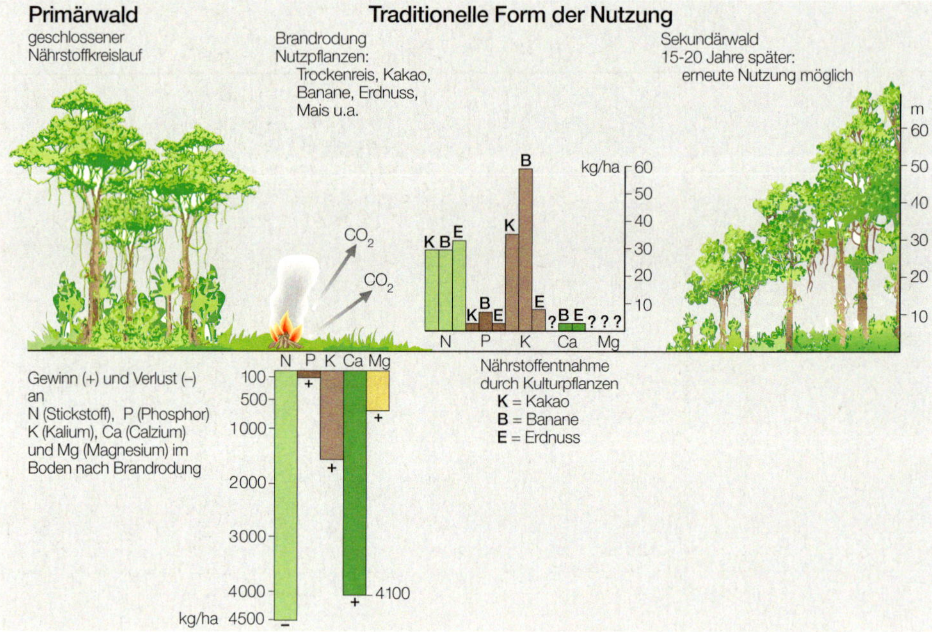

Ökologische Folgen nicht angepasster Landnutzung. Greift der Mensch in den sensiblen Kreislauf des tropischen Regenwaldes ein, so kann das irreversible Folgen haben. Die bei der **Brandrodung** anfallende Asche steht zwar als natürlicher Mineraldünger kurzfristig zur Verfügung, wird aber schnell durch die kräftigen Regenfälle weggewaschen. Der geschlossene Nährstoffkreislauf wird an seiner entscheidenden Stelle unterbrochen: Mit dem Absterben der Wurzelpilze verschwinden diese Nährstofffallen und der Verlust der Mineralien des Bodens kann durch Erosion und Auswaschung in die Tiefe ungehindert einsetzen. Dabei spielt auch das Relief eine wichtige Rolle.

Die älteste, einfachste und schonendste Art der Landnutzung in den Tropen ist die **shifting cultivation**. Mit einfachen Werkzeugen wird der Regenwald gerodet, die Baumstümpfe bleiben im Boden. Zum Ende der Trockenzeit hin wird das geschlagene Holz abgebrannt und zu Beginn der Regenzeit werden Kulturpflanzen ausgesät. Die Brandrodung liefert mit der Asche wichtige Nährstoffe, vernichtet das Unkraut und die Schädlinge. Da die Böden schnell erschöpft sind, beschränkt sich die Anbauphase traditionell auf ein Jahr in den immerfeuchten Tropen und auf zwei bis vier Jahre in den wechselfeuchten Tropen.

5 „Der tropische Regenwald wächst eher auf anstatt aus dem Boden." Erklären Sie.

6 Erläutern Sie anhand von Grafik 10, wie sich die traditionelle Form der Nutzung und der Anbau von Kulturpflanzen auswirken.

7 Bodenerosion (Grafik 9):

a) Vergleichen Sie die Erosionsraten bei unterschiedlichen Vegetationsformen bzw. Nutzungsarten des Bodens.

b) Begründen Sie, auch unter Berücksichtigung des Reliefs, die Unterschiede.

8 Erläutern Sie die Ergebnisse des Feldversuchs zur Tragfähigkeit gerodeter tropischer Böden (Diagramm 11).

9 Beurteilen Sie den Langzeitversuch zur Tragfähigkeit mit und ohne Düngung (Diagramm 13).

Material
Infoblatt shifting cultivation
104109-2103

11 Feldversuch zur Ertragsfähigkeit gerodeter tropischer Böden im peruanischen Amazonastiefland

Nach Wolfgang Weischet/Caesar N. Caviedes: The Persisting Ecological Constraints of Tropical Agriculture. London, New York: Longman Scientifical & Technical 1993, S. 204

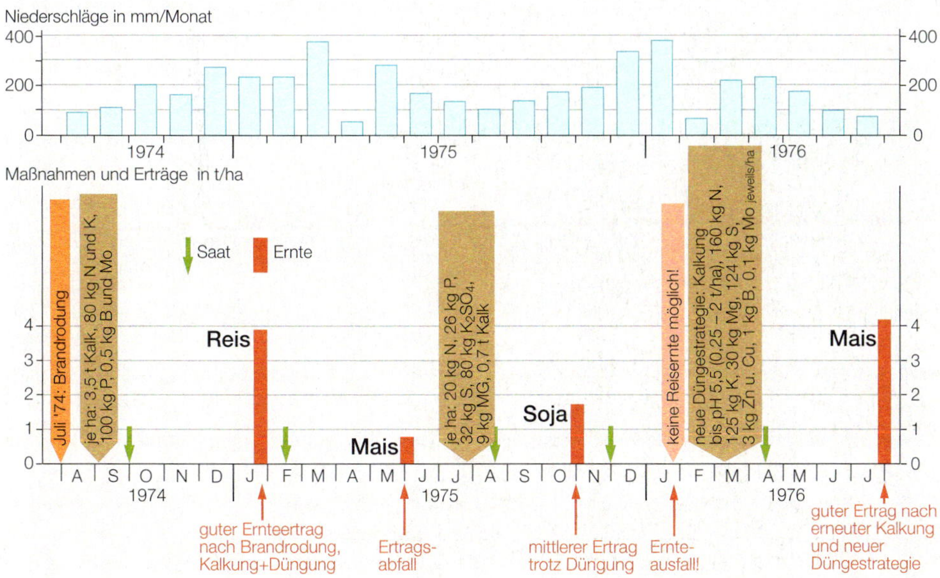

13 Ertragsabfolgen von 26 Ernten mit der Versuchsreihe Trockenreis-Erdnuss-Soja auf Parzellen mit und ohne Düngung

Nach Wolfgang Weischet/Caesar N. Caviedes: a.a.O., S. 206

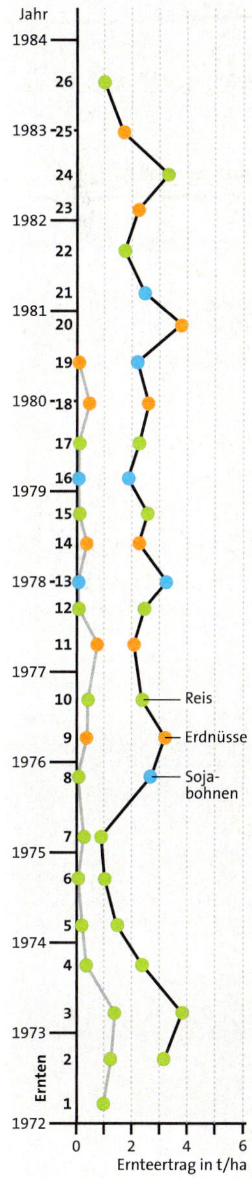

Somit sind die Bewohner gezwungen, **Wanderfeldbau** zu betreiben und in zeitlichem Rhythmus Wirtschaftsflächen und Siedlungen zu verlegen. Bei der **Landwechselwirtschaft** hingegen werden die Siedlungen nicht verlegt. Nur die Anbauflächen wechseln. Zwischen Wanderfeldbau und Landwechselwirtschaft gibt es viele Übergangsformen, alle mit dem Begriff shifting cultivation bezeichnet.

Mit dem Vordringen der Siedler in die ehemals dünn besiedelten Regionen schreiten die großflächige Entwaldung sowie die Walddegradation weiter fort. Armut zwingt die lokale Bevölkerung oft zur Abholzung. Regierungen erschließen Regenwälder zudem, um in den Genuss neuer Kredite zu kommen oder Investoren anzulocken. Das mangelnde Bewusstsein dieser Geldgeber für die ökologischen und sozialen Folgeprobleme verschärft die Situation.

12 Bevölkerungsdichte als kritischer Faktor

„Bei geringer Bevölkerungsdichte fügte sich der Wanderfeldbau jahrtausendelang harmonisch in den Naturhaushalt ein. Ökologische Schäden treten erst dann auf, wenn durch steigende Bevölkerungszahlen oder übermäßige Ausweitung der Marktproduktion die Landreserven sinken und die Brachezeiten... verkürzt werden müssen... Werden diese Umtriebszeiten unterschritten, so kann es zu schweren ökologischen Schäden kommen ...
Als erste Intensivierungsstufe wandelt sich der Wanderfeldbau zur Landwechselwirtschaft mit verkürzter Brache, welche keine Regeneration der Waldvegetation mehr zulässt (Buschbrache) ...
Der Übergang vom Wanderfeldbau zur Landwechselwirtschaft bedeutet auch die Fixierung der Siedlungen, die nun nicht mehr nach einigen Jahren aufgegeben werden müssen."

Adolf Arnold: Allgemeine Agrargeographie. Gotha: Klett-Perthes 1997, S. 163–164

14 **An einer Wasserstelle in der Sahelzone**

Seite 82
Agrarregionen der Erde

Fallbeispiel wechselfeuchte Tropen: Geoökosystem Dornsavanne – Sahelzone

Wasser ist der entscheidende **Geofaktor** des Geoökosystems Dornsavanne, zu dem große Teile der Sahelzone gehören. Das arabische Wort Sahel stellt einen Bezug zum Wasser her: Es bedeutet Ufer. Nach ihrem Weg durch die endlosen Weiten der nordafrikanischen Sahara war für die Karawanen die Sahelzone mit ihrer vergleichsweise üppigen Vegetation wie das Ufer nach Durchquerung eines Ozeans. Die Sahelzone gehört zur Übergangszone zwischen den Savannen im Süden und der Wüste im Norden. Von West nach Ost misst sie mehr als 7000 km und ihre Nord-Süd-Erstreckung beträgt mehr als 500 km.

Das Geoökosystem Sahelzone ist klimatisch durch einen Wechsel von arider und humider Jahreszeit, eine Verkürzung der sommerlichen Regenzeit in Richtung des nördlichen Wendekreises, eine hohe Variabilität der Niederschläge und damit durch Dürreanfälligkeit gekennzeichnet. Werden im Bereich der Sahara nur 10 mm Jahresniederschlag gemessen, so sind es um den Äquator herum über 2000 mm. Im Bereich der Sahelzone ändert sich der jährliche Niederschlag auf der kurzen Entfernung von weniger als 800 km um mehr als 1000 mm. Die Schwankungsbreiten der Niederschlagsmenge von Jahr zu Jahr erreichen im Bereich der Sahelzone Werte zwischen 30 und 50 Prozent.

Dürren gehören zur Natur des Sahel. „Drought is part and parcel of the climatic pattern. Desertification is the work of man." Traditionelle Nutzungssysteme sind an die natürlichen Voraussetzungen der Sahelzone angepasst: Sandige Böden oder Rohböden werden spärlich von einjährigen Gräsern oder vereinzelten Sträuchern bedeckt. Extensive Landnutzungssysteme wie der **Nomadismus** in den niederschlagsarmen Räumen oder bei höheren Niederschlägen die Feldwechselwirtschaft sind bei geringer Nutzungsintensität in der Lage, Dürrezeiten auf diesen marginalen Standorten zu überstehen.

Überbeanspruchung. Zur Beschreibung und Erklärung von komplexen Umweltproblemen, z. B. dem der **Desertifikation** marginaler Standorte, wurde das Syndromkonzept entwickelt („**Syndrom**" = medizinisch: komplexe Krankheitsbilder). Diese Syndrome gilt es zu diagnostizieren mit dem Ziel, Fehlentwicklungen zu lindern, zu

15 **Standardabweichung der Niederschläge von Juni–Oktober in der Sahelzone vom Mittel der Jahre 1900–2004**

Nach www.hamburger-bildungsserver.de/welcome.phtml?unten=/klima/klimafolgen/extreme/duerren/trends.html, Juni 2006

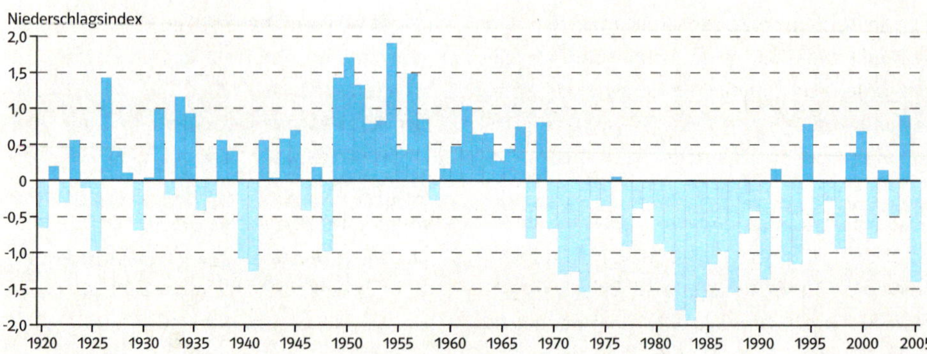

Material
Desertifikation / Sahelzone
104109-2104

16 **Zentraler Mechanismus des Sahelsyndroms**

Nach Wissenschaftlicher Beirat der Bundesregierung, Globale Umweltveränderungen: Welt im Wandel, Herausforderung für die deutsche Wissenschaft, Jahresgutachten 1996. Heidelberg: Springer, S. 140; auf: www.wbgu.de/wbgu_jg1996.pdf, Juni 2008

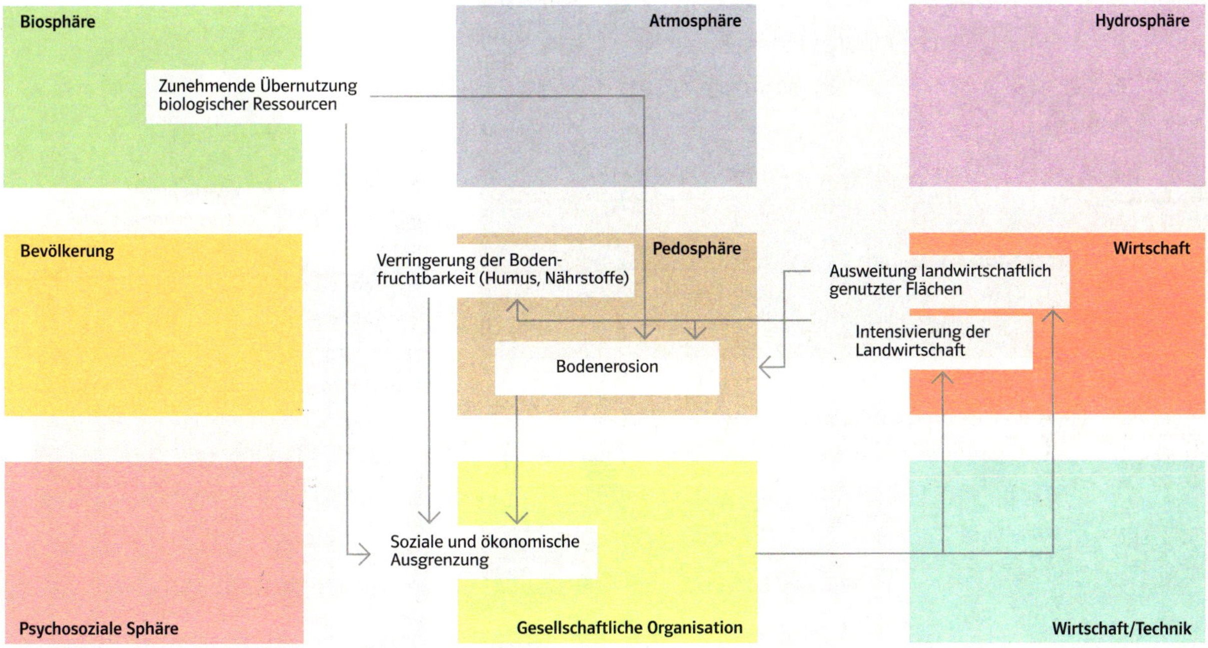

beseitigen oder durch vorsorgende Maßnahmen erst gar nicht entstehen zu lassen.

Das Sahelsyndrom. 1969–1973 und 1983/1984 suchten verheerende Dürren die Sahelzone heim: Bilder von Kamelgerippen auf ausgedörrten Böden, ausgemergelten Menschen auf der Flucht und verhungernden Kindern gingen um die Welt. Die physisch-geographischen Bedingungen, vor allem die immer wieder auftretenden Dürreperioden, wurden für die Desertifikation in der Sahelzone verantwortlich gemacht. Mit dem Begriff Desertifikation wird die dauerhafte Schädigung der Landnutzungsressourcen und -potenziale bezeichnet. Merkmale des Desertifikationsprozesses sind fortschreitende **Bodendegradation** infolge von Erosion, Versalzung oder Versandung, Zerstörung der Vegetation und Veränderung des Wasserhaushalts.

Erst allmählich setzte sich die Erkenntnis durch, dass mehrjährige Dürrephasen den Desertifikationsprozess nur beschleunigen, Ursache dafür aber der Mensch sei: Der „Wissenschaftliche Beirat der Bundesregierung Globale Umweltveränderungen" (WBGU, 1997) kommt zu dem Ergebnis, dass die Degradation im Sahel das Ergebnis einer landwirtschaftlichen Übernutzung marginaler Standorte durch armutsgefährdete Bevölkerungsgruppen ist. Sie tritt dort auf, wo die natürlichen Umweltbedingungen – insbesondere Klima und Boden – nur eine begrenzte landwirtschaftliche Nutzung zulassen. Demnach führen Armut und die ökonomische Ausgrenzung zu einer Intensivierung der Landwirtschaft auf marginalen Standorten. Dadurch verliert das **Ökosystem** seine natürliche Reproduktionsfähigkeit und degradiert.

Entscheidend ist, dass keine Ursache allein die Degradation erklären kann, sondern dass sich die einzelnen Faktoren wie in einem „Teufelskreis" gegenseitig verstärken.

10 Stellen Sie für die Sahelzone zusammenfassend die natürlichen Rahmenbedingungen dar.

11 Erläutern Sie den zentralen Mechanismus des Sahelsyndroms.

12 Ergänzen Sie den zentralen Mechanismus des Sahelsyndroms (Schema 16) um die Faktoren Dürre und Bevölkerungswachstum.

1 **Naturweide im Allgäu**

2 **Intensive Schweinemast in Südoldenburg**

3 **Vertical Farm – Wenn Hochhäuser zu Bauernhöfen werden: Auch die Zukunft der deutschen Landwirtschaft?**

Kompetenzen erwerben:
- die landwirtschaftliche Produktion und die Strukturprobleme der Landwirtschaft in Deutschland analysieren,
- beurteilen, wie Markt- und Politikabhängigkeiten das Wirtschaften unserer Bauern beeinflussen,
- Statistiken und Tabellen analysieren und interpretieren.

2.2 Landwirtschaft in den Industrieländern – Fallbeispiel Deutschland

Rahmenbedingungen und Probleme

Die heutige Landwirtschaft ist weit davon entfernt, in ihrer Produktion ausschließlich vom Klima oder von der Bodengüte bestimmt zu werden. Das liegt in den drei „Agrarrevolutionen" des 20. Jahrhunderts begründet, die man unter den Begriffen Chemisierung, Technisierung und Biologisierung zusammenfassen kann. Sie haben die Landwirtschaft nicht nur von den natürlichen Faktoren unabhängiger gemacht, sondern auch zu einer ungeheuren Entwicklung der Produktivität und zu enormen Ertragssteigerungen geführt.

Welche Entwicklungen haben sich in der landwirtschaftlichen Produktion ergeben?
Welche strukturellen Probleme kennzeichnen die heutige Agrarwirtschaft?
Welche Rahmenbedingungen schaffen die Politik und die Agrarmärkte?
Welche Rolle spielt der Verbraucher für die Entwicklung der Agrarwirtschaft?

Surftipp
Vertical Farm
104109-2201

Surftipp/Material
Trends deutscher Landwirtschaft
104109-2202

Material
Natürl. Voraussetzungen deutscher Landwirtschaft
104109-2203

Landwirtschaft im Wandel

4 Entwicklung der Zahl der Betriebe und Erwerbstätigen in der deutschen Landwirtschaft

Nach informationen.medien.agrar (i.m.a.) (Hrsg.): Agrimente 2009, Bonn 2009, S. 9

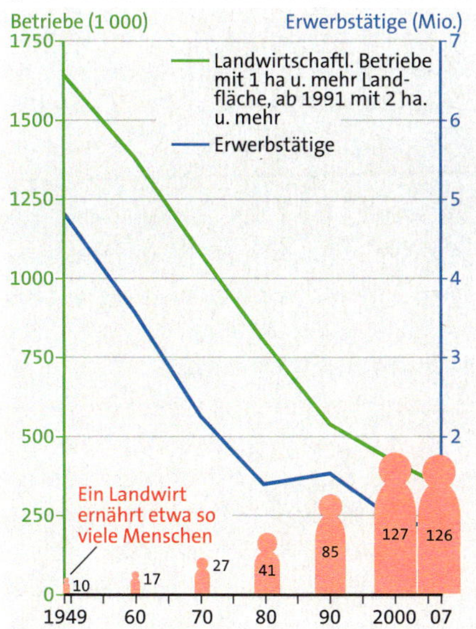

6 Entwicklung des Produktertrages in Deutschland (in dt / ha)

Nach Werner Klohn / Hans-Wilhelm Windhorst: Die Landwirtschaft in Deutschland, Vechtaer Materialien zum Geographieunterricht, H. 3., 4. Aufl., Vechta: Vechtaer Druckerei und Verlag, 2003, S. 31, aktualisiert nach Agrimente 2009, S. 48

(ab 2000 einschließlich Neue Bundesländer)

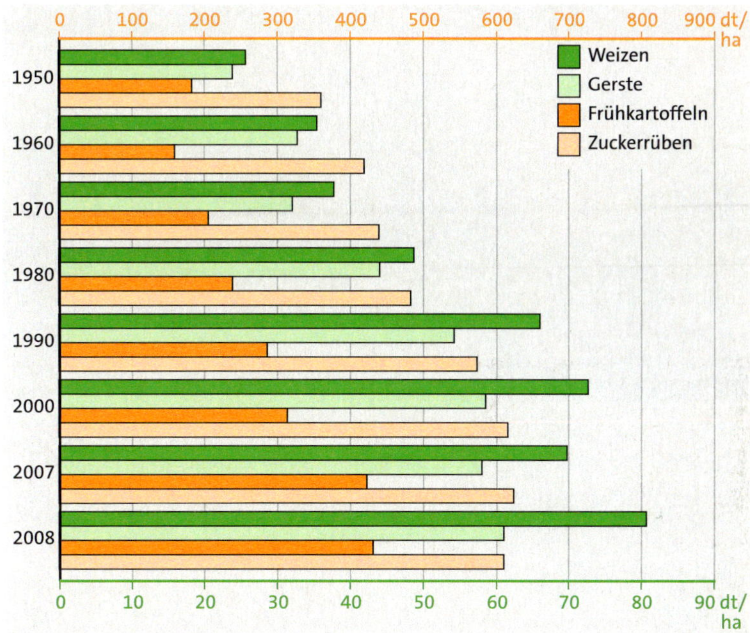

5 Zukünftiger Wandel?

„Die primäre Funktion der Landwirtschaft wird vor allem dann sichtbar, wenn sie diese nicht erfüllen kann: in Zeiten von Hungersnöten. Obwohl diesem Aspekt in der heutigen Diskussion über die Landwirtschaft in Mitteleuropa kaum Beachtung geschenkt wird, ist die Versorgung der Bevölkerung mit umweltschonend und kostengünstig erzeugten Nahrungsmitteln ... eine wesentliche Aufgabe unserer Landwirtschaft.
Die Entwicklung ... der Landwirtschaft wurde entscheidend beeinflusst von Forschungen in der Agrarchemie, der Agrarbiologie sowie neuen Erfindungen der Agrartechnik und [durch] deren praktische Umsetzung.
Produktionsvorgänge in allen Bereichen sowie geänderte Konsumgewohnheiten lassen natürliche Ressourcen zu einem knappen Gut werden. Vor diesem Hintergrund werden von den Landwirten in zunehmendem Maße Produktionsverfahren gewählt, die ökologisch und umweltschonend ausgerichtet sind und auch den Ansprüchen einer artgemäßen Tierhaltung entsprechen.
Es liegt beim Verbraucher, derartig erzeugte Produkte nachzufragen."

www.mlr.baden-wuerttemberg.de, April 2009

7 Entwicklung der Produktivität des Nutzviehs in Deutschland

Nach ebenda, aktualisiert nach ebenda, S. 49

	Milch/Kuh (in kg/Jahr)	Eier/Henne (pro Jahr)
1950	2 498	120
1960	3 395	154
1970	3 800	220
1980	4 538	242
1990	4 857	259
2000*	6 112	264
2007*	6 944	296

* einschl. Neue Bundesländer

1 Arbeiten Sie aus den Fotos 1–3 Aspekte der modernen Landwirtschaft heraus.

2 Beschreiben Sie anhand einer entsprechenden Atlaskarte agrarische Gunst- und Ungunsträume in Rheinland-Pfalz.

3 Stellen Sie mithilfe einer Internetrecherche dar, was man unter Chemisierung, Technisierung und Biologisierung jeweils versteht.

4 Erörtern Sie Folgen dieser „Agrarrevolutionen" für die deutsche Landwirtschaft (Materialien 4–7).

8 Nördliches Harzvorland nordwestlich von Wernigerode

LANDSAT-Aufnahme vom 31.08.1989

9 Größe und Rechtsstellung der Betriebe in der deutschen Landwirtschaft

Zusammengestellt nach Statistisches Bundesamt, verschiedene Grundlagen
*2007 alle Betriebe unter 2 ha

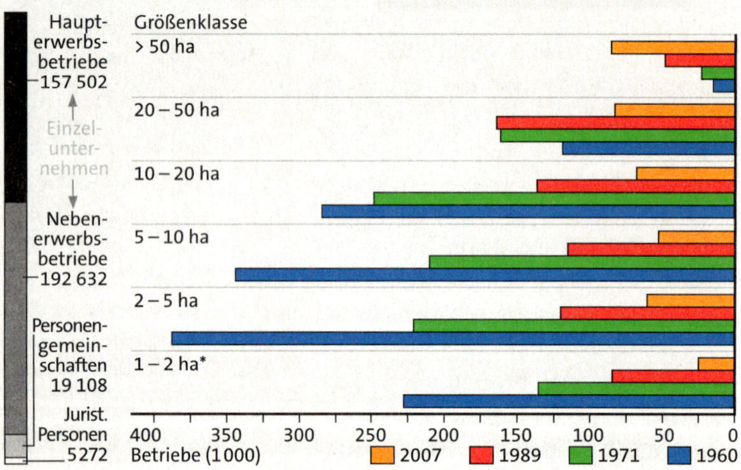

Strukturprobleme

Knapp die Hälfte der Fläche unseres Landes, etwa 19 Mio. ha, wird agrarisch genutzt. Deutschland gehört zu den vier größten Agrarproduzenten der EU. Dies und die Erfolge bei der Ertrags- und Produktivitätssteigerung können aber nicht darüber hinwegtäuschen, dass sich die Landwirtschaft heute mit strukturellen Problemen konfrontiert sieht, und zwar in Bezug auf die Betriebsgrößen, hinsichtlich der Besitz- und Arbeitskräftesituation sowie im Bereich Kapital und Ertrag.

10 Gewinn und Kapital – am Beispiel der Haupterwerbsbetriebe in Baden-Württemberg

„Im Wirtschaftsjahr 2007/2008 konnten viele landwirtschaftliche Betriebe ihre Unternehmensergebnisse deutlich steigern ... der Unternehmensgewinn in den baden-württembergischen Haupterwerbsbetrieben [erhöhte sich] im Durchschnitt um rd. 30 % auf 51 800 Euro je Betrieb ...
Dieser Gewinnanstieg betraf alle Betriebsformen mit Ausnahme der Veredlungsbetriebe und hier insbesondere die Schweinebetriebe, deren Unternehmensergebnis ... um mehr als zwei Drittel von 47 400 Euro auf 14 124 Euro je Betrieb dramatisch einbrach.
Hauptgrund für die gegenüber dem Vorjahr insgesamt deutlich verbesserten Unternehmensergebnisse sind die im Durchschnitt aller Betriebsformen um knapp 12 % angestiegenen betrieblichen Erträge ...
Aus den Gewinnen müssen die Betriebe nicht nur den Lebensunterhalt ... der Familie bestreiten, sondern auch einen großen Teil für die Finanzierung von Existenz sichernden Neuinvestitionen aufwenden ... Die notwendige Eigenkapitalbildung [hierfür] in Höhe von 10 000 bis 15 000 Euro je Jahr wird jedoch nur von den erfolgreichen Betrieben erwirtschaftet ...
Für das laufende Wirtschaftsjahr 2008/09 ist wieder mit einem Rückgang der Gewinne der ... Haupterwerbsbetriebe zu rechnen."

www.mlr.baden-wuerttemberg.de/Einkommen/17070.html&suchtext=Haupterwerbsbetriebe, April 2009

11 Entwicklung der Arbeitskräftezahl in der deutschen Landwirtschaft (in 1 000)

Nach www.bmelv-statistik.de/de/agrarbericht-daten-und-fakten/ausgewaehlte-daten-und-fakten-der-agrarwirtschaft/, April 2009

	1999	2003	2005	2007
Familienarbeitskräfte	940,8	822,7	782,7	729,4
Saisonkräfte	300,3	289,2	306,3	335,5
Ständige Arbeitskräfte	195,9	191,4	187,4	186,8
davon: Teilzeit	44,9	60,7	62,2	68,3

Surftipp
Landwirtschaft entdecken
104109-2204

Material
Wohin mit der deutschen Landwirtschaft?
104109-2205

Markt und Politik als Steuerungsinstrumente

Mit dem Markt sowie mit politischen Maßnahmen gibt es zwei externe Steuerungselemente für den Agrarsektor. Der einzelne Landwirt unterliegt deren Anforderungen und Veränderungen. Sein wirtschaftliches Denken und Handeln wird von ihnen entscheidend beeinflusst. Im Folgenden soll dies anhand von drei Beispielen betrachtet werden: die **Globalisierung** der Agrarmärkte und der im Jahr 2008 entstandene „Milchpreiskrieg" als Beispiele für die Einflüsse des Marktes sowie die Gemeinsame **Agrarpolitik der EU (GAP)** als Exempel für die Regulierung durch ein politisches Instrument.

13 **Warenterminbörse Chicago – hier entstehen die Preise für Agrarprodukte**
Nach Chicago Board of Trade, auf www.ariva.de, Aug. 2009

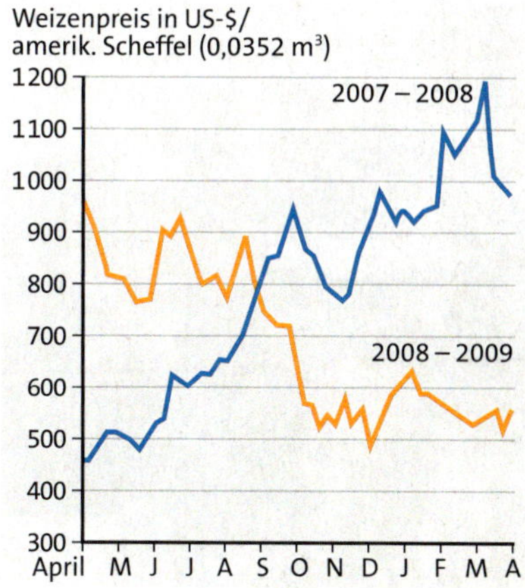

Der Einfluss des Marktes

12 **Der hungrige Planet**

„Manch einem Nachkriegsgeborenen, der nie magere Zeiten erlebt hat, mag jetzt erst bewusst werden, dass Lebensmittel einen Wert besitzen, einen existentiellen gar: Sie sind Mittel zum Leben, notwendige Ressourcen, die keinesfalls jederzeit und überall verfügbar sein müssen. Schon gar nicht zu garantiert niedrigen Preisen ...
Die weltweiten Warenströme verschieben sich, sie sortieren sich neu. Erstmals entsteht ein wirklich globaler Agrarmarkt, angetrieben vom Ursprung allen Wirtschaftens: der Knappheit der Güter. Weizen z. B. ist so begehrt wie seit 30 Jahren nicht mehr. Die Bestände der EU sind eingebrochen, von 14 Millionen Tonnen [Reserve] in nur einem Jahr auf eine Million ...
Die deutschen Landwirte beobachten die Diskussion [um die Ausrichtung der Agrarproduktion] mit Genugtuung. Bis vor kurzem noch zählten sie zu einer aussterbenden Gattung. Verhöhnt wurden sie als notorische Kostgänger der Brüsseler Wohlfahrtsbürokratie... Erstmals seit langem spüren die Bauern nun wieder dieses angenehme Gefühl: Sie werden gebraucht... Und sie können Geld verdienen ...
Zugleich verändern Millionen Menschen ihren Lebensstil und die Art, sich zu ernähren... In China fallen die Essgewohnheiten besonders ins Gewicht [z. B. steigender Fleischverbrauch]... Aus heimischen Ressourcen wird das Riesenreich den künftigen Bedarf keinesfalls decken können... China hat ein Viertel der Weltbevölkerung zu ernähren, verfügt aber nur über zehn Prozent der Anbaufläche. Also kauft das Land die Weltmärkte leer ...
Heute stehen die Energie- und Klimakrise oben auf der politischen Agenda, Kraftstoff auf Pflanzenbasis verheißt ... einen Ausweg aus der Öko-Falle, freilich um den Preis, dass Agrarrohstoffe noch knapper und teurer werden."

Frank Hornig/Wieland Wagner: Globalisierung: Der hungrige Planet. Der Spiegel 4/2008 vom 21. 01. 2008. Hamburg: Spiegel-Verlag 2008

Seite 232 – 235
Landwirtschaft und Ökologie

5 Charakterisieren Sie anhand der Materialien dieser Doppelseite strukturelle Probleme der deutschen Landwirtschaft (siehe auch Online-Link 104109-2205).

6 „Die Preissteigerungen bei Agrarprodukten wie Weizen sind eine Konstante, die den Landwirten eine nachhaltige Zukunftsplanung ermöglicht."
Bewerten Sie diese Aussage.

14 Milchbauern blockieren im Juni 2008 eine Großmolkerei

16 Milchboykott Anfang Juni 2008 – Verwertung statt Verkauf

Als am Ende des Jahres 2007 der Erzeugerpreis für Milch auf über 40 Cent je Kilogramm stieg, atmeten die Milchbauern in Deutschland auf, da so ein profitableres Wirtschaften möglich wurde. Doch schon bis zum Mai 2008 hatte sich die Situation wieder dramatisch verschlechtert, und der Preis näherte sich der 30-Cent-Marke. Hintergrund waren die Preissenkungen für Milch und Milchprodukte bei den großen Discountern als Hauptabnehmern, die sich einen harten Konkurrenzkampf lieferten – die sechs größten beherrschen den Nahrungsmittelmarkt mit zusammen rund 80 % Marktanteil. Anfang Juni 2008 kam es zu einem Lieferboykott durch die deutschen Milchbauern; die Großmolkereien wurden nicht mehr mit Milch versorgt und die Regale bei den Discountern leerten sich.

Die Lösung schien am 5. Juni 2008 gefunden: Den Bauern wurden höhere Erzeugerpreise garantiert. Einen Teil davon sollten die Kunden durch Preiserhöhungen bei Milch und Milchprodukten mittragen, z. B. durch eine Erhöhung des Milch-Literpreises um 10 Cent oder bei Butter um 20 Cent. Nur ca. eine Woche später strich einer der Marktführer die Erhöhung bei Butter ganz (ein anderer hatte sie erst gar nicht angekündigt), und alle nahmen die Milchpreiserhöhung um drei Cent zurück – zu Lasten der Milchbauern.

15 Entwicklung der Milcherzeuger- und Milchproduktpreise

Nach www.zmp.de/agrarmarkt/milch/2009_03_19_Milcherzeugerpreis_aktuell_Deutschland.asp; www.zmp.de/agrarmarkt/milch/grafik.asp, April 2009

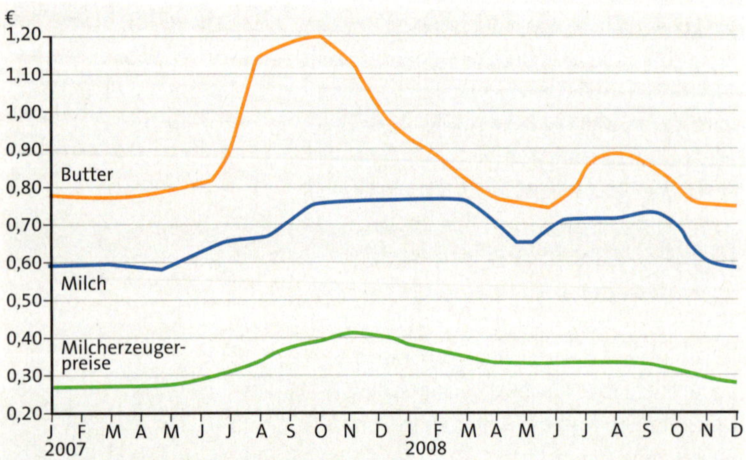

Erzeugerpreis ab Hof pro kg mit 3,7% Fett, 3,4% Eiweiß;
Produktpreis für 1l Frischmilch, 3,5% Fett, 250g Deutsche Markenbutter

Der Einfluss der Politik

In einer marktwirtschaftlich organisierten Ökonomie ist der Markt das wichtigste Regulativ, auch für den Agrarsektor. Die Beispiele und Materialien auf dieser und der vorherigen Seite zeigen dies eindrücklich. Allerdings ist die Frage, warum dann die Politik im nationalen und besonders im europäischen Rahmen Einfluss auf die Landwirtschaft nimmt. Die Antworten reichen von der Nachkriegszeit bis in die Gegenwart:

Material
Bioprodukte beim Discounter
104109-2206

Surftipp
Reform GAP
104109-2207

- Nach den Zerstörungen des Zweiten Weltkriegs war der heutige EU-Raum bis in die 1950er Jahre agrarisches Mangelgebiet. Die Unterstützung der Landwirte diente der Versorgung Europas mit Grundnahrungsmitteln.
- Nach der Sicherstellung der Ernährungsbasis strebten die EU-Staaten eine Autarkie bei Nahrungsmitteln an, ein Gedanke, der in die Realität umgesetzt worden ist: Die europäische Versorgung mit Agrarprodukten liegt heute in nahezu allen Bereichen bei über 100%.
- Gerade in den Anfängen der EU (EWG bzw. EG) war die Landwirtschaft der wichtigste Bereich für die Integration der Mitgliedstaaten.
- Die Unterstützung der Landwirte von Seiten der Politik sollte und soll die Konkurrenzfähigkeit auf dem Weltmarkt sichern. Produkte wurden staatlich verbilligt, um im Export erfolgreich zu sein.
- Die Politik stützt die Einkommen der Landwirte im Hinblick auf die Schaffung gleicher Lebensbedingungen für alle Bürger. Dieser Gedanke hat durch die EU-Osterweiterung eine neue, noch größere Dimension gewonnen.

Die stärksten Instrumente für die Einflussnahme der Politik sind neben Gesetzen und Verordnungen **Subventionen**, die den Wirtschaftenden ein ausreichendes Einkommen und eine nachhaltige Zukunft sichern sollen. Hier sind für unsere Landwirtschaft neben den bundesdeutschen Subventionen vor allem die Zahlungen aus der „**Gemeinsamen Agrarpolitik**“ (GAP) der EU zu nennen; ihnen kommt die größte Bedeutung zu. Das zeigt sich u.a. auch im hohen Anteil der GAP am EU-Haushalt 2007 (über 40% des Gesamthaushaltes für die Landwirtschaft = 56,25 von 126,55 Mrd. Euro). Allerdings hat sich in den Jahren 2003 bis 2008 im Zuge der Reformen der GAP ein deutlicher Wandel ergeben. Grundsätzlich geht die Tendenz dahin, Ausgleichszahlungen von der Erzeugung zu entkoppeln und zu kürzen sowie mehr Mittel in die Entwicklung und Umstrukturierung des ländlichen Raums fließen zu lassen.

17 Entwicklung der Subventionen aus dem deutschen Bundeshaushalt

Nach Bundesfinanzministerium: Situationsbericht 2008, aus information.medien.agrar (i.m.a), Agrimente 2008, a.a.O., S. 43

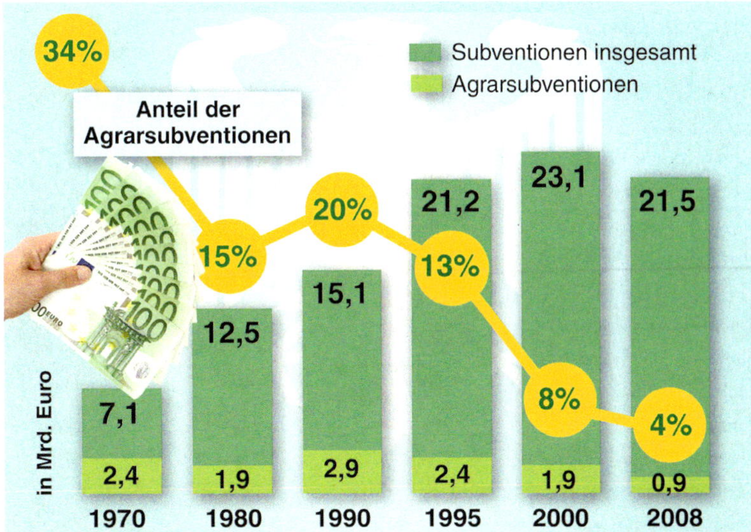

18 EU-Agrarausgaben 1991 und 2009

Nach information.medien.agrar, Agrimente 2009, a.a.O., S. 41

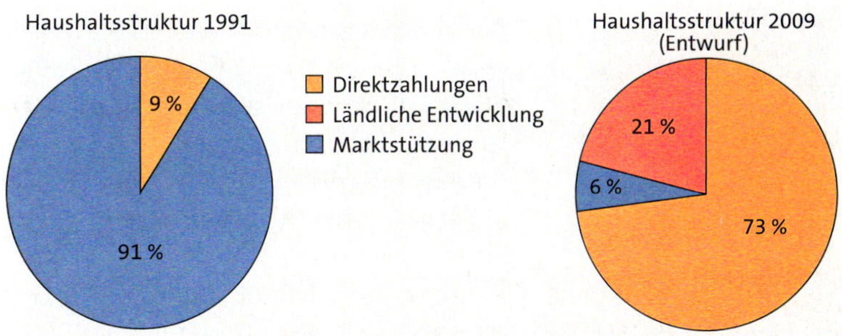

Marktstützung
Hochhalten der Preise über dem eigentlichen Marktniveau durch Subventionen

7 Analysieren Sie den Text 12 (S. 103) im Hinblick auf die Wirkung der Globalisierung für den Agrarmarkt.

8 Erläutern Sie, inwieweit die Auseinandersetzung um den Milchpreis als „Lehrstück“ für Marktabhängigkeit angesehen werden kann.

9 Als Verbraucher sind auch Sie Teil des Marktes. Erörtern Sie Ihre Rolle und Bedeutung für den Agrarmarkt.

10 Arbeiten Sie, ergänzt durch Informationen aus den Internetadressen im Surftipp, die Hauptmerkmale der Reform der GAP heraus.

11 Erläutern Sie die Diagramme 17 und 18 hinsichtlich der dargestellten Entwicklung.

12 Erörtern Sie den Sinn von Agrarsubventionen.

13 Gestalten Sie auf der Grundlage eines Interviews eine Präsentation zu den Problemen eines landwirtschaftlichen Betriebes in Ihrer Umgebung.

TERRA **METHODE**

Statistiken und Tabellen sind Mittel zur Veranschaulichung quantitativer Sachverhalte und damit Informationsträger. Im Geographieunterricht spielen sie eine große Rolle. Bei der Arbeit mit ihnen ist es wichtig nachzufragen, Kontrollüberlegungen anzustellen und mit der Wirklichkeit zu vergleichen. Die Winston Churchill zugeschriebene Aussage „Ich glaube nur der Statistik, die ich selbst gefälscht habe" ist nicht ohne Grund ein geflügeltes Wort geworden.

19 In wenigen Sekunden Opfer der Statistik

Statistiken und Tabellen interpretieren

Sowohl die Karikatur als auch das angeblich von Churchill geprägte Zitat in der Randspalte zeigen eine kritische Einstellung gegenüber Statistiken, die keineswegs unangebracht ist. Dennoch gehören sie, dargestellt in Tabellenform, zu den grundlegendsten Materialien der Geographie, wie z. B. auch die Kapitel dieses Buches zeigen.
Zur Analyse von Statistiken gehört allerdings eben auch ihr kritisches Hinterfragen.
Bevor Sie zur Auswertung von Statistiken etwas ausformulieren, sollten Sie diese unbedingt gründlich bearbeiten. Dabei empfehlen sich die im Folgenden vorgestellten Schritte. Anregungen gibt Ihnen auch der Umgang mit der Beispieltabelle auf der Nachbarseite.

1. Schritt: Formales/Orientierung

Überprüfen Sie die Statistik, z. B. die Tabelle, hinsichtlich formaler Kriterien wie Überschrift, Aktualität und Quellenangabe:
- Erfassen Sie mithilfe der Überschrift und des Tabellenkopfes, um welche Indikatoren es sich handelt und wie sie dargestellt sind.
- Liegen absolute bzw. relative Angaben oder Indexwerte vor? Sind Abstufungen vorgenommen bzw. Größenklassen gebildet worden?
- Handelt es sich um Zeitreihen oder um Ist-Werte?
- Für welches Gebiet gelten die Zahlen?

2. Schritt: Beschreibung

Hier geht es darum, in Verbindung mit einer konkreten Fragestellung Inhalte der Statistik zu ermitteln:
- Wo finden sich Maxima- oder Minimawerte?
- Welche Veränderungen oder Entwicklungen sind zu erkennen?
- Gibt es Zeitsprünge, die oft der Grund für spätere Fehlinterpretationen sind?
- Setzen Sie gegebenenfalls absolute Zahlen in Prozentwerte um, um Entwicklungen zu verdeutlichen oder um besser mit Durchschnittswerten vergleichen zu können.

3. Schritt: Erklärung

Setzen Sie die Daten zueinander in Beziehung und vergleichen Sie anschließend die einzelnen Angaben:
- Erklären Sie mithilfe Ihrer Vorkenntnisse Ursachen für das Dargestellte. Möglicherweise ist es notwendig, hierfür weitere Recherchen (z. B. in statistischen Jahrbüchern oder im Internet) durchzuführen.

Material
Weitere Auswertungsbeispiele Statistik
104109-2208

Material
Südoldenburgische Intensivlandwirtschaft
104109-2209

20 Agrarstruktur Deutschlands – Viehhaltung in landwirtschaftlichen Betrieben 2005 nach Bundesländern

*Mastschweine: mit 50 kg und mehr Lebendgewicht; Legehennen: älter als ein halbes Jahr

Nach information.medien.agrar (i.m.a.) e.V.: agrimente 2008. Bonn 2008, auf www.ima-ag-rar.de/fileadmin/redaktion/download/pdf/materialien/am2008_Kap03_Agrarstruktur_Kap04_Foerderung.pdf, Juli 2009, auf Grundlage von Statistisches Bundesamt Wiesbaden: SB08-T43-6

	Betriebe mit							
	Milchkühen		Mastschweinen*		Zuchtsauen		Legehennen*	
Bundesland	**Betriebe**	**Tiere**	**Betriebe**	**Tiere**	**Betriebe**	**Tiere**	**Betriebe**	**Tiere**
Baden-Württemberg	14,4	385	9,3	698	4,2	281	15,2	2 298
Bayern	51,9	1274	18,9	1 196	10,3	402	28,9	3 546
Brandenburg	0,8	175	0,6	229	0,5	104	1,4	2 315
Hessen	5,0	158	7,5	363	2,3	68	6,2	1 093
Mecklenburg-Vorpommern	0,9	179	0,4	236	0,3	75	0,9	1 951
Niedersachsen	15,8	733	12,5	3 605	7,2	636	7,5	11 718
Nordrhein-Westfalen	9,4	383	11,2	2 863	6,2	542	7,4	3 712
Rheinland-Pfalz	**3,0**	**122**	**1,6**	**131**	**0,6**	**28**	**2,4**	**613**
Saarland	0,3	13,9	0,1	6,0	0,0	1,7	0,3	114,4
Sachsen	1,4	203	0,9	192	0,4	80	2,4	3 419
Sachsen-Anhalt	0,8	138	0,7	287	0,4	115	0,8	2 527
Schleswig-Holstein	5,9	345	1,7	618	1,0	121	2,5	907
Thüringen	0,7	123	1,1	239	0,3	88	1,7	1 935
Stadtstaaten	0,1	4,1	0,0	1,2	0,0	0,2	0,1	9,0
Deutschland	110,4	4 236	66,7	10 664	33,8	2542	77,6	36 157
Veränderung zu 2003 (%)	−7,4	−3,1	−14,0	+1,7	−13,1	−1,6	−10,7	−7,2

Starke Konzentration der Milchviehzuchtbetriebe in Süddeutschland, vor allem Bayern – Ausnahme: Niedersachsen
Aber: in Süddeutschland relativ kleine Betriebe: in Bayern im Durchschnitt 24,5 Tiere/Betrieb; in Brandenburg 219

Tendenz zu kleineren Agrarbetrieben mit geringerem Tierbesatz im süddeutschen Raum, auch bei Legehennen

Legehennen: auffälligste Situation bei Niedersachsen – weniger als 10 % der Betriebe halten fast ein Drittel aller 11,7 Mio. Tiere in Deutschland = agroindustrielle Unternehmen (Online-Link 104109-2209: Südoldenburgische Intensivlandwirtschaft)

Mastschweine: Dominanz von Niedersachsen und Nordrhein-Westfalen – 60 % aller Tiere bei nur 23,7 % der Betriebe – hier also Großbetriebe mit Massentierhaltung

Aufgrund des geringen Flächenangebots selbstverständlich: Bedeutungslosigkeit der Stadtstaaten

Für Deutschland insgesamt gilt (Vergleich 2005 – 2003): Rückgang in der Viehzucht (außer Mastschweine). Dabei jedoch stärkerer Rückgang bei der Zahl der Betriebe als bei Tierzahlen – also Tendenz zu größeren Betriebseinheiten

- Heben Sie Wichtiges hervor, indem Sie Akzente setzen und Schwerpunkte formulieren.
- Ordnen Sie Ihre Ergebnisse möglichst in einen größeren Zusammenhang ein.
- Beachten Sie bei all dem die Zielrichtung Ihres Arbeitsauftrages.

4. Schritt: Bewertung
- Wurden die Daten in die richtige Darstellungsform umgesetzt?
- Sind die Angaben eindeutig? Wird bei Prozentzahlen eine Datenbasis angegeben?
- Ist die Quelle seriös und glaubwürdig oder lässt sich manipulative Absicht vermuten?

14 Erarbeiten Sie Gründe für die in der Tabelle gefundenen Aussagen (Hilfe: Ihre in diesem Kapitel erworbenen Kenntnisse und Kompetenzen; weitere Materialien, vor allem Atlas).

15 Vergleichen Sie die Daten von Rheinland-Pfalz mit denen der anderen Bundesländer und denen Gesamtdeutschlands.

16 Erörtern Sie, ob es sinnvoller wäre, für die Daten des Materials 20 anstatt der Tabellenform eine andere statistische Darstellungsform zu wählen, z. B. ein Diagramm.

8 Extensive Rinderzucht in Texas

10 Intensive Rindermast in einem Feedlot

9 Anteile der vier wichtigsten Bundesstaaten an der gesamten Rindermast der USA

Werner Klohn/Hans-Wilhelm Windhorst: Die Landwirtschaft der USA. Vechtaer Materialien zum Geographieunterricht, H. 1, 5. Aufl., Vechta 2007, S. 102; ergänzt

1955:	
Iowa	21,9 %
Nebraska	14,5 %
Kalifornien	14,3 %
Illinois	11,6 %
Gesamt	62,3 %
1999:	
Texas	26,7 %
Kansas	22,9 %
Nebraska	21,0 %
Colorado	11,5 %
Gesamt	82,1 %
2007:	
Texas	23,8 %
Kansas	29,6 %
Nebraska	15,9 %
Oklahoma	5,5 %
Gesamt	74,8 %

Fallbeispiel Agrobusiness und Familyfarmen im Westen der USA

Von der Rindermast zur Mastviehproduktion

Extensive Rinderzucht. Wer kennt das Bild nicht aus alten Wildwestfilmen oder aus der Werbung? In den scheinbar unendlichen Weiten der Great Plains grasen Rinder, in ihrer Nähe die Cowboys auf ihren Pferden, Wirklichkeit gewordene Symbole des amerikanischen Traums von Abenteuer und Freiheit.

Nüchtern betrachtet handelt es sich um extensive Viehzucht, so wie sie die Räume westlich des Mississippi traditionell prägte. Grasland war genügend vorhanden, und die Nachfrage nach Fleisch im dicht besiedelten Nordosten nahm zu und beeinflusste das Entstehen riesiger Rinderherden. Von Texas aus dehnte sich die Rinderzucht auf großen Ranches nach Oklahoma, Nebraska und Kansas aus; der Bau der transkontinentalen Eisenbahnen begünstigte Ausdehnung und Transport.

Krisen ergaben sich seit den 1920er-Jahren: Ein Teil der südlichen Plains wurde in Ackerland (für Weizenanbau) umgewandelt, die Dürrekatastrophen der 1930er Jahre reduzierten die Viehbestände. Weil als Futterpflanzen zunehmend Mais und Sojabohnen an Bedeutung gewannen, verlagerte sich der Schwerpunkt der Rindfleischproduktion in den Mittelwesten.

Intensive Rindermast. Der Strukturwandel hin zur intensiven Rindermast in sogenannten Feedlots setzte nach dem Zweiten Weltkrieg ein. Das starke Bevölkerungswachstum sowie ein Anstieg des Pro-Kopf-Verbrauchs auch beim Rindfleisch überforderten die Produktion im Mittelwesten. Die Nutzung des im Ogallala Aquifer gespeicherten Wassers und der großflächige Anbau von Sorghum als Futterpflanze (1940 auf 2,6 Mio. ha, 1960 bereits auf 6,4 Mio. ha) gaben der Rindermast in den Staaten der Plains – Texas, Oklahoma, Nebraska, Kansas – neuen Auftrieb, zusätzlich begünstigt durch das milde, trockene Klima.

Im Gegensatz zur früheren Viehweidung entstanden jetzt Feedlots mit zehntausenden von Rindern auf engem Raum, deren Fütterung computergesteuert geschieht. Integriert sind diese Mastbetriebe in eine vertikale Produktions- und Marktkette – von der Aufzucht der Kälber über die Mast und Schlachtung bis zur Fleischverarbeitung und zur Vermarktung der erzeugten Fleischprodukte. Im Zusammenhang mit dieser Strategie entstanden große Unternehmen. Ein Beispiel ist „Monfort of Colorado" (s. Folgeseite), selbst wieder ein Tochterunternehmen von einem der größten Nahrungsmittelhersteller in den USA, der ConAgra-Gruppe.

11 Das Unternehmen Monfort of Colorado

„Im Zentrum des Produktionsverbundes der Rindermast in der Weld County [Bundesstaat Colorado] steht aufgrund seiner Größe das vertikal integrierte Unternehmen Monfort of Colorado, das zur ConAgra-Gruppe gehört, mit eigener Schlachterei und angeschlossenem Zerlegebetrieb. Die benötigten Kälber werden von Ranches und auf Auktionen in der Weld County, in Colorado und in den Staaten westlich des Mississippi gekauft. Daneben werden aber auch Kälber gekauft, die in warm-up-feedlots schon eine Vormast erfahren haben. Monfort betreibt in der Weld County zwei Feedlots mit einer Kapazität von jeweils 100 000 Tieren, außerdem ein drittes Feedlot derselben Größe in der Yuma County, Colorado. Im Jahr 2000 wurde ein viertes Feedlot in Freona (Texas) mit einer Kapazität von 82 000 Tieren erworben. In der Schlachterei in Greeley [Hauptort der Weld County] werden täglich 5 000 bis 6 000 Rinder geschlachtet.
Mit dem Erwerb des Feedlots in Texas wird die Schlachterei in Greeley zu 45 – 50 % mit Tieren aus eigener Mast ausgelastet... Die zur Mast benötigten Futtermittel, die im eigenen Mischfutterwerk aufbereitet werden, stammen aus unterschiedlichen Quellen. Von Bedeutung ist hier die Nähe der Feedlots zum Bewässerungsfeldbau, in dem in großem Umfang Grünmais und Alfalfa [eine Kleeart], z. T. im Vertragsanbau, erzeugt werden."

Werner Klohn/Hans-Wilhelm Windhorst: Die Landwirtschaft der USA. Vechtaer Materialien zum Geographieunterricht, H. 1. Vechta 2000, S. 126.

12 Der Verbund der Mastrinderproduktion in der Weld County, Colorado

Nach Krzemin 1992, in ebenda, S. 134

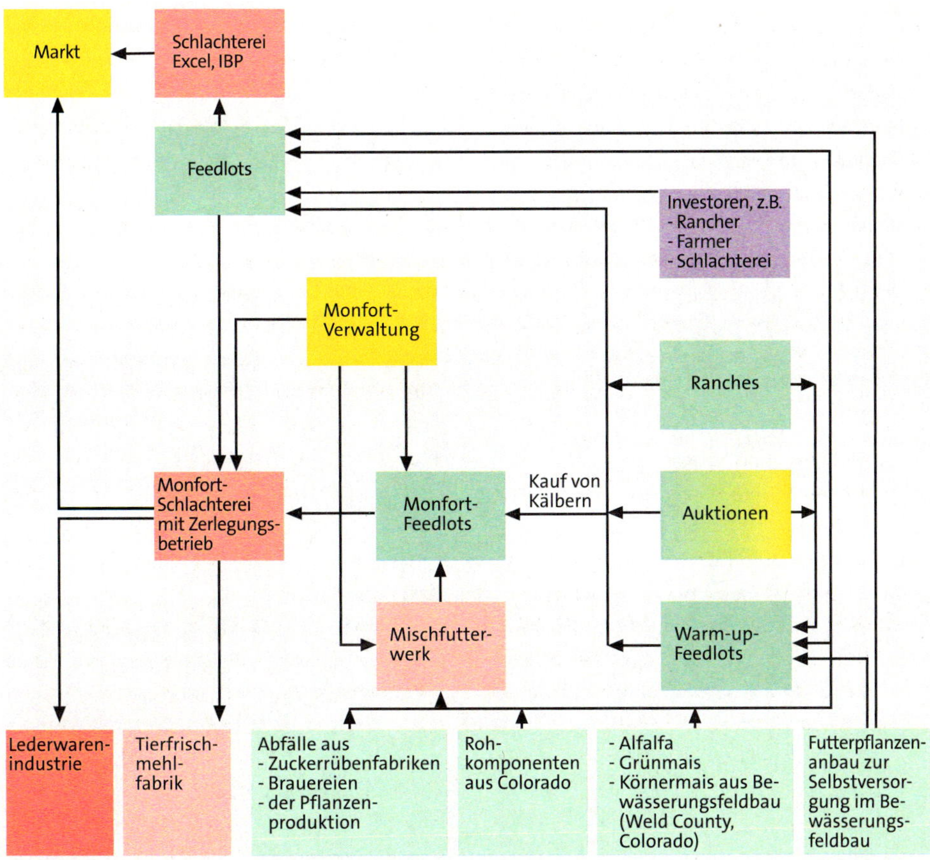

13 Führende Staaten in der Rinderzucht 2007 (Produktion in Mio. t)

Der Fischer Weltalmanach 2010. Frankfurt: Fischer Taschenbuch Verlag 2009)

USA	12,0
Brasilien	7,9
China	7,6
Argentinien	2,8
Indien	2,8
Australien	2,3
Russland	1,8
Mexiko	1,7
Frankreich	1,5
Kanada	1,3
Deutschland	1,2

14 Veränderung der Schlachtkosten in den USA in Abhängigkeit von der Anzahl der Schlachtungen

Nach Mac Donald/Ollinger 2000, in ebenda, S. 130

Anzahl der Schlachtungen (Mio./Jahr)	Schlachtkosten (Index)
Rinder	
0,175	130,7
0,425	100,0
0,850	85,0
1,350	78,6
Schweine	
0,400	117,5
1,000	100,0
2,000	84,6
4,000	74,5

Seite 82
Agrarregionen der Erde

Family-Size-Farm
Traditionelle amerikanische Farm, die von einer Familie und höchstens noch ein, zwei Lohnkräften bearbeitet wird. Selbstversorgung und Marktorientierung ergänzen sich bei diesem Farmtyp.

- - ➜
Seite 306–309
Landwirtschaft in den USA

Wandel der Family-Size-Farm

16 Die Familienfarm von Jim Park

„Die Park Farm bei Greeley (Colorado) ist seit 1888 in Familienbesitz. Der Betriebsinhaber sah sich in jüngster Zeit, bedingt durch die Konkurrenz großer Feedlots, gezwungen, seinen Betrieb umzustrukturieren. Anstelle der bisher betriebenen Endmast (Feedlot mit einer Kapazität von 645 Tieren) betreibt er nun ein kleines warm-up-feedlot. Er nimmt junge, gerade von der Mutter entwöhnte Kälber mit einem Gewicht von etwa 250 kg auf und mästet sie innerhalb von 3 bis 4 Monaten auf ca. 360 kg. Mit diesem Gewicht gehen die Rinder zur Endmast in die großen Feedlots, denen diese Tiere gehören. Die von Jim Park übernommene Aufgabe ist deshalb profitabel, weil sich die jungen Kälber in einer problematischen Entwicklungsphase befinden, krankheitsanfällig sind und sich erst an das Futter im Feedlot gewöhnen müssen. Da dieses Umsicht und intensive Betreuung der Kälber erfordert, lassen die großen Feedlots diese Arbeit gerne von Familienbetrieben erledigen. Jim Park wird somit besonders für die Serviceleistung bezahlt, die er erbringt. Aus der Mast resultiert ein Bruttoerlös von 56 250 $. Davon abzuziehen sind 23 437 $ für eingesetztes Futter aus eigener Erzeugung sowie weitere 10 937 $ für zugekauftes Futter. Somit verbleibt aus diesem Betriebszweig ein Netto-Gewinn von 21 875 $. Die Bodennutzung der Farm ist auf diesen Produktionszweig ausgerichtet. Von der 104 ha großen Farm werden 64 ha bewässert... Angebaut werden 40 ha Mais, 16 ha Alfalfa und 8 ha Pinto-Bohnen. Die Selbstversorgungsrate bei Futter liegt bei etwa 75 %, etwas Mais wird zugekauft, dafür etwas Alfalfa verkauft. Die mit Pinto-Bohnen bestandene Fläche ist an einen anderen Farmer verpachtet. Dafür erhält Jim Park eine jährliche Pacht von 2 500 $.
Da die Gewinne aus der Landwirtschaft nicht ausreichen, hat sich Jim Park mit einem Partner ein zusätzliches, außerlandwirtschaftliches Einkommen erschlossen. Sie erbringen Transportleistungen mit einem LKW und transportieren Getreide, Kartoffeln, Karotten, Zwiebeln und andere Güter (z. B. Kompost von einer benachbarten großen Schweinemastanlage)."
Ebenda S. 132

15 Entwicklung der Farmbevölkerung in den USA (Anteil in % an der Gesamtbevölkerung)

Nach ebenda, aktualisiert

1910	32,4 %
1920	30,0 %
1930	24,9 %
1940	23,2 %
1950	15,3 %
1960	8,7 %
1970	4,8 %
1980	2,7 %
1990	1,9 %
2000	1,4 %

17 Entwicklung ausgewählter Strukturdaten der US-Landwirtschaft

*1993 Änderung der Erfassungsgrundlage zugunsten kleiner Farmen, dadurch Absinken der Farmdurchschnittsgröße
Nach USDA, Agricultural Statistics, verschiedene Jahrgänge; aus: ebenda, aktualisiert

Jahr	Farmen (Anzahl)	Landwirtschaftlich genutzte Fläche (Mio. ha)	Durchschnittliche Betriebsgröße (ha)
1930	6 295 103	403,174	64,0
1940	6 102 417	433,714	71,1
1950	5 647 800	486,441	86,2
1959	4 104 520	475,769	116,5
1969	3 000 180	448,317	149,3
1980	2 439 510	420,423	172,4
1990	2 145 820	399,365	186,2
1999*	2 178 280	383,829	175,6
2000	2 166 780	382,462	176,4
2009	2 200 010	372,203	169,2

18 Grundriss der Farm von Jim Park

Nach ebenda, S. 133

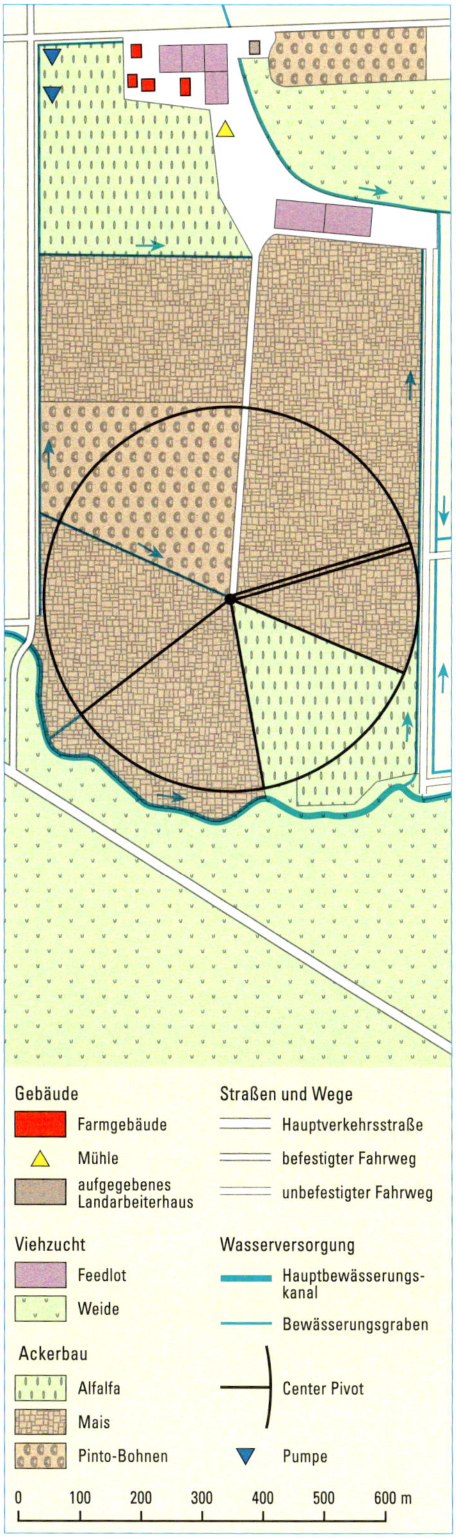

19 Traditionelle Familienfarm im Wester der USA

20 Center-Pivot-Beregnungssystem (vgl. Karte 18)

In den Agrargebieten der USA ist das Center-Pivot-System ein weit verbreitetes technisches Beregnungssystem mit rotierenden Sprinklern. Das 396 m lange, horizontale Rohr ist auf Rädern abgestützt und wird mit einem Motor angetrieben. Ein solches System bewässert eine Quarter Section von 65 ha = 804 x 804 m.

Die Einführung dieses Systems hat das Landschaftsbild physiognomisch stark verändert: Die Bewässerungsfläche erscheint als rundes Großfeld. Pro Section existieren 11 ha nicht bewässerte Fläche, die meist brach liegt.

4 Beschreiben und erklären Sie die Veränderungen der Rindermast in den USA bis zur Gegenwart.

5 „Die Family-Size-Farm war einmal die idealtypische Form US-amerikanischen Lebens. Heute sind ihre Tage gezählt, ihr Ende ist absehbar.“ Erläutern Sie diese Aussage und nehmen Sie dazu Stellung.

6 Die Überschrift „Von der Rindermast zur Mastviehproduktion“ enthält auch eine ethische Komponente. Vertiefen Sie diesen Gedanken durch Aspekte, die beispielsweise die Fächer Biologie, Religion oder Ethik beisteuern können, und bringen Sie die Ergebnisse in Ihren Kurs ein (z. B. in Form eines Thesenpapiers).

Kompetenzen erwerben:
- einen Katalog industrieller Standortfaktoren erstellen,
- Standortentscheidungen von Unternehmen erklären,
- den Bedeutungswandel von Standortfaktoren erläutern,
- Standortvorteile und Standortnachteile im Hinblick auf die Ansiedlung von Industrieunternehmen bewerten,
- den Strukturwandel industriell geprägter Räume erklären,
- charakteristische Strukturmerkmale eines von der Hochtechnologie geprägten Raumes analysieren,
- eine Expertenbefragung durchführen.

2.4 Industrie im Raum

Unternehmerische Standortwahl und ihre Auswirkungen im Raum

1 Standortmarketing Heilbronn

„Heilbronn, wirtschaftliches und kulturelles Zentrum der dynamischen Region Heilbronn/Franken und Teil der Metropolregion Stuttgart, zählt aufgrund seiner hervorragenden Verkehrsanbindung und seines hohen Fachkräfte- und Innovationspotenzials zu den bedeutendsten Wirtschaftsstandorten des Landes Baden-Württemberg... Niedrige kommunale Steuern und Abgaben, die bedarfsgerechte Ausweisung von Industrie- und Gewerbeflächen und eine konsequente Aufwertung der Innenstadt geben der ansässigen Wirtschaft zusätzliche Impulse und erleichtern Investitionsentscheidungen am Standort Heilbronn. Die konsequente Förderung von Innovationen gewährleistet, dass Unternehmen am Wirtschaftsstandort Heilbronn Bedingungen vorfinden, die auch in Zukunft höchsten unternehmerischen Ansprüchen genügen werden."

www.heilbronn.de, April 2009

Machen Sie die Probe aufs Exempel: Öffnen Sie die Homepage einer beliebigen deutschen Stadt. Mit hoher Wahrscheinlichkeit finden Sie eine Seite, meist unter der Rubrik „Wirtschaft/Wirtschaftsförderung", auf der man für die Ansiedlung von Industrie- und Dienstleistungsbetrieben wirbt und dazu seine Standortvorzüge preist.

Warum wirbt eine Stadt um Unternehmensansiedlungen? Was verspricht sie sich davon? Auf welche Anforderungen der Wirtschaft reagiert sie damit?
Was konkret suchen die ansiedlungswilligen Unternehmen?
Wer ist sonst noch an einer richtigen Standortwahl interessiert?

Standortfaktoren

Die Wahl eines Standortes stellt eine der wichtigsten langfristigen Unternehmensentscheidungen dar, sind doch die örtlichen Gegebenheiten, die sogenannten **Standortfaktoren**, mitentscheidend für die Existenz eines Betriebes.
Die Lehre von den Standortfaktoren geht auf den Volkswirtschaftler Alfred Weber zurück. Sein Buch „Reine Theorie des Standorts" (1909) definiert Standortfaktoren als „örtliche Produktionsvorteile", d.h. als „Gegebenheiten an einem bestimmten Ort, die dort für ein Unternehmen eine kostengünstigere Produktion als an einem anderen Ort ermöglichen". Dabei ging er von drei Standortfaktoren aus: Rohstoffvorkommen am Materialort, Arbeitskräfteangebot am Produktionsort und Absatzmarkt am Konsumort. Nach Weber wählt ein Unternehmen als Standort den Punkt, wo die Kosten für den Transport der eingesetzten Rohstoffe vom Material- zum Verarbeitungsort sowie für den Transport der fertigen Produkte zum Konsumort minimal sind. Zwischen den Rohstoffvorkommen und den Absatzorten berechnet Weber aufgrund der Transportkosten den sogenannten **Transportkostenminimalpunkt** und damit den optimalen Firmenstandort.

Surftipp
Stadtmarketing Heilbronn
104109-2401

Literaturtipp
Standorttheorie von Weber
104109-2402

2 Katalog heutiger Standortfaktoren

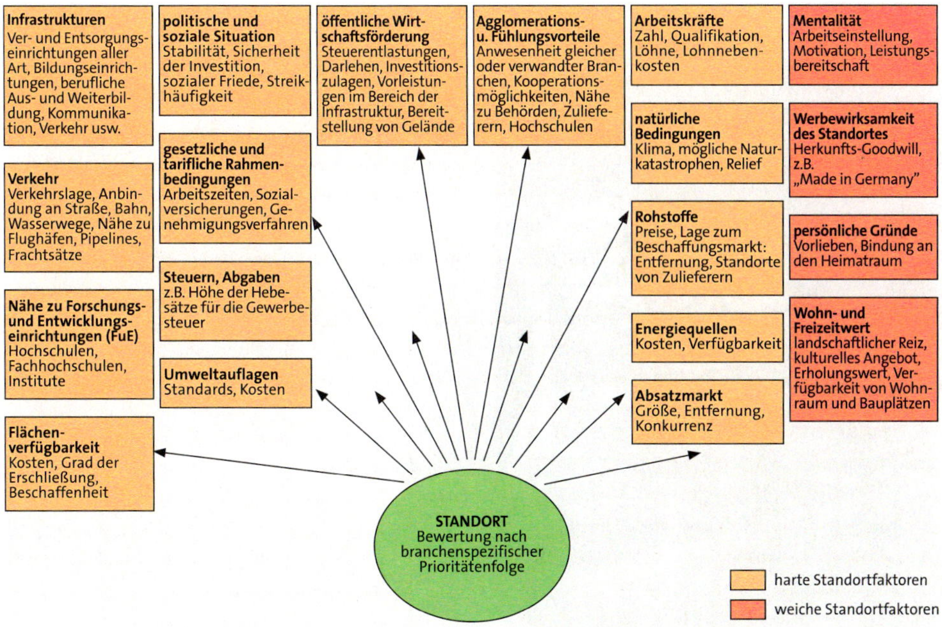

3 Transportkostenminimalpunkt nach Alfred Weber

Nach Ludwig Schätzl: Wirtschaftsgeographie, Teil 1, 9. Aufl. Paderborn: Schöningh 2003, S. 40–42

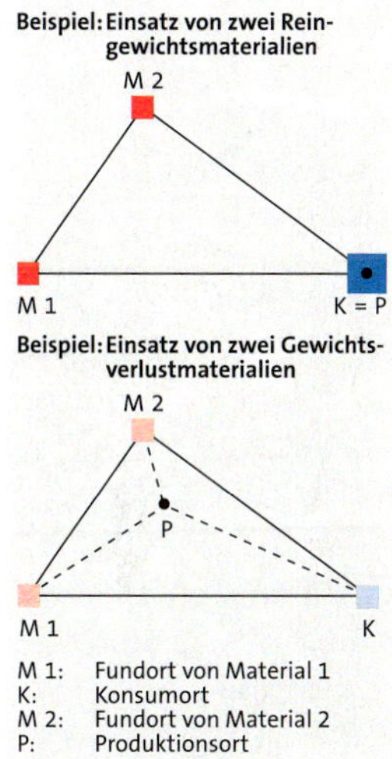

Ubiquitäten:
Materialien, die in einem bestimmten Raum überall vorkommen (ohne Bedeutung für die Standortwahl).

Reinmaterialien:
Gewicht bzw. Volumen bleiben bei der Verarbeitung unverändert (günstigste Produktionsstandorte: auf direktem Wege zwischen Rohstoffquelle und Absatzmarkt liegend).

Gewichtsverlustmaterialien:
verlieren bei der Verarbeitung an Gewicht oder Volumen (Materialfundort = optimaler Verarbeitungsort).

Die meisten heutigen Standorttheorien knüpfen an Weber an, berücksichtigen jedoch, dass z.B. durch technischen Fortschritt oder geänderte Raumansprüche weitere Faktoren bei der Standortwahl eine große Rolle spielen. Neben berechenbaren Kosten erhalten nicht berechenbare zunehmende Bedeutung, z.B. politische, raumordnerische, ökologische und individuelle, d.h. an die Person des Unternehmers gebundene Faktoren. Standortvorteile werden heute zudem nicht mehr nur als Kostenvorteile bei der Standortwahl eines Betriebes verstanden, sondern auch als Entscheidungsfaktoren für die Erhaltung bzw. Stärkung von Wirtschaftsstandorten.

Harte und weiche Standortfaktoren. Als harte Standortfaktoren bezeichnet man heute allgemein solche, die für ein Unternehmen leicht messbar und kostenmäßig berechenbar sind. Weiche Standortfaktoren sind dagegen durch subjektive Einschätzungen geprägt, wie z.B. die Lebensqualität im Allgemeinen oder den Freizeitwert eines Raumes im Konkreten.
Eine strenge Trennung zwischen harten und weichen Standortfaktoren ist allerdings nicht möglich. Beide Arten sind eng miteinander verknüpft und bedingen sich gegenseitig. Hat z.B. eine Stadt ein besonders positives Image (weicher Standortfaktor), so liegen dem oft harte Standortfaktoren zugrunde, z.B. zentrale Lage, gute Verkehrsanbindung, Vorhandensein einer Universität u.a.m. Umgekehrt kann der harte Standortfaktor „Verfügbarkeit von qualifizierten Arbeitskräften" von weichen Standortfaktoren mitbestimmt sein, z.B. Wohn- und Freizeitwert, Angebot an weiterführenden Schulen für die Kinder der Arbeitnehmer.

1 Arbeiten Sie am Beispiel Heilbronn mögliche Ursachen heraus, warum eine Firma der Hightech-Industrie sich dort niederlassen sollte.

2 Erstellen Sie im Rahmen einer Internetrecherche eine Liste von Standortvorzügen, mit denen Städte um Unternehmensansiedlungen werben.

3 Vergleichen Sie die Standortansprüche eines Unternehmens Ihrer Wahl in Ihrem Heimatraum mit den dortigen Standortfaktoren.

4 Gestalten Sie den Entwurf für eine Werbebroschüre zur Ansiedlung von Industriebetrieben in Ihrem Heimatort.

4 Trend der Industrie aus den Innenstädten auf die „Grüne Wiese" – Industriepark Unna/Ruhrgebiet mit idealem Verkehrsanschluss

5 Traditionelle Zuordnung vorherrschender Standortfaktoren

Branchen	Vorherrschender Standortfaktor
Nahrungsmittelindustrie, Holzindustrie	günstige Lage zu Rohstoffquellen bzw. Beschaffungsmärkten
Textilindustrie	verfügbares Potenzial an billigen Arbeitskräften
Chemische Industrie, Bauindustrie	Rohstoffe, verfügbares Ansiedlungsgelände
Druckindustrie, Brauereien	günstige Lage zum Absatzmarkt
Industrie der Steine und Erden	gute verkehrsmäßige Erschließung

Standortfaktoren im Wandel

Der Standortfaktorenkatalog hat sich im Laufe der Zeit kaum geändert. Unternehmen suchen heute wie früher Grundstücke und Arbeitskräfte. Deren Stellenwert als **Standortfaktor** wird jedoch in der Gegenwart – abhängig von der Branche – regional und zeitlich unterschiedlich bewertet, in Industrieländern anders als in **Entwicklungsländern**, in Phasen der Hochkonjunktur anders als in Phasen wirtschaftlicher Rezession.

Galt lange Zeit der Grundsatz „Industry grows but seldom moves", so muss man heute feststellen, dass Standortentscheidungen vielfach kurzfristiger Natur sind. Einmal an einem bestimmten Ort angetroffene günstige Faktoren können in einigen Jahren weniger optimal oder sogar gravierend ungünstig wirken, sodass unter Umständen ein Betrieb seinen Standort aufgeben muss.

Aufgrund des Bedeutungswandels der meisten Standortfaktoren hat auch die traditionelle Zuordnung bestimmter Standortfaktoren zu speziellen Industriebranchen, wie sie Übersicht 5 zeigt, heute nur noch bedingt ihre Gültigkeit.

Früher waren es einige wenige harte Faktoren, vor allem Rohstoffe, Arbeitskräfte und Transportkosten, welche für die industrielle Standortwahl entscheidend waren. Jüngere Untersuchungen zeigen, dass die Zahl der den Standort eines Unternehmens bestimmenden Faktoren weitaus größer ist. Vor allem die nichtmaterialorientierten Industrien, wie z.B. die Elektronikindustrie, verlangen Standortfaktoren, wie sie besonders in größeren Verdichtungsräumen anzutreffen sind. Von zentraler Bedeutung sind hier neben der Nähe zu Forschungs- und Entwicklungseinrichtungen die vielfältigen Informations- und Kommunikationsmöglichkeiten. Dazu zählen u.a. die vielen Verbindungen zu Großbanken, Dienstleistungsunternehmen oder politischen und wirtschaftlichen Entscheidungsträgern.

Material
Standortwandel in der Schwerindustrie
104109-2403

Räumliche und gesellschaftliche Wirkungen des Standortwandels – Das Beispiel der Schwerindustrie. Standorte der Eisen- und Stahlherstellung entwickelten sich in der vorindustriellen Zeit zunächst dort, wo der Rohstoff Eisenerz in waldreichen Mittelgebirgen (Holzkohle) zusammen mit großen Wasserreserven vorkam. Mit der Industriellen Revolution verlagerte sich die Standortgunst auf die großen Steinkohlevorkommen. Mitte des 19. Jahrhunderts mussten noch ca. fünf Tonnen Steinkohle pro Tonne Roheisen eingesetzt werden. Technologische Innovationen verringerten den Bedarf an Steinkohlenkoks pro Tonne Roheisen in der Folgezeit ständig, sodass sich auch die Standorte der Eisen- und Stahlherstellung verlagerten, wie Grafik 6 zeigt.
Wenn Industrieunternehmen trotz der geänderten Standortanforderungen ihre angestammten Produktionsstätten beibehielten, so lag das zum einen an der engen Produktionsverflechtung der Eisen und Stahl erzeugenden Industrie mit anderen Branchen (z.B. Chemische Industrie). Zum anderen waren die einmal getätigten Investitionen in Gebäude, Maschinen, Infrastruktur u.a.m. so hoch, dass eine Verlagerung an einen anderen, günstigeren Standort kostenmäßig nicht sinnvoll schien. Dieses Beharrungsvermögen an einem Standort bezeichnet man als Persistenz.
Infolge des Bedeutungswandels der Standortfaktoren gerieten viele **Montanreviere** in eine tiefe Krise – mit schwerwiegenden Folgen, wie z.B. dem Entstehen von Industriebrachen und massiven Abwanderungen. Arbeitsplätze gingen verloren, nicht nur im Bergbau und in der Eisen- und Stahlindustrie, sondern auch in Zulieferbetrieben und im Dienstleistungsgewerbe. Aufgrund der engen Verbundbeziehungen zwischen der **Schwerindustrie** und dem Maschinen- und Fahrzeugbau, der Chemischen Industrie und anderen Branchen kam es zu starken Schrumpfungsprozessen, die schließlich auch die Bereiche Handel, Verkehr und Handwerk mit in den Abwärtsstrudel rissen.
Inzwischen sind die meisten Montanreviere längst auf dem Weg der Umstrukturierung und Modernisierung. Als Beispiel ist hier das Ruhrgebiet zu nennen, das sich dem Besucher heute eher mit Freizeitparks und Technologiezentren präsentiert als mit Schornsteinen und Halden.

6 Standortverlagerungen der Eisen- und Stahlindustrie
Nach einem Entwurf von Prof. Elmar Kulke, Berlin

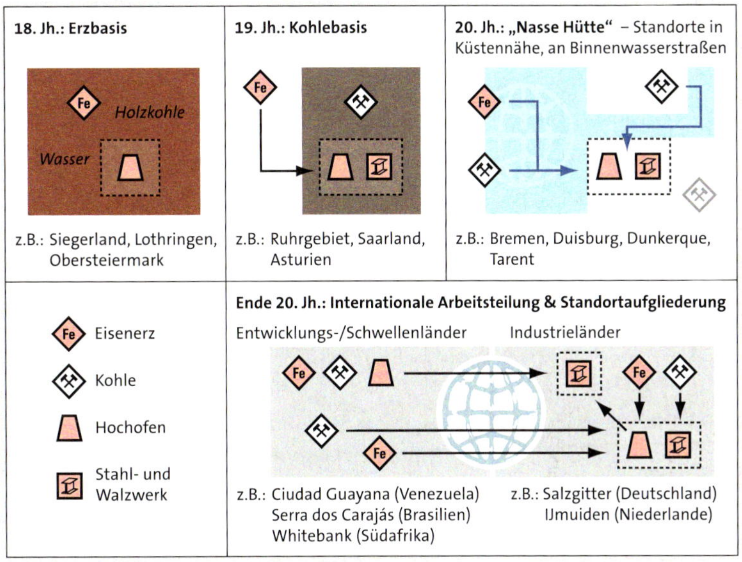

5 Erläutern Sie die Standortbindungen der traditionellen Betriebe (Übersicht 5) anhand Alfred Webers Theorie vom Transportkostenminimalpunkt (s. S. 114–115).
6 Erklären Sie, warum heute in der Regel mehrere Standortfaktoren entscheidend für die Standortwahl eines Unternehmens sind.
7 Erläutern Sie die technischen Abläufe der Roheisen- und Stahlproduktion und deren Auswirkungen auf die Standortwahl der Eisenhüttenindustrie (Online-Link 104109-2403).
8 Erläutern Sie die Standortverlagerungen der Eisen- und Stahlindustrie (Grafik 6).
9 Stellen Sie am Beispiel der Schwerindustrie mögliche Auswirkungen des Bedeutungswandels traditioneller Standortfaktoren auf Raum und Gesellschaft dar.

7 Makrostandortanalyse (länderspezifische Nutzwertanalyse)

Nach A. Renschler: Standortplanung für Mercedes-Benz in den USA. In: H. Gassert/P. Horváth (Hrsg.): Den Standort richtig wählen. Stuttgart: Schäffer-Poeschel 1995, S. 45

wirtschaftliche Stabilität	politische Stabilität	Infrastruktur	Arbeitsmarkt	Zulieferungen	Image-auswirkungen	Personalkosten
Wechselkursrisiko, Inflation, Außenwert der Währung Industriestruktur natürliche Ressourcen öffentliche Verschuldung, Devisenreserven Bankensystem, Kapitalverkehr allgemeine Wirtschaftsentwicklung	außen-/innen-politisches Konfliktpotenzial Regierungsstärke/-kontinuität Unterstützung durch Politik (inkl. incentives, z. B. steuerliche Anreize) Zuverlässigkeit der Verwaltung Investitionsbestimmungen	Straßennetz (Dichte, Qualität, Anschluss) Eisenbahnnetz Wasserwegenetz Flughäfen/Fluglinien Telekommunikationsnetze Versorgung (Strom, Gas, Wasser, ...) Entsorgung (Abfall, ...)	Anzahl und Know-how der Universitätsabsolventen, Facharbeiter, Angelernten sprachliche/kulturelle Barrieren Industrieerfahrung (inkl. Dreischichtbetrieb; Siebentage-Woche) Motivation Lernfähigkeit/-bereitschaft Mobilität, Flexibilität	Anzahl/Verfügbarkeit qualifizierter Lieferanten Local-Content-Vorschriften Import-/Exportzölle Just-in-time-Versorgungssicherheit	Image des Landes im Ausland Image der Marke/Firma im Land Leistungsfähigkeit der nationalen Kfz-Industrie	effektive Arbeitskosten Arbeitsproduktivität

8 Chronik einer Standortsuche

Auftrag Herbst 1992: Standortsuche weltweit für eine Fabrik zum Bau eines geländegängigen Freizeitfahrzeugs
Ziel: Finden des wirtschaftlich günstigsten Standortes für die Produktion des MPV (Multi Purpose Vehicle)
Ergebnis: Standort der Mercedes-Benz U.S. Inc. in Tuscaloosa
- **Lage:** US-Staat Alabama, 20 km östlich von Tuscaloosa
- **Fabrikgelände:** ca. 400 ha
- **Produktionsfläche:** 9,3 ha plus 9,3 ha Erweiterungsfläche
- **Produkte:** Mercedes-Benz ML 320 Mercedes-Benz ML 430
- **Jahresproduktion:** über 80 000 Fahrzeuge
- **Mitarbeiter:** 1795

www.daimlerchrysler.de/company/worldwide/facts/tuscaloosa_g.htm, April 2009

Moderne Standortfindung: Fallbeispiel MPV-Werk von Mercedes in Tuscaloosa

Am Beispiel der geradezu lehrbuchhaft abgelaufenen Standortfindung für das Daimler-Werk in Tuscaloosa (US-Staat Alabama) lassen sich auch heute noch die Entscheidungsprozesse bei der Standortfindung eines Unternehmens in einem solchen Prozess sehr gut veranschaulichen.

Makrostandortanalyse. Zunächst waren prinzipiell Standorte weltweit Gegenstand einer Machbarkeitsstudie. Ausgangspunkt hierfür bildete eine Checkliste länderspezifischer Nutzwerte (Übersicht M 7). Zusammen mit einer gesonderten Studie über die allgemeinen Markt- und Wettbewerbsbedingungen wurde bei der Standortsuche der damaligen Mercedes-Benz AG für ein geländegängiges Freizeitauto schnell deutlich, dass nur ein Standort in Nordamerika in Frage kommen konnte. Der weltweite Markt für den angepeilten Fahrzeugtyp belief sich Anfang der 1990er-Jahre auf ca. 2,4 Mio. Einheiten, hiervon entfielen allein auf die USA 1,3 Mio. verkaufbare Fahrzeuge. Der US-amerikanische Markt war damit mehr als 15 mal so groß wie der deutsche. Das Bestreben, die Nähe des Marktes zu suchen und den Zutritt dorthin dauerhaft zu sichern, war neben Gründen wie geringeren Einfuhrzöllen und niedrigeren Transportkosten dafür ausschlaggebend, sich gegen einen Standort in Kanada und für ein Werk in den USA zu entscheiden. Der Standort USA war und ist außerdem bezüglich Lohnkosten und Produktivität äußerst interessant. Er weist ein voll funktionierendes Netz von Systemlieferanten auf, das die Verlässlichkeit der Warenströme garantiert, und er schützt vor Verlusten durch Währungsschwankungen.
Bei der Suche nach einem geeigneten US-Bundesstaat wurden zunächst Eingangsprämissen festgelegt: Höhe der geplanten Investitionssumme, Zahl der anvisierten Mitarbeiter und Jahresproduktion an Fahrzeugen. Bei letzterem Parameter ging man davon aus, dass die Hälfte der Produktion in den USA abgesetzt, der Rest exportiert werden sollte. Außerdem wurde festgelegt, dass Motoren und Getriebe aus deutschen Werken, die sonstigen Komponenten aus den USA, Kanada und Mexiko bezogen werden sollten (Reihenfolge nach Quantitäten). Auf dieser Grundlage sowie unter Einbeziehung von Standorten potenzieller Zulieferer wurden nun Makro-Transportkostenanalysen durchgeführt.

Meso- und Mikrostandortanalyse. Am Ende dieser Untersuchungen verblieben 21 geeignete Bundesstaaten mit insgesamt 64 möglichen Standorten, die einer spezifischen Nutzwertanalyse unterzogen wurden (Übersicht 9). In dieses sehr aufwändige Verfahren gingen auch Betrachtungen des allgemeinen unternehmerischen Klimas, eine Risikoanalyse sowie eine Prüfung von Genehmigungen mit ein. Am Ende ergab sich eine sogenannte „long list“, die elf

Literaturtipp
Standortwahl
104109-2404

Surftipp
Mercedes-Standort Tuscaloosa
104109-2405

Material
Standortentwicklung Bosch
104109-2406

9 Meso- und Mikrostandortanalyse (standortspezifische Nutzwertanalyse)

Nach Andreas Renschler, a.a.O., S. 47

unternehmerisches „Klima" bez. Standorten	Grundstücksgegebenheiten	Risiken/Termine/Genehmigungen	Ver-/Entsorgung, Kommunikation	Verkehrsanbindung	Aus-/Weiterbildungsmöglichkeiten	Arbeitsmarktpotenzial	Lebensqualität
Professionalität/Kompetenz der Behörden und Gesprächspartner lokale Entscheidungskompetenz Industrieansiedlungen Einstellung der Bevölkerung zu Industrieansiedlungen in ihrer Gemeinde	Grunddaten wie - Fläche - Emissionen - Topographie - Art des Bodens - Belastungen des Bodens besondere Gegebenheiten wie - Nachbarschaft zu Wohngebieten - externe Belastungen (Lärm, Geruch, Staub ...)	Umweltauflagen Grundstückserwerb - Anzahl Eigentümer - spezielle Rechtsverhältnisse Baugenehmigung - Voraussetzungen - beteiligte Ämter - Dauer Stand der Erschließungsmaßnahmen	Elektrizität, Energieversorgung (Heizung), Erdgas Wasser Entsorgungssystem Kommunikationseinrichtungen wie Post, Telekommunikation, Transport vorhandene Dienstleistungen	Autobahnanschluss Seehafen Bahnanschluss Flughafen geplante Infrastruktur Staudichte	Universitäten technische/kaufmännische Ausbildung Einrichtungen wie Berufsschulen Anlauf-/Schulungsprogramme	Ausbildungsstand Hochschulabgänger Anteil kaufmännischer und technischer Fachkräfte Anteil der deutschsprachigen Unternehmensgründungen Arbeitslosenquote	öffentliche Rahmenbedingungen - Kindergärten - Schulen - Krankenhäuser - Kriminalität - Sprache regional Konsumbedingungen Lebenshaltungskosten; Mieten Freizeitwert: Sport, Kultur, Gastronomie

Staaten mit jeweils einem bis drei guten Standorten beinhaltete. Für diese Standorte wurde daraufhin eine verfeinerte Nutzwertanalyse einschließlich einer Betriebskosten- und Investitionsanalyse durchgeführt. Eine hieraus resultierende „short list" ergab sechs Staaten mit jeweils einem Standort. Diese Standorte wurden besucht, Einrichtungen besichtigt, quantifizierbare und nicht quantifizierbare Parameter für eine Entscheidungsmatrix erfasst, sodass schließlich nach einer fünfmonatigen Standortsuche in den USA eine definitive Festlegung erfolgen konnte.

10 Standortfindung im Zeitalter der Globalisierung

„Es sind vielfach andere Kosten, wie z. B. diejenigen, die durch langwierige Genehmigungsverfahren entstehen, die für Standortentscheidungen ausschlaggebend sind. Beispielsweise konnte beim neuen Werk in Tuscaloosa der erste Spatenstich zum Bau der Produktionsstätte bereits 7 Monate nach der Standortentscheidung erfolgen. In nur 24 Monaten wurde daraufhin das Werk fertiggestellt und der Anlauf der Vorserie konnte beginnen."

Hanns R. Glatz: Neue Standorte als Instrument der Globalisierung. In: Anhörung des REX-Ausschusses des Europäischen Parlaments am 26. und 27.05. 1997

11 Endgültige Standortfindung

„Alles Rechenbare floss in die sogenannte Operationskosten-Jahresrechnung ein. Wir wussten danach relativ exakt, was uns unsere Fabrik am jeweiligen Standort jährlich kosten würde, mit Transportkosten, Lohnkosten, Steuern, Abschreibungen usw. Alles nicht Rechenbare wurde gewichtet und floss als sogenannter Nutzwert in die Entscheidungsfindung ein. Hierunter fallen Angaben wie Fluktuation und Krankenstand der Arbeitskräfte, Flexibilität bezüglich Überzeit, genaue Anzahl und Ausbildungsstand der Arbeitskräfte in der Region usw. Zweitens hatten wir neben diesen handfesten rechenbaren Größen und dem objektiven Nutzwert noch unser jeweiliges persönliches, subjektives Empfinden zu jedem Standort. Dieser Runde fielen wieder drei Kandidaten zum Opfer. Mit den restlichen drei Standorten wurden letzte Verhandlungen geführt und zusätzliche technische Untersuchungen, Probebohrungen und externe Gutachten eingeholt." Nach Andreas Renschler, a. a. O., S. 51

12 Heutige Daimler-Standorte in den USA

Nach www.daimler.com, Sept. 2009

10 Stellen Sie in einem Fließdiagramm den Prozess der Standortfindung für das MPV-Werk und die dabei berücksichtigten Parameter dar (Methodentipp: Online-Link 104109-2405).

17 „Aufräumen" in der Westfalenhütte

18 Das traurige Ende der stolzen Westfalenhütte

„Ein chinesischer Arbeiter räumt in Dortmund ... Stahlbleche zusammen. In weniger als einem Jahr hatten zeitweise über 1000 Chinesen das einstige Vorzeigestahlwerk von ThyssenKrupp zerlegt, um es ... nahe Shanghai wieder aufzubauen. Das ehemalige Stahlwerk war 2001 an den chinesischen Shagang-Konzern verkauft worden. Mit einem Gesamtgewicht von rund 250000 Tonnen stand es in Dortmund auf einer rund 206 Hektar großen Fläche. Ab 2004 soll in Zhangjiagang wieder Stahl aus den Hochöfen fließen. Der chinesische Konzern könne dann seine Produktion nahezu verdoppeln."

Aachener Zeitung vom 13.03.2003, Zeitungsverlag Aachen GmbH

Probleme altindustrieller Räume: Fallbeispiel Ruhrgebiet

Das Ruhrgebiet steht stellvertretend für viele **Montanreviere**, die ab Mitte des 20. Jh. einem starken Verdrängungswettbewerb ausgesetzt waren und dadurch gezwungen wurden, die überkommenen wirtschaftlichen, sozialen, urbanen und ökologischen Strukturen grundlegend zu ändern.

Industrialisierung

Der industrielle Aufstieg des Ruhgebietes begann um die Mitte des 19. Jh. und beruhte im Wesentlichen auf folgenden Voraussetzungen: Der Einsatz der Dampfmaschine erleichterte die Anlage und die Bewetterung der Schächte, die Hebung des Grundwassers sowie die Abraum- und Kohleförderung. So gelang es, die in großer Tiefe liegenden ergiebigen Steinkohlelagerstätten entlang der Ruhr zu erschließen und auszubeuten.

1847 wurde zwischen Duisburg, Oberhausen, Dortmund und Hamm die erste Eisenbahnverbindung durch das Revier eröffnet. Es folgten rasch weitere Strecken, so dass dem expandierenden Bergbau und der Eisen schaffenden Industrie ein leistungsfähiger und billiger Verkehrsträger für ihre Massenprodukte zur Verfügung stand, der gleichzeitig Großabnehmer war und zur räumlichen Ausweitung des Absatzmarktes beitrug.

1849 gewann man im Ruhrgebiet erstmalig Roheisen mithilfe von Steinkohlenkoks. Da man zur Verhüttung einer Tonne Erz wenigstens zwei Tonnen Koks benötigte, wurden die Steinkohlenvorkommen standortbestimmend für die Hüttenindustrie. Bergwerke und Hüttenwerke vereinigten sich zum industriellen Verbund Steinkohle-Koks-Roheisen-Stahl.

In einer zweiten Phase entwickelte sich das Ruhrgebiet zur Rüstungsschmiede des Dritten Reiches. An deren Ende stand allerdings auch die starke Zerstörung durch Luftangriffe.

Die dritte Phase vollzog das Ruhrgebiet nach dem Zweiten Weltkrieg. Die Jahre des Wiederaufbaus und des „Wirtschaftswunders" (1950er- und 1960er-Jahre) waren die Glanzzeit von Bergbau und Stahlindustrie. Die Region wurde erneut zum Wachstumsträger der deutschen Wirtschaft.

Material
Interaktive Karte Ruhrgebiet
104109-2407

Deindustrialisierung

Seit 1958 setzte im Ruhrgebiet ein tief greifender Strukturwandel ein, ausgelöst durch die Steinkohlenkrise mit dem Bedeutungsverlust des **Standortfaktors** Kohle und verstärkt durch die Ende der 1960er-Jahre folgende Stahlkrise.

Reindustrialisierung

Die Krise des Raums hatte schwerwiegende Folgen wie das Entstehen von Industriebrachen und eine massive Abwanderung. Die Schwäche des Ruhrgebiets lag in seiner einseitigen Ausrichtung auf die Montanindustrie. Als eine Möglichkeit der Krisenbewältigung war daher die Diversifizierung der Industrie anzusehen: Seit 1960 entwickelte man deshalb die Folgeindustrien von Kohle und Stahl weiter und holte bisher ortsfremde Branchen an die Ruhr, z. B. Elektroindustrie oder Fahrzeugbau (Opel in Bochum Anfang der 1960er-Jahre). Seit 1970 fand eine Umorientierung traditioneller Ruhrgebietsunternehmen statt; sie wandelten sich zu Technologiekonzernen. Die 1980er-Jahre brachten schließlich eine grundlegende Veränderung hin zu Industrie- und Gewerbeparks.

Perspektiven

Trotz aller Fortschritte fällt die Erfolgsbilanz der Maßnahmen zur **Revitalisierung**, also zur wirtschaftlichen Wiederbelebung des Raums, zu Beginn des 21. Jh. durchwachsen aus:

- Die sechs „Gewinnerbranchen“ (alle aus dem Tertiären Sektor) schufen zwischen 1999 und 2007 zwar rund 75 000 neue Arbeitsplätze. Ihnen standen aber aus den sechs „Verliererbranchen“ (davon vier aus dem Produzierenden Gewerbe) ca. 107 000 verloren gegangene Arbeitsplätze gegenüber.
- Die Arbeitslosigkeit liegt im Ruhrgebiet mit 11,2 % (03/2009) immer noch deutlich über dem Bundesdurchschnitt (8,6 %).

Dennoch ist das Ruhrgebiet – auch nach EU-Einschätzung – einer der Zukunftsräume Deutschlands und Europas; dies nicht zuletzt aufgrund seiner zentralen Lage, seiner Einwohnerzahl, seines Potenzials an qualifizierten Arbeitskräften, seiner guten Verkehrsinfrastruktur sowie seines Angebots an wichtigen Bildungseinrichtungen.

19 Industrieregion Ruhrgebiet in den Jahren 1965 und 2009
Nach Haack Weltatlas. Gotha: Klett-Perthes 2007, S. 55, aktualisiert

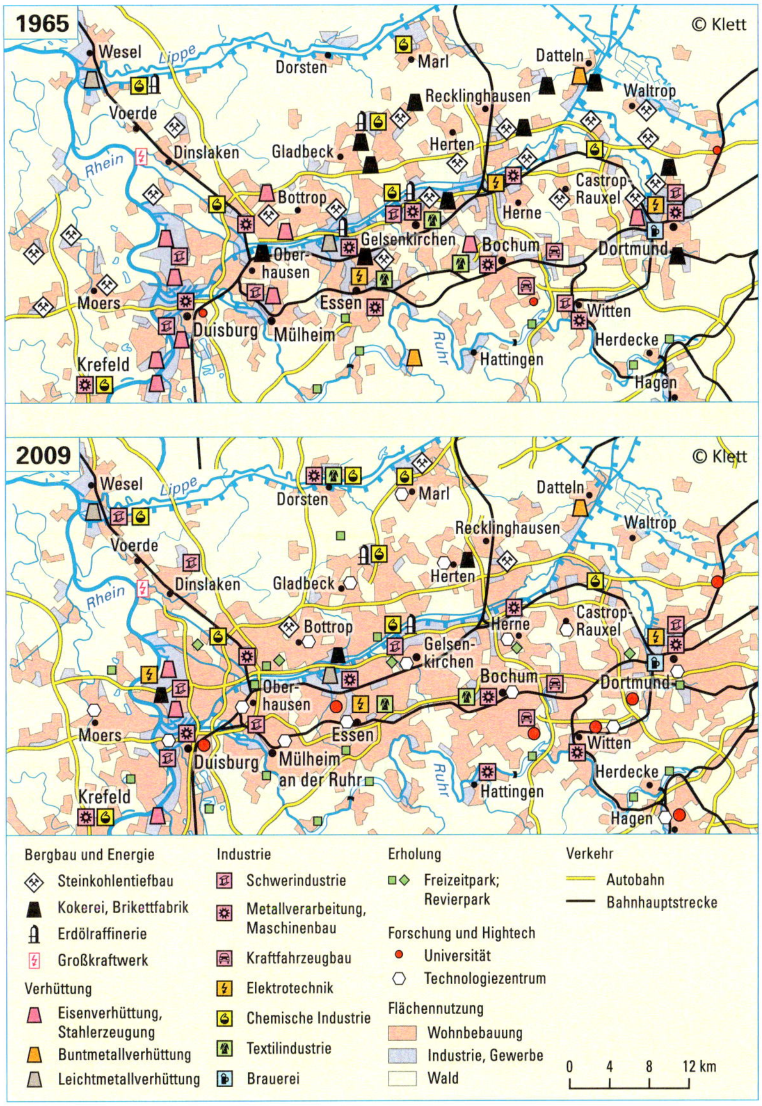

20 Deutscher Steinkohlenbergbau: Absatz von Steinkohle und Beschäftigte
Nach Statistik der Kohlenwirtschaft e.V. 2010, unter: www.kohlenstatistik.de

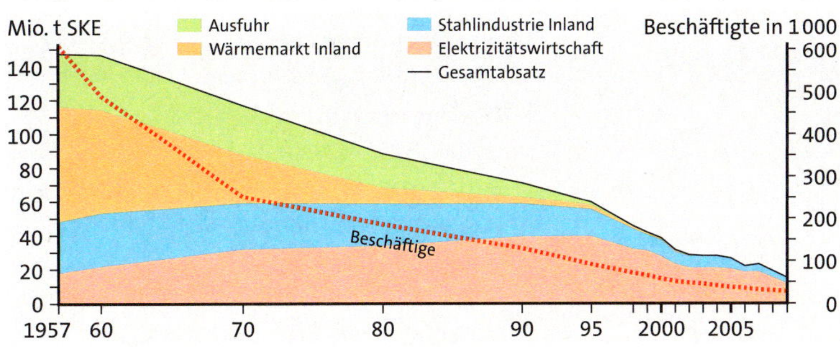

Bruttowertschöpfung umfasst die innerhalb eines Wirtschaftsgebietes erbrachte wirtschaftliche Leistung (Produktionswert abzüglich Vorleistungen) der einzelnen Wirtschaftssektoren oder der Volkswirtschaft insgesamt

21 Entwicklung der Bruttowertschöpfung im Ruhrgebiet

Nach Wirtschaftssektoren 1976–2006, Landesamt für Datenverarbeitung und Statistik NRW; RVR-Datenbank

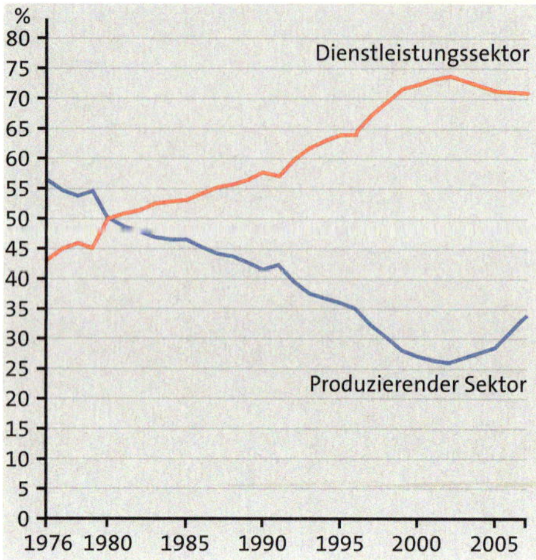

22 Moderne Bürogebäude in Essen-Süd

Gliederung des Dienstleistungssektors
- Handel und Gastgewerbe
- Verkehr und Nachrichtenübermittlung
- Kredit- und Versicherungsgewerbe
- Grundstücks- und Wohnungswesen
- Gebietskörperschaften und Sozialversicherungen
- Erziehung und Unterricht
- Gesundheits-, Veterinär- und Sozialwesen
- sonstige öffentliche und persönliche Dienstleistungen

Trend zur Tertiärisierung

Der strukturelle Wandel beschränkt sich keineswegs auf den Industriesektor. Noch umfassender und in seinen Auswirkungen tief greifender ist der allgemeine wirtschaftliche Wandel, wie er sich in der Entwicklung der Beschäftigten und der Bruttowertschöpfung widerspiegelt. Dem Rückgang der Beschäftigten und des BIP im Sekundären Sektor steht eine Zunahme im Tertiären Sektor gegenüber.

Dieser Wandel ist jedoch kein Spezifikum des Ruhrgebietes, sondern typisch für nahezu alle Ballungsräume in den Industrieländern, die sich im Zuge der **Tertiärisierung** auf dem Weg zur „**postindustriellen Dienstleistungsgesellschaft**" befinden. Für das Ruhrgebiet ist das Ausmaß dieses Wandels jedoch insofern außergewöhnlich, als man geradezu von einer Umkehrung der Verhältnisse sprechen kann. Während der Sekundäre Sektor von 58 % im Jahre 1970 auf 27 % im Jahre 2006 fiel (gemessen an der Zahl der Beschäftigten), stieg der Tertiäre Sektor im gleichen Zeitraum von 39 % auf fast 72 %.

Die räumliche Verteilung der Einrichtungen des Tertiären Sektors ist durch unterschiedliche **Standortfaktoren** bedingt. Ein besonders enger Zusammenhang besteht zwischen der Bevölkerungszahl und dem Grad der Zentralität einer Gemeinde. Je größer und bedeutsamer eine Stadt ist, desto größer und bedeutsamer ist in der Regel auch der Dienstleistungssektor. Dies erklärt, warum in Städten wie Dortmund, Bochum, Essen oder Duisburg der Tertiäre Sektor überproportional stark vertreten ist.

Die beiden herausragenden Zentren unternehmensbezogener Dienstleistungen innerhalb des Ruhrgebietes sind die Städte Essen und Dortmund. Essen gilt heute als „Schreibtisch des Ruhrgebietes". Einige der größten Unternehmen Deutschlands haben hier ihre Verwaltungszentrale. Essen ist darüber hinaus Sitz regionaler Wirtschafts- und Planungsunternehmen, zahlreicher Forschungsinstitute, mehrerer Gerichte und anderer Behörden, es ist Universitätsstadt und Bischofssitz. Mit seiner Universität und den zahlreichen Technologie- und Gründerzentren nimmt Dortmund den Titel „Hightech-Hauptstadt Nordrhein-Westfalens" für sich in Anspruch.

12 Strukturwandel im Ruhrgebiet:

a) Beschreiben Sie mithilfe der Karte auf Seite 123 sowie des Atlas die heutige räumliche und wirtschaftliche Struktur des Ruhrgebietes.

b) Vergleichen Sie diese mit der Situation der 1960er-Jahre.

Material
Infoblatt Ruhrgebiet
104109-2408

23 **Technologiezentrum Dortmund**

25 **Ruhr-Universität Bochum**

24 Aufbruch aus der Krise – Bewältigung des Strukturwandels

„Auch über die Wirtschaft hinaus hatte die Prägung auf die Schwerindustrie Folgen. So lag die Bildungslandschaft im Revier auch noch in den Jahren des Wirtschaftsaufschwungs weitgehend brach. Erst Mitte der 1960er-Jahre bekam die Region mit der Ruhr-Universität Bochum ihre erste Hochschule, nachdem die Krise des Bergbaus ein Umdenken erzwang ... Nur mithilfe milliardenschwerer Förderungen, die 1968 mit dem ‚Entwicklungsprogramm Ruhr' begannen, konnte in den vergangenen Jahrzehnten eine völlig neue Wirtschafts- und Bildungslandschaft entstehen, die beide den Strukturwandel gegenseitig befruchtet haben ... Seit den 1970er-Jahren wurde die Hochschullandschaft im Revier kontinuierlich ausgebaut. Heute gehört das Ruhrgebiet mit sechs Universitäten, neun Fachhochschulen und der Essener Folkwang-Hochschule für Musik, Theater und Tanz zu Deutschlands leistungsfähigsten Forschungs- und Ausbildungslandschaften ...
Qualifizierte Hochschulabsolventen sowie Forschung und Entwicklung als Ideenlieferanten für neue Produkte, Werkstoffe und Produktionsverfahren trieben und treiben den Strukturwandel voran. Zusätzliche Impulse kamen seit den 1980er-Jahren durch die Einrichtung von Technologie- und Gründerzentren. Ihre Aufgabe ist es, jungen Firmen durch Beratung und Raumangebote die Startphase zu erleichtern. Heute beherbergen etwa 30 Technologiezentren mehr als 600 technologieorientierte Unternehmen. Als deutschlandweit führend gilt das Technologiezentrum Dortmund an der dortigen Universität mit den Schwerpunkten Biomedizin, Umwelttechnologie und Maschinenbau."

Frank Bretschneider: Das Ruhrgebiet im Umbruch – Strukturwandel einer Region, Pressestelle Regionalverband Ruhr 2009, unter: www.rvr-online.de

26 Studentenzahlen an den Hochschulen des Ruhrgebietes 1965–2008

RVR: Städte- und Kreisstatistik des Ruhrgebietes, versch. Jg.

1965/66	2 500
1970/71	16 250
1975/76	56 250
1980/81	86 250
1985/86	100 000
1990/91	142 500
1995/96	160 000
2000/01	163 000
2005/06	152 226
2006/07	150 907
2007/08	152 543

Seite 128–137
Tertiärisierung

c) Erstellen Sie zur heutigen wirtschaftsräumlichen Struktur des Ruhrgebietes z. B. auf Folie eine generalisierte Übersichtskarte, die wichtige Teilräume verdeutlicht (Atlas und Karten 19).

13 Erklären Sie die auf Foto 17 und im Text 18 dargestellte Entwicklung.

14 Arbeiten Sie aus den Materialien der Seiten 122/123 die Ursachen für die Krise der Montanindustrie heraus.

15 Die wirtschaftliche Entwicklung des Ruhrgebietes nach 1960 lässt sich treffend mit den Schlagworten „Deindustrialisierung – Reindustrialisierung – Tertiärisierung" umschreiben. Erläutern Sie diese Prozesse.

27 Impressionen aus der „Wohlstandsinsel Bangalore" – moderne IT-Center

28 Lage Bangalores innerhalb Indiens

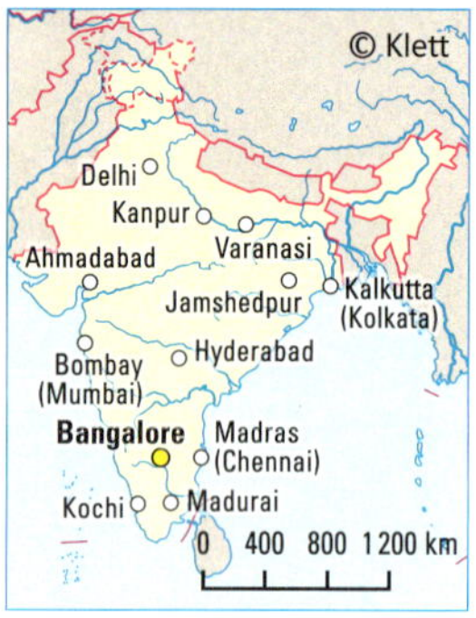

Seite 296 Bevölkerungsentwicklung in Indien

Wachstumsimpulse durch neue Technologien – Hightech-Region Bangalore, Indien

Indien gilt den meisten Menschen aus dem Westen immer noch als Entwicklungsland. Und tatsächlich finden sich zahlreiche Kriterien, die dies bestätigen: Noch immer dominiert der ländliche Raum, leben die meisten Menschen auf dem Lande und 20 % aller Beschäftigten arbeiten im Primären Sektor; noch immer ist die Analphabetenrate hoch, ganz besonders bei den Frauen; noch immer ist Kinderarbeit an der Tagesordnung, z.B. in den Steinbrüchen und Teppichknüpfereien; und noch immer leben in mehreren Bundesstaaten mehr als 40 % der Bevölkerung unterhalb der Armutsgrenze.

Doch so zutreffend diese Fakten sind, sie werden doch nur einer Seite Indiens gerecht, eines Landes, das sich ähnlich wie China auf dem Weg eines außerordentlichen wirtschaftlichen Wachstums befindet. In allen Bundesstaaten gibt es seit Beginn der 1990er-Jahre Wachstumsraten beim BIP und in vielen liegen die jährlichen Raten zwischen +4 und +5 %.

Neben der Metropole Mumbai (Bombay), Indiens bedeutendstem Wirtschafts- und Dienstleistungszentrum, gehört die südindische Stadt Bangalore zu den Motoren der Wirtschaftsentwicklung. Hier entstand eines der weltweit führenden Zentren der IT-Branche. Der Boom ist so groß, dass die Stadt heute als eine „Wohlstandsinsel" des Subkontinents bezeichnet wird. Ein Problem besteht allerdings darin, dass sich dieser Boom bisher weitgehend auf den Stadtraum beschränkt. So sind die regionalen Disparitäten im ansonsten eher ländlich geprägten Bundesstaat Karnataka stark gewachsen. Die bäuerliche Bevölkerung steht deshalb der Globalisierung, die Bangalore Entwicklung und Wohlstand gebracht hat, eher kritisch gegenüber.

29 Bangalore – Daten und Fakten

- Gründung: wahrscheinlich 1537
- Hauptstadt des Bundesstaates Karnataka
- Fläche: 366 km²
- Einwohnerzahl:
  2001 (letzte Zählung): 4,3 Mio.
  2010 (geschätzt): 5,4 Mio.
- Zuwanderer aus Indien und dem Ausland: ca. 55 %
- dominierende Branchen:
  IT („Indian Silicon Valley") mit zahlreichen Auslandsfirmen (z.B. IBM, Intel, Dell, Bosch, Siemens ...),
  Luft- und Raumfahrt mit Indiens größten Firmen (HAL: zivile und militärische Flugzeuge, NAL und ISRO: Satelliten und Raketen),
  Biotechnologie mit knapp 100 der 240 indischen Unternehmen (größtes Biocon, Nr. 16 der Welt)

Nach http://de.wikipedia.org/wiki/Bangalore, 21.06.2010

30 IT-Standort Bangalore

Nach Megacity Taskforce: www.megacities.uni-koeln.de/documentation/bangalore/map/standortverteilung_it.jpg, Juli 2006

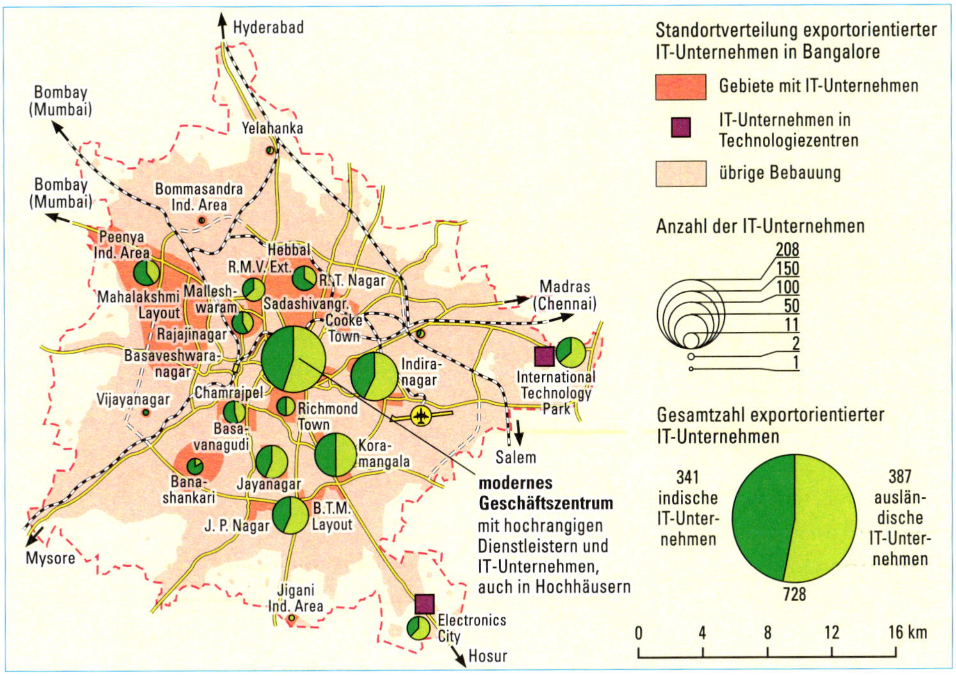

32 Entwicklung des Exportes von Dienstleistungen im Vergleich (Wachstum zum Vorjahr in %)

Nach Le Monde diplomatique/ taz Verlags- und Vertriebs GmbH: Atlas der Globalisierung 2006: Berlin 2006, S. 171

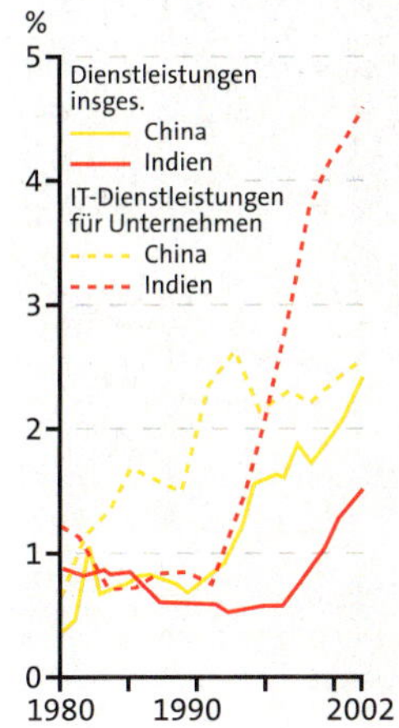

31 Nur eine „Insel des Wohlstands“ oder Chance für Indiens Süden?

„Die Bescheidenheit ist Programm ... [Narayana Murthy, Mitbegründer und jetziger Aufsichtsratsvorsitzender des indischen Software-Konzerns Infosys] lächelt kurz, dann wird er gleich wieder ernst. ‚Wenn man in einem Land wie diesem, wo die Kluft zwischen Arm und Reich dermaßen tief ist, als Evangelist des Kapitalismus auftritt‘, sagt er, ‚dann ist es besonders wichtig, dass man für die breiten Massen erreichbar bleibt, eine reale Bezugsgröße. Und das heißt, ein einfaches Leben zu führen...‘ Und jetzt ist er doch mitten zwischen die sozialen Gegensätze geraten, in die Auseinandersetzung, die symbolhaft für die Probleme der indischen Entwicklung steht... Für die Gefühle der ärmeren Familien und Bauern zeigt Murthy Verständnis: ‚Auf dem Land hat es im Gegensatz zur Stadt kein Wachstum, sondern sogar Rückschritte gegeben. Und nun fragen sich die Leute: Das also soll die Globalisierung sein? Mehr haben diese IT-Jungs nicht geleistet? Kein Wunder, dass sie enttäuscht sind.‘ Es sei Aufgabe der Politiker, diesen Bauern zu erklären, ‚dass es niemandem auf dem Land besser geht, wenn sie uns das Leben schwer machen. Die Regierung muss mit den Einnahmen aus unseren Steuern in den ländlichen Regionen investieren.‘“

Christiane Grefe: Der Patriarch aus Bangalore. In: DIE ZEIT, Nr. 5, vom 26.01.2006. Hamburg: Zeitverlag 2006

Seite 312–313 Silicon Valley

16 Beschreiben Sie charakteristische Merkmale des IT-Standorts Bangalore.

17 Erklären Sie, warum der Aufstieg der Stadt untrennbar mit dem Begriff Globalisierung verbunden ist.

18 Erläutern Sie die Bedeutung Bangalores für die wirtschaftliche Entwicklung Indiens.

19 Bewerten Sie den Satz: „Bangalore wird der Grundpfeiler für den Wohlstand von Indiens Süden sein.“

1 Verteilung der Erwerbstätigen in Deutschland auf Wirtschaftssektoren

Nach Statistisches Bundesamt, Wiesbaden, März 2009

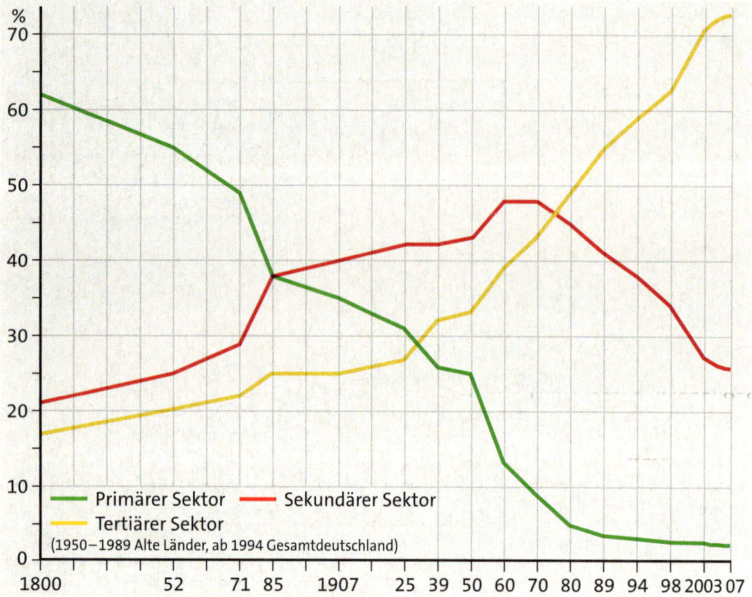

2 Erwerbstätige in den am stärksten besetzten Berufsgruppen in Deutschland

Nach Statistisches Bundesamt, Wiesbaden, März 2009

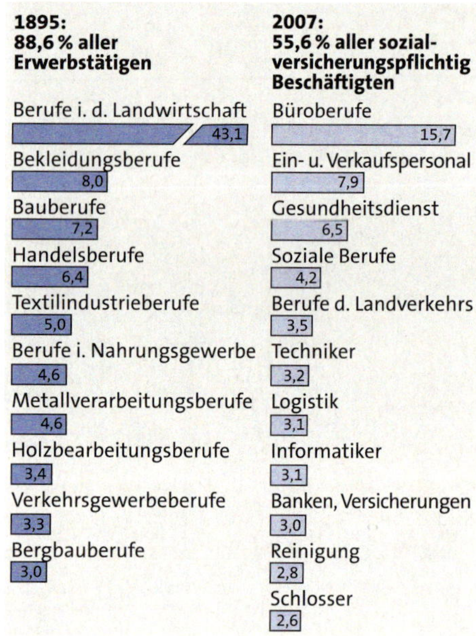

2.5 Tertiärisierung der Wirtschaft – Ausmaß und Folgen

Kompetenzen erwerben:
- den sektoralen Wandel der Wirtschaft und seine Auswirkungen auf Raum und Gesellschaft beschreiben,
- Ursachen, Ausmaß und Folgen der Tertiärisierung erläutern
- Merkmale und Aktivitäten von unternehmensorientierten Dienstleistern analysieren,
- Frankfurt am Main als Dienstleistungsmetropole charakterisieren,
- Shanghai als Chinas Vorreiter auf dem Weg in die Dienstleistungsgesellschaft beschreiben.

„Industrieland" Deutschland stimmt schon lange nicht mehr, „Dienstleistungsland" müsste es heißen, denn sowohl von der Zahl der Erwerbstätigen als auch von seinem Beitrag zum Bruttoinlandsprodukt (BIP) ist der Tertiäre Sektor inzwischen der bedeutendste Wirtschaftssektor unseres Landes. Hier unterscheidet es sich kaum von den anderen sogenannten Industrieländern. Aber auch in den **Schwellenländern** und in vielen **Entwicklungsländern** nimmt die Bedeutung des Tertiären Sektors zulasten des Primären und Sekundären Sektors immer stärker zu.

Diese Entwicklung hat weitreichende Folgen für Gesellschaft und Raum. Auch Sie sind davon betroffen, nicht nur, was Ihren unmittelbaren Lebensalltag angeht, sondern auch Ihre künftige Berufswahl und Ihre Lebensplanung. Für den Arbeitsmarkt bedeutet der wirtschaftliche Wandel z. B. neue Beschäftigungsmöglichkeiten und veränderte Qualitätsanforderungen, auf die Sie sich bereits jetzt in Ihrer Schulzeit gezielt vorbereiten müssen.

Von der Industrie- zur Dienstleistungsgesellschaft

Drei-Phasen-Modell nach Fourastié

Um den Bedeutungswandel der Wirtschaft sowie deren Entwicklung besser beschreiben und prognostizieren zu können, verwendete der Wissenschaftler Jean Fourastié im Jahre 1954 die genannten drei **Wirtschaftssektoren** und verglich ihre langfristigen Veränderungen. Nach seiner Theorie verlagern sich die Schwerpunkte der wirtschaftlichen Tätigkeit in allen Gesellschaften zunächst vom Primären zum Sekundären Sektor und anschließend vom Sekundären zum Tertiären Sektor.

Bei seiner Voraussage war Fourastié davon ausgegangen, dass die allgemeine wirtschaftliche Entwicklung langfristig einen Einkommenszuwachs bedinge, der zunächst zu einem Anstieg der Nachfrage nach Industriegütern und später nach **Dienstleistungen** führe. Infolge technischer Fortschritte in der Landwirtschaft und der Industrie würden dort Arbeitskräfte freigesetzt,

Surftipp
Erwerbstätigkeit in Rheinland-Pfalz
104109-2501

Material
Fourastié und die Entwicklung in der Bundesrepublik
104109-2502

3 Die Wirtschaftssektoren – Grundbegriffe

Primärer Sektor: die Urproduktion, d.h. die Gewinnung von wirtschaftlichen Gütern aus der Natur. Er umfasst die Land- und Forstwirtschaft sowie die Fischerei. Ursprünglich zählte man auch den Bergbau zum Primären Sektor. Das statistische Bundesamt in Deutschland ordnet ihn inzwischen jedoch dem Sekundären Sektor zu.

Sekundärer Sektor: das Produzierende Gewerbe. Dazu zählen alle Wirtschaftszweige, die Produkte des Primären Sektors weiterverarbeiten, z.B. das Baugewerbe, die Industrie, Unternehmen der Energie- und Wasserversorgung und des Handwerks.

Tertiärer Sektor: der Dienstleistungssektor. Dazu gehören alle Bereiche, die keine Rohstoffe und Sachgüter produzieren oder verarbeiten, sondern die Privatpersonen und Unternehmen Dienstleistungen anbieten. Zum Dienstleistungssektor zählen z.B. die Wirtschaftsbereiche Handel, Gastgewerbe, Verkehr, Finanzierung und Versicherung, Immobilien und Vermietung, Bildung sowie medizinische Versorgung. Tätigkeiten des Tertiären Sektors sind u.a.: Verwalten, Beraten, Forschen, Ausbilden, Planen, Pflegen und Heilen, Transportieren, Werben.

Quartärer Sektor: Vielfach werden hoch qualifizierte Tätigkeiten, z.B. in der Forschung und Entwicklung als eigenständiger (Quartärer) Sektor aus dem Tertiären Sektor ausgegliedert. Diese Aufspaltung des Tertiären Sektors hat sich jedoch noch nicht allgemein durchgesetzt.

4 Drei-Phasen-Modell nach Fourastié

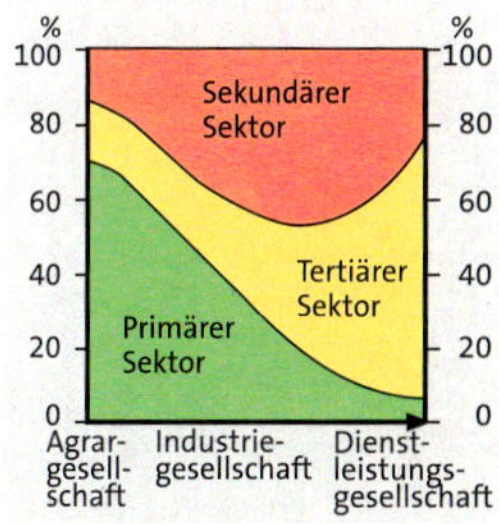

5 Deutsches Bruttoinlandsprodukt nach Wirtschaftssektoren

Nach Statistisches Bundesamt, Wiesbaden, Dez. 2010

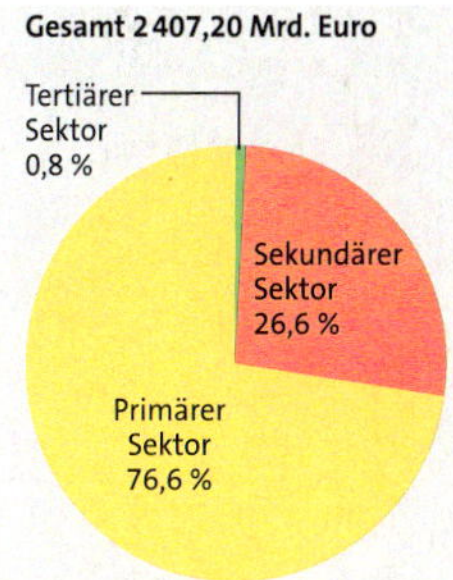

die im Dienstleistungsbereich Beschäftigung fänden, da dieser nachfragebedingt expandiere, die geringsten technischen Fortschritte verzeichne und somit eine ständig größere Zahl an Beschäftigten benötige. Des Weiteren vertrat Fourastié die Ansicht, dass der Sekundäre und Tertiäre Sektor höhere Produktionszuwächse als die Landwirtschaft aufwiesen, was eine Verschiebung in der Wirtschaftstätigkeit zunächst vom Primären zum Sekundären und schließlich zum Tertiären Sektor bewirke. Im Zuge dieses Strukturwandels fände eine Entwicklung von der Agrargesellschaft über die Industriegesellschaft zur Dienstleistungsgesellschaft statt.

In allen „Industrieländern" entwickelte sich die Beschäftigtenstruktur tatsächlich nach der Voraussage Fourastiés. Falsch war jedoch seine Annahme, dass im Tertiären Sektor nur bedingt technische Fortschritte möglich seien. Die aktuelle Entwicklung zeigt, dass durch neue Technologien auch im Dienstleistungsbereich erhebliche Rationalisierungen möglich sind und große Produktivitätsfortschritte erreicht werden können. Als Beispiel lassen sich hier v.a. anspruchvollere Dienstleistungen anführen, z.B. Forschung und Entwicklung oder Datenverarbeitung.

Auch der Dienstleistungssektor kann also nur begrenzt Arbeitskräfte aufnehmen, wegen der genannten Rationalisierungsmöglichkeiten oder weil hier vielfach die Budgets eingeschränkt sind wie im Schulunterricht oder in den Pflegediensten. Wenn also von der „Job-Maschine Tertiärer Sektor" die Rede ist, so muss man zwischen verschiedenen Tätigkeitsfeldern im Dienstleistungsbereich unterscheiden.

1 Aufgaben zur Grafik 1:
a) Arbeiten Sie die Entwicklungsphasen heraus.
b) Nennen Sie Ursachen, die die einzelnen Phasen eingeleitet haben.
c) Erstellen Sie für jede Phase einen kurzen Text über die Wirtschafts- und Lebenswelt der Menschen in dieser Zeit.

2 Erstellen Sie einen Katalog zu den möglichen Auswirkungen des sektoralen Wandels der Wirtschaft auf die Gesellschaft und den Raum.

3 Erläutern Sie an ausgewählten Beispielen, wie Sie persönlich vom sektoralen Wirtschaftswandel betroffen sind.

4 Erklären Sie das Modell von Fourastié.

5 Überprüfen Sie die Stimmigkeit des Modells von Fourastié anhand der in der Grafik 1 dargestellten Entwicklung.

6 Vielfalt der Berufe

Leo A. Nefiodow: Der Sechste Kondratieff – Die großen Märkte des 21. Jahrhunderts. In: H. Thomas u. L. A. Nefiodow (Hrsg.): Kondratieffs Zyklen der Wirtschaft. Herford: BusseSeewald 1998, S. 155

Wandel im Dienstleistungssektor

Der Prozess der **Tertiärisierung**, d. h. die zunehmende Bedeutung des Dienstleistungssektors, führt nicht nur zur Verschiebung der Beschäftigtenstruktur und des Anteils der einzelnen Wirtschafssektoren am BIP, sondern hat gleichzeitig weit reichende Auswirkungen auf die gesamte Wirtschaft und Gesellschaft.

Funktionaler Strukturwandel

Zusätzlich zur Verschiebung in den klassischen **Wirtschaftssektoren** (sektoraler Strukturwandel) finden in jüngerer Zeit auch erhebliche Veränderungen innerhalb des Dienstleistungssektors statt. Völlig neue Dienstleistungsbranchen sind in den letzten Jahrzehnten entstanden, wie z. B. in der Telekommunikation, in der Softwareentwicklung oder im Verkehrs- und Transportwesen. Andererseits bewirken technische bzw. wissenschaftliche Fortschritte eine verstärkte Nachfrage nach Forschungs- und Entwicklungstätigkeiten sowie zusätzlichen Serviceleistungen, etwa in der Wirtschafts- und Rechtsberatung. Aus diesem Grund spielen Dienstleistungstätigkeiten auch im Sekundären Sektor eine immer größere Rolle. Produktionssteigerungen in der Industrie sowie die technisch immer komplizierter werdenden Produkte lassen zudem die Nachfrage nach unternehmensnahen **Dienstleistungen** stark ansteigen. So produziert eine Computerfirma heute nicht nur PCs, sondern bietet auch Wartung sowie Trainings- bzw. Fortbildungsseminare an oder stellt Problemlösungsteams. Ergebnis dieses Prozesses: Der Sekundäre und der Tertiäre Sektor sind eng miteinander verwoben und wachsen mehr und mehr zu einem „Industrie-Dienstleistungsverbund" zusammen.

8 Gesuchte Fachkräfte

Stellenanzeigen in mehreren überregionalen Tageszeitungen im November 2008 (Anteile an ca. 400 Stellenanzeigen)

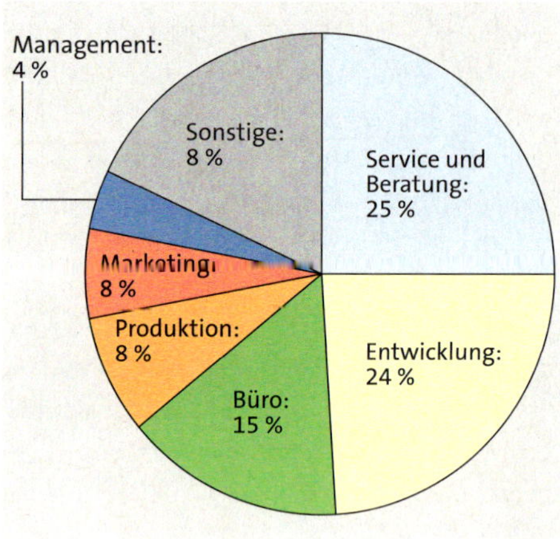

7 Was sind Dienstleistungen?

Der Dienstleistungssektor ist ein sehr heterogener Bereich. Schwierig ist sowohl seine Abgrenzung zu den anderen beiden Wirtschaftssektoren als auch seine interne Gliederung. Große Konzerne der Lebensmittelindustrie besitzen z. B. Farmen, die zum Primären Sektor zählen. Sie produzieren aber industriell (Sekundärer Sektor) und treiben Handel (Tertiärer Sektor) – eine eindeutige Zuordnung ist also nicht immer möglich.
Die amtliche deutsche Statistik gliedert den Dienstleistungsbereich in der Regel nach dem Arbeitsschwerpunkt der Betriebe.
Einteilung des Statistischen Bundesamtes:
- Handel und Gastgewerbe,
- Verkehr und Nachrichtenübermittlung,
- Kredit- und Versicherungsgewerbe,
- Grundstücks- und Wohnungswesen, Vermietung beweglicher Sachen, Erbringen von Dienstleistungen vornehmlich für Unternehmen,
- Gebietskörperschaften/Sozialversicherung,
- Erziehung und Unterricht,
- Gesundheits-, Veterinär- und Sozialwesen,
- sonstige öffentliche und persönliche Dienstleistungen.

Wissenschaftliche Untersuchungen gliedern zumeist nach der Art der Zielgruppe, der die Dienstleistungen zur Verfügung gestellt werden. Sie unterscheiden zwischen:
- konsumorientierten (personenbezogenen) Dienstleistungen, d. h. solchen, die von Privatpersonen konsumiert werden (z. B. Friseure, Einzelhandel, Sozialdienste), und
- unternehmensorientierten (produktionsbezogenen) Dienstleistungen, z. B. Forschung, Verwaltung, Marketing.

Surftipp
Hamburger HafenCity
104109-2503

Material
Wien – Wirtschaftsregion im Tertiärisierungsprozess
104109-2508

9 HafenCity Hamburg – neues Dienstleistungszentrum mit funktioneller Vielfalt

Nach Hafencity Hamburg: auf www.hafencity.de/index.php?set_language=de&cccpage=service_liste&show=listen&item=14, Sept. 2009

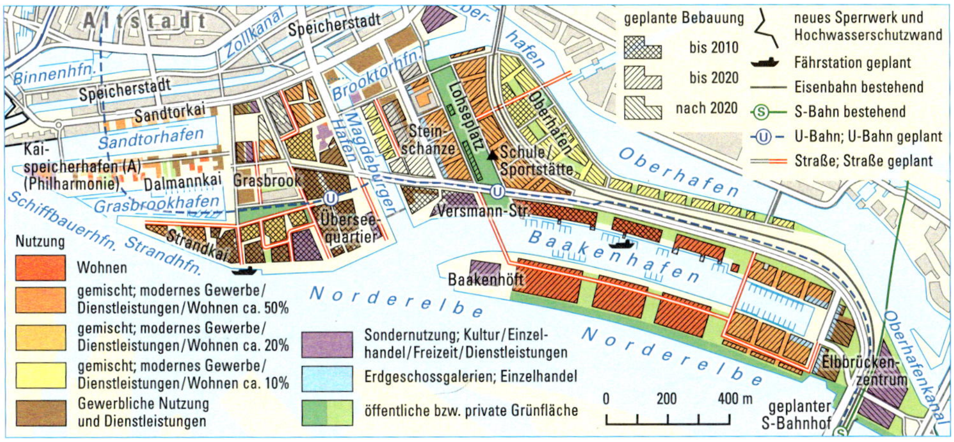

Auslagerung von Dienstleistungen

Viele Aufgaben, die vormals von den industriellen Unternehmen selbst durchgeführt wurden, z. B. Gebäudereinigung, Reparatur von Maschinen, Versorgung in Kantinen, werden inzwischen von spezialisierten Dienstleistungsfirmen übernommen. Dieses Outsourcing führt – nicht nur statistisch gesehen – zu einem „Schrumpfen" der Industrie und zugleich zu einem Zuwachs des Tertiären Sektors.

Ursachen der Tertiärisierung

Der Aufschwung des Dienstleistungssektors hat viele Gründe. Die Erklärung, dass technologische Entwicklungen in der industriellen Produktion allein für die Strukturveränderungen verantwortlich seien, greift zu kurz. Richtig ist zwar, dass durch den Einsatz moderner Techniken Arbeitskräfte freigesetzt werden, diese finden aber nicht unbedingt im Dienstleistungsbereich Beschäftigung.

Bei den konsumorientierten Dienstleistungen sind als Ursachen vor allem der demographische Wandel und die lange Zeit gestiegenen Einkommen zu nennen. So führt der wachsende Anteil von älteren Menschen in unserer Gesellschaft zu einer steigenden Nachfrage nach Diensten, z. B. im Gesundheits- und Pflegebereich. Generell lässt auch die vermehrte Freizeit infolge von Arbeitszeitverkürzungen die Nachfrage in den Bereichen Kultur, Unterhaltung und Erholung steigen. Auch gesellschaftliche Veränderungen wie z. B. die wachsende Zahl kleinerer Haushalte oder die Berufstätigkeit von Frauen führen zu einer erhöhten Nachfrage nach verschiedenen Dienstleistungen.

Der starke Anstieg bei unternehmensorientierten Dienstleistungen lässt sich u. a. mit neuen betrieblichen Organisationskonzepten erklären: So führen z. B. die Lean Production zu einer Auslagerung von zuvor selbst erbrachten Diensten und der Einsatz moderner Logistikkonzepte wie die Just-in-Time-Produktion zu einem steigenden Bedarf an Transport- und Kommunikationsdiensten.

Allgemein gilt die Regel: Wirtschaftliches Wachstum induziert die **Tertiärisierung**; in dem Maße, wie die Industrie mehr Güter produziert, werden auch mehr unternehmensorientierte Dienstleistungen nachgefragt.

Outsourcing:
Auslagerung von Teilen der Produktion oder von bisher im Betrieb erbrachten Dienstleistungen, Übertragung dieser Produktionsstufen an andere Unternehmen.

Lean Production (schlanke Produktion):
Verkürzung und Vereinfachung von Produktionsabläufen zur Kostensenkung und rascheren Reaktion auf Marktbedürfnisse; innerbetrieblich erfolgt dabei eine Verlagerung von Verantwortung auf untere Ebenen der Produktion, d. h. einzelne Abteilungen oder Zweigwerke übernehmen die volle Verantwortung für einen bestimmten Produktionsbereich.

Just-in-time-Produktion:
industrielle Produktion, bei der die Zulieferung von Waren und Halbfertigprodukten erst exakt zum Zeitpunkt des Bedarfs erfolgt, sodass Lagerkosten entfallen.

6 Erstellen Sie eine Liste von Dienstleistungen, die Sie und Ihre Familie im Alltag beanspruchen.

7 Erklären Sie Ursachen der Tertiärisierung.

8 Erläutern Sie die Auswirkungen der Tertiärisierung auf die Lebens- und Arbeitswelt.

9 „HafenCity Hamburg – eine Antwort auf unsere gewandelten Ansprüche an eine City?" Gestalten Sie mithilfe des Internets ein Referat zu diesem Thema (s. a. Online-Link 104109-2503).

10 Entwicklung von Beschäftigung und Bruttowertschöpfung nach der Wissensintensität bei den Dienstleistungen in der Gewerblichen Wirtschaft der Bundesrepublik (Index)

Nach Birgit Gehrke / Harald Legler u. a: Forschungs- und wissensintensive Wirtschaftszweige in Deutschland. Hannover: Niedersächsisches Institut für Wirtschaftsforschung 2007, S. 15 u. 17

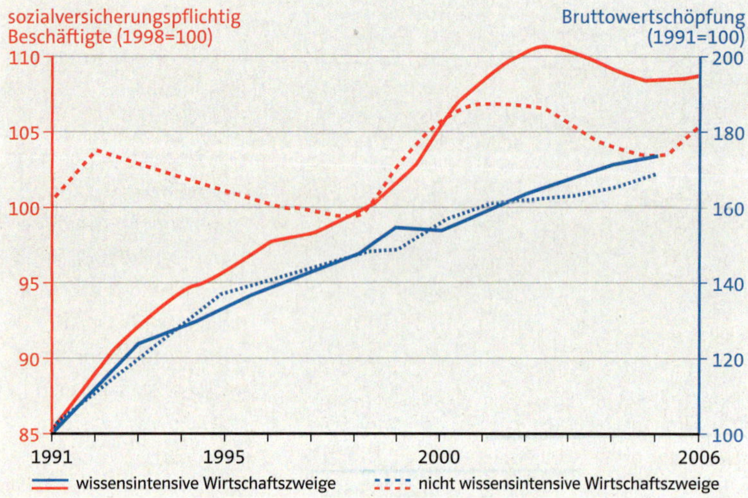

Unternehmensorientierte Dienstleistungen

Unternehmensorientierte Dienstleistungen gehören zu den dynamisch wachsenden Wirtschaftsbranchen, und hier besonders die wissensintensiven Dienstleistungen. Diese weisen einen großen Anteil hoch qualifizierter Arbeitskräfte auf wie z. B. Rechts- und Unternehmensberatung, Forschung und Entwicklung. Während z. B. in Deutschland seit Mitte der 1990er-Jahre Arbeitsplätze im Verarbeitenden Gewerbe verloren gingen und auch die Zahl der Betriebe des Sekundären Sektors abgenommen hat, sind in wissensintensiven unternehmensorientierten Dienstleistungen annähernd 200 000 neue Unternehmen mit fast 300 000 neuen Stellen entstanden. Das ist rund ein Viertel aller neuen Arbeitsplätze des Tertiären Sektors.

Zentrale Orte
Städte mit einem Bedeutungsüberschuss; d. h., sie bieten mehr Dienstleistungen und Güter an, als ihre eigenen Bewohner nachfragen. In der Raumordnung unterscheidet man entsprechend der jeweiligen Bedeutung zwischen Oberzentren, Mittelzentren und Unterzentren.

Standorte von unternehmensorientierten Dienstleistern

Sind für konsumorientierte Dienstleistungsunternehmen zumeist Kundennähe und Zahl der Nachfrager die entscheidenden Faktoren bei der Standortwahl, so trifft dies auf die unternehmensorientierten Dienstleister nur bedingt zu. Zwar kann ein Standort günstig sein, an dem als Nachfrager sich z. B. die Firmenzentrale eines Industriekonzerns befindet, doch haben andere Faktoren zumeist eine höhere Präferenz.
In der Regel entscheidet eine ausgezeichnete Verkehrslage über die Standortwahl, z. B. die Anbindung an einen Flughafen, an das Bahnnetz, an Fernstraßen sowie an Kommunikationsmöglichkeiten. Diese Voraussetzungen bieten vor allem Großstädte. Zu diesen sogenannten „urbanization economies“ zählt auch die Nähe zu anderen Dienstleistungsunternehmen. Zusammen können sie Cluster bilden, d. h. Kooperationsformen mit anderen Unternehmen der gleichen Branche, um so gemeinsame Kontakte zu Nachfragern, Behörden oder Institutionen der Forschung und Entwicklung aufzubauen. Besonders für kleinere Unternehmen, die den Großteil der unternehmensorientierten Dienstleister ausmachen, ist diese Kooperation oft eine entscheidende Existenzfrage.
Zu diesen quantifizierbaren **Standortfaktoren** kommen weiche hinzu, z. B. das Image und die Umfeldqualität einer Stadt oder deren wirtschaftspolitisches Klima. So ergibt sich eine Standortstruktur, die im Wesentlichen der Hierarchie der Zentralen Orte (s. Randspalte) entspricht. Mit der Bedeutungszunahme der Zentren wächst der Umfang der unternehmensorientierten Dienstleistungen. An der Spitze stehen die Global Cities, die laut Definition durch hochwertige, international operierende Steuerungs- und Kontrollzentralen geprägt sind.

SAP – als unternehmensorientierter Dienstleister von Baden-Württemberg in die Welt
1972 wurde im badischen Walldorf von fünf IBM-Mitarbeitern die Firma SAP (**S**ysteme, **A**nwendungen, **P**rodukte in der Datenverarbeitung) gegründet. Heute ist sie weltweit führe nder Lieferant für Unternehmenssoftware. SAP bietet Lösungen für Firmen an, um deren Produktions- und Unternehmensabläufe, Serviceleistungen, Kundenkontakte u. a. m. zu optimieren. Derzeit sind SAP-Lösungen bei ca. 75 000 Kunden in mehr als 120 Ländern im Einsatz. Von den 2 000 größten Unternehmen der Welt nutzen fast 60 % die Software von SAP.
Das Unternehmen zeigt besonders prägnant die Entwicklung, die vor allem die hoch qualifizierten unternehmensorientierten Dienstleistungen

Material
Dienstleistungen
104109-2504

Material
Infoblatt Modell der Zentralen Orte
104109-2505

Surftipp
SAP
104109-2506

11 Weltweiter Aktionsraum von SAP und Umsatzstruktur nach dem Sitz der Kunden

Nach SAP Deutschland auf www.sap.com/germany/about/index.epx, verschiedene Stellen, Dez. 2010

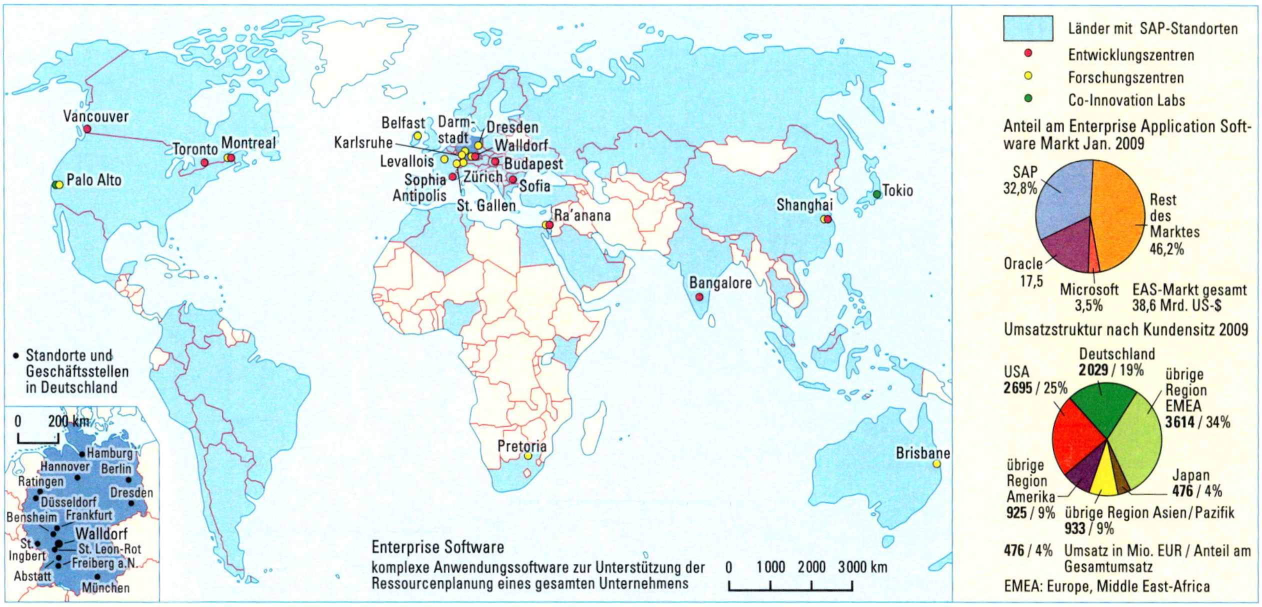

12 Entwicklung von Umsatz und Beschäftigtenzahlen bei SAP

Nach SAP Geschäftsbericht, versch. Jg.

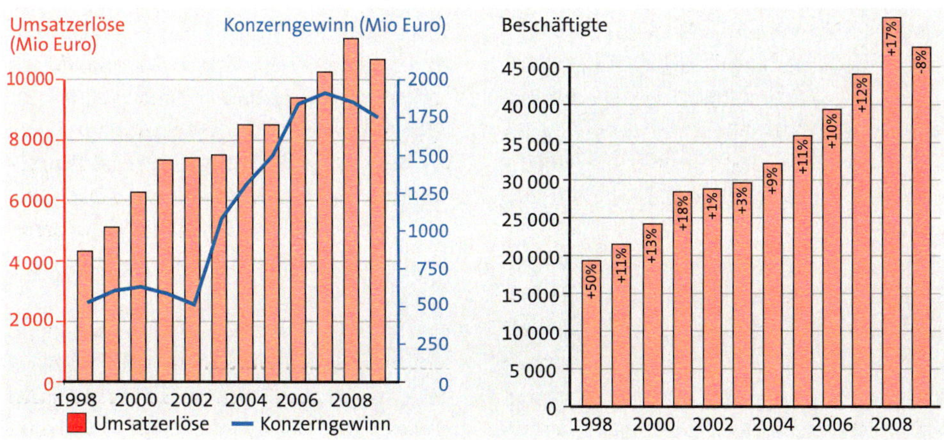

durchlaufen haben. Nach in der Regel nationalen Anfängen vollzog sich dort vor allem in den 1990er-Jahren eine rasche Internationalisierung. Dabei entwickelten sich nicht nur die Absatzmärkte der Unternehmen global, sondern es wurden auch Produktionsstätten und Vertriebssysteme im Ausland aufgebaut.

10 Stellen Sie am Beispiel von SAP wesentliche Merkmale eines unternehmensorientierten Dienstleisters dar.

11 Erklären Sie die Konzentration unternehmensorientierter Dienstleister auf Großstädte und hier insbesondere auf Global Cities.

12 „Ein leistungsfähiger Dienstleistungssektor ist eine entscheidende Voraussetzung für die internationale Wettbewerbsfähigkeit eines Landes".
Beurteilen Sie diese Aussage.

13 „Dienstleistungszentrum" Frankfurt am Main

15 Frankfurts Beschäftigtenentwicklung nach Wirtschaftssektoren (in 1000)

Nach Statistisches Jahrbuch der Stadt Frankfurt/M., verschiedene Jahrgänge

	Primärer Sektor	Sekundärer Sektor	Tertiärer Sektor
2000	1,3	80,8	507,3
2001	1,3	79,3	522,6
2002	1,3	75,9	523,1
2003	1,2	73,7	515,3
2004	1,3	70,9	515,9
2005	1,3	68,1	519,1
2006	1,3	65,3	524,8
2007	1,3	64,6	537,4
2008	1,3	64,6	551,3

Dienstleistungszentren

Dienstleistungszentrum Frankfurt am Main

14 Messe- und Handelsplatz

„In Frankfurt kreuzten sich früh Handelswege, sodass die Entwicklung zu einem internationalen Messe- und Handeslplatz konsequent war. Im Jahre 1160 wurde Frankfurt als Messestadt erstmals erwähnt und erhielt 1240 als erste Stadt im damaligen Europa das offizielle kaiserliche Privileg, jährliche Handelsmessen abzuhalten. Heute finden mehr als 50 Messen und Ausstellungen im Jahr statt. Darunter sind so bekannte Messen wie die IAA-Internationale Automobilausstellung und die traditionelle Frankfurter Buchmesse ... Mit mehr als 38 500 Ausstellern (2009) ist Frankfurt der größte Messeplatz Europas. Mehr als 2,2 Mio. Menschen besuchten im Jahr 2009 die Messe.
Der Groß- und Außenhandel ist nach der Industrie und den Banken der drittgrößte Wirtschaftsbereich der Stadt. Die intensiven Handelsbeziehungen der Frankfurter Unternehmen haben zu einem starken Engagement ausländischer Unternehmen in Frankfurt geführt; so fließen ca. 25 % der ausländischen Direktinvestitionen (ADI) nach Deutschland in die Region Frankfurt/Rhein-Main."

Nach www.frankfurt.de, Aug. 2009, gekürzt, aktualisiert

16 Wie sich Frankfurt selbst sieht

„Frankfurt am Main ist ein Finanz- und Dienstleistungszentrum von Weltrang und gehört als Mittelpunkt der dynamischen Wirtschaftsregion Rhein-Main zu den führenden Unternehmensstandorten Europas. Die zentrale Lage, die exzellente Infrastruktur mit dem größten Flughafen des Kontinents, die Konzentration zukunftsorientierter Unternehmen der unterschiedlichen Branchen und seine Internationalität profilieren Frankfurt im europäischen Vergleich ganz vorn.
Die Stadt hat rund 660 000 Einwohner, bietet jedoch über 590 000 Arbeitsplätze... In diesem produktiven Umfeld mit seinem internationalen Branchenmix florieren Unternehmen aller Größen, vom großen Industriekonzern bis zum kleinen Softwareentwickler. Viele international operierende Unternehmen haben ihre Zentrale im Großraum Frankfurt angesiedelt.
In der Mainmetropole als einem der führenden Finanzplätze sind über 300 nationale und internationale Banken vertreten. Herausragende Finanzinstitutionen wie die Europäische Zentralbank, die Deutsche Bundesbank und die Gruppe Deutsche Börse AG haben ihren Hauptsitz in Frankfurt."

Nach www.frankfurt.de, Aug. 2009, gekürzt

Surftipp
Frankfurt am Main
104109-2507

Material
Wien – Wirtschaftsregion im Tertiärisierungsprozess
104109-2508

17 Dienstleistungsstandort Frankfurt-City (Gebäudenutzung in der Innenstadt)

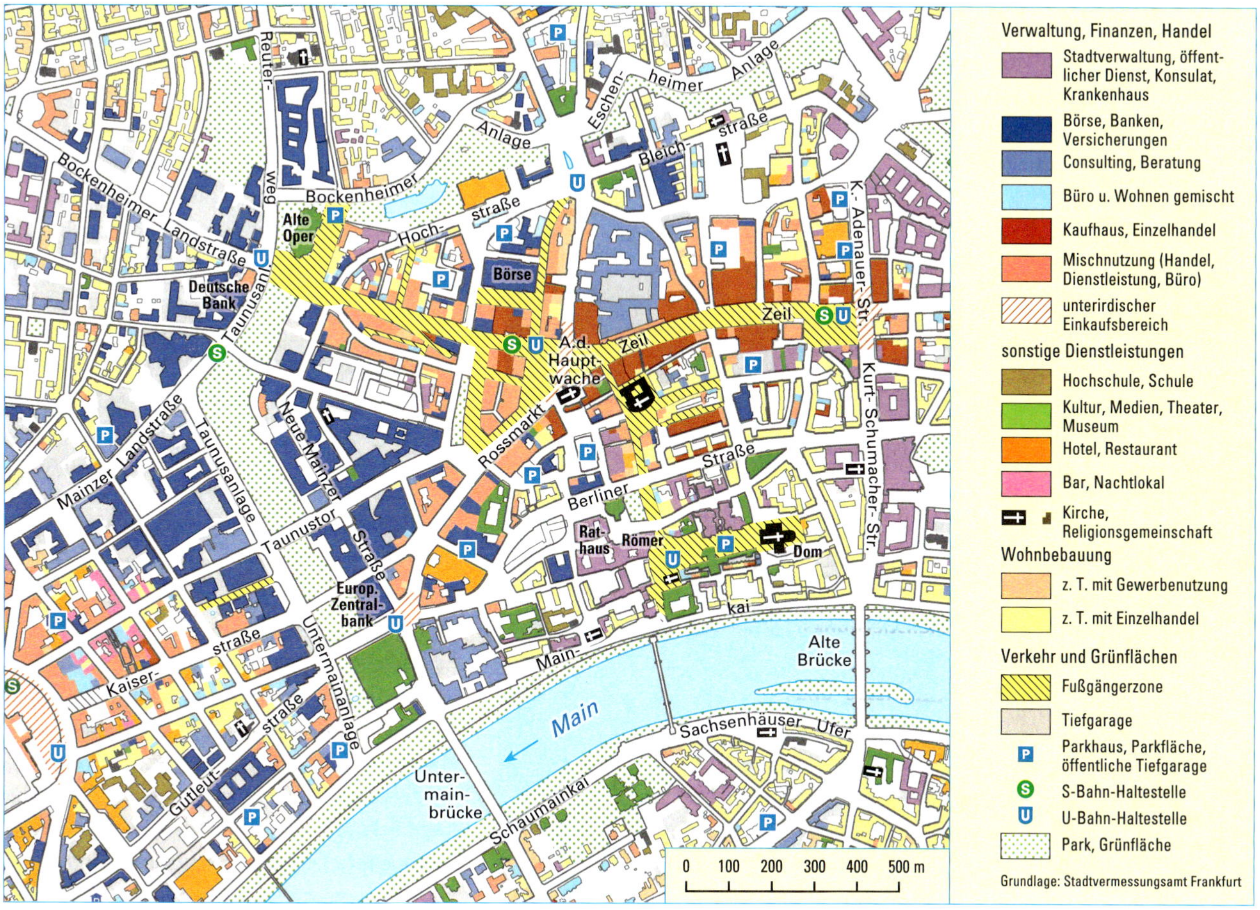

18 Verkehrsknoten Frankfurt

„Frankfurts Aufstieg zum Messe-, Handels- und Dienstleistungsplatz hängt seit jeher mit seiner verkehrsgünstigen Lage zusammen. In Deutschland gilt Frankfurt als Verkehrsknoten schlechthin. Die Verkehrsbedeutung der Stadt ruht auf vier Säulen:

1. dem größten Flughafen des Kontinents,
2. dem verkehrsreichsten Autobahnkreuz Deutschlands,
3. dem größten Personenbahnhof Deutschlands

sowie

4. einem bedeutenden Binnenhafen.“

Nach www.frankfurt.de, Nov. 2008

13 Nennen Sie Merkmale, die die Stadt Frankfurt als Dienstleistungszentrum kennzeichnen.

14 Arbeiten Sie aus Karte 17 heraus:

a) Einrichtungen des Tertiären Sektors in der Frankfurter Innenstadt,

b) die räumliche Gliederung der Innenstadt nach Dienstleistungstypen.

15 Erstellen Sie mithilfe dieser Doppelseite und weiterer Quellen eine Übersicht zum Thema „Entwicklung Frankfurts zur Dienstleistungsmetropole“.

16 Vergleichen Sie die Entwicklung von Frankfurt am Main und Wien zur Dienstleistungsmetropole (Informationen zu Wien über den Online-Link 104109-2508).

2.6 Tourismus prägt Räume

Kompetenzen erwerben:
- die wirtschaftliche Bedeutung des Tourismus für Deutschland kennzeichnen,
- Auswirkungen des Tourismus auf die Wirtschafts-, Sozial- und Raumstruktur beschreiben,
- das Potenzial und den Wandel eines Feriengebietes am Beispiel der Insel Sylt erläutern,
- Umwelteinwirkungen des Tourismus nennen,
- Chancen und Umsetzungsschwierigkeiten eines „nachhaltigen" Tourismus erörtern,
- mithilfe des Internets ein Porträt des Nationalparks Eifel erstellen.

Marktvolumen
gesamte Nachfrage in einem bestimmten Sektor in einer Zeiteinheit (Jahr)

2 Tourismusarten

„Freizeitverhalten und Fremdenverkehr lassen sich aus geographischer Sicht in vielfältiger Weise differenzieren: nach der Destination (Küste, Hochgebirge, Städte), der Aufenthaltsdauer (Tagesausflug, Wochenendreise, mehrwöchiger Urlaub), der Jahreszeit (Sommer-/Wintertourismus), dem Grad der Infrastrukturausstattung und -nutzung (sanfter/harter Tourismus), nach den Touristenzahlen (Massentourismus/Individualtourismus) und der Reichweite (von Naherholung bis Ferntourismus). In vielen ... Tourismusstudien wird eine Kombination dieser Typisierungen vorgenommen, u.a. in Seebäder, Badeorte an Binnenseen, Erholungsorte mit überwiegendem Wintertourismus, Destinationen mit starker Sommersaison, Kurorte, Heilbäder, Orte mit reinem Besichtigungsverkehr oder Tagesausflugsziele. [In der modernen Geographie] geht man sinnvollerweise von einer weiter gefassten „Geographie des Freizeitverhaltens" aus, die außer dem Tourismus grundsätzlich alle Freizeitaktivitäten und damit auch Naherholung oder Aktivitäten im Wohnumfeld einbezieht."

Rüdiger Glaser u. a.: Geographie Deutschlands. Darmstadt: Wissenschaftliche Buchgesellschaft 2007, S. 191

Bedeutung des Tourismus

Nicht nur Hoteliers und andere Gastgeber leben von den Touristen. Viele weitere Branchen hängen direkt und indirekt vom Fremdenverkehr ab, z. B. Einzelhandel, Baugewerbe, Handwerk und Verkehrsunternehmen.
Tourismus wird häufig als natürliche Nutzung in peripheren und ländlichen Räumen angesehen. Für einige Regionen wie die Alpen, die Mittelgebirge und die deutschen Küsten stellt der Tourismus eine wichtige Wirtschaftsgrundlage dar.
Welchen Wandel erfahren traditionelle Fremdenverkehrsregionen, insbesondere die an der See und im Gebirge? Die Erlebnisgesellschaft von heute sucht weitere Attraktionen. Welche raumprägende Bedeutung ergibt sich aus diesen neuen Lebensorientierungen?

3 Ausgabenstruktur bei Übernachtungsgästen in Deutschland (2009)

Nach Deutsches Wirtschaftswissenschaftliches Institut e.V. (Hrsg.): Ausgaben der Übernachtungsgäste in Deutschland, Schriftenreihe Nr. 53, München 2010, S. 143

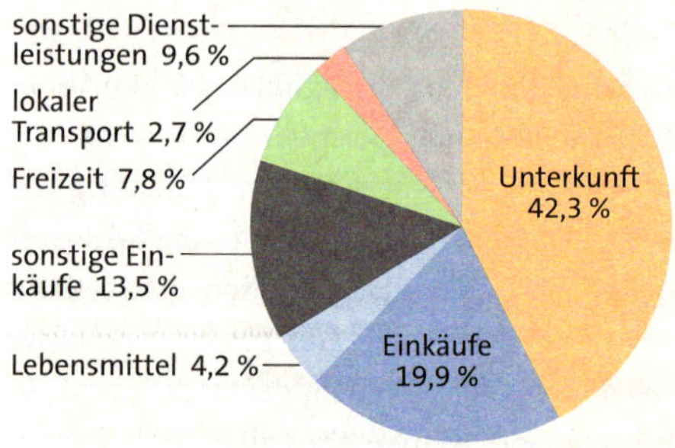

1 Entwicklung des Marktvolumens im Freizeitsektor in Deutschland

Nach ebenda, S. 194

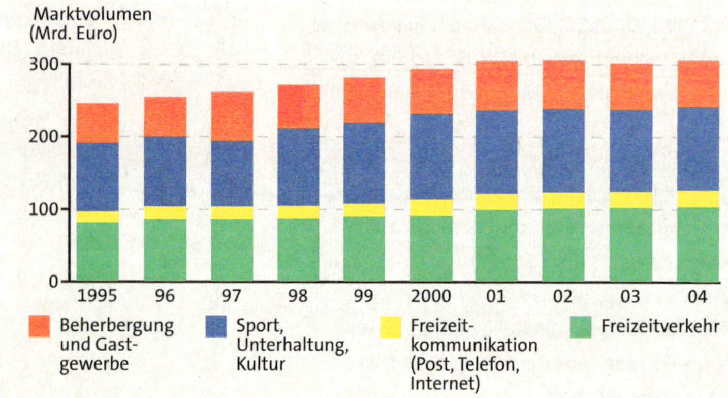

1 Ordnen Sie ausgewählten Haupttourismusregionen in Deutschland mögliche Tourismusarten zu.

2 Analysieren Sie die regionale Verteilung der Fremdenverkehrsgebiete in Deutschland (Karte 7).

3 Nach Angaben des Statistischen Bundesamtes sind in Deutschland nur etwa sieben Prozent aller Arbeitsplätze vom Tourismus abhängig. Kennzeichnen Sie die wirtschaftliche Bedeutung des Tourismus.

4 Geändertes Reiseverhalten

„Der Trend zu ... Kurzurlauben und Wochenendreisen im Inland hat zu einem Wandel der Angebotsstrukturen in Deutschland geführt. Neben den klassischen Urlaubsdestinationen und den Freizeitaktivitäten in der Natur sind künstliche Erlebniswelten und große Freizeitanlagen in den Blickpunkt gerückt. Bereits 7–8 % der Bevölkerung Deutschlands besuchen ... im Jahr einen Freizeitpark."

Nach Rüdiger Glaser a. a. O., S. 193

5 Übernachtungen in Beherbergungsstätten 2008

Nach Statistisches Bundesamt, Wiesbaden, März 2009

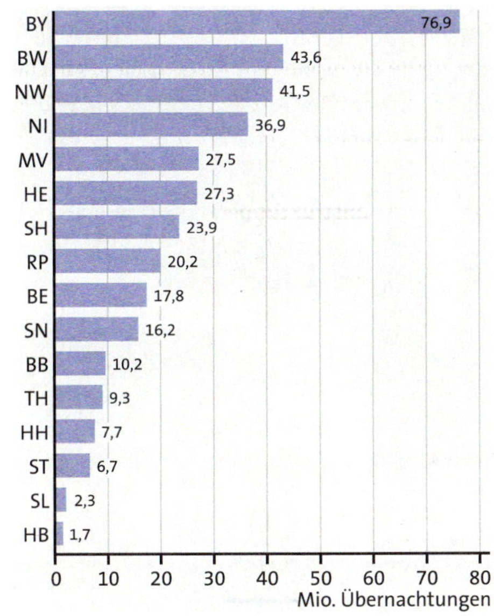

6 Tourismus in Deutschland

„Die deutsche Tourismusbranche zählt zu den wichtigsten wirtschaftlichen Sektoren in Deutschland und besitzt enormes ökonomisches Potenzial ... 2,8 Millionen Arbeitsplätze ... sprechen für sich. Die Bruttoumsätze ... belaufen sich auf jährlich rund 233 Milliarden Euro ... Die Vorteile Deutschlands liegen auf der der Hand: hohe Qualität bei Service- und Dienstleistungen, ... sehr gute Infrastruktur und nicht zuletzt fehlende Sprachbarrieren."

www.deutschertourismusverband.de, Nov. 2010

7 Deutschland: Tourismus und Landschaftsschutz

Nach Haack Weltatlas. Gotha: Klett-Perthes 2007, S. 28

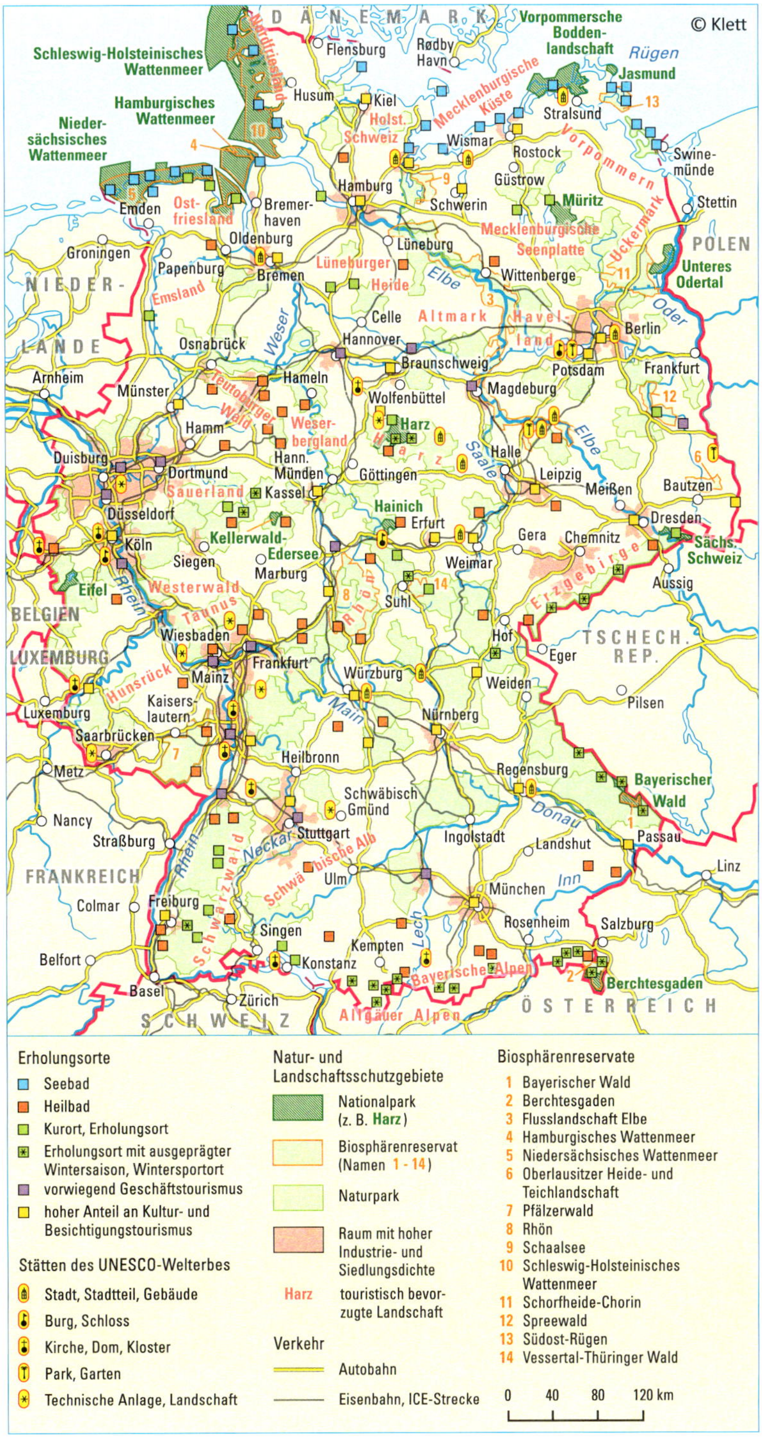

8 Sylt – Landschaftselemente, Bevölkerungsentwicklung und Entwicklung der touristischen Bevölkerung

Nach Christoph Becker et al. (Hrsg): Handbuch der Geographie der Freizeit und des Tourismus. München: Oldenbourg 2003, S. 543 ff., ergänzt nach Auskünften der Stadt Westerland und der Sylt Marketing GmbH im Dezember 2007

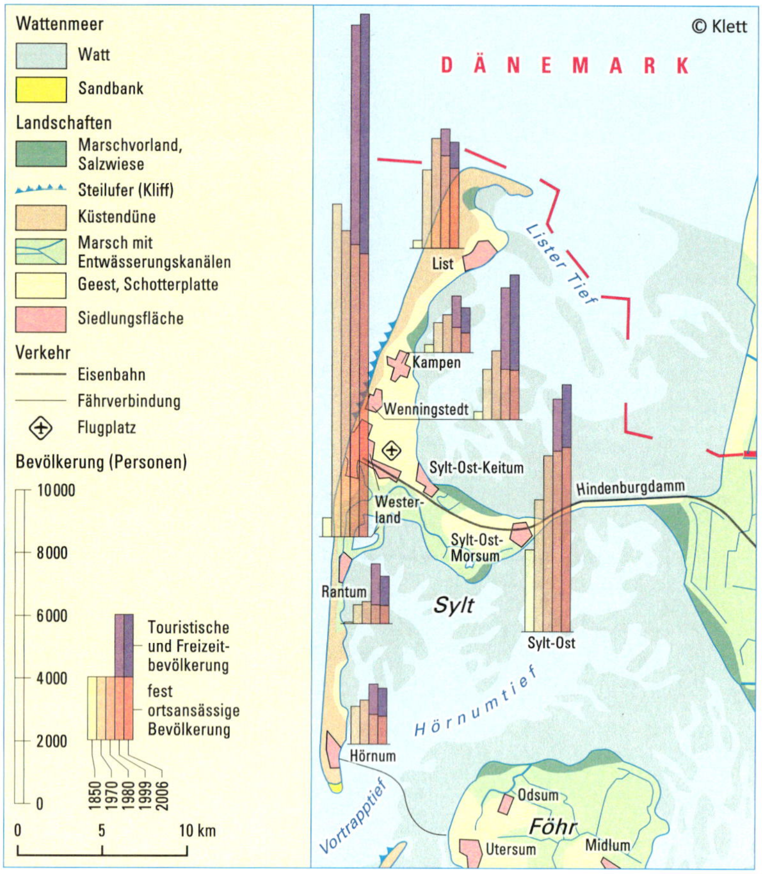

9 Satellitenbild von Sylt

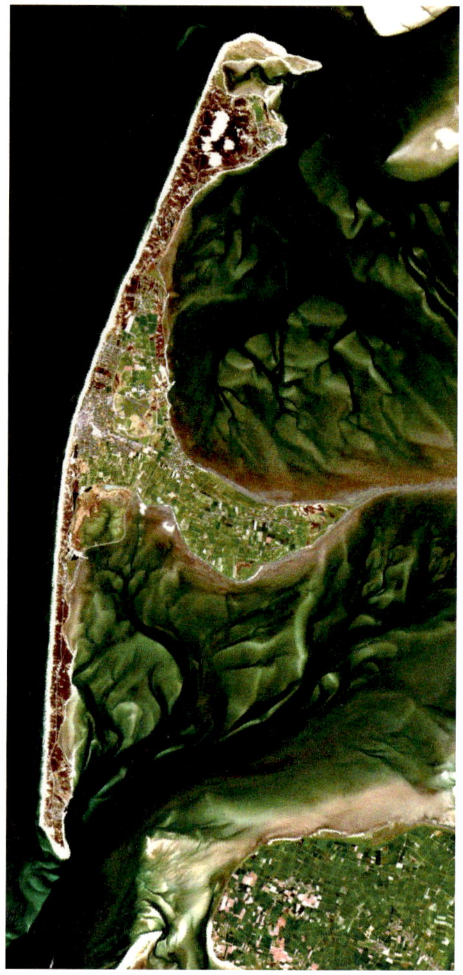

Tradition und Wandel in Feriengebieten – Nordseebad Sylt

Die deutsche Nordseeküste hat einen besonderen Reiz durch das Wechselspiel von Ebbe und Flut sowie durch das Nebeneinander von Strand und Wattenmeer. Der Küste vorgelagert sind die Ost- und die Nordfriesischen Inseln, die heute weitgehend vom Tourismus leben. Das wohl bekannteste Ziel ist die Insel Sylt im äußersten Norden an der Grenze zu Dänemark.

Vor ungefähr 8000 Jahren wurde die 98 km² große Insel infolge einer Sturmflut vom Festland abgetrennt. Sie ist 38,5 km lang und zwischen 600 m und 12,5 km breit. Auf ihr leben heute gut 27000 Menschen.

Das Leben wurde Jahrhunderte lang vom Meer geprägt: im 15. und 16. Jh. vom Heringsfang, im 17. und 18. Jh. vom Walfang. Gleichzeitig betrieben Frauen und Kinder auf der Insel einen spärlichen Ackerbau und etwas Viehzucht. Ein gravierender Wandel setzte im 19. Jh. ein, besonders mit der Gründung des Seebades Westerland im Jahre 1855. Schon um 1890 hatte es Keitum als größten Ort abgelöst. Die Verbesserung der Verkehrsanbindung und weitere Stationen förderten die Ausweitung des Tourismus:

10 Klimadiagramm von List/Sylt

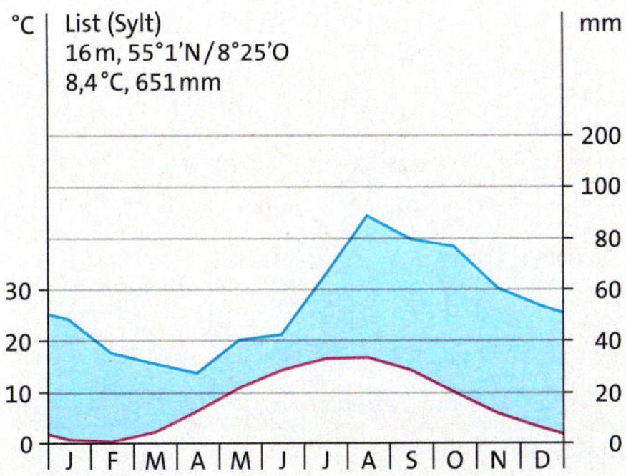

12 Übernachtungen in Westerland Ebenda

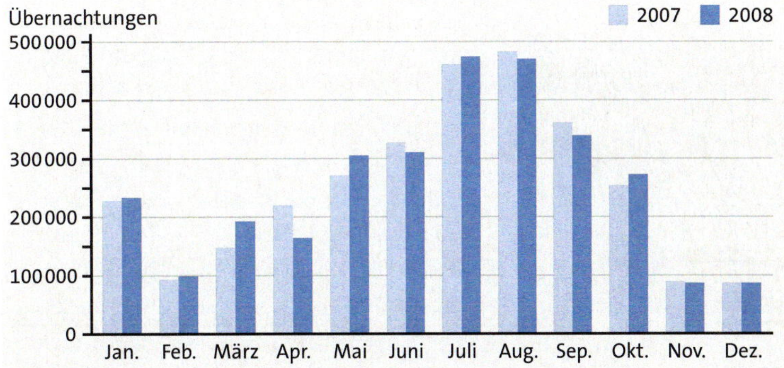

11 Durchschnittliche Aufenthaltsdauer der Gäste in Westerland, 1988–2008 (in Tagen)

Nach Sylt Tourismus-Service: Tourismus-Statistik 2008, unter: www.westerland.de

1988	12,7	2000	9,5
1990	11,1	2002	9,2
1992	11,0	2004	9,0
1994	10,8	2006	8,4
1996	10,3	2008	8,4
1998	9,7		

13 Entwicklung der Gästezahlen in Westerland Ebenda

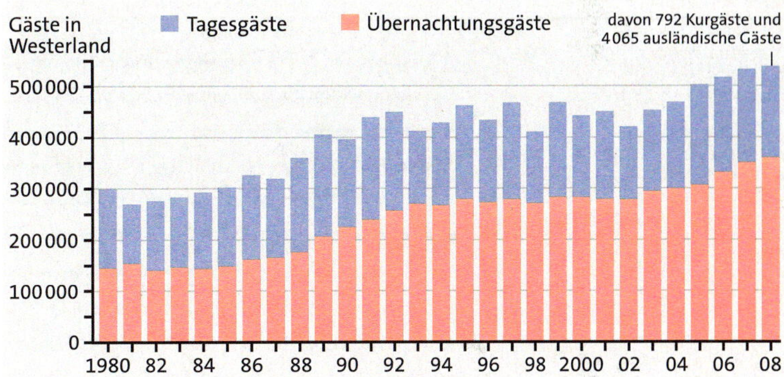

- 1925 Landung der ersten Flugzeuge auf Sylt,
- 1927 Fertigstellung des Hindenburgdamms,
- 1949 Eröffnung der Spielbank Westerland,
- 1954 Einweihung des ersten FKK-Strands,
- 1969 Fertigstellung des Kurzentrums,
- 1994 Einweihung des Freizeitbades.
- 2004 Eröffnung des Großaquariums

Fremdenverkehr stärkt die überörtliche Bedeutung eines Ortes. Gut erreichbare Ferienorte erleben einen zeitweisen Bevölkerungszuwachs durch Ferien- und Zweitwohnungen. Dadurch erlangen sie gegenüber Orten mit gleicher Bevölkerungszahl eine größere überörtliche Bedeutung. Dies äußert sich in höheren Bodenpreisen, stärkeren Pendlerströmen und in der Verdrängung von Branchen mit schlechter bezahlten Arbeitsplätzen. War das Wirtschaftsleben früher von starken saisonalen Schwankungen geprägt, so ist seither ein ganzjährig pulsierendes Leben zu beobachten.

Um die Bedeutung von Fremdenverkehrsorten als Zentrale Orte in der Raumplanung aufzuwerten, wurde zur statistisch als Einwohner erfassten Wohnbevölkerung eine „Freizeitbevölkerung" hinzugezählt. Dazu werden die Übernachtungszahlen eines ganzen Jahres rechnerisch auf einen Tagesdurchschnitt verteilt. Für Westerland z. B. ergibt sich dadurch für 2006 statt 9 013 Einwohnern eine Gesamtbevölkerung von 16 649 Bewohnern.

Seite 132
Zentrale Orte

4 Beschreiben Sie die naturräumlichen Strukturen von Sylt als Grundlage für den Tourismus.

5 Erläutern Sie die Entwicklung des Fremdenverkehrs der Insel.

6 Erörtern Sie den Vorschlag, Touristen als „Freizeitbevölkerung" der Wohnbevölkerung hinzuzurechnen.

14 Haus der Nachhaltigkeit Eifel

Nachhaltige Nutzung durch sanften Tourismus?

1980 veröffentlichte der Zukunftsforscher und Empfänger des Alternativen Nobelpreises Robert Jungk einen Aufsehen erregenden Aufsatz mit dem Titel „Wie viel Touristen pro Hektar Strand?“ Darin warnt er vor den ökologischen und sozialen Auswirkungen des Tourismusbooms und stellt in einer Übersicht Charakteristika von „hartem Reisen“ und „sanftem Reisen“ gegenüber. Seitdem ist der Terminus „sanfter Tourismus“ ein fester Bestandteil in der Diskussion um die negativen Folgen des ausufernden Freizeitverkehrs und bei der Suche nach alternativen Formen geworden.

Heute ist uns allen bewusst, welch gewaltige Ansprüche der Fremdenverkehr an Raum und Umwelt stellt. Verkehrsströme, Flächenverbrauch, Bodenversiegelungen durch Infrastruktureinrichtungen, aber auch die Freizeitaktivitäten selbst sind als ursächliche Faktoren zu nennen. Die Suche nach dem Außergewöhnlichen, nach dem Abenteuer im Urlaub erreicht immer neue Dimensionen, sodass auch die letzten Naturnischen erschlossen werden. Manche Regionen werden allein vom Tourismus geprägt mit fatalen Folgen für die Umwelt und das soziale und kulturelle Gefüge.

Angesichts dieser Entwicklung ist die Forderung nach alternativen Tourismusformen nur zu verständlich. Dabei stehen Umweltgesichtspunkte zwar im Mittelpunkt der Überlegungen, diese müssen aber mit den ökonomischen und gesellschaftlichen Interessen in Einklang gebracht werden. Wird aber nachhaltige Raumnutzung allein durch sanften Tourismus erreicht? Wird nicht vielmehr durch Einrichtungen für den Massentourismus an anderer Stelle der Erfolg für einen nachhaltigen Ökotourismus erst gesichert?

16 Nachhaltiger Tourismus

„Nachhaltiger Tourismus ist von den Grundsätzen der Erklärung von Rio über Umwelt und Entwicklung und den Empfehlungen der Agenda 21 geleitet. Er muss soziale, kulturelle, ökologische und wirtschaftliche Verträglichkeitskriterien erfüllen. Nachhaltiger Tourismus ist langfristig, d.h. in Bezug auf heutige wie auf zukünftige Generationen, ethisch und sozial gerecht und kulturell angepasst, ökologisch tragfähig sowie wirtschaftlich sinnvoll und ergiebig.“

Bundesamt für Naturschutz: Definition Nachhaltiger Tourismus, unter: www.bfn.de/0323_iye_nachhaltig.html, Jan. 2010

15 „Harter“ und „sanfter“ Tourismus

Harter Tourismus	Sanfter Tourismus
Die Touristen wirken „als Masse aufdringlich“	Touristen reisen einzeln oder in Kleingruppen
Touristen bringen Hektik und Lärm	Die Reisenden nehmen sich Zeit und genießen die Ruhe
Touristen sind in feste Programme eingebunden	Gäste entscheiden spontan vor Ort
Einrichtungen für den Tourismus bestimmen das Landschaftsbild nachteilig	Einrichtungen passen sich in die gewachsene Kulturlandschaft harmonisch ein
Die Reisenden kommen weitgehend unvorbereitet	Die Reisenden bereiten sich vor
Mögliches Fehlverhalten muss mit Sanktionen bedroht werden	Reisende nehmen Rücksicht auf die örtlichen Verhältnisse
Reisende hinterlassen „hässliche Spuren“	Reisende sind „allseits gerne gesehen“

17 Eckpunkte eines nachhaltigen Tourismus

ökologische Dimension
- sparsamer Umgang mit Ressourcen
- Abfallvermeidung
- Schutz von Flora und Fauna
- Erhalt von Vielfalt und Schönheit der Natur- und Kulturlandschaft

ökonomische Dimension
- Schaffung und Sicherung von Arbeitsplätzen
- Vermeidung eines überhöhten Devisenabflusses
- Gewährleistung eines angemessenen Lebensstandards der Bevölkerung
- Langfristige Sicherung der materiellen touristischen Ressourcen

soziale Dimension
- Bewahrung der kulturellen Identität
- Gewährleistung der Teilnahme der Bevölkerung an Entscheidungen
- Beitrag zur Sicherung der materiellen und immateriellen Grundbedürfnisse
- Bewahrung überkommener Wirtschaftszweige

Nationalparks und nachhaltiger Tourismus

18 Nationalparks und ihre Geschichte

„Nationalparks sind großflächige Schutzgebiete zur Erhaltung der Naturlandschaft mit ihren typischen Entwicklungsprozessen und ihren charakteristischen heimischen Tier- und Pflanzenarten. Ihr Motto lautet: ‚Natur Natur sein lassen'. Sie leisten damit einen wichtigen Beitrag zum Schutz der biologischen Vielfalt und zur Bewahrung des Naturerbes für zukünftige Generationen. Sie dienen unter Beachtung ihres Schutzauftrages dem Naturerleben und der Erholung der Bevölkerung sowie der Forschung."

Nationalparkforstamt Eifel (Hrsg.): Nationalparkplan. Band 1: Leitbild und Ziele. Schleiden-Gemünd 2008, S. 2

Schon seit ihrer Gründungsidee sind **Nationalparks** Schwerpunkte und Magnete des Tourismus. Dass es dadurch zu Konflikten zwischen den Erfordernissen des Naturschutzes und den Wünschen der Touristen kommen kann, liegt auf der Hand. Andererseits können die Nationalparks mit den Einnahmen aus dem Tourismus Schutzmaßnahmen zum Erhalt der Natur finanzieren und die Besucher können schließlich durch das Naturerlebnis eine positive Einstellung gegenüber dem Naturschutz gewinnen.

Beispiel: Nationalpark Eifel

Der Nationalpark Eifel wurde am 1.4.2004 eingerichtet, nachdem das belgische Militär seinen Truppenübungsplatz „Vogelsang", der mitten im heutigen Parkgebiet liegt, aufgegeben hatte und die deutsche Bundeswehr auf eine Nachfolgenutzung verzichtete. Der Nationalpark Eifel ist einer von 14 deutschen Nationalparks. Er liegt in der Rureifel nahe der belgischen Grenze, ca. 65 km südwestlich von Köln und hat eine Größe von annähernd 11 000 ha. Gemäß der international gültigen Satzung für Nationalparks ist die Natur im Schutzgebiet nicht unbedingt sich selbst überlassen. Regulierende Eingriffe sind vielmehr möglich, wenn dies nötig ist, um z. B. die Artenvielfalt zu maximieren oder seltenere Arten zu begünstigen.

19 Nationalpark Eifel

www.nationalpark-eifel.de/go/eifel/german/Anreise__und__Unterkunft/Anreise.html, Nov. 2010

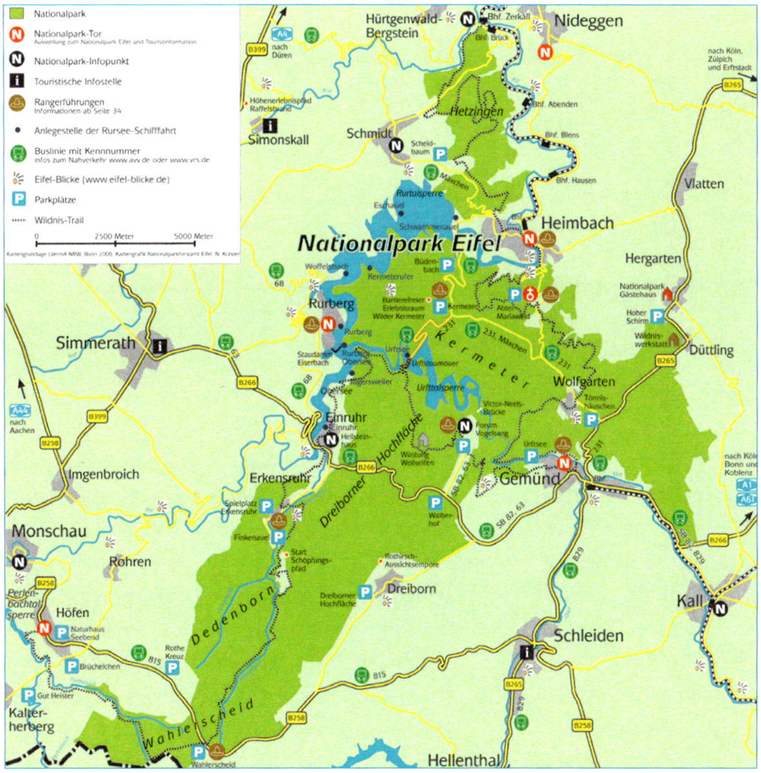

Aufgrund seiner naturräumlichen Vielfalt mit Laubwäldern, Felsen, Flusstälern, Stauseen, Heide-, Feucht- und Moorgebieten, seiner Lage im bevölkerungsreichen Nordrhein-Westfalen sowie seiner guten Erschließung und Erreichbarkeit wird er besonders von Tages- und Wochenendausflüglern besucht. Entsprechend hoch sind die Besucherzahlen.

Ökologisch ist der Nationalpark Eifel kein geschlossenes System, sondern er steht in vielfältigen Wechselbeziehungen zu seiner Umgebung. Auch deshalb ist es schwierig, stets eine Balance zwischen Naturschutz und öffentlicher Zugänglichkeit zu finden.

7 Erklären Sie den Begriff „nachhaltiger Tourismus".

8 Erstellen Sie mithilfe von Karte 19 und des Internets ein Porträt des Nationalparks Eifel.

9 Diskutieren Sie abschließend, welchen Beitrag Naturparks zu einem nachhaltigen Tourismus leisten können.

2.7 Verkehr und Logistik verbinden Räume

1 Raumüberwindung durch Verkehr

Kompetenzen erwerben:
- Bedeutung des Verkehrs für die wirtschaftliche Entwicklung eines Raumes erörtern,
- Rahmenbedingungen und Entwicklungen des Verkehrs analysieren,
- die Umweltverträglichkeit von Verkehrsprojekten an einem konkreten Beispiel untersuchen,
- neue Tendenzen im Verkehr und in der Logistik darstellen,
- Maßnahmen zur Eindämmung des Transitverkehrs in den Alpen beurteilen.

In allen Industrieländern ist der Verkehrsbereich ein starker Wirtschaftsfaktor, dessen Wertschöpfung seit Jahren stärker wächst als die der Gesamtwirtschaft. Seine wirkliche Bedeutung wird aber erst erkennbar, wenn man ihn im Zusammenhang mit anderen Wirtschaftsbereichen und -branchen sieht, z. B. mit dem Fahrzeugbau, mit der Bauwirtschaft, dem Warenhandel, dem Tourismus oder mit vor- und nachgelagerten Serviceleistungen.

2 Was ist Verkehr?

„Verkehr wird definiert als Raumüberwindung durch Personen, Güter und Nachrichten. Er stellt folglich ein wichtiges Bindeglied zwischen Gesellschaft, Wirtschaft und Raum dar. Die Beschleunigung und Verbilligung der Raumüberwindung lässt weit voneinander entfernte Orte, Regionen und Länder näher zusammenrücken. Private Aktionsräume werden ausgeweitet, und firmenbezogene regionale Produktions- und Konsumkreisläufe verlieren an Bedeutung zugunsten internationaler Absatz- und Beschaffungsverflechtungen. Die neuen verkehrlichen Möglichkeiten verändern die räumlichen Beziehungsmuster und führen zu gewandelten Standortnetzen und Nutzungsstrukturen, die ihrerseits wieder Verkehr induzieren."

Helmut Nuhn: Verkehr und Kommunikation. In: Elmar Kulke (Hrsg.): Wirtschaftsgeographie Deutschlands, Gotha: Klett-Perthes 1998, S. 199

Rahmenbedingungen und Entwicklungen im Verkehr

Art und Umfang des Verkehrs werden von vielen verschiedenen Faktoren beeinflusst. Bevölkerungsentwicklung und wirtschaftliches Wachstum spiegeln sich ebenso in der Zunahme des Verkehrsaufkommens wider wie der soziale Wandel und geänderte Lebensweisen. Eng verbunden ist die Entwicklung des Verkehrs mit neuen Technologien, Arbeitsformen und Produktionskonzepten in der Industrie und im Dienstleistungsbereich. Besonders stark trägt in den letzten Jahrzehnten die **Globalisierung** zum Anstieg des Verkehrs bei, zumal neue Informations- und Kommunikationstechnologien hier neue Handlungsoptionen für den Verkehr eröffnen. Nicht zuletzt wirken auch politische Neuordnungen auf das Verkehrsgeschehen ein.

Güterverkehr

In vorindustrieller Zeit betraf der Fernhandel (z. B. mit Seide oder Gewürzen) nur die Minderheit der Oberschicht. Die Transportmengen waren gering, der Güterverkehr beschränkte sich im Wesentlichen auf die Nahversorgung zwischen Stadt und Land („Marktverkehr").

Erst mit der Industrialisierung erfuhr der Verkehr eine rasante Steigerung. Die Nutzbarmachung der Dampfkraft erhöhte die Reisegeschwindigkeit und die Transportkapazitäten. Die steigende Industrieproduktion ergab einen steigenden Materialbedarf und einen entsprechend

3 Entwicklung der Verkehrsleistung im Personen- und Güterverkehr in Deutschland (bis 1990 alte Bundesländer)

Nach Bundesministerium für Verkehr, Bau- und Wohnungswesen (Hrsg): Verkehr in Zahlen, 35. Jg. Hamburg: Deutscher Verkehrs-Verlag 2006; aktualisiert

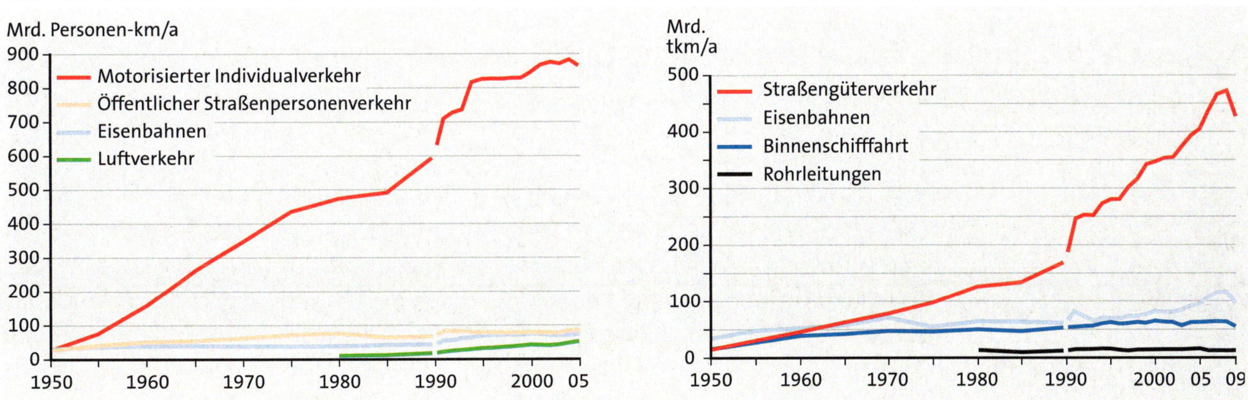

steigenden Güterverkehr. Verkehrsanschlüsse und Verkehrseinrichtungen entwickelten sich zu entscheidenden **Standortfaktoren**. Wichtigster Verkehrsträger wurde die Eisenbahn.

Mit der „Verkehrswende“ der 1960er-Jahre, der Massenmotorisierung nach amerikanischem Vorbild, verlagerte sich der Güterverkehr stark auf die Straße, u.a. begünstigt durch den großzügigen Ausbau der Fernstraßen. Das Transportaufkommen von Massengütern ging in den 1960er und 1970er-Jahren infolge der Krise des Bergbaus und der **Schwerindustrie** zwar zurück, die Verkehrsleistung stieg jedoch weiter, u.a. weil die Transportvorgänge immer komplexer wurden, was eher dem Straßenverkehr als dem Schienenverkehr zugute kam. Da in der Verarbeitenden Industrie eine zeitgerechte Anlieferung in kleineren Partien immer wichtiger wird, gestaltet sich die Rückeroberung von Marktanteilen durch die Bahn schwieriger, zumal diese sich im Konkurrenzkampf mit der Straße bzw. dem Lkw als zu langsam und wenig flexibel erweist.

Unverzichtbarer Bestandteil des Welthandels ist seit Mitte der 1970er-Jahre der Containerverkehr. Mit standardisierten Ladebehältern erlaubt er eine optimale technische Verknüpfung mit den vor- und nachgelagerten Verkehrsträgern Binnenschiff, Bahn und Lkw. Dies erhöht nicht nur die Genauigkeit der Lieferzeiten. Es verkürzen sich auch die Umschlags- und Liegezeiten der Schiffe in den Häfen, was wiederum Kostenreduzierung bedeutet.

4 Entwicklung von Verkehr und Wertschöpfung in Deutschland

Daten nach ebenda

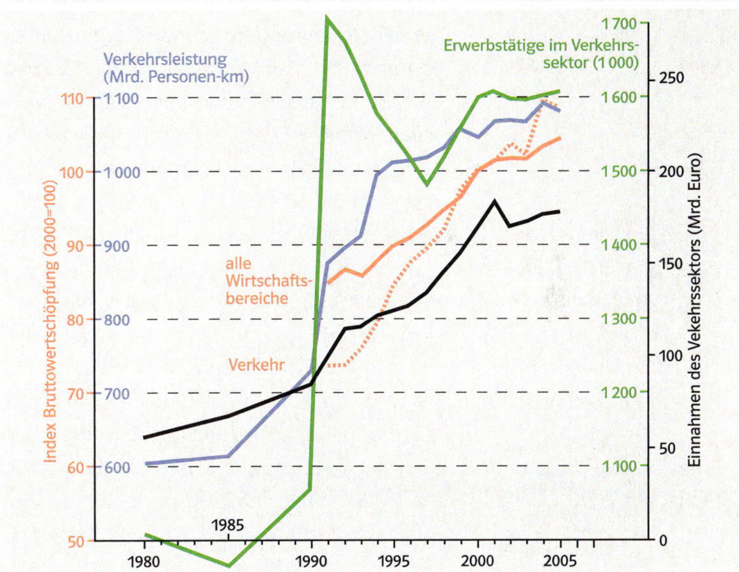

5 Projekt Tiefseewasser-Containerhafen JadeWeserPort bei Wilhelmshaven

6 Anteile der Verkehrsarten am Personenverkehr in Deutschland 2009 (beförderte Personen in Mio.)

Nach Statistisches Bundesamt Wiesbaden 2010

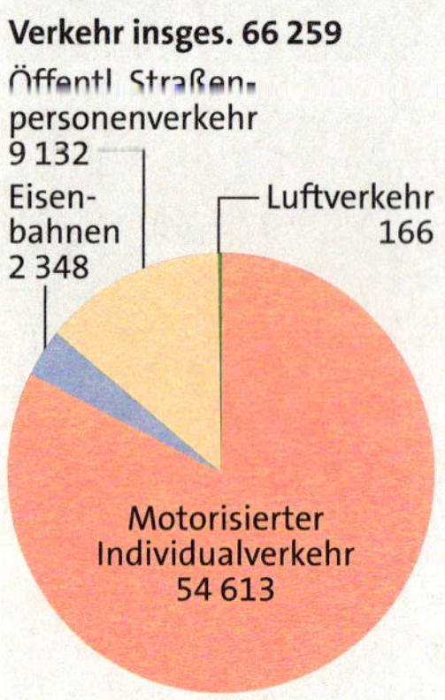

Die **Globalisierung** der Weltwirtschaft, insbesondere die Aufteilung von Produktionsprozessen auf verschiedene Länder und Kontinente sowie die arbeitsteilige Komponenten- und Teilefertigung rund um den Globus, brachte eine weitere sprunghafte Steigerung des Güterverkehrs mit sich. Da die moderne Wirtschaft rasch reagieren muss, spielt die Transportgeschwindigkeit heute eine ganz entscheidende Rolle. Davon profitiert natürlich in erster Linie der Luftverkehr, der seit den 1970er-Jahren von allen Verkehrsträgern die höchsten Wachstumsraten verbuchen kann. Mit der Globalisierung der Wirtschaft kommt es auch zu einem Wandel der Art der transportierten Güter sowie der Qualität des Transportes selbst. Der zunehmende Austausch von hochwertigen, gewichtsarmen und leicht verderblichen Gütern, z.B. elektronischen Geräten bzw. Bauteilen, Frischgemüse oder Schnittblumen, kommt vor allem dem Lufttransport zugute. So profitiert dieser einerseits vom Globalisierungsprozess, und andererseits treibt er globale arbeitsteilige Produktionsprozesse voran.

Personenverkehr

In der vorindustriellen Gesellschaft war die Einheit von Wohn- und Arbeitsplatz ein wesentliches Merkmal. In der Frühphase der Industrialisierung kam es zur Trennung von Wohn- und Arbeitsplatz. Zunächst wurden kurze Entfernungen zu Fuß überbrückt. Im Zuge der industriellen Entwicklung mussten die Beschäftigten jedoch immer größere Entfernungen zum Arbeitsplatz zurücklegen. Der Pendlerverkehr entstand und mit ihm wuchs das Aufkommen im Personenverkehr.

In dem Maße, wie während der **Suburbanisierung** in Deutschland ab ca. 1965 große Bevölkerungsteile an den Stadtrand bzw. ins städtische Umland zogen, nahm auch das Verkehrsaufkommen zu. Obwohl auch industrielle und tertiärwirtschaftliche Arbeitsplätze an die Peripherie zogen, kam es kaum zu einer spürbaren Entlastung der Verkehrswege. Viele Arbeits- und Ausbildungsplätze blieben in den Innenstädten erhalten. Da die zentralen Dienstleistungen (Verwaltung, kulturelle Angebote, medizinische Einrichtungen etc.) auch von den Bewohnern des Umlandes genutzt werden, erhöhte sich das Verkehrsaufkommen weiter. Den größten Anteil am gewachsenen Individualverkehr machen jedoch nicht der Berufs- und Ausbildungsverkehr aus, sondern der Freizeitverkehr. Die Ursachen sind der gestiegene Lebensstandard und die zunehmende Freizeit, aber auch technologische Innovationen, wie der Bau immer größerer und leistungsfähigerer Flugzeuge, die das Fliegen wirtschaftlicher und für die Kunden preiswerter machten, sowie der Ausbau des Charterverkehrs mit seinem Angebot an Pauschalflügen.

Telekommunikation

Der Begriff Telekommunikation, früher auch „Nachrichtenverkehr“ genannt, bezeichnet im Allgemeinen jeglichen Austausch von Informationen über eine gewisse Distanz hinweg – sei es durch Briefe, Signale, Telefon oder mithilfe der modernen Kommunikationsmedien. Telekommunikationseinrichtungen, heute ein elementarer Bestandteil der Infrastruktur, bewirken weitreichende Veränderungen im Verkehr nicht nur von Nachrichten, sondern auch von Personen und Gütern. So erlauben z.B. elektronische Informationssysteme eine kontinuierliche Überwachung von Transportketten sowie eine bessere Auslastung von Transportsystemen. Im Idealfall können Kommunikationsmedien sogar dazu beitragen Verkehr zu ersetzen.

1 Erläutern Sie den Zusammenhang zwischen Wirtschaftsentwicklung und Verkehrsentwicklung.

2 Stellen Sie anhand übergeordneter Gesichtspunkte eine Liste von Faktoren zusammen, die den Umfang des Verkehrs beeinflussen.

3 Untersuchen Sie ein ausgewähltes Verkehrsprojekt Deutsche Einheit unter dem Gesichtspunkt „Umweltverträglichkeit kontra wirtschaftliche Entwicklung“.

Material
Fallbeispiel Küstenautobahn A 20
104109-2701

Material
Fallbeispiel Verkehr und Umweltbelastungen
104109-2702

Fallbeispiel Verkehrsprojekte Deutsche Einheit

7 Verkehrsaufgaben nach der Wiedervereinigung

„Die Wiedervereinigung 1990 hat Deutschland in räumlicher Hinsicht vor die Aufgabe gestellt, die in 40 Jahren gekappten Verkehrs- und Kommunikationsverbindungen zwischen Ost und West wiederherzustellen. Nach der Gründung der beiden deutschen Staaten waren nur wenige grenzüberschreitende Verkehrsverbindungen als Transportkorridore zwischen dem Bundesgebiet und Berlin-West aufrechterhalten worden. Im Grenzgebiet auf östlicher Seite waren zahlreiche Schienenstrecken demontiert worden, Straßen endeten blind. Der Personen- und Güteraustausch zwischen Ost und West spielte ... kaum eine Rolle. Auch erwies sich der Zustand der Verkehrsinfrastruktur – insbesondere Autobahnen und Flughäfen – in Ostdeutschland als gravierender Engpassfaktor für die raumwirtschaftliche Entwicklung. Vor allem entsprach die Ausrichtung der Verkehrsverbindungen nicht den neuen Verkehrsströmen, weder im Osten noch im Westen. In der alten Bundesrepublik waren neue Straßen- und Straßenverbindungen (ICE, Neubauten von Autobahnen) fast ausschließlich Nord-Süd orientiert."

Rüdiger Glaser/Hans Gebhardt/Winfried Schenk: Geographie Deutschlands. Darmstadt : Primus 2007, S. 237

8 Verkürztes Planungsverfahren

„Im Vorgriff auf den ersten gesamtdeutschen Verkehrswegeplan 1992 wurden deshalb bereits im September 1991 die 17 Verkehrsprojekte Deutsche Einheit zur Verbesserung der Verbindungen zwischen den Wirtschaftsregionen im Osten und Westen mit einem Gesamtvolumen von 56 Mrd. DM [28 Mrd. €] begonnen. Da die Planungs- und Genehmigungszeit bei großen Infrastrukturprojekten ... einen Zeitraum von 10–20 Jahren erfordert, verabschiedete das Bundeskabinett bereits am 08.05.1991 einen Gesetzentwurf zur Beschleunigung der Planung für Verkehrswege in den neuen Bundesländern und Westberlin. Danach fallen das Raumordnungsverfahren und die erste Stufe der Umweltverträglichkeitsprüfung bei der Bundesverkehrswegeplanung für die 17 Trassen mit Aus- und Neubaustrecken bis 1995 bzw. 1999 weg. Die Linienbestimmung erfolgt direkt beim Bundesverkehrsministerium ... Die Öffentlichkeitsmitwirkung ist eingeschränkt und die Klagemöglichkeit auf eine Instanz beim Bundesverwaltungsgericht begrenzt."

Helmut Nuhn: a. a. O., S. 217

9 Verkehrsprojekte Deutsche Einheit

Nach Bundesministerium für Verkehr, Bau- und Wohnungswesen 1991

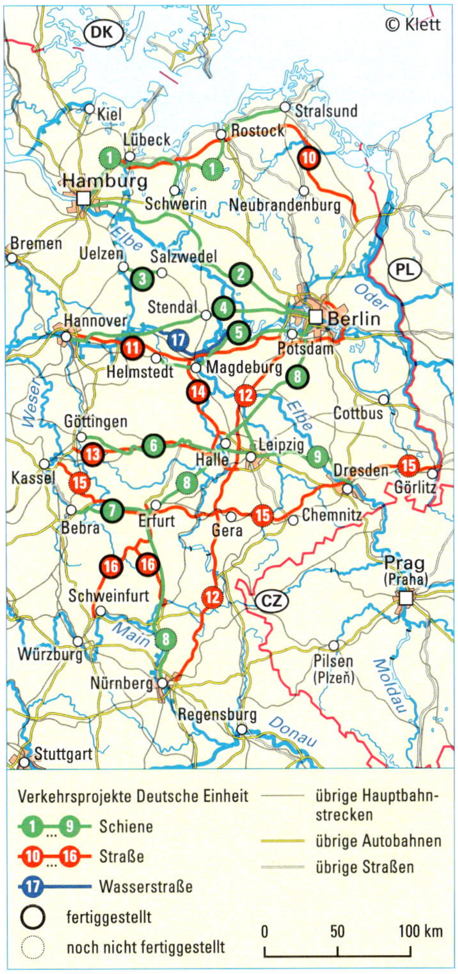

10 Kritik

„Alle 17 Projekte sind im Bau oder bereits fertiggestellt. Aufgrund ihrer finanziellen und baulichen Dimensionen sind einige der Projekte nach wie vor erheblich umstritten, so z. B. die VDE Nr. 13 = A 38 Göttingen–Halle und VDE Nr. 17 = Bundeswasserstraßenverbindung Hannover–Magdeburg–Berlin. Letzteres impliziert das Wasserstraßenkreuz Magdeburg [fertiggestellt] und einen Ausbau der Havel. Angepeiltes Volumen 2,3 Mrd. EURO. Laut Bundesverkehrswegeplan von 1992 sollte der Ausbau auf 280 km Wasserweg, eine Wassertiefe von 4 m und eine Breite von 42 bis 70 m in Kurven erfolgen. Das gefährdete nach Kritikermeinung die Flusslandschaft der Havel und Kulturerbe in Berlin und Potsdam.
Nach Verhandlungen wurde das Budget für den Abschnitt „Südtrasse" von [damals] 706 Mio. DM auf 352 Mio. DM zurückgefahren. Auf die ursprüngliche Kapazität für Großmotorgüterschiffe ... und Großschubverbände ... wurde verzichtet."

Nach Wikipedia. Stichwort: Verkehrsprojekte Deutsche Einheit, April 2008, geändert

Neue Logistik – neue Tendenzen

12 Alternative Verkehrslösungen

„Weitere Verkehrszuwächse können in der Bundesrepublik wegen der ökologischen sowie siedlungs- und sozialräumlichen Folgewirkungen nur noch in begrenztem Maße durch Infrastrukturausbau integriert werden. Gefragt sind alternative, intelligentere Lösungen. Hierzu gehören logistische Konzepte, verkehrstechnologische Neuerungen, Informations- und Leitsysteme zur besseren Steuerung der Verkehrsströme sowie raumordnerische und siedlungsplanerische Maßnahmen.“

Helmut Nuhn: a. a. O., S. 235

Entlastungseffekte im Güterverkehr können vor allem dadurch erzielt werden, dass man die Kapazität der Verkehrsmittel optimaler nutzt und die einzelnen Verkehrsträger zu intermodalen Transportketten zusammenfasst. Kombinierter Ladungsverkehr und Güterverteilerzentren bieten solche Möglichkeiten. Wesentliche Voraussetzung zum Funktionieren beider Strategien ist eine ausgefeilte **Logistik**.

Kombinierter Ladungsverkehr (KLV)

Unter dem Begriff kombinierter Ladungsverkehr, auch als multimodaler Verkehr bezeichnet, versteht man den Transport eines Gutes mit zwei oder mehreren unterschiedlichen Verkehrsträgern. Der KLV versucht gezielt die Vorteile der einzelnen Verkehrsträger zu nutzen, z. B. den günstigen Energieverbrauch und die niedrigen Kosten beim Schiff, die hohe Flexibilität des LKW, den energiegünstigen und raumsparenden Massentransport der Bahn sowie die Geschwindigkeit des Flugzeugs. Kosten- und zeitsparend ist der KLV vor allem dann, wenn die Güter in standardisierten Transporteinheiten bewegt werden, z. B. Container oder Sattelanhänger, die auf den Zug bzw. das Schiff rollen und vom Fahrer begleitet über Nacht das Ziel erreichen.

Trotz beachtlicher Zuwächse hat der KLV in Deutschland bislang wenig zur Entschärfung der Verkehrsverhältnisse beigetragen.

Güterverkehrszentren (GVZ)

Dies sind Logistik-Sammelpunkte, in denen Güter zwischen unterschiedlichen Verkehrsträgern umgeladen, zusammengestellt und für den Transport vorbereitet werden. Wesentlicher Bestandteil ist ein Terminal für den Kombinierten Ladungsverkehr. Darüber hinaus operieren an dem GVZ Verkehrsunternehmen (Speditionen, Lagereien), Dienstleistungsbetriebe (Fahrzeugservice, Beratungsdienste) sowie logistikintensive Handels- und Industriebetriebe. Im weitesten Sinne ist ein GVZ also ein „Verkehrsgewerbegebiet“. So werden die GVZ von den Kommunen auch als Wachstumspole gesehen, die die Standortvoraussetzungen für Betriebsansiedlungen wesentlich verbessern können. In Deutschland gibt es 33 anerkannte GVZ. Zumeist befinden sie sich am Rande von Ballungszentren mit günstiger Anbindung an den Nah- und Fernverkehr.

City-Logistik

Mit diesem Begriff wird eine Vielzahl von Konzepten zur Bündelung des städtischen Güterverkehrs zusammengefasst. Ziel ist es, bei konstanter Versorgungsqualität eine Entlastung der städtischen Infrastruktur und eine höhere Wirtschaftlichkeit im städtischen Güterverkehr zu erreichen. Bei diesem Ansatz heißt es nicht mehr „gleiche Waren – verschiedene Empfangsorte“, sondern „verschiede Waren – gleiche Empfangsorte“. An bestimmten Sammelpunkten am Stadtrand werden z. B. Waren von vielen Lieferanten zusammengeführt und dann gesammelt zum Abnehmer gebracht.

11 Bündelungskonzepte der City-Logistik

Nach Dieter Läpple (Hrsg.): Güterverkehr, Logistik und Umwelt. Berlin: Edition Sigma, 1995, S. 247, verändert

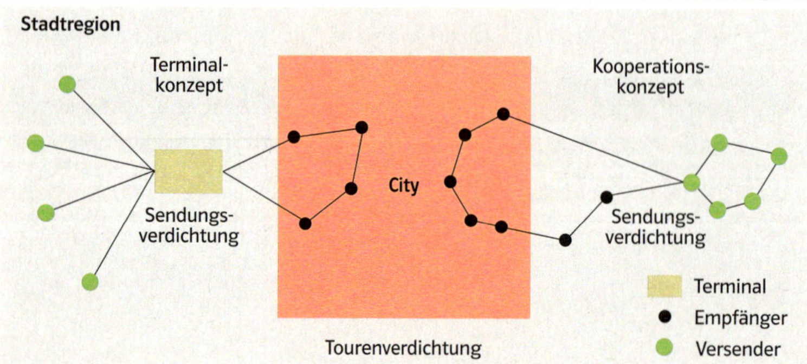

Material
Logistik
104109-2703

Material
Güterverkehrszentrum
104109-2704

Fallbeispiel HUB-System des Fracht-Carriers UPS am Flughafen Köln/Bonn

13 Frachtflughafen Köln/Bonn

Köln/Bonn, der zweitgrößte Frachtflughafen Deutschlands, ist ein Knotenpunkt im ... Paket- und Expressdienst und ein Beispiel für die gestiegene Bedeutung der Verkehrsgeschwindigkeit. Der Flughafen ist eine Umladestation zwischen nationalem und internationalem Verkehr und ein zentrales Glied in der Transportkette großer Frachtgesellschaften, die verschiedene Verkehrsmittel miteinander verknüpfen. Köln ist beispielsweise für United Parcel Service (UPS) die wichtigste Schnittstelle zwischen den USA und Europa.

14 Wie funktioniert das HUB-System?

Im Wort „HUB" steckt das Bild des englischen Begriffs „hub and spoke" (= Nabe und Speiche). Gemeint ist damit, dass die Verbindung zwischen zwei Endpunkten (z.B. A und B) nicht direkt, sondern über einen Zentralknoten Z, den HUB, geführt wird, auch wenn die direkte Verbindung von A nach B kürzer ist. Die Verbindungen der Endknoten A und B zum Knoten Z ist die „spoke". Ein extremes Beispiel: Eine Fracht von Paris (A) nach Lyon (B) wird nicht direkt, sondern über Köln (Z) befördert.

15 Macht der Umweg Sinn?

Was zunächst wie ein betriebswirtschaftlicher und ökologischer Unsinn aussieht, erweist sich bei näherer Betrachtung durchaus als zweckmäßig. In Köln werden alle Güter, z.B. nach Lyon, aus allen Teilen der Welt gesammelt und zu größeren Transporten zusammengestellt, wodurch viele kleinere Transporte entfallen, was nicht nur billiger ist, sondern auch umweltfreundlicher.

16 Weg einer UPS-Expresssendung

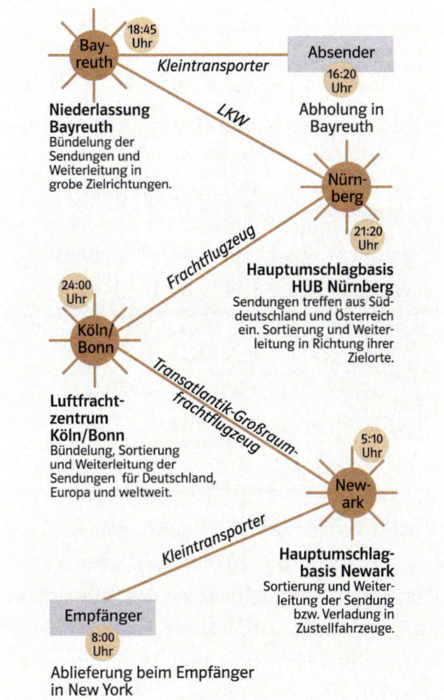

18 Steckbrief von UPS

Nach Angaben von UPS auf www.ups.de, Nov. 2010

Unternehmenssitz: Atlanta, Georgia, USA

Mitarbeiter (2009): 408 000

Umsatz (2009): 45,3 Mrd. US-$

Luftfrachtflotte: 238 Flugzeuge (neuntgrößte Fluggesellschaft der Erde)

Lieferumfang (2009): 3,8 Mrd. Pakete und Dokumente in über 215 Länder und Gebiete

Deutscher Ableger: United Parcel Service Deutschland

17 Die Fracht-Gesellschaft UPS

„Die Frachtgesellschaft United Parcel Service wurde 1907 in Seattle, Washington, gegründet. Bis Mitte der 1970er-Jahre bot UPS jedoch ausschließlich einen inneramerikanischen Service an. Ihr Engagement in Europa begann 1976 mit der Gründung der deutschen Niederlassung in Frankfurt/Main, und bereits zwei Jahre später, 1978, konnte ein flächendeckendes Servicenetz in Deutschland geschaffen werden. 1985 begann der internationale Versand: Der erste grenzüberschreitende Transport wurde eingerichtet zwischen den USA und den sechs europäischen Ländern Belgien, Bundesrepublik Deutschland, Frankreich, Großbritannien, Luxemburg und Niederlande. Deutschland, d.h. der Flughafen Frankfurt, fungierte dabei als Knotenpunkt, an dem die Sendungen aus und für Europa gebündelt wurden. Die Sendungen über den Atlantik wurden via Linienflug befördert.
1986 verlegte UPS seine europäische Drehscheibe an den Flughafen Köln/Bonn. Ausschlaggebend für die Verlagerung waren die günstigen Standortbedingungen, die Köln/Bonn bietet: die zentrale Lage inmitten des europäischen Wirtschaftsdreiecks Paris–Amsterdam–Frankfurt bzw. im Ballungsraum Rhein/Ruhr, eine günstige Nachtflugregelung, ausgezeichnete Verkehrsverbindungen und damit kurze Laufzeiten der Sendungen, geringe Ausfallzeiten aufgrund der günstigen Wetterlage sowie ein idealer Arbeitsmarkt."

Arno Kreus/Bodo Rinz/Norbert von der Ruhren: Der Flughafen Köln/Bonn. Materialien für den Erdkundeunterricht in der Sekundarstufe 2. Köln: Aulis 1997, T4/M2

4 Erläutern Sie am Beispiel von UPS das Prinzip des HUB-Systems.

5 Vergleichen Sie das HUB-System mit den auf der linken Seite vorgestellten Strategien.

Entwicklungen in Verkehrsräumen

Transitraum Alpen

19 Schlagzeilen aus der Presse

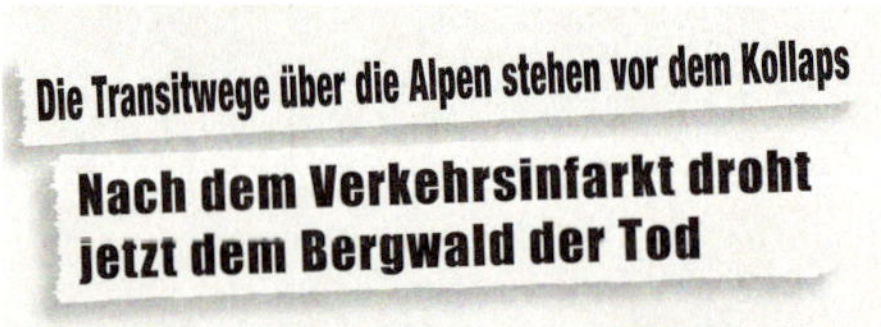
Die Transitwege über die Alpen stehen vor dem Kollaps

Nach dem Verkehrsinfarkt droht jetzt dem Bergwald der Tod

Diese Schlagzeilen stehen stellvertretend für viele ähnliche Meldungen, die sich mit der gegenwärtigen prekären Verkehrssituation in den Alpenländern befassen. Nicht zuletzt der Tourismusboom hat dazu beigetragen, dass der Verkehr selbst in entlegenen Regionen zu Überlastungen der Verkehrswege geführt hat. Als besonders problematisch erweist sich jedoch der **Transitverkehr** zwischen den Anrainerstaaten nördlich und südlich der Alpen. Setzte bereits mit der Gründung der Europäischen Wirtschaftsgemeinschaft 1957 eine Intensivierung der transalpinen Verkehrsströme ein, so erfährt diese Entwicklung gegenwärtig einen weiteren Schub durch den Prozess der **Globalisierung**.

20 Autobahnbau und Transitverkehr

„Beim Transitverkehr ist es Österreich wie dem Zauberlehrling ergangen: Man rief die Geister und wird sie nun nicht los. Die rückblickend enorme Investition des Staates in den Autobahnbau in den ersten Jahrzehnten der Nachkriegszeit belegt, dass sich die Entscheidungsträger wichtige Wirtschaftsimpulse vom Autobahnbau und Transitverkehr erhofften. Alle Autobahnen haben nämlich internationale Transferfunktionen für die Nachbarländer und sind für den transeuropäischen Verkehr unverzichtbar, wie etwa die Inntalautobahn (A 12) und die Brennerautobahn (A 13) für den Nord-Süd-Verkehr durch Tirol und die Tauernautobahn (A 10) für den Nord-Süd-Verkehr durch Salzburg und Kärnten."

Elisabeth Lichtenberger: Österreich. Darmstadt: Wissenschaftliche Buchgesellschaft 2002, S. 309

21 Alpenquerender Güterverkehr 1980–2008: Mont-Cenis/Fréjus bis Brenner, (in Mio. Tonnen/Jahr, Netto)

Bundesamt für Verkehr BAV: Alpinfo 2008, Bern: BAV 2009, S. 1

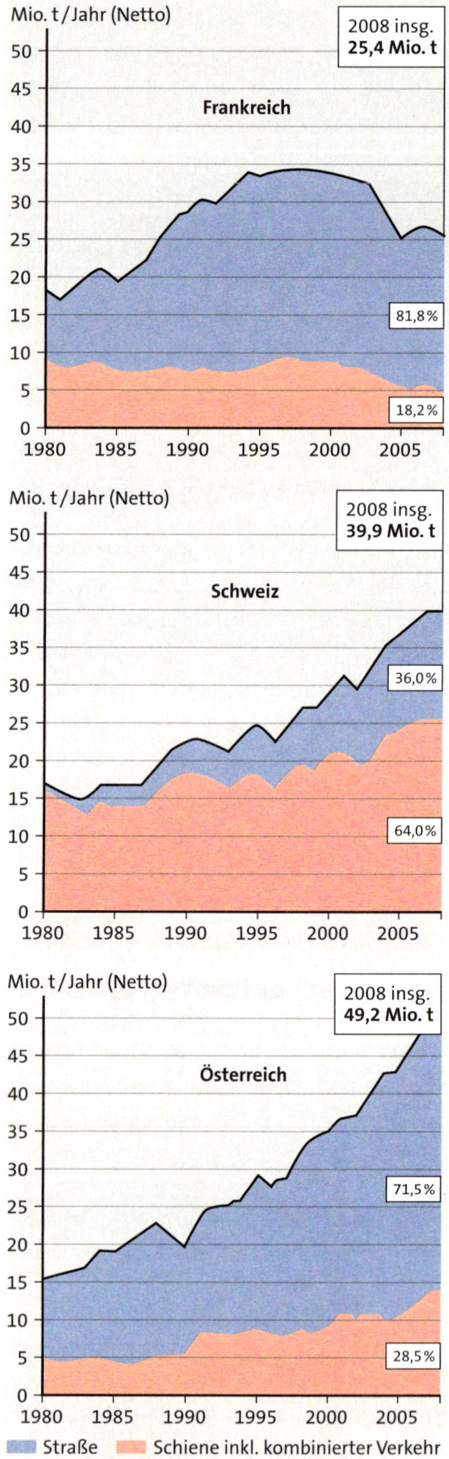

Surftipp
Alpenkonvention
104109-2705

Surftipp
Lkw-Transit über Österreichs Alpen
104109-2706

Material
Infoblatt Gotthard-Tunnel
104109-2707

22 Entwicklung des Lkw-Verkehrs über den Brenner und benachbarte Routen

www.bmvit.gv.at/verkehr/gesamtverkehr/statistik/downloads/brenner_04.pdf, 2006 und VCÖ factsheet: VCÖ: Lkw-Transit über Österreichs Alpen nimmt am stärksten zu. Wien: VCÖ 2008, S. 3

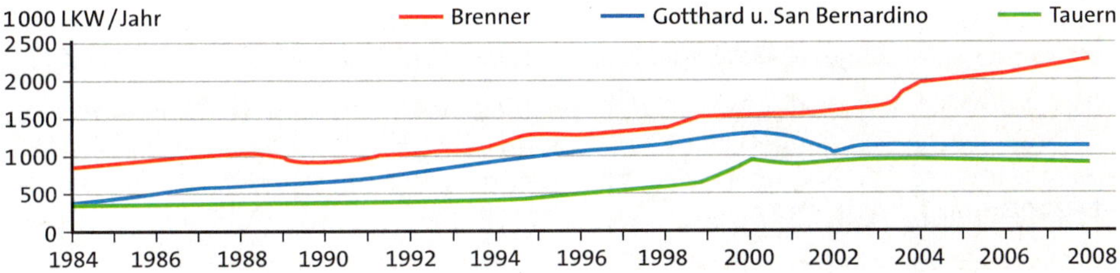

Brenner – Alpenübergang mit Spitzenfrequenz

23 „Umwegtransit" über Österreich

„Genauere Analysen zeigen, dass ein beachtlicher Teil des durch Österreich fließenden Transitverkehrs sogenannter ‚Umwegtransit' ist. Die Lastkraftwagen weichen aufgrund technischer Beschränkungen und administrativer Hindernisse in der Schweiz nach Westen und Osten aus... Denn das Ziel der Schweizer Verkehrspolitik ist, langfristig möglichst den ganzen Transitverkehr aus ökologischen und ökonomischen Gründen auf der Schiene abzuwickeln, wozu umfangreiche Investitionen im Rahmen der neuen Eisenbahnalpentransversale (NEAT) geplant und auch schon beschlossen sind. Aufgrund dieser Verkehrspolitik hat die Schweiz folgerichtig Nachtfahrtverbote über einen längeren Zeitraum verfügt als die umgebenden Staaten. Die Höchstlast für Lastkraftwagen ist zur Zeit noch mit 28 t begrenzt, während in der Europäischen Union 42 t zugelassen sind..."

Felix Jülg: Österreich. Perthes Länderprofile. Gotha: Klett-Perthes 2001, S. 133/136

24 Transitvertrag

„Zur Entspannung dieser Situation [gemeint ist der Brennerverkehr] wurde nach langen Verhandlungen 1992 ein Transitvertrag zwischen Österreich und der Europäischen Union unterzeichnet, mit dem man eine Reduktion des Straßentransits und der Umweltbelastung erreichen wollte. Eine wesentliche Rolle spielte hierbei die Einführung der sogenannten ‚Ökopunkte' ..., die bei jeder Fahrt eines Lastkraftwagen über 7,5 t im Transit abgebucht werden müssen... Die Höhe der abzubuchenden Punkte richtet sich nach den Abgaswerten des Fahrzeuges... [Zieht man Bilanz], so erkennt man, dass das Ziel der Reduzierung nicht erreicht wurde. Die Zahl der Transitfahrten hat sogar noch über das im Vertrag vorgesehene Ausmaß hinaus zugenommen... Auch andere Ansätze ... haben einstweilen kaum Resultate gebracht. Eine drastische Erhöhung der Maut auf der Brenner-Autobahn hat zu Protesten seitens der Europäischen Union und zu einem vorübergehenden Ausweichen von Lastkraftwagen auf die Tauernautobahn geführt."

Felix Jülg: a.a.O., S. 139–140

6 „Die Mitgliedschaft Österreichs in der EU hat die transalpinen Verkehrsprobleme des Landes nicht nur vergrößert, sondern Lösungen erschwert." Nehmen Sie Stellung.

7 Vergleichen Sie anhand der Grafik 21 die Entwicklung des Güterverkehrs in den drei Alpenstaaten.

8 Erläutern Sie das Schlagwort vom „Umwegtransit".

9 Diskutieren Sie Maßnahmen der Schweiz zur Eindämmung des Transitverkehrs.

10 Erörtern Sie die Frage, ob eine Intensivierung des Schienenverkehrs eine Lösung der Transitprobleme im Alpenraum sein kann.

3 Raumgestaltung durch die Gesellschaft

Unter dem Einfluss gestiegener Mobilität und wachsender Ansprüche einer hoch entwickelten Industrie- bzw. Dienstleistungsgesellschaft verändern sich die Strukturen unserer Kulturlandschaft. Das gilt in besonderem Maße für die Stadtlandschaften und Ballungsräume. Um die Nachfrage nach hochwertigem Wohnraum „draußen im Grünen“ und nach preiswerten Gewerbeflächen zu befriedigen, werden im Umland der Städte ständig neue Baugebiete – mit möglichst guter Verkehrsanbindung an das nächstgelegene urbane Zentrum – erschlossen. Obwohl die Gesamtbevölkerung Deutschlands stagniert, wachsen die meisten Siedlungen in der Fläche. Gleichzeitig wetteifern die Marketingbeauftragten in den Bemühungen, die Attraktivität ihrer Innenstädte zu steigern, um Wohnbevölkerung und kaufkräftige Kundschaft zu binden.
Aufgrund unterschiedlicher Rahmenbedingungen und Standortgrundlagen bilden sich im Zuge der Wirtschaftsentwicklung dynamische Wachstumsräume heraus, denen periphere Regionen mit Entwicklungsrückständen gegenüberstehen. Die Sozialstaatsklausel unseres Grundgesetzes fordert aber dazu auf, für eine „Gleichwertigkeit der Lebensbedingungen“ in allen Teilräumen des Bundesgebietes zu sorgen.
Die aufgezeigten Tendenzen und Strukturen stellen die Stadtplanung und Raumordnung vor große Herausforderungen. Gefragt sind Konzepte einer nachhaltigen Stadt- und Raumentwicklung, die versuchen, unsere Ansprüche im Einklang mit ökologischen Erfordernissen zu befriedigen. Darüber hinaus müssen raumordnerische Maßnahmen im Sinne einer ausgleichsorientierten Entwicklung eingeleitet werden.

Fünf Schritte bis zum Ziel

Ziel

- den geographischen Stadtbegriff kennen
- Grundzüge der Stadtentwicklung Mitteleuropas beschreiben und deren Einfluss auf aktuelle Stadtstrukturen erläutern
- Probleme gegenwärtiger Stadtentwicklung bzw. Stadtstruktur erkennen
- Probleme der Raumstruktur Deutschlands darstellen
- eine Raumanalyse durchführen

1. Einstieg: Problemstellungen erarbeiten

- Strukturmerkmale von „Stadt und Umland“ als Lebensräume?
- weltweite Veränderung dieses Lebensraumes im Zuge der globalen Verstädterung
- Probleme der Raumentwicklung in Deutschland vor dem Hintergrund des Grundgesetz-Auftrages zur „Herstellung gleichwertiger Lebensverhältnisse“
- eigenständige Erarbeitung und schriftliche Fixierung
- weitere „Forschungs- oder Neugierfragen“

2. Inhalte erarbeiten

- Analyse der Strukturmerkmale von Stadt und Umland anhand ausgewählter Aspekte (Stadtbegriff, historischer Rückblick, funktionale Gliederung, Suburbanisierung)
- Erläuterung der Ursachen der weltweiten Verstädterung
- Untersuchung der Raumstruktur Deutschlands
- Anwendung fachspezifischer Methoden und Arbeitsweisen (z. B. Raumanalyse und Raumvergleich)

3. Ergebnisse präsentieren

- z. B. auf der Grundlage eigener Recherchen: Entstehung und Entwicklung der Heimatstadt anschaulich darstellen
- z. B. mithilfe einer Internetrecherche (www.klett-gis.de) eine Präsentation zu wesentlichen Kennzeichen der Suburbanisierung bei einer ausgewählten Großstadt erstellen

4. Ergebnisse individuell überprüfen

- Die bei Schritt 1 formulierten „Forschungsfragen“ mit dem Untersuchungsergebnis vergleichen: Sind die Fragen in zufriedenstellender Weise beantwortet?

5. Erworbene Kompetenzen anwenden

- z. B. Kriterien des geographischen Stadtbegriffs auf die eigene Heimatstadt oder Schulstadt anwenden
- z. B. funktionale Gliederung einer ausgewählten Stadt erarbeiten
- eine eigenständige Raumanalyse einer selbst gewählten Landschaft durchführen

1 **Neue Wohngebiete am Stadtrand (Wolfsburg-Langeberg)**

3.1 Stadt und Verstädterung

1 Tokyo (Japan) 8,5 Mio. Einwohner – noch eine Stadt? Fürstenau (Schweiz) – schon eine Stadt?

Zwei Schlösser, eine Stadtmauer und ganze neun Einwohner (einer fehlt): Fürstenau – die kleinste Stadt der Welt!

Kompetenzen erwerben:
- den geographischen Stadtbegriff erläutern,
- diesen durch Anwendung auf die eigene Schul- oder Heimatstadt überprüfen,
- historisch-genetische Stadttypen in Mitteleuropa beschreiben,
- Modelle der funktionalen Gliederung anwenden und ihre Aussagekraft überprüfen,
- Ursachen und Folgen von Suburbanisierung erläutern,
- die weltweite Verstädterung in ihren Ausmaßen, Ursachen und Folgen erfassen,
- Chancen und Probleme der Verstädterung erörtern,
- Einflussfaktoren des Stadtklimas erfassen.

2 Statistische Untergrenze von Städten

Einwohner	Staaten
200	Island, Dänemark, Finnland, Schweden, Norwegen, Spanien
1000	Kanada
2000	Frankreich, Deutschland
2500	USA
5000	Österreich
10000	Niederlande, Argentinien, Griechenland, Schweiz, Portugal, Malaysia, Senegal
50000	Japan

Die subjektive Wahrnehmung und Bewertung von „Stadt" soll durch eine objektive Erfassung wesentlicher gemeinsamer Grundmerkmale urbaner Räume überprüft werden. Welche Eigenschaften und Funktionen, welche Mindestgröße muss eine Siedlung aufweisen, damit sie als Stadt bezeichnet werden kann?

Der geographische Stadtbegriff

Statistischer Stadtbegriff

Wegen der von Staat zu Staat sehr unterschiedlichen administrativen Abgrenzung sowie Festlegung von Mindestgrößen ist der statistische Stadtbegriff wenig aussagekräftig (Tabelle 2). Zwar ist wiederholt vorgeschlagen worden, zur internationalen Vergleichbarkeit der Stadtentwicklung bzw. **Verstädterung** einen Mindestgrößenschwellenwert von 20000 Einwohnern zu vereinbaren. Aber bis heute basieren selbst die Statistiken der Vereinten Nationen auf den nationalen Definitionen von „Stadt".

Rechtlich-historischer Stadtbegriff

Er bezeichnet jede Gemeinde, die irgendwann im Laufe ihrer Geschichte das Stadtrecht erhalten hat, als Stadt („Titularstadt"). Zwar beinhaltete im europäischen Mittelalter die Verleihung des Stadtrechts besondere Privilegien wie Marktrecht, Zollrecht, Gerichtsbarkeit und Aufhebung der Leibeigenschaft („Stadtluft macht frei"). Im Zuge der Industrialisierung hat sich aber die auf alten Stadtansichten noch erkennbare räumlich scharfe Trennung zwischen Stadt und Umland mehr und mehr aufgelöst. Darüber hinaus verloren vor allem in Deutschland ab Anfang des 19. Jh. viele Titularstädte ihr

Lernen im Netz
Stadtgrößenklassen
104109-3101

Landgericht oder andere zentrale Einrichtungen und mussten als Folge des Abzugs der Behörden meist auch einen deutlichen Rückgang von Handel und Handwerk hinnehmen. Ein solcher Bedeutungsverlust führte also dazu, dass derartige Kommunen ihre ursprünglich städtischen Funktionen nicht mehr oder nur begrenzt ausübten, allerdings ohne den Stadttitel zu verlieren. Damit ist auch dieser Stadtbegriff wenig praktikabel.

Geographischer Stadtbegriff

Komplexer als die statistische beziehungsweise historisch-rechtliche Definition von Stadt ist der geografische Stadtbegriff. Während die beiden erstgenannten Definitionen jeweils nur eng ausgewählte Aspekte des räumlichen Systems „Stadt" erfassen, was ihre Anwendbarkeit stark einschränkt, berücksichtigt die geografische Analyse sowohl quantitative wie auch qualitative Bestimmungskriterien.

4 Objektive Erfassung von Stadt

Nach Brigitte Adam/Antonia Blach: Räumliche Arbeitsteilung in Großstadtregionen – interkommunale und raumordnerische Konfliktkategorien. In: Informationen zur Raumentwicklung, Jg. 1996, H. 4/5. Bonn: Bundesanstalt für Landeskunde und Raumordnung 1996, S. 188 (© BBR Bonn 1996)

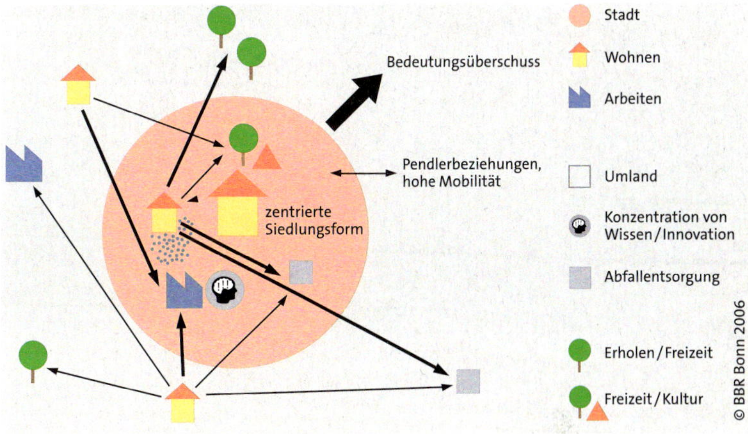

3 Kriterien des geographischen Stadtbegriffs

- funktionaler und mit wachsender Größe zunehmender Bedeutungsüberschuss des Waren- und Dienstleistungsangebots für das Um- und Hinterland,
- je nach Staat unterschiedliche Mindestgröße an Fläche und Bevölkerung,
- zentrierte Siedlungsform mit hoher Wohnstätten- und Arbeitsplatzdichte und einer vom Zentrum zur Peripherie abnehmenden Dichte an Bevölkerung und Verbauung,
- weit gefächertes Berufsspektrum im Sekundären, v. a. aber im Tertiären Sektor,
- mit wachsender Größe zunehmender Grad innerer funktionsräumlicher Gliederung (z. B. Viertelbildung),
- ausgeprägte soziale und meist ethnische Differenzierung,
- Entstehungsort politischer, gesellschaftlicher und technologischer Innovationen,
- Raum hoher Mobilität,
- stadttypisches generatives Verhalten der Bevölkerung mit Trend zu Einpersonenhaushalten, Kleinfamilien oder sonstigen neuen Wohn- und Lebensformen,
- hohes Maß künstlicher Umweltgestaltung mit meist starker ökologischer Belastung bzw. Überlastung,
- Abhängigkeit von den Ressourcen des umgebenden ländlichen Raumes, zum Beispiel beim Angebot ökologischer Ausgleichsräume (u. a. für Naherholung), bei der Nahrungsmittelversorgung oder bei der Bereitstellung von Standorten für „sperrige" Infrastruktureinrichtungen.

5 Welche Siedlung ist noch Dorf?

„Dorf, allgemein eine ländliche Siedlung ab einer Größe von ca. 100 Einwohnern bzw. 20 Hausstätten ... [mit einem] Mindestmaß an Infrastruktur wie Kirche, Schule, Post, Gasthof, Laden und Bürgermeisteramt... Im allgemeinen ... Sprachgebrauch ist jedoch der ... Begriff Dorf zu einer Art Synonym für ländliche Siedlung geworden, der damit auch ländliche Einzelsiedlungen ... umfasst."

Ernst Brunotte u. a. (Hrsg.): Lexikon der Geographie. Spektrum Akademischer Verlag Heidelberg Berlin 2001. Bd. 1, S. 272–273

1 Kriterien des geographischen Stadtbegriffs:
a) Beschreiben Sie anhand von Beispielen die einzelnen Kriterien des geographischen Stadtbegriffs.
b) Nennen Sie Möglichkeiten, die einzelnen Kriterien zu messen oder zu dokumentieren.

2 Vergleichen Sie den geographischen Stadtbegriff mit Ihrer subjektiven Wahrnehmung von „Stadt".

3 Überprüfen Sie den geographischen Stadtbegriff, indem Sie dessen Kriterien auf Ihre Heimatstadt (bzw. Ihren Schulort) anwenden.

6 Das römische Trier im vierten Jahrhundert

7 Stadtbildungsepochen in Mitteleuropa (rund 2 000 erfasste Stadtgründungen)

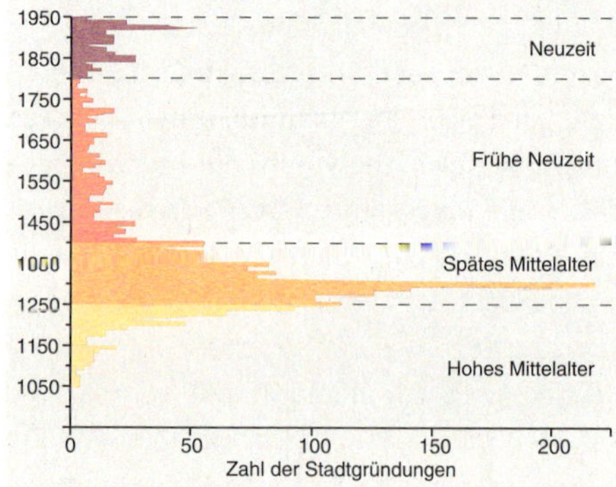

Die keltischen „oppida“ und germanischen Volksburgen erfüllten noch nicht alle Kriterien einer Stadt. Sie sind somit nur als Vorläufer des Städtewesens anzusehen.

Seite 14
Wahrnehmungsraum Stadt

Stadtentwicklung Mitteleuropas

Historisch-genetische Stadttypen

Die Römerstädte waren die frühesten städtischen Siedlungen in Mitteleuropa. Sie waren angelegt zur Sicherung und Verwaltung eines Reiches, das um 100 n. Chr. den gesamten Mittelmeerraum und Westeuropa umfasste. Einige entwickelten sich zu Städten, die auch nach Zerfall des römischen Weltreiches erhalten blieben (in Deutschland z. B. Trier, Köln, Mainz, Koblenz). Vom 8. bis 11. Jh. entstanden Wik- und Marktorte, in der Regel angelehnt an ein geistliches oder weltliches Zentrum wie den Sitz eines (Erz-) Bischofs, ein Kloster, einen fränkischen Königshof oder eine kaiserliche Pfalz. Zumeist waren Kirche oder Palast ihre zentralen Merkmale.

Die Gründungen des Hochadels im 12./13. Jh. stellen die von der Zahl her bedeutendste Epoche in der Stadtentstehung dar. Kaiser und Territorialherren sicherten Grenzen und Flussübergänge durch Burgen und neue Siedlungen, die später zu bedeutenden Städten heranwuchsen. Im 14./15. Jh. folgten aus denselben Motiven die Spätgründungen des niederen Adels. Die wirtschaftliche und politische Entwicklung sorgte dafür, dass seit dem Hochmittelalter der Marktplatz in ganz zentraler Lage – öfters auch mehrere Plätze mit verschiedener Zweckbestimmung – zu einem beherrschenden Element der Stadtgestalt wurden, genauso wie die Stadtmauer.

Die Planstädte des Absolutismus (16.–18. Jh.) sind eine Eigenheit Mitteleuropas. Insbesondere deutsche Territorialherren ließen entweder bereits bestehende Städte zu prunkvollen Residenzen ausbauen (z. B. Dresden, Potsdam), oder es entstanden Neugründungen auf dem Reißbrett (z. B. Karlsruhe, Mannheim, Ludwigslust). Die geometrische Ausrichtung aller Verkehrsachsen auf das zentrale Schloss, entsprechend gestaltete Park- und Gartenanlagen sowie ggf. Vauban'sche Befestigungswerke (nach dem Festungsbaumeister König Ludwigs XIV.) sind wesentliche Merkmale dieses Stadttyps.

Die nächsten Stadttypen, die Verwaltungsneustädte und Industriestädte, entstanden erst im 19. und in der 1. Hälfte des 20. Jahrhunderts. Die Entwicklung einer zunehmend komplexen Industriegesellschaft erforderte den Aufbau einer modernen, mehrstufigen Bürokratie, wodurch eine Reihe von Orten durch die Übernahme von Verwaltungsfunktionen einen Aufschwung erfuhren. Grundlage der neuen Industriestädte waren in erster Linie die **Montanindustrie**, die Chemische Industrie und später der Automobilbau. Als Beispiele seien Oberhausen, Leverkusen und Leuna sowie Wolfsburg genannt.

Seit Mitte des 20. Jh. entstanden die „Neuen Städte“. Bezeichnet werden sie nach den im Umkreis von London seit 1944 geplanten „New Towns“. Wichtigste Zielsetzung dieser Neugründungen war die Entlastung von Verdich-

4 Ordnen Sie die Bilder 6 und 9 einem historisch-genetischen Stadttyp zu.

5 Beschreiben Sie charakteristische Merkmale der in einzelnen Städtebildungsepochen (Grafik 8) entstandenen Stadttypen.

Material
Historische Stadttypen in Deutschland
104109-3102

tungsräumen sowie die Förderung strukturschwacher Regionen. In Frankreich entsprechen ihnen die „Villes Nouvelles“ im Großraum Paris.

Stadt ist die vom Menschen bewirkte Überlagerung eines Stücks Natur mit einem Netz von Straßen, Plätzen, Bau- und Freiflächen. Bei dieser Umgestaltung der **Naturlandschaft** muss der Mensch zwar auch die physisch-geographischen Voraussetzungen beachten, gleichzeitig leiten ihn aber bestimmte politische, ökonomische oder religiöse Vorstellungen. Das heißt, im Grund- und Aufriss einer Stadt oder eines Stadtteils spiegelt sich das jeweilige Wirtschafts- und Gesellschaftssystem einer Epoche wider.

9 Preston, Nordwestengland – industriell geprägte Stadtanlage aus Victorianischer Zeit

8 Stadtentwicklung in Europa im Überblick

Typisierungs-kriterien	**Grundriss**	**Siedlungs-mittelpunkt**	**Verkehrssystem**	**sonstige charakteristische Merkmale**
Mittelalter (8.–15. Jh.): **Handels- und Bürgerstadt**	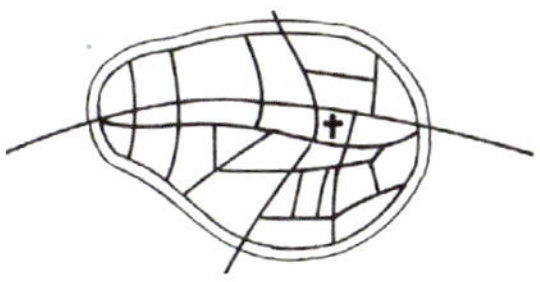	– Kirche/Kloster – Burg – Marktplatz/Rathaus	– Handelsstraßen für Fuhrwerke, ausgerichtet auf Siedlungsmittelpunkt – enge, verwinkelte Gassen für Tragetiere oder Karren	– Mauer, meist mit Graben – Wohn- und Arbeitsstätten unter einem Dach
Absolutismus (16.–18. Jh.): **Residenzstadt**		– Schloss – Residenz	– Alleen für Karossen – planmäßige, meist symmetrische Anlage, Hauptachsen auf Residenz ausgerichtet	– Park- und Gartenanlagen in geometrischen Formen – Vauban’sche Bastionen
Industrialisierung (19. Jh.): **Industriestadt**	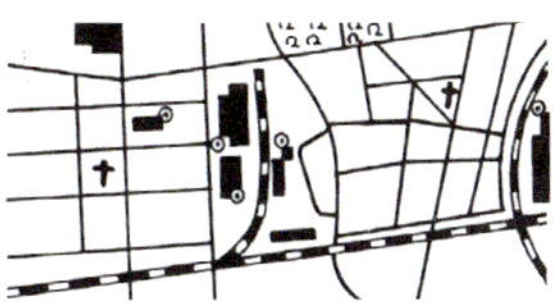	– Industrieanlage – Bahnhof	– Eisenbahn – rasterförmiges Straßennetz	– Mietskasernen – Villengebiete – weitgehend räumliche Trennung von Wohnen und Arbeiten, aber noch enges Nebeneinander
Gegenwart (20. Jh.): **Großwohnsiedlung/ New Town**	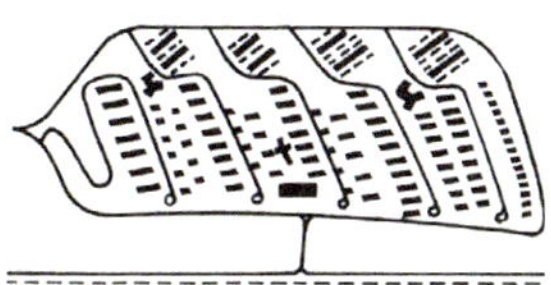	– Versorgungszentrum	– gut strukturiertes Straßennetz – Pendlerverkehr	– Vielfalt an Haus- und Wohnformen – klare räumliche Trennung von Wohn- und Arbeitsstätten

6 Untersuchen Sie – ggf. im Rahmen eines fächerübergreifenden Referats (z. B. Fach Geschichte) – die Entstehung und Entwicklung Ihrer Heimatstadt.

7 Gestalten Sie – auf der Grundlage einer Stadtplan-Auswertung und/oder einer Stadtexkursion – einen generalisierten Grundriss Ihrer Heimatstadt mit wesentlichen Merkmalen einzelner Entstehungsepochen.

10 Verladebahnhof in Dortmund zu Beginn des 20. Jh.

11 Flächenwachstum durch die Verkehrserschließung deutscher Städte

Nach Haack Weltatlas. Gotha: Klett-Perthes 2007, S. 43.3

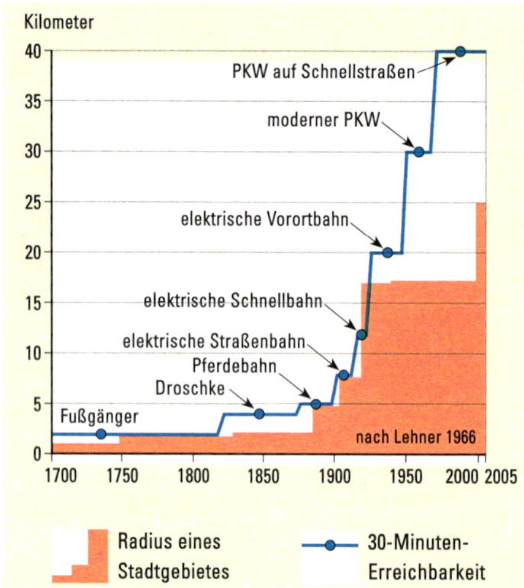

12 Veränderung durch Innovation

„Das 19. Jh. war ein Zeitalter stürmischer politischer, sozialer und gesellschaftlicher Transformationen sowie technisch-ökonomischer Veränderungen ... Ausgelöst durch eine ununterbrochene Folge zahlreicher technischer Basiserfindungen und ihrer Weiterentwicklungen, entstanden innerhalb weniger Jahre in den Städten neue industrielle Arbeitsplätze. Dies betraf zunächst die Textil- und Montanindustrie, deren Bedarf an Arbeitskräften aus dem lokalen Arbeitskräftereservoir nicht mehr gedeckt werden konnte. Somit wurde die Verfügbarkeit von Arbeitskräften zu einem wichtigen Faktor für die rasche Industrialisierung der Städte. Ohne den Zuzug erwerbswilliger Personen aus ländlichen Räumen, in denen um 1860 noch 70–80 % der Gesamtbevölkerung gelebt hatten, wäre der wirtschaftliche Take-Off der Industriestädte kaum möglich gewesen...

Ab etwa 1830 begann das Zeitalter einer bis dahin nicht gekannten Mobilität: Die Dampfmaschine bildete die Grundlage für wichtige sogenannte abgeleitete Innovationen in der Verkehrstechnologie. Eisenbahn und Dampfschiff führten zu erheblichen Effizienzsteigerungen im Transportwesen... Somit entwickelte sich die Eisenbahn zu einem entscheidenden Instrument der Industrialisierung, da die verarbeitende Industrie nicht mehr an die Standorte

Stadtentwicklung in der Industriegesellschaft

Eine Analyse aller urbane Räume prägenden Prozesse zeigt, dass die heutigen Stadtstrukturen im Wesentlichen erst seit der Industrialisierung entstanden sind. Die neuen Produktionsweisen, die zunehmende Mobilität der Menschen sowie die Weiterentwicklung der Verkehrstechnologien veränderten die Gestalt der Städte und führten zu deren raschem Wachstum.

Stadtentwicklung in der Dienstleistungs- und modernen Erlebnisgesellschaft

Mit dem Übergang zur Dienstleistungsgesellschaft seit Ende des 20. Jh.s entstanden neue Kräfte und Prozesse, die die urbanen Strukturen überformten. Viele Standorte von Einrichtungen des Tertiären Sektors (z. B. Banken, Versicherungen, Kommunikationssysteme, öffentliche Verwaltung) sind an Städte gebunden. Ihr Auf- und Ausbau veränderte insbesondere das Bild und die Funktion der Innenstädte.

8 Erarbeiten Sie – in Zusammenarbeit mit dem Fach Geschichte – entscheidende Push- und Pull-Faktoren der Bevölkerungswanderungen in Mitteleuropa im 19. Jh.

9 Stellen Sie die Folgen dieser Zuwanderungen für das Erscheinungsbild der Städte dar.

10 Untersuchen Sie – ggf. im Rahmen eines Projektes oder einer Facharbeit –, in welchem

der Rohstoffvorkommen gebunden war, sondern sich in den Städten, wo Arbeitskräfte, Kapital und technisches sowie ökonomisches Wissen vorhanden waren, entfalten konnte...
Die Vorzüge des neuen Transportmittels „Eisenbahn" wären jedoch kaum zum Zuge gekommen, hätten nicht gesellschaftlich-juristische Innovationen die Mobilität der Bevölkerung erst ermöglicht. In Preußen etwa waren es die Stein-Hardenbergschen Reformen, die die Bauernbefreiung und die Freiheit der Wohnortwahl umfassten... Erst Sozialreformen eröffneten die Möglichkeit der ungehinderten Zuwanderung von Arbeitskräften in die ... rasch expandierenden Montanreviere...
Die ökonomische Transformation der Städte während der Industrialisierung wirkte sich ... in einer räumlichen Expansion aus. Der Ausbau der Städte verlangte nach leistungsstärkeren innerstädtischen Verkehrssystemen. Die rasche Transformation der verdichteten Fußgängerstadt der früh- und vorindustriellen Epoche, die ein Fußgänger in höchstens 30 bis 40 Minuten durchquert hatte, in eine Stadt mit bandförmigen Wachstumskorridoren war nur durch die Entwicklung neuer Verkehrstechnologien möglich."

Klaus Zehner: Stadtgeographie. Gotha u. Stuttgart: Klett-Perthes 2001. S. 107 ff.

Die **Tertiärisierung** erfasst inzwischen aber den gesamten urbanen Raum. An den Stadträndern, „auf der grünen Wiese", auf zentrennahen Industriebrachen entstehen Shopping Malls, Urban Entertainment Centers, Themenparks. Um im nationalen und internationalen Wettbewerb zu bestehen, versuchen Stadtmanagement- und Stadtmarketing-Gesellschaften die Attraktivität ihrer Stadt durch den Aufbau von „Erlebniswelten" zu erhöhen. Unterhaltung und Event werden zu neuen Markenzeichen der großen Städte.

13 Urbane Eventkultur: CentrO Oberhausen

14 Urbane Erlebniswelten

„Erlebniseinkaufscenter ... ähneln mehr einem Vergnügungspark für Erwachsene. Geboten werden Fantasy-Abenteuer nach der Devise ‚Entführt mich in ein anderes Leben – aber holt mich zum Abendessen zurück'. Die Entführung findet eigentlich nur in der Fantasie statt. ‚Urban Entertainment Center' steigern den Bekanntheitsgrad und Imagewert einer Stadt oder Region: Seit es ‚CentrO' in Oberhausen gibt, ist Oberhausen zur drittbekanntesten Stadt an Rhein und Ruhr avanciert. Die jährlich 23 Millionen Besucher können sich sehen lassen. Die Verschmelzung von Einkauf und Freizeit, von Konsumieren und Flanieren macht die Städte wieder attraktiver."

Horst. W. Opaschowski: Kathedralen des 21. Jahrhunderts. Erlebniswelten im Zeitalter der Eventkultur. Hamburg: B. A. T. Freizeitfroschungsinstitut 2000, S. 33 ff.

Die sich in den letzten Jahren ausbreitende urbane Eventkultur lässt immer vielfältigere Angebotsformen entstehen. Traditionelle Einrichtungen wie Kinos, Gaststätten oder Zoologische Gärten wandeln sich zu „Erlebniswelten" mit Namen wie „Multiplex", „Hard Rock Café" oder „Animal Kingdom". An die Stelle einfacher Schwimmbäder treten „Spaß-", „Erlebnis-" oder „Tropenbäder". „Themenwelten" bieten Märchen- und Safari-Erlebnisse oder fantasievolle „Weltausstellungen". Gemeinsam ist allen Einrichtungen, dass jeweils eine Vielzahl von Angeboten zusammengefasst wird, sodass der Kunde gleichzeitig Einkaufs-, Freizeit-, Kultur- und Naturerlebnisse konsumieren kann.

Seite 16
Erlebniswelten

Ausmaß die auf dieser Doppelseite beschriebene Entwicklung auch in Ihrer Heimatstadt feststellbar ist.

11 Erörtern Sie die Behauptung von H. W. Opaschowski: „Die Verschmelzung von Einkauf und Freizeit, von Konsumieren und Flanieren macht die Städte wieder attraktiver".

15 Modelle der funktionalen Gliederung von Stadt und Stadtumland

Nach Burkhard Hofmeister: Stadtgeographie. Braunschweig: Westermann 1997

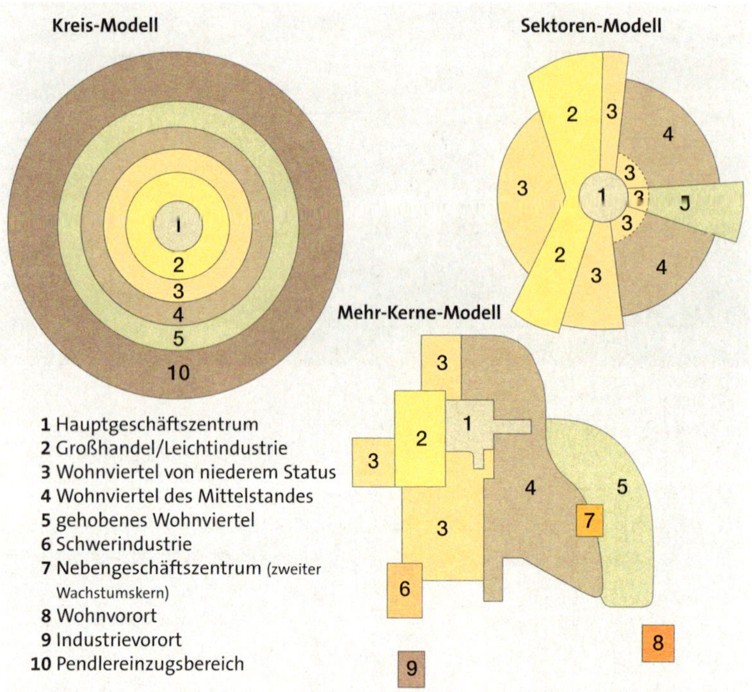

16 Funktionale Gliederung von Stadt

„Räumliche Gliederung einer Stadt nach Kriterien der vorherrschenden Nutzungs- bzw. Funktionsvergesellschaftung. Zugrunde liegendes Konzept ist das der „Leistung“ eines städtischen Teilraumes für andere bzw. für das gesamte städtische Gefüge, ferner der Gedanke der optimalen Nutzung der Ressource Boden für die Daseinsgrundfunktionen und für die Versorgung der Bevölkerung.“

Ernst Brunotte u. a. (Hrsg.): a.a.O., S. 419

Herausbildung städtischer Teilräume: Funktionale Gliederung

Städte sind nicht nur Wohnorte, sondern auch Standorte von Güterproduzenten und Dienstleistungsunternehmen, Verteilerstellen, Innovations- sowie Macht- und Verwaltungszentren. Diese Funktionen siedeln sich innerhalb des Stadtgebietes in bestimmten Zonen, Gürteln oder Quartieren an. Ihr Standort wird beeinflusst durch Faktoren wie Verkehrsanbindung und Transportkosten, Boden- und Mietpreise, Flächenbedarf sowie historische Voraussetzungen. Wenn sich auch in der Standortverteilung für jede einzelne Stadt unterschiedliche Ausprägungen ergeben, so lassen sich doch insgesamt deutliche Regelhaftigkeiten in der **funktionalen Gliederung** erkennen (Modelle 15).

17 Stadtstrukturmodelle

„Am meisten wurden [zur Erfassung der Stadtstruktur] die aus der Sozialraumanalyse entwickelten Modelle angewendet. Das älteste dürfte das Sternmuster sein, das der Stadtentwicklung im Straßenbahnzeitalter, d. h. der Epoche zwischen der Fußgängerstadt und der Autostadt, entspricht ... Aus ihm ging das ‚Modell der konzentrischen Zonen‘ [Kreis-Modell] hervor. Es ging davon aus, dass sich das Wachstum der Stadt zentral-peripher vollzieht, indem sich Nutzungen und Bevölkerungsgruppen zonal anordnen und sich diese Anordnung laufend durch nach außen gerichtete Expansion verändert ...
Kritik setzte vor allem an der postulierten, aber so nicht vorhandenen Homogenität und Symmetrie dieser Zonen an. Nicht die Luftliniendistanz zum Zentrum, sondern die sogenannte ökonomische Distanz in Form des Zeit-Kosten-Aufwandes als Maß der Erreichbarkeit sei entscheidend. Bei einem Straßennetz, bei dem die schnellsten Verkehrswege radial vom Zentrum zur Peripherie führen, ... bedeutet dies, dass die konzentrischen Ringe ... sternförmig verzerrt werden ... [Man] entwickelte demgegenüber die Vorstellung, dass sich Stadtteile unterschiedlicher Nutzungs- und Sozialstruktur eher keilförmig in Sektoren an die zentrale **City** anlagern...
[Andere Geographen] setzten dem ihr Mehrkerne-Modell entgegen, das von mehreren Siedlungskernen ausgeht.“

Burkhard Hofmeister: a. a. O., S. 156–157

12 Modelle 15 anwenden:
a) Ordnen Sie die Abbildung 18 einem „Modell der funktionalen Gliederung“ zu.
b) Arbeiten Sie – jeweils auf der Grundlage kleinmaßstäbiger Stadtpläne (Atlas) – die funktionale Gliederung ausgewählter Städte heraus.
c) Ordnen Sie diese den Modellen der funktionalen Gliederung zu.

13 Beurteilen Sie die Eignung der Modelle 15 für die Erfassung städtischer Strukturen.

14 Erstellen Sie auf der Grundlage eines Stadtplanes und einer Stadtexkursion eine funktionale Gliederung Ihrer Heimatstadt.

Surftipp
Weltkonferenz URBAN 21 – Zukunft der Städte
104109-3103

18 **Städtische Teilräume im Schrägluftbild – Blick über den Leipziger Hauptbahnhof nach Norden**

Zentren
- City
- Subzentren, „Shopping-Center“, Fachmarktzentren
- ältere Nebenzentren
- Urban Entertainment Center (UEC)

Wohngebiete
- Altstadt-Wohngebiete
- Neustadt-Wohngebiete
- gründerzeitliche Vorort-Wohngebiete (Arbeiterquartiere, Villenviertel)
- Stadtrandsiedlungen
- Großwohnsiedlungen
- New Towns

Industriegebiete
- industrieller Großbetrieb
- Industrieparks
- Gewerbeparks

19 **Stadträume**

„Im Hinblick auf ihre Bedeutung für Wirtschaft, Bevölkerung und Umwelt lassen sich vier wesentliche Hauptnutzungsformen ausgliedern.
1. Zentren: Sie bilden die wirtschaftlichen und kulturellen Knotenpunkte in Städten. Zugleich sind sie Orte der Kommunikation und Identifikation. Der City, dem zentralsten Stadtgebiet, kommt eine besondere Bedeutung zu, da sie nicht nur das Hauptgeschäftszentrum der Stadt einschließt, sondern auch der Versorgung der Umlandbewohner mit Gütern und Dienstleistungen dient. Zugleich ist die City derjenige Stadtausschnitt, der von Besuchern am deutlichsten wahrgenommen wird und somit mehr als andere Stadtteile zur Imagebildung beiträgt ...
Neben die klassischen Zentrentypen in Großstädten, gewachsene Neben- oder Subzentren, sind in jüngerer Zeit neue Standortgemeinschaften getreten. Ihr gemeinsames Merkmal ist die periphere, verkehrsgünstige Lage am Rande der Städte. Das Spektrum der neuen Zentrentypen setzt sich aus ‚Shopping-Centern‘, Fachmarktzentren und den freizeit- bzw. erlebnisorientierten ‚Urban Entertainment Centern‘ zusammen.
2. Wohngebiete: Gemeinsam mit den Zentren stellen sie den Schwerpunkt der Wahrnehmungs-, Aktions- und Lebensräume von Stadtbewohnern dar. Ihr Grund- und Aufriss, ihre Architektur und ihr Zustand sind das Ergebnis von historischen Ereignissen und Prozessen, wie Kriegszerstörung und Wiederaufbau, von kommunaler Stadtplanung, wie Stadtsanierung, und privaten Initiativen, wie Gentrification...
3. Industriegebiete: ... Trotz Deindustrialisierung bildet die Industrie in den meisten Städten noch immer das zentrale wirtschaftliche Fundament, ohne das viele Dienstleistungsbetriebe nicht existenzfähig wären. Zugleich gehen von manchen Industriebetrieben erhebliche Gefahren (kontaminierte Böden, **Emissionen**) für die Umwelt aus. Aus stadtplanerischer Sicht von Bedeutung sind die Industriebrachflächen, die durch die Aufgabe industrieller Nutzungen entstanden sind.
4. Grün- und Freiflächen: Sie sind sowohl als Naherholungsgebiete als auch als ökologische Ausgleichsräume von Bedeutung. Besonders hervorzuheben sind neben den Brachflächen Parks, Gärten ...“

Klaus Zehner: Stadtgeographie. Gotha u. Stuttgart: Klett-Perthes 2001, S. 69 ff.

Seite 164
Gentrification

Stadt-Umland-Beziehungen: Suburbanisierungsprozesse

Die Städte des Industriezeitalters zeichneten sich noch durch eine sehr kompakte Bauweise aus, da das Wohnen nahe bei der Arbeitsstätte eine große Rolle spielte. Ursache waren die geringen Einkommen und die langen Arbeitszeiten in der frühen europäischen und nordamerikanischen Industrialisierung.

Probleme der Suburbanisierung

Der allgemeine Anstieg im Lebensstandard und vor allem die zunehmende **Mobilität** führten im Laufe des 20. Jh.s zu einer Verlagerung zunächst von Wohnungen, später auch von Arbeitsplätzen aus den Städten ins Umland. Aus diesem **Prozess der Suburbanisierung** ergeben sich vielfältige raumplanerische Stadt-Umland-Probleme. Zu nennen sind in erster Linie die erhöhten Verkehrsbelastungen durch den zunehmenden Pendlerverkehr sowie der Funktionsverlust der Kernstadt. Von der zentralen Kernstadt wird erwartet, dass sie weiterhin hochwertige Einrichtungen der Infrastruktur (z. B. Krankenhausplätze und Spezialkliniken, Opernhaus und Messehallen) bereitstellt. Andererseits vermindern sich durch die Abwanderung von Bevölkerung und Gewerbe ihre Steuereinnahmen.

20 Der Prozess der Suburbanisierung

„Eine völlig neue Phase brach nach dem Zweiten Weltkrieg mit einer Dezentralisierungswelle an ... und hing mit der Nutzung des Privatautos für die meisten Wege, eingeschlossen dem zur Arbeit, zusammen... Anfangs wurden nur Wohnungen und einige an Wohngebiete gebundene Dienstleistungen verlegt, während die Arbeitsplätze in den zentralen Innenstadtkomplexen verblieben ... Aber während des Booms in der Nachkriegszeit ... setzte ausgehend von den Vereinigten Staaten parallel dazu eine immer schnellere Dezentralisierung der Arbeitsplätze ein.

Drei Arten von Aktivitäten waren für diese Standortverlagerungen besonders anfällig: Erstens das verarbeitende Gewerbe und die damit verbundene Lagerhaltung, für die die Vororte mit ihren großen verfügbaren Flächen, die sich für eine effiziente Fließfertigung auf einer Ebene eigneten, geradezu ideal waren... Zweitens ließen sich Forschung und Entwicklung und die damit verbundenen Hochtechnologiebranchen in Gegenden nieder, die ans ländliche Umfeld angrenzten und eine hohe Wohnqualität zu bieten hatten... Drittens tendierten auch große, in der standardisierten elektronischen Datenverarbeitung tätige Unternehmen wie Versicherungen ... dazu, an leicht erreichbare suburbane Knotenpunkte auszuweichen, wo die Büromieten niedriger sind ..."

Peter Hall/Ulrich Pfeiffer: URBAN 21. Der Expertenbericht zur Zukunft der Städte. Stuttgart und München: Deutsche Verlags-Anstalt 2000, S. 164 f.

21 Selektive Abwanderung

„Zu den ins Umland ziehenden Haushalten zähl[t]en vorwiegend junge und einkommensstärkere Familien ... Für die Kernstädte bedeutet eine derart selektive Abwanderung, dass diejenigen zurückblieben, die aus Altersgründen ihren angestammten Wohnplatz nicht mehr verlassen wollten, und diejenigen, denen die finanziellen Voraussetzungen für einen Wohnstandortwechsel fehlten. In die frei gewordenen Wohnungen rückten ausländische Arbeitsmigranten und ihre Familien, Umsiedler, Asylanten und andere Minoritäten nach ..."

Klaus Zehner: a. a. O., S. 139 f.

22 Gentrification

„[Eine weitere soziale Polarisierung innerhalb der Kernstädte stellt die] mit der Verdrängung einkommensschwacher Bevölkerung verbundene soziale Aufwertung einzelner innenstadtnaher Wohnquartiere dar. Im Gegensatz zur Sanierung durch die öffentliche Hand ist Gentrification die Aufwertung von Innenstadtbereichen durch die ‚Gentrifiers' oder ‚Yuppies' (‚young urban professionals', also jüngere Menschen mit einem bestimmten Lebensstil und gut bezahlter, oft in der City lokalisierter Tätigkeit im Dienstleistungssektor)."

Ernst Brunotte u. a. (Hrsg.): Lexikon der Geographie. Spektrum Akademischer Verlag Heidelberg Berlin 2001. Bd. 2, S. 11

Surftipp
WEBGEO Lernmodul „Umkirch bei Freiburg"
104109-3104

23 Deutschland: Entwicklungsprozesse in Verdichtungsräumen
Klaus Zehner: a. a. O., S. 137

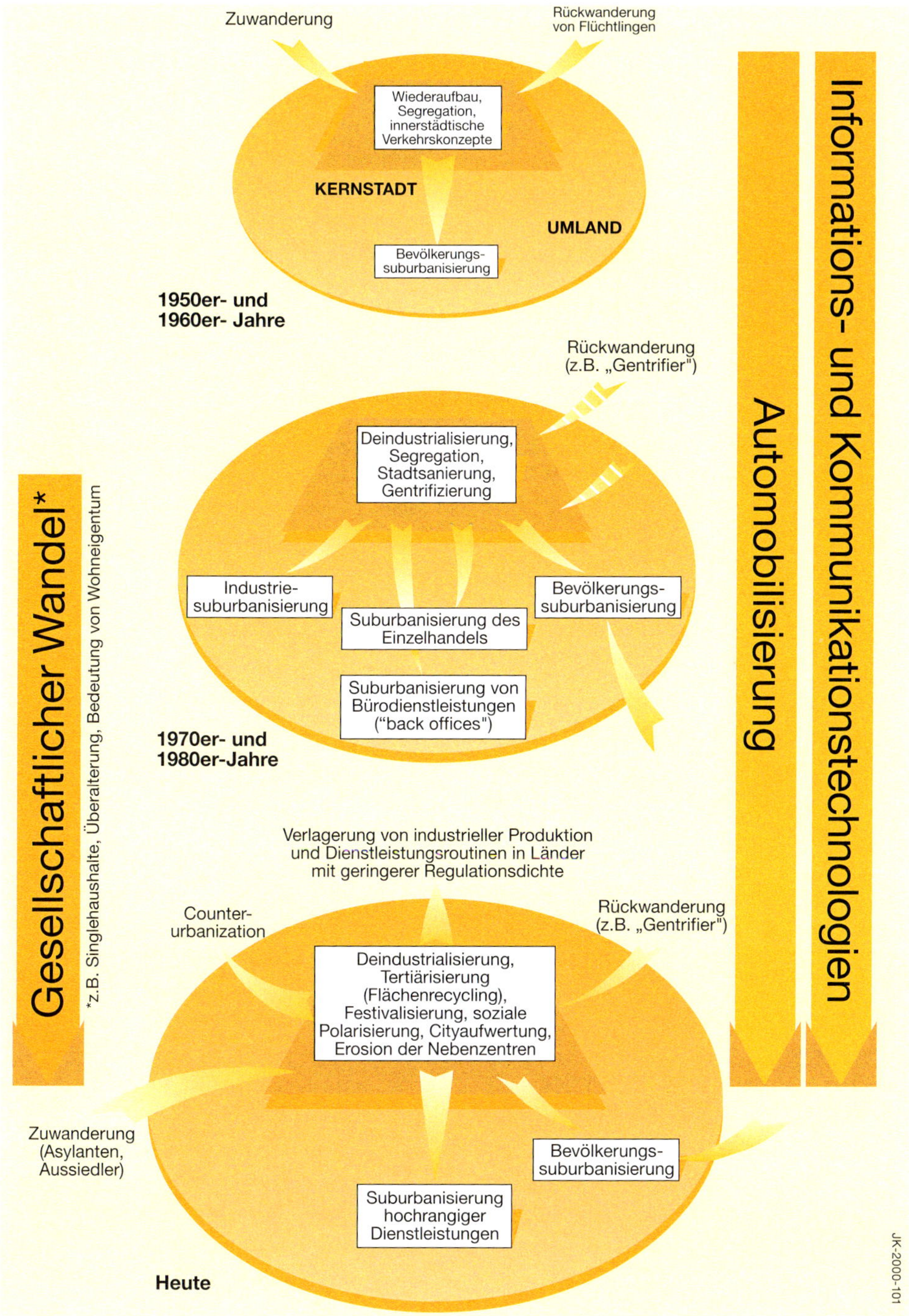

Segregation
räumliche Trennung von unterschiedlichen Elementen.
In der Stadtgeographie Bezeichnung für die lokale Konzentration bestimmter Bevölkerungsgruppen mit gemeinsamen demografischen oder sozialen oder ethnischen Merkmalen

Gentrifizierung
bauliche, preisliche und damit auch soziale Aufwertung innenstadtnaher Wohnquartiere, verbunden mit einer Verdrängung einkommensschwacher Bevölkerungsgruppen

Counterurbanization
großräumige Umverteilung von Bevölkerung und Arbeitsstätten von den Agglomerationsräumen in die ländlichen und peripheren Gebiete; Gegenprozess zur Urbanisierung mit ihren Land-Stadt-Wanderungen

15 Arbeiten Sie heraus, welche Faktoren die Suburbanisierung ausgelöst bzw. beeinflusst haben.

16 Erklären Sie anhand der Grafik 23 Teilprozesse der Suburbanisierung.

17 Erläutern Sie Folgewirkungen und Probleme, die sich aus der Suburbanisierung ergeben.

24 „Wir warten, bis die Stadt zu uns kommt ...“

25 Suburbanisierung in der Stadtregion München

Nach Haack Weltatlas. Gotha: Klett-Perthes 2007, S. 43.2

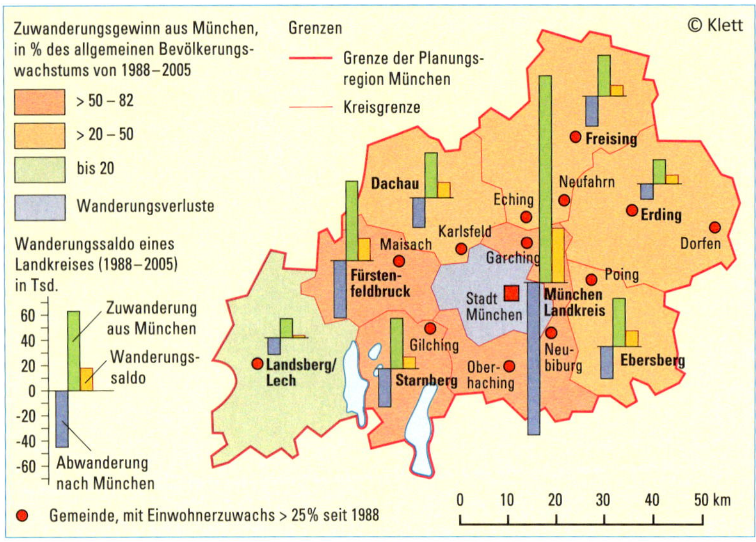

26 Suburbanisierungstendenzen in der bayerischen Landeshauptstadt

„Gemessen an ihrer Fläche ist München eine sehr kleine Stadt. Auf nur 310 km² ... leben hier rund 1,3 Mio. Menschen. Mit ca. 4000 Einw./km² hat München die höchste Einwohnerdichte aller deutschen Städte. Flächenknappheit war vor diesem Hintergrund schon vor 30 Jahren ein brisantes Problem. Die Abwanderung von Einwohnern und Firmen ins Umland bzw. deren Zuzug von auswärts ins Umland ohne Umweg über die Stadt wurde auf diese Weise verstärkt. Obwohl die Stadt München Anfang der 1990er-Jahre durch Umstrukturierungen ... sowie durch die Verlagerung des Flughafens vom Stadtteil Riem ins Umland wieder neue Flächen schaffen konnte ..., wies die Entwicklung im Umland ein deutlich höheres Tempo auf. Der Zuwachs an Siedlungs- und Verkehrsflächen betrug zwischen 1980 und 2000 in München knapp 11%, im Rest der Region dagegen fast 39%. Eine besonders hohe prozentuale Zunahme der Siedlungs- und Verkehrsflächen hatten in diesen 20 Jahren mit 47% die peripher (und zumeist fernab der S-Bahn) gelegenen kleinen Umlandgemeinden vorzuweisen.“

Monika Popp: München – boomende Stadtregion mit „Schönheitsfehlern“, in Geographische Rundschau 58, H. 6. Braunschweig: Westermann 2006, S. 19

Stadtregion
Davon spricht man, wenn zwischen einer Kernstadt und ihren Umlandgemeinden intensive funktionale Verflechtungen (Arbeitsplatz- und Versorgungsbeziehungen, Verkehrsströme) bestehen, die eine Zusammenfassung zu einem Gesamtraum rechtfertigen.

Fallbeispiel München

München kann als Paradebeispiel einer wachsenden Stadtregion angesehen werden. Die hohe Lebensqualität und der hohe Freizeitwert der Region festigen das positive Image der Stadt. In Städterankings ist München daher meist auf den vorderen Plätzen zu finden.

Hintergründe des Wirtschaftsbooms. Der Prozess des wirtschaftlichen Aufschwungs der Region München begann in der frühen Nachkriegszeit, als ehemals in Ost- und Mitteldeutschland ansässige Industrieunternehmen nach München umsiedelten, sodass in den folgenden Jahrzehnten ein industrieller Aufschwung vor allem in den Branchen Maschinen- und Fahrzeugbau, Elektrotechnik sowie Luft- und Raumfahrttechnik vonstatten ging. In der Gegenwart sind es die Vielzahl an sogenannten „weichen **Standortfaktoren**“ – z. B. die hohe Freizeit- und Lebensqualität der Region – und die häufig als „Münchner Mischung“ bezeichnete Wirtschaftsstruktur, die als wichtige Erfolgsfaktoren der wirtschaftlichen Entwicklung betrachtet werden können.

Surftipp
Klett-GIS
104109-3105

27 Screenshot zur Abfrage des Bevölkerungssaldos der Stadtregion München

unter: www.klett-gis.de

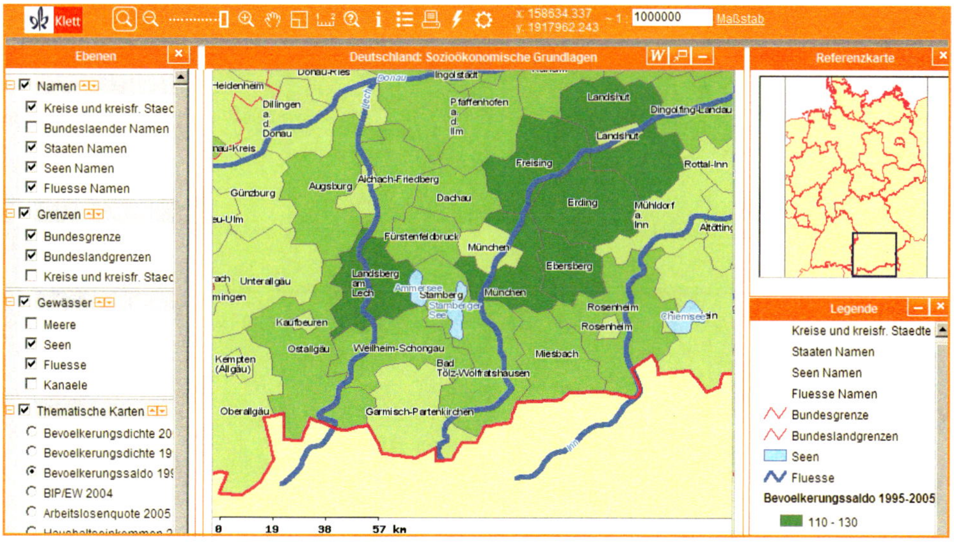

29 Verschuldung ausgewählter deutscher Großstädte 2007 (in Euro/Ew.)

München	2170
Köln	2456
Frankfurt a. M.	1925
Leipzig	1772
Essen	1767
Stuttgart	251

Landeshauptstadt München, Stadtkämmerei 2008, unter: www.muenchen.de/cms/prod1/mde/_de/rubriken/Rathaus/90_ska/10_veroeffentlich/broschuere/findatvergl.pdf

Folgen der Suburbanisierung. Das veränderte Verhältnis zwischen Kernstadt und Umland hat weitreichende Folgen, die am ehesten in der ausgedehnten Zersiedelung der **Landschaft** und der weitgehenden Flächenversiegelung erkennbar sind. Auch haben sich viele Münchner Umlandgemeinden mittlerweile zu Einpendlergemeinden entwickelt, da sie in Relation zur Wohnbevölkerung deutliche Arbeitsplatzüberschüsse aufweisen. Wachsende Pendlerströme und längere Pendlerwege sind die Folge, wobei die traditionellen Pendlerströme – gekennzeichnet durch Arbeiten in der Kernstadt und Wohnen in Suburbia – mehr und mehr ihre Richtung ändern: Die Zahl der Auspendler aus München wuchs zwischen 1995 und 2000 um 22 %, wogegen die Zahl der Einpendler in die Kernstadt nur um 15 % anstieg. Der Verlust an Arbeitsplätzen in der Kernstadt geht einher mit Einnahmeverlusten und wachsender Schuldenlast für die Stadt München bei steigenden kommunalen Ausgaben. Viele Umlandgemeinden sind dagegen völlig schuldenfrei und können vielfach sogar hohe Rücklagen aufweisen.

28 In Wachstumsregionen wird es eng

„Bei Baugrundstücken und Eigenheimen können Bau- und Kaufwillige zwar auf ein breites Angebot zurückgreifen. ‚Doch preiswerte Wohnbauflächen ... sind knapp. [Viele] wandern dann oftmals ins günstigere Umland ab' ... Die Abwanderung insbesondere junger Familien bleibt – bei wieder anziehenden Mieten und Preisen in den letzten zwei Jahren – auch in München ein Thema, obwohl es kurzzeitig schon mal etwas besser aussah. Statt für die Vier- bis Fünf-Zimmer-Wohnung in der Isarmetropole entscheiden sich die ‚Stadtflüchtlinge' nicht selten für das Reihenhaus aus zweiter Hand in den Umlandgemeinden mit S-Bahn-Anschluss, das dann in Eigenleistung sukzessive renoviert wird, beobachtet der Immobilienverband Deutschland. Doch auch dort ist Wohnen teurer geworden. In Freising etwa reicht das Mietniveau an mittlere Wohnlagen von München heran."

Abendzeitung München vom 05.07.2008, unter: www.abendzeitung.de

18 Karte 25: Beschreiben Sie die Suburbanisierung in der Stadtregion München.

19 Erläutern Sie Ursachen und Folgen dieses Prozesses im Großraum München.

20 Erstellen Sie auf der Grundlage einer Internetrecherche (z. B. www.klett-gis.de) eine Präsentation zu den Kennzeichen der Suburbanisierung im Großraum München.

30 **Bauplatz Parlaments- und Regierungsviertel – Senkrechtaufnahme 2004, Schrägluftbild 1998**

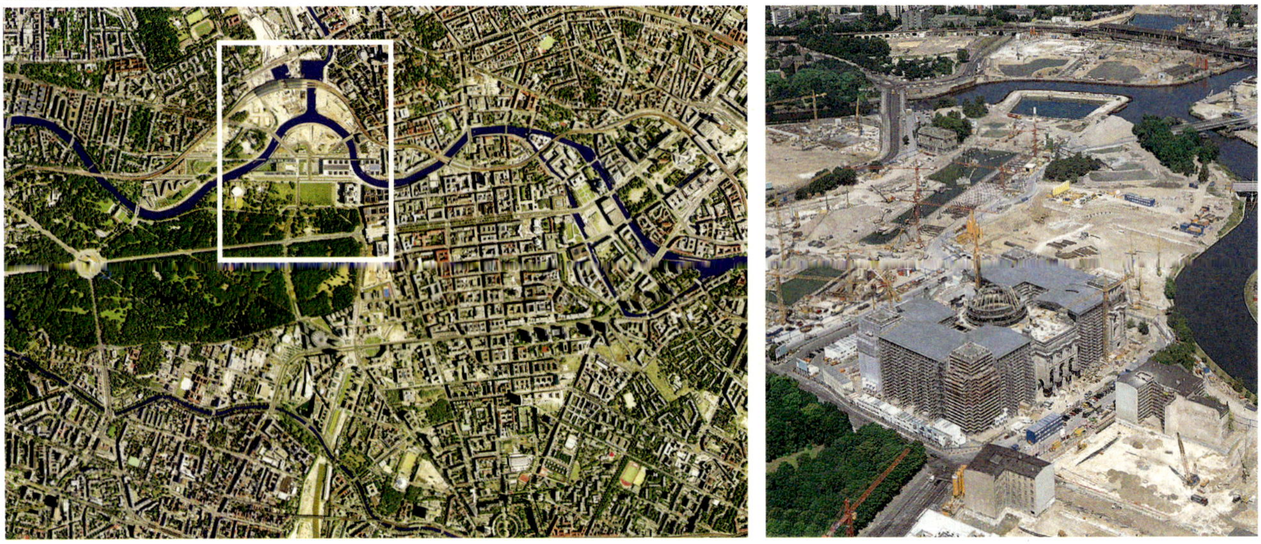

Bevölkerung 2009
- Einwohnerzahl: 3 442 675 Ew.
- Bevölkerungsdichte: 3 862 Ew./km²
- Wanderungssaldo: + 10 517 Ew.
- Ausländische Bevölkerung: 473 209 Ew.
- Schüler: 325 559
- Auszubildende: 52 296
- Studierende: 140 070
- Arbeitslosenquote: 14,1 %

Amt für Statistik Berlin-Brandenburg, 2010

Berlin: Großstadt vor neuen Herausforderungen

Am Anfang des 20. Jh. gehörte Berlin zu den bedeutendsten und attraktivsten Städten der Welt. In der Hauptstadt des Deutschen Reiches trafen sich Künstler und Wissenschaftler aus allen Ländern. Ihre wirtschaftlichen Verflechtungen reichten weit über die nationalen Grenzen hinaus, sodass sich der dynamische Industriestandort bald auch zu einem wichtigen Knotenpunkt im europäischen Verkehrsnetz entwickelte. Mitte des 20. Jh. wurde diese Entwicklung schlagartig unterbrochen. Die Teilung als Folge des Zweiten Weltkrieges machte es Berlin schwer, seine Bedeutung als Kultur- und Wirtschaftszentrum von internationalem Rang aufrecht zu erhalten.

Im Zuge der Deutschen Wiedervereinigung bot sich die Chance, Berlin wieder in das Netz der Weltmetropolen einzuflechten. Die Rahmenbedingungen der weiteren Entwicklung der Stadt haben sich erneut entscheidend verändert. Im Juni 1991 traf der Deutsche Bundestag die „historische Entscheidung“ zur „Vollendung der Einheit Deutschlands“ und verlegte den Sitz von Parlament und Regierung nach Berlin. Der Ausbau zur Hauptstadt und die Gestaltung der Hauptstadtregion Berlin/Brandenburg stellen eine städtebauliche und raumordnerische Herausforderung dar, die in dieser Größenordnung nahezu ohne Vorbild ist.

Die wichtigsten Aufgaben in den ersten Jahrzehnten des 21. Jh. liegen nun darin,
- den West- und Ostteil Berlins zu einer einheitlichen Stadt zusammenwachsen zu lassen,
- zwischen der Hauptstadt und dem Brandenburger Städtekranz sinnvolle funktionale Verflechtungen herzustellen,
- Berlin als Hauptstadt und Metropole weiter zu stärken,

dabei aber
- die Hauptstadtregion so in das dezentrale Siedlungssystem Deutschlands mit seinem ausgeglichenen Städtenetz einzufügen, dass kein störendes Übergewicht der Metropole entsteht,
- die Funktion Berlins als Brücke nach Osteuropa und Skandinavien auszubauen.

21 Die Seiten 168–175 geben einen Eindruck von den Herausforderungen, vor denen die Stadtplaner in Berlin stehen.
Erarbeiten Sie wesentliche Probleme, Zwänge, Maßnahmen und Perspektiven der Stadtplanung in Berlin. Nehmen Sie hierfür auch das Internet zuhilfe, z. B. Online-Link 104109-3106.

Surftipp
Stadtentwicklung Berlins
104109-3106

31 Hauptstadtentwicklung Berlins

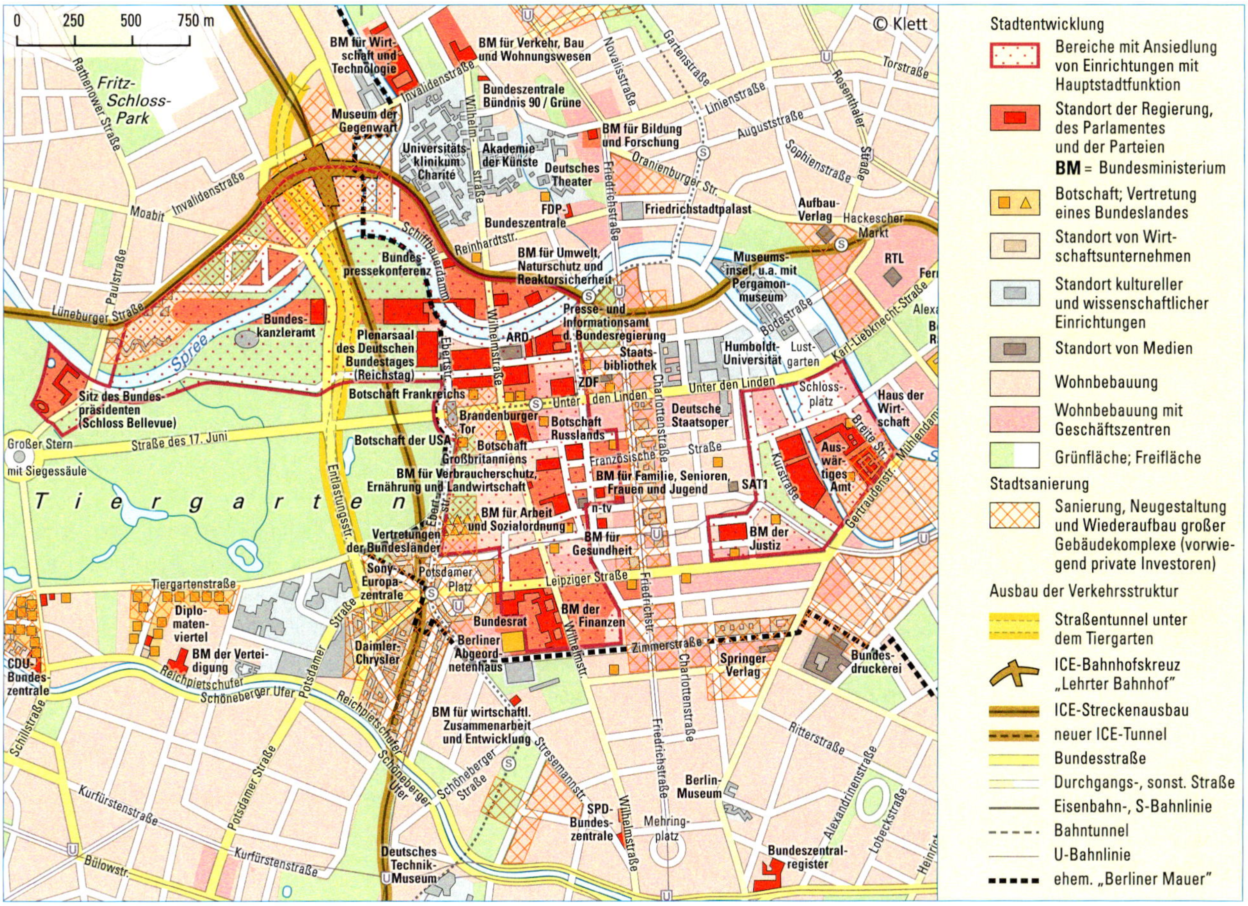

32 Berlin – Metropole im Herzen Europas

„Berlin befindet sich auch mehr als zehn Jahre nach der Wiedervereinigung in einer Phase erheblicher Veränderungen. Der wirtschaftliche Strukturwandel hat Folgen für den Arbeitsmarkt. Konnte der Westteil der Stadt vor der Wende als ‚verlängerte Werkbank' Westdeutschlands mit niedriger Facharbeiter- und Innovationsdichte bezeichnet werden, litt der Standort nach der Wende unter der Abhängigkeit von Subventionen und fehlender Verflechtung mit regionalen Zulieferern. Der Zustand der ostdeutschen Wirtschaft war bekanntermaßen ebenso problematisch. Zudem ist im öffentlichen Dienst seit 1990 ein Viertel aller Stellen abgebaut worden. Die Arbeitslosenquote stieg von 10,6 % im Jahr 1991 auf 19,4 % Mitte 2005.

Die unterschiedliche Entwicklung einzelner Stadtteile führt zu sozialer Polarisierung. Auch der Verlust von Arbeitsplätzen traf einige Stadtteile härter als andere, wobei der Ostteil der Stadt besonders betroffen war. Daraus ergeben sich vielfältige Anforderungen an eine Stadt, die den Eindruck erweckt, in vielen Bereichen in ihre Hauptstadt- und Metropolenrolle erst noch hineinwachsen zu müssen."

www.klett.de/online, Nov. 2005, aktualisiert

33 Berlin – historische Stadtgesichter

Berlin – eine Stadtkarriere

- Residenz der Hohenzollern (Markgrafschaft/ Kurfürstentum Brandenburg, Königreich Preußen)
- Metropole des wilhelminischen Kaiserreichs
- Hauptstadt der ersten Republik auf deutschem Boden und Mittelpunkt der „Roaring Twenties“
- Reichshauptstadt des nationalsozialistischen Dritten Reiches
- geteilte Stadt mit Hauptstadtfunktion im Osten und Insellage zur Alten Bundesrepublik im Westteil
- Hauptstadt der wiedervereinigten Bundesrepublik Deutschland

34 Kurze Berlin-Chronik bis 1945

28.10.1237 Cölln an der Spree wird erstmals in einer Urkunde erwähnt

23.06.1432 Berlin und Cölln schließen sich zur Stadtgemeinde zusammen

12.03.1451 Kurfürst Friedrich II. bezieht das 1442 fertiggestellte Schloss an der Spree, Berlin und Cölln werden kurfürstliche Residenz

06.05.1701 Der am 18.01. in Königsberg zum König in Preußen gekrönte Friedrich I. zieht feierlich in Berlin ein, das nunmehr königliche Residenzstadt ist

01.01.1710 Administrative Zusammenlegung der Residenzstädte Berlin und Cölln mit Friedrichswerder, der Dorotheenstadt und der Friedrichstadt

17.04.1737 Bau der Akzisemauer

16.04.1871 Berlin wird Hauptstadt des Deutschen Reiches

01.10.1920 Bildung von Groß-Berlin, womit das Stadgebiet im Wesentlichen seine heutige administrative Ausdehnung erreicht

30.01.1933 Machtübertragung an Hitler, Berlin wird Reichshauptstadt des „Dritten Reiches“

11.07.1945 Beginn der Vier-Mächte-Verwaltung der alliierten Siegermächte, Berlin-Mitte wird dem Sowjetischen Sektor zugewiesen

35 Viersektorenstadt Berlin 1945–1990

Stadtentwicklung und funktionaler Wandel

Teilung und Wiedervereinigung. Schon die Aufteilung der Stadt in die vier Sektoren bewirkt auf dem Hintergrund des beginnenden Blockdenkens eine deutliche Trennung, die sich u.a. in den Ereignissen um die „Luftbrücke“ widerspiegelt. Vollzogen wird die Teilung der Stadt in einen Westteil und einen Ostteil am 7.10.1949, als Ostberlin mit der Gründung der Deutschen Demokratischen Republik deren Hauptstadt wird. Eine nochmalige Verschärfung dieses Zustandes erfolgt dann mit dem Mauerbau, der am 13.08.1961 beginnt: Der Bezirk Mitte ist nun Grenzbezirk zu Wedding, Tiergarten und Kreuzberg. Dass diese Teilung überwunden werden könnte, erscheint lange Zeit undenkbar, doch wird am 9.11.1989 die Grenze zu Westberlin nach 28 Jahren geöffnet. Der Fall

der Berliner Mauer ist die Vorstufe zur deutschen Wiedervereinigung am 3.10.1990. Für Berlin beginnt eine neue Epoche, als der Bundestag am 20.06.1991 mit knapper Mehrheit beschließt, dass Berlin Bundeshauptstadt und Sitz der Bundesregierung wird. Für das Stadtbild und die Stadtplanung hatte die jahrzehntelange Teilung gravierende Folgen.

Herausforderungen an die Stadtplaner.

36 Die „Stadtgestalt" Berlins 1950–2000

„Im Vergleich [dieser Jahre] werden die erheblichen Veränderungen des Siedlungskörpers der Stadt ... erkennbar. So ist die Stadtgestalt des Jahres 1950 vor allem durch die gewaltigen Trümmerflächen in der Innenstadt gekennzeichnet, während in der Stadtgestalt des Jahres 2000 besonders die vielgeschossigen Großsiedlungen im Osten der Stadt hervortreten. Auch die raumgreifenden Verkehrsbauten in der gesamten Stadt werden sichtbar ... [Für die Stadtentwicklung der letzten 50 Jahre spielten] die unterschiedlichen politischen Vorgaben in Ost-Berlin und in West-Berlin, insbesondere unter dem Eindruck der Konfrontation der [politischen] Systeme, eine besondere Rolle. Alles dies führte zu widersprüchlichen Entwicklungen, Brüchen und schmerzlichen Wunden auch im räumlichen Erscheinungsbild der Stadt... Der Flächenverbrauch durch die Bebauung stieg bei annähernd konstanter Bevölkerungszahl in Berlin zwischen 1950 und 2000 um 50%."

www.stadtentwicklung.berlin.de/planen/basisdaten_stadtentwicklung/atlas/de/stadtgestalt.shtml, Nov. 2010

37 Berlin-Ost: Plan des sozialistischen Wohnkomplexes an der Karl-Marx-Allee

Nach W. Dutschke 1962/Heinz Heineberg 1977 in Heinz Heineberg: Grundriss Allgemeine Geographie: Stadtgeographie. Paderborn u.a.: Schöningh 2000, S. 225

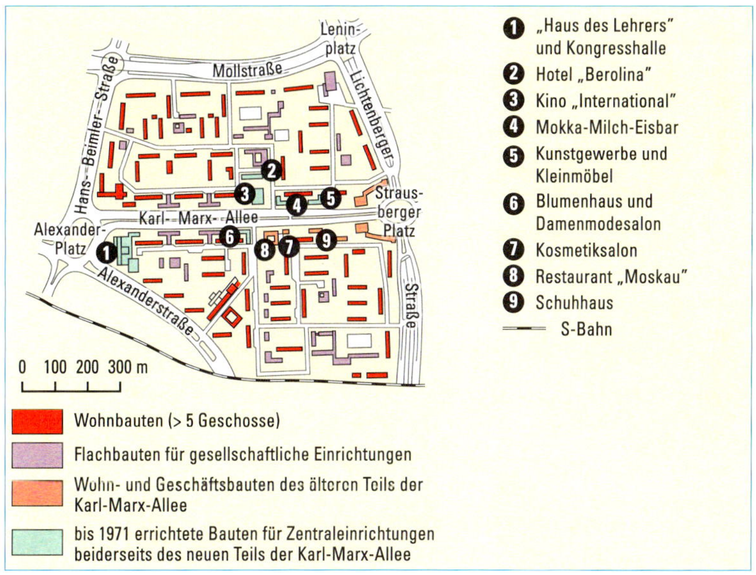

38 Neue Chancen fürs Wohnen: Marzahn – Ahrensfelder Terrassen 2005

„Sozialistische Wohnkomplexe" – sogenannte „Platte": Seit 1955 eingeleitete Konzentration des sozialistischen Städtebaus auf großindustrielle Fertigungsmethoden, ab Mitte der 1960er-Jahre in Großplattenmontage errichtet. Um 1960 Wohnkomplexe mit 4000–5000 Ew., später bis 100000 Einwohner. Größte Anlage in Berlin: Marzahn.

Seite 351
Transeuropäisches Verkehrsnetz

Ausbau der Verkehrsinfrastruktur – Grundlage für die Regionalentwicklung

Die Verkehrsplanung in Berlin nach 1990 ist auf die Überwindung elementarer Nachteile ausgerichtet, die sich nach 1945 ergeben hatten:

- die Teilung der Stadt und damit auch der innerstädtischen Verkehrsnetze sowie
- die Abtrennung von den internationalen Verkehrsnetzen.

Hinzu kommen weitere Anforderungen, die sich z. B. aus der Zunahme des Verkehrsaufkommens ergeben, aus gestiegenen Ansprüchen an die Umweltverträglichkeit des Verkehrs oder aus finanziellen Zwängen, die ein höheres Maß an Effizienz und Wirtschaftlichkeit erfordern. Eingemündet sind diese Überlegungen in den Stadtentwicklungsplan Verkehr Berlin (SteP Verkehr), der neue Leitlinien formuliert.

45 Entwicklung des Schienenverkehrs – das „Pilz-Konzept" der Jahrtausendwende

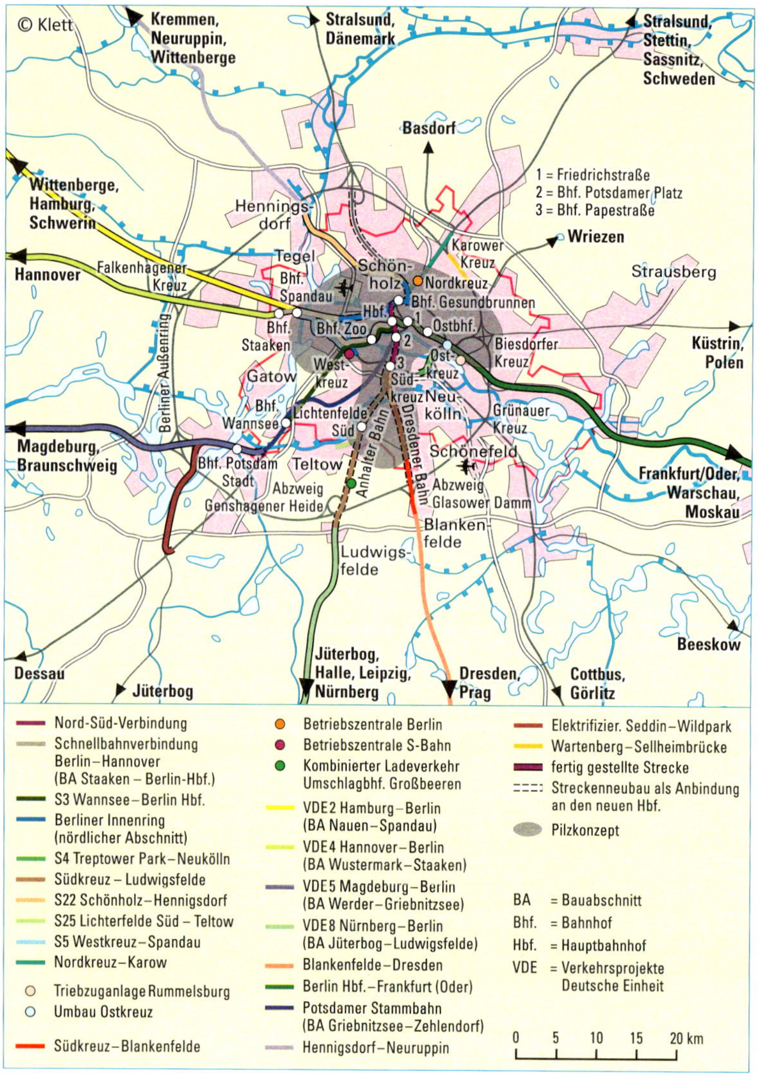

46 Stadtentwicklungsplan Verkehr

„Die neuen strategischen Leitlinien ... fordern nun zum Beispiel einen konsequenten Vorrang des Bestandserhalts und der Qualifizierung der vorhandenen Verkehrsnetze vor Infrastrukturerweiterungen, eine bessere Ausnutzung der großen Kapazitätsreserven in der Verkehrsinfrastruktur durch intelligente Organisation und Verkehrstelematik, eine viel größere Beachtung des vernachlässigten nichtmotorisierten Verkehrs und eine stärkere Bemühung um Vermeidung zusätzlichen Verkehrs. Trotz vorhandener Konflikte mit Umweltzielen kann vor dem Hintergrund der jüngeren Geschichte der Stadt ... auf genau begründete Infrastrukturerweiterungen nicht verzichtet werden...
Die Leitlinien bedeuten eine deutliche Gewichtsverschiebung gegenüber der bisherigen Verkehrspolitik."

www.stadtentwicklung.berlin.de/planen/stadtentwicklungsplanung/de/verkehr, Febr. 2006

47 „Pilz-Konzept" – Stand 2006

Nach dem Ausbau der alten S-Bahn-Trasse wird diese nun für den Ost-West-Fernverkehr genutzt. Eine bisher fehlende Nord-Süd-Verbindung entstand völlig neu. Sie wird im Stadtzentrum durch einen Tunnel geführt. Im Schnittpunkt der beiden Achsen, der auch den Kreuzungspunkt von ICE-Strecken im Rahmen des EU-Projektes „Transeuropäische Netze (TEN)" darstellt, fungiert der Lehrter Bahnhof als neuer Hauptbahnhof Berlins. Außerdem erfolgte der Ausbau von mehreren Fernbahnhöfen, z. B. Bhf. Gesundbrunnen. Einige S- und U-Bahntrassen befinden sich noch im Bau.

48 **Lehrter Bahnhof: Berlins neuer Hauptbahnhof – 2006 realisiert**

49 **Der neue Hauptbahnhof als Teil der Regionalentwicklung**

„Mit der Entwicklung Berlins zur europäischen Wirtschaftsmetropole ist in den kommenden Jahren ein Steigen des Fahrgastaufkommens zu bewältigen ... Der neue Bahnhof ermöglicht erstmals die Nord-Süd-Verbindung auf geradem Wege durch die Stadt und beseitigt damit die Probleme des früheren Systems der Kopfbahnhöfe. Über das Stadtbahnviadukt besteht zusätzlich die Ost-West-Verbindung. So wird der neue Bahnhof als Schnittpunkt der beiden Hauptverkehrsachsen zur wichtigsten Bahnstation der Stadt. Hier werden nach der Fertigstellung täglich 240 000 Fahrgäste erwartet ...“

www.stadtentwicklung.berlin.de/bauen/grosse-projekte/de/hauptbahnhof, Febr. 2006

50 **Entwicklungskonzept für das Hauptverkehrsstraßennetz von Berlin**

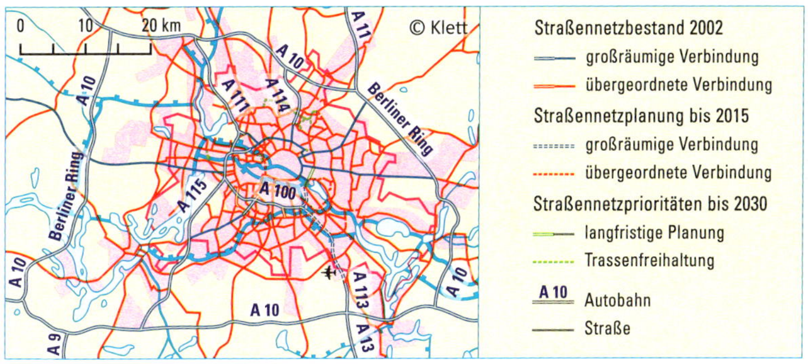

22 Beschreiben Sie die Grundzüge der Wirtschaftsstruktur Berlins (Atlas) und analysieren Sie auffällige wirtschaftliche Entwicklungen seit 1991/92 (Diagramme 39 und 40, sowie Tabelle 42; s. S. 172).

23 Bewerten Sie anhand der Materialien S. 172/173 die wirtschaftlichen Zukunftschancen Berlins.

24 Fassen Sie auf Grundlage der Materialien dieser Doppelseite die verkehrsplanerischen Probleme Berlins nach der Wiedervereinigung zusammen und erläutern Sie vor diesem Hintergrund Konzepte und Maßnahmen.

25 Erstellen Sie einen Katalog von Forderungen, die eine zukunftssichernde Verkehrsplanung für Berlin berücksichtigen müsste.

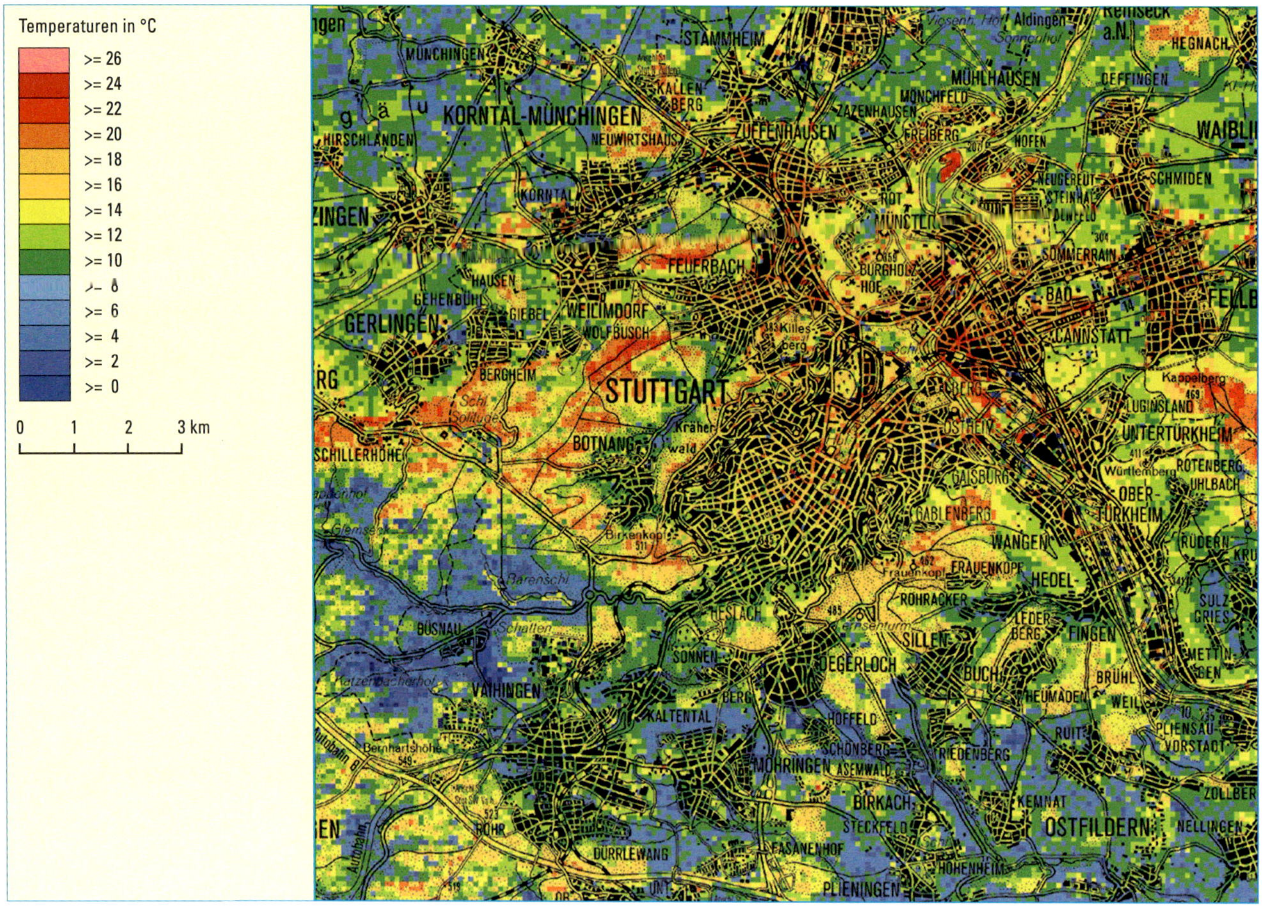

51 **Infrarotthermalbild von Stuttgart vom 30. August 2005 nach Sonnenuntergang**

Stadtklima

Seite 22
Geofaktoren

Städtische Überwärmung

Veränderung des Klimas durch Bebauung. In den Städten erfahren alle **Geofaktoren** des **Landschaftshaushaltes** – Oberflächenformen, Klima, Boden, Wasserhaushalt und Vegetation – grundlegende Veränderungen durch den Menschen. In der städtischen Wärmeinsel zeigt sich eine Veränderung des Landschaftshaushaltes, die die Menschen unmittelbar betrifft.

Auf der Suche nach den Ursachen der Überwärmung (Thermalbild 51) scheidet die direkte Einstrahlung aus: Im Bereich von Städten ist die Sonnenscheindauer um fast 25 Stunden/Jahr geringer als im Umland und die Einstrahlung bis zu einem Fünftel geringer als in den umliegenden, nicht verstädterten Gebieten. Durch einen hohen Anteil an Stäuben, Schadstoffen und an Kohlenstoffdioxid (CO_2) in der Luftschicht über der Stadt wird die Sonneneinstrahlung verringert. Dennoch verzeichnen die Städte einen Nettogewinn an Wärme.

Was sind die Ursachen und Folgen für die Überwärmung urbaner Gebiete (Städtische Wärmeinsel)? Welche Maßnahmen können Kommunen ergreifen, um die Wärmebelastung deutlich zu verringern?

Material
Städtische Wärmeinsel
104109-3107

52 Landnutzungskarte der Region Stuttgart

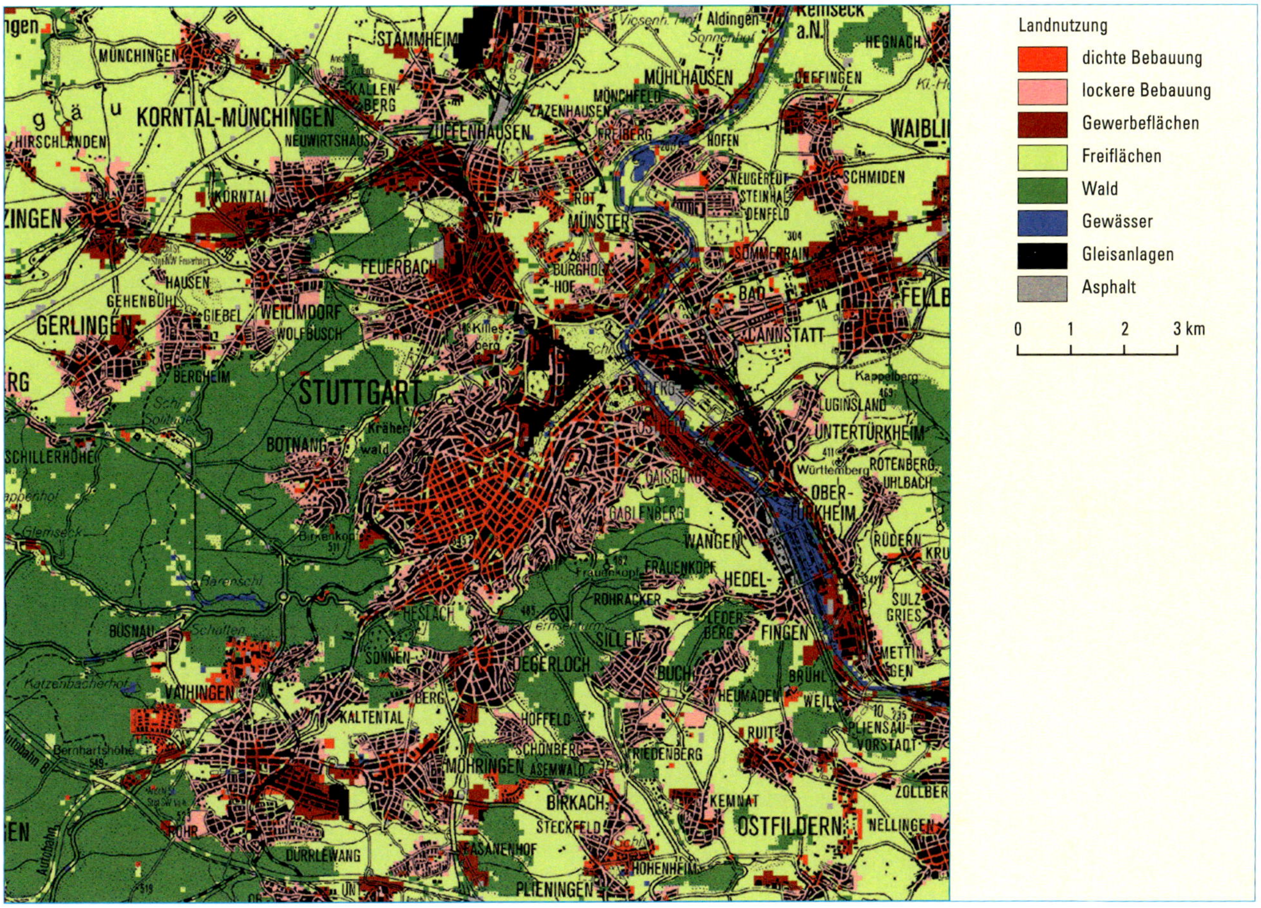

53 Charakteristika des Stadtklimas einer Großstadt in den mittleren Breiten

Verändert nach Wilhelm Kuttler/Andreas-Bent Barlag: Mehr als städtische Wärmeinseln. In Essener Unikate, 19/2002, S. 86

Einflussgrößen	Veränderung gegenüber dem nicht bebauten Umland	Einflussgrößen	Veränderung gegenüber dem nicht bebauten Umland
Gegenstrahlung	bis −10 %	Dauer der Frostperiode	bis −30 %
UV-Strahlung	bis −90 % (Sommer) bis −30 % (Winter)	Windgeschwindigkeit	bis −20 %
Sonnenscheindauer	bis −8 % (Sommer) bis −10% (Winter)	Absolute Luftfeuchtigkeit	tags: weniger nachts: mehr
Lufttemperatur	bis ca. 2 K über Jahresmittel bis ca. 10 K über Winterminimum	Niederschlag	Schnee: weniger Regen: mehr
Vegetationsperiode	bis zu 10 Tage länger		

26 Charakterisieren Sie ausgehend von der Thermalscanneraufnahme 51 den Begriff „Städtische Wärmeinsel".

27 Erläutern Sie den Zusammenhang zwischen Landnutzung und Temperatur nach Sonnenuntergang in der Region Stuttgart (Materialien 51 und 52).

Ursachen der städtischen Überwärmung.

54 Temperaturen verschiedener Oberflächen an einem Hochsommertag

Nach Innenministerium Baden-Württemberg/Amt für Umweltschutz Stuttgart (Hrsg.): Klimafibel Online. Auf: www.staedtebauliche-klimafibel.de/kap_2/kap_2-3.htm, Jan. 2006, Aug. 2009

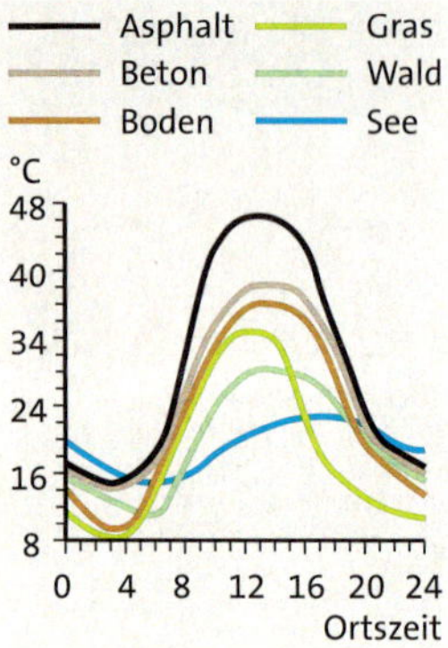

56 Klimatische Faktoren und Prozesse im städtischen Wärmehaushalt

Wirtschaftsministerium Baden-Württemberg: Städtebauliche Klimafibel online, Abb. 2/1, auf: www.staedtebauliche-klimafibel.de/, Okt. 2009

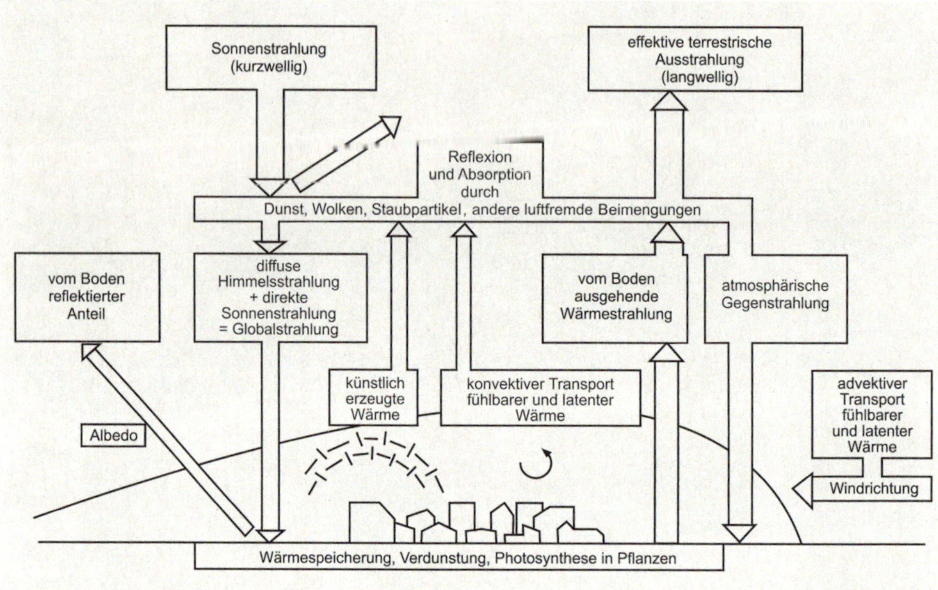

55 Frischluftschneisen in Stuttgart

Wolfgang Schulz-Braunschmidt: Jedes kleine Grün wird dringend gebraucht. In: Stuttgarter Zeitung vom 29.10.2008, Stuttgart, auf: www.stuttgarter-zeitung.de/media_fast/626/Klima-Stuttgart.pdf, Aug. 2009

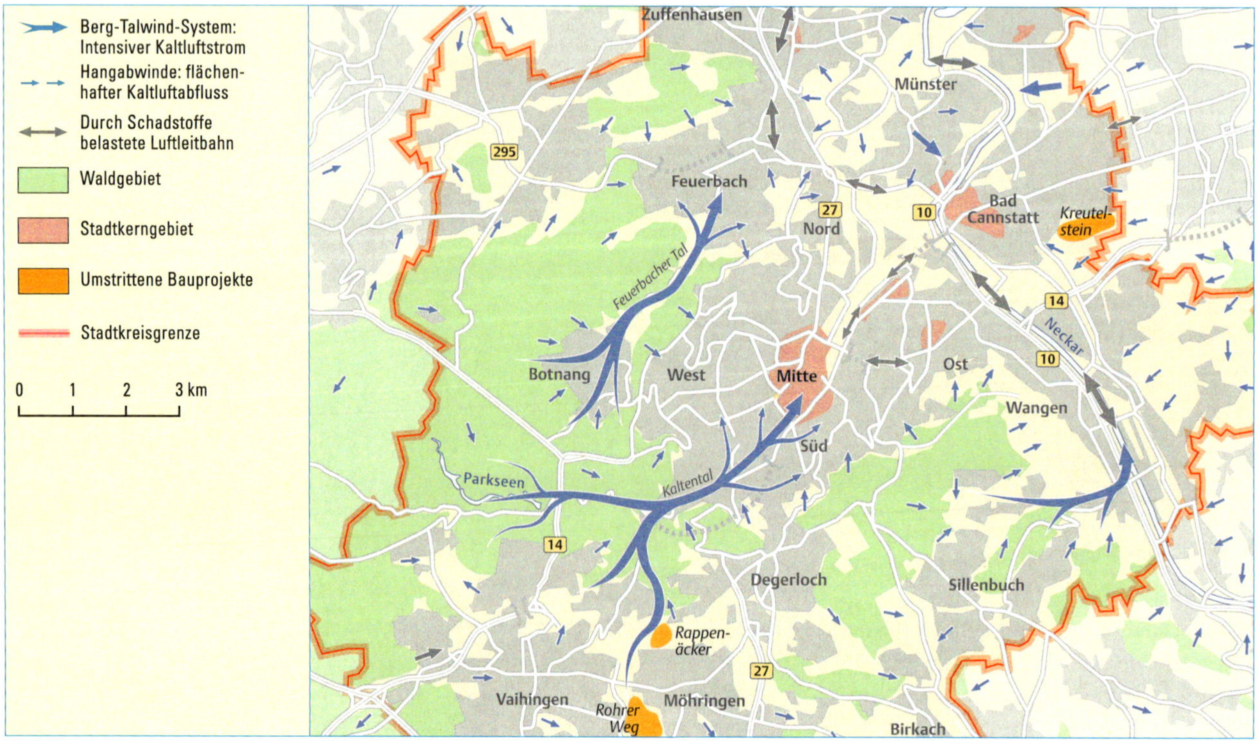

Material
Temperaturmessfahrt
104109-3108

57 **Temperatur- und Windströmungsprofil durch ein Wohnviertel am Stadtrand von Ludwigshafen in einer Sommernacht**

Nach Roland Zimmermann: Klimawirkungen städtischer Freiräume in Ludwigshafen am Rhein. Mitteilungen Pollichia, Nr. 72. Bad Dürkheim, S. 244

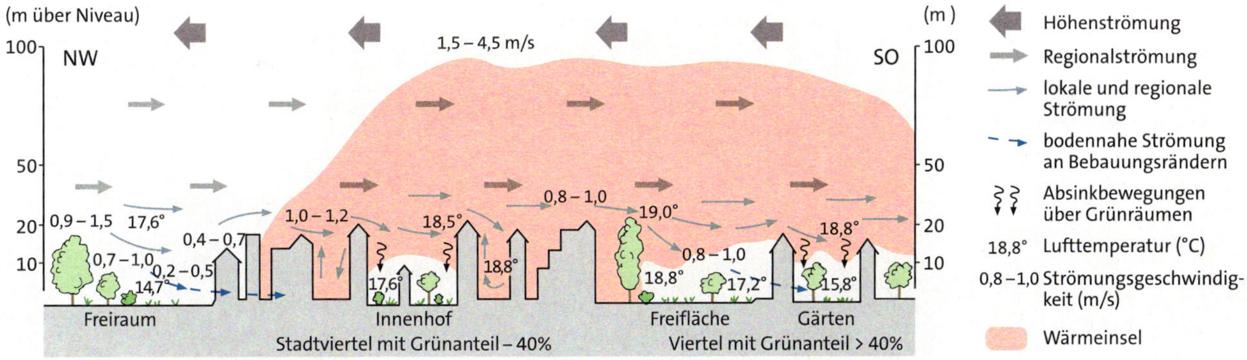

58 **Mittelwert maximaler Stadt-Umland-Temperaturdifferenzen in Europa**

Nach Wolfgang Eriksen: Die städtische Wärmeinsel. In Geographische Rundschau, 28. Jg., H. 9. Braunschweig: Westermann 1976, S. 72

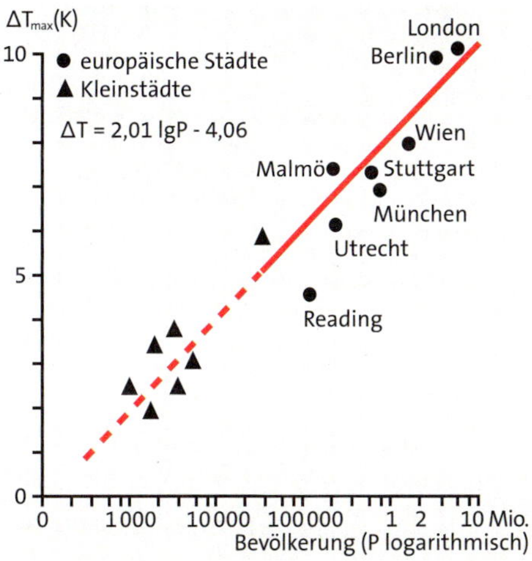

59 **Oberflächenstrahlungstemperaturen und Flächennutzung**

Nach Wilhelm Kuttler: Stadtklima. In: UWSF Umweltwissenschaften und Schadstoff-Forschung: Zeitschrift für Umweltchemie und Ökotoxikologie, 16. Jg. Landsberg: ecomed 2004

Oberfläche (Köln, Strahlungsnacht 30.06.1993 / 01.07.1993)	T_{20h} (°C)	T_{03h} (°C)
Hauptstraße (Innenstadt)	22	17
Hauptstraße (Umland)	20	13
Gebäude (Innenstadt)	21	17
Gebäude (Umland)	21	13
Gleisanlage	21	12
Friedhof	19	12
Rhein	18	18
Wald	17	11
Acker	14	9

Klimatop
kleinste räumlich abgrenzbare Einheit mit gleichen Klimafaktoren

28 Beschreiben Sie die klimatischen Prozesse im städtischen Wärmehaushalt (Grafik 56).

29 Erläutern Sie den Einfluss verschiedener Oberflächen und der Vegetation auf den städtischen Wärmehaushalt (Materialien 52, 54, 55, 57 und 59).

30 Erklären Sie Zusammenhänge zwischen der zunehmenden Größe einer Stadt und der wachsenden Temperaturdifferenz zwischen Stadt und Umland (Grafik 58).

31 Analysieren Sie, wie sich die Art der Bebauung auf die unterschiedlichen Nachttemperaturen in Ludwigshafen auswirkt (Grafik 57).

32 Erläutern Sie die stadtklimatische Bedeutung der Klimatope Stadtkern (mit Wärmeinseleffekt), Stadtrand (mit nächtlicher Auskühlung) und Freiflächen (mit nächtlicher Auskühlung) – (Materialien 55, 57 und 59).

33 Anregung für ein Referat:

a) Analysieren Sie messtechnisch die Temperaturverteilung in Ihrer Heimat.

b) Stellen Sie Ihre Messergebnisse kartographisch dar (methodische Anleitung unter Online-Link 104109-3108).

60 Zunahme der mittleren Lufttemperatur in ausgewählten europäischen Hauptstädten

Zum Vergleich: Im gesamten 20. Jh. stieg die Mitteltemperatur in der unteren Troposphäre global um 0,6 K, in Europa um 0,95 K.

ΔT (in K) zwischen den Beobachtungszeiträumen 1970–1974/2000–2004

Madrid	+2,2	Brüssel	+1,2
London	+2,0	Wien	+1,2
Luxemburg	+2,0	Rom	+1,2
Lissabon	+1,9	Amsterdam	+1,0
Athen	+1,9	Paris	+1,0
Stockholm	+1,5	Helsinki	+0,8
Warschau	+1,3	Dublin	+0,7
Berlin	+1,2	Kopenhagen	+0,2

62 Unsere Städte brauchen Grünflächen und Luftschneisen – Tiergarten im Zentrum von Berlin

61 Die Wirkung verschiedener Maßnahmen im Gebäudebereich auf das Stadtklima

Nach Naturschutzbund Deutschland (NABU) e.V., Charitéstraße 3, 10117 Berlin: Stadtklima im Wandel (Flyer), auf: www.nabu.de/imperia/md/content/nabude/Stadtklimawandel/flyer_stadtklima_web.pdf, Aug. 2009

Maßnahme / Effekt	Fassaden- und Dachbegrünung	Wasserflächen und Springbrunnen	Wärmedämmung am Haus	Natürlicher Boden durch Entsiegelung	Beschattung durch Baum und Pergola
Kühlen durch Verdunstung	✔	✔	✔	✔	✔
Geringere Wärmeaufnahme	✔		✔	✔	✔
Niedrigere Energiekosten duch Isoliereffekt	✔		✔		
Aufnehmen von CO_2 aus der Luft	✔	✔		✔	✔
Filtern von Luftschadstoffen	✔	✔		✔	✔

Die „Grüne Stadt" – Verbesserung des Stadtklimas?

Je weiter der **Klimawandel** fortschreitet, desto problematischer wird die Situation in den Städten werden, denn sie werden aufgrund ihrer baulichen Strukturen von den Belastungen des Klimawandels besonders betroffen sein.

Wie lässt sich das Stadtklima in den Städten deutlich verbessern? Welche Vorkehrungen können gegen kommende Hitzewellen und Jahrhundertsommer getroffen werden?

Ziel muss es sein, die Belastung der städtischen Bevölkerung durch die städtische Wärmeinsel zu vermindern und gleichzeitig die Luftqualität zu verbessern. Ein Lösungsansatz ist die **„grüne" Stadt**. Nach Angaben von Forschern können Begrünung und die Entsiegelung von Oberflächen vor allem in den Innenstädten die Wärmebelastung entscheidend vermindern.

Begrünung ist eine der einfachsten und effektivsten Methoden, um nachhaltig gegen die Belastungen in Städten vorzugehen, ohne größere bauliche Veränderungen vorzunehmen.

Material
„Grüne Stadt"
104109-3109

Material
Nachhaltige Stadtentwicklung
104109-3110

63 Besseres Stadtklima durch viele Parks

„Solange die Parks und Grünflächen der Stadt genug Wasser haben, wirken sie nachts wie eine Klimaanlage inmitten der Wärmeinsel. Diese Kühle strahlt bestenfalls dreihundert Meter weiter, im Normalfall aber bekommen gerade einmal die hundert Meter entfernten Häuser noch einen kühlenden Wind. Von wenigen großen Parks profitieren in tropischen Nächten daher nur die unmittelbaren Anwohner. Verteilen sich dagegen viele kleine Grünflächen mit wenigstens einem Hektar Größe und damit Fußballplatz-Ausmaß über das Häusermeer, wohnt niemand weit vom nächsten Minipark entfernt, und die Wärmeinsel Stadt kühlt in der Nacht ein wenig besser ab. [...]
Die kühle Parkluft allein bringt aber auch noch keine Abkühlung, wenn sich die Luft nicht bewegen kann: ... Blockieren Gebäude den Wind, spürt man von der kühlen Nachtluft in den Grünanlagen wenig ... Die bei Stadtplanern beliebten breiten Frischluftschneisen sind zwar aus Sicht des Klimatologen sehr sinnvoll, bringen aber in solchen Nächten zumindest im flachen Binnenland auch wenig Kühle in die Stadt, weil der Weg vom Umland einfach zu weit ist. Viel besser sind da eine unterschiedlich hohe Bebauung oder auch viele Parks mit Gruppen von Bäumen und Büschen und vielen Wiesen. Dann stößt der Wind immer wieder auf Hindernisse, Luftwirbel bilden sich und ziehen auch kühle Luft aus der Höhe in Richtung Boden. So bleibt die Luft in Bewegung und sammelt auch nicht, wie es bei unbewegten Kaltluftinseln oft der Fall ist, Schadstoffe an.
Wenn der Klimawandel die Temperaturen vor allem in der Wärmeinsel Großstadt in Zukunft steigen lässt, wird solche klimaoptimierte Stadtplanung sehr wichtig sein. Dann sollten die Stadtväter aber auch an genügend Wasservorräte denken. Denn die Sommer sollen in Zukunft eher trockener werden, befürchten die Klimaforscher. Und dann könnte das Wasser knapp werden, mit dem in Zeiten der Dürre das Stadtgrün feucht gehalten werden muss. Verdorren aber die Parks, heizen sie sich sogar stärker auf als Beton. Dann könnte die Wärmeinsel Großstadt nachts zur Hitzeinsel werden."

www.pressestelle.tu-berlin.de/newsportal/ein-blick_fuer_journalisten/2007/besseres_stadtklima_durch_viele_parks, Nov. 2010

65 Fassadenbegrünung

64 Ob er es je zur Klimaanlage schafft?

„Klimaanlage" Straßenbaum:
Rotbuche: 25 m hoch,
Kronendurchmesser 14 m
Beschattete Bodenfläche: ca. 150 m²
Blattfläche: 1600 m²
Sauerstoffproduktion pro Stunde (Sommer): 1,75 kg
Staubbindungsvermögen pro Jahr: 1 t
Verdunstung (Sommer): 400 l pro Tag.

34 Stellen Sie in einer Übersicht die multifunktionale Bedeutung der Vegetation für das Stadtklima dar.

35 Erklären Sie, weshalb viele kleine Parks für das Stadtklima besser sind als ein großer.

36 Erläutern Sie folgende Aussage (Astrid Snowdon, Regionalverband Ruhr): „Das richtige Grün an der richtigen Stelle – das ist das stärkste Instrument der Stadtklimatologie."

37 Analysieren Sie aufgrund einer Behördenbefragung, welche Maßnahmen zur Begrünung in Ihrem Heimatort durchgeführt wurden bzw. vorgesehen sind.

38 Erstellen Sie eine Karte mit entsiegelungswürdigen Flächen in ihrer Schulumgebung.

Außereuropäische Stadtmodelle

Die lateinamerikanische Stadt

67 Grundstrukturen

„Schachbrettgrundriss, manchmal auch ein rechteckiger Grundriss, mit dem Hauptplatz, der plaza mayor, im Zentrum gilt als das bestimmende Merkmal aller kolonialspanischen Gründungen... Dafür maßgeblich waren mehrere städtebaulich-architektonische Vorstellungen, darunter spanische Vorbilder, die angetroffenen Grundrisse der indianischen Vorläuferstädte sowie Theorien der Renaissance. Schon mit dem Gründungsakt wurden die unmittelbar an die plaza angrenzenden cuadras für die wichtigsten Regierungs-, Verwaltungs-, religiösen und militärischen Gebäude reserviert... Diese Aufteilung machte die plaza auch zum funktionalen Stadtzentrum und bedingte zugleich ein soziales Kern-Rand-Gefälle ... : Im Stadtkern lagen die bedeutendsten öffentlichen Repräsentationsbauten wie Kathedrale und Rathaus und die oft prunkvollen Adelspaläste und Bürgerhäuser der vornehmen Familien. Nach außen folgten die Wohnviertel der weniger privilegierten Angestellten, der Händler und Handwerker. Größe und Ausstattung der meist eingeschossigen Patiohäuser nahmen dabei mit wachsender Entfernung vom Stadtmittelpunkt ab. Die Lehmhütten der Indios und später z. T. auch der Sklaven lagen am äußersten Stadtrand."

Jürgen Bähr, Ulrich Jürgens: Stadtgeographie II. Regionale Stadtgeographie. Braunschweig: Westermann 2005, S. 266–268

Patiohaus
Stadthaus mit zentralem Innenhof

66 Stadtansicht von Cuzco (Peru)

68 Wandel der Stadtstruktur

„Erste Tendenzen einer Auflösung traditioneller Strukturen zeichneten sich schon während der 60er-Jahre des 19. Jahrhunderts ab. Vor allem die Kommerzialisierung des Stadtzentrums, wo sich nach der Unabhängigkeit der lateinamerikanischen Staaten zunehmend Handelshäuser, Banken, Unternehmensverwaltungen und Einzelhandel niedergelassen hatten, führte zur Verdrängung der Oberschicht, die sich nun ... am Rande der Stadt niederließ. Die Weltwirtschaftskrise 1929 und der Wunsch, sich vom krisenanfälligen Weltmarkt zu lösen, führten ab 1930 zur beschleunigten Industrialisierung lateinamerikanischer Städte. Das Zentrum erfuhr einen funktionalen, vor allem aber sozialräumlichen Wandel. Anstelle der aufgegebenen und abgerissenen Patiohäuser wurden billige Massenmietshäuser ... errichtet. Vor allem an den Stadträndern entstanden nun Industrieviertel und Arbeitersiedlungen... Landflucht hatte die Bildung von Hüttenvierteln zur Folge."

Klaus Zehner: Stadtgeographie. Gotha: Klett-Perthes 2001, S. 182

Material
Infoblatt Nordamerikanische Stadt
104109-3111

Die angloamerikanische Stadt

69 Gegenwärtige Strukturen und Wandel der angloamerikanischen Stadt

„Zonen höchster Wirtschaftskraft sind die Downtowns, obwohl sich seit den 1980er-Jahren signifikante Leerstandsraten hinter den neuen Wolkenkratzern verbergen. Es folgen ‚Urban Renewal'-Flächen mit mehr oder wenig stark ausgeprägtem ‚Marktpotenzial'. Neuerdings werden auf solchen ausgewählten Arealen innerstädtische ‚Gated Communities' gebaut. Eine große Verkehrsinfrastruktur [mit Highways] bildet häufig die äußere Begrenzung der Downtowns... Diese wurde in nicht wenigen Fällen als physische Abgrenzung gegen die verfallenen Wohnviertel errichtet, welche ... dem unteren Mittelstand und der ‚urban underclass' zuzurechnen sind.

Auffallend sind in den City-nahen Gebieten die Großsportarenen als neue, jedoch umstrittene Symbole der Downtown-Attraktivität. So mussten beispielsweise in Atlanta für das ... Fulton County Stadium ca. 50 000 Personen der unteren Einkommensschicht aus dem Planungsareal weichen... Es ist nicht immer klar, wohin die verdrängten Personen ziehen, zumal der soziale Wohnungsbau nicht Schritt hält. Das Phänomen des ‚doubling up', also der Überbelegung bereits bestehender Slums, ist ... nachgewiesen...
Seit den 1970er-Jahren sind diese [City-nahen] Stadtviertel von ‚Gentrification' erfasst worden."

Jürgen Bähr, Ulrich Jürgens: a. a. O., S. 174

Seite 316/317
Bevölkerungsentwicklung und Mobilität in den USA

Seite 377, Grafik 8
Entwicklungsphasen der US-amerikanischen Stadt

Downtown
Wirtschaftliches Zentrum der amerikanischen Stadt

Seite 164
Gentrifizierung

70 Zur Geschichte der angloamerikanischen Stadt

„Nordamerikas Städte sind jung. Die meisten wurden erst im 18. und 19. Jh. gegründet, zu einem Zeitpunkt also, da die Hauptphase der Städtegründungen in Mitteleuropa bereits mehr als ein halbes Jahrtausend zurücklag. Die Gründungen in den USA erfolgten vornehmlich im Zuge der Erschließung des Landes, zunächst ... an der Ostküste, später im Rahmen der Landnahme ... ab ca. 1880.
Die angloamerikanischen Städte ... hatten im Gegensatz zu vielen Städten in Mittel- und Südamerika keine vorkolonialen Vorgänger. Es fehlen ihnen zudem städtebauliche Elemente wie sie z. B. die europäische Stadt aufweist: eine Altstadt, ein zentraler Markt, eine Stadtmauer, eine Burg oder ein Schloss. Andererseits spiegeln die angloamerikanischen Städte sehr deutlich Werte und Einstellungen der Gesellschaft wider, die sie erbaut hat. Sie waren nie kulturelle Zentren. Die Amerikaner haben ihre Städte vielmehr hauptsächlich nach wirtschaftlichen und pragmatischen Gesichtspunkten angelegt und ausgestaltet."

Rita Schneider-Sliwa: USA. Darmstadt: Wissenschaftliche Buchgesellschaft 2005, S. 179 f.

71 Modell der angloamerikanischen Stadt

Nach Roland Hahn: USA. Perthes Länderprofile. 2. Aufl. Gotha: Perthes 2002, S. 44

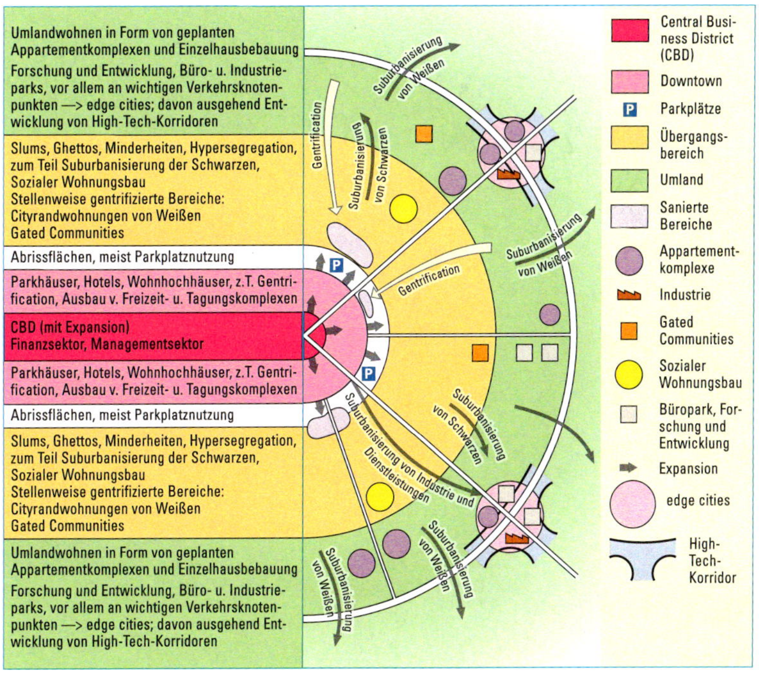

39 Arbeiten Sie wesentliche Merkmale des Stadttyps „angloamerikanische Stadt" heraus.

40 Erläutern Sie aktuelle Entwicklungen und Probleme der angloamerikanischen Stadt.

72 **Skyline von Hongkong**

73 **Verstädterungsgrad ausgewählter Länder 1965–2008 (in %)**

Nach Weltentwicklungsbericht 1992 und 2000/2001; DSW Datenreport 2001 und 2008

Land	1965	1980	1990	2000	2008
Vereinigte Staaten	72	74	75	77	79
Kanada	73	76	77	77	81
Deutschland	78	83	84	87	88
Großbritannien	87	89	89	89	90
Polen	50	58	62	62	62
Honduras	26	35	44	52	46
Mexiko	55	66	73	74	76
Peru	52	65	70	72	76
Brasilien	50	66	75	81	83
China	18	20	26	32	45
Japan	67	76	77	79	79
Kambodscha	11	12	12	16	16
Malaysia	26	42	43	57	68
Australien	83	85	86	85	87
Äthiopien	8	11	13	17	16
Namibia	17	23	17	30	35

Verstädterung und Urbanisierung

Verstädterung kennzeichnet die Tendenz, dass die Anteile der in städtischen Räumen lebenden Bevölkerung größer werden. Über diesen rein demografischen Aspekt hinaus umfasst dieser Begriff aber auch den Prozess der Städteverdichtung, also die Zunahme der Städtezahl in einem bestimmten Raum sowie das Wachstum der Städte im Hinblick auf Bevölkerung und Fläche. Erfasst werden also in erster Linie quantifizierbare Faktoren.

Der Verstädterungsgrad misst den Anteil der Stadtbevölkerung an der Gesamtbevölkerung eines Gebietes, einer Region oder eines Staates, während die Verstädterungsrate den Zuwachs der städtischen Bevölkerung bzw. des Verstädterungsgrades ausdrückt. Bei internationalen Vergleichen ist allerdings zu beachten, dass häufig die zugrunde gelegten nationalen Definitionen für Städte beziehungsweise „urban areas" stark differieren.

41 Vergleichen Sie für ausgewählte Länder
a) den Verstädterungsgrad (Tabelle 73),
b) den Entwicklungsstand. Nutzen Sie dafür auch den Online-Link 104109-3113.

Surftipp
Stadtbevölkerung der Erde
104109-3112

Material
Strukturdaten ausgewählter Staaten
104109-3113

74 Jährliche Wachstumsrate der städtischen Bevölkerung (Verstädterungsrate) 2005 – 2010

Nach Deutsche Stiftung Weltbevölkerung (Hrsg.), Weltbevölkerungsbericht 2008. Hannover: DSW 2008, S. 100 – 103

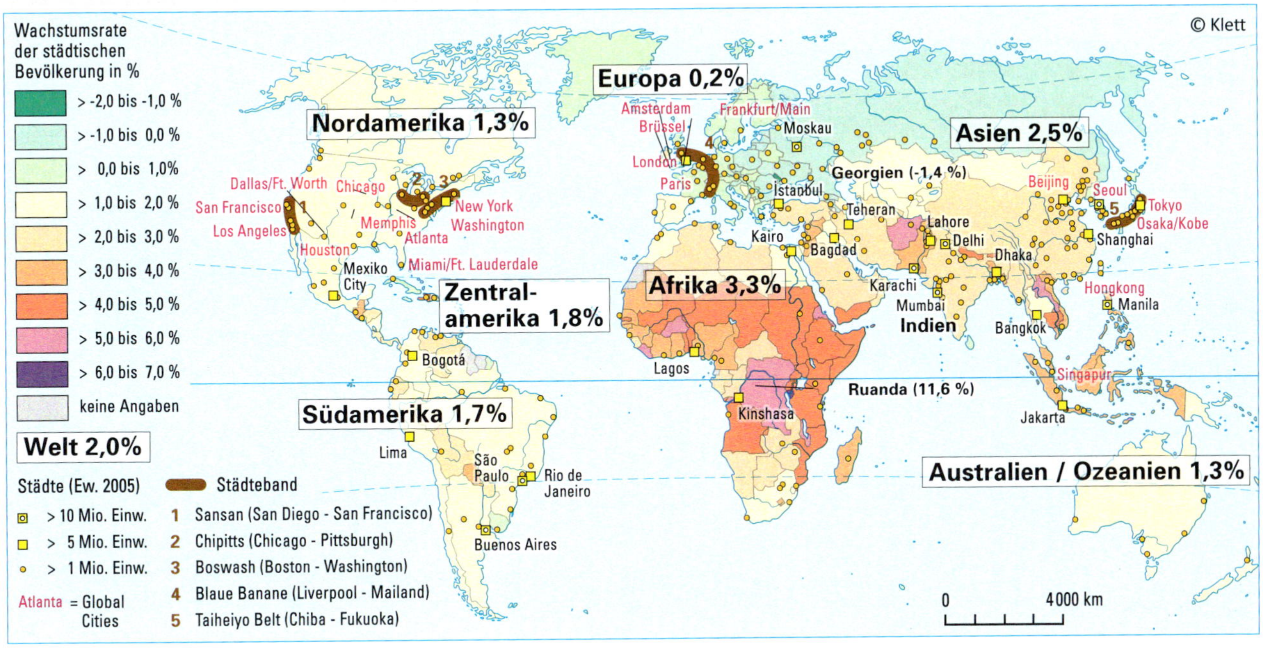

Verstädterung lässt sich aber nicht nur statistisch, sondern auch physiognomisch beschreiben. Sie äußert sich in einer Expansion urbaner Bau- bzw. Siedlungsformen und einer entsprechenden Umgestaltung des ländlichen Raumes. Hiermit verbunden sind Ausbreitungs- und Diffusionsprozesse städtischer Lebensformen. Bestimmte Haushaltsstrukturen, Konsummuster und Wertevorstellungen breiten sich in den ländlichen Raum hinein aus. Für diesen soziologischen Aspekt der Verstädterung ist der Begriff **Urbanisierung** geprägt worden. Die beiden Begriffe Verstädterung und Urbanisierung werden aber häufig synonym verwendet.

Ursachen und Phasen der Verstädterung

Das Wachstum der Stadtbevölkerung lässt sich auf drei Ursachen zurückführen. Global gesehen muss an erster Stelle noch immer das natürliche Wachstum aufgrund der Geburtenüberschüsse genannt werden. Hinzu kommen die städtischen Nettogewinne durch Zuwanderungen. Außerdem erhöht sich die Zahl der urbanen Bevölkerung durch die Einstufung vormals ländlicher Siedlungen in den Rang einer Stadt.

Die Städte des europäischen Industriezeitalters entstanden in einem Prozess, der nicht nur in der natürlichen Bevölkerungszunahme begründet war. Die Siedlungen wuchsen in erster Linie durch Zuwanderungen. Die Anziehungskraft eines Zentrums kann dabei auf verschiedene Faktoren zurückgeführt werden. In der Neuzeit war es zunächst – neben der allgemeinen Faszination, die seit jeher von Städten ausgeht – die Industrialisierung, die mit ihrem vielfältigen Angebot neuer Erwerbsmöglichkeiten in den aufblühenden Wirtschaftszentren Binnenwanderungen von erheblichem Ausmaß ausgelöst hat. Mit dem Übergang zur Dienstleistungsgesellschaft wird dieser Prozess überlagert durch die **Tertiärisierung**, also die Zunahme der Beschäftigtenanteile im Tertiären Sektor. Viele Standorte von Dienstleistungseinrichtungen (Banken, Versicherungen, Kommunikationssysteme, öffentliche Verwaltung) sind an Städte bzw. Großstädte gebunden.

Städte bieten bis in das von der **Suburbanisierung** erfasste Stadtumland hinein attraktive Arbeitsplätze an. Voraussetzung für die damit verbundene räumliche Trennung von Wohn- und Arbeitsplatz ist die gestiegene **Mobilität** auf der Grundlage der Massenmotorisierung. Sie ist Hauptantriebskraft einer weitergehenden, insbesondere flächenhaften Verstädterung im Umland der großen urbanen Zentren.

42 Erläutern Sie Ursachen für das Städtewachstum in Entwicklungsländern.

43 Erörtern Sie Chancen und Probleme des Verstädterungsprozesses.

3.2 Raumentwicklung und Raumordnung

1 Landesmesse bei Stuttgart

2 Bewertung der Lebensbedingungen in einer Region

„Die Forderung nach Gleichwertigkeit ... geht davon aus, dass die Lebensbedingungen in der föderal und von unterschiedlichen Raumstrukturen geprägten Bundesrepublik Deutschland objektiv unterschiedlich sind und vor dem Hintergrund subjektiver Wertmaßstäbe unterschiedlich bewertet werden ... Die letztlich entscheidende Rolle bei der Bewertung von räumlichen Ungleichheiten spielen die betroffene Bevölkerung bzw. die im Alltag handelnden Akteure: Unternehmen bewerten die regionalen Bedingungen und handeln z. B. bei chancenmindernder Ungleichheit mit Standortverlagerungen. Wohnungs- und Arbeitssuchende bewerten das Angebot auf den regionalen Arbeitsmärkten, Eltern die Zukunftschancen ihrer Kinder ...“

Bundesamt für Bauwesen und Raumordnung BBR (Hrsg.): Raumordnungsbericht 2005. Bonn 2005. S. 5–6

Kompetenzen erwerben:
- Flächennutzungsansprüche und Nutzungskonflikte anhand konkreter Beispiele beschreiben,
- Aufgaben und Leitvorstellungen der Raumordnung in Deutschland erläutern,
- Raumstrukturen Deutschlands vor dem Hintergrund des Grundgesetzauftrags zur „Herstellung gleichwertiger Lebensverhältnisse“ analysieren.

Ziele der Raumordnung

Das Foto 1 zeigt eindrucksvoll, wie ein Raum durch verschiedene Formen der Nutzung umgestaltet worden ist. Ursache dieser Umgestaltung sind die – mit wachsendem Lebensstandard immer mehr steigenden – Ansprüche des Einzelnen bzw. unterschiedlicher gesellschaftlicher Gruppen. Der Bürger verlangt z. B. nach mehr und immer hochwertigerem Wohnraum, möglichst „im Grünen“, und will über moderne, mehrspurige Verkehrswege gut angebunden sein an seinen Arbeitsplatz oder an städtische Zentren. Das aber geht zu Lasten von Nutzflächen für die Agrarwirtschaft, die ihrerseits in Konkurrenz mit den Flächenansprüchen von Industrie- und Dienstleistungsbetrieben steht. Gleichzeitig fordern die Einrichtungen unserer Freizeit- und Spaßgesellschaft ihren Tribut an Fläche, während insbesondere der in einem Verdichtungsraum lebende Bürger nach Möglichkeiten der Erholung in naturnahen Freiräumen sucht und Umweltschützer sowie Landwirte die Bewahrung unserer Lebensgrundlagen und den Erhalt wertvoller **Ökosysteme** einklagen.

Die wachsenden Ansprüche der Menschen an den Raum stehen also in Konkurrenz zueinander. Mit zunehmendem Flächenverbrauch verschärfen sich die Nutzungskonflikte, weil der Boden nicht vermehrbar ist und immer knapper wird. Ließe man den gesellschaftlichen Gruppen in der Verfolgung ihrer Interessen freien Lauf, würden sich in dem Konkurrenzkampf die jeweils Mächtigsten durchsetzen und es käme zu einer zerstörerischen Ausbeutung der **Landschaft**, also zu einer „räumlichen Unordnung“.

1 Arbeiten Sie aus Foto 1 heraus, durch welche Nutzungsansprüche der Mensch die Landschaft verändert.

2 Beschreiben Sie anhand ausgewählter kleiner Teilräume die Konkurrenz von Nutzungsansprüchen.

3 Bodenfläche nach Nutzungsarten in Deutschland 2008

Nach Statistisches Bundesamt Deutschland, Wiesbaden 2010

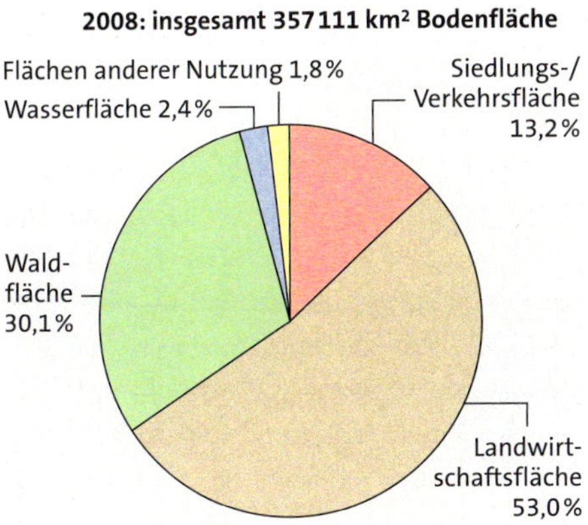

Es ist Aufgabe von Bund, Ländern und Gemeinden, hier nach einem Ausgleich zu suchen. Mit den Mitteln der Raumordnung und Raumplanung müssen sie die im Raum wirksamen wirtschaftlichen und sozialen Kräfte so kanalisieren, dass ein sinnvolles Miteinander möglich ist. Das setzt öffentlich diskutierte und demokratisch legitimierte Leitbilder voraus, die auf Bundesebene formuliert und dann auf allen Planungsebenen umgesetzt werden.

Die Kompetenz des Bundes zur Rahmengesetzgebung im Bereich der Raumordnung ergibt sich aus den Grundgesetzartikeln 72 und 75, in denen es heißt: „Der Bund hat in diesem Bereich (hier: Raumordnung) das Gesetzgebungsrecht, wenn und soweit die Herstellung gleichwertiger Lebensverhältnisse im Bundesgebiet ... eine bundesgesetzliche Regelung erforderlich macht." Diesem Verfassungsauftrag folgend hat der Deutsche Bundestag erstmals 1965 ein Raumordnungsgesetz verabschiedet, in dem übergeordnete Leitbilder und Grundsätze der Raumentwicklung formuliert wurden. In der Folgezeit sind diese Zielsetzungen in Anpassung an die sich ändernden Ansprüche und Problemstellungen immer wieder ergänzt worden.

4 Aufgabe und Leitvorstellung der Raumordnung

„Der Gesamtraum der Bundesrepublik Deutschland und seine Teilräume sind durch zusammenfassende, übergeordnete Raumordnungspläne ... zu entwickeln ... und zu sichern... Leitvorstellung ... ist eine nachhaltige Raumentwicklung, die die sozialen und wirtschaftlichen Ansprüche an den Raum mit seinen ökologischen Funktionen in Einklang bringt und zu einer dauerhaften, großräumig ausgewogenen Ordnung führt. Dabei sind

1. die freie Entfaltung der Persönlichkeit in der Gemeinschaft und in der Verantwortung gegenüber künftigen Generationen zu gewährleisten,
2. die natürlichen Lebensgrundlagen zu schützen und zu entwickeln,
3. die Standortvoraussetzungen für wirtschaftliche Entwicklungen zu schaffen,
4. Gestaltungsmöglichkeiten der Raumnutzung langfristig offen zu halten,
5. die prägende Vielfalt der Teilräume zu stärken,
6. gleichwertige Lebensverhältnisse in allen Teilräumen herzustellen,
7. die räumlichen und strukturellen Ungleichgewichte zwischen den bis zur Herstellung der Einheit Deutschlands getrennten Gebieten auszugleichen,
8. die räumlichen Voraussetzungen für den Zusammenhalt in der Europäischen Gemeinschaft und im größeren europäischen Raum zu schaffen."

Raumordnungsgesetz (ROG) vom 18.08.1997 (BGBl. I S. 2081), zuletzt geändert durch Artikel 2 des Gesetzes zur Anpassung des Baugesetzbuches an EU-Richtlinien vom 24.06.2004 (BGBl. I S. 1359)

5 Flächenentwicklung pro Einwohner in den Alten Bundesländern

Daten nach BBR Flächenmonitoring und Statistisches Bundesamt

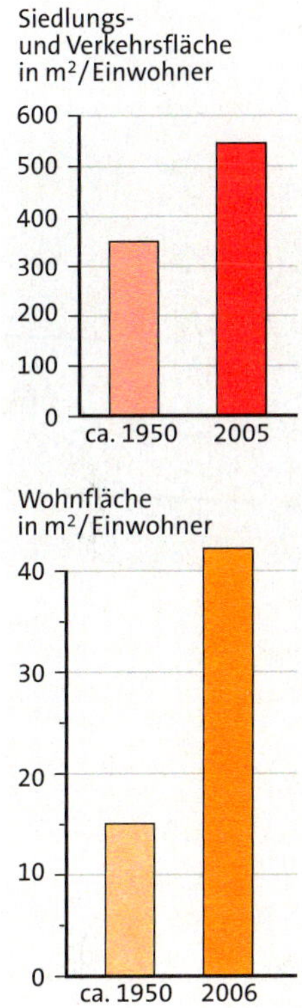

3 Erklären Sie Ursachen und mögliche Folgen des zunehmenden Flächenverbrauchs.

4 Stellen Sie Ziele und Leitvorstellungen der Raumordnung dar.

5 Überprüfen Sie die im „Raumordnungsgesetz" (Quellentext 4) formulierten Leitvorstellungen im Hinblick auf Zielkonflikte und Realisierungschancen.

6 Krauternte auf den Fildern

Raumeingriffe verändern die Landschaft – Fallbeispiel „Die baden-württembergische Landesmesse auf den Fildern vor Stuttgart"

7 Die Filderebene – ein agrarischer Gunstraum

„Die Filderebene im Süden des Großraumes Stuttgart ist eine mit bis zu 4 m Löss bedeckte Fläche der Lias-Schichtstufe. Sie wird überwiegend durch die Körsch zum Neckar hin entwässert... Auf der Hochfläche ist der Filderlehm bodenbildend, ein Gemisch aus Lias-Verwitterungsmaterial und Löss, welches durch eiszeitliche Bodenvermischungen entstanden ist ... Die Filderebene ist sehr gut ackerbaulich nutzbar."

Ministerium für Umwelt und Verkehr Baden-Württemberg (Hrsg.): Bodenzustandsbericht Großraum Stuttgart. Stand: November 1999

8 Umgestaltung des Agrarraumes

„Emotionen sind im Spiel, wenn am kommenden Freitag, nach mehr als dreijähriger Bauzeit, der ... Ausstellungskomplex am Flughafen offiziell eingeweiht wird. Just an jener Stelle, wo einst auf hochwertiger Lösslehmkrume Krautköpfe und Mais, Gerste und Weizen gewachsen sind ... Eindrücklich ist auf den Luftbildern zu sehen, wie die Messe die Landschaft im ehedem grünen Winkel zwischen Autobahn und Airport verändert hat [Foto 1, S. 186]... Auf dem 83 Hektar großen Bauplatz sind für die Landesmesse 600 000 Kubikmeter Beton (so viel wie sonst für 3 000 Einfamilienhäuser) verbaut worden."

Stuttgarter Zeitung vom 17. 10. 2007

Die „Landesmesse". Das Gebiet der neuen „Landesmesse" befindet sich größtenteils auf der Gemarkung der Stadt Leinfelden-Echterdingen (Lkr. Esslingen). Das Zentrum der Landeshauptstadt Stuttgart liegt etwa 10 km, das alte Messegelände Killesberg 12,5 km entfernt. Die Messe beansprucht nicht nur Flächen für die Ausstellungen, sondern auch weiteres Gelände für die äußere Verkehrserschließung. Insgesamt sind in unmittelbarer Nähe des Flughafens sieben Standardmessehallen, eine Hochhalle sowie ein Kongresszentrum entstanden. Parkmöglichkeiten für Besucher bieten Stellplätze im Eingangsbereich sowie ein Parkhaus, das die A 8 sowie die geplante ICE-Trasse überspannt.

Insgesamt orientierte sich die Planung der Landesmesse am Prinzip der „kurzen Wege und guten Verkehrsanbindung". Beides wurde erreicht durch die Anlage öffentlicher Fußwege und kurzer Querverbindungen mit schnellem Zugang zu allen Einrichtungen und Hallen des Messegeländes, vor allem aber durch Ausbau und Ausrichtung bereits vorhandener Verkehrsinfrastruktur. So soll in Leinfelden-Echterdingen noch ein leistungsfähiger Nah- und Fernverkehrsbahnhof entstehen. Die Deutsche Bahn AG plant den Bau eines unterirdisch gelegenen ICE-Bahnhofs im Bereich zwischen Flughafen und Messe. Des Weiteren kann der Messebesucher die direkte Bahnlinie zwischen Flughafen und Stuttgarter Hauptbahnhof mit einer (geplanten) Fahrtzeit von acht Minuten nutzen. Diese verkehrliche Infrastruktur, die durch das Projekt „Stuttgart 21" auch den Anschluss an das europäische ICE-Hochgeschwindigkeitsnetz herstellen soll, erleichtert die Anreise zur Messe aus Nah und Fern. Um den Autoverkehr aufzunehmen, wurde die Autobahn mit einem direkten Anschluss an das Parkhaus ausgebaut.

Ökologische Auswirkungen und Ausgleichsmaßnahmen. Das Bundesnaturschutzgesetz fordert bei massiven Eingriffen in den Naturhaushalt oder in das Landschaftsbild vom Verursacher Minimierungs-, Ausgleichs- und Ersatzmaßnahmen. Die diesbezüglichen Planungen und Maßnahmen waren bereits im Vorfeld zwischen den Messevertretern und ihren Gegnern – Naturschützern und Vertretern der Schutzgemeinschaft Filder – heftig umstritten. Die Landesmesse Stuttgart hat ein Umweltbüro damit beauftragt, die entsprechenden Maßnahmen nicht nur zu planen und umzusetzen, sondern nach Fertigstellung der Messe deren Wirkungen in einem jährlichen Monitoring zu überprüfen.

Material/Surftipp
Bodenzustand Großraum Stuttgart
104109-3201

9 § 19 Bundesnaturschutzgesetz (2002)

„Der Verursacher [von Eingriffen in Natur und Landschaft] ist zu verpflichten, unvermeidbare Beeinträchtigungen durch Maßnahmen des Naturschutzes und der Landschaftspflege vorrangig auszugleichen (Ausgleichsmaßnahmen) oder in sonstiger Weise zu kompensieren (Ersatzmaßnahmen). Ausgeglichen ist eine Beeinträchtigung, wenn und sobald die beeinträchtigten Funktionen des Naturhaushaltes wieder hergestellt sind und das Landschaftsbild landschaftsgerecht wiederhergestellt oder neu gestaltet ist. In sonstiger Weise kompensiert ist eine Beeinträchtigung, wenn und sobald die beeinträchtigten Funktionen des Naturhaushaltes in gleichwertiger Weise ersetzt sind ..."

11 Ausgleichsmaßnahme Dachbegrünung

10 Zwischenbericht: Flächenverbrauch – Eingriffe in Natur und Landschaft

„Maßnahmenkonzept Minimierung
Hierzu zählen Dachbegrünungen auf den Ausstellungshallen und den Verbindungsbauten durch die Ansaat und Pflanzung heimischer Arten. Die trockenheitsertragende Vegetation der Dächer weist hierbei ca. 25–30 Arten je 25 qm auf ...

Maßnahmenkonzept Ausgleich
... Die Böden des Filderraumes sind so hochwertig, dass ein Ausgleich fast unmöglich ist. Außerhalb dieses Eingriffs-Ausgleichs-Problems ist aber der Boden als solcher schützenswert und entsprechend den Gesetzen und Verordnungen zu behandeln. Der Bodenschutz wurde durch ... Maßnahmen innerhalb des im Sommer 2004 erstellten Bodenverwertungskonzeptes bis zum Ende der Erdbaumaßnahmen mit der letzten Flächenrekultivierung im Oktober 2008 gewährleistet (z.B. durch Verwendung belasteten Materials auf der Baustelle)... Das zentrale Ausgleichskonzept ... wird in den landwirtschaftlichen Flächen zwischen Echterdingen und Plieningen umgesetzt... Dieser Bereich [wird] mit einem Netz aus schmalen landwirtschaftlichen Brachflächen mit speziellen wechselnden Einsaaten überzogen, der den Lebensraum Filder für die feldbewohnende Fauna, speziell die Vögel und die Laufkäfer, aufwerten wird ...
Bisher liegen ausschließlich faunistische und floristische Punktbeobachtungen vor... Die einmalig eingebrachten autochthonen Ackerwildkrautarten, die auch früher im Filderraum wuchsen, etablieren sich langsam wieder ... Diese Arten erhöhen neben den ausgesäten Nutzpflanzen die Blüten-, Frucht- und Blühtermin-Diversität und haben damit eine ... positive Wirkung auf die heimischen Tierarten ..."

Seeliger, Gminder & Partner, Gesellschaft für Projektmanagement im Umweltbereich und AG.L.N. Büro Dr. Tränkle: Zwischenbericht – Kurzfassung: Flächenverbrauch, Eingriffe in Natur und Landschaft. Weinheim Jan. 2009. S. 2–6

12 „Landesmesse" im Wirtschaftsjahr 2008

- Umsatz: 114 Mio. €
- Aussteller: 19000
- ganzjährig komplette Ausbuchung
- Besucherzahl: 1,7 Mio.
- Regionales Zusatzeinkommen: 680 Mio. €

Landesmesse Stuttgart, Abteilung Presse und Information vom 26.11.2008

6 Stellen Sie dar, mit welchen Zielen, Maßnahmen und Ergebnissen der Agrarraum der Fildern durch den Bau der „Landesmesse" umgestaltet wurde.

7 Überprüfen Sie die im Quellentext 10 vorgenommene Bewertung.

Seite 132
Zentrale Orte

Probleme der Raumstruktur

Nach Meinung vieler Bürger bestehen deutliche Unterschiede in der regionalen Lebensqualität und Attraktivität einzelner Teilräume des Bundesgebietes. Diese subjektive Wahrnehmung und Bewertung wird durch eine objektive Analyse der Raumstruktur bestätigt. Zu der vom Grundgesetz geforderten „Herstellung gleichwertiger Lebensverhältnisse im Bundesgebiet" gehört zum Beispiel, dass das differenzierte Angebot an Arbeitsplätzen, Gütern und Diensten, das in Zentralen Orten bereitgestellt wird, für die Bewohner aller Regionen gut erreichbar ist. Die Analyse der Raumentwicklung zeigt aber, dass zwischen dem von der Verfassung vorgegebenen Ziel und der Wirklichkeit eine Diskrepanz besteht. Wie die Karte 14 zeigt, sind die Oberzentren und die hier angebotenen Dienste in sehr unterschiedlichem Maße erreichbar. Gleiches gilt für Mittel- und Unterzentren. Das führt zu erheblichen regionalen Unterschieden in den Lebensbedingungen.

13 Zentral- und Peripherräume

„Die sich aus der Überlagerung von Bevölkerungsdichte und Zentralität ergebende Raumstrukturierung in Deutschland zeigt in ihren drei Grundtypen das klassische Bild von Zentrum und Peripherie, differenziert nach unterschiedlichen Dichtestufen.

Zentralraum: Der enge Zusammenhang zwischen Verkehrs- und Siedlungsentwicklung hat zu großen, zusammenhängenden städtischen Siedlungsgebieten bzw. Siedlungs- und Verkehrskorridoren geführt... Auf lediglich elf Prozent der Fläche des Bundesgebietes konzentrieren sich 49 % der Bevölkerung und sogar 57 % der sozialversicherungspflichtig Beschäftigten. Die durchschnittliche Bevölkerungsdichte beträgt hier ca. 1 000 Einwohner je km².

Der Zentralraum nimmt damit eine herausragende Stellung im Raumgefüge ein. Hohe Siedlungsdichte und starke Siedlungs- und Verkehrsdynamik führen aber auch zu besonderen Problemlagen innerhalb dieses Raumtyps.

Peripherraum: Am anderen Ende des Spektrums befinden sich dünn besiedelte Gebiete mit unter 100 Einwohnern je km² mit größeren Entfernungen zu den Zentren... Sie nehmen 58 % der Fläche des Bundesgebietes ein. Trotz der geringen Bevölkerungsdichte lebt hier knapp ein Viertel der Bevölkerung...

Zwischenraum: Eine dritte Raumkategorie bilden schließlich diejenigen Räume, die zwar keine eigenen großen Bevölkerungspotenziale aufweisen, aber trotzdem über eine gute Zugänglichkeit zu den bedeutenden Zentren verfügen. Sie bilden zwischen den Zentralräumen und ihren Kernen mehr oder weniger stark ausgeprägte korridorartige Zwischenräume in einer punkt-axialen Raumstruktur ... Sowohl die Bevölkerungsdichten als auch die Beschäftigtendichten liegen mit etwa 200 Einwohnern pro km² und etwa 56 Beschäftigten je km² zwar noch unter dem jeweiligen Bundesmittel, aber übertreffen die Dichten des Peripherraumes um das Doppelte ...

Die höchsten Arbeitsplatzzuwächse verzeichnen die Zentralräume, in absoluten Zahlen der innere Zentralraum, bezogen auf die vorhandenen Arbeitsplätze mit über 4 % der äußere Zentralraum. Dies spiegelt die nach wie vor hohe Bedeutung von Agglomerationsvorteilen für die unternehmerische Standortwahl wider ..."

Bundesamt für Bauwesen und Raumordnung BBR (Hrsg.): Raumordnungsbericht 2005. Bonn 2005, S. 19–21

8 Beschreiben Sie – ausgehend von den Materialien dieser Doppelseite – die Raumstruktur Ihrer Heimat.

9 Erarbeiten Sie Vorzüge und Probleme der vorgestellten Raumtypen (Zentral-, Peripher-, Zwischenraum).

10 Erläutern Sie auf der Grundlage Ihrer Ergebnisse konkrete Aufgaben der Raumplanung.

14 Raumstruktur nach Zentrenerreichbarkeit und Bevölkerungsdichte

Ebenda, S. 17

„Von jedem beliebigen Punkt im Bundesgebiet aus sind alle Zielorte des Zentrensystems (Oberzentren) in gewissen Fahrtzeiten im Straßennetz erreichbar. Diese Menge einzelner Fahrtzeiten fasst ein Index zusammen, der alle erreichbaren Zielorte nach ihrer Bedeutung und in Abhängigkeit von der zu ihrer Erreichung notwendigen Pkw-Fahrtzeit gewichtet aufaddiert... Der resultierende Index drückt aus, dass die Attraktivität von Zielen/Zentren mit deren Größe zunimmt, aber bei wachsendem Zeitaufwand zu deren Erreichung sinkt."

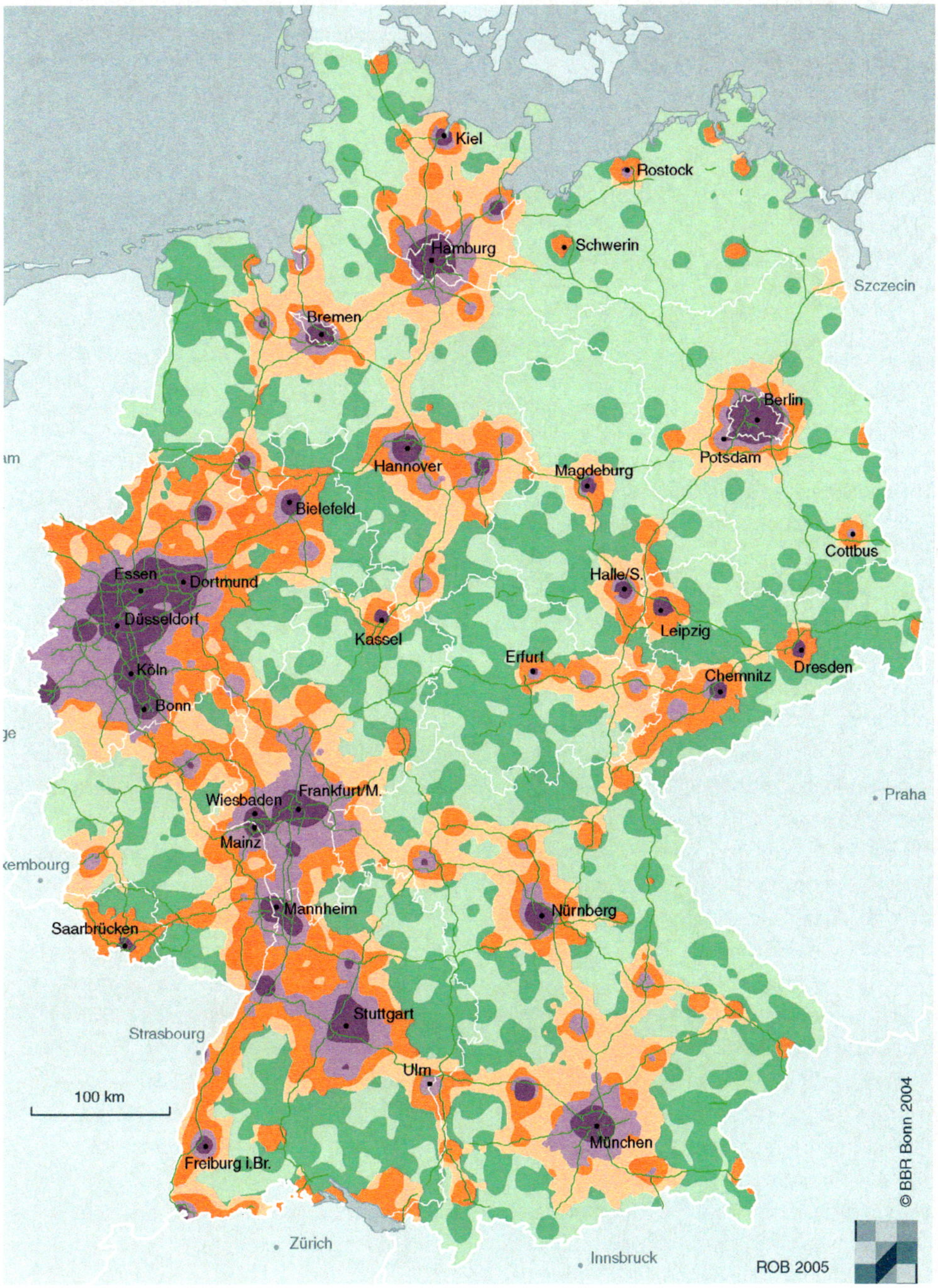

- Innerer Zentralraum
- Äußerer Zentralraum
- Zwischenraum mit Verdichtungsansätzen
- Zwischenraum geringer Dichte
- Peripherraum mit Verdichtungsansätzen
- Peripherraum sehr geringer Dichte
- Bundesautobahn

Anmerkung:
Die Raumtypen basieren auf einer Überlagerung der Zentrenerreichbarkeit und der Bevölkerungsdichte im Umkreis von 12 km.

TERRA METHODE

Jeder geographische Raum hat seinen individuellen Charakter. Dieser individuelle Charakter ergibt sich aus der Zahl und Art der ihn prägenden Geofaktoren sowie der Wechselbeziehungen, die zwischen ihnen bestehen. Ziel einer Raumanalyse ist es, diese Geofaktoren in ihren Verflechtungen aufzuzeigen, um so die charakteristische Ausprägung des Raumes zu erkennen. Eine Raumanalyse ist also mehr als eine „Raumbeschreibung", sie liefert auch eine „Raumerklärung". In der Praxis ist die Raumanalyse eine wichtige Grundlage, z. B. für die kommunale Raumplanung.

Raumanalyse einer Kulturlandschaft – Beispiel „Die Region Bodensee-Oberschwaben"

15 Die Region Bodensee-Oberschwaben

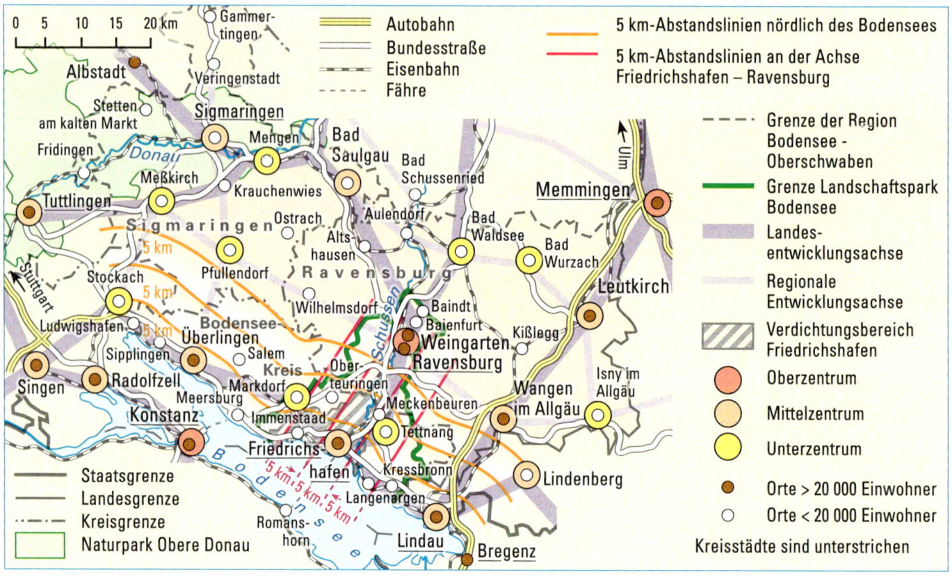

Themengeleitete Raumanalyse

1. Schritt: Wahl und Abgrenzung des Raumes

Als Untersuchungsraum bietet sich vor allem der Nahraum an, da hier Recherchen vor Ort die Arbeit erleichtern. Grundsätzlich sind aber auch fernere Räume geeignet. Ein kleines überschaubares Gebiet kann den Zugriff erleichtern.

2. Schritt: Bestimmung einer Leitfrage

Die Komplexität der geographischen Räume erfordert in der Regel eine Reduzierung auf einen „thematischen Raumausschnitt", d. h., die **Raumanalyse** erfolgt unter einer bestimmten, möglichst aktuellen Leitfrage.

3. Schritt: Wahl der richtigen Arbeitsmittel und -methoden sowie Erstellen eines Arbeitsplans

Dies sind wichtige Vorüberlegungen. Für eine Raumanalyse steht die gesamte Vielfalt geographischer Arbeitsmittel zur Verfügung, z. B. Karten, Luftbilder, Klimadiagramme usw. Das trifft auch auf die Arbeitsmethoden zu, von denen u. a. Kartierung, Exkursion und Arbeit vor Ort besonders geeignet sind.

Bei der Planung der konkreten Vorgehensweise kann man sich z. B. auch für eine Gruppenarbeit oder für ein Gruppenpuzzle entscheiden.

4. Schritt: Analyse der Geofaktoren

Bei der eigentlichen Analyse werden zunächst einzelne Geofaktoren getrennt untersucht, z. B. Naturraum, Bodenschätze, Siedlungen, Industrie, Infrastruktur, ehe dann in einem zweiten Schritt die Wechselwirkungen zwischen den einzelnen Faktoren herausgearbeitet werden.

5. Schritt: Synthese der Analyseergebnisse

Sie fasst das vielschichtige Beziehungsgefüge der Geofaktoren zusammen (z. B. in einem Wirkungsgefüge) und charakterisiert den Raum mit Blick auf die dominanten Faktoren und Entwicklungspotenziale.

6. Schritt: Reflexion der Arbeitsergebnisse

Die so erzielten Ergebnisse werden mit der eingangs formulierten Leitfrage und Arbeitshypothese verglichen. Die Wahl der angewandten Methoden und Arbeitsmittel wird nochmals überprüft, inhaltliche Lücken werden aufgedeckt.

7. Schritt: Darstellung der Ergebnisse

Abschließend werden die Untersuchungsergebnisse dargestellt, z. B. als Referat, als PowerPoint-Präsentation oder als Ausstellung.

Material
Weitere Themengeleitete Raumanalysen
104109-3202

Lernen im Netz
Raumvergleich
104109-3203

Material
Methode Gruppenpuzzle
104109-3204

16 Erfolgsregion Bodensee-Oberschwaben

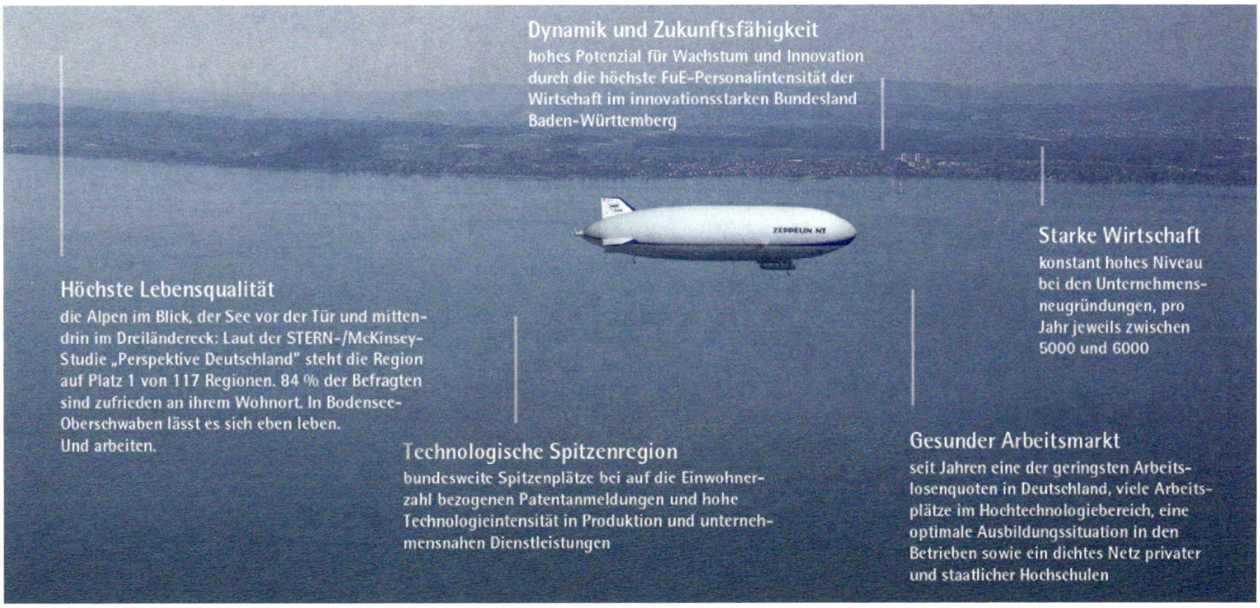

17 Idylle und Innovation

„Der Bodensee ist bekannt für seine schöne Landschaft und bietet so manchem einen idyllischen Urlaubsort. Doch dass die Region am nördlichen Bodenseeufer so einige Metropolen in den Schatten stellt, wenn es um Innovation und Wachstum geht, ist weitreichend unbekannt. Im aktuellen Innovationsindex* ... belegt der Bodenseekreis die zweite ... Position und liegt damit deutlich vor den Ballungsräumen des Südwestens. Das Wirtschaftswachstum liegt regelmäßig deutlich über dem Landesdurchschnitt und der ... Karriereatlas von Prognos [Europäisches Zentrum für Wirtschaftsforschung und Strategieberatung] bescheinigt dem Bodenseekreis erneut eine herausragende Position. Als einzige ländliche Region gehört er bundesweit zu den Topregionen nach München, Jena, Berlin, Hamburg, Stuttgart und Frankfurt am Main, die optimale Bedingungen für qualifiziertes Spitzenpersonal bieten."

Wirtschaftsförderung Bodenseekreis: www.wf-bodenseekreis.de, Nov. 2009

* Innovationsindex: komplexer Gradmesser für die Innovationskraft eines Raumes; berücksichtigt u. a. Ausgaben und Personal für Forschung und Entwicklung (FuE), Erwerbstätigenanteile an FuE-intensiven Industriezweigen, wissensintensiven Dienstleistungen und in wissenschaftlich-technischen Berufen, Patentanmeldungen sowie die Dynamik dieser Größen (detailliertere Informationen unter www.statistik-bw.de/Europa/EUinnovIndexMeth.asp, Sept. 2009).

Seite 282–295
Raumvergleich
Bolivien–Japan

Leitfrage:
Wie kommt es, dass ausgerechnet diese Region für Menschen und Wirtschaft attraktiv ist?

Diese Frage soll mit einer thematischen Raumanalyse beantwortet werden. Teilfragen sind:
- Welche natürlichen Gunstfaktoren machen die Region für die Menschen so attraktiv?
- Wie lässt sich erklären, dass eine ländliche Region mit die stärkste Wirtschaftskraft in Baden-Württemberg besitzt?
- Wie können Lebensqualität und wirtschaftliche Bedeutung zukünftig gesichert werden?

Hier und im Folgenden finden Sie Materialien zur Region Bodensee-Oberschwaben als Grundlage für eine themengeleitete Raumanalyse. Die Themen sind inhaltlich begrenzt und nach Sachblöcken geordnet. Die Materialien lassen sich ergänzen durch Hinzuziehung entsprechender Atlaskarten oder Recherchen im Internet.

TERRA METHODE

Gruppenpuzzle: Expertengruppe 1

18 Federsee bei Bad Buchau

Der Federsee ist das älteste Naturschutzgebiet Baden-Württembergs und das größte Niedermoor Südwestdeutschlands (ca. 30 km²)

20 Die Landschaft der Region – Blick von Nordwesten über Waldburg zum Alpenrand

Ein natürlicher Gunstraum

Die **Landschaft** der Region Bodensee-Oberschwaben wird geprägt von Talräumen, Auen, Höhenzügen sowie dem Bodenseeufer. Der Bodensee begrenzt als größtes Systemelement den südlichen Teil der Landschaft. Mit seiner riesigen Fläche von 526 km² bestimmt er das Klima der ganzen Region: Ständig gibt er Wasserdampf in die **Atmosphäre** ab und speichert im großen Umfang Wärme. Große Teile des Uferbereichs sind als Lebensräume seltener Tiere und Pflanzen durch internationale Abkommen geschützt.

Die Entstehung der Landschaft. Oberschwaben und das Bodenseegebiet gehören zum Alpenvorland. Während des Tertiärs vor etwa 70 Mio. Jahren bildete sich in Zusammenhang mit der Alpenfaltung im nördlichen Vorland eine

19 Typische Bodenformen der Oberschwäbischen Glaziallandschaft

Nach Umweltministerium Baden-Württemberg (Hrsg.): Umweltschutz in Baden-Württemberg, Böden. Stuttgart 1993, S. 8; Institut für Bodenkunde Göttingen: Böden Europas

Bodentyp	Gley	Niedermoor	Parabraunerde	Pararendzina	Parabraunerde	Pseudogley
Geländeform	Senke	Senke	Terrasse	Steilhang	Ebene	flache Delle
Nutzungsart	Grünland	Grünland	Acker	Hutung	Acker	Wald
Eigenschaften	steinarm, flach- bis mittelgründig, gut durchwurzelbar, im Unterboden nass, im Oberboden gut bis mäßig durchlüftet	steinfrei, flachgründig, gut durchwurzelbar, nass, sehr schlecht durchlüftet, nährstoffreich	sandig-lehmig, steinfrei, tiefgründig, mäßig durchwurzelbar, mittel bis mäßig Wasser speichernd, sehr gut durchlüftet, mäßig nährstoffreich	schluffig, steinfrei, tiefgründig, gut durchwurzelbar, mittel bis mäßig Wasser speichernd, sehr gut durchlüftet, nährstoffreich	sandig-lehmig, steinfrei, tiefgründig, mäßig durchwurzelbar, mittel bis mäßig Wasser speichernd, sehr gut durchlüftet, mäßig nährstoffreich	schluffig-tonig, steinfrei, mittel- bis flachgründig, gut durchwurzelbar, staunass, schlecht durchlüftet, mäßig nährstoffreich

Surftipp
Geofaktoren Region Bodensee-Oberschwaben
104109-3205

Surftipp
Glaziale Serie
104109-3206

Material
Glaziale Reliefformung
104109-3207

21 **Geologie und Relief der Region**

Nach Hermann Burckhardt u. a.: Baden-Württemberg, eine Heimat- und Sachkunde. Stuttgart: Klett 1990, S. 260

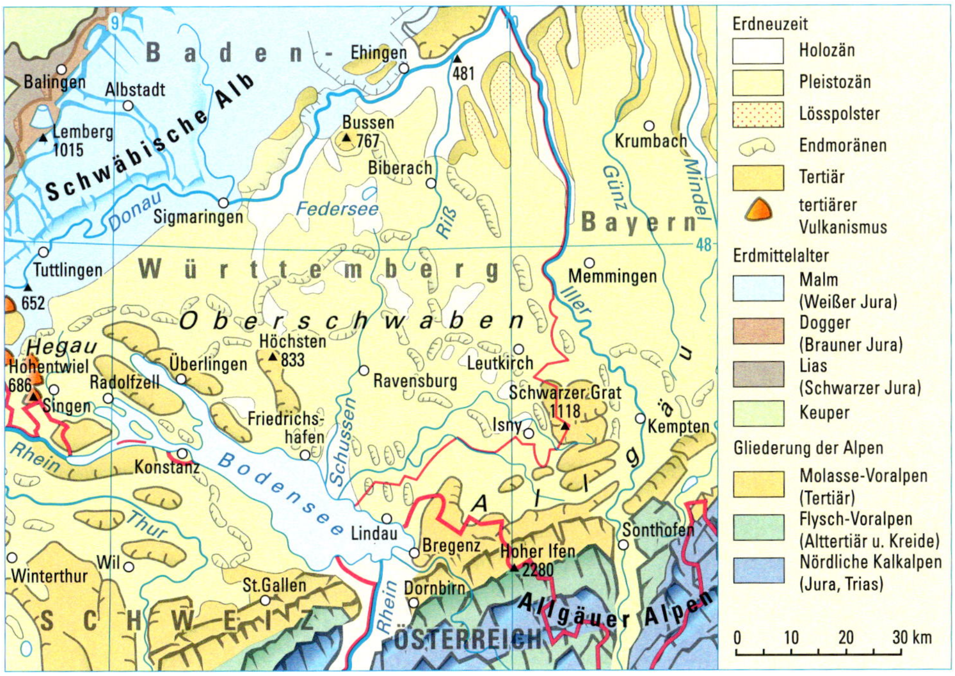

22 **Kaltzeiten in Oberschwaben**

Kaltzeit	Dauer v. Chr.
Günz	600 000 bis 530 000
Mindel	490 000 bis 435 000
Riß	230 000 bis 180 000
Würm	70 000 bis 10 000

Seite 61
Thermoisoplethendiagramm Konstanz

trogartige, bis zu 5 000 m tiefe wassergefüllte Senke aus, in der sich der Gesteinsschutt der jungen Alpen ablagerte. Diese Ablagerungen wurden über Jahrmillionen verfestigt, es entstand die Molasse (gemahlenes Gestein; lat. molere = mahlen).

Ihre heutige Oberflächengestalt erhielt die Landschaft durch die vier pleistozänen Vereisungen zwischen 600 000 und 10 000 Jahren vor heute. Bei ihren Vorstößen nach Norden bildeten die alpinen Talgletscher bis zu 1 000 m mächtige Eisdecken im heutigen Alpenvorland aus. Insbesondere die Riß- und die Würmvereisung hinterließen mit ihren Ablagerungen eine regelhaft gegliederte Landschaft. Im nördlichen Oberschwaben erreichte die ältere Rißvereisung ihre größte Ausdehnung. Die Moränen aus dieser Zeit waren länger der Abtragung ausgesetzt und wurden stärker eingeebnet, sodass man hier eine flachwellige Altmoränenlandschaft vorfindet. Das südliche Oberschwaben und der Bodenseeraum gehören zur kuppigen Jungmoränenlandschaft der Würmeiszeit. Durch diesen letzten Vorstoß des Eises wurden hier die Formen der Riß-Kaltzeit überdeckt. Das Jungmoränengebiet wird durch die glazialen Formen Endmoräne, kuppige Grundmoräne, kleinere und größere Zungenbeckenseen und Schotterablagerung geprägt, die man als glaziale Serie zusammenfasst. Während der Kaltzeit lagerten die Schmelzwasserflüsse, die wenig Wasser führten, ihre Schotter flächig ab. In der darauf folgenden Warmzeit schnitten sich die Flüsse bei stärkerer Wasserführung in die Fläche wieder ein. Es entstanden die Flussterrassen.

Das Bodenseebecken war durch tektonische Vorgänge im Zusammenhang mit der Alpenentstehung bereits vorgeformt und erhielt seine heutige Form durch die glaziale und fluviatile Erosion.

11 Stellen Sie in einer Übersicht die wesentlichen naturgeographischen Faktoren der Region Bodensee-Oberschwaben dar.

12 Erläutern Sie anhand der Materialien der Seiten 192 – 195, weshalb die Region für viele Menschen attraktiv ist.

13 Arbeiten Sie aus den Materialien dieser Doppelseite Schlüsselbegriffe zur Beantwortung der Leitfrage von S. 193 heraus.

TERRA METHODE

Gruppenpuzzle: Expertengruppe 2

23 Pfahlbauten – Museum in Unteruhldingen am Bodensee

24 Fläche und Bevölkerung der Region 2007

Nach www.weingarten.ihk.de, Sept. 2009

Fläche (km²)	3 501
Einwohnerzahl (ca. 105 % zu 1997)	615 648
Bevölkerungsdichte (Ew./km²)	176
Altersstruktur	
Anteil der Altersgruppen (% der Gesamtbev.)	
< 18 Jahre	19,6
18 bis < 65 Jahre	61,7
65 und älter	18,7
Bevölkerungsdichte in der Altersgruppe (Ew./km²)	
< 18 Jahre	34
18 bis < 65 Jahre	108
65 und älter	33

Siedlungen, Bevölkerung und Wirtschaft

Historische Entwicklung.

25 Frühe Siedlungsgeschichte

„Die klimabegünstigten Umweltverhältnisse im Bodenseebecken [S. 194–195] haben die Besiedlungsgeschichte des Bodenseeraums bereits früh beeinflusst. Funde zeigen, dass schon in der älteren Steinzeit das Seeufer vom Menschen als Siedlungsraum bevorzugt wurde. Größere Siedlungen wurden jedoch erst erschlossen, als in der Jungsteinzeit die Sesshaftigkeit des Menschen und der damit verbundene Ackerbau einsetzten. Deutlich treten nun die geschützten Buchten des Seeufers mit ihren Pfahlbauten ... als Kernräume hervor. Diese Bereiche blieben auch in der nachfolgenden Bronzezeit bevorzugt ... Im 1. Jh. v. Chr. besetzten die Römer das Bodenseegebiet... Die germanische Landnahme beendete im 3. und 4. Jh. die Herrschaft der Römer. [Das] Bodenseebecken ... wurde von den Alemannen besiedelt und im 6. Jh. auch Teil des Fränkischen Reichs."

http://themenpark-umwelt.baden-wuerttemberg.de/servlet/is/19755/?slideID=6&path=7160;&btID=1, Aug. 2009

26 Landschaftsgeschichtliche Entwicklung der letzten 100 Jahre

„Der räumliche Veränderungsprozess in der Region Bodensee-Oberschwaben wurde durch folgende Impulse ausgelöst:
Bevölkerungsüberschuss der Agrarbevölkerung, industrielle Nutzung der Fluss- und Uferstandorte, Eisenbahnbau, „Aufbauphasen" nach den Weltkriegen, gesellschaftliche Veränderungen durch gesteigerten Wohlstand und Lebensstandard in der Nachkriegszeit ...
Nach einer Raumentwicklung von etwa 100 Jahren sind die Waldflächen in der Lage und Größe annähernd unverändert. Im Gegensatz dazu vergrößerte die Siedlung ihre Fläche zulasten der offenen Flur massiv ..."

AG FUTOUR & HAGE+HOPPENSTEDT PARTNER: Landschaftspark Bodensee – Raum- und Potentialanalyse. München, Rottenburg 2003, S. 31 f., Anordnung leicht verändert

27 Die wirtschaftliche Entwicklung

„Historisch ist die Gegend durch die Luftfahrtindustrie, den Fahrzeug- und Maschinenbau geprägt. Pioniere wie Ferdinand Graf von Zeppelin und Claude Dornier wirkten zu Beginn des 20. Jh. am Bodensee ... Im Sommer 1900 startete der erste Zeppelin von einer schwimmenden Montagehalle bei Friedrichshafen... Nur wenige Jahre später florierte die Luftschiffindustrie. In ihrem Gefolge entstanden blühende Industriezweige. So ging aus der 1908 gegründeten Luftschiffbau Zeppelin unter anderen auch die Zahnradfabrik Friedrichshafen hervor, heute ein weltweit führender Hersteller von Antriebs- und Fahrwerktechnologie mit 12,6 Mrd. Euro Umsatz und 57 000 Mitarbeitern. Dornier ... entwickelte während des Ersten Weltkriegs das erste Flugzeug aus Metall und gründete später die Dornier-Werke. Einige Unternehmensteile von Dornier gingen in den europäischen Luft- und Raumfahrtkonzern EADS auf. Heute fertigen in Friedrichshafen mehr als 2 500 EADS-Mitarbeiter Hightech-Produkte für Verteidigung und Raumfahrt. Ebenfalls in Friedrichshafen entwickelt die Liebherr-Aerospace Antriebssysteme für Hubschrauber und Flugzeuge ... in Überlingen, sind die Verteidigungs- und Luftfahrt-Aktivitäten der Diehl-Gruppe mit 2,3 Mrd. Euro Umsatz und 11 500 Mitarbeitern weltweit angesiedelt. Und seit 1993 werden am See auch wieder Zeppeline gebaut: Die ZLT Zeppelin Luftschifftechnik konstruiert eine neue Generation von Luftschiffen, die weltweit vor allem zu Forschungszwecken eingesetzt werden. Eine rund hundertjährige Tradition verbindet auch den Motorenhersteller MTU mit dem See. Heute beschäftigt die MTU-Gruppe, die seit 2006 unter dem Namen Tognum firmiert, weltweit rund 6 000 Mitarbeiter und erwirtschaftete zuletzt 2,8 Mrd. Euro ... Im Gefolge der großen Namen aus dem Maschinen- und Fahrzeugbau florieren ... rund 300 unabhängige Konstruktions- und Ingenieurbüros."

Friederike Meier-Burkert: Schon immer in Bewegung. In: Bodensee-Oberschwaben, Beil. Financial Times Dtld. vom 12.12.2008, Hamburg: G+J Wirtschaftsmedien 2008, S. 1

Surftipp
Landschaftsgeschichte der Region
104109-3208

Material
Datenreihen zur Wirtschaft der Region
104109-3209

Wirtschaftstruktur.

28 Die Cluster der Region

„Unter einem Cluster wird die geographische Konzentration von Unternehmen, Einrichtungen aus Wissenschaft und Forschung sowie weiteren unterstützenden Organisationen in einem Kompetenzfeld verstanden, die möglicherweise im Wettbewerb miteinander stehen und trotzdem miteinander zielgerichtet kooperieren, um gemeinsam einen Mehrwert zu erzielen ...
Produktionstechnik (Maschinenbau): Insgesamt ein reifer Cluster mit anhaltend hohem Innovations- und Wachstumspotenzial in der Region. Ein inhaltlicher Schwerpunkt ist schwer auszumachen. Die Absatzmärkte der Unternehmen sind breit gestreut.
Automotive (Fahrzeugbau): Den Clusterkern bilden zwei Großunternehmen aus dem Bereich der Antriebs- und Fahrwerktechnik, die auf dem Weltmarkt eine Spitzenstellung erreichen. Darüber hinaus agiert in diesem Cluster eine Reihe kleiner und mittlerer Unternehmen (rd. 100), die z.T. in den überregionalen Automotive-Cluster integriert sind.
Luft- und Raumfahrt: Die Entwicklung des Clusters ist unmittelbar mit den Namen Zeppelin und Dornier verknüpft. Am Bodensee konzentrieren sich verschiedene Konzernunternehmen aus den Bereichen Satelliten- und Wehrtechnik mit Zulieferverbindungen in die Region.
Engineering: Dieser Cluster wird von kleinen und mittleren Engineering-Unternehmen geprägt. Das Thema Engineering ist grundsätzlich eng mit den technologieintensiven Systemgütern der Region (Maschinenbau, Fahrzeugtechnik, Luft- und Raumfahrt) verknüpft ...
Tourismus / Gesundheit: Der Cluster wird zum einen vom Bodenseetourismus und zum anderen von den oberschwäbischen Kur- und Heilbädern einschließlich Kur- und Rehabilitationskliniken geprägt. Der breit diversifizierte Erholungs- und Gesundheitstourismus erreicht in der Region eine hohe Wertschöpfungstiefe."

Wirtschaftsministerium Baden-Württemberg (Hrsg.): Clusteratlas. Stuttgart 2009, S. 8 u. S. 66

29 Die Region im Vergleich – Anteile der Wirtschaftssektoren an den Erwerbstätigen und der Bruttowertschöpfung (Herstellungspreise)

Nach Statistisches Bundesamt, Wiesbaden, und www.statistik.baden-wuerttemberg.de, Okt. 2009

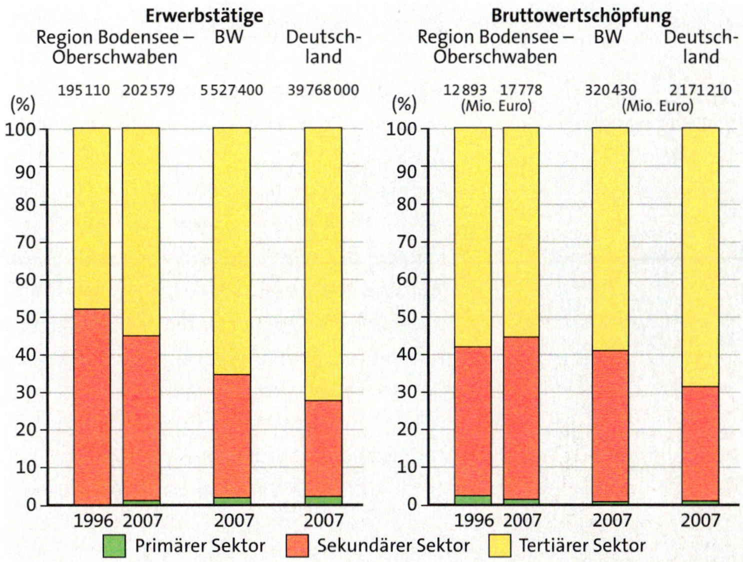

30 Die Region im Vergleich – Landwirtschaftsfläche und Betriebsgrößen

( ) = Baden-Württemberg

Nach www.statistik.baden-wuerttemberg.de, Okt. 2009

LF nach Hauptnutzungsarten (ha)	1979	2007	Landwirtschaftliche Betriebe (Anzahl*)	1979	2007
insgesamt	193 675	177 024	**insgesamt**	13 547	6 689
	(1 503 717)	(1 435 682)		(131 760	(57 049)
Ackerland	71 056	74 338	**< 2 ha LF**	559	434
	(830 600)	(834 535)		(15 668)	(8 951)
Dauergrünland	115 750	93 476	**2 bis**	5 097	2 045
	(628 280)	(551 397)	**< 10 ha LF**	(63 131)	(18 136)
Obstanlagen	5 920	8 416	**10 bis**	4 759	1 416
	(17 577)	(21 343)	**< 20 ha LF**	(30 551)	(9 931)
Rebland (1979	288	510	**20 bis**	2 986	1 783
ohne Brache)	(20 502)	(23 923)	**< 50 ha LF**	(20 678	(11 087)
			50 und mehr	146	1 011
			ha LF	(1 732	(8 944)

*Betriebe mit 2 ha und mehr landwirtschaftlich genutzter Fläche (LF) oder Mindesterzeugungseinheiten

14 Stellen Sie in einer Übersicht die wesentlichen kulturgeographischen Faktoren dar, welche die Region Bodensee-Oberschwaben prägen.

15 Erläutern Sie, weshalb die Region eine führende Wirtschaftsregion ist.

16 Arbeiten Sie aus den Materialien dieser Doppelseite Schlüsselbegriffe zur Beantwortung der Leitfrage von S. 193 heraus.

TERRA METHODE

Gruppenpuzzle: Expertengruppe 3

31 Siedlungsentwicklung im Verdichtungsraum Ravensburg-Weingarten

Nach S. Köhler/S. Rosentreter/H. Winkelhausen (Hrsg.): Landschaftspark Bodensee-Oberschwaben. Hightech im Garten Eden. o. O. 2004, S. 14

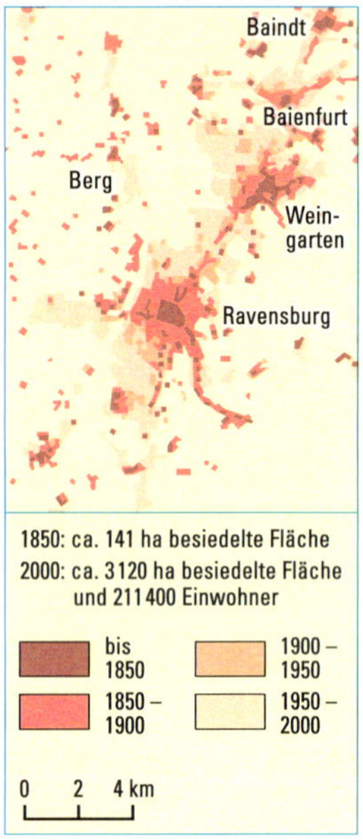

Gefährdungen und Entwicklungspotenziale

Die **Kulturlandschaft** Bodensee-Oberschwaben zählt zu den modernsten und zukunftsfähigsten Industriestandorten Deutschlands. Prognostiziert ist, dass die Bevölkerung bis 2020 weiter wächst. Wie lassen sich in Zukunft Interessenskonflikte zwischen Nutzungsansprüchen lösen, ohne die hohe Lebens- und Umweltqualität zu gefährden, z. B. bei Erschließung weiterer Wohngebiete, der gleichzeitigen Stärkung der Landwirtschaft, beim Ausbau der Freizeitinfrastruktur, bei den berechtigten Ansprüchen von Industrie und Verkehr sowie Umwelt- und Landschaftsschutz. Regionalplaner entwickelten dazu die Idee eines Landschaftsparks Bodensee-Oberschwaben. Als interkommunales Projekt zur Freiraumentwicklung im Verdichtungsraum Ravensburg/Friedrichshafen beteiligen sich daran 14 Städte und Gemeinden mit 215 000 Ew.

32 Leitbild des Landschaftsparks

„Die Zuflüsse des Bodensees sind bedeutende Lebensadern der freien Landschaft. Die Durchgängigkeit der Fließgewässer und die Entwicklung ihrer Auen sind daher nachhaltig zu fördern, der Uferbereich des Bodensees zu schützen.

Es sind Perspektiven für eine nachhaltige, verbraucherorientierte Landbewirtschaftung ... zu entwickeln und umzusetzen.

Die charakteristischen Freiraumstrukturen des Schussenbeckens, der angrenzenden Höhenzüge und des Bodensees sind in ihrer raumbildenden und ökologischen Funktion zu erhalten und weiter zu entwickeln.

Die erlebbare Charakteristik der Kulturlandschaft und die Leistungsfähigkeit des Naturhaushaltes sind eine wesentliche Grundlage für die zukünftige Wirtschafts-, Siedlungs- und Verkehrsentwicklung des Verdichtungsraumes.

Kunst und Kultur der traditionellen Landschaft dieses Raumes sind, nicht zuletzt auch wegen ihrer Bedeutung für die Naherholung und einen landschaftsbezogenen Tourismus, zu fördern und weiter zu entwickeln."

www.bodensee-oberschwaben.de, Sept. 2009

33 Zielsetzung des Projektes

„Die Region zählt zu den modernsten und zukunftsfähigsten Industriestandorten in Deutschland ... Einer der Vorzüge ... als Wirtschaftsstandort liegt auch in ihrem hohen Freizeitwert. Er bemisst sich zunächst an den vielfältigen Aktivitäts- und Freizeitmöglichkeiten des Bodensees und in seiner ... Umgebung, aber auch an der direkten Nähe zu den Alpen. Weniger stark wird ... bislang die hohe Qualität der unmittelbaren Region in das Bewusstsein gerückt. Kaum ein Industriestandort in Deutschland verfügt ... innerhalb seiner Grenzen über eine so reichhaltige Vielfalt an traditionellen Kulturlandschaften sowie eine hochwertige Baukultur wie der Verdichtungsraum Friedrichshafen, Ravensburg-Weingarten ... Diese herausragenden Qualitäten ... sind den hier lebenden und arbeitenden Menschen aber nur unzureichend bewusst. Bedrohlich ist dabei, dass in diesem dynamischen Raum die landschaftlichen und kulturellen Qualitäten nicht dauerhaft gesichert sind. Der expandierende Wirtschaftsraum bedrängt diese Alleinstellung und damit wertvolle Wettbewerbsvorteile. Straßen, Gewerbe- und Wohngebiete zerschneiden zunehmend die Freiräume, Lärm und Abgase höhlen die Freizeit- und Wohnqualität ... aus. Unternehmen gewinnen aber künftig nur dann noch qualifizierte Arbeitskräfte, wenn der hohe Freizeitwert ... auch im unmittelbaren Wohnumfeld vorhanden ist. Es ist daher von elementarem Interesse der regionalen Wirtschaft, die noch vorhandene Landschaftsqualität absichern zu helfen und sie zu optimieren. Genau das aber sind die Ziele des Landschaftsparks: Luftfahrttechnik und Apfelhain, Mobilität und Fastnachtsbräuche gehören hier eng zusammen, machen gerade die besondere Standort- und Arbeitsplatzqualität aus! Mit dem Zukunftsprojekt Landschaftspark sollen diese Standortvorteile zunächst wieder bewusst und erlebbar gemacht, aber vor allem auch gesichert und offensiv weiter entwickelt werden. [Dafür] benötigt der Landschaftspark die aktive Unterstützung aller Menschen, Institutionen, Behörden und Unternehmen der Region."

AG FUTOUR & HAGE ...: a. a. O., S. 289

Literaturtipp
Landschaftspark Bodensee-Oberschwaben
104109-3210

34 Grundzüge des räumlichen Konzeptes

„... In Gebieten mit ausgesprochen ländlichem Charakter, wie dem Raum zwischen Friedrichshafen, Markdorf, Oberteuringen ... sowie dem Raum östlich Tettnang, soll auch künftig nur eine sehr eingeschränkte Siedlungstätigkeit stattfinden. Ihrer Bedeutung als landwirtschaftlicher Produktionsstandort sowie als stadtnahe Erholungsgebiete ist Rechnung zu tragen. Dies sollte durch geeignete Konzepte und Maßnahmen zur Integration von Landwirtschaft, Erholung und Naturschutz unterstützt werden...

Ein Netz von ‚Landschaftspark-Wegen' durchzieht den gesamten Verdichtungsraum und verbindet Stadt mit freier Landschaft sowie die Orte untereinander. Dabei folgt es zum einen dem großräumigen System der Freiraumachsen, vernetzt aber auch kulturelle und landschaftliche Höhepunkte außerhalb dieser Bereiche. Mit diesem Netz von Fuß- und Radwegen soll der Raum in seiner gesamten Vielfalt erfahrbar gemacht werden, ohne dass ökologisch sensible Bereiche beeinträchtigt werden (Besucherlenkung). Das regionale Wegenetz soll, wo immer möglich, an den Haltepunkten des Öffentlichen Personennahverkehrs anknüpfen, ein durchgängiges Erscheinungsbild haben (Beschilderung) und einheitlichen Qualitätsstandards folgen."

Stefan Köhler/Gottfried Hage/Dieter Popp/Harald Winkelhausen: a. a. O., S. 29 ff.

35 Landschaftspark Bodensee-Oberschwaben: Projekte Wege und Naherholung

AG FUTOUR & HAGE ...: a. a. O., S. 269

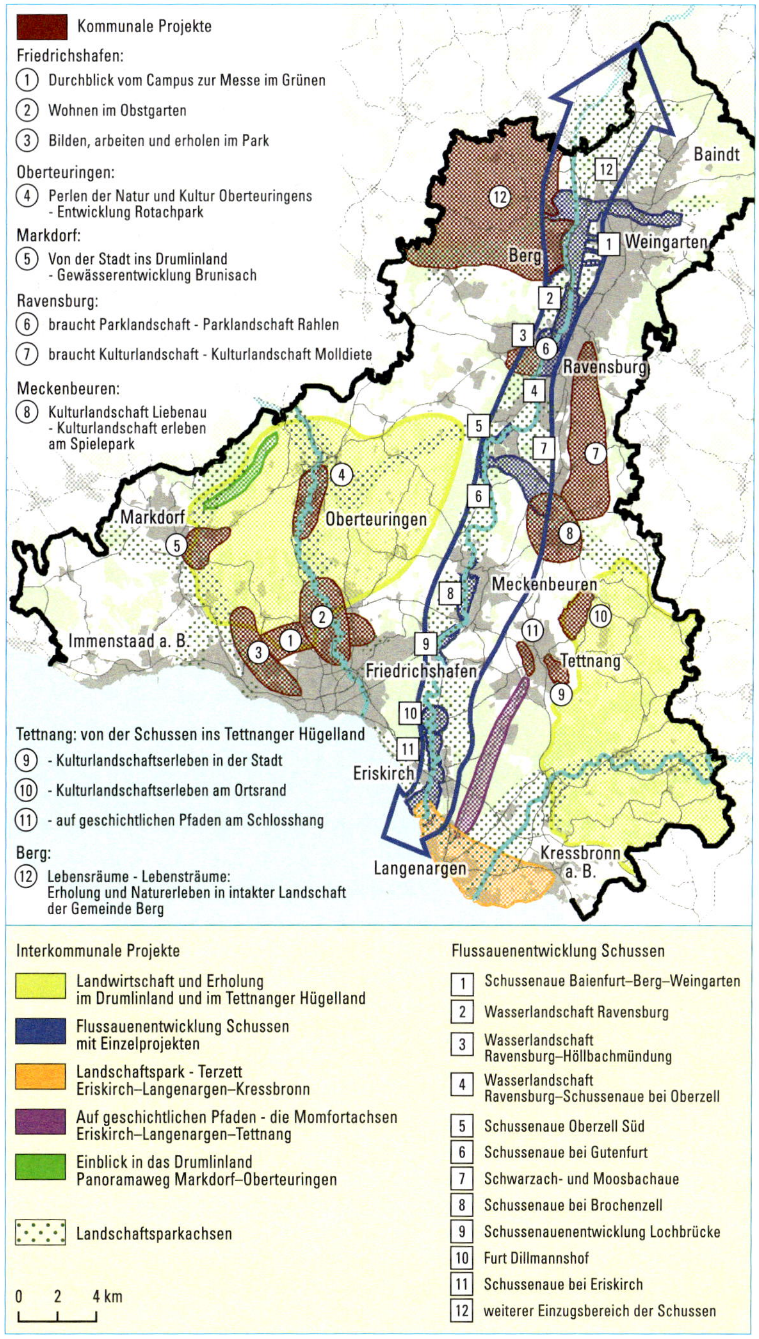

17 Begründen Sie, warum die Kulturlandschaft Bodensee-Oberschwaben Maßnahmen für ihre Zukunftsfähigkeit ergreifen muss.

18 Bewerten Sie, ob mithilfe des Landschaftsparks Bodensee-Oberschwaben die Zukunftsfähigkeit dieser Kulturlandschaft gesichert werden kann.

19 Arbeiten Sie aus den Materialien dieser Doppelseite Schlüsselbegriffe zur Beantwortung der Leitfrage von S. 193 heraus.

Möglichkeiten und Probleme grenzüberschreitender Planung – die Idee der Euregios

Seite 346–351
Regional- und Strukturpolitik der EU

36 Logos von euregionalen Zusammenschlüssen im westdeutschen Grenzgebiet

Stellt man die Frage nach den Fortschritten bei der europäischen Integration, so fällt die Antwort schwer. Wie die bisherigen Kapitel zeigten, gibt es zahlreiche Fortschritte, die sich durch Stichworte beschreiben lassen: der freie Grenzverkehr durch das Schengener Abkommen, das Europäische Parlament als Vertretung der europäischen Völker, die Erweiterung der Gemeinschaft nach Osten und Südosten, der EURO als gemeinsame Währung in mittlerweile 22 Staaten. Dies sind wichtige Klammern im Bewusstsein der EU-Bürger. Andererseits ist auch Europa-Skepsis vorhanden, besonders in den alten Mitgliedstaaten, ausgelöst beispielsweise durch den EU-Bürokratismus oder durch die starke Osterweiterung der Jahre 2004 und 2007.

Neben den Integrationsbemühungen auf staatlicher Ebene sind besonders die an der regionalen Basis zu nennen. Mit der Einrichtung der ersten grenzüberschreitenden Euregio im Jahr 1958 („EUREGIO" im deutsch-niederländischen Grenzgebiet bei Gronau und Enschede) begann eine Erfolgsgeschichte. Heute gibt es weit über 150 dieser Zusammenschlüsse im EU-Raum.

37 Die Überwindung der Grenzen durch die Euregios

„Grenzen sind Narben in der Geschichte, die vor allem den Grenzregionen zahlreiche Nachteile bringen. In der Tat waren Grenzgebiete oft ein Spielball zwischen den Nationen. Dies gilt auch – oder gerade – für die fünf Partnerregionen in der Euregio Maas-Rhein, die gegen ihren Willen oftmals ihre staatlichen Zugehörigkeit wechselten. Historisch unverrückbare Fakten, die der wirtschaftlichen, sozialen und auch kulturellen Entwicklung kaum förderlich sein konnten.

Besonders die kriegerisch-mörderischen Auseinandersetzungen der ersten Hälfte des 20. Jahrhunderts in Europa haben bewirkt, dass sich Wirtschaft, Verkehr, Kultur und Besiedlung von den Zentren zu den politischen Grenzen hin abschwächten. Die Grenzlandschaften entwickelten sich von daher nicht selten zu strukturschwachen, unzureichend erschlossenen Gebieten. Ein Trend, der mitunter gar mit einem Identitätsverlust der Bevölkerung einherging.

Heute jedoch haben Grenzen in Europa ihre nationalstaatliche Sperrwirkung früherer Zeiten weitgehend verloren. Geblieben sind aber dennoch manche wirtschaftliche und soziale Unterschiede, die dank der Anfang der 1970er-Jahre angelaufenen verstärkten euregionalen Kooperation abgebaut werden können und sollen.

Durch die verbesserte Integration unter euregionalen Partnern können diese Arbeitsgemeinschaften an den Grenzen aus einer drohenden individuellen Isolation ausbrechen und gleichzeitig zu Brückenköpfen und Impulsgebern für eine beschleunigte Einigung Europas werden."

Stichting EUREGIO MAAS-RIJN: Geschichte, unter: www.euregio-mr.org/emr_site/site_de/emr/geschichte.php, April 2010

Material
Infoblatt Euregios
104109-3211

38 **Die Euregios an den Grenzen der Bundesrepublik Deutschland**

Die Umsetzung der Euregio-Idee begann im Westen Deutschlands. Das hing zum einen damit zusammen, dass sich hier die gemeinsamen Grenzen mit den damaligen EWG-Nachbarn Niederlande, Belgien, Luxemburg und Frankreich befanden, zum anderen damit, dass ganz bewusst die Überwindung der Feindschaft mit den ehemaligen Gegnern des Zweiten Weltkrieges gesucht wurde. Erst später kamen die Euregios im Süden Deutschlands hinzu und nach dem Fall des „Eisernen Vorhangs" seit Beginn der 1990er-Jahre schließlich die an der Ostgrenze.

20 Fassen Sie die wichtigsten Aussagen des Quellentextes 37 in Thesenform zusammen.

21 Erläutern Sie vor diesem Hintergrund die Aufgaben, welche die Euregios für das Zusammenwachsen Europas erfüllen können.

22 „Deutschland kommt bei der europäischen Integration schon aufgrund seiner Lage eine Schlüsselrolle zu." Beurteilen Sie diese Aussage mithilfe der Karte der Euregios.

39 Die Großregion SaarLorLux und ihre Teilregionen – BIP/Einwohner (in KKS) und grenzüberschreitende Pendlerströme

Nach Statistische Ämter der Großregion (Hrsg.): saar lor lux rheinland-pfalz wallonie, Statistische Kurzinformationen 2008. Unter: www.saarlorlux.biz/upload/dokumente/10130.pdf [1], S. 19 und Eurostat, in: Interregionale Arbeitsmarktbeobachtungsstelle (Hrsg.): Bericht zur wirtschaftlichen und sozialen Lage der Großregion. saar lor lux rheinland-pfalz wallonie Saarbrücken 2007, unter: www.saarlorlux.biz/upload/dokumente/10167.pdf [2], S. 26, Okt. 2010

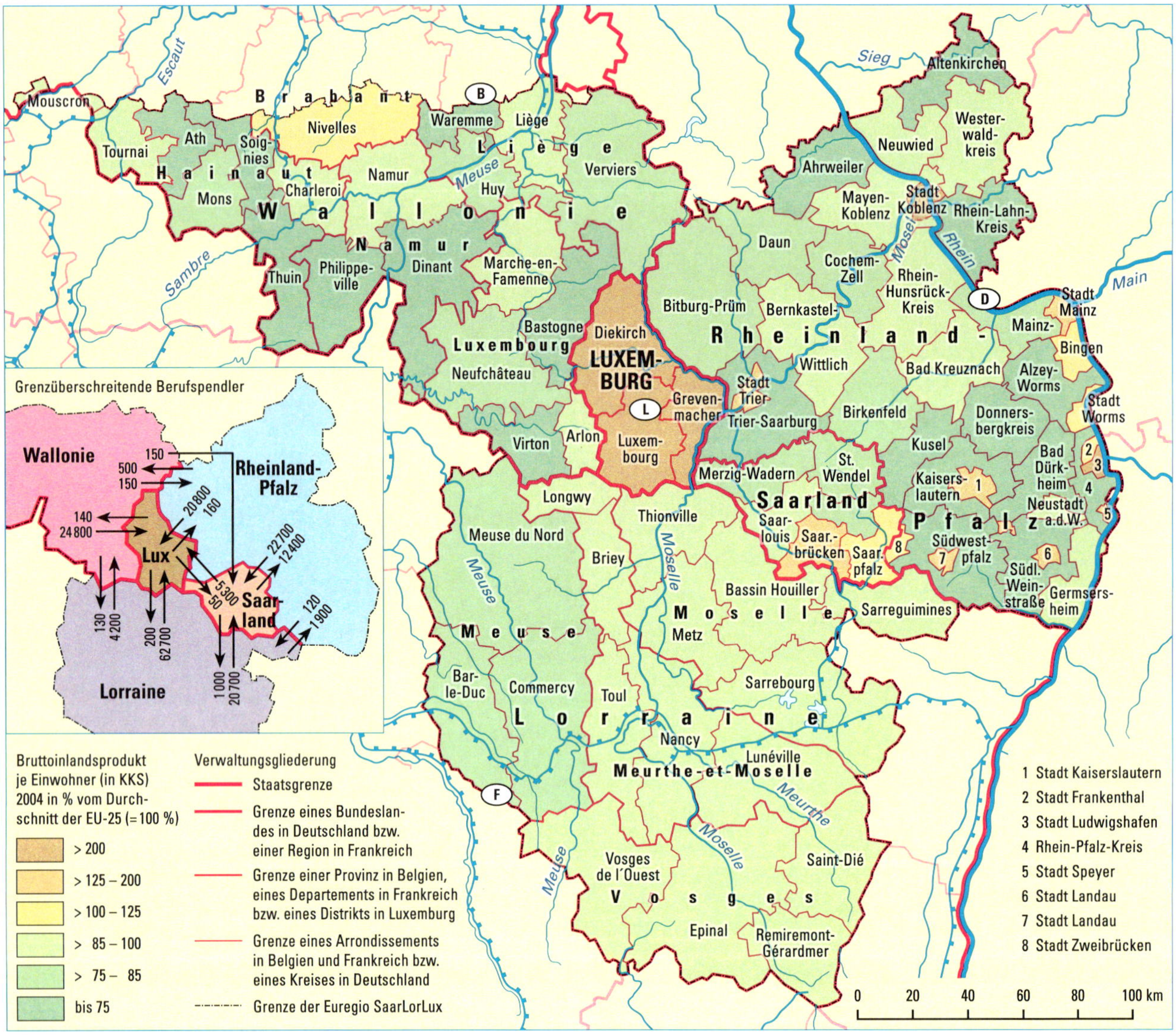

40 Bevölkerungsanteile der Teilregionen

Nach ebenda [1], S. 12

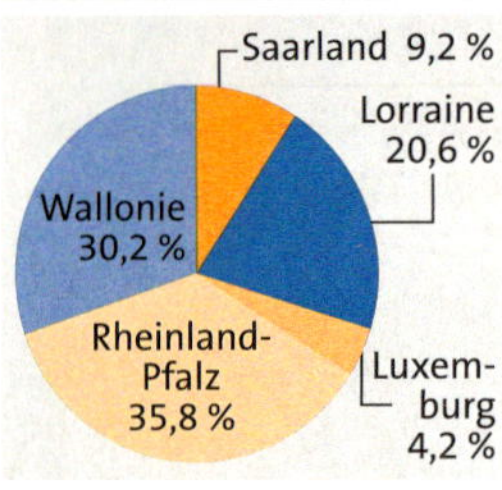

Großregion SaarLorLux mit Rheinland-Pfalz, Trier und Westpfalz

Lange Zeit umriss der Begriff „SaarLorLux" eine Region, die aus genau diesen drei Teilregionen bestand: Saarland, Lothringen, Luxemburg. Seit längerem aber hat sich aus diesem Ursprung heraus die so genannte „Großregion" gebildet, die auch noch Rheinland-Pfalz mit Trier und der Westpfalz sowie die belgische Wallonie umfasst. In ihr leben über 11 Mio. Menschen, und ihre ca. 5 Mio. Beschäftigten erwirtschaften mit knapp 300 Mrd. Euro etwa 2,5 % des BIP der Europäischen Union. Vier Länder haben Anteil an der Region, mit Deutsch und Französisch werden zwei Hauptsprachen gesprochen – Ziel ist eine grenzüberschreitende Kooperation in allen Bereichen, vor allem auch in Wirtschaft, Beschäftigung, Bildung und Forschung, Tourismus und Verkehr.

Material/Surftipp
Euregio Maas-Rhein
104109-3212

41 Entwicklungsgrundlagen für Rheinland-Pfalz (mit Trier und Westpfalz)

„Rheinland-Pfalz zeichnet sich durch eine leistungsstarke Wirtschaftsstruktur aus. Der umsatzstärkste Wirtschaftszweig ist die chemische und die chemienahe Industrie mit der Produktion und Verarbeitung von Kunststoffen. Die zweitgrößte Branche im verarbeitenden Gewerbe ist die Automobilindustrie mit Fahrzeugbauern wie Opel und Daimler sowie einer Vielzahl leistungsstarker und weltweit agierender Zulieferer. Im Außenhandel nimmt Rheinland-Pfalz daher einen Spitzenplatz unter den Bundesländern ein.
In der Region Trier haben ein gesunder Mittelstand, ein vielfältiges Branchenspektrum und eine hohe Handelsattraktivität eine florierende Wirtschaftsstruktur geschaffen. Unternehmen aus den Branchen Nahrungs- und Genussmittel sowie Metall- und Maschinenbau, Elektrotechnik und Elektronik und der Zulieferindustrie prägen den produzierenden Sektor. Zum Nahrungs- und Genussmittelsektor zählen u.a. die Weinkellereien der Mosel sowie die Brauindustrie und die Mineralwasserhersteller in der Eifel. Stark vertreten sind zudem Dienstleistungen im Bereich Handel, Gastgewerbe und der Gesundheitswirtschaft.
Besonderheiten des Wirtschaftsstandorts Westpfalz sind neben klassischen Branchen wie der Automobil- und der Schuhindustrie zahlreiche IT-Unternehmen, die Technische Universität Kaiserslautern und bedeutende Technologietransfereinrichtungen, vor allem im Bereich der Informatik und Mathematik. Die Westpfalz ist wegen der größten US-Airbase außerhalb der USA in Ramstein eine US-freundliche Region, in der sich über 50000 Amerikaner wohl fühlen. Mit dem Pfälzer Wald wird die Westpfalz immer mehr zum Ausflugsziel für Tagestouristen, insbesondere aus dem Rhein-Main- und Rhein-Neckar-Raum."

www.saarlorlux.biz, „Wirtschaftsstruktur", 17.10.2010

42 Wirtschaftsstruktur der Teilregionen 2005

Nach ebenda [2], S. 26

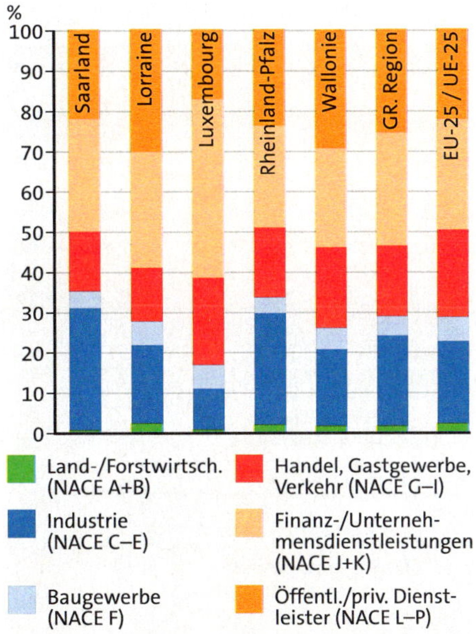

44 Bevölkerungsprognose der Teilregionen 2010–2030

Nach ebenda [1], S. 14

Luxemburg	17,5%
Wallonie	6,0%
Lorraine	−3,0%
Rheinland-Pfalz	−5,75%
Saarland	−10,5%
Großregion	−1,0%

43 Hochschulstandorte in der Großregion

Nach ebenda [2], S. 59

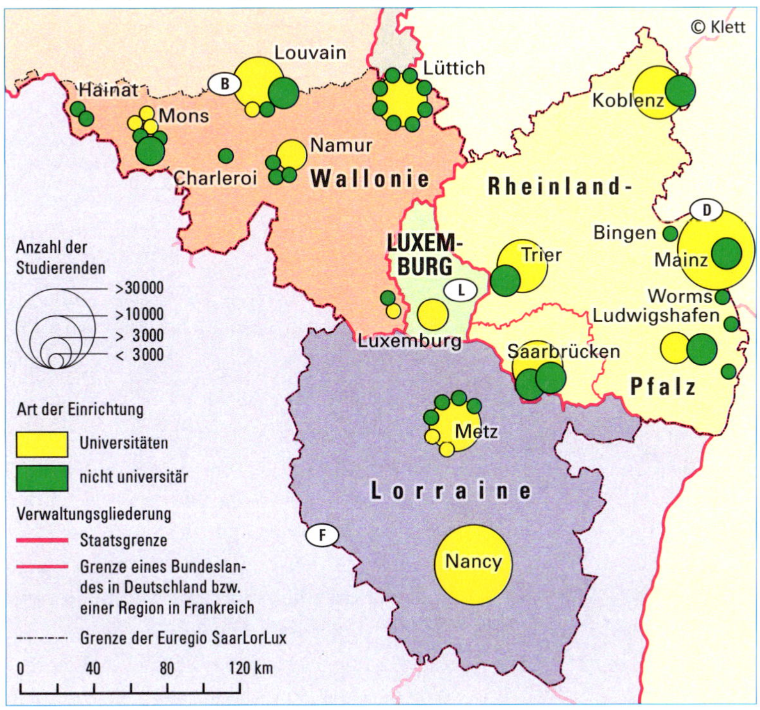

23 Charakterisieren Sie die Großregion unter
a) dem Aspekt „regionale Disparitäten",
b) dem Aspekt „euregionale Potenziale".

24 Erläutern Sie die Situation der Teilregion Rheinland-Pfalz innerhalb der Großregion.

25 Bewerten Sie ihre Zukunftsperspektiven.

3 TERRA **KOMPETENT**

Wichtige Begriffe
Angloamerikanische Stadt
Funktionale Gliederung
Gentrification
„Grüne Stadt"
Historisch-genetische Stadttypen
Lateinamerikanische Stadt
Megacitys
Peripherraum
Pull-Faktoren
Push-Faktoren
Raumanalyse
Raumvergleich
Stadtbegriff
Suburbanisierung
Urbanisierung
Verstädterung
Zentralraum

Wissen vernetzen

1 Stadt- und Raumentwicklung

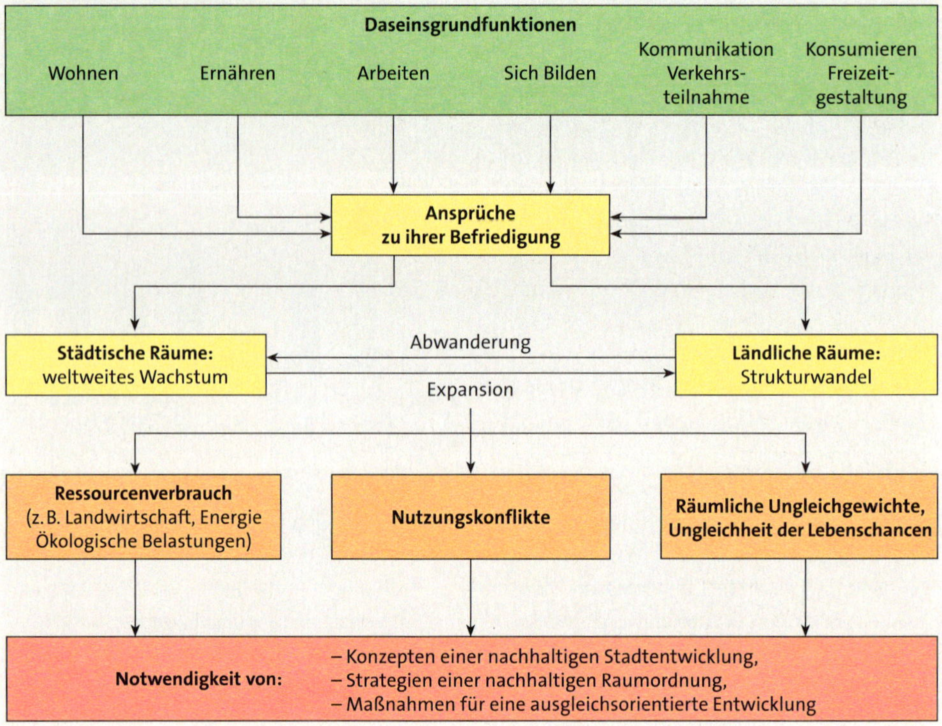

Die Menschen richten sich auf unserem Planeten mit zunehmender Vorliebe in Städten ein. Deren Einwohnerzahl wächst heute weltweit doppelt so schnell wie die der ländlichen Räume – zum ersten Mal in der Geschichte. Lebte 1975 nur rund ein Drittel der Weltbevölkerung in Städten, so ist es gegenwärtig bereits mehr als die Hälfte. Und der Anteil der urbanen Bevölkerung wird weiter steigen.
Wo liegen die Ursachen für die Attraktivität der urbanen Räume? Städte bieten ihren Bürgern vielfältige Möglichkeiten zur Befriedigung wesentlicher Daseinsgrundfunktionen wie Arbeit, Bildung, Unterhaltung und Kommunikation. Sie als Schülerinnen und Schüler, wir alle nutzen diese Angebote nahezu täglich.
Das verdichtete Angebot in den städtischen Räumen hat seinen Preis. Es wird erkauft mit einer ganzen Reihe negativer Begleiterscheinungen wie z. B. den Verkehrs- und Umweltproblemen sowie dem Ressourcenverbrauch, der in urbanen Zentren besonders hoch ist. Die städtischen Räume sind darüber hinaus in hohem Maße auf den umgebenden ländlichen Raum angewiesen, sei es bei der Ver- und Entsorgung oder bei der Auslagerung großflächiger Infrastrukturen. Unter dem Einfluss der Suburbanisierung und wirtschaftlichen sowie demografischen Entwicklung unterliegt dieser ländliche Raum einem tief greifenden Struktur- und Funktionswandel.
Bei diesen Entwicklungen entstehen räumliche Ungleichgewichte, die – global und national – zu einem ungleichen Angebot an Lebensbedingungen und -chancen führen. Im nationalen Rahmen ist es Aufgabe der Raumordnung, hier im Sinne der Nachhaltigkeit für einen Ausgleich zu sorgen. Im internationalen Rahmen müssen Maßnahmen auf verschiedensten Ebenen der Entwicklungszusammenarbeit ergriffen werden.

Material
Bogen zur Selbsteinschätzung
104109-3301

Kompetenzen überprüfen

Überprüfen Sie – auch als Vorbereitung auf die Klassenarbeit – Ihre bei der Bearbeitung dieses Kapitels erworbenen Kompetenzen.
Führen Sie diese Selbsteinschätzung zunächst nach der folgenden Klassifikation alleine durch. 1 = stimmt; 2 = stimmt überwiegend; 3 = stimmt teilweise; 4 = stimmt nicht.

Vergleichen Sie anschließend die Ergebnisse im (Zweier-)Team.
Arbeiten Sie Möglichkeiten und Methoden heraus, festgestellte Lücken zu schließen und Defizite zu beseitigen.
Wenden Sie sich an Ihren betreuenden Lehrer, wenn Sie Hilfe oder Unterstützung benötigen.

Eine Checkliste mit der Möglichkeit zum Ankreuzen Ihres Kompetenzstandes steht als Muster im Internetauftritt dieses Schülerbuches unter dem Online-Link 104109-3301.

Kompetenzbereich Räumliche Orientierung – Ich kann ...
- Zentren des weltweiten Verstädterungsprozesses nennen
- anhand ausgewählter Stadträume die funktionale Gliederung beschreiben
- Zentral- und Peripherräume in Deutschland lokalisieren
- die Raumstruktur Deutschlands charakterisieren

Kompetenzbereich Fachwissen – Ich kann ...
- wesentliche Inhalte des geographischen Stadtbegriffs darstellen
- den Prozess der Suburbanisierung mit seinen Ursachen und Folgen erklären
- die funktionale Gliederung von Städten erläutern
- Faktoren, Teilprozesse und Folgen der Suburbanisierung erläutern
- die Notwendigkeit und Zielsetzung der Raumordnung in Deutschland begründen
- den Begriff „Städtische Wärmeinsel“ charakterisieren

Kompetenzbereich Erkenntnisgewinnung durch Methoden – Ich kann ...
- einen generalisierten Grundriss meiner Heimatstadt mit wesentlichen Merkmalen einzelner Entstehungsepochen gestalten
- anhand von Fotos, Tabellen und Karten das Ausmaß des weltweiten Verstädterungsprozesses herausarbeiten
- Messergebnisse kartographisch darstellen
- eine Behördenbefragung zu Begrünungsmaßnahmen in meiner Schulstadt durchführen
- eine Karte mit entsiegelungswürdigen Flächen in meiner Schulumgebung erstellen
- eine Raumanalyse durchführen

Kompetenzbereich Kommunikation – Ich kann ...
- Untersuchungsergebnisse vor einem größeren Plenum präsentieren
- die Ergebnisse einer Raumanalyse in strukturierter und anschaulicher Form vorstellen

Kompetenzbereich Beurteilung und Bewertung – Ich kann ...
- den geographischen Stadtbegriff durch Anwendung seiner Kriterien auf meine Heimatstadt überprüfen
- Modelle der funktionalen Gliederung von Städten als Möglichkeit zur Erfassung städtischer Strukturen beurteilen
- Chancen und Probleme des weltweiten Verstädterungsprozesses erörtern
- Aussagen in Quellentexten überprüfen und beurteilen

Tragfähigkeit der Erde

Es gibt Vieles, das in unserem Alltag selbstverständlich ist: Nahrung jeder Art kann genauso überall und zu meist günstigen Preisen erworben werden wie Kraftstoff für unsere Autos, Strom steht genauso zu jeder Zeit zur Verfügung wie Materialien, um Häuser, Schulen, Straßen oder Fußballstadien zu bauen. Und schließlich zählt auch Wasser zu diesen sogenannten Ubiquitäten; auch diese Ressource scheint in Deutschland unerschöpflich an allen Orten bereit zu stehen.

Drei Dinge muss man hierbei jedoch bedenken:

Erstens trifft das Gesagte keineswegs auf alle Menschen zu. In zahlreichen Regionen der Erde, die wir mit dem Sammelbegriff „Dritte Welt" bezeichnen, gibt es z. B. Nahrungsknappheit, und der Zugang zu sauberem Trinkwasser ist dort hunderten Millionen Menschen verwehrt.

Zweitens wächst die Zahl der Menschen auf dieser Erde immer noch dramatisch. Lebten vor 20 Jahren noch 4,8 Mrd. Menschen auf unserem Planeten, so sind es zurzeit rund 6,7 Mrd. (2010) und in weiteren 20 Jahren wahrscheinlich ca. 9 Mrd. Wie wird ihre Ernährungssituation sein? Und wer von ihnen wird Zugang zu den weiteren lebensnotwendigen Ressourcen haben?

Drittens schließlich wird uns immer bewusster, dass wichtige Ressourcen wie Steinkohle, Erdöl, Erdgas, aber auch Wasser oder Holz eine endliche Reichweite haben und keineswegs für weitere Jahrhunderte im heutigen Umfang zur Verfügung stehen.

Diese Überlegungen führen zum Begriff der „Tragfähigkeit", der zwei grundsätzliche Fragen impliziert: Wie viele Menschen kann die Erde mit welchem Umfang von Ressourcenverbrauch „tragen"? Und welche Konsequenzen müssen wir hinsichtlich des Bevölkerungswachstums, der Ressourcenschonung, der Nachhaltigkeit und der Verteilungsgerechtigkeit ziehen, damit die Tragfähigkeit bestehen bleibt oder sogar verbessert und ausgeweitet wird? (Diese Zusammenhänge konkret auch im Online-Link 104109-4101.)

1 **Energieträger Steinkohle**
2 **Ressource Steine und Erde (Kiesabbau bei Köln)**
3 **Palästinensische Kinder stehen nach Trinkwasser an**
4 **Wasser im Überfluss – an einer deutschen Tankstelle**
5 **Deutsches Steinkohlenbergwerk**
6 **Ressource Wasser militärisch bewacht – Iran**

Fünf Schritte bis zum Ziel

Ziel

- weltweite demografische Entwicklungen und Tendenzen erfassen
- die Ernährungsproblematik für die Weltbevölkerung erläutern und Maßnahmen zur Ernährungssicherung bewerten
- die unterschiedlichen Formen der Energiegewinnung darstellen, ihre Vor- und Nachteile gegeneinander abwägen sowie Szenarien einer zukünftigen Energieerzeugung erörtern
- die Gefährdung von Ökosystemen erkennen und Maßnahmen zu ihrer Bewahrung analysieren

1. Einstieg: Problemstellung erarbeiten

- aufgrund des Bildmaterials auf dieser Doppelseite weitere, detailliertere „Forschungsfragen" zum Thema „Tragfähigkeit der Erde" formulieren und schriftlich fixieren

2. Durchführung der Untersuchung

- Erarbeitung der für die Problemstellungen bzw. „Forschungsfragen" wesentlichen Informationen aus den Materialien
- Analyse von Ursachen der Ist-Zustände, Entwicklungen und Probleme
- Erläuterung der möglichen Folgen, z. B. von Ressourcennutzung und Eingriffen in Ökosysteme,
- dabei Anwendung fachspezifischer Methoden und Arbeitsweisen

3. Ergebnisse präsentieren

- Ergebnisse in unterschiedlicher Art vorstellen, vom Hausaufgabenvortrag bis zur Präsentation selbst erstellter Wirkungsgefüge

4. Ergebnisse individuell überprüfen

- die bei Schritt 1 formulierten „Forschungsfragen" mit den Untersuchungsergebnissen vergleichen: Sind die Fragen in zufriedenstellender Weise beantwortet?

5. Erworbene Kompetenzen anwenden

- z. B. Durchführung eigenständiger Analysen weiterer Fall- bzw. Raumbeispiele
- z. B. Bewertung von Prognosen und Zukunftsszenarien
- z. B. sachlich fundierte Teilnahme an einer Diskussion über die agrarische Tragfähigkeit oder über energetische Zukunftsfragen

2-8

2

Nicht bremsen
Nicht lenken
Gang raus, Autom. auf „N"
Antenne einschieben
CORSA

4

6

4.1 Verteilung und Entwicklung der Weltbevölkerung

1 Unsere „schrumpfende" Erde (ha landwirtschaftliche Nutzfläche pro Kopf)

FAOSTAT 2006, unter: www.unep.org/geo/geo4/media/graphics/Zoom/8.01.jpg

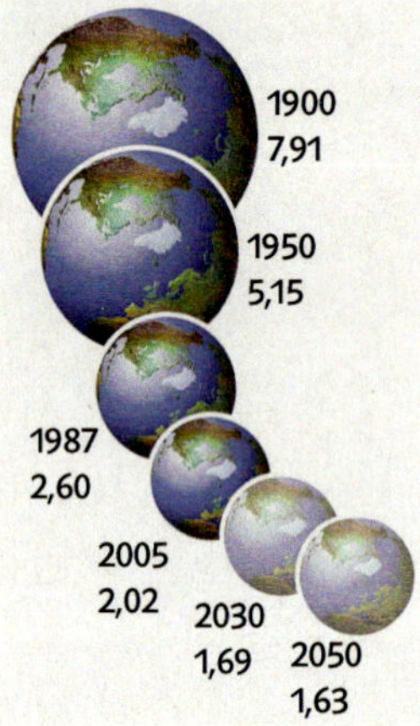

Kompetenzen erwerben:
- die globale und regionale Verteilung der Bevölkerung beschreiben,
- die Bevölkerungsentwicklung sowie weitere demografische Strukturen von Räumen unterschiedlichen Entwicklungsstands vergleichen,
- das Modell des demografischen Übergangs analysieren und anwenden,
- mithilfe des Internets Angaben zur aktuellen Bevölkerungsentwicklung erarbeiten,
- Migration in ihren Gründen und Auswirkungen darstellen.

2 Demografische Weltkarte (Darstellung der Länder nach ihrer Bevölkerungszahl)

SASI Group (University of Sheffield) and Mark Newman (University of Michigan) 2006: Total Population, unter: www.worldmapper.org

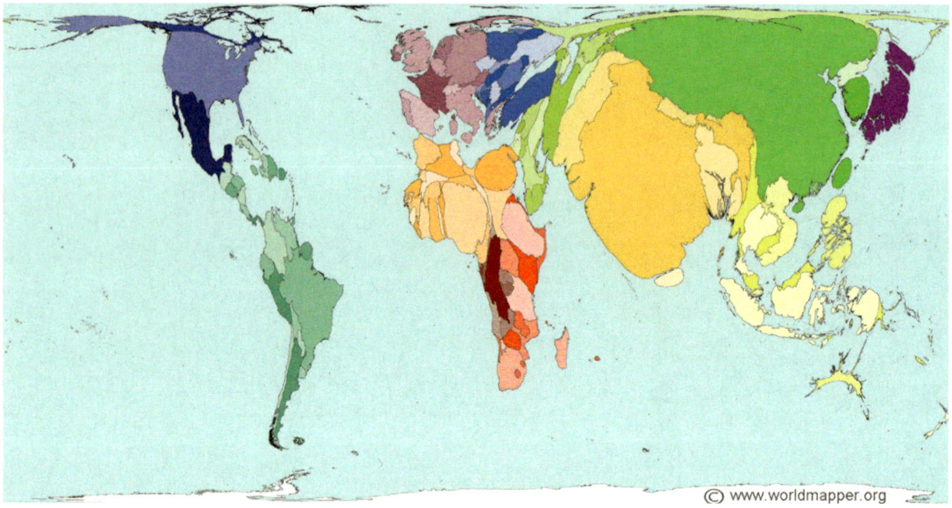

Globale und regionale Bevölkerungsverteilung

Der Mensch nutzt die ganze Erde als seinen Betätigungsraum. Sein Siedlungs- und Lebensraum umfasst jedoch nicht die gesamte Erdoberfläche. Die dauernd von Menschen bewohnten Gebiete bezeichnet man als Ökumene, die völlig unbewohnbaren als Anökumene. Dazwischen liegt ein Grenzraum mit nur periodisch bewohnten oder bewirtschafteten Gebieten, die Sub- oder Semiökumene.

Das Klima setzt sowohl durch extreme Kälte als auch durch Hitze und Trockenheit dem landwirtschaftlichen Anbau und damit auch der Siedlungstätigkeit des Menschen Grenzen.

3 Ökumene – Anökumene

„[Es] lässt sich ... ablesen, dass neben den Eiskappen der Arktis und Antarktis auch weite Tundrengebiete in Asien und Nordamerika unbewohnt sind und nur von Jägern und Fischern, in Europa auch von einer nomadischen, sich der Rentierhaltung widmenden Bevölkerung zeitweilig aufgesucht werden. Selbst die sich südlich anschließenden borealen Nadelwälder sind größtenteils unbesiedelt geblieben und werden lediglich in Form einer extensiven Holzwirtschaft genutzt. Die wenigen Dauersiedlungen liegen meist entlang der Flussläufe.

Ebenso tritt die Siedlungsleere der großen Wüstengebiete im Kartenbild in Erscheinung. Nur einzelne Randbereiche werden noch periodisch oder episodisch von Nomadenstämmen aufgesucht, und gelegentlich können reiche Vorkommen von Bodenschätzen einzelne Bergwerksinseln inmitten der absoluten Anökumene entstehen lassen. Auf größeren Flächen wird die Menschenleere der Wüsten nur von einigen, z. T. sehr dicht bevölkerten Oasen unterbrochen.

Neben den Wüsten gehören auch Teile der immerfeuchten Tropen zu den dünn oder gar nicht besiedelten Räumen der Erde; im Gegensatz zu den Polar- und Wüstengebieten kommen in den Tropen sämtliche Dichtevariationen vor. Überall dringt der Mensch in die von einem geschlossenen tropischen Regenwald bedeckten Areale ein und vernichtet ausgedehnte Waldbestände durch Holzeinschlag und Brandrodung ...."

Jürgen Bähr: Bevölkerungsgeographie. Stuttgart: Ulmer 2004 (4. Aufl.), S. 54

Material
Mystery „Eine Welt – gemeinsame Verantwortung"
104109-4101

Material
Human Footprint
104109-4102

4 **Weltkarte „Human Footprint": Einfluss des Menschen (minimal: 0, maximal 100)**

Michon Scott: The Human Footprint, in: NASA Earth Observatory, vom 25.02.2003, unter: http://earthobservatory.nasa.gov/Features/footprint/printall.php

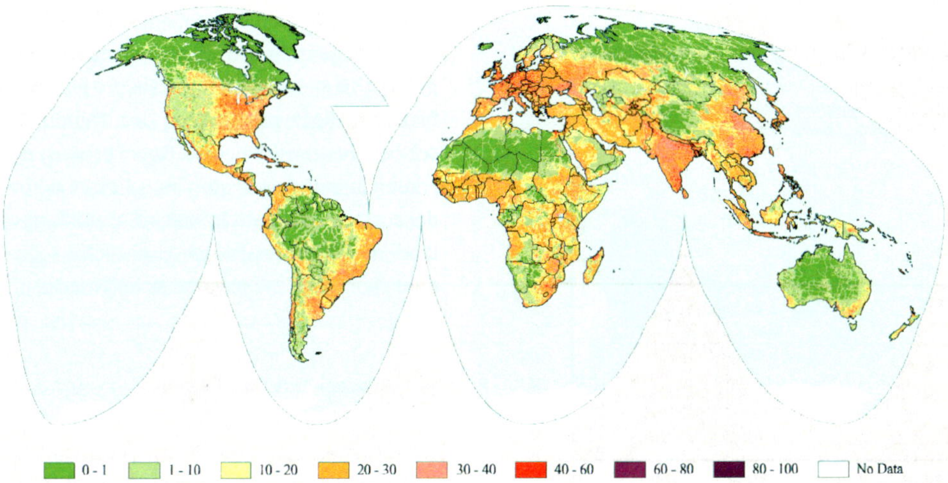

„The Human Footprint is a quantitative analysis of human influence across the globe. In this map, human impact is rated on a scale of 0 (minimum) to 100 (maximum) for each terrestrial biome. A score of 1 indicates the least human influence in the given biome."

NASA Earth Observatory: Map of the Human Footprint, vom 25.02.2003, unter: http://earthobservatory.nasa.gov/IOTD/view.php?id=3254

5 **Satellitenaufnahme des östlichen Mittelmeerraumes in der Nacht**

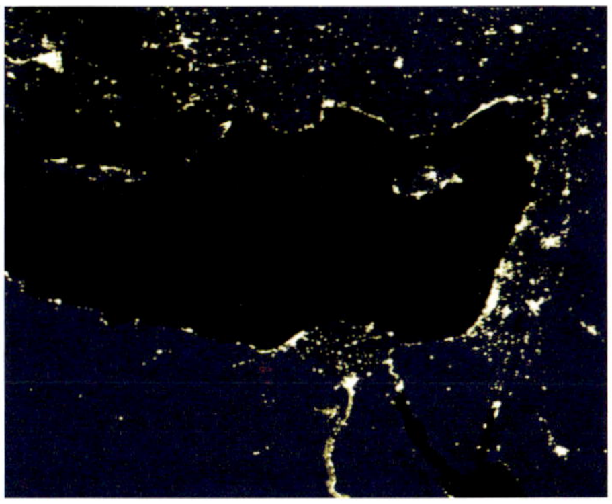

6 **Eignung des Bodens zur Nahrungsmittelerzeugung**

Nach David Waugh: Geography. An Integrated Approach. Walton-on-Thames: Thomas Nelson & Sons Ltd., Second Edition 1995, S. 321

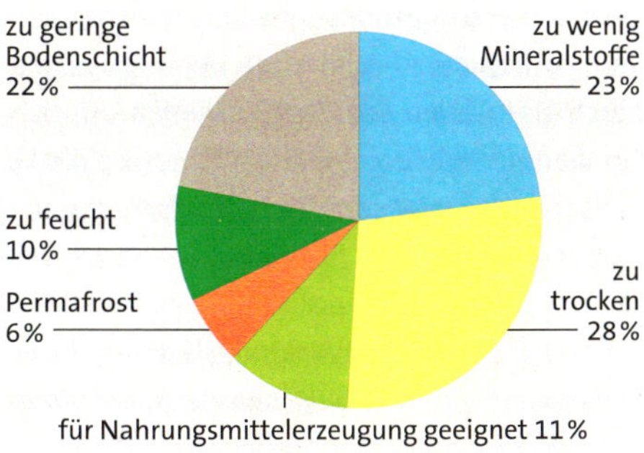

7 **Nutzungsunterschiede innerhalb eines Landes: Infrarotsatellitenbild des Nildeltas**

1 Arbeiten Sie die wesentlichen Aussagen aus der Karte 2 heraus. Begründen Sie die dortige Art der Verteilung.

2 „Human Footprint":

a) Vergleichen Sie Karte 4 mit einer Bevölkerungsdichtekarte der Erde im Atlas.

b) Erläutern Sie, wo der menschliche Einfluss sehr gravierend ist und wo weniger.

Seite 255, M 42 anamorphe Karten

3 Erläutern Sie mithilfe der beiden Satellitenbilder 5 und 7 sowie geeigneter Atlaskarten die Bevölkerungsverteilung und die landwirtschaftliche Inwertsetzung in Ägypten.

4 Interpretieren Sie die Grafik 6.

24 **Modell des demografischen Übergangs**

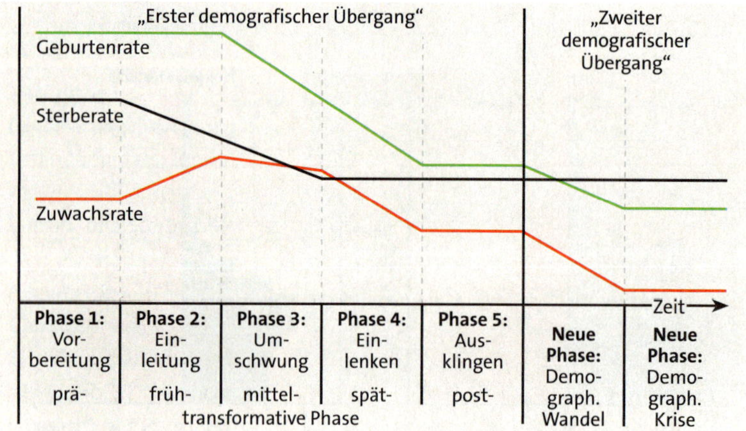

25 **Beispiel Industrieländer**

Nach Jürgen Bähr: Bevölkerungsgeographie: Verteilung und Dynamik der Bevölkerung in globaler, nationaler und regionaler Sicht. Stuttgart: UTB 1997, Abb. 62

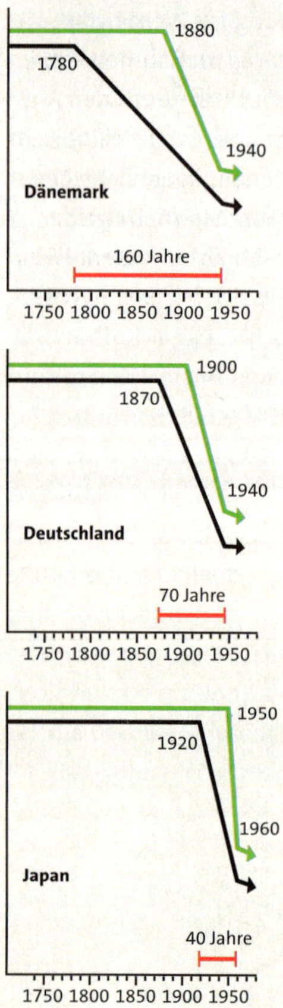

Der demografische Übergang

Ausgehend von der Bevölkerungsentwicklung der Industrieländer Europas glaubten Wissenschaftler eine gesetzmäßige Aussage über das allgemeine Wachstum von Bevölkerungen und damit auch Prognosen über zukünftige Entwicklungen in **Entwicklungsländern** formulieren zu können. Dem Modell zufolge gelangt die Bevölkerung einer Gesellschaft in mehreren Phasen von hohen Sterbe- und **Geburtenraten** hin zu einer Situation, in der sich die Werte dauerhaft auf sehr niedrigem Niveau stabilisieren.

Überprüfungen zeigen, dass sich das Modell von Westeuropa auf Nordamerika sowie die anderen von europäischen Zuwanderern beeinflussten überseeischen Regionen (Australien, Teile von Südamerika) übertragen lässt.

Ende der 1980er-Jahre wurde das Modell durch den „zweiten **demografischen Übergang**“ ergänzt. Es bezog den in allen Industriestaaten beobachteten Rückgang der Geburtenrate unter das Niveau der **Sterberate** ein. Man erkannte, dass diese Entwicklung mit einem Rückgang der Gesamtfruchtbarkeitsrate unter das Ersatzniveau von 2,1 Kindern je Frau, dem Anstieg des durchschnittlichen Heiratsalters sowie des durchschnittlichen Alters bei der Geburt des ersten Kindes verbunden war.

26 **Phasen des Bevölkerungswachstums**

Erster demografischer Übergang:
Bei der Entwicklung einer Bevölkerung lassen sich fünf Phasen unterscheiden.

Phase 1: prätransformativ
Vor dem Beginn der industriellen Entwicklung haben die Familien sehr viele Kinder. Die Kindersterblichkeit ist so hoch, dass meistens nur zwei oder drei Kinder einer Familie überleben. Hungersnöte und Seuchen fordern ihre Opfer.

Phase 2: frühtransformativ
Zu Beginn der industriellen Entwicklung sorgen Fortschritte in der Medizin und Hygiene für einen raschen Rückgang der Sterblichkeit. Die Lebenserwartung der Menschen steigt und die Kindersterblichkeit geht zurück. Trotzdem dauert es noch einige Generationen, bis auch die Geburtenrate sinkt.

Phase 3: mitteltransformativ
Im Laufe der industriellen Entwicklung geht dann auch die Geburtenrate zurück. Wünsche nach Selbstverwirklichung, nach Wohlstand und nach einer besseren Ausbildung der Kinder können eher erfüllt werden, wenn die Familie klein ist.

Phase 4: spättransformativ
Bei stagnierender Sterberate fällt die Geburtenrate auf ein Niveau knapp oberhalb der Sterberate.

Phase 5: posttransformativ
Die Geburtenrate stabilisiert sich auf niedrigem Niveau über der Sterberate. Die Transformation ist vollendet.

Zweiter demografischer Übergang:

Demografischer Wandel
Die Geburtenrate sinkt aufgrund von sozialstrukturellen Veränderungen und eines kulturellen Wandels unter die Sterberate und führt zu negativem Bevölkerungswachstum.

Demografische Krise
Der weitere Rückgang der Geburtenrate bringt einen stärkeren Bevölkerungsrückgang mit sich, was zu gesellschaftlichen Problemen führt.

Material
Infoblatt Modell des demografischen Übergangs
104109-4104

27 Stand des demografischen Übergangs in ausgewählten Staaten 2008

Nach United Nations: Department of Economic and Social Affairs, Population Division: World Population 2008. S. 1, © United Nations, 2009. Reproduced with permission.

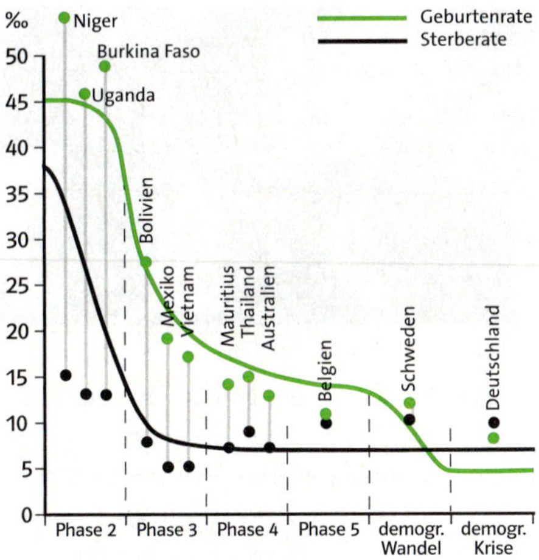

28 Der demografische Übergang in Schweden und Mexiko im Vergleich

Schweden: B. R. Mitchell, European Historical Statistics 1750–1970 (1976); Europarat, Recent Demographic Developments in Europe; Mexico: CELADE, Boletin demográfico Nr. 59 (Januar 1993); Francisco Alba-Hernandez, La población de México (1976)

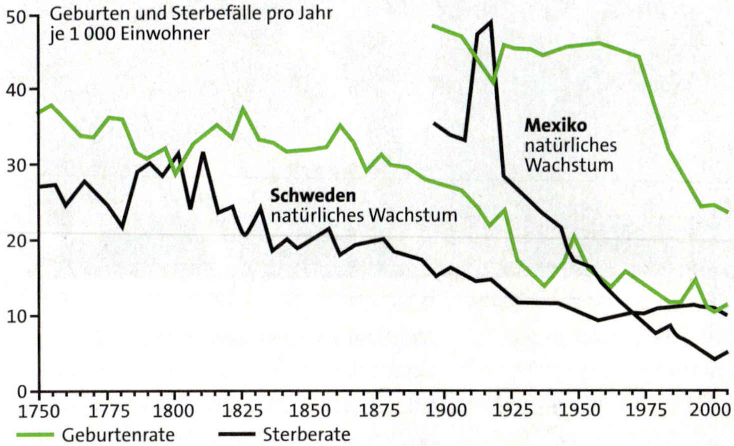

Demografischer Übergang in den Entwicklungsländern. Im Falle der Entwicklungsländer besteht ein enger Zusammenhang zwischen der Veränderung des generativen Verhaltens und der Kolonialisierung durch europäische Mächte. So führten die administrativen und ökonomischen Neuerungen in den Kolonien langfristig zu einer Verbesserung der Ernährungs- und Gesundheitssituation. Nach dem Zweiten Weltkrieg sorgten der Ausbau des Gesundheitswesens und medizinischer Fortschritt (Impfungen, Medikamente) für einen weiteren Rückgang der Sterberate und führten zur Erhöhung der Lebenserwartung. Dennoch weist die demografische Situation vieler Entwicklungsländer gegenüber den Industriestaaten einige grundlegende Unterschiede auf. Auffallend ist, dass sich die Schere zwischen Geburten- und Sterberate deutlich weiter öffnet als dies in Europa je der Fall war. Dies hängt vor allem mit der rascheren Senkung der Sterberate zusammen. Nicht bestätigen lässt sich für die Entwicklungsländer zudem die in Europa gemachte Erfahrung, dass sich die Dauer des demografischen Übergangs bei verspätetem Beginn verkürzen lässt. Der Sterblichkeitsrückgang erfolgte in den Großregionen der Erde sehr unterschiedlich. Von besonderer Bedeutung sind die Auswirkungen der Aids-Epidemie in vielen afrikanischen Staaten, die den Sterblichkeitsrückgang seit einigen Jahren verlangsamen.

Mexikanische Revolution
Der Sturz des diktatorisch regierenden mexikanischen Präsidenten Díaz (1910) war der Beginn eines politischen und gesellschaftlichen Umbruchs mit zum Teil sehr blutigen Kämpfen und Unruhen, die Mexiko bis etwa 1920 nicht zur Ruhe kommen ließen.

12 Begründen Sie das Bevölkerungswachstum in den einzelnen Phasen des „Modells des demografischen Übergangs".

13 Ermitteln Sie Einflussfaktoren auf die Geburten- und Sterberate.

14 Erläutern Sie Ursachen für den „Zweiten demografischen Übergang".

15 Vergleichen Sie die demografische Entwicklung von Industrie- und Entwicklungsländern in Grafik 27 und am Beispiel Schwedens und Mexikos (Grafik 28).

16 Überprüfen Sie die Anwendungsmöglichkeiten des Modells zur
a) Beschreibung des idealtypischen zeitlichen Verlaufs von Fertilität und Mortalität in westlichen Industrieländern,
b) Klassifizierung des demografischen Entwicklungsstands von Entwicklungsländern,
c) Erklärung von Ursachen der sozioökonomischen Entwicklung von Ländern,
d) Vorhersage der Bevölkerungsentwicklung in Ländern und Regionen.

Kompetenzen erwerben:
- Grundzüge des globalen Handels mit Agrargütern analysieren,
- die Rolle Deutschlands in diesem Prozess recherchieren,
- die Bewässerungswirtschaft als Intensivierungsmaßnahme zur Steigerung von Agrarerträgen erläutern,
- die eigene Rolle als Konsument für solche Intensivierungsmaßnahmen reflektieren,
- ökologische Probleme des Bewässerungsfeldbaus erläutern,
- Gründe und Probleme der landwirtschaftlichen Intensivierung in Mitteleuropa in einem Wirkungsgefüge darstellen,
- die Bedeutung mariner Ökosysteme für eine zukunftsfähige Fischereiwirtschaft analysieren.

4.2 Probleme der Welternährungssicherung

Agrargüter – regional produziert, global gehandelt

Der gestiegene Weltagrarhandel baut auf eine größere Agrarproduktion auf. Verbessertes Saatgut, mehr Bewässerung und stärkerer Einsatz von Dünger und Pflanzenschutzmitteln führten dazu, dass trotz Bevölkerungswachstum die global verfügbare Nahrungsmenge pro Einwohner gestiegen ist. In den 1960er-Jahren lag sie bei 2 360 kcal pro Person pro Tag, in den 1990er-Jahren stieg dieser Wert auf 2 803 kcal. Weltweit wurden im Jahr 2007 Agrarprodukte im Wert von 1 128 Milliarden US-Dollar exportiert. Die Entwicklung hin zu diesem Exportumfang geschah mit einer kontinuierlichen Zunahme des Exports trotz schwankender Preise. Nach jahrhundertealtem Handel von Agrarprodukten führte die **Globalisierung** vor allem gegen Ende des 20. Jh. noch einmal zu einem starken Anstieg. Die dabei sichtbaren Schwankungen des Exportwertes werden sowohl durch konjunkturelle Entwicklungen als auch durch natürliche Einflüsse hervorgerufen. Staatliche Förderprogramme, Wetter und Tierseuchen bestimmen zum Beispiel die Angebotsmenge und damit auch den Preis. Eine die Nachfrage übertreffende Produktion führte zum Beispiel in den 1990er-Jahren teilweise zu sinkenden Preisen. Der starke Anstieg seit 2002 kann auf die erhöhten Produktionskosten wegen hoher Rohölpreise zurückgeführt werden. Auch in Zukunft wird ins Gewicht fallen, dass die Produktivität im Agrarsektor kaum noch wächst und sogar Nutzflächen durch Degradation der Böden verloren gehen oder zur Energiegewinnung genutzt werden.

1 Die größten Teilnehmer des Weltagrarhandels 2007
(Exporte/Importe; in Mrd. US-$)

USA	88/88	VR China	33/32
Niederlande	69/45	Spanien	33/–
Deutschland	60/76	Kanada	32/32
Frankreich	60/47	Italien	32/42
Brasilien	42/–	Japan	–/55
Belgien	35/32	Großbritannien	–/54

2 Weltagrarproduktion, Weltagrarhandel (2007) u

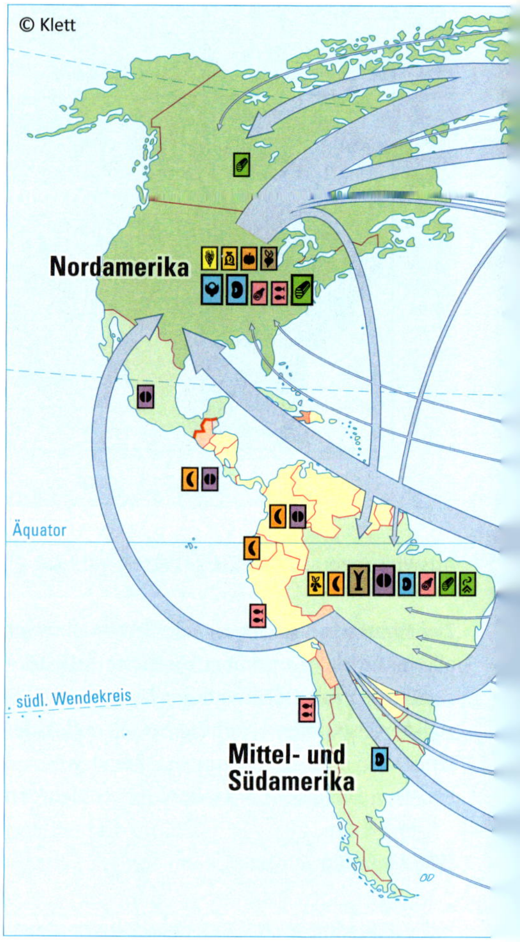

3 Exportwert, Exportvolumen und Produktion der Landwirtschaft,

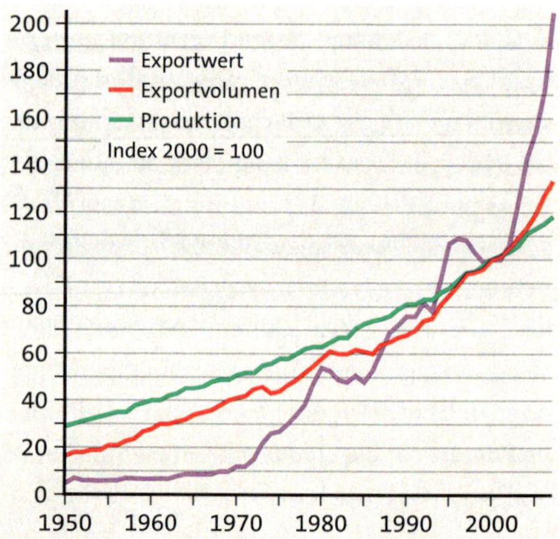

Surftipp
Situationsbericht Landwirtschaft Deutschlands
104109-4201

Welternährungssituation (2009) (Welthungerindex s. Glossar)

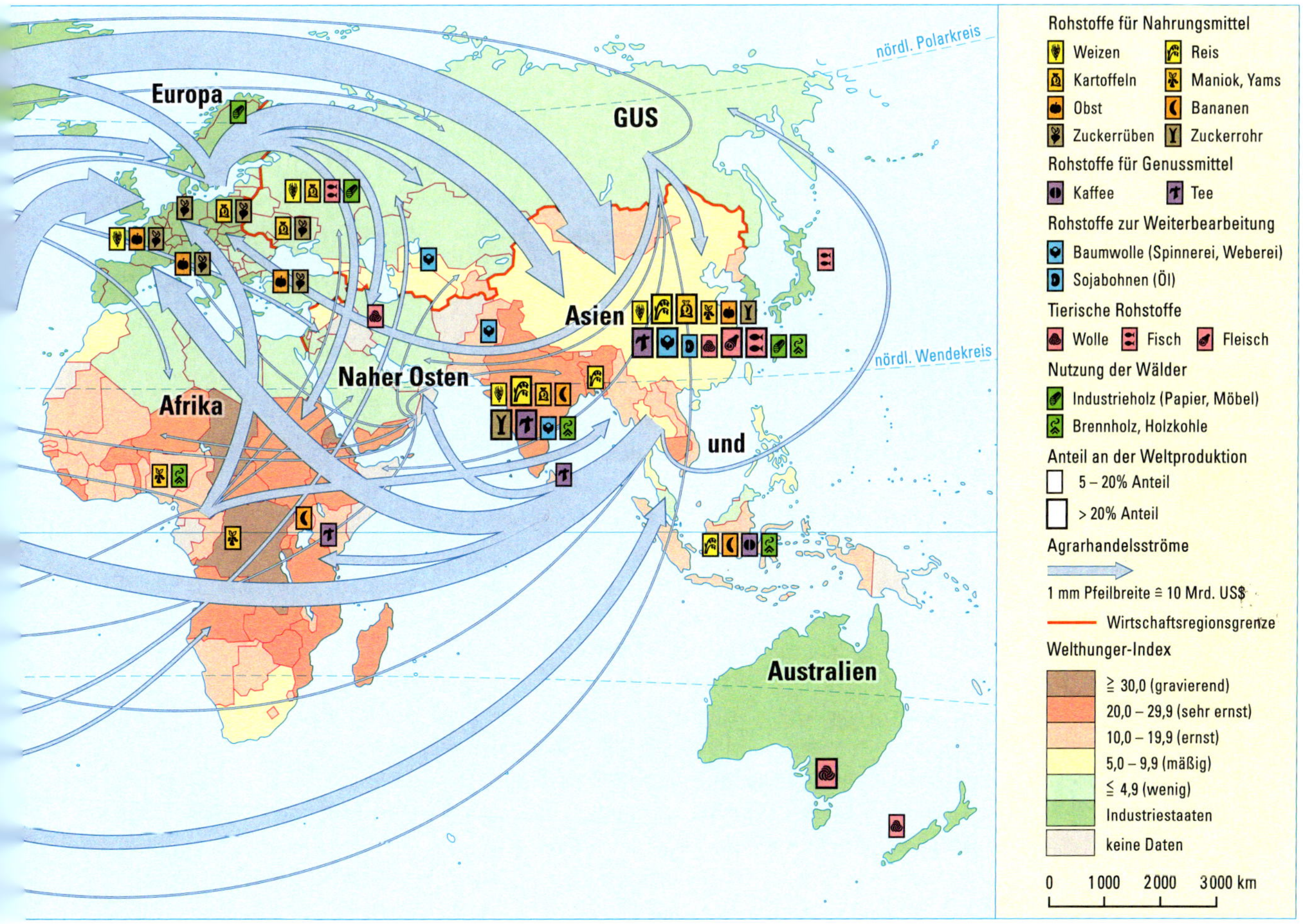

4 Verwendung landwirtschaftlicher Nutzpflanzen 1960 – 2015 (Prognose)

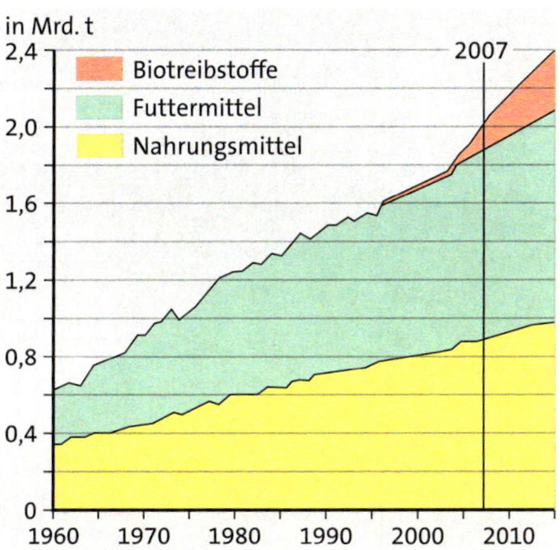

1 Arbeiten Sie mit der Karte 2:

a) Beschreiben Sie die Handelsverbindungen und die Agrarproduktion einer selbst gewählten Region.

b) Stellen Sie dar, welche Wirtschaftsregionen durch einen gegenseitigen Handel stark miteinander verflochten sind und wo ein einseitiger Export überwiegt.

c) Erläutern Sie, warum einige Regionen nur schwach eingebunden sind.

2 Erläutern Sie mithilfe der Diagramme 3 und 4 die Entwicklung des Agrarhandels und der Agrarpreise.

3 Recherchieren Sie die aktuelle Rolle Deutschlands im Weltagrarhandel mithilfe des Online-Links 104109-4201.

5 **Dumpalme**

6 **Dattelpalme**

7 **Kerzaz-Oase in Algerien**

Oase:
griech. óasis = bewohnter Ort; semit. bzw. altägypt. waset = Kessel

Seite 76/77
Klimate der Erde

Seite 82
Agrarregionen der Erde

Bewässerungslandwirtschaft

Traditionelle Wassernutzung in den Trockengebieten: Fallbeispiel Oasenwirtschaft

Nahezu alle Räume der Wüsten sind für die wirtschaftliche Nutzung durch den Menschen ungeeignet. Lediglich die Nomaden wie die Tuareg schafften es, sich den lebensfeindlichen Raum zu erschließen. Aber auch sie hatten ihre Standorte meist in den Oasen oder in deren Nähe. Selbst wenn sie mit Karawanen durch die Wüste zogen, um Handel zu treiben, blieben ihre Familien und ihr Vieh bei den Oasen.

Die ursprüngliche Vegetation der Oasen bestand zum Beispiel aus verschiedenen Akazienarten oder – in der Nähe der Quellen – aus Röhrichtgewächsen und Wasserpflanzen. Durch die Besiedlung der Oasen und den Import von Kulturpflanzen wie der Dattelpalme ist diese Vegetation nahezu vollständig verdrängt worden. Bereits um 5000 v. Chr. waren viele Oasen besiedelt. Neben der nomadisierenden Viehhaltung und der Anlage von Handelsplätzen (Karawansereien) wurde hier von den Oasenbauern Subsistenzwirtschaft betrieben. Die einzige Kultur, deren Ernte schon in dieser Zeit verkauft bzw. getauscht wurde, war die Dattelpalme.

8 **Oasentypen**

1. Flussoasen: Ein Fremdlingsfluss (das Quellgebiet des Flusses liegt außerhalb der Wüste in niederschlagsreichen Regionen) ermöglicht Bewässerungsfeldbau. In Flussoasen wie z. B. am Nil entwickelten sich frühzeitig Hochkulturen.

2. Grundwasseroasen: Aus einer flach liegenden grundwasserführenden Schicht wird das Wasser in Brunnen gefördert. Oft erreichen Pflanzen wie Dattelpalmen mit ihren Wurzeln bereits dieses erste Grundwasserstockwerk.

3. Quelloasen: Wasser aus Niederschlägen in Gebirgen o. ä. sammelt sich in einer wasserführenden Schicht. Wenn diese Schicht in der Wüste an die Oberfläche tritt, bilden sich Quellen.

4. Artesische Brunnenoasen: Eine grundwasserführende Schicht (Aquifer) liegt zwischen zwei wasserundurchlässigen Schichten, die beckenförmig vertieft sind. Das Wasser ist im „gespannten" Zustand und tritt infolge des Überdruckes im Zentrum des artesischen Beckens zutage.

5. Tiefbrunnenoasen: In geologischen Becken lagern gewaltige Vorräte fossilen Wassers, die durch Tiefbrunnen und Pumpen aus 100 – 200 m Tiefe gefördert werden.

9 Traditionelle und moderne Oase – Beispiel Oase Ouargla (Algerien)

Nach Haack Weltatlas. Gotha: Klett-Perthes 2007, S. 157.1

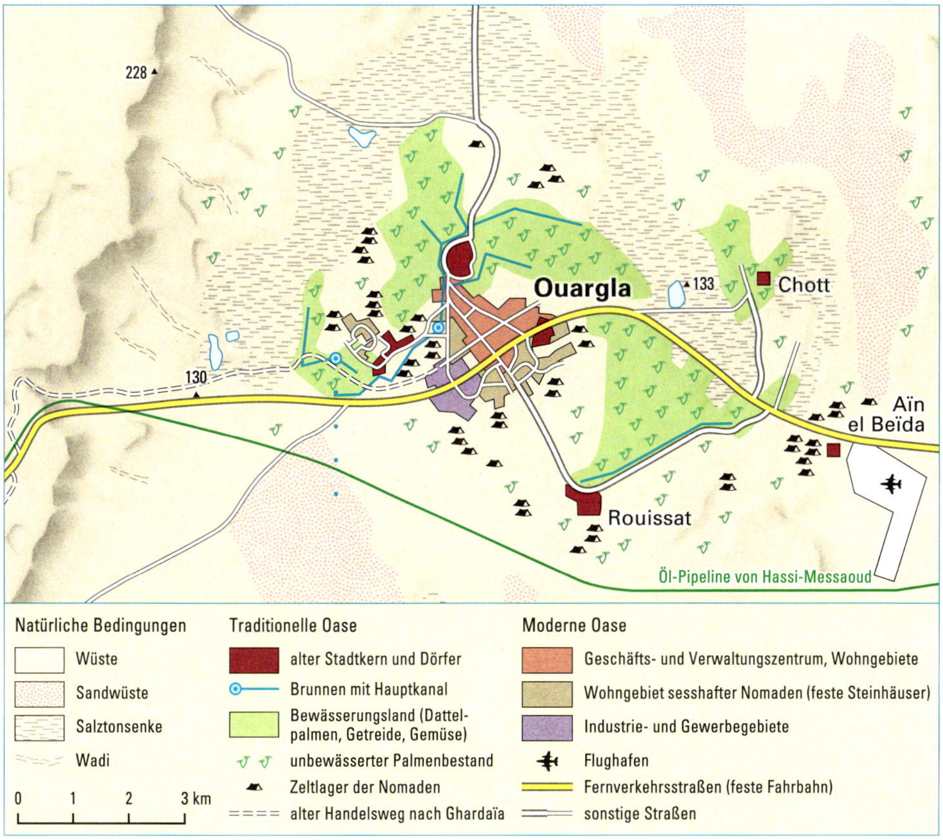

10 Bewässerung in einer Oase

Das Wasser dieses schmalen Kanals wird jeweils nach einer gewissen Zeitdauer in einen anderen gleichartigen Kanal umgeleitet – so wird es großflächig verteilt.

Traditionell wurden die bewässerten Gärten in drei Stockwerken bepflanzt: In der untersten Ebene baute man Weizen, Hirse, Gerste, Reis und Futterpflanzen an, in der zweiten Ebene dominierten niedrige Baumkulturen wie Feigen und Granatapfel, überragt von den Dattelpalmen der dritten Ebene. Das Wasser wurde direkt aus Brunnen bzw. Flüssen gefördert und verteilt oder über offene Kanäle bzw. Foggaras (Zuleitung des Wassers über Stollen) herangeführt.

Die Struktur der Oasen hat sich in letzter Zeit grundlegend verändert. Die Bewohner sind nicht mehr auf Selbstversorgung angewiesen, dafür werden auf riesigen Flächen vor allem Datteln für den Export angebaut, die durch modernere Verfahren bewässert werden.

Mit der infrastrukturellen Erschließung und durch die Ansiedlung von Industrien, teilweise auch durch die Förderung und Verarbeitung von Erdöl, wuchsen manche Oasensiedlungen zu größeren Städten heran. Ihre Erschließung für den Tourismus ließ Arbeitsplätze im Dienstleistungssektor entstehen. Dennoch wanderten vor allem Männer ab, um in entwickelten Regionen an den Küsten, in der Erdölwirtschaft oder als Gastarbeiter in Europa zu arbeiten.

Die intensive Oasennutzung hat allerdings ökologische Folgen: Die Grundwasserstockwerke versiegen oder es kommt zu Salzwasserintrusionen. Wasser muss aus tiefer gelegenen **Aquiferen** gefördert werden, die sich nicht erneuern. Bei unsachgemäßer Bewässerung besteht die Gefahr der Bodenversalzung.

Seite 94–99
Landwirtschaftliche Nutzung in den Tropen

Seite 112/113 und 306–309
Landwirtschaft in den USA

4 Ordnen Sie Ouargla einem Oasentyp zu.

5 Vergleichen Sie mithilfe der Materialien und des Textes dieser Doppelseite die traditionelle mit der modernen Oasenwirtschaft.

6 Beurteilen Sie die gegenwärtige Nutzung unter dem Aspekt der Nachhaltigkeit.

11 Sprinklerbewässerung in Süditalien

12 Klima Südspaniens

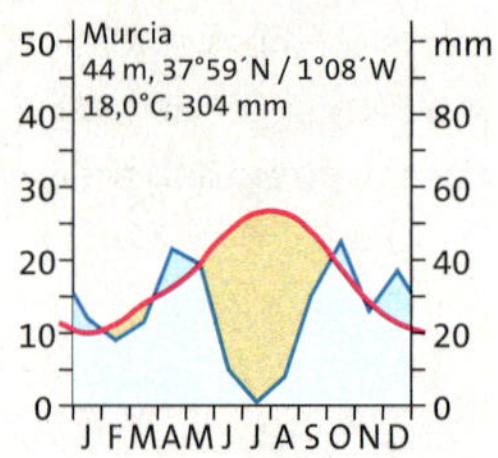

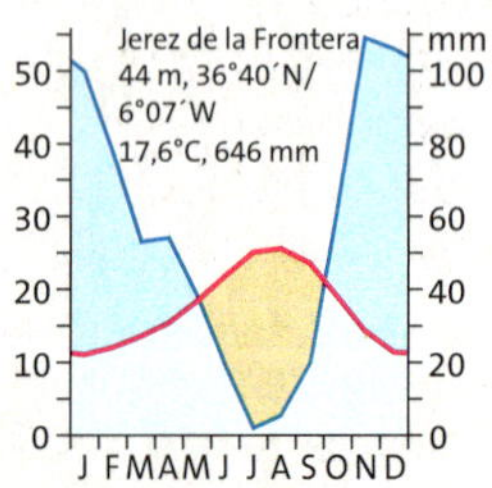

Bewässerungsfeldbau
landwirtschaftliche Bodennutzung, bei der Nutzpflanzen wegen unzureichender Niederschläge in der Vegetationsperiode Wasser durch verschiedene technische Systeme zugeführt wird.

Seite 86/87
Ökosysteme im Mittelmeerraum

Bewässerungslandwirtschaft im Mittelmeerraum – Nutzungskonflikte

13 Ein Bauer an der italienischen Adriaküste

„Seit ich vor 10 Jahren aus Deutschland zurückgekommen bin, bewirtschafte ich den fünf Hektar großen Betrieb selbst. Viel Geld und Arbeit mussten hineingesteckt werden. In den unteren Hanglagen wurde ein 100 Meter tiefer Brunnen gebohrt, um mithilfe einer Elektropumpe das Grundwasser zu erreichen. Die Investition hat sich gelohnt, denn dieses Wasser kostet nichts. Aber für die höheren Bereiche der Hänge reichte die Brunnenschüttung nicht mehr aus. Hier mussten Wasserrohre bis zu den großen Druckwasserleitungen aus den Abruzzen-Stauseen gelegt werden. Das hat ein ‚Consortio' übernommen, das mit Subventionen von Rom und Brüssel unterstützt wurde. Für dieses Wasser muss ich Gebühren bezahlen ...
Für ein weiteres Wachstum sehe ich kaum Chancen. Der Boden hier wird immer teurer. Die neuen Wohngebiete, Industrien und die Hotels von Pescara nehmen uns das Land weg – und auch das Wasser."

Nach einer Feldstudie von Prof. Horst-Günter Wagner, Julius-Maximilians-Universität Würzburg

14 Anbau von Sonderkulturen in Andalusien

„Wie in Nordamerika ist auch in Europa eine Verlagerung der Anbauschwerpunkte von Obst und Gemüse in die wärmeren Gebiete zu beobachten. Dabei nimmt Spanien in der Erzeugung und im Export in Europa eine Spitzenstellung ein. Die Obst- und Gemüseproduktion konzentriert sich nicht nur auf die klimatischen Gunstgebiete in den Huertas von Valencia oder Murcia, sondern auch auf die noch weiter südlich gelegenen, durch Gebirge besser vor Kaltlufteinbrüchen geschützten semiariden, winterfeuchten Küstengebiete Andalusiens. Als Reaktion auf die steigende Nachfrage nach frischem Obst in Mitteleuropa konnte sich an der andalusischen Costa del Sol durch einen marktwirksamen Zeitvorsprung gegenüber den Huertas eine Dynamik entwickeln, die durch Expansion, Intensivierung und räumliche Spezialisierung gekennzeichnet ist. So entstand zum Beispiel [auch] in der Provinz Huelva auf der Grundlage einer intensiven Nutzung des Grundwassers, des Einsatzes von Folientunneln, der Tropfbewässerung mit Düngung und des Imports neuer Sorten das größte Erdbeeranbaugebiet Europas. Dank einer kontinuierlichen Steigerung der Produktivität auf 35–40t/ha erwarb sich Huelva nahezu eine Monopolstellung bei der Belieferung der (mittel-)europäischen Märkte in den Winter- und Frühjahrsmonaten.
Diese Erfolge werden erkauft mit einer Fülle ökologischer Probleme. So ist der Wasserverbrauch in den Anbauregionen drastisch angestiegen, werden doch z.B. bei der Erzeugung von Erdbeeren bis zur Ernte pro Kilogramm 115 Liter Wasser benötigt. Mit der Absenkung des Grundwasserspiegels besteht die Gefahr der Versteppung und – wegen des nachlassenden Binnendrucks im Grundwasserkörper – des Eindringens von Meerwasser. Probleme bereitet auch die Entsorgung der Plastikfolien und weiterer Abfälle (alte Bewässerungsschläuche, leere Behälter und Verpackungen der Pflanzenschutzmittel)."

Lorenz Deuringer u.a.: Fundamente Kursthemen Europa. Stuttgart und Leipzig: Ernst Klett Schulbuchverlag 2006, S. 71, gekürzt

Material
Bewässerungslandwirtschaft
104109-4202

15 **Wirkungsgefüge zum Nutzungskonflikt um das Wasser**

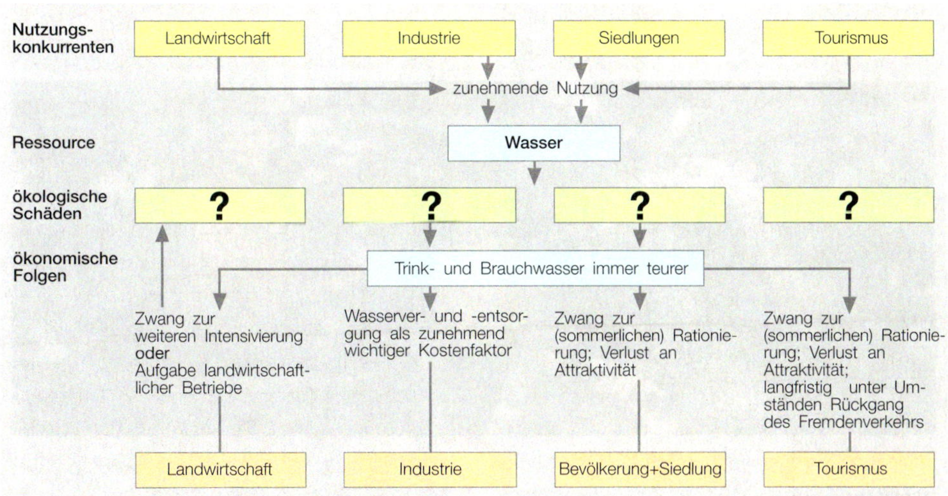

16 **Pflege von Erdbeerkulturen bei Sevilla im Februar**

Nutzungskonflikte. In allen Küstenräumen der Mittelmeerländer ist die Bevölkerung seit der Mitte des letzten Jahrhunderts in starkem Maße gewachsen. Ursache sind Wanderungsbewegungen zur Küste, ausgelöst in erster Linie durch den sich immer mehr ausweitenden Massentourismus und durch die Verlagerung von Industrie in die standortgünstigen Küstenstädte. Als Folge dieser Verdichtung ergeben sich vielfältige Nutzungskonflikte, die im gesamten mediterranen Raum ähnlich verlaufen und vergleichbare Merkmale aufweisen. Betroffen sind nicht nur die urbanen Ballungsräume, sondern zunehmend auch die Agrarlandschaften.

Landwirtschaft, Gewerbe und Tourismus konkurrieren um Nutzflächen. Ein weiterer Streitpunkt mit hoher Brisanz ist das Wasser – und das wird als Trink- und Brauchwasser immer knapper. Es ist darüber hinaus durch Verunreinigungen aller Art gefährdet. Einer der Hauptwasserverbraucher ist der sonnenhungrige Tourist aus Nord- und Mitteleuropa. Er verbraucht während eines dreiwöchigen Urlaubs im Durchschnitt soviel wie ein Einheimischer im gesamten Jahr.

Derartige Übernutzungen führen zu Umweltbelastungen und ökologischen Schäden wie z.B. zu Grundwasserabsenkungen oder sogar zu **Desertifikationserscheinungen**. Mit dem fortschreitenden **Klimawandel** und dem Rückgang der Niederschläge würden sich diese Folgen noch verstärken.

17 **Aus einem Reiseprospekt: Was den Touristen erwartet**

Das bietet Ihre Hotelanlage: Mehrere Aufenthaltsräume und Restaurants, Cafeteria im Einkaufszentrum, großer Konferenzraum. Zwei Süßwasser-Swimmingpools, ein beheizbares Hallenbad. Ein Spielplatz mit Süßwasser-Planschbecken.
Ein 500 Meter langer, geschützter Sandstrand.
Liegen und Sonnenschirme am Strand und am Pool ohne Gebühr. Wassersportmöglichkeiten: Segeln, Surfen, Wasserski, Pedalos, Kanu.
Umweltbewusste Hotelführung: Einsatz von Mehrwegflaschen.
Regelmäßige Meer- und Poolwasseranalysen, Solarenergie zur Warmwasserbereitung.

7 Beschreiben Sie Formen, Methoden und Probleme der Bewässerungslandwirtschaft in ariden Räumen (Online-Link 104109-4202).
8 Stellen Sie die Grundlagen des Erdbeeranbaus in Andalusien dar.
9 Erörtern Sie – auch unter Einbeziehung Ihrer persönlichen Rolle als Konsument – die Methoden der intensiven Bewässerungslandwirtschaft (Beispiel Erdbeeren) in Andalusien.
10 Erläutern Sie einen der im Wirkungsgefüge 15 erkennbaren Nutzungskonflikte.
11 Ordnen Sie mögliche ökologische Schäden bei einer Übernutzung der Ressource Wasser in dieses Schema ein.
12 Überprüfen Sie Reise- und Urlaubsprospekte unter dem Gesichtspunkt „Nutzung und Schutz der Ressource Wasser."

Intensivlandwirtschaft in Mitteleuropa – erfolgreich, aber mit ökologischen Problemen

Seite 82
Agrarregionen der Erde

Seite 100–105
Landwirtschaft in Deutschland

Seite 108/109
Ökologische Landwirtschaft

Agrarische Ökosysteme

Bereits die Anlage von Feldern stellt einen massiven Eingriff in natürliche **Ökosysteme** dar, wird hierbei doch der ursprüngliche Bestand vieler verschiedener Pflanzenarten gerodet und in der Regel durch eine einzige Nutzpflanzenart ersetzt. Die vom Menschen für seine Nahrungsmittelproduktion umgestalteten oder neu angelegten Agrarökosysteme – wie z.B. Getreidefelder oder Wiesen – funktionieren nach den gleichen Prinzipien wie natürliche Ökosysteme. Sie sind Wirkungsgefüge aus Organismen sowie abiotischen **Geofaktoren** und stehen mit ihrer Umgebung in vielfältigen Wechselwirkungen.

Die heutigen nachhaltigen Bewirtschaftungsformen, wie der ökologische Anbau, orientieren sich noch an den Stoffkreisläufen natürlicher Ökosysteme, während der Intensivanbau einseitig auf Pflanzen- oder Tierproduktion ausgerichtet ist.

Gemeinsamkeiten und Unterschiede zwischen natürlichen Ökosystemen und Agrarökosystemen sind in Übersicht 24 zusammengestellt.

23 Stoffkreislauf in einem natürlichen Ökosystem

Nach Hartmut Bick u. a. (Hrsg.): Angewandte Ökologie – Mensch und Umwelt, Bd. 2. Stuttgart: Gustav Fischer 1984

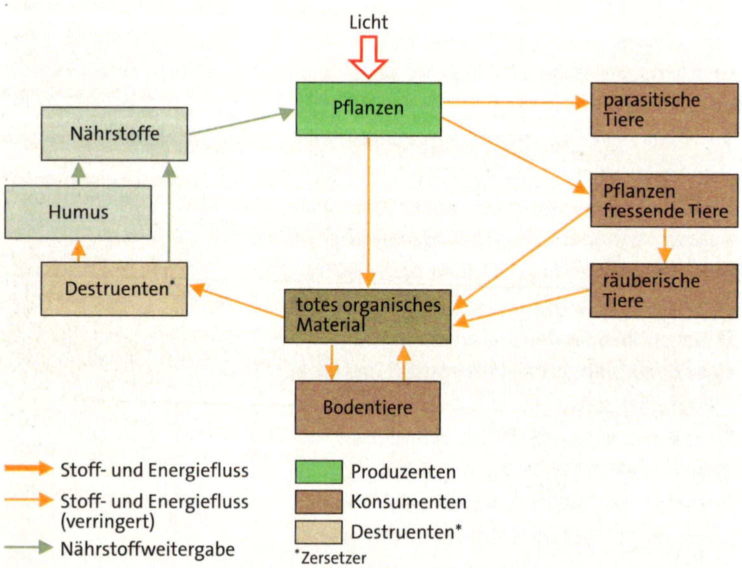

24 Natürliche und Agrarökosysteme – Gemeinsamkeiten und Unterschiede

Gemeinsamkeiten:

Alle Organismen im Ökosystem lassen sich den Gruppen Produzenten, Konsumenten oder Destruenten zuordnen.

Die Existenz aller Ökosysteme beruht auf der Zufuhr von Energie, in der Regel Sonnenlicht.

Ökosysteme nehmen Stoffe auf und geben Substanzen ab.

Die einzelnen Teile eines Ökosystems sind durch Kreisläufe (Energie, Sauerstoff, Kohlenstoffdioxid, Stickstoff ...) verknüpft.

Ändern sich die äußeren Bedingungen für ein Ökosystem dauerhaft, reagiert es ebenfalls mit Veränderungen.

Unterschiede:

Der Mensch begrenzt in einem Agrarökosystem die Artenanzahl und erhöht den Anteil einzelner Individuen. Dadurch sind agrarische Ökosysteme artenarm, aber individuenreich. Die Komplexität der Stoffkreisläufe verringert sich.

Mit der Ernte werden aus dem Ökosystem vor allem energiereiche Stoffe und mit ihnen große Mengen an Mineralstoffen entnommen. Deshalb müssen den agrarischen Ökosystemen ständig Energie- und Mineralstoffe nachgeliefert werden, um sie vor einem Rückgang der Produktivität zu bewahren. Damit findet auch eine räumliche Trennung von Stoffkreisläufen statt.

Der Boden wird systematisch bearbeitet, und mit der Düngung werden gezielt Mineralstoffe für eine Pflanzenart wieder zugeführt.

Der Mensch schützt die durch die geringe Komplexität des Systems stärker anfälligen Pflanzen durch Schädlings- und Krankheitsbekämpfung, denn die meisten Nutzpflanzen und Nutztiere wären außerhalb dieser so bewirtschafteten Agrarökosysteme nicht mehr überlebensfähig.

17 Beschreiben Sie die Funktionsweise eines natürlichen Ökosystems.

18 Erläutern Sie anhand dieser Doppelseite, wie der Mensch natürliche Ökosysteme durch agrarische Nutzung verändert.

Material
Bodengefährdung durch die Landwirtschaft
104109-4203

Material
Methode Wirkungsgefüge
104109-4204

Gefährdung des Bodens

25 Bodenerosion

„Infolge der intensiven Nutzungsweise des Menschen ist [eine ausgeprägte Bodenbildung] oftmals nicht mehr gegeben. Insbesondere in der Landwirtschaft sorgt eine nicht angepasste Nutzung für einen höheren Bodenabtrag als die Neubildung. Dabei sind nicht die sichtbaren Ereignisse mit der Ausbildung tiefer Rillen und Rinnen die bestimmenden Erscheinungsformen, sondern die flächenhafte, diffuse Verschlämmung des Oberbodens.
Eine unsachgemäße Bodennutzung ergibt sich oftmals aus wirtschaftlichen Erwägungen... Die Vergrößerung und Zusammenlegung von Ackerschlägen hat eine Verlängerung der Fließstrecken bewirkt und den Verlust schützender Hecken und Bankette (Ackerrandstreifen).
Die Bearbeitung mit modernen Maschinen ist auch bei großen Hangneigungen und Grenzertragsstandorten möglich... Das häufige Überfahren sorgt für Schadverdichtungen des Bodengefüges mit einer Verringerung des Porenvolumens.
Insbesondere die Fruchtfolgen und der Wechsel zu mehr erosionsanfälligen Kulturen wie Mais und Zuckerrübe leisten der Erosion zusätzlichen Vorschub.
Bei einem durchschnittlichen Bodenabtrag von 10 Tonnen pro Hektar und Jahr (t/ha/a) kommt es innerhalb von 80 Jahren zu einem Verlust von 10 cm humushaltigem Oberboden. Bezogen auf die Mächtigkeit eines Bodens von 80 cm erfolgt bei diesem Abtrag ein Verlust des erhaltenswerten Wurzelraumes innerhalb von 120 Jahren! Doch nicht alle Böden weisen überhaupt diese Mächtigkeit auf. Dementsprechend besteht bei diesen Abtragsmengen ein sofortiger Handlungsbedarf zur Verringerung. “

www.umweltbundesamt.de/boden-und-altlasten/boden/gefaehrdungen/erosion.htm, Nov. 2010

26 Bodenschäden nach Großtechnikeinsatz

„Der Einsatz von Technik bei der Bodenbearbeitung, vor allem von Traktoren, erfolgte verstärkt nach dem Zweiten Weltkrieg... Im Extremfall beackern heute Schlepper mit mehr als 12 Scharen und bis zu 500 PS den Boden. Die benötigte Arbeitszeit für das Umpflügen von einem Hektar sank von damals (vor dem Zweiten Weltkrieg) zirka neun auf heute eine Stunde (bei einem durchschnittlichen 100 PS Schlepper). Der Einsatz großer Maschinen lohnt nur auf großen Flächen. Deshalb wurden bei der Flurbereinigung kleine Felder zu größeren zusammengefasst ... Durch das Befahren des Bodens mit schweren Maschinen entsteht Bodenverdichtung. Ein schlechter Gasaustausch des Bodens, Staunässe und erhöhte Erosionsgefahr sind die Folgen.“

Wolfgang Heubach: Vom Boden zum Schutz. Hohenheim: Universität, Institut für Bodenkunde und Standortslehre 2003, S. 16 f.

27 Auswirkungen der Bodenverdichtung im Bereich einer Traktorenfahrspur

Boden: Pararendzina
Ausgangsgestein: Löss
Raum: Wetterau bei Hungen, Hessen

Links: Boden unmittelbar neben der Fahrspur; locker, krümelig, gut durchwurzelt

Rechts: Boden unter der Fahrspur in einem Feld; Boden ist dicht, wenig durchwurzelt, parallel zur Oberfläche angeordnete Risse zeigen das unter Druck entstandene Plattengefüge;
Durchwurzelung, Eindringen von Niederschlägen und Gasaustausch stark behindert

19 Erstellen Sie ein Wirkungsgefüge, das die Auswirkungen der modernen Landwirtschaft auf den Boden zeigt. Methodische Hinweise liefert Ihnen der Online-Link 104109-4204.

Leguminosen oder Hülsenfrüchtler
ein- bis mehrjährige krautige Pflanzen wie z. B. Linsen, Erbsen oder Bohnen. Sie verbessern die Fruchtbarkeit des Bodens, weil sie eine Symbiose mit stickstofffixierenden Bakterien eingehen.

Dreifelderwirtschaft
Sie war das traditionelle mitteleuropäische Fruchtfolgesystem mit der jährlichen Rotation von Wintergetreide (Roggen, Weizen), Sommergetreide (Gerste, Hafer) und Brache. Die Brachephase wurde später durch eine verbesserte Dreifelderwirtschaft mit dem Anbau von Kartoffeln, Rüben und Luzerne ersetzt.

eutroph
Gewässerzustand, gekennzeichnet durch Nährstoffüberschuss und hohe organische Produktion (Gegensatz: oligotroph)

29 Stickstoffkreislauf

Lernort Boden. Bayerisches Staatsministerium für Umwelt, Gesundheit und Verbraucherschutz 2006, auf www.lfu.bayern.de/wasser/daten/grundwasser_stoffeintrag_messdaten/pic/stickstoffkreislauf_gr.jpg, Aug. 2009, ergänzt

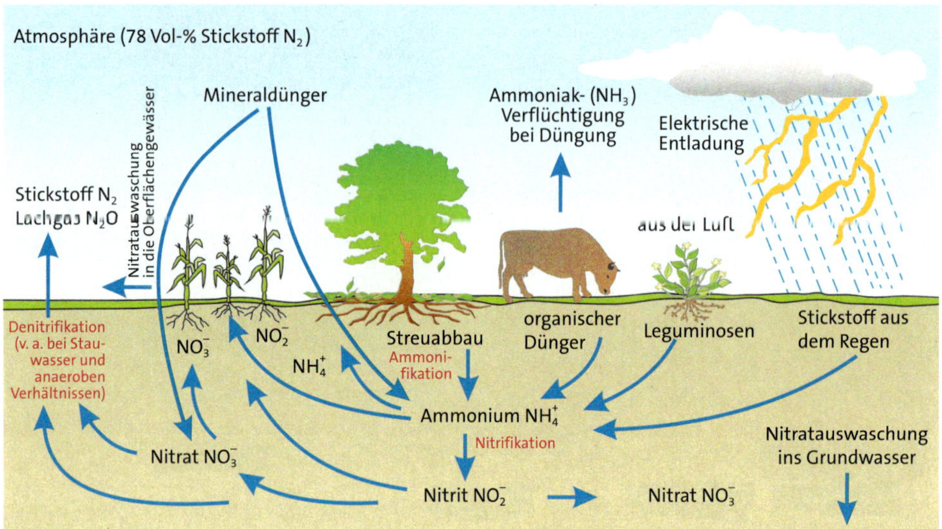

Eingriffe in den Landschaftshaushalt durch intensive Stickstoffdüngung

Von zentraler Bedeutung für die Änderung des **Landschaftshaushaltes** durch die Landwirtschaft ist der Stickstoffhaushalt. Jedem Agrarökosystem werden – wie bereits beschrieben – durch die Ernte Nährstoffe entzogen. Will der Landwirt den Ertrag auf Dauer sichern, müssen diese Nährstoffe dem Agrarökosystem wieder zugeführt werden. Stickstoffdüngung erhöht zwar die Erträge in der Landwirtschaft, kann aber auch zu weitgehenden Veränderungen des Landschaftshaushaltes führen. In der Vergangenheit versuchten die Bauern mit Hilfe der Dreifelderwirtschaft und der in sie integrierten Brache den Nährstoffhaushalt der Böden zu sichern. Das starke Bevölkerungswachstum erforderte dann eine Intensivierung der Landwirtschaft. In begrenztem Umfang konnte mit Stallmist der Ertrag zunächst stabilisiert werden. Aber erst mit der industriellen Produktion von Stickstoffdünger konnte die Bodenfruchtbarkeit und damit der Ertrag gesteigert werden. Nach dem Motto „Viel hilft viel!" versuchen Landwirte ihre Erträge durch hohe Stickstoffgaben zu steigern.

Es sind insbesondere die Stickstoffionen und -verbindungen Nitrat (NO_3^-), Ammoniak (NH_3) und Lachgas (N_2O), welche den Landschaftshaushalt nachhaltig verändern.
Ein wichtiger Indikator für die Belastung des Landschaftshaushaltes ist deshalb die Größe des Stickstoffüberschusses. Auf der Landwirtschaftsfläche errechnet er sich wie folgt:
Stickstoffüberschuss = [Stickstoffeinträge über Dünger + Stickstoffbindung durch Leguminosen + atmosphärischer Eintrag] – Stickstoffabfuhr vom Feld über Ernteprodukte (alle in kg/ha · a).
Deutschlandweit liegt der durchschnittliche Stickstoffüberschuss bei etwa 80 kg / ha · a. Nach Angaben des Umweltbundesamtes ist eine Reduktion des Stickstoffüberschusses auf maximal 50 kg/ha · a notwendig, um Grundwasser und Oberflächengewässer nachhaltig zu schützen.

28 Eutrophiertes Gewässer

Material
Mittelalterliche Dreifelderwirtschaft
104109-4205

Material
Umweltprobleme in der Landwirtschaft
104109-4206

30 Ammoniak aus der Landwirtschaft als Ursache des Waldsterbens?

„Das in der Atmosphäre vorhandene gasförmige und gut wasserlösliche Ammoniak (NH_3) können die Pflanzen über die Spaltöffnungen aufnehmen und bei geringen Konzentrationen als Stickstoffquelle nutzen. Höhere Ammoniakkonzentrationen schädigen jedoch die Pflanzen. Das über die Niederschläge ausgewaschene Ammoniak und sein Umwandlungsprodukt Ammonium (NH_4^+) tragen zusammen mit Nitrat (NO_3^-) zur Bodenversauerung und zum Gesamtstickstoffeintrag in naturnahe Ökosysteme wie Wälder, Moore, Magerrasen und Gewässer bei ...“ [1]

„Ammoniak stammt zu 97 % aus biogenen Quellen, insbesondere aus der Nutztierhaltung und der Landwirtschaft (insgesamt 90 %). Weiterhin tragen der naturbelassene Bereich (Vegetation, Böden und Gewässer) mit 3 % und Abwasserkanäle mit 4 % zu den Emissionen bei. Die Ammoniakemissionen, die als Nebenprodukt im geregelten Dreiwegekatalysator beim Pkw-Verkehr entstehen, machen nur einen Anteil von 2 % aus. Insgesamt betrugen die Emissionen von Ammoniak [in Baden-Württemberg] 65 900 t im Jahr 2002 ...“ [2]

Landesanstalt für Umwelt, Messungen und Naturschutz Baden-Württemberg LUBW (Hrsg.): Umweltdaten 2006 Baden-Württemberg. Karlsruhe 2006, S. 73 [1] u. 62 [2]

Nitratgehalte im Wasser. Nitrat (NO_3^-) dient den Pflanzen als wichtige Stickstoffquelle zum Aufbau stickstoffhaltiger Verbindungen wie Proteinen und Nukleinsäuren. Leider werden sowohl das natürlich entstandene wie auch das aus dem Mineraldünger eingebrachte Nitrat nicht an die festen Bodenbestandteile gebunden. Das von den Pflanzen oder Bodenorganismen nicht aufgenommene Nitrat wird als Stickstoffüberfluss in das Grundwasser oder oberflächennahe Gewässer ausgewaschen. Eine Nitratanreicherung im Grundwasser oder in pflanzlichen Produkten kann bei Tieren und Menschen zu schwerwiegenden Gesundheitsbeeinträchtigungen führen. Potenzielle Gefahren sind die „Blausucht“ bei Säuglingen oder die Bildung krebserregender Nitrosamine.

31 Nitratbelastung des Grundwassers in Rheinland-Pfalz (2000–2004)

Nach Landesamt für für Umwelt, Wasserwirtschaft und Gewerbeaufsicht Rheinland-Pfalz (Hrsg.): Hydrologischer Atlas Rheinland-Pfalz. Mainz: Nov. 2005, Blatt 29

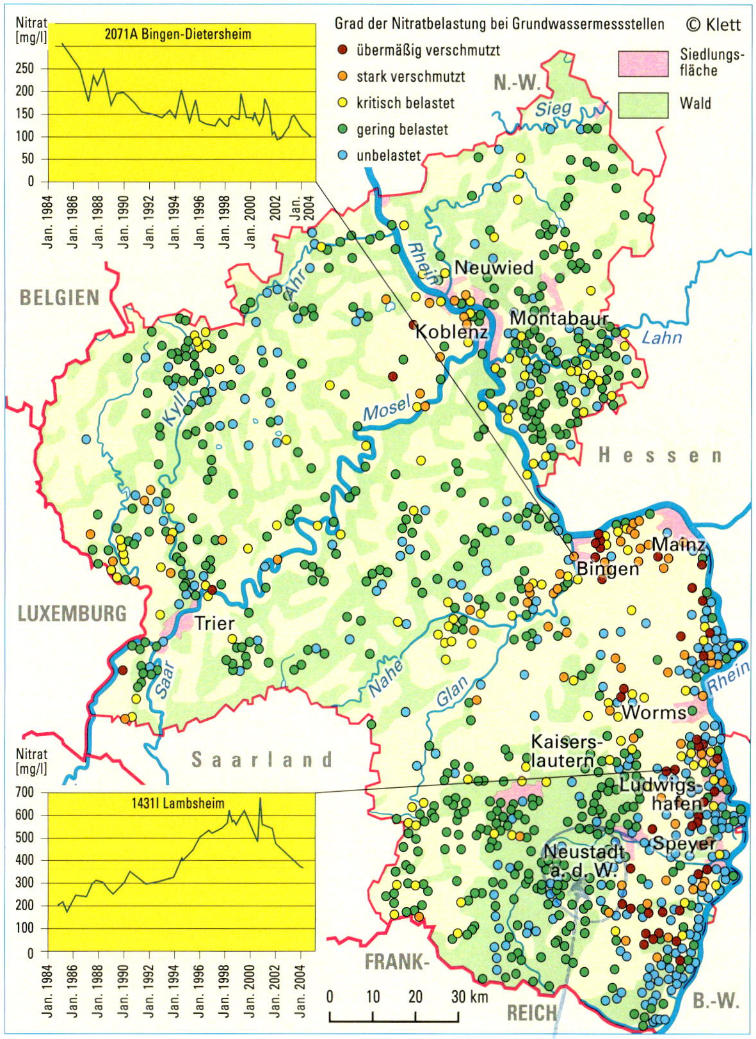

Im rheinland-pfälzischen Grundwasser sind die Nitratkonzentrationen stellenweise nach wie vor recht hoch. In einigen Gebieten wird der Grenzwert von 40 mg/l (mg·l⁻¹) deutlich überschritten (Karte 31).

20 Beschreiben Sie den Stickstoffkreislauf.

21 Vergleichen Sie die Karte der Nitratgehalte im Grundwasser (Karte 31) mit einer Karte der landwirtschaftlichen Nutzung (Atlas) von Rheinland-Pfalz.

32 Klimakiller?

33 Herkunft von Methan und Lachgas in Deutschland 2004

Nach Umweltbundesamt 2006, aus T. Dräger de Teran: Methan und Lachgas – Die vergessenen Klimagase. In: Hintergrundinformation des WWF vom 5.11.2007. Berlin, S. 2

34 Landwirtschaft und Klimawandel

„Die Landwirtschaft trägt mit 14 Prozent erheblich zu dem von Menschen verursachten Klimawandel bei. Dies entspricht den Auswirkungen des Transportsektors auf unser Klima. Werden außerdem Landnutzungsänderungen wie die Umwandlung von Wald zu Ackerland berücksichtigt, trägt der Agrarsektor sogar zu mehr als einem Drittel zur globalen Erwärmung bei. In Deutschland verursacht die Landwirtschaft zwischen sechs und elf Prozent des ... vom Menschen verursachten Treibhauseffekts.

In der Agrarwirtschaft sind es vor allem die Treibhausgase Methan (CH_4) und Lachgas (N_2O), die zur globalen Erwärmung beitragen. In Deutschland entstehen sie bei der Rinderhaltung zur Milch- und Fleischerzeugung sowie beim Düngen, wenn stickstoffhaltige synthetische Dünger sowie Wirtschaftsdünger, wie zum Beispiel Mist, Jauche und Gülle, zum Einsatz kommen. So entweichen von einem Hektar gedüngter landwirtschaftlicher Nutzfläche pro Jahr etwa 1,3 Tonnen Lachgas. Weil dieses Treibhausgas ein über 300mal stärkeres Treibhauspotenzial als Kohlendioxid (CO_2) hat, entspricht dies der jährlichen Treibhausgas-Emission eines Personenkraftwagens mit einer Fahrleistung von etwa 10 000 Kilometern (bei einer Emission von 130 Gramm CO_2 je gefahrenen Kilometer, wie von der EU-Kommission als politisches Ziel bis 2012 für die durchschnittlichen Flottenwerte für Neuwagen vorgegeben).

Auch landwirtschaftliche Nutztiere verursachen Treibhausgase. Eine Milchkuh zum Beispiel emittiert im Durchschnitt 111,7 Kilogramm Methan im Jahr. Und weil Methan eine 21mal stärkere Klimawirksamkeit hat als Kohlendioxid, entspricht dies dem CO_2-Ausstoß eines PKW mit einer jährlichen Fahrleistung von 18 000 Kilometern (bei 130 Gramm CO_2 pro Kilometer).

Durch die Lagerung und die Ausbringung des Düngers auf die Felder entsteht durch diverse Umwandlungsprozesse weiteres Methan sowie zusätzlich Lachgas. Und zwar so viel, dass der besagte PKW noch weitere 6 000 Kilometer oder rund vier Monate im Jahr fahren könnte, um auf die gleiche klimaschädigende Wirkung zu kommen."

www.wwf.de/themen/landwirtschaft/landwirtschaftklima/, Aug. 2008

22 Erklären Sie, worin der Beitrag der Landwirtschaft zum Klimawandel besteht.

23 Erörtern Sie die Bildunterschrift „Klimakiller?" zu Foto 32.

24 Stellen Sie dar, weshalb die Düngung mit Stickstoffdünger ein zentrales Umweltproblem der Landwirtschaft ist.

Material
Klimawandel
104109-4207

Literaturtipp
Klimawirkung Methan und Lachgas
104109-4208

Material
Ökologischer Landbau
104109-4209

Projekte zur Förderung einer nachhaltigen Landwirtschaft
Eine Schlüsselfunktion wird in Zukunft die regionale Landwirtschaft einnehmen und hier besonders die **ökologische Landwirtschaft**. Entscheidend ist dabei die Erkenntnis, dass Natur- und Ressourcenschutz, aber auch die Erhaltung der ländlichen **Kulturlandschaft** regional nur in Zusammenarbeit von Landwirtschaft und Naturschutz erreicht werden können. Das Land Rheinland-Pfalz fördert seit über 20 Jahren mit dem Vertragsnaturschutz eine umweltgerechte Landbewirtschaftung, aktuell mit dem Programm PAULa. Dabei werden auf ausgewählten landwirtschaftlichen Flächen Naturschutzziele zusammen mit den Landwirten umgesetzt, die dafür eine Vergütung erhalten.

35 PAULa – Programm Agrar-Umwelt-Landschaft

„Ziele der Agrarumweltmaßnahmen sind die nachhaltige Landbewirtschaftung und die Erhaltung der Kulturlandschaft von Rheinland-Pfalz. Insbesondere werden mit dem Programm ... ab 2007 folgende Ziele verfolgt:
- durch eine möglichst flächendeckende Landbewirtschaftung die Kulturlandschaft langfristig zu erhalten,
- wirkungsvolle Maßnahmen zugunsten des biotischen Ressourcenschutzes umzusetzen,
- die landwirtschaftliche Produktion durch spezielle, kontrollierbare Produktionsverfahren umweltverträglicher zu gestalten und
- dem Wunsch der Verbraucher nach qualitativ hochwertigen und gleichzeitig umweltschonend erzeugten Nahrungsmitteln nachzukommen."

www.pflanzenbau.rlp.de/Internet/global/themen.nsf/b81d6f06b181d7e7c1256e920051ac19/10067320428ad7cdc12571e2004318c9?OpenDocument, Nov. 2010

36 Kulturlandschaft am Schalkenmehrener Maar: Förderung von Grünland

37 Programmübersicht und Förderbeträge – Beispiel Vertragsnaturschutz Grünland

Nach www.luwg.rlp.de/Aufgaben/Naturschutz-und-Landschaftspflege/Arten-und-Biotopschutz/Biotopbetreuung-PAULa-Beratung/binarywriterservlet?imgUid=f8b48481-825f-c11a-3b21-7128749cab66&uBasVariant=11111111-1111-1111-1111-111111111111, Nov. 2010

Programmvarianten	
Mähwiesen und Weiden	140 €/ha pro Jahr
Mähwiesen und Weiden – Kennarten nach Liste	190 €/ha pro Jahr
Artenreiches Grünland	175 €/ha pro Jahr
Artenreiches Grünland – Kennarten nach Liste	225 €/ha pro Jahr
Umwandlung von Ackerland in artenreiches Grünland	280 bis 480 €/ha pro Jahr
Zusatzmodule	
Teilflächenbewirtschaftung – Mähwiesen und Weiden	145 €/ha pro Jahr
– artenreiches Grünland	130 €/ha pro Jahr
Abweichende Bewirtschaftungszeiträume – Mähwiesen und Weiden	145 €/ha pro Jahr
– artenreiches Grünland	130 €/ha pro Jahr
Pflanzung von Bäumen	30 €/Baum
Pflanzung von Sträuchern	5 €/Stück
Anlage von Lesesteinhaufen	25 €/Stück
Anlage von Vernässungsstellen	100 €/Stück

25 Nennen Sie Forderungen, welche an eine nachhaltige Landwirtschaft zu stellen sind.
26 Beschreiben Sie die Funktionsweise des Vertragsnaturschutzes.
27 Recherchieren Sie PAULa-Maßnahmen, die in Ihrer Heimatregion durchgeführt werden.
28 „Alle landwirtschaftlichen Betriebe sollen zu ökologisch wirtschaftenden Betrieben werden!" Erörtern Sie, ob diese Forderung realistisch ist.

38 Entwicklung des Weltfischfanges (ohne China)

The State of World Fisheries and Aquaculture 2008. S. 4, ftp://ftp.fao.org/docrep/fao/011/i0250e/i0250e.pdf

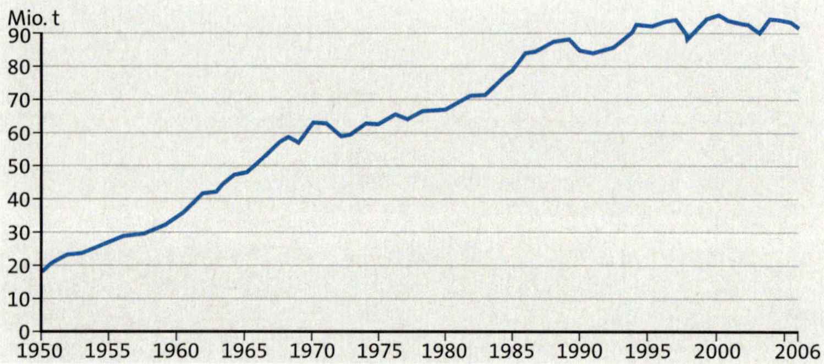

39 Weltfischfang ozeanischer Arten, die nur im Bereich der Hohen See, also außerhalb der 200-Seemeilen-Zone, vorkommen

Ebenda, S. 14

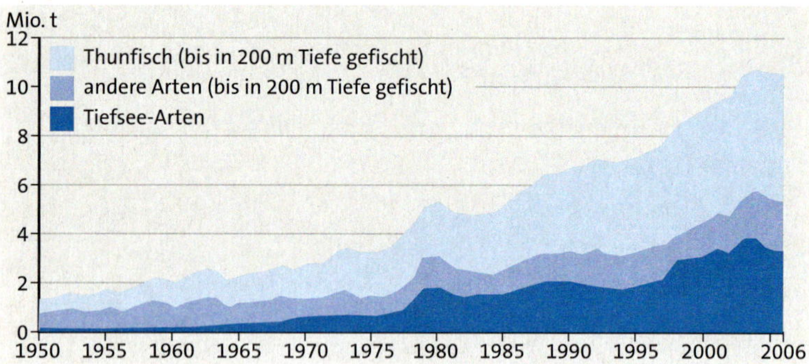

40 Pressestimmen

„Überfischung: Plünderung der Meere könnte zu Todeszonen führen"

SPIEGEL online vom 12.10.2008

„Uno-Report: Meere werden immer stärker überfischt"

SPIEGEL online vom 02.03.2009

„Nordsee: Schollen- und Kabeljau-Bestände erholen sich"

SPIEGEL online vom 31.07.2009

41 Top Ten der Fischereinationen (Fangmengen in 1 000 t)

Eigene Zusammenstellung nach: www.fao.org/fishery/statistics/global-capture-production/en

Land	1970	1990	2008
China	2,490	6,715	15,157
Peru	12,484	6,869	7,377
Indonesien	1,149	2,644	4,960
USA	2,794	5,620	4,357
Japan	8,736	9,767	4,355
Indien	1,637	2,863	4,105
Chile	1,230	5,354	3,939
Russland	k. A.	7,399	3,394
Thailand	1,357	2,498	2,457
Norwegen	2,983	1,800	2,431
Welt	63,851	85,997	90,800

Marine Ökosysteme und zukunftsfähige Fischereiwirtschaft

42 Den letzten fängt keiner

„ZEIT: Herr Nellen, kann man ein Meer leerfischen?

Nellen: Das ist unmöglich. Besonders küstennahe Meeresgebiete werden ständig mit pflanzlichen Nährstoffen versorgt, Nitraten und Phosphaten, die vor allem über die Flüsse zufließen. Auch der Wind trägt Nährstoffe von den Wüsten in die Ozeane. In einem Ökosystem, das so gut versorgt wird, haben Fische immer eine gute Nahrungsgrundlage.

ZEIT: Aber wenn der letzte Fisch gefangen ist?

Nellen: Der letzte Fisch wird nie gefangen. Das würde sich nicht lohnen. Solange es sich lohnt, kann man die Fischerei mit gutem Gewissen betreiben. Wenn der Bestand unter eine bestimmte Grenze gesunken ist, hören die Fischer automatisch auf. Es genügen relativ wenige Fische, um einen Bestand wieder aufzubauen. In der Regel geht das schnell, da Fische sehr fruchtbar sind ..."

Aus einem Interview mit Walter Nellen, dem damaligen Direktor des Instituts für Hydrobiologie und Fischereiwissenschaft der Universität Hamburg. DIE ZEIT vom 21.04.1995

Fischlose Meere

Als Hugo Grotius (1583–1645) seine Idee des mare liberum formulierte, zweifelte er nicht an der Grenzenlosigkeit und Unerschöpflichkeit des Meeres. Heute prognostizieren Wissenschaftler bei einer weiteren Übernutzung der Fischbestände zur Mitte dieses Jahrhunderts den Kollaps der relevanten Meeresfischereien. Die Überfischung der Bestände in den produktiven Schelfgebieten führte zu einem Ausweichen der Fischerei in Gebiete außerhalb der 200-Seemeilen-Zone, um dort noch ungenutzte Fischbestände in bis zu 2 000 Metern Tiefe auszubeuten. Da ungefähr 80 % der

29 Beschreiben Sie die Entwicklung des Weltfischfangs.

30 Erläutern Sie, wie es zur Überfischung gekommen ist.

43 Der industrielle Fischfang plündert die Ozeane

Berlin: Le monde diplomatique, 2006; Institut français de recherche pour l'exploitation de la mer (ifremer). Food and Agricultural Organization (FAO). „Ecosystems and Human Well-Being" Synthesis, Millenium Ecosystem Assessment, 2005. Nach einer Karte von François Carré, Université de Paris-IV. Darstellung: Gall-Bertin-Projektion

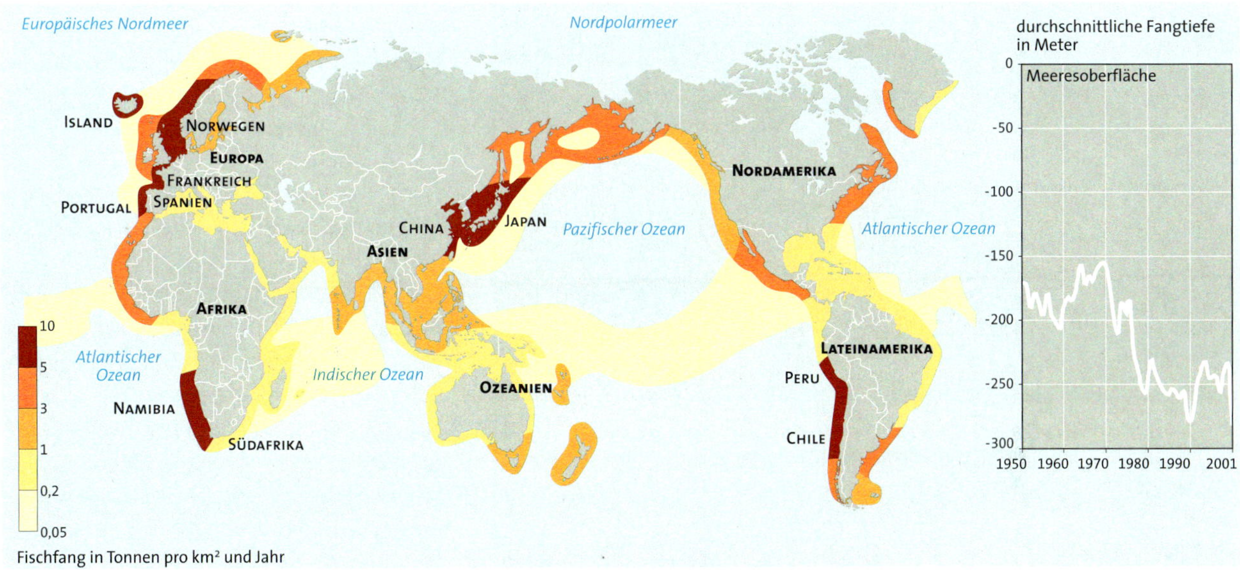

Tiefseefischerei mit Grundschleppnetzen ausgeübt wird, kommt es zu einer erheblichen Zerstörung von Habitatstrukturen und einer Gefährdung der Biodiversität.

Weil der Mensch auch in Zukunft nicht auf Fisch verzichten kann oder will, muss der Fischfang nachhaltig betrieben werden. Grundlage einer nachhaltigen Fischerei sind daher Kenntnisse über die Lebensbedingungen im Meer. Zu den bedeutendsten Fischfangregionen zählen Gebiete mit großer Produktion von Phytoplankton, da dieses insbesondere dem Zooplankton und damit indirekt den Friedfischen und über diese den Raubfischen als Nahrung dient. Damit die Nährsalze genutzt werden können, ist es nötig, dass sie durch thermale oder haline Aufstiegs- und Durchmischungsvorgänge oder die Gezeitenkräfte nach oben gespült werden. Begünstigt sind flache Meeresgebiete wie die Schelfmeere sowie Gebiete, in denen unterschiedlich warme Meeresströmungen aufeinander stoßen, oder Küstengewässer, in denen ablandige Winde für Auftriebswasser sorgen.

44 Kritikpunkte an der EU-Fischereipolitik

„– Ein … Problem ist der hohe Beifang von Nicht-Zielarten und Jungfischen der Zielart, die nicht die Mindestanlandegröße erreicht haben, … [der] tot oder schwer geschädigt über Bord gegeben werden muss.
- Die beschlossenen zulässigen Gesamtfangmengen lagen in der Vergangenheit regelmäßig zwischen 30 und 50 % über den wissenschaftlichen Empfehlungen des Internationalen Rates für Meeresforschung.
- Es gibt Defizite bei der Kontrolle und Überwachung der Fischereimaßnahmen.
- Es bestehen Wissensdefizite über die Auswirkungen von Fischereiaktivitäten auf geschützte Arten und Lebensraumtypen, weil die Monitoringprogramme der Fischereiforschungsinstitute primär auf kommerzielle Fischarten ausgerichtet sind."

Aus: Ökosystemgerechte, nachhaltige Fischerei. Empfehlungen des Bundesamtes für Naturschutz. Bonn 2009, S. 8 f.

45 Düngung der Weltmeere als Waffe gegen den Hunger

„Den Hunger in der Welt will der amerikanische Chemie-Ingenieur Michael Markels mit der Düngung der Weltmeere bekämpfen. Ein Großteil aller Fische lebten in nur 2 % der Oberflächenzonen der Ozeane. Gebe man 25 000 t Düngemittel mit großen Anteilen an Phosphor und Eisen in Regionen wie dem Golfstrom hinzu, könne die Fischproduktion um 50 Mio. t gesteigert werden, so Markels."

DIE WELT.de vom 20.12.1999

31 Nehmen Sie aus unterschiedlichen Positionen heraus Stellung zu der Prognose, dass die Meere zur Mitte dieses Jahrhunderts leergefischt sein werden.

32 Erörtern Sie, welche Maßnahmen zur Bekämpfung der Überfischung geeignet sind.

46 Aquakultur: Lachszucht in Tafjord, Mittelnorwegen

47 Entwicklung der Weltfischerei (Fangmengen in Mio. t)
Nach „The state of world fisheries and agriculture", versch. Jahrgänge

	1990	1994	1998	2002	2006
Binnenfischerei					
Aquakultur	8,2	12,1	18,5	24,0	31,6
Fischfang	6,6	6,7	8,1	8,7	10,1
Gesamt	14,8	18,8	26,5	32,7	41,7
Meeresfischerei					
Aquakultur	5,0	8,7	12,0	16,4	20,1
Fischfang	79,3	84,7	79,6	84,5	81,9
Gesamt	84,3	93,4	91,6	100,9	102,0
Weltfischfang gesamt	99,1	112,3	118,2	133,6	143,7
Verwendung					
Menschlicher Konsum	70,9	79,8	93,6	100,7	110,4
Abfall	28,2	32,5	24,6	32,9	33,3
Weltbevölkerung (Mrd.)	k. A.	5,6	5,9	6,3	6,6
Fischangebot pro Kopf (kg)	k. A.	14,3	15,8	16,0	16,7

„Blaue Revolution"
produktionswirtschaftlich gesteuerte Erzeugung mariner Nahrungsmittel durch küstennahe Aquakultur in Meer- und Brackwasser

„Blaue Revolution" – Mehr Schatten als Licht?
Die Aquakultur ist eine Wachstumsbranche, die stärkere Wachstumsraten aufweist als alle anderen tierischen Sektoren der Lebensmittelproduktion. Weltweit werden über 150 Fischarten, etwa 40 verschiedene Arten von Schalentieren und mehr als 70 Muschel- bzw. Weichtierarten neben zahlreichen Algen, Fröschen und Schildkröten in **Aquakulturen** erzeugt.

Kritiker sehen insbesondere die Shrimps-Aquakultur nicht mehr nur als **„blaue Revolution"**, die billig Eiweiß produzieren kann, sondern als umweltbelastende, sozial unverträgliche Produktion von Luxuskonsumgütern für den Norden.

Die auftretenden Probleme gleichen denen der Massentierhaltung. Gülle dient als Dünger für die Fischteiche. Dadurch gedeihen Algen und Wasserpflanzen, die Nahrungsgrundlage für verschiedene Fischarten sind. Bei unzureichendem Wasseraustausch im Bereich der Fischfarm kann es durch die Ausscheidungen der Tiere und die damit verbundene zusätzliche Düngung des Gewässers zur erhöhten Planktonproduktion und somit zu Sauerstoffmangel im Gewässer kommen. Schon in einer kleinen Lachsfarm entstehen 500 t Abwasser im Jahr, in Shrimpsfarmen fallen Millionen Liter Abwasser an.

Verwendet werden außerdem chemische Futterbeigaben, die dafür sorgen, dass z. B. der Atlantische Zuchtlachs seine typische und vom Verbraucher gewünschte rote Fleischfarbe erhält, die beim Wildlachs durch dessen Ernährung mit Kleinkrebsen entsteht.

Garnelen benötigen ca. vier Jahre, bis sie groß genug für den Verkauf sind. Mit Ernährungszusätzen wie „Speed Plus" und „Turbo" schafft man es, dass die Garnelen innerhalb von zwölf bis 18 Monaten ihre volle Größe erreichen.

Konzepte der ökologischen Aquakultur sehen daher eine Beschränkung des Einsatzes von Fischmehl und -öl als Futtermittel vor. Die verwendeten Produkte dürfen ausschließlich aus verarbeitetem Beifang oder den Resten der Speisefischverarbeitung stammen. In geschlossenen Aquakultur-Systemen ist zudem der Wasserverbrauch relativ gering, von außen können keine Krankheiten eingeschleppt werden. Zu einer Anlage gehören ausgefeilte Wasserreinigungs- und -aufbereitungsanlagen, sodass keine Antibiotika eingesetzt werden müssen. Es findet keine Belastung der Gewässer statt, da nur feste Abfälle anfallen. Weil geschlossene Aquakultur-Anlagen relativ teuer und kapitalintensiv sind, rechnen sie sich vor allem dann, wenn hochwertige Erzeugnisse produziert werden.

Material
„Blaue Revolution“: Fallbeispiel Mangrovenküste
104109-4211

48 Fischfarmen verschärfen das Problem

„Paradoxerweise führen die Aquakulturen dazu, dass noch mehr wild lebende Fische gefangen werden müssen, denn die gezüchteten Tiere werden vor allem mit Fischmehl und Fischöl gefüttert. Rund ein Drittel der auf dem Globus gefangenen Fische werden zu diesen Produkten verarbeitet. Um ein Kilogramm Zuchtfisch zu erhalten, müssen vier bis fünf Kilogramm Fisch im Meer gefangen werden. Vor allem vor den Küsten Chiles und Perus rücken Flotten aus, um den enormen Bedarf an Futterfischen zu decken. Millionen von Tonnen Sardellen und Holzmakrelen aus Südamerika, aber auch Sandaale und Blaue Wittlinge aus der Nordsee und Sprotten und Heringe aus der Ostsee wandern in die Fischmehlfabriken. Zwar ist die Aquakultur nicht der einzige Abnehmer für Fischmehl, das auch an Schweine, Hühner und Rinder verfüttert wird, doch Fischfarmen verbrauchen nach einer Studie der Naturschutzorganisation WWF aus dem Jahr 2003 immerhin 70 Prozent des weltweit produzierten Fischöls und 34 Prozent des Fischmehls. Ohne diese Produkte lassen sich Fischfarmen nicht betreiben. Denn Fischmehl enthält hohe Anteile von schwefelhaltigen Aminosäuren. Füttert man die Fische dagegen mit Sojamehl, das nur geringe Mengen dieser wichtigen Verbindungen enthält, müssen für die rasch wachsenden Jungfische in den Aquakulturen diese Aminosäuren künstlich zugesetzt werden. Das aber wäre so teuer, dass es in der Praxis bisher nirgends angewendet wird. Auch die Art der Zuchtfische und die Form der Haltung entscheidet darüber, ob Fischmehl ersetzt werden kann. Eine Forelle, die in einem geschlossenen Becken nur von Trockenfutter lebt, muss mit dieser Nahrung alles Lebensnotwendige aufnehmen. Daher ist sie eher auf Fischmehl angewiesen als zum Beispiel ein Karpfen, der im Teich auch Insekten und Würmer fressen kann.
Außerdem stehen Forelle, Lachs und Thunfisch ganz oben in der Nahrungskette. Fischereiexperten vergleichen das mit einem Tiger, der als Säugetier für die menschliche Ernährung auch deshalb nicht infrage kommt, weil er zum Wachsen selbst zu viel Fleisch benötigt. Allesfresser wie Karpfen oder die zu den Buntbarschen gehörenden Tilapien aus den Seen und großen Flüssen Afrikas werden in Fischfarmen hingegen mit Pflanzenabfällen gefüttert. Einige Fischfarmen setzen zudem Fischabfälle ein, um Forelle, Lachs und Thunfisch zu ernähren. Aber damit kann man nach Ansicht von [Fischereibiologe] Rainer Froese nur einen kleinen Teil der benötigten Futterfische ersetzen und löst daher auch nur einen Teil des Problems.
Für andere Probleme der Aquakulturen gibt es Froese zufolge ebenfalls bis jetzt keine Lösung. Infektionen unter den Zuchtfischen werden zum Beispiel mit Medikamenten und Antibiotika bekämpft. Ein weiteres Problem sind die Fäkalien der Fische und nicht verwertetes Fischmehl, das aus den Netzen der Aquakulturen auf den Meeresboden rieselt und dort einen Teil des Lebens einfach erstickt. Bisher schaffen also Aquakulturen eher neue Probleme und lösen das Problem der Überfischung nicht, meint Rainer Froese. Zwar gibt es bereits erste Anlagen, die solche Probleme umgehen und Biolachs aus dem Nordostatlantik und Bioshrimps aus Aquakulturen verschiedener Länder anbieten, aber das seien eher Nischenprodukte, befürchtet er. Den Weltbedarf an Fisch werden sie bei weitem nicht decken können.“

Stuttgarter Zeitung vom 08.01.2009; www.stuttgarter-zeitung.de/stz/page/1915214_0_9223_-massenproduktion-in-fischfarm-in-aquakulturen-werden-wilde-fische-verfuettert.html, Dez. 2010

49 Top Ten der Länder mit Aquakultur (in 1 000 t)

Land	1992	2006
China	8 256	34 429
Indien	1 389	3 123
Vietnam	168	1 658
Thailand	371	1 386
Indonesien	550	1 293
Bangladesch	227	892
Chile	68	802
Japan	818	734
Norwegen	131	709
Philippinen	387	623
Welt	15 427	51 653

50 Ulrike Rodust, Fischereiexpertin der EU, zum Thema Aquakultur am 05.05.2010

„Die Diskussion über die Rolle der Aquakultur zeigt auch, dass eine maritime Raumplanung notwendig ist.
Das Nebeneinander verschiedener Interessen wie Aquakultur, Fischerei, Tourismus und nicht zuletzt Naturschutz muss gut organisiert werden.“

33 Beschreiben Sie die Entwicklung der Aquakultur.

34 Erörtern Sie Chancen und Probleme, die sich durch den Ausbau der Aquakultur ergeben.

35 Erläutern Sie die von der Fischerei-Expertin der EU getroffene Aussage (Text 50).

36 „Die Zukunft der Fischerei liegt in der Aquakultur.“ Nehmen Sie zu dieser Behauptung Stellung.

1 Die Gegenwart: Fast die Hälfte der deutschen Stromerzeugung stammt aus Kraftwerken auf Kohlebasis

3 Beginn einer besseren Zukunft oder „verspargelte" Landschaft? Windpark in den USA, Mojave-Wüste, Kalifornien

Kompetenzen erwerben:
- die weltweite Nutzungsverteilung verschiedener Energieträger beschreiben,
- begriffliche Sicherheit hinsichtlich Erzeugung und Nutzung von Energie bzw. Energieträgern erwerben,
- Maßnahmen zur Effizienzsteigerung der Energieerzeugung erläutern,
- Zukunftsszenarien der Energieentwicklung analysieren,
- die strategische Bedeutung des Erdöls bewerten,
- die Rolle der Meere für die Energiegewinnung darstellen,
- am Beispiel Japans erläutern, wie ein von Energieträger-Importen abhängiger Industriestaat seine energetische Zukunft sichern will.

4.3 Weltproblem Energie

Nutzungsformen von Energieträgern und ihre Verteilung

2 Bioenergie-Boom in der deutschen Landwirtschaft

„Angesichts drastisch ansteigender Preise für fossile Energieträger ... und Strom erfährt die Energiegewinnung aus nachwachsenden Rohstoffen (Pflanzen) und biologischen Abfallstoffen (Ernteabfälle, Exkremente aus der Tierhaltung, Abfälle aus Lebensmittelindustrie und Haushalten) zunehmendes Interesse. Dabei geht es sowohl um die Gewinnung von Biotreibstoffen zum Einsatz in Diesel- und Ottomotoren als auch um die Strom- und Wärmegewinnung (z.B. aus Holz oder Biogas). So wird sich beispielsweise die Produktion von Biodiesel aus Raps nach Prognosen des Deutschen Bauernverbandes von 1,1 Mio. t in 2004 auf 2 Mio. t Ende 2006 fast verdoppeln. Bereits im Sommer 2004 gab es – ausgelöst durch Sprünge bei den Benzinpreisen – einen regelrechten Ansturm auf die wenigen Raps-Diesel-Tankstellen des Landes, wo Treibstoff für 70 Cent zu haben war ...

2003 hatte die EU die Biokraftstoff-Richtlinie verabschiedet, die eine Steigerung des Anteils von Biokraftstoffen in den Mitgliedstaaten auf 2 % bis 2005 und auf 5,75 % [bezogen auf den Energiegehalt] ... bis 2010 fordert. Nach Angaben der FNR – Fachagentur Nachwachsende Rohstoffe – lag dieser Anteil in Deutschland 2005 noch bei 1,8 %, bis 2020 könnte er jedoch schrittweise auf 25 % anwachsen ...

Aber auch die Gewinnung von Strom und Wärme aus Biomasse ist auf dem Vormarsch. So erwartet der Deutsche Bauernverband, dass die Zahl der Biogasanlagen allein zwischen 2004 und 2005 von 2000 auf 3000 ansteigen wird... Der Bundesverband BioEnergie hat für die gesamte Branche für 2004 einen Jahresumsatz von 3,5 Mrd. €, ein Investitionsvolumen von 1,75 Mrd. € und 50 000 Beschäftigte ermittelt ..."

Der Fischer Weltalmanach 2006. Frankfurt am Main: Fischer Taschenbuchverlag 2005, S. 693

4 Weltweiter Energieverbrauch

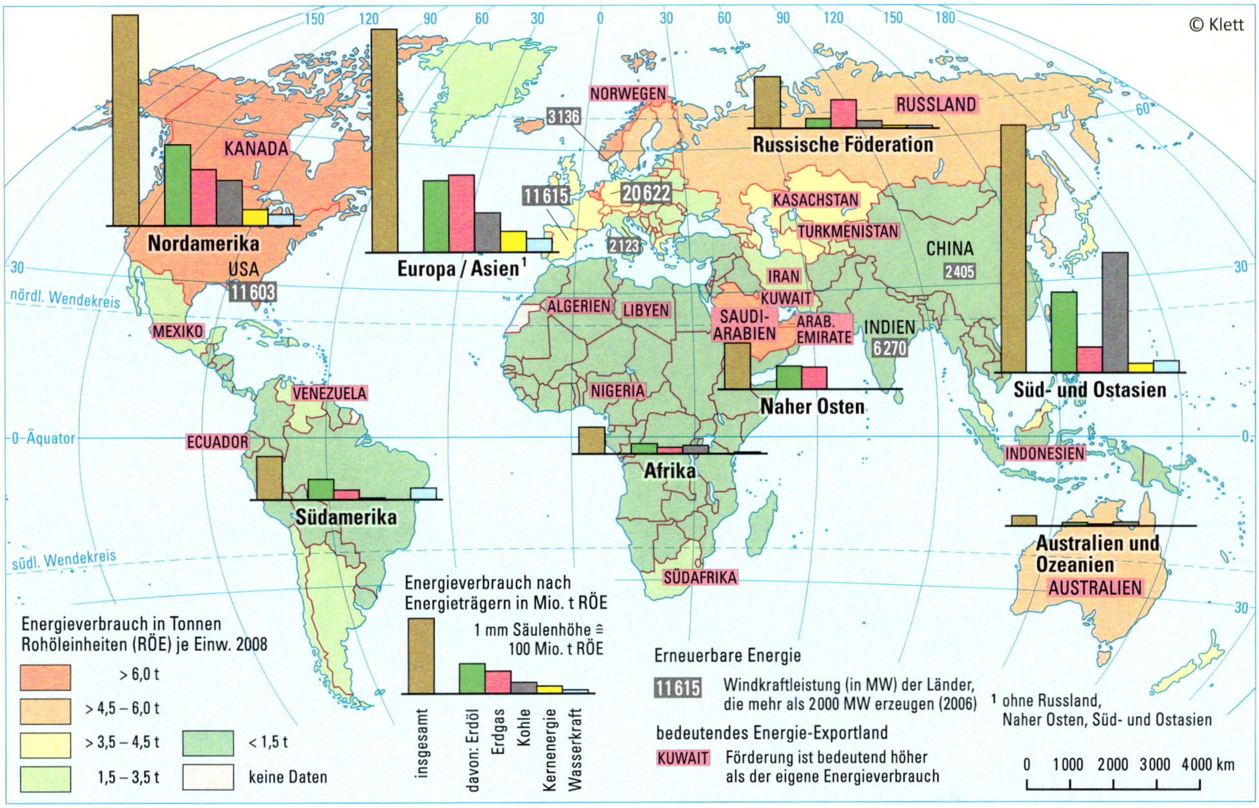

5 Größte Energieverbraucher (in Mio. t SKE)

SKE = Steinkohle-Einheiten (1 SKE ist die Wärmeenergie, die 1 kg Steinkohle durchschnittlicher Qualität liefert = 7 000 kcal) Ebenda, versch. Jg.; nach Country Energy Profile, U.S. Energy Information Administration, BP Statistical Review of World Energy, June 2010

	2009	2000	1990
USA	3 115,9	3 175,0	2 689,9
China	3 108,8	1 013,3	893,4
Russland	907,2	853,1	1 193,8
Indien	669,6	455,0	269,2
Japan	662,4	682,1	564,2
Kanada	455,8	347,2	291,9
Deutschland	413,8	449,8	501,3
Frankreich	345,4	347,4	294,7
Südkorea	339,2	221,7	119,1
Brasilien	322,3	171,9	116,9
Iran	292,5	172,9	107,0
Großbrit.	284,0	328,3	307,4
Saudi-Arab.	273,5	168,8	116,4
Italien	233,3	242,1	223,7
Mexiko	233,0	196,1	157,8

6 Berlin liegt an der Küste – satirischer Gag oder Zukunftsvision?

1 Fassen Sie kurz zusammen, welche Aspekte zum Thema „Energie" die Materialien auf dieser Doppelseite ansprechen.

7 Besonders krasses Beispiel: Energieverluste einer durch Wasserkraftstrom betriebenen Glühlampe

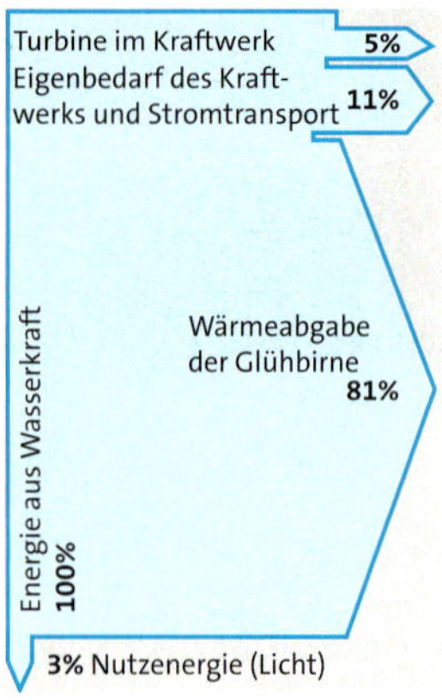

8 Die Energiequellen auf der Erde

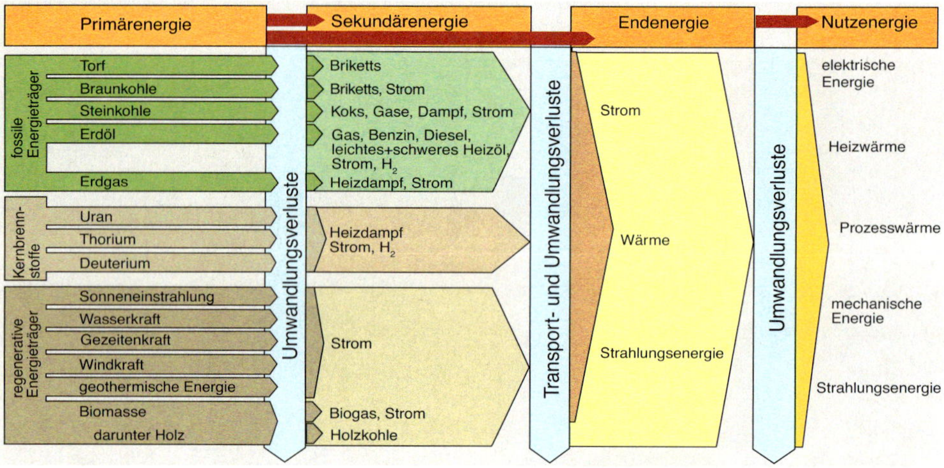

Energieträger und ihre Umwandlung

9 Energiefluss – Verluste/Effizienz

Nach Forschungsstelle für Energiewirtschaft e.V. auf www.ffe.de, 2006

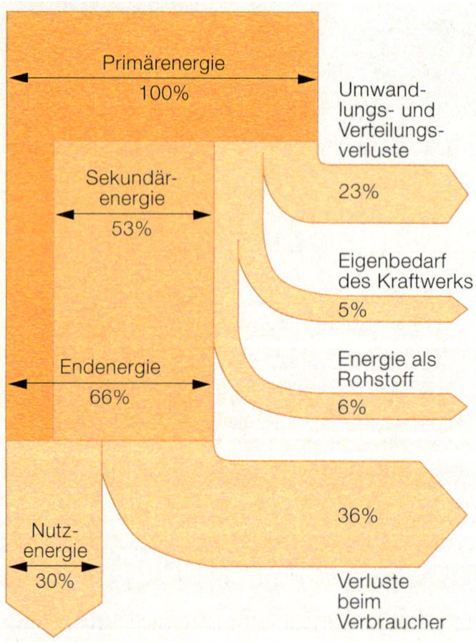

10 Begriffsbestimmungen

Primärenergie: Darunter versteht man die in den natürlich vorkommenden Energieträgern enthaltene Energie. Es handelt sich dabei sowohl um fossile Energieträger, wie Kohle, Erdöl und Erdgas, als auch um regenerative, wie Wind, Wasser oder Sonneneinstrahlung sowie tierische oder pflanzliche Biomasse. Einige Energieträger werden vor der Nutzung durch den Verbraucher nicht umgewandelt. Das Beispiel mit dem größten Einsatzvolumen ist hierfür Erdgas und seine Verwendung in den Haushalten. Häufiger muss allerdings vor dem Endverbrauch eine Umwandlung in „Sekundärenergie" erfolgen; die weitaus bedeutendste ist hier der elektrische Strom.

Sekundärenergien: Diese werden je nach Bedarf des Verbrauchers weiter umgewandelt. So kann Strom z. B. in Bewegungsenergie, Licht oder Wärmeenergie umgewandelt werden.

Endenergie: ist die Energie, die der Verbraucher einsetzt.

Nutzenergie: ist der am Ende wirklich zur Verfügung stehende Energieanteil nach Energieverlusten.

Nichtenergetische Verwendung von Energieträgern: Kohle, Erdöl und andere Ernergieträger können auch nichtenergetisch verwendet werden, z. B. in der chemischen Industrie für die Herstellung von Farben und Kunststoffen.

Material
Infoblatt Energiewirtschaft
104109-4301

Material/Surftipp
Energie aus Biomasse
104109-4302

Steigerung der Effizienz. In einer Welt, in der der Bedarf an Strom durch fortschreitende Technisierung unserer Lebensumwelt, durch wachsenden Wohlstand oder durch Entwicklungsanstrengungen in der Dritten Welt immer größer wird, sind die Umwandlungsverluste beim Einsatz von **Primärenergieträgern** zur Stromerzeugung zu einem großen ökologischen Problem geworden. Je geringer die Effizienz, desto höher der Mengenbedarf bei den Energieträgern und desto größer die Menge an Emissionen, vor allem beim so genannten Klimakiller CO_2.

Seite 260/261, 266/267
Einfluss des Menschen auf die aktuelle Erderwärmung, Klimaschutz

Seite 38, 234

Seite 260/261, 266/267
Treibhausgase, Treibhauseffekt

11 Strategie für Kraftwerkserneuerung

„Die Bundesregierung will sicherstellen, dass der ab 2010 absehbare Ersatz- und Neubedarf [durch den sukzessiven Ausstieg aus der Kernenergie] ... auf möglichst hohem technischem Niveau durchgeführt wird. Für die notwendige Forschungs- und Entwicklungsarbeit sollen künftig pro Jahr bis zu 50 Mio. Euro von Politik und Wirtschaft bereitgestellt werden ... Das Konzept schließe auch die längerfristige Entwicklung CO_2-emissionsfreier Kraftwerke ein ...
[Man] rechnet in den kommenden 20 Jahren mit einem weltweiten Anstieg des Strombedarfs um 70 %. Erforderlich sind hierfür zusätzliche Kraftwerkskapazitäten von mindestens 2 000 GW... Die Fortentwicklung der Kraftwerkstechnik stelle deshalb eine der größten Herausforderungen zur Deckung des Weltenergiebedarfs dar. Die Modernisierung des Kraftwerksparks biete zudem die Möglichkeit, bis zu 1,8 Milliarden Tonnen Kohlendioxid einzusparen. Das entspräche rund 7,5 % der heutigen weltweiten CO_2-Emissionen ...
Durch Verbesserung der Strömungsmechanik, Thermodynamik, verbesserte Werkstoffe und neue Kohletrocknungstechniken lasse sich der Wirkungsgrad [von Kohlekraftwerken] innerhalb des nächsten Jahrzehnts [von 43–46 %] auf zirka 51 % steigern... Bei Gas- und Dampfturbinenkraftwerken ... lässt sich der Wirkungsgrad ... von heute 58 Prozent auf rund 62 Prozent erhöhen."

DEBRIV: Informationen und Meinungen, 2/2004, S. 2

12 Forschungs- und Entwicklungskonzept für fossil befeuerte Kraftwerke

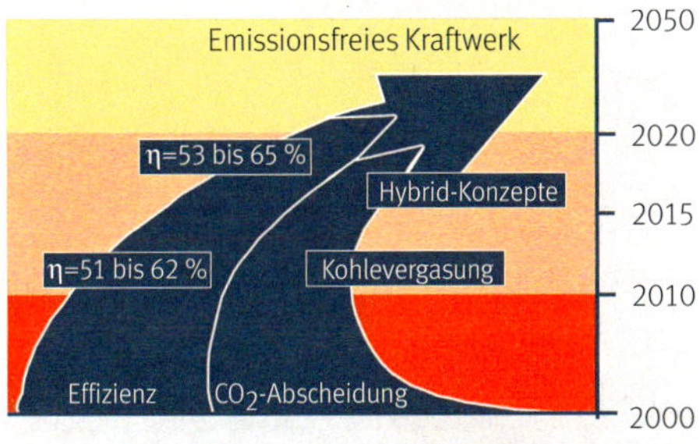

13 Biomasse als Alternative

„Die STAWAG, Stadtwerke Aachen AG, plant den Bau einer Biogas-Anlage im Raum Kerpen. Ziel ist, ab Ende 2006 das Biogas ins Erdgasnetz einzuspeisen und anschließend in Aachen durch mehrere Blockheizkraftwerke zur Erzeugung von etwa 18 000 Megawattstunden Strom pro Jahr zu nutzen. Dies reicht aus, um ca. 5 200 Aachener Haushalte zu versorgen. Die STAWAG wird damit zum ersten Energieversorger bundesweit, der Biogas ins Erdgasnetz einspeist ...
Dass sie dort [in Kerpen] und nicht in Aachen gebaut wird, hängt mit den Energielieferanten zusammen: Für die zum Betrieb der Anlage notwendigen 25 500 t Silomais pro Jahr sind in der Region Aachen die Kapazitäten begrenzt...
Die Biogas-Anlage wird pro Stunde etwa 1 000 Normkubikmeter Biogas erzeugen und eine elektrische Leistung von etwa 2 MW haben. Anders als bei herkömmlichen Vergärungsanlagen ist eine Gasaufbereitung nachgeschaltet, die das CO_2 aus dem Biogas entfernt. Hierdurch erhält das Gas einen Methananteil von über 95 %, sodass es problemlos ins Erdgasnetz eingespeist werden kann. Der Wirkungsgrad der Gesamtanlage wird bei etwa 75 % liegen."

Super Sonntag, Nr. 45/2005, vom 13. 11. 2005. Aachen: Super Sonntag 2005

2 Stellen Sie mittels einer Internetrecherche weitere Informationen zur Frage der Effizienzsteigerung und der CO_2-Minderung zusammen und präsentieren Sie diese Ihren Mitschülern.

14 Shell-Studie: Entwicklung des Weltenergieverbrauchs nach Energieträgern – reale Entwicklung seit 1900 und Zukunftsszenario bis 2060 (Exajoules = 10^{18} Joules = 10^{9} Mrd. Joules)

Nach www.shell-wollishofen.ch/div/weltenergieverbrauch.htm, Jan. 2006

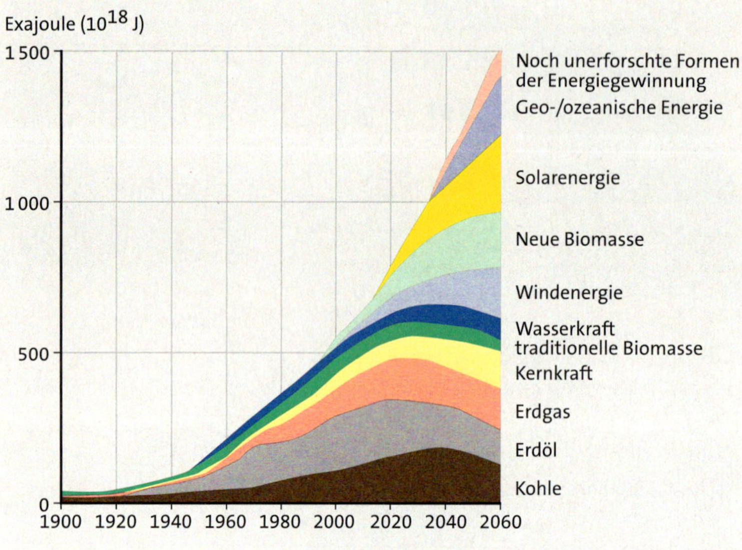

Weltweite Entwicklung des Energieverbrauchs

15 Fast exponentielles Wachstum

„Nach Einschätzung von Shell wird der Weltenergieverbrauch in den nächsten 50 Jahren auf das Dreifache anwachsen. Wesentliche Ursachen sind das Weltbevölkerungswachstum von heute rund 6 Milliarden auf dann 10 Milliarden Menschen sowie der wirtschaftliche Nachholbedarf in den Entwicklungsländern.
Um das Jahr 2020 werden einige erneuerbare Energien volle Wirtschaftlichkeit erreicht haben. Fossile Energieträger werden ihren Höhepunkt im Zeitraum von 2020 bis 2030 erreichen. Um 2050 könnte der Anteil der erneuerbaren Energien bis zu 50 Prozent betragen."

Ebenda

16 Kernkraftwerke weltweit – Kraftwerksblöcke (Klammerwerte: im Bau) und Anteil an der Stromerzeugung (in %) nach Ländern, Stand Mai 2009

Nach Der Fischer Weltalmanach 2010: a.a.O., S. 702

	Zahl der Blöcke	Anteil an Stromerzeugung
USA	104 (1)	19,7
Frankreich	59 (1)	76,2
Japan	53 (2)	24,9
Russland	31 (8)	16,2
Südkorea	20 (5)	35,6
Großbritannien	19	13,5
Kanada	18	14,8
Deutschland	17	28,3
Indien	17 (6)	2,0
Ukraine	15 (2)	47,4
China	11 (12)	2,2
Schweden	10	42,0
Spanien	8	18,3
Belgien	7	53,8
Tschechien	6	32,5
Schweiz	5	39,2
Finnland	4 (1)	29,7
Ungarn	4	37,2
Slowakei	4 (2)	56,4

17 Entwicklung der Weltbevölkerung und des Energieverbrauchs 1900–2030

Nach Christian-Dietrich Schönwiese: Anthropogene Verstärkung des Treibhauseffektes. In: Geographie und Schule, 18. Jg., H. 101. Köln: Aulis 1996, S. 15

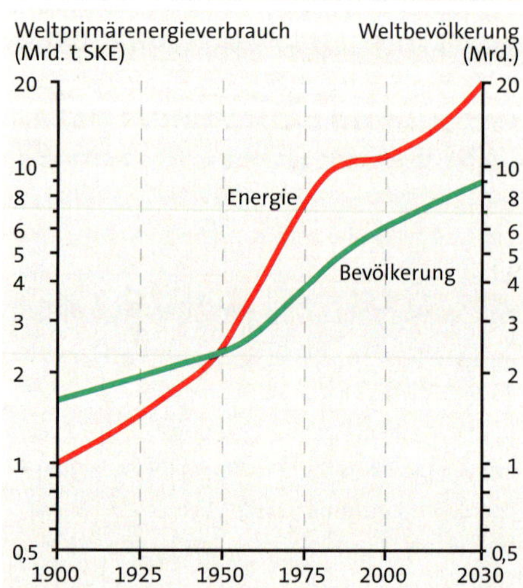

Material/Surftipp
Kernenergie
104109-4303

Material/Surftipp
Großstaudämme und -projekte
104109-4304

Steigender Energiebedarf. Es steht außer Zweifel, dass es über die kommenden Jahrzehnte hinweg eine weltweit zunehmende Energienachfrage geben wird. Diese wird allerdings regional sehr unterschiedlich verlaufen.

In den hochindustrialisierten Ländern, die heute bei rund einem Viertel Anteil an der Weltbevölkerung ca. drei Viertel des Weltenergieverbrauchs für sich beanspruchen, muss man eher mit einer Stagnation rechnen. Dies allerdings auf höchstem Niveau, wenn man z. B. an den verschwenderischen Umgang mit Energie in den USA und Kanada denkt.

Die **Schwellenländer** Lateinamerikas und Ost- bzw. Südostasiens – hier ist vor allem China zu nennen – werden aufgrund ihrer Bevölkerungszahl und ihres starken Wirtschaftswachstums einen enormen Bedarf an Energie entwickeln und decken müssen.

In Europa werden es vor allem die Mittelosteuropäischen Länder (MOEL) sein, die zusätzliche Energiepotenziale benötigen. Nach dem Zusammenbruch der planwirtschaftlichen Staaten wird in den nächsten Jahrzehnten die wirtschaftliche Modernisierung Hand in Hand mit einer Zunahme des Lebensstandards gehen – besonders in den neuen Mitgliedstaaten der EU.

Und die Entwicklungsländer? So unterschiedlich die Situation in den einzelnen Entwicklungsländern auch sein mag, es gibt für die große Zahl ärmerer Staaten eine Reihe von Gemeinsamkeiten:

- Es fehlen sehr oft einheimische energetische Rohstoffe.
- Die Versorgung der Menschen mit Energie liegt besonders in den ländlichen Regionen und in den städtischen Marginalräumen im Argen.

18 Lebenszyklen von Energieträgern
www.shell-wollishofen.ch, Jan. 2006

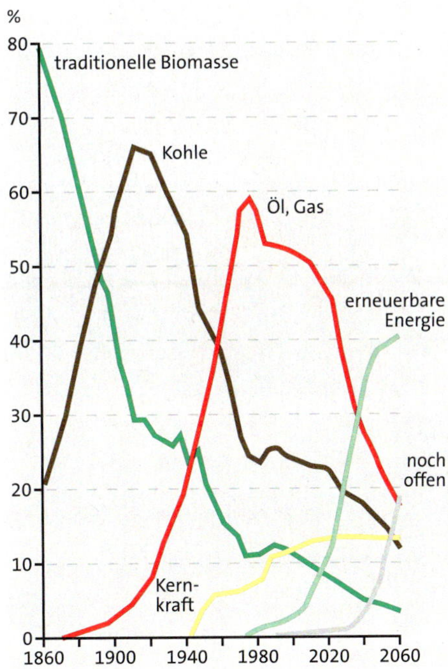

- Es fehlen Devisen, um sich auf dem Weltenergiemarkt zu bedienen oder um eine hinreichende Energieinfrastruktur aufzubauen.

Energie wird also für viele Menschen in der Dritten Welt zum Luxus. Die Energieversorgung kann mit dem Bevölkerungswachstum nicht Schritt halten. Hier ist ein Ansatzpunkt für eine sinnvolle Entwicklungshilfe, denn ansonsten droht eine sich verstärkende Abkopplung dieser Länder von der weltwirtschaftlichen Entwicklung, und für viele Menschen würde dies das Verharren in Benachteiligung und Armut bedeuten.

3 Charakterisieren Sie anhand von Diagramm 14 die Entwicklung des Weltenergieverbrauches nach Energieträgern.

4 Erläutern Sie die Lebenszyklen verschiedener Energieträger (Grafik 18).

5 In den letzten Jahrzehnten hat es verschiedene groß dimensionierte Staudammprojekte als Entwicklungshilfe-Maßnahmen gegeben, u. a. zur Verbesserung der Energieversorgung (ein Beispiel: das Volta-Projekt in Ghana). Liegt hier die Energie-Lösung für die Entwicklungsländer? Diskutieren Sie.

Regenerative Potenziale für eine nachhaltige Energieversorgung

19 Gewinnung und Nutzung regenerativer Energie

Erneuerbare Energien (nach Definition der Internationalen Energieagentur):
Windenergie
Wasserkraft
Solarenergie
Erdwärme
Gezeitenenergie
Biomasse:
- feste Biomasse wie Holz, Stroh, Holzkohle oder Biomüll
- flüssige Biomasse
- vergaste Biomasse

20 Entwicklung der Energiebereitstellung aus erneuerbaren Energien in Deutschland (in Mrd. kWh = 1000 GWh)

Nach Bundesministerium für Umwelt, Naturschutz und Reaktorsicherheit (BMU): www.erneuerbare-energien.de/files/pdfs/allgemein/application/pdf/ee_in_deutschland_graf_tab_2009.pdf, Nov. 2010

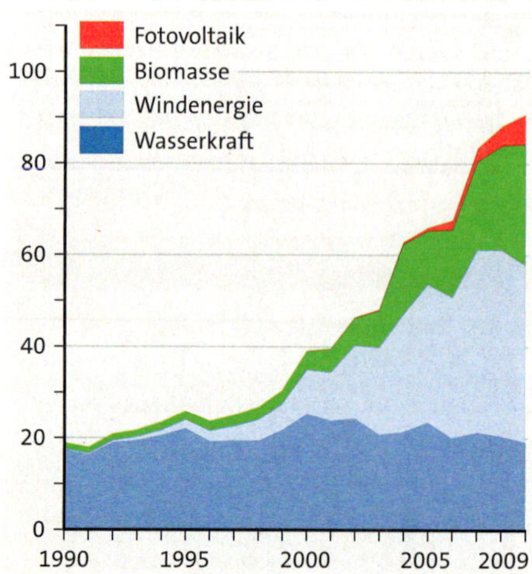

21 Erneuerbare Energien weltweit auf dem Vormarsch

„Die Internationale Energieagentur (IEA) rechnet in den nächsten 25 Jahren mit einer explodierenden Ölnachfrage und einer starken Zunahme klimaschädigender Abgase... Um die boomende Energienachfrage zu befriedigen, müssten die Ölproduzenten über diesen Zeitraum 17 Billionen Dollar in ihre Anlagen investieren. Andernfalls sei mit weiter rasant steigenden Preisen zu rechnen.

Ohne einen sparsameren Umgang mit Erdöl werde auch der Ausstoß von Treibhausgasen bis 2030 um 52 % zunehmen, warnt die IEA. ‚Wir müssen an diesen Resultaten etwas ändern und den Planeten auf einen nachhaltigen Energiepfad führen ... Wesentlich radikalere Aktionen und bahnbrechende technologische Entwicklungen sind notwendig, um diese Trends umzukehren.'

Es gibt aber auch Grund zur Hoffnung: Nie zuvor ist so viel Geld in erneuerbare Energien investiert worden wie im vergangenen Jahr [2004]. Auf der internationalen Konferenz für erneuerbare Energien (BIREC 2005) in Peking berichtete das Worldwatch-Institut von weltweiten Investitionen von 30 Mio. US-$. Führende Nationen seien Deutschland bei Fotovoltaik und der Windenergie, Spanien und Dänemark bei der Windkraft, Brasilien bei Biotreibstoffen und China bei der Wassererhitzung durch Sonnenkollektoren, Indien (Wind und Sonnenenergie, Biomasse), Japan (Fotovoltaik) und die USA. Erneuerbare Energien sind zu einem großen Geschäft geworden, heißt es in dem Weltbericht der erneuerbaren Energien, den das REN21-Netzwerk in Peking veröffentlichte."

www.vistaverde.de/news/Wirtschaft, Jan. 2006

Surftipp
BuMi für Umwelt, Naturschutz und Reaktorsicherheit
104109-4305

22 Entwicklung der weltweiten Produktion von Strom aus Windkraft (installierte Kapazität)

Nach World Wind Energy Association, www.wwindea.org, Nov. 2010

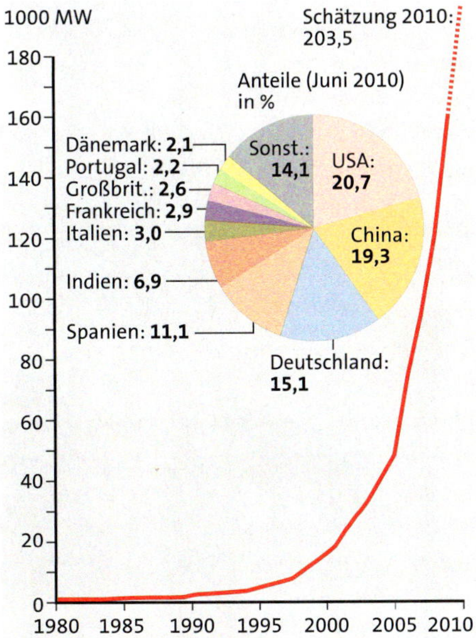

24 Größte Herstellerländer und größte Absatzmärkte von Solarstrom weltweit

Nach www.photon.de/presse/mitteilungen/Grafik_Produzenten_Maerkte.pdf, Nov. 2010

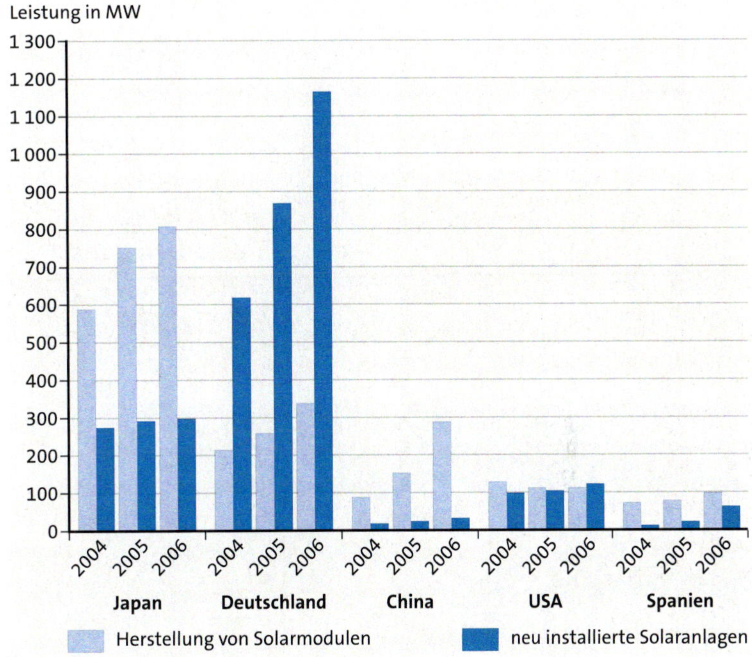

23 Hoffnungen – aus der Eröffnungsrede zur Pekinger Konferenz (Quellentext 21) des damaligen Umweltministers Jürgen Trittin

„Weltweit sind heute über 160 GW elektrische Leistung aus erneuerbaren Energien installiert. Das entspricht etwa 4 % der globalen Energiebereitstellung.
Mehr als 1,7 Millionen Menschen arbeiten im Bereich der erneuerbaren Energien.
16 Millionen Haushalte nutzen Biogas. Mehr als 2 Millionen Haushalte erhalten durch Fotovoltaik erstmals Strom.
48 Länder haben weltweit Förderinstrumente für erneuerbare Energien entwickelt. 32 haben Einspeisegesetze erlassen. Einspeisegesetze eröffnen neue Massenmärkte für erneuerbare Energien. Sie sind wichtig, um diese ambitionierten Technologien für viele Menschen erschwinglich zu machen. In Deutschland halbierte sich so in wenigen Jahren der Preis für eine Fotovoltaikanlage.
Internationale Organisationen wie die Weltbank haben neue Förderprojekte entwickelt. Viele Staaten konzentrieren ihre Entwicklungszusammenarbeit auf erneuerbare Energien. Allein Deutschland vergab im vergangenen Jahr [2004] mehr als 500 Mio. € für Energieprojekte, davon jeweils etwa die Hälfte für erneuerbare Energien und für Energieeffizienz."

www.vistaverde.de/news/Wirtschaft, Jan. 2006

Erneuerbare-Energien-Gesetz (EEG) Deutschland
– Inkrafttreten 1.4.2000
– Novellierung 1.1.2009

Ziel: durch Zahlung gesetzlich garantierter Einspeisetarife einen wirtschaftlichen Betrieb von Erzeugungsanlagen auf Basis erneuerbarer Energien zu gewährleisten.
Das Gesetz verpflichtet die Stromnetzbetreiber, Elektrizität aus erneuerbaren Energiequellen vorrangig abzunehmen und dafür einen festgelegten Preis zu bezahlen.

6 Beschreiben Sie die gegenwärtige und zukünftige Bedeutung der erneuerbaren Energien. Beziehen Sie dabei auch den Quellentext 2, S. 240, und die Grafik 14, S. 244, mit ein.

7 Recherchieren Sie, ob und wie erneuerbare Energien in Ihrer Schule oder anderswo in Ihrem Lebensraum eine Rolle spielen.

8 Das Erneuerbare-Energien-Gesetz stellt eine Subventionierung dieser Energien dar. Diskutieren Sie den Sinn dieser Maßnahme.

„Öl setzt mehr in Bewegung als Autos und Flugzeuge. Öl befeuert militärische Macht, nationalen Reichtum und internationale Politik."

Robert E. Ebel, US-Politikerberater

Erdöl – ein strategischer Rohstoff

Wohl kaum ein anderer Rohstoff hat in der 2. Hälfte des 20. Jh. so erheblichen Einfluss auf die Weltwirtschaft genommen wie das Erdöl:

- Erdöl ist heute der wichtigste Energierohstoff. Vor allem infolge des gleichzeitigen Bedeutungsverlusts von Kohle wurden ganze Regionen umstrukturiert.
- Staaten, in denen bedeutende Ölvorkommen entdeckt wurden, hatten plötzlich eine nicht endende „Wohlstandsquelle".
- Staaten, die kein Erdöl besaßen oder besitzen, aber einen erheblichen diesbezüglichen Bedarf haben, sind den ständig schwankenden Ölpreisen fast schutzlos mit allen Konsequenzen für ihre Wirtschaft ausgeliefert.
- Nicht nur die erdölverarbeitende Industrie, sondern auch andere damit verflochtene Branchen wie der Schiffbau (Großtanker) boomen oder stagnieren in Abhängigkeit vom Rohölbedarf und vom Rohölpreis.
- Die westlichen Erdölreserven liegen in politisch sehr instabilen Räumen. Industriestaaten sehen die Sicherheit dramatisch gefährdet. Kriege und Grenzstreitigkeiten wirken sich damit direkt auf den Erdölpreis aus.

25 Welt-Energieverbrauch 2006

Nach BP Statistical Review of World Energy June 2010 (ohne Wind-, Solar- und geothermische Energie)

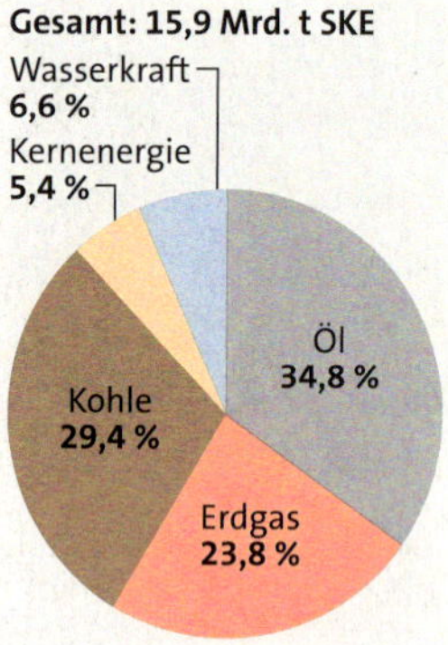

26 China – neuer Global Player auf dem Weltölmarkt

„Mit einer Einfuhr von 163 Mill. t Erdöl (2006) ist China zum zweitgrößten Importeur nach den USA aufgestiegen.
Nicht nur dieser rasante Anstieg (Steigerung gegenüber 2005 um 20 %) ruft bei den bisherigen Großimporteuren in Europa, Japan und den USA Besorgnis hervor, sondern wo und wie die Machthaber in China ihre Einkäufe tätigen. Mit Schuldenerlässen und Krediten, mit Investitionen in Milliardenhöhe in sogenannten ‚Schurkenstaaten' wie Sudan, Iran, Äquatorial-Guinea, aber auch in anderen Staaten in Afrika und Zentralasien sichert sich China seine Ölimporte. Man kann davon ausgehen, dass die Waffenlieferungen und Boykotte von Embargos gegen korrupte, despotische Staaten wie den Sudan im Weltsicherheitsrat neben politischer Einflussnahme auch der Sicherung von Rohstoffimporten in das ‚Reich der Mitte' dienen."

http://xiucai.oai.de/XiuCai/XiuCaiNo87.pdf; www.spiegel.de/wirtschaft/0,1518,458968,00.html; http://science.orf.at/science/news/145049, verändert, Sept. 2007

27 Wege des Öls

Jürgen Petermann: „Sichere Energie des 21. Jahrhunderts", Hamburg

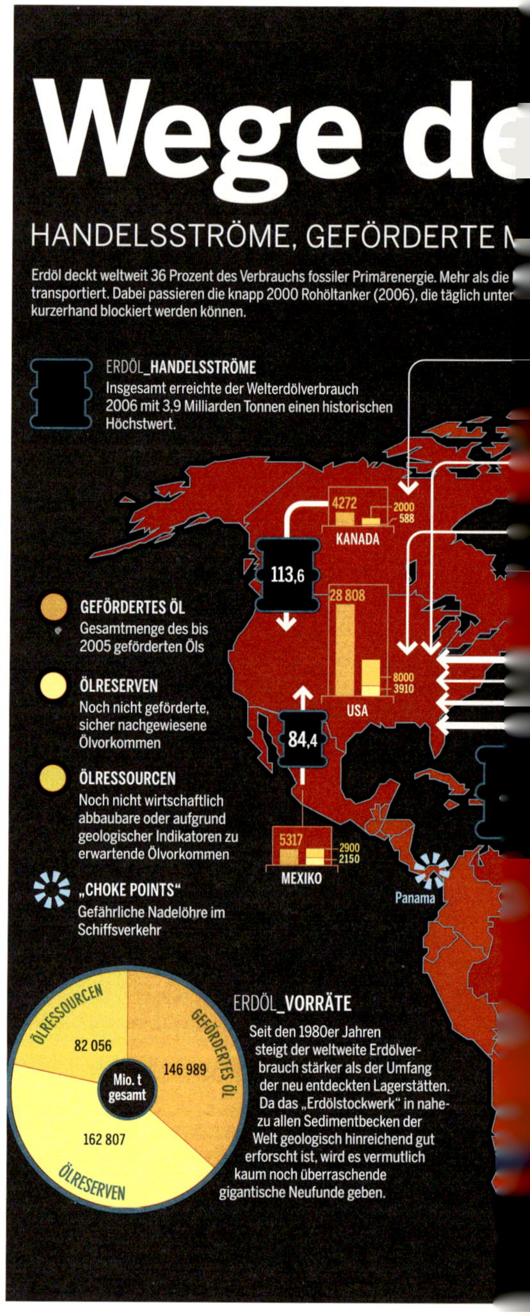

9 Analysieren Sie die Abbildung 27.

a) Benennen Sie die Länder mit den größten Ölreserven und die Länder mit den größten Fördermengen.

b) Erklären Sie, was mit der Bezeichnung „Strategische Ellipse" gemeint ist.

Material
Erdöl
104109-4306

Material/Surftipp
Ölsand
104109-4307

ɔffmann und Campe 2006, S. 340/341

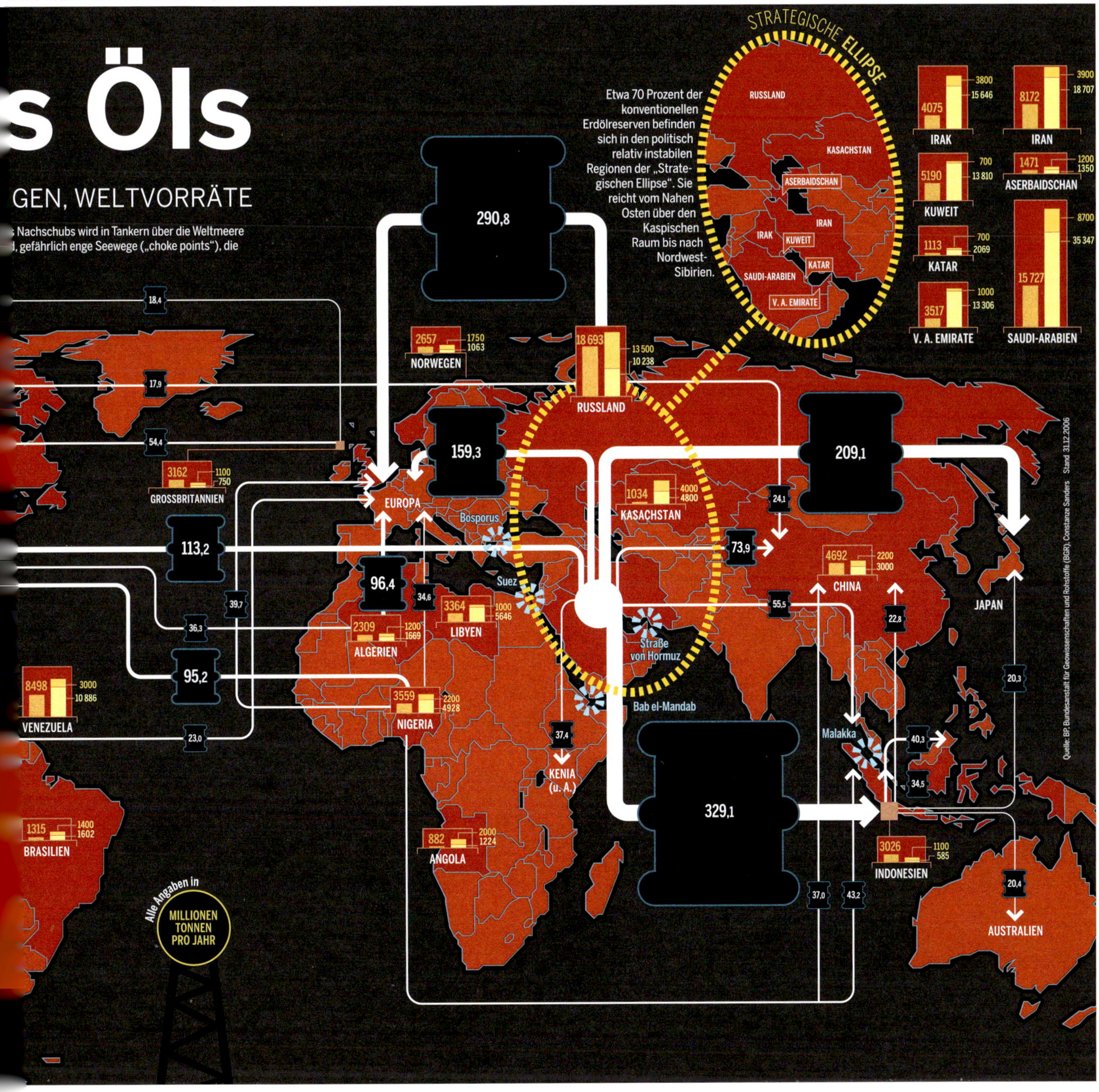

c) Stellen Sie in einer Übersicht für China und die USA folgende Daten gegenüber: bis 2005 gefördertes Öl; Reserven; Importe 2005 (aus welchen Ländern/Regionen; welche Mengen, Berechnung Gesamtimport).

d) Stellen Sie dar, welche Probleme und wirtschaftspolitische Strategien sich daraus für die USA und für China ergeben.

10 Begründen Sie die Rolle von Erdöl als strategischem Rohstoff. Beziehen Sie dazu das Zitat von Robert E. Ebel ein.

28 **Meereswellenkraftwerk Pelamis („Seeschlange")**

Bis zu 20 Mio. Haushalte in Europa könnten mit Strom versorgt werden, wenn es gelingt, Tidenhub, Strömungen und Wellenbewegungen der Meere zur Stromerzeugung zu nutzen.

Gezeitenkraftwerk in der Rance-Mündung (Normandie):

- 1966 in Betrieb genommen
- Tidenhub 14,6 m
- 24 Wasser-Turbinen und gekoppelte Generatoren von je 10 MW Leistung
- jährliche Leistung etwa 500 Mio. KWh

29 **Szenario: „Das Meer als Energiepark – Der Nordseeraum als Energieexporteur"**

„Mitte des 21. Jahrhunderts bilden regenerative Energiequellen die Basis der Energieversorgung in Europa und in der westlichen Welt. Europa und Deutschland sind Vorreiter bei dieser Entwicklung und gewinnen technologisch, politisch und wirtschaftlich weltweit an Bedeutung.
Die südliche Nordsee wird in der Folge der beschriebenen Entwicklungen zu einem der führenden europäischen Energieversorgungsräume. Bis 2030 werden insbesondere großflächige Windparks gebaut, die zunehmend mit ergänzenden Anlagen zur Nutzung der Wellen- und Strömungsenergie versehen werden. Insgesamt ist die Gesellschaft stark technologieorientiert. Die globale Wirtschaft entwickelt sich hin zu freien Märkten und hoher Mobilität der Berufstätigen.
Aufgrund der hohen Nutzungsdichte sind die Entwicklungsmöglichkeiten für Meeresschutzgebiete begrenzt. Insbesondere Flächen, die zur Energiegewinnung geeignet sind, und Verkehrsvorranggebiete stehen nicht als Meeresschutzgebiete zur Verfügung. Der Seeverkehr wird zunehmend in ausgewiesene Schifffahrtswege gelenkt. Die Fischerei findet nur noch in geringem Umfang als Küstenfischerei statt. Die Innovations- und Risikobereitschaft ist generell hoch, wenn es um persönliche und berufliche Entscheidungen geht."

Forum Geoökologie 17 (2), 2006

Das Meer als Energiereservoir

Die Meerestechnik gehört zu den Schlüsseltechnologien und ist eine der Hightech-Branchen mit dem größten Wachstumspotenzial. Erforderlich sind Systemlösungen und eine intensive Zusammenarbeit zwischen Wirtschaft und Wissenschaft, insbesondere im Bereich maritimer Umwelttechnik und Offshore-Technik.
Seit das Ende der fossilen und an Land förderbaren Energieträger absehbar ist, werden die Meere als Energieraum immer interessanter. Das Meer bietet verschiedene Möglichkeiten der Elektroenergiegewinnung an.

Gezeitenkraftwerke
Sie erfordern einen Tidenhub von mehr als drei Metern. Bis heute gibt es außer den Gezeitenkraftwerken an der Rance-Mündung in Frankreich und der Fundy-Bucht in Kanada keine bedeutenden Kraftwerke. Gründe sind hohe Baukosten, die ungleichmäßige Leistungsverfügbarkeit, die sich durch die tägliche zeitliche Verschiebung der Tide um 50 Minuten ergibt, sowie die Beeinträchtigung der Schifffahrt, Flora und Fauna.
Strömungskraftwerke
Die wie Windräder unter Wasser aussehenden Kraftwerke gelten als umweltverträglich, zudem stören sie das Landschaftsbild nicht. Der bekannteste Prototyp, das Seaflow-Projekt, befindet sich vor Cornwall.
Meereswellenkraftwerke
Seit 2000 arbeitet auf der schottischen Insel Islay der Prototyp Pelamis. Er wandelt bis zu 80 % der aufgenommenen Wellenenergie in elektrische Energie um. Am effizientesten arbeitet die Anlage in einer Entfernung von fünf bis zehn Kilometern von der Küste, bei einer Meerestiefe von 50 bis 100 Metern. Hier haben die Wellen die optimale Höhe von drei bis sechs Metern. Zudem sind die Kosten für das Unterseekabel geringer als weiter draußen auf offener See.
Osmosekraftwerke
Die Turbine der Anlage in Tofte am Oslofjord wird getrieben, weil Süßwasser durch eine halbdurchlässige Membran strömt, um Salzwasser auf der anderen Seite zu verdünnen. Dabei entsteht im Salzwasser ein Überdruck, der die Turbine antreibt und so Strom erzeugt.

Surftipp
Meereskraftwerke
104109-4308

30 Windpark Alpha Ventus

31 Deutschland beflügelt die Nordsee

„Die zwölf Windkraftanlagen der Fünf-Megawatt-Klasse 45 Kilometer nördlich von Borkum sind jetzt offiziell in Betrieb und wandeln Windenergie in Elektrizität – die Betreiber rechnen mit jährlich 220 Gigawattstunden. Damit lassen sich umgerechnet rund 50 000 Haushalte mit Strom versorgen. Schlechtes Wetter und der enorme logistische Aufwand hatten das Offshore-Projekt um mehrere Monate verzögert. Die Kosten verteuerten sich um 60 Millionen Euro auf 250 Millionen Euro. Das Pilotprojekt Alpha Ventus dient als Test für künftige deutsche Offshore-Windfelder, denn in Windparks sehen die Energieversorger die Zukunft ihrer Branche.

Umweltschützer sehen weitere Probleme: Sie vermissen eine weitreichende Raumplanung für Meeres-Windparks. Zudem seien die Risiken für die Meeresumwelt zu wenig bekannt. Forscher untersuchen die Auswirkungen des Baulärms bei Rammarbeiten auf Meeressäuger wie Schweinswale. Bisher gebe es auch zu wenig Erfahrungen über Kollisionen von Zugvögeln mit Windrädern."

dpa: Windpark Alpha Ventus. Deutschland beflügelt die Nordsee, vom 27.04.2010; unter: www.zeit.de/wirtschaft/2010-04/windpark-nordsee-eroeffnung, Nov. 2010

32 Windkraftanlagen in Deutschland – installierte Leistung pro Jahr

WindEnergy-Study 2004 – Assessment of the Wind Energy Market until 2012; unter: www.dewi.de/dewi_neu/deutsch/themen/studien/pdf/we_grafiken.pdf

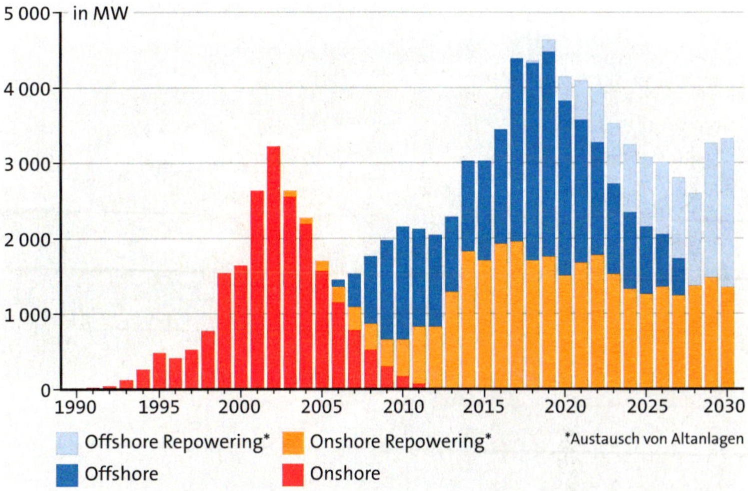

33 Offshore-Windparks in der Nordsee

Nach Bundesamt für Seeschifffahrt und Hydrographie (BSH), unter: www.bsh.de/de/Meeresnutzung/Wirtschaft/CONTIS-Informationssystem/ContisKarten/NordseeOffshoreWindparksPilotgebiete.pdf

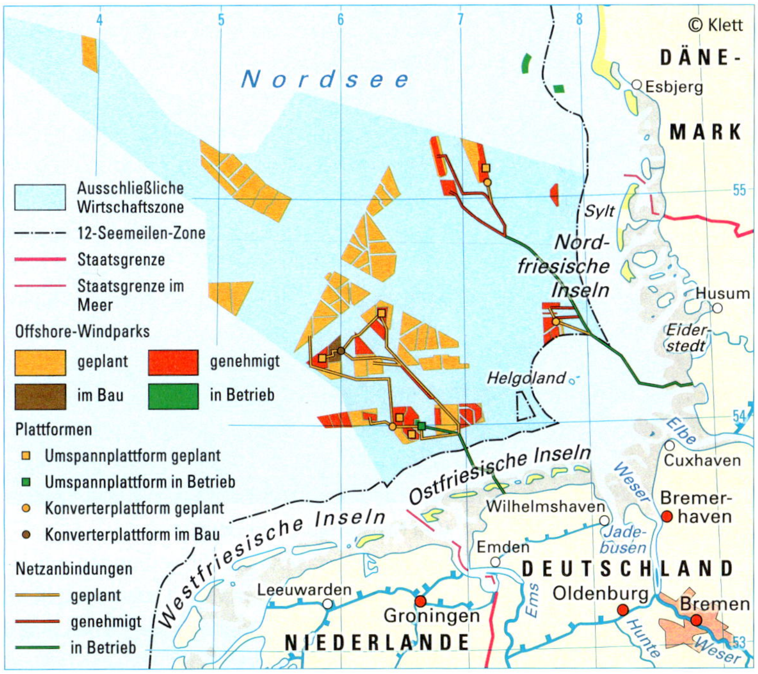

11 Elektroenergiegewinnung aus dem Meer:

a) Erläutern Sie die Möglichkeiten, Energie aus und auf dem Meer zu gewinnen.

b) Recherchieren Sie weitere Informationen über maritime Kraftwerke (z.B. Online-Link 104109-4308).

12 Beurteilen Sie die im Szenario des Quellentextes 29 dargelegte Ansicht zum „Nordseeraum als Energieexporteur".

13 Erstellen Sie eine Präsentation zum Thema „Ozeane – Chancen und Probleme eines unerschöpflichen Energiereservoirs".

Seite 241, Karte 4
RÖE = Rohöleinheiten

39 **Schöne Aussichten**

40 **Projektierte zukünftige Energienachfrage**

Nach http://news.bbc.co.uk/nol/shared/spl/hi/sci_nat/06/global_energy/img/energy_proj_demandgra2300.gif

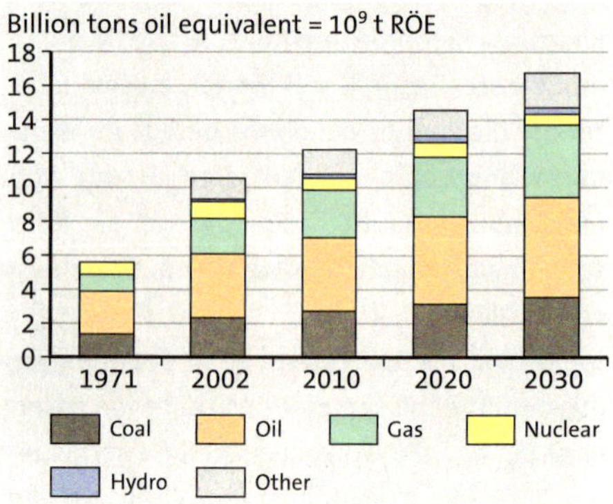

Reserven
Mengen eines Energierohstoffs, die mit großer Genauigkeit erfasst wurden und mit den derzeitigen technischen Möglichkeiten wirtschaftlich gewonnen werden können. Synonym sind gebräuchlich: bauwürdig ausbringbare Reserve, sicher (und wahrscheinlich) gewinnbare Vorräte.

Ressourcen
Mengen eines Energierohstoffs, die entweder nachgewiesen, aber derzeit nicht wirtschaftlich und/oder technisch gewinnbar sind, als auch die Mengen, die auf Basis geologischer Indikatoren geologisch noch erwartet werden und mittels Exploration nachgewiesen werden können.

Nach Bundesanstalt für Geowissenschaften und Rohstoffe (BGR)

Entwicklung des Weltenergiebedarfs

Je höher das Pro-Kopf-Einkommen und der dadurch mögliche Lebensstandard der Menschen, desto höher ist ihr Energieeinsatz. Im Umkehrschluss kann daher der Entwicklungsstand einer Gesellschaft unter anderem an ihrem Energiebedarf abgelesen werden. Diese spätestens seit Mitte des 20. Jh. viel bemühte Gesetzmäßigkeit wird mehr und mehr hinterfragt. Tatsache ist, dass der Energiebedarf weltweit seit Jahrzehnten immer rascher anstieg und dieser Trend auch für die Zukunft prognostiziert wird. Angesichts der Tatsache, dass die bislang primär genutzten fossilen Energiereserven definitiv endlich sind, der Energiebedarf der mindestens auf neun Milliarden Menschen anwachsenden Weltbevölkerung aber aufgrund des steigenden Individualbedarfs sogar überproportional ansteigen wird, gelten Versorgungsengpässe, Knappheiten, Zugangsbeschränkungen und Verteilungskonflikte um Energierohstoffe als immer wahrscheinlicheres Zukunftsszenario. Die in der jüngsten Vergangenheit stark angestiegene Nachfrage nach Energierohstoffen der beiden bevölkerungsreichsten Staaten der Erde, China und Indien, macht deutlich, welche Auswirkungen auf die Energiepreise im Allgemeinen und den Ölpreis im Besonderen damit in Gang gesetzt werden.

Allerdings gehen die Prognosen über die Reichweite der Energierohstoffe weit auseinander. Die einen halten sich bei der Formulierung ihrer Reichweiteprognose strikt an die Realität nachgewiesener und quantifizierter Energiereserven sowie geowissenschaftlich begründbarer möglicher weiterer Fundstellen. Maßgeblich sind für sie die geologischen Verhältnisse potenzieller Lagerstätten und die Ergebnisse konkreter Probebohrungen. Demgegenüber orientieren sich die anderen an einem ökonomischen Modell. Nach dieser Vorstellung werden zunehmende Verknappung von Energieträgern wie Erdöl oder Erdgas und die dadurch bedingten ansteigenden Preise für Energierohstoffe Auslöser für bahnbrechende Erfindungen sein. Mit deren Hilfe werden neue, bislang nicht gewinnbare Reserven erschlossen und der Bedarf kann gedeckt werden.

Am deutlichsten wird die Endlichkeit der Energiereserven beim Erdöl. Ein Blick auf die Wirtschaftspolitik der Erdöl produzierenden Staaten der Arabischen Halbinsel zeigt, dass insbesondere die Kleinen Golfstaaten, wie die Vereinigten Arabischen Emirate, Oman oder Qatar, längst damit begonnen haben, eine nachhaltig tragfähige wirtschaftliche Basis für die Zeit nach dem Öl zu errichten.

17 Interpretieren Sie die Karikatur 39.

Surftipp
Weltweite Disparitäten im Energieverbrauch
104109-4309

41 Energiebedarf nach Sektoren

Nach www.f-e-e.org/Photos-DD/DD20021211-Slides/DD20021211-Slide05_2.gif

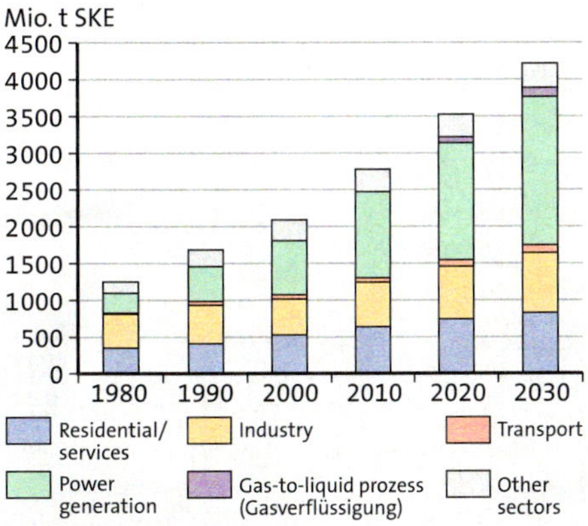

43 Regionaler Energiebedarf Erdöl: 1980–2030

Nach Wolfgang Hess: In: Bild der Wissenschaft, Heft 10/2005, S. 94

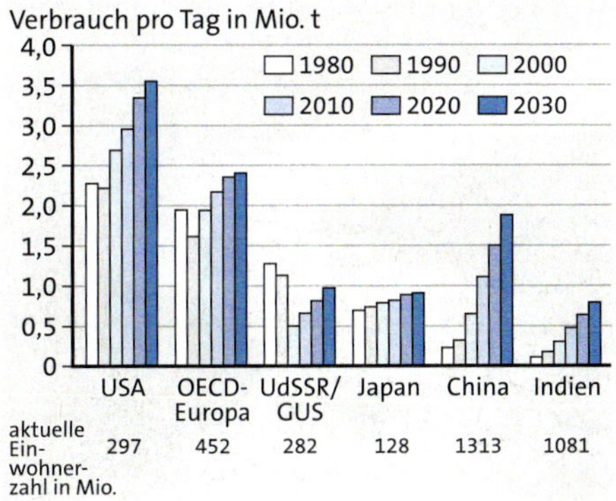

44 Statistische Reichweite von Energieträgern (nach aktuellem Energiebedarf)

Nach Prognose BP 1999

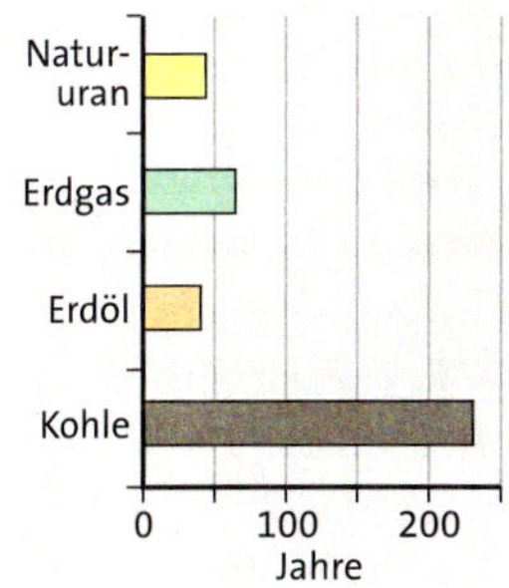

42 Elektrizitätsverbrauch, 2002 (oben), **und Anstieg des Elektrizitätsbedarfs, 1980–2000** (unten)

Nach www.worldmapper.com

Die abgebildeten Karten bezeichnet man als „anamorphe Karten". Diese Art der kartographischen Darstellung ermöglicht den schnellen Vergleich einzelner Staaten bezüglich ihres Anteils am jeweils dargestellten Thema.

Die über- oder unterproportionale Flächendarstellung der Länder gibt Auskunft über deren spezifischen Anteil – in diesem Fall am Elektrizitätsverbrauch bzw. am Anstieg des Elektrizitätsbedarfs.
Die verwendeten Farben symbolisieren lediglich die Zugehörigkeit einzelner Länder zu Regionen, etwa Europa oder Lateinamerika.

Wenn also die USA überproportional groß im Verhältnis zu ihrer realen Fläche dargestellt sind, bedeutet dies, dass deren Elektrizitätsverbrauch entsprechend überproportional ist im Vergleich zum globalen Durchschnittswert.

18 Erarbeiten Sie anhand der Materialien 40 bis 44 einen Überblick über die Veränderungen des Weltenergiebedarfs.

19 Überprüfen Sie die Aussagekraft der Jahresangaben zur statistischen Reichweite verschiedener Energieträger.

4.4 Gefährdung des globalen Ökosystems

Kompetenzen erwerben:
- den Klimawandel als weltweites, vom Menschen maßgeblich beeinflusstes Phänomen in seinen Grundzügen erläutern,
- den Einfluss des Menschen auf die Erderwärmung konkretisieren,
- zukünftige Klimaszenarien analysieren,
- am Beispiel des Golfstroms die bedrohlichen Auswirkungen der Erderwärmung erläutern,
- Maßnahmen zum Klimaschutz darstellen und bewerten.

1 Wandern statt Boarden?

2 Planen schützen den Zugspitzgletscher

Klimawandel

Globale Erwärmung – ein Faktum

Der **Klimawandel** ist eine Tatsache. Das belegen Beobachtungsdaten der Weltmitteltemperatur. Seit die von der UNO 1988 eingerichtete zwischenstaatliche Gruppe von Fachwissenschaftlern (**IPCC**) regelmäßig die Ergebnisse der modernen Klimaforschung einschließlich der Folgen und möglicher Gegenmaßnahmen zusammenfasst und veröffentlicht, hat das Thema Klimawandel eine zunehmend breite Resonanz in der Öffentlichkeit gefunden. Dabei werden aber weder Sensationshascherei noch Verharmlosung der Ernsthaftigkeit des Themas gerecht. Die Ergebnisse der Klimaforschung ermöglichen es, den Einfluss des Menschen auf das Klimasystem unter Einbeziehung einer relativ geringen Irrtumswahrscheinlichkeit einzuschätzen, mögliche Auswirkungen zu beurteilen sowie zweckmäßige Maßnahmen zu erarbeiten. Dies scheint auch geboten, denn es steht fest, dass die Veränderung des Klimas nachhaltigen Einfluss auf Natur, Gesellschaft und Wirtschaft ausübt.

Um das Phänomen der Klimaänderung in seiner Komplexität zu verstehen und die Folgen abzuschätzen, ist zunächst eine nüchterne Betrachtung der wissenschaftlichen Grundlagen notwendig, wie sie mit großer Zuverlässigkeit vom IPCC zur Verfügung gestellt werden.

Klimawandel
Veränderung wichtiger Klimaelemente, besonders der Lufttemperatur, über einen sehr langen Zeitraum.

3 Entwicklung der Jahresmitteltemperatur in Deutschland (bezogen auf das Mittel 1961–1990)

Nach Friedrich-Wilhelm Gerstengarbe/Peter C. Werner: Der rezente Klimawandel. In: Wilfried Endlicher und Friedrich-Wilhelm Gerstengarbe (Hrsg.): Der Klimawandel, Einblicke, Rückblicke und Ausblicke. Potsdam 2007, S. 39

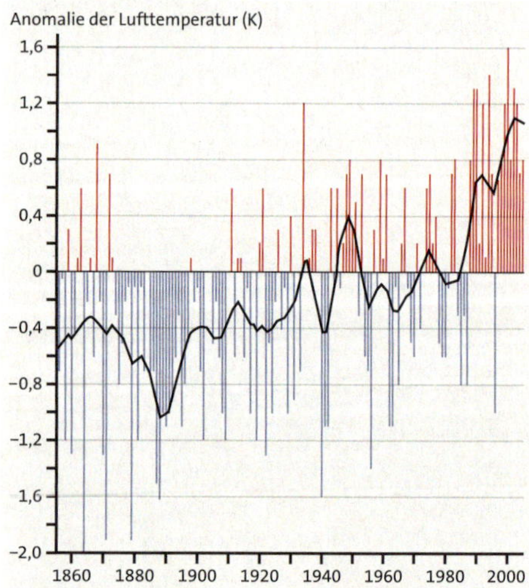

1 Charakterisieren Sie die globale Erwärmung seit Beginn zuverlässiger Temperaturmessungen für den Zeitraum 1860–2005.

4 Entwicklung der globalen Lufttemperatur für den Zeitraum 1856–2005 (bezogen auf das Mittel 1961–1990)

Nach Friedrich-Wilhelm Gerstengarbe, a.a.O. S. 34

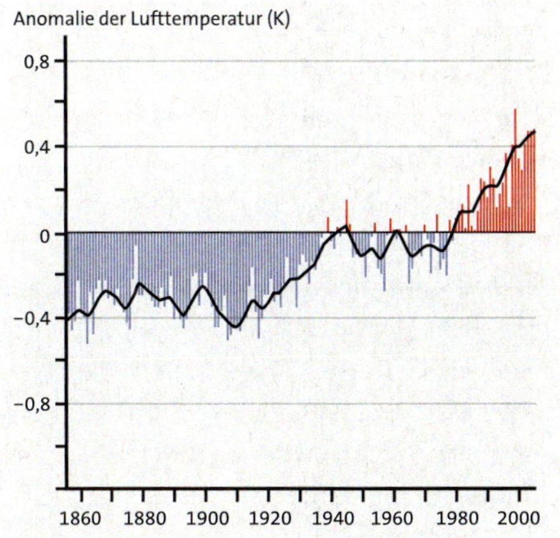

6 Differenz der 30-jährigen Jahresmitteltemperatur a-b a = 1971–2000; b = 1901–1930)

Nach Friedrich-Wilhelm Gerstengarbe, a.a.O. S. 35

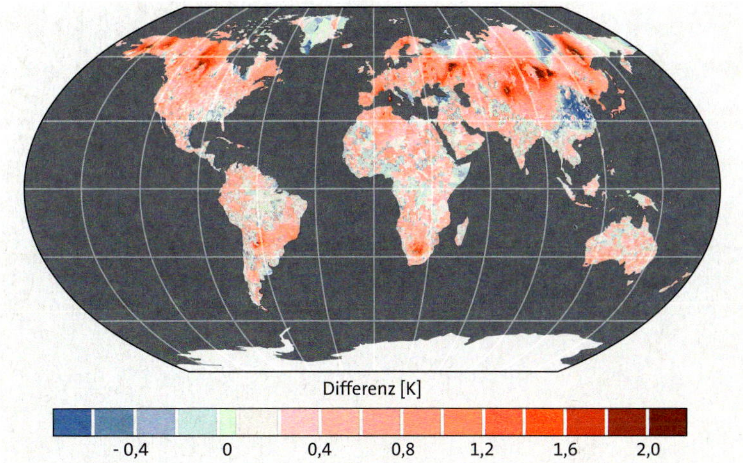

5 Der IPCC-Prozess

„In den vergangenen Jahrzehnten wuchs in der internationalen Gemeinschaft der Klimaforscher die Sorge, dass menschliche Aktivitäten negative Einflüsse auf das Klima der Erde ausüben könnten. Bereits in einem frühen Stadium der Forschung waren die Wissenschaftler überzeugt, dass der menschliche Einfluss auf das Klima genauer analysiert werden müsse, um die wissenschaftlichen Grundlagen für politische Entscheidungsträger zu schaffen. Dies wurde Ziel des IPCC ...

Von Beginn an konzentrierte sich der IPCC auf drei Bereiche. Gruppe I beschäftigt sich mit den wissenschaftlichen Aspekten des Klimawandels. Gruppe II untersucht die Konsequenzen des Klimawandels und analysiert unsere Verwundbarkeit sowie mögliche Anpassungsmaßnahmen. Gruppe III diskutiert Klimaschutzmaßnahmen, wie etwa die Minderung der Quellen von Treibhausgasen und Vergrößerung der Senken ...

In jeder der drei Gruppen sind zehn bis fünfzehn Wissenschaftler aus verschiedenen Ländern für die Abfassung der einzelnen Kapitel verantwortlich. Diese Hauptautoren suchen sich wissenschaftliche Publikationen aus, die für die gefragten Themen relevant sind. Auf der Basis dieser umfangreichen Berichte – rund 1000 Seiten in jeder Gruppe – entstehen „Zusammenfassungen für Entscheidungsträger", die wesentlich kürzer und in verständlicherem Stil geschrieben sind. Der ganze Satz von Dokumenten wird durch einen Synthesebericht vervollständigt. Einmal ausgearbeitet, werden die verschiedenen Dokumente von der wissenschaftlichen Gemeinschaft und den Vertretern der Regierungen rezensiert. Der Schreibprozess und der Rezensionsprozess dauern über zwei Jahre; das stellt sicher, dass der Text, der schließlich den Regierungen vorgelegt wird, auch die Zustimmung der wissenschaftlichen Gemeinschaft gefunden hat."

Max-Planck-Institut für Meteorologie: Klimaprojektionen für das 21. Jahrhundert, Hamburg 2006, S. 7

IPCC
Intergovernmental Panel on Climate Change; Aufgabe: etwa alle fünf Jahre den Zustand des Klimasystems und seine Auswirkungen auf die menschlichen Gesellschaftssysteme feststellen und Möglichkeiten der politischen Gegensteuerung benennen

Senken
in den Geowissenschaften ein Reservoir, das zeitweilig oder dauerhaft Kohlenstoff aufnimmt, z.B. Wälder

2 Vergleichen Sie die unterschiedliche Höhe und räumliche Verbreitung der weltweiten Temperaturänderung anhand des Durchschnitts der letzten 30 Jahre und der Durchschnittstemperaturen zu Beginn des 20. Jh. (Karte 6).

3 Bewerten Sie die Bedeutung des IPCC für die Klimaforschung und die Klimapolitik.

7 Schematische Darstellung des Klimasystems: menschliche Einflüsse sind gepunktet dargestellt

Nach Jucundus Jacobeit: Zusammenhänge und Wechselwirkungen im Klimasystem. In: Wilfried Endlicher und Friedrich-Wilhelm Gerstengarbe (Hrsg.), a. a. O., S. 1

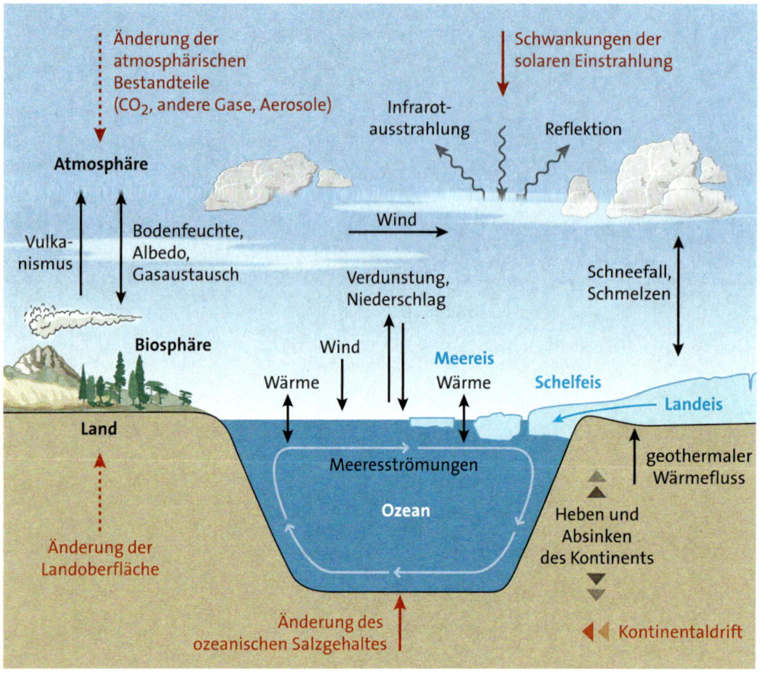

8 Archive zur Rekonstruktion von Klimaänderungen (vgl. Material 13)

Olaf Bubenzer/Ulrich Radtke: Natürliche Klimaänderungen im Laufe der Erdgeschichte. In: Wilfried Endlicher und Friedrich-Wilhelm Gerstengarbe (Hrsg.), a. a. O. S. 17

Archiv	erfassbarer Zeitraum (in Jahren) min.	max.	Informationen über
Eis	1	10^6	T, N, C_L, B, V, E, S
Sedimente			
– marine	10	10^8	T, C_W, B, E, M, N
– limnische	<1	10^5	T, B, E, N, V, C_W
Terrestrische Sedimente und Bildungen			
Löß	10^2	10^6	N, B, E, V
Böden	10^2	10^6	N,B
Sinter	10^2	10^5	C_W, T, N
fluviale	10^2	10^5	N, B

Archiv	erfassbarer Zeitraum (in Jahren) min.	max.	Informationen über
Biologische Bildungen			
Baumringe	<1	10^4	T, N, B, V, E, S
Pollen	1	10^5	T, N, B
Korallen	1	10^4	C_W, M, T, N
Torf/Moore	10^2	10^5	B
Historische Archive	<1	10^4	T, N, B, V, E, M, S, C_{LW}

T – Temperatur, N – Niederschlag, B – Biomasse und Vegetationszusammensetzung, V – Vulkanausbrüche, E – Veränderungen im Erdmagnetfeld, M – Meeresspiegelschwankungen, C – chemische Zusammensetzung von Luft (C_L) und Wasser (C_W), S – Schwankungen der Sonneneinstrahlung

9 Geänderte Rahmenbedingungen als Antriebsfaktoren der Klimaänderung

„... Plattentektonische Prozesse bestimmen die Land-Meer-Verteilung auf der Erde, die Beschaffenheit der Ozeanbecken, die Position der Kontinente im Gradnetz und die Entstehung von Hochgebirgen. Letztere beeinflussen das Klima in mehrfacher Hinsicht: Gelangen durch Orogenese erhebliche Teile der Erdoberfläche in eine wesentlich größere Höhenlage, kann dies auch auf das Globalklima eine abkühlende Folgewirkung hervorrufen... Darüber hinaus beeinflussen große Hochgebirgszüge, insbesondere wenn sie quer zur Hauptströmungsrichtung verlaufen, auch die atmosphärische Zirkulation in klimaprägender Weise ... Allerdings vollziehen sich die angesprochenen Änderungen der Rahmenbedingungen sehr langsam, so dass auch der damit einhergehende Klimawandel auf sehr großer Zeitskala angesiedelt ist."

Jucundus Jacobeit: Zusammenhänge und Wechselwirkungen im Klimasystem, a. a. O., S. 1 f.

10 Externe Antriebsfaktoren

„Bei den externen Antriebsmechanismen sind in erster Linie Prozesse angesprochen, die von außen die Strahlungs- und Energiebilanz des Klimasystems beeinflussen und dadurch Klimaänderungen auslösen. Dies kann durch explosiven Vulkanismus, solare Aktivitätsschwankungen, Variationen der astronomischen Erdbahnparameter, aber eben auch durch anthropogene Einwirkung geschehen... Der Energieeintrag an Solarstrahlung in das irdische Klimasystem hängt auch von der Position und Orientierung der Erde gegenüber der Sonne ab. Astronomische Parameter wie die Exzentrizität der Erdumlaufbahn, die Schiefe der Ekliptik sowie die Präzession (Kreiselbewegung der Erdachse) der Erdrotationsachse und der Erdbahnellipse unterliegen aufgrund gravitativer Einwirkungen von Sonne, Mond und Planeten charakteristischen Variationszyklen ..."

Nach Jucundus Jacobeit: Zusammenhänge und Wechselwirkungen im Klimasystem, a. a. O.,S. 1 f.

Material/Surftipp
El Niño-Southern-Oscillation
104109-4401

Natürliche Klimaänderungen prägen die Erdgeschichte

Um den **Klimawandel** zu verstehen, ist es notwendig, die einzelnen Komponenten des komplexen Klimasystems (Atmosphäre, Ozean, Landoberfläche, **Biosphäre** und Kryosphäre), deren interne Wechselwirkungen sowie die externen Einflüsse zu erfassen. Jeder Eingriff in das komplex zusammengesetzte System, sei er natürlicher Art oder durch den Menschen verursacht, muss vielfältige Folgen auslösen. Da es solche Eingriffe bzw. geänderte Rahmenbedingungen immer wieder gab, war das Klima niemals eine konstante Größe, sondern unterlag einem permanenten Wandel. Ein Rückblick in die Erdgeschichte belegt, dass es immer wieder zum Teil extreme, vom Menschen nicht beeinflusste, Klimaänderungen gab.

Interne Wechselwirkungen im Klimasystem. Die bekannteste interne Schwankung dürfte das ENSO-Phänomen (El Niño-Southern-Oscillation) sein. Bei diesem stellen sich in unregelmäßigen Abständen von einigen Jahren im äquatornahen Ostpazifik entgegen der sonstigen Situation hohe Meeresoberflächentemperaturen ein, welche mit ungewöhnlich heftigen tropischen Niederschlagsereignissen verbunden sind, die bis an die südamerikanische Westküste reichen.

Eine weitere Wechselwirkung ergibt sich aus der Tatsache, dass der Energietransport im Klimasystem nicht nur in der **Atmosphäre** stattfindet. Auch im erdumspannenden Zirkulationssystem der Ozeane werden bedeutende Energiemengen transportiert. Angetrieben wird dieses System von Unterschieden in der Temperatur und der Salzkonzentration des Meerwassers. Ändern sich die Konzentrationsverhältnisse, kann dies Auswirkungen auf die Strömung und damit auch auf das Klima haben.

11 Temperaturänderung in Grönland gegenüber dem heutigen Mittelwert während der letzten 50 000 Jahre

Nach Olaf Bubenzer/Ulrich Radtke a. a. O., S. 24, auf Basis von Rahmstorf und Schellnhuber (2007)

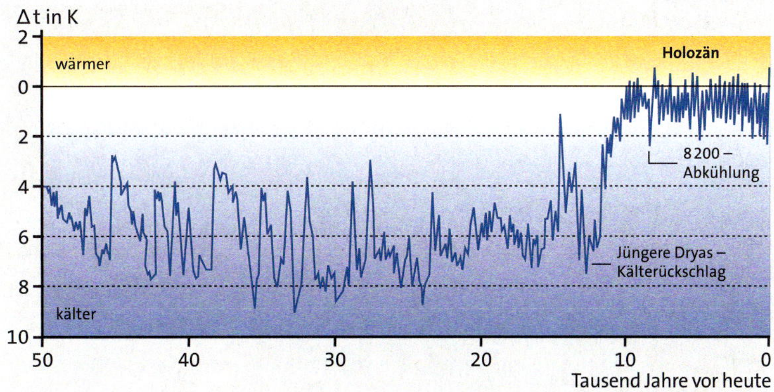

12 Temperaturänderung in der Antarktis gegenüber dem heutigen Mittelwert während der letzten 420 000 Jahre Nach ebenda, S. 23

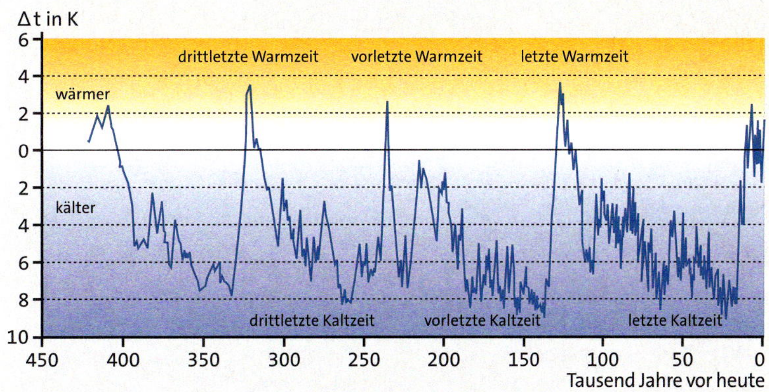

13 Proxydaten – Klimaarchive (vgl. Tabelle 8)

Darunter versteht man nicht unmittelbar gemessene, sondern indirekt aus Datenspeichern vergangener Epochen ermittelte Werte, die Auskunft über die Klimabedingungen während ihrer Bildung geben und in ihrer Zusammenschau hinreichend genaue Aussagen über ehemalige Klimabedingungen machen.

4 Beschreiben Sie das Klimasystem mithilfe von Grafik 7.

5 Erläutern Sie an einem Beispiel, wie sich externe Einflüsse auf das Klima auswirken.
Mögliche Beispiele: Änderung der atmosphärischen Bestandteile, Schwankungen der solaren Einstrahlung, Kontinentaldrift, Änderung der Landoberfläche.

6 Grafiken 11 und 12 – Beispiele für die Nutzung von Proxydaten (Eisbohrkerne) für das Erstellen von Klimaarchiven:
Charakterisieren Sie die Entwicklung der Temperatur im Zeitraum
a) von vor 50 000 Jahren bis heute,
b) von vor 420 000 bis vor 50 000 Jahren vor heute.

14 Entwicklung von Temperatur und CO_2-Konzentration (Eisbohrkernanalyse in der Antarktis)

Nach Climate Change 2007: The Physical Science Basis. Working Group I, Contribution to the Fourth Assessment Report of the Intergovernmental Panel on Climate Change, Figure SPM-2. Cambridge University Press

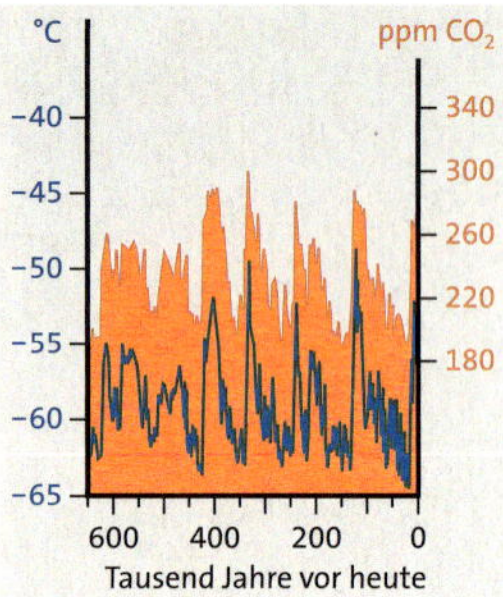

15 Bodennahe Temperatur: anthropogener und natürlicher Einfluss (1880–2049)

Nach Heiko Paeth: Klimamodellsimulationen. In: Wilfried Endlicher und Friedrich-Wilhelm Gerstengarbe (Hrsg.) a.a.O., S. 54

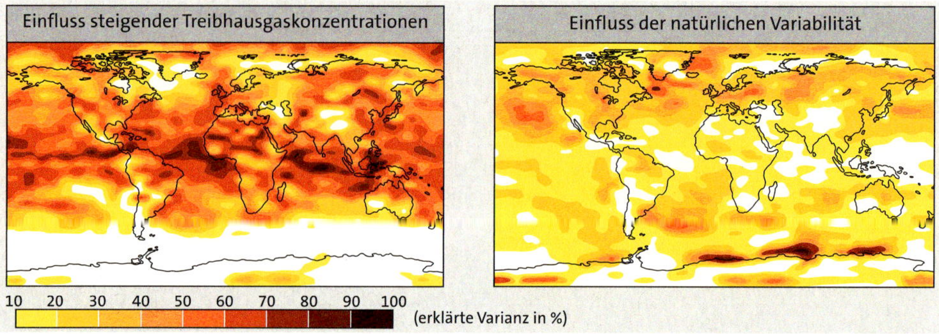

16 Wie stark ist der anthropogene Anteil am Klimawandel?

„... Es wird immer wieder die Frage nach der Rolle von natürlichen Faktoren, insbesondere der Sonne, für die Erderwärmung gestellt. Die Sonneneinstrahlung schwankt u.a. mit der Sonnenfleckenaktivität. Gemittelt über die letzten 100 Jahre stieg die Solarkonstante um etwa 0,25 Prozent an. Klimamodellsimulationen zeigen, dass durch den Anstieg der Sonnenintensität zwar ein Teil der beobachteten Erwärmung, vor allem in der ersten Hälfte des 20. Jahrhunderts, erklärt werden kann, allerdings mit etwa 0,2 °C nur ungefähr ein Viertel der Gesamterwärmung von 0,8 °C. Die Sonnenvariabilität allein kann also nicht für den beobachteten Temperaturanstieg verantwortlich sein ...“

Mojib Latif: Wie stark ist der anthropogene Klimawandel? In: Michael Müller et al. (Hrsg.): Der UN-Weltklimareport. Köln: Kiepenheuer und Witsch 2007, S. 187 f.

Seite 38
Aufbau der Atmosphäre

Seite 40
Strahlungshaushalt

Seite 96
Brandrodung

Seite 98/99
Überweidung

Einfluss des Menschen auf die aktuelle Erwärmung

Beobachtungsdaten über die globale Erwärmung zeigen in den Veränderungen der letzten Dekaden einen vermutlich anthropogenen Einfluss. Da der anthropogene Anteil an der Klimaänderung niemals mit hundertprozentiger Sicherheit bewiesen werden kann – dazu müsste eine analoge Parallelwelt ohne Menschen geschaffen werden – versuchen Klimatologen Indizien mit einer relativ geringen Irrtumswahrscheinlichkeit zu finden.

Hypothese. Als Hypothese wird davon ausgegangen, dass menschliche Aktivitäten, z.B. in Form von Industrieabgasen, Verkehrsemissionen, Energieverbrauch, **Brandrodungsfeldbau**, aber auch Veränderung der Eigenschaften der Landoberfläche durch Rodung oder Überweidung, zur Erhöhung der Treibhausgas- und Aerosolkonzentration beitragen und somit die Zusammensetzung der **Atmosphäre** verändern. Auf der Wirkungsseite führt diese Veränderung zu verschiedenen Ausprägungen des Klimawandels, der wiederum vielfältige Folgen wie beispielsweise Überschwemmungen, Dürren, Häufung von Extremereignissen oder Hungerkatastrophen nach sich ziehen kann.

Dieses hypothetische Einwirken des Menschen konkurriert mit natürlichen Einflussfaktoren, wie Sonnenaktivitäten und Vulkanausbrüchen. Um ein annähernd sicheres Maß über den anthropogenen Anteil an der Klimaänderung zu erhalten, erzeugen Klimatologen ein möglichst wirklichkeitsnahes virtuelles Klimasystem am Computer, das bestimmten Rahmenbedingungen folgt. Der Vorteil der Klimamodelle liegt unter anderem darin, dass sich bestimmte Rahmenbedingungen bewusst ausschalten lassen und so der Einfluss des Menschen isoliert und damit sichtbar gemacht werden kann. Ferner erlauben die Modelle einen Blick in eine mögliche zukünftige Entwicklung des Klimas, wobei unterschiedliche Emissionsszenarien berücksichtigt werden können.

Material
Treibhauseffekt
104109-1106

17 Vergleich zwischen Modellrechnungen und Beobachtungen des Temperaturanstiegs (Abweichungen seit 1860)

Nach Climate Change 2001: Synthesis Report. A Contribution of Working Groups I, II and III to the Third Assessment Report of the Intergovernmental Panel on Climate Change, Figure SPM-2. Cambridge University Press

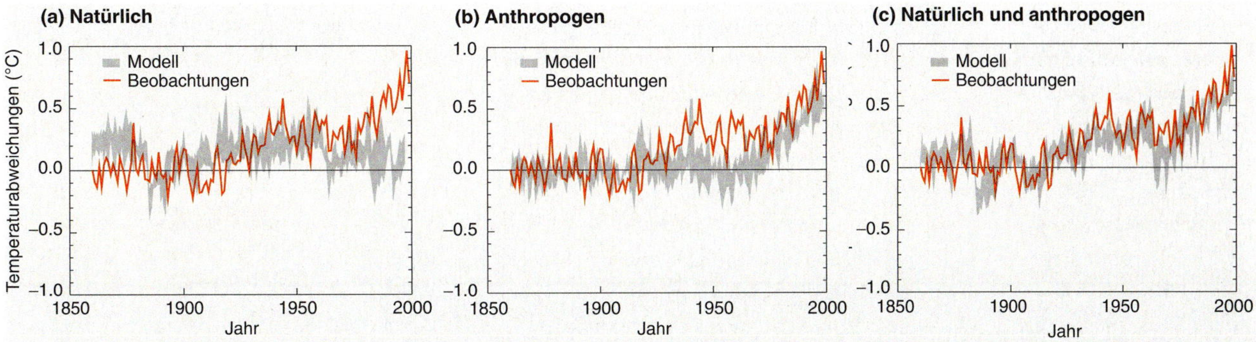

Das Band in (a) zeigt Simulationen, die nur natürliche Antriebsfaktoren berücksichtigen: Schwankungen der solaren Einstrahlung und vulkanische Aktivitäten. Das Band in (b) zeigt Simulationen, die anthropogene Antriebskräfte berücksichtigen: Treibhausgase und eine Schätzung bezüglich der Schwefelaerosole. In (c) sind sowohl natürliche wie auch anthropogene Antriebsfaktoren berücksichtigt.

18 Komponenten des Strahlungsantriebs zwischen 1750 und 2005

Nach Jucundus Jacobeit a. a. O. S. 12

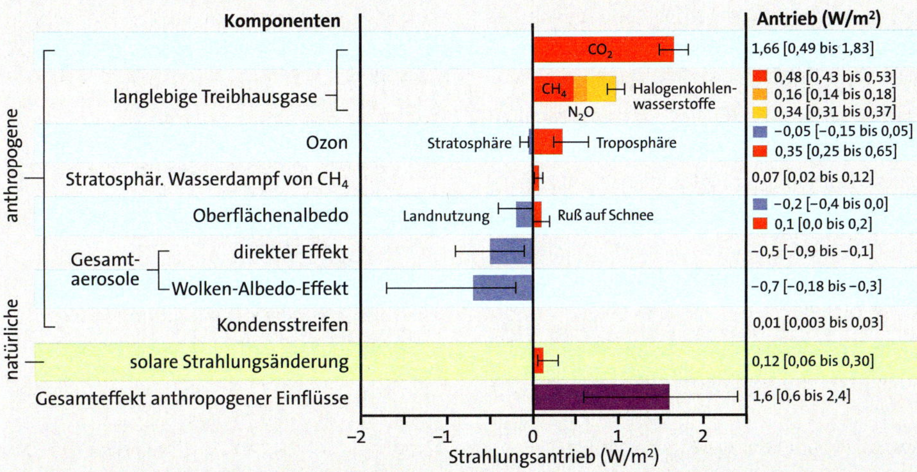

Der Strahlungsantrieb misst den Einfluss eines Klimafaktors auf die Veränderung der Bilanz der in der Erdatmosphäre eintreffenden und von ihr ausgehenden Energie. Er wird in Watt pro Quadratmeter (W/m²) ausgedrückt.

In der Grafik stehen die Strahlungsantriebswerte für Veränderungen im Verhältnis zu den auf das Jahr 1750 datierten präindustriellen Bedingungen.

7 Arbeiten Sie aus den Karten 15 Regionen heraus, in denen der Einfluss steigender Treibhausgaskonzentrationen besonders groß ist.

8 Vergleichen Sie den Anteil natürlicher und anthropogener Faktoren an der Entwicklung der bodennahen Erwärmung (Karten 15).

9 Erläutern Sie die Entwicklung der Temperatur in Bezug zum CO_2-Gehalt (Grafik 14):
a) Arbeiten Sie die Entwicklung der letzten 250 000 Jahre heraus.
b) Stellen Sie Zusammenhänge zum Einfluss des Menschen her.

10 Englische Klimatologen haben ein Modell entwickelt, mit dem sie die beobachtete Temperatur (1850–2000) annähernd genau nachbilden können (vgl. Diagramme 17). Beschreiben Sie die Entwicklung, wenn nur die anthropogenen bzw. natürlichen Einflussfaktoren berücksichtigt werden.
a) Arbeiten Sie den anthropogenen Anteil am Strahlungsantrieb heraus (Diagramm 18).
b) Vergleichen Sie diesen mit dem natürlichen Anteil.
c) Erläutern Sie die einzelnen Komponenten.

11 „Die Erderwärmung ist vom Menschen verursacht!" Nehmen Sie zu dieser Aussage Stellung.

Wie funktionieren Klimamodelle?
Viele Vorgänge im Klimasystem basieren auf bekannten physikalischen Gesetzmäßigkeiten. Hierzu gehören z. B. Strömungsvorgänge in der Atmosphäre und den Ozeanen oder Veränderungen der Temperatur und der Niederschläge. Für die Modellierung müssen die Gleichungssysteme und Randbedingungen in das Computerprogramm eingegeben werden. Leistungsfähige Großrechner ermitteln dann entsprechend den unterschiedlichen Annahmen Prognosen zur zukünftigen Klimaentwicklung.

Klimaszenarien für die Zukunft

Klimamodelle. Wie entwickelt sich das globale Klima durch den weiteren Anstieg der anthropogen verursachten Emissionen von Treibhausgasen? Diese Entwicklung kann natürlich nicht exakt vorausgesagt werden. Klimatologen ist es aber gelungen, die bisher beobachtete globale Temperaturentwicklung (1850–2000) in Klimamodellen mit physikalisch-mathematischen Gleichungen annähernd genau nachzubilden. Solche Differentialgleichungen lassen sich in die Zukunft projizieren. Auf dieser Grundlage kann abgeschätzt werden, wie sich das Klima unter Berücksichtigung von Bevölkerungswachstum, wirtschaftlicher Entwicklung, Konsum und Umweltbewusstsein weiter entwickeln wird. Um einigermaßen vergleichbar arbeiten zu können, hat das **IPCC** im Jahr 2000 einen Sonderbericht (SRES = Special Report on Emission Szenarios) erarbeitet, in dem insgesamt 40 Szenarien definiert wurden, die zu verschiedenen Szenarienfamilien zusammengefasst worden sind.

Klimaszenarien des IPCC. Die Szenarienfamilien A 1 und A 2 gehen von einer primär ökonomisch orientierten Welt aus, während die Szenario-Familien B 1 und B 2 von einer ökologischen und nachhaltigen zukünftigen Entwicklung der Gesellschaft ausgehen.
Berücksichtigt werden folgende Fragen:
- Wie verändert sich die Weltbevölkerung in den nächsten 100 Jahren?
- Welchen Lebensstandard wird sie erreichen?
- Wie hoch wird der Energieverbrauch sein?
- Welche Energieträger werden dafür eingesetzt?

20 Klimaszenarien des IPCC
Nach Hamburger Bildungsserver und IPCC (2007)

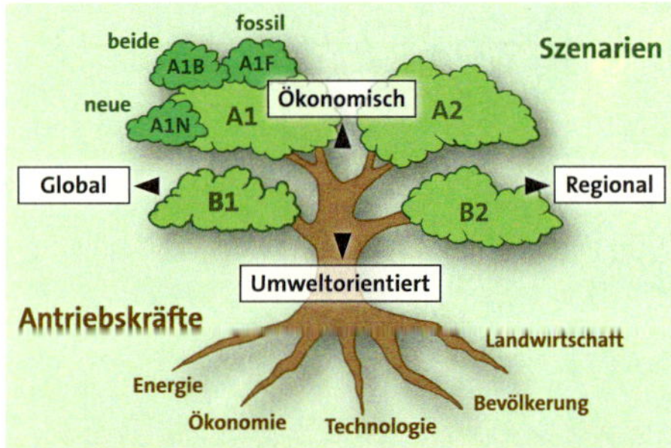

A 1 Eine Welt mit schnellem Wirtschaftswachstum und schneller Einführung neuer und effizienterer Technologien.
A 2 Eine sehr heterogene Welt mit einem Schwerpunkt auf traditionelle Werte (family values and local traditions).
B 1 Eine sich vom Materialismus abkehrende Welt und die Einführung sauberer Technologien.
B 2 Eine Welt mit dem Schwerpunkt auf lokalen Lösungen für ökonomische und ökologische Nachhaltigkeit.

Das Szenario A 1 hat drei Varianten, je nach genutzter Energie:
A 1 F fossil = hauptsächlich Öl und Kohle
A 1 N neue = erneuerbare Energiequellen
A 1 B beide = ausgewogene Nutzung beider Arten

19 Regionale Temperaturveränderung bis zum Jahr 2100
Nach IPCC (2007)

Die Farbflächen zeigen die Veränderung der jährlichen Mitteltemperatur der Periode 2071–2100 gegenüber der Periode 1961–1990 nach dem Szenario A 1 B.
Den Rechnungen liegen die Ergebnisse verschiedener gekoppelter Modelle zugrunde.

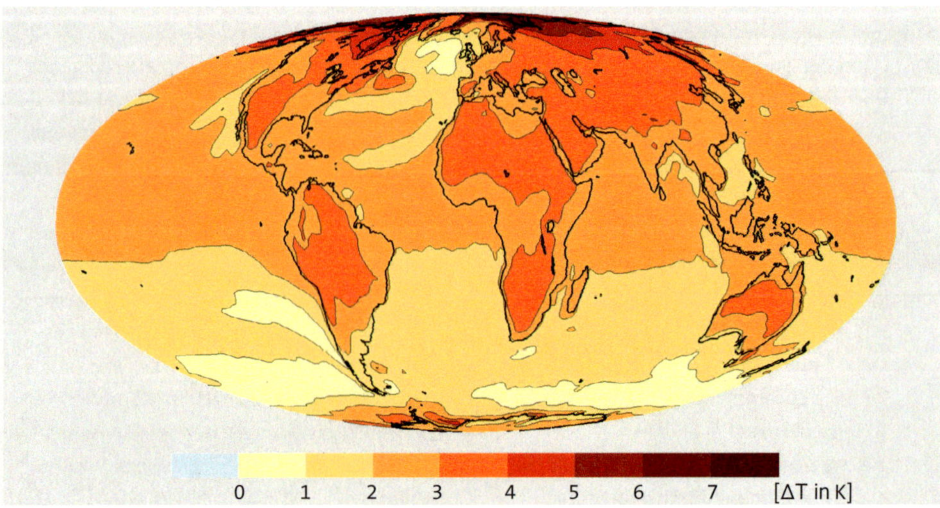

Surftipp
Klimaforschungsinstitute
104109-4402

21 Entwicklung der globalen bodennahen Temperatur gegenüber der Referenzperiode 1980–1999

Nach Heiko Paeth: Klimamodellsimulationen. In: Wilfried Endlicher und Friedrich-Wilhelm Gerstengarbe (Hrsg.) a. a. O., S. 50

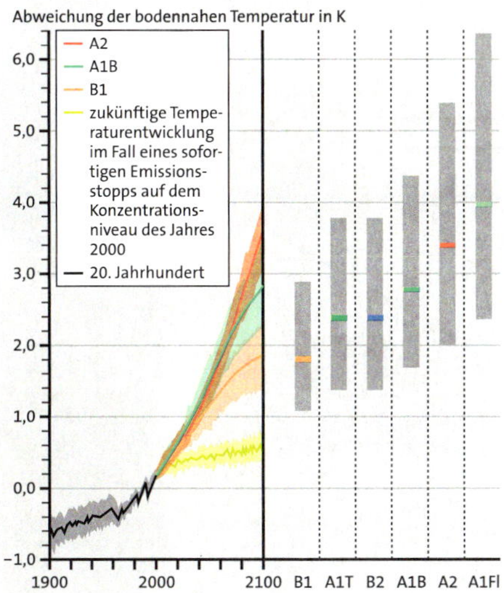

23 Prognostizierte Änderung der sommerlichen Lufttemperaturverhältnisse in Bayern bis 2050

Nach ebenda

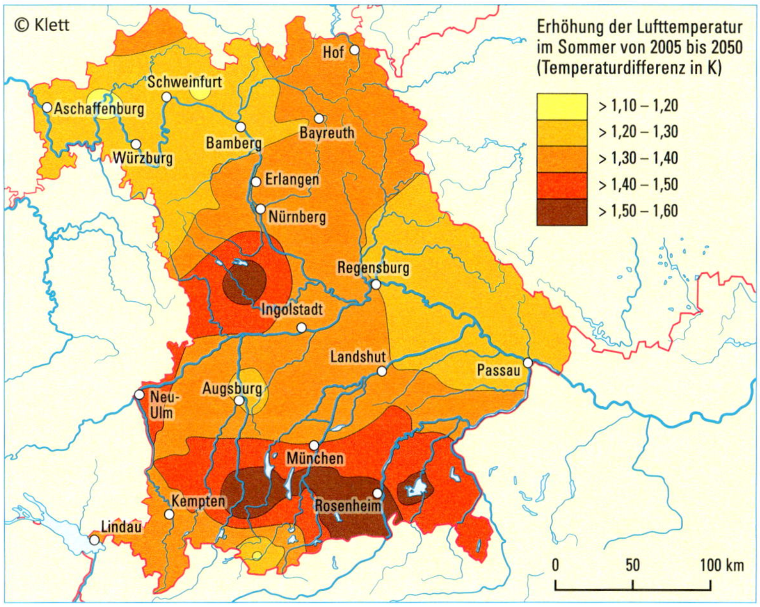

22 Regionale Klimaszenarien

„Für die Abschätzung der Klimaveränderung in Süddeutschland sind im Rahmen von KLIWA geeignete regionale Klimaszenarien unter Annahme eines realitätsnahen Emissionsszenarios (SRES B2, IPCC) erstellt worden. Die Klimaszenarien wurden für den Bereich der Länder Baden-Württemberg und Bayern erstellt. Diese Szenarien werden dann als Eingangsgrößen für verfügbare Wasserhaushaltsmodelle (WHM) verwendet, um Aussagen über die Auswirkungen der Klimaänderung auf den Wasserhaushalt treffen zu können."

Da es derzeit noch kein optimales Verfahren für die Erstellung regionaler Klimaszenarien gibt, wurden für KLIWA drei Verfahren zur Simulation des regionalen Klimas ausgewählt. Dadurch enthält man eine gewisse Bandbreite denkbarer Entwicklungen:

- eine statistische Methode (Potsdam-Institut für Klimafolgenforschung),
- ein statistisch-dynamisches Verfahren (Meteo-Research),
- ein regionales dynamisches Modell (REMO, Max-Planck-Institut für Meteorologie).

Nach KLIWA: Der Klimawandel in Bayern für den Zeitraum 2021–2050 (2005). unter www.kliwa.de, Dez. 2010

12 Karte 19 zeigt die prognostizierte Temperatur für das Ende des 21. Jh. nach Szenario A1B des IPCC.

a) Nennen Sie die Kennwerte für dieses Szenario.
b) Beschreiben Sie die global unterschiedliche Erwärmung.

13 Arbeiten Sie mit Diagramm 21.

a) Erklären Sie die große Schwankungsbreite innerhalb der jeweiligen Szenarien.
b) Ermitteln Sie die prognostizierte Temperaturentwicklung für ein mittleres und ein extremes Szenario.

14 Regionalbeispiel Bayern (Karte 23):

a) Beschreiben Sie die Temperaturprognose.
b) Geben Sie für einzelne Teilräume eine Erklärung der Prognose.

24 Der ozeanische Kohlenstoffkreislauf

Dieter Kasang nach Norbert Noreiks (MPI-M) und IPCC (Climate Change 2001), auf: www.hamburger-bildungsserver.de/welcome.phtml?treibhausgase/kohlendioxid/kreislauf.html, Juni 2008

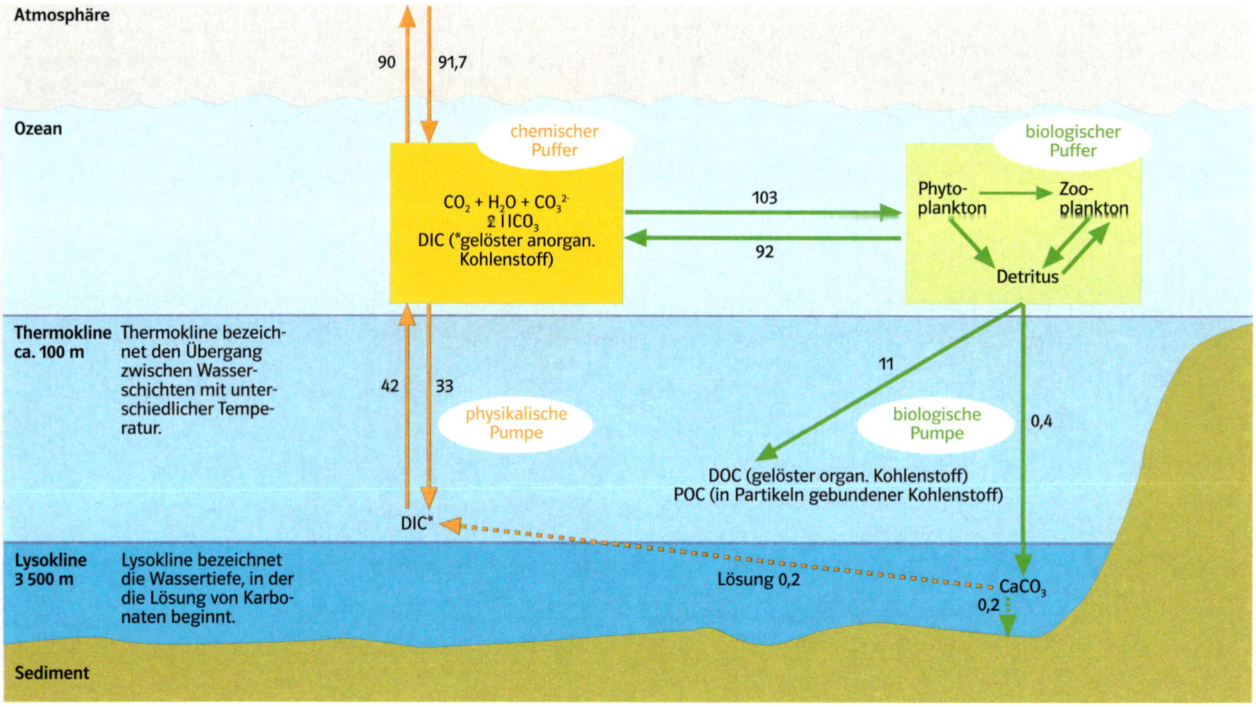

Ozeane im Klimageschehen: Fallbeispiel Golfstrom

Für das globale Klimageschehen sind die marinen Ökosysteme in zweierlei Hinsicht entscheidend:

- Meeresströmungen bewirken mit dem Transport riesiger Wassermassen einen entscheidenden Wärmetransport über große Entfernungen,
- mit 38 000 Gigatonnen Kohlenstoff (1 Gt = 10^9 t) speichern die Weltmeere 50-mal mehr Kohlenstoff als die Atmosphäre.

Im globalen Kohlenstoffkreislauf sind die Ozeane sowohl CO_2-Senken als auch CO_2-Quellen: Jährlich werden etwa 90 Gt ausgetauscht. Von den anthropogenen Kohlendioxidemissionen nehmen die Ozeane etwa 30 % auf. Dieser CO_2-Austausch findet in der obersten, etwa 100 m mächtigen Wasserschicht statt. Dort findet sich gelöster anorganischer Kohlenstoff (DIC: dissolved inorganic carbon) als gelöstes CO_2-Gas, als Hydrogencarbonat (HCO_3^-) und als Karbonat (CO_3^{2-}). Ein Teil des gelösten Kohlenstoffs wird mit kalten Meeresströmungen in tiefere Schichten der Ozeane transportiert („physikalische Pumpe"). Der andere Teil wird im Prozess der Fotosynthese vom Phytoplankton aufgenommen. Über die Nahrungskette gelangt es auch ins Zooplankton. Die abgestorbenen Lebewesen und somit in Partikeln gebundener Kohlenstoff (POC: particular organic carbon) sinken in die Tiefen der Meere („biologische Pumpe"), wo ein Teil des fixierten CO_2 in Lösung geht (DOC: dissolved organic carbon). Ein kleiner Teil gelangt bis auf den Meeresboden und wird dem Austausch mit der **Atmosphäre** entzogen.

15 Stellen Sie mithilfe des IPCC-Berichts 2007 (Online-Link 104109-4403) dar, wie sich der Kohlenstoffaustausch zwischen Atmosphäre, Landvegetation und Ozean seit den 1980er-Jahren verändert hat.

16 Die Prozesse im ozeanischen Kohlenstoffkreislauf sind temperaturabhängig. Be-

Material
Methode Wirkungsgefüge
104109-4204

Material
Ozeanischer Stoffkreislauf
104109-4403

Surftipp
IPCC-Bericht 2007
104109-4404

Material
Versiegt der Golfstrom?
104109-4405

25 Der Golfstrom – Normalsituation

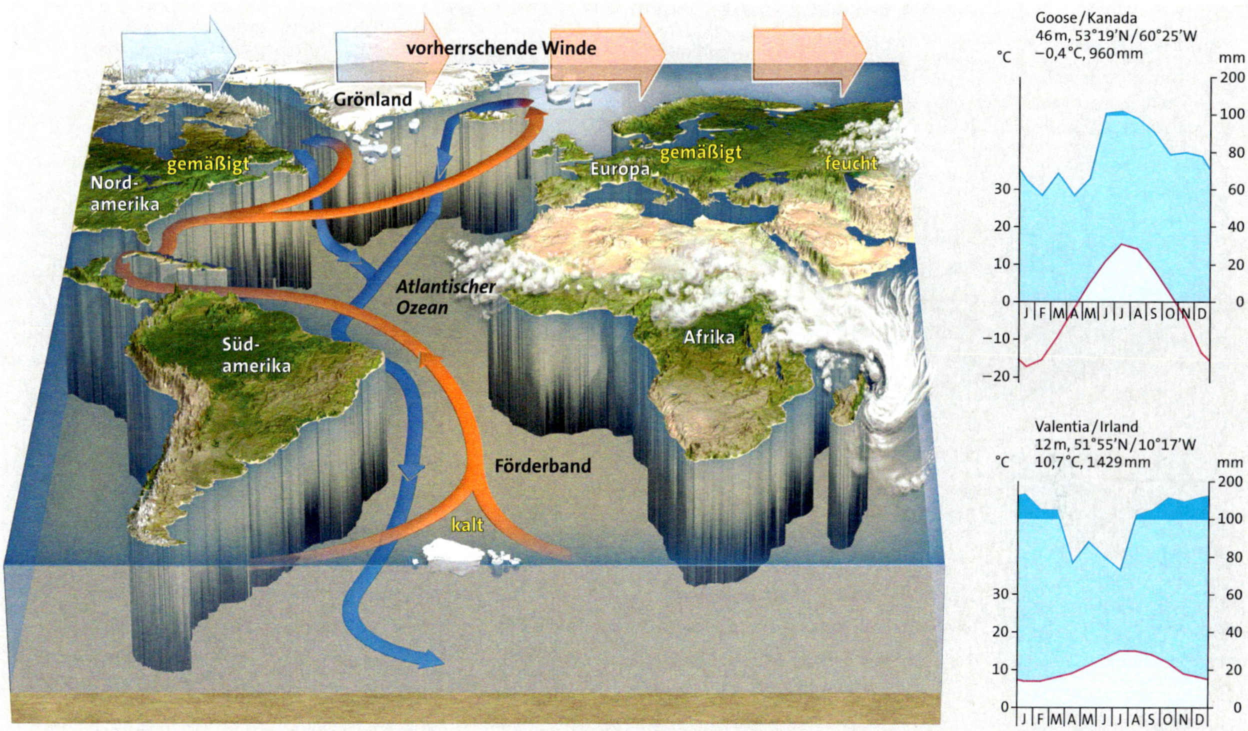

26 Der Golfstrom

„Als Golfstrom wird traditionell die ... starke horizontale Meeresströmung an der Oberfläche bezeichnet, die nahe der US-amerikanischen Ostküste von Florida bis North Carolina verläuft. Bei Kap Hatteras auf 35 Grad Nord löst sich der Strom von der Küste und dringt als gebündelter Strahlstrom mit etwa 5 km/h auf 50 km Breite in den offenen Atlantik vor... Nach etwa 1500 km verliert sich der Charakter als gebündelter Strom, man bezeichnet die Verzweigungen als Golfstromausläufer, den nach Norwegen reichenden Ast auch als Nordatlantischen Strom."

Ernst Maier-Reimer, Max-Planck-Institut für Meteorologie, Hamburg; auf www.mpimet.mpg.de/aktuelles/presse/faq-haeufig-gestellte-fragen/was-ist-der-golfstrom.html, Dez. 2010

27 Energietransport und Antrieb

„[Der] Golfstrom ... transportiert bei 24° N die enorme Energiemenge von 1,3 Petawatt (1 PW = 10^9 Megawatt = 10^{15} Watt) und bei 48° N noch 0,6 PW in den Nordatlantikraum, wo sie zu einem großen Teil an die Atmosphäre abgegeben wird, das regionale Klima um bis zu 10 K erwärmt und in Folge der vorherrschenden Westwinde für das außerordentlich milde Klima in Nordwesteuropa sorgt ... Die Abkühlung des Oberflächenwassers in der GIN-[Meer zwischen Grönland, Island und Norwegen] und Labradorsee und der mitgebrachte hohe Salzgehalt, der durch die Bildung von Meereis noch weiter erhöht wird, verleihen den Wassermassen eine so hohe Dichte, dass sie in gewaltigen Mengen bis in Tiefen von zwei bis drei Kilometern absinken. Diese Absinkvorgänge wirken wie ein Sog und ziehen immer wieder neue warme und salzreiche Wassermassen aus der Karibik nach Norden. In der Tiefe strömen sie dann als Nordatlantisches Tiefenwasser in einer Größenordnung nach Süden zurück, die etwa 20-mal so hoch wie der Abfluss aller Flüsse der Erde und um einiges größer als die gesamte globale Niederschlagsmenge ist."

http://wiki.bildungsserver.de/klimawandel/index.php/Globales_F%C3%B6rderband, Dez. 2010

schreiben Sie die Auswirkungen einer Temperaturerhöhung des ozeanischen Oberflächenwassers auf den biologischen Puffer und die physikalische Pumpe (Grafik 24).

17 Erstellen Sie ein Wirkungsgefüge (Online-Link 104109-4204), welches die Folgen einer Abkühlung des Oberflächenwassers des Nordatlantiks darstellt.

28 Die Aktivisten im Klimaschutz

Seite 244–247
Entwicklung des Energieverbrauchs, regenerative Energiepotenziale

Maßnahmen zum Klimaschutz

Seit dem Beginn der Industrialisierung haben die Treibhausgasemissionen deutlich zugenommen. Allein zwischen 1970 und 2004 sind nach dem Bericht der Arbeitsgruppe III des IPCC-Berichts (2007) die Emissionen von CO_2, CH_4, N_2O und FCKW um 70 Prozent von 28,7 auf 49 Gigatonnen Kohlendioxidäquivalent angestiegen.

Das Klimasystem reagiert mit einer Verzögerung auf den Anstieg der Treibhausgaskonzentration. Bei einer Begrenzung des globalen Temperaturanstiegs auf weniger als 2K können die zu erwartenden Gefährdungen, mit denen etwa zwischen 2025 und 2040 zu rechnen ist, wahrscheinlich noch abgewendet werden. Würde aber die Temperatur bis zur Jahrhundertwende um 4K höher als heute liegen, dann müssten wir mit Bedingungen rechnen, wie sie vor ca. 40 Mio. Jahren geherrscht haben. Damals lag der Meeresspiegel 70m höher, die Antarktis und Grönland waren weitgehend eisfrei.

Bis zum Jahr 2030 ist mit einem Anstieg der Weltbevölkerung von ca. 6 auf 8 Mrd., bis 2059 sogar auf 9,5 Mrd. Menschen zu rechnen. Gerade in den bevölkerungsreichen Ländern China und Indien ist von einer gewaltigen Steigerung des Energiebedarfs auszugehen. Da der Energiesektor die Hauptemissionsquelle für Treibhausgase darstellt, muss bei der Reduzierung der Treibhausgase beim Energieverbrauch und der Energieherstellung angesetzt werden. Dabei sollten die Maßnahmen nicht nur effektiv und effizient sein, sondern so früh wie möglich ergriffen werden.

Klimawandel – eine globale Herausforderung. Nur 25 Staaten sind für 83 % der globalen Treibhausgasemissionen verantwortlich. Unter den Folgen des **Klimawandels** leiden auf lange Sicht aber alle Staaten. Allerdings werden diejenigen am stärksten betroffen sein, die in der Regel am wenigsten zu den Ursachen beigetragen haben. Um der gemeinsamen Verantwortung für das Weltklima gerecht zu werden, wurde mit der Klimarahmenkonvention von 1992 und mit dem auf ihr aufbauenden Kyoto-Protokoll von 1997 eine rechtliche Grundlage für eine multilaterale Klimapolitik geschaffen. Mit diesem Protokoll hat die Staatengemeinschaft einen ersten Schritt zur verpflichtenden Verringerung der Treibhausgasemissionen getan. Die Bereitschaft vieler Staaten im Klimaschutz zu handeln, steht bisher allerdings noch in einem starken Missverhältnis zur Dringlichkeit notwendiger Lösungen. Die EU hat daher beschlossen eine Führungsrolle zu übernehmen, um die

29 Notwendige Veränderung des globalen Energiemix

Wilfried Endlicher (2007): Das Unbeherrschbare vermeiden und das Unvermeidbare beherrschen. In: Wilfried Endlicher und Friedrich-Wilhelm Gerstengarbe (Hrsg.), a. a. O. S. 123

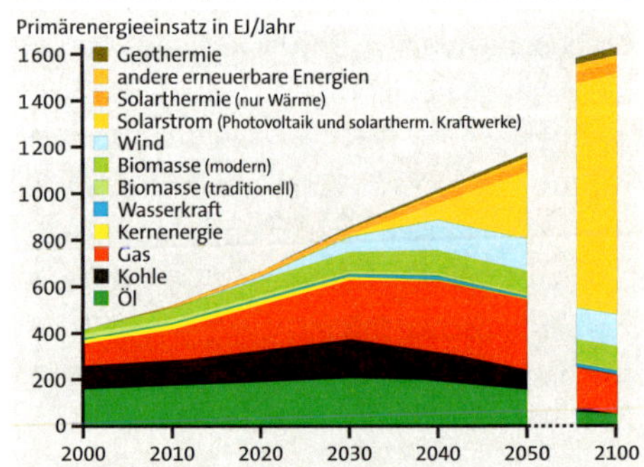

18 Erläutern Sie mögliche Maßnahmen im Energiebereich, um eine Begrenzung der Erwärmung auf höchstens 2K zu erreichen.

Verhandlungsprozesse voranzubringen. Die 2 K-Obergrenze der globalen Erwärmung und der Übergang in eine kohlenstoffarme Weltwirtschaft sind dabei die beiden Leitplanken der angestrebten Entwicklung.

30 Das Kyoto-Protokoll

Mit dem Kyoto-Protokoll verpflichteten sich die Industriestaaten als Gruppe, die Emission wichtiger Treibhausgase (Kohlendioxid, Methan, Lachgas u. a.) zwischen 2008 und 2012 um durchschnittlich 5,2 % unter den Wert von 1990 zu senken. Die EU legte sich auf 8 %, Deutschland auf 21 %, ... Japan und Kanada auf je 6 % fest, während Russland und die Ukraine zusagten, das Niveau von 1990 nicht zu überschreiten. Die Entwicklungsländer einschließlich Indiens und der Volksrepublik China akzeptierten keinerlei Begrenzung.

Um die jeweils festgelegten Ziele zur Emissionsreduzierung zu erreichen, wurden drei flexible Mechanismen entwickelt:

- Handel mit Emissionsrechten,
- gemeinsame Umsetzung,
- Mechanismen für umweltverträgliche Entwicklung.

Das Kyoto-Protokoll konnte erst nach der Ratifizierung durch mindestens 55 Staaten, die zusammen für mindestens 55 % des 1990 emittierten CO_2 verantwortlich waren, in Kraft treten – was also erst 2005, nach der Ratifikation durch Russland, der Fall war. Inzwischen haben 141 Staaten ratifiziert, die zusammen für 62 % der CO_2-Emissionen verantwortlich sind und 85 % der Weltbevölkerung repräsentieren. Drei Industrieländer sind noch nicht dabei: Kroatien, Monaco und die USA. [Letztere sind] mit gut einem Viertel des weltweiten Ausstoßes der größte Emittent von CO_2.

Nach Allianz Umweltstiftung: Informationen zum Thema Klima, München 2007, S. 38 f.

31 Maßnahmen zur Beschränkung der CO_2-Konzentration in der Atmosphäre

Nach Pacala & Socolow 2007; aus: Wilfried Endlicher (2007), a. a. O. S. 123

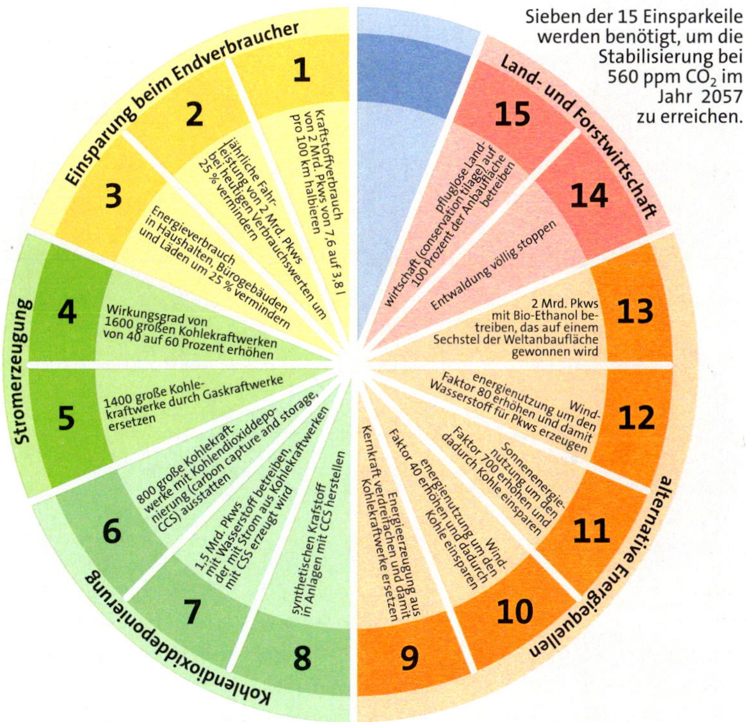

32 Was kann jeder einzelne tun?

„– Stromverbrauch im täglichen Leben vermindern: Öfter abschalten, Energie sparende Haushaltsgeräte und Leuchtmittel kaufen sowie Stand-by-Schaltungen vermeiden.
- „Grünen" Strom kaufen und Umsteigen auf erneuerbare Energien: Hier liegt ein großes Potenzial, das Klimaschutz, technische Innovation und Schaffung von Arbeitsplätzen in Industrie und Handwerk einschließt...
- Richtig heizen und vernünftig lüften...
- Gut isolieren: Wärmedämmung anbringen sowie natürlich bauen und wohnen... – Nachhaltig mobil: Sparsame Autos fahren ... und auf den öffentlichen Personennahverkehr umsteigen...
- Flugreisen vermeiden...
- Intelligent Einkaufen: Regionale und saisonale Angebote beachten...
- Recycling durchführen: Müll vermeiden und wiederverwerten..."

Wilfried Endlicher (2007): Das Unbeherrschbare vermeiden und das Unvermeidbare beherrschen. In: Wilfried Endlicher und Friedrich-Wilhelm Gerstengarbe (Hrsg.), a. a. O., S. 127ff.

19 Arbeiten Sie aus dem Maßnahmenbündel zur Beschränkung der Kohlenstoffdioxid-Konzentration (Grafik 31) Maßnahmen heraus, die unter den derzeitigen Bedingungen am ehesten realisierbar wären.

20 Kyoto-Protokoll:
a) Ermitteln Sie, was unter den „flexiblen Mechanismen" zu verstehen ist.
b) Bewerten Sie die Bedeutung des Abkommens.

33 Veränderung des Ozonlochs

Nördliche Hemisphäre 1979

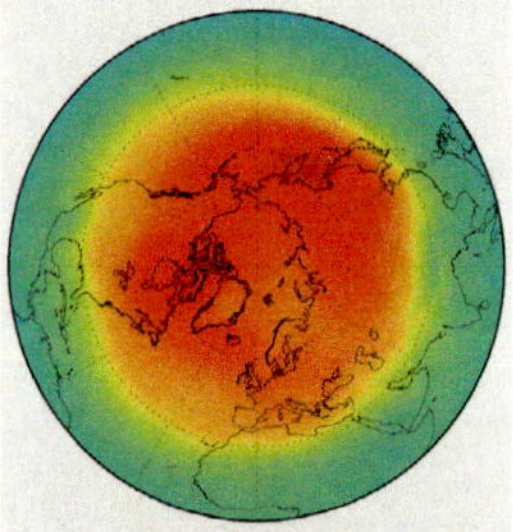

Nördliche Hemisphäre 2007

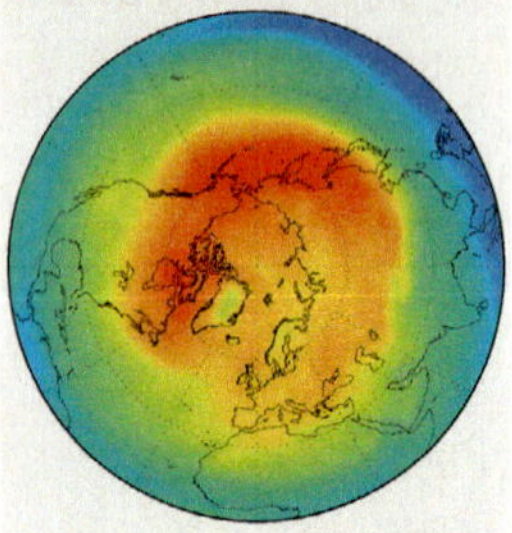

Südliche Hemisphäre 1979

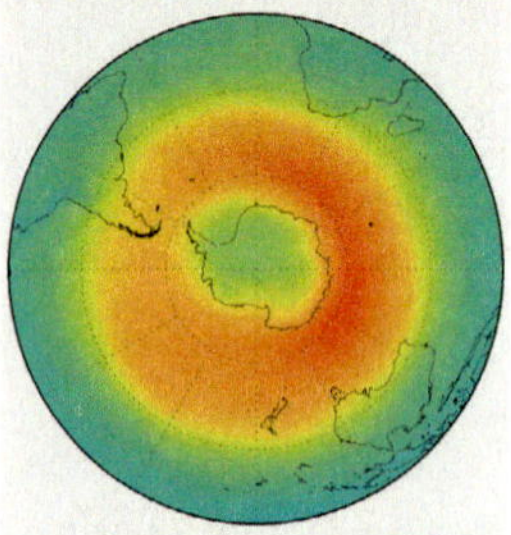

Südliche Hemisphäre 2007

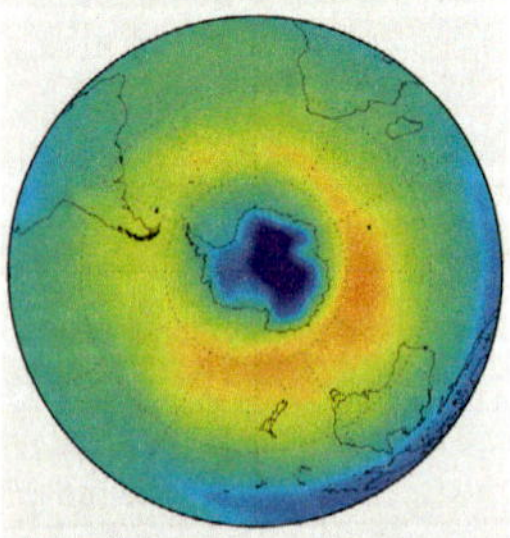

Jahresdurchschnittl. Ozonschicht in Dobson-Einheit

180–300

300–400

Dobson-Einheiten (DU): Maß für die Gesamtmenge des Ozons über einer Flächeneinheit. 1 DU= 2,69 x 10^{16} Ozonmoleküle/cm^2 = eine 0,001 cm dicke Ozonschicht über der Fläche unter Normalbedingungen

Fluorchlorkohlenwasserstoffe (FCKW) und Ozon

34 Vorgänge des Ozonabbaus im Südpolargebiet

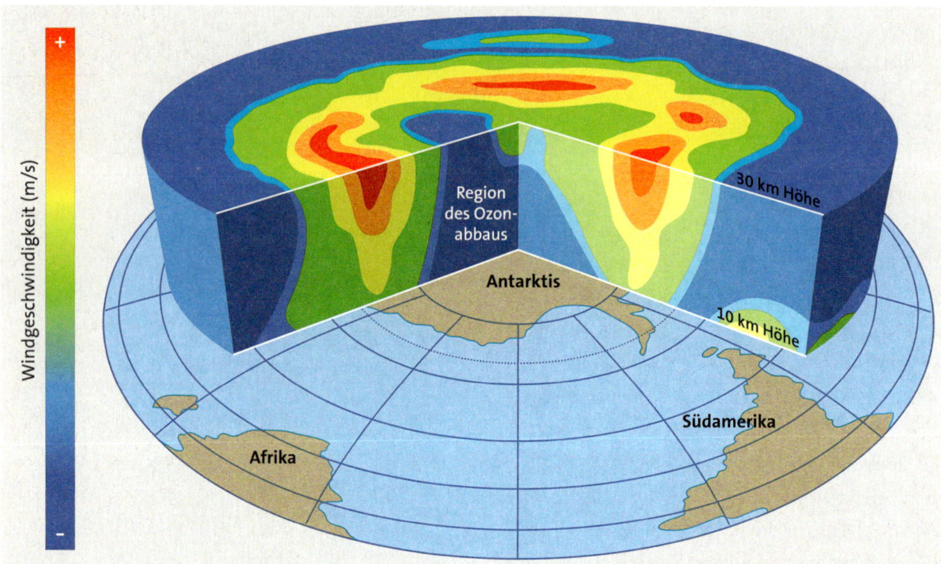

„Wenn der antarktische Winter beginnt, baut sich der Polarwirbel auf, und es wird darin in der Stratosphäre so kalt, dass gasförmige Partikel an Aerosolen kondensieren können und sich Wolken bilden. Die Wolken entziehen der Stratosphäre Wasser und vor allem auch Stickstoff. An den Oberflächen der winzigen Kristalle können nun chemische Reaktionen ablaufen, bei denen aus den Chlorvorräten (das Chlor entstammt ursprünglich Fluorchlorkohlenwasserstoffen, die in ultraviolettem Licht zerfallen waren) molekulares Chlor freigesetzt wird ($HCl+ClONO_2 \rightarrow Cl_2+HNO_3$). Dieser Prozess kulminiert in der kältesten Zeit, also im August. Sowie die Sonne wieder über der Antarktis zu scheinen beginnt, zerfällt das Chlor in seine hochreaktiven Atome ($ClO+ClO \rightarrow 2Cl+O_2$, $ClO+BrO \rightarrow Cl+Br+O_2$). Nun beginnen Reaktionszyklen, bei denen hauptsächlich von dem Chlor und teilweise auch von Brom große Mengen Ozon zersetzt werden. Diese Reaktionen setzen sich bis in den Oktober hinein fort, in dem die geringsten Ozonwerte erreicht werden. Erst im späten Frühjahr löst sich der Polarwirbel auf; die ozonarmen Luftmassen verteilen sich über die Südhemisphäre, während ozonreiche Luft aus mittleren Breiten in die antarktische Stratosphäre einströmt."

Spektrum der Wissenschaft: Dossier Klima und Energie, S. 56–57

35 Bodennahes Ozon (Ozon, von griech.: ozein = riechen, = dreiatomiger molekularer Sauerstoff)

In Bodennähe ist Ozon in höherer Dosis schädlich für den Menschen. Wir merken dies vor allem im Sommer, wenn Industrie- und Autoabgase bei geringem Luftaustausch zum Ozonsmog führen. Eine Konzentration von 40 mg pro m^3 können wir bereits riechen, ab 70 mg/m^3 reizt Ozon die Bindehaut und Werte von über 100 mg/m^3 führen zu Kopfschmerzen. Heute liegt die durchschnittliche Ozonkonzentration in den ländlichen Regionen Mitteleuropas mehr als fünfmal höher (zwischen 50–90 ppm) als vor hundert Jahren. Die Grenzkonzentrationen für eine Schädigung von Pflanzen liegen bei 60 ppm, für die Gefahr von Gesundheitsschäden beim Menschen bei 120 ppm.

Material/Surftipp
Ozon
104109-4407

Die Ozonschicht in der Stratosphäre

Sie umgibt in 10–50 km Höhe die Erde und wirkt als lebensrettende Schutzschicht vor der kosmischen ultravioletten Strahlung (UV).

Auf Plakaten und Postern wird die australische Bevölkerung vor den Krebs erregenden UV-Strahlen der Sonne gewarnt und aufgefordert, sich während der stärksten Belastungszeit zu schützen. Die Zunahme der gefährlichen UV-Strahlung ist auf den erheblichen Ozonabbau in der Stratosphäre durch Fluorchlorkohlenwasserstoffe (FCKW) zurückzuführen. Diese werden vom Menschen hergestellt. Man verwendete sie u.a. als Chemikalie in Kühlschränken und Treibmittel in Sprühdosen. In den 1980er-Jahren stieg ihr Verbrauch enorm an, ihre atmosphärische Konzentration erhöhte sich.

Ab Ende der 1970er-Jahre stellte man fest, dass über der Antarktis eine Zone besteht, in der während des Südfrühlings etwa die Hälfte des Ozons verschwindet (Ozonloch). Intensive Forschungen ergaben, dass auch in den mittleren Breiten beider Halbkugeln eine Reduzierung in der Größenordnung von 5 % der gesamten Ozonsäule zu verzeichnen ist. Größte bisherige Ausdehnungen dieses Ozonlochs wurden im September 2000 und 2006 beobachtet.

Die internationale Gemeinschaft hat auf die vom Ozonabbau durch FCKW ausgehende Gefährdung globaler Lebensgrundlagen relativ schnell und erfolgreich reagiert. Der illegale Handel mit FCKW wird heute als Umweltkriminalität anerkannt und geahndet.

Die Langzeitwirkung umweltgefährdender Prozesse wird daran deutlich, dass eine Normalisierung und Rückkehr zu den natürlichen Verhältnissen mehrere Generationen dauern wird. Solide Schätzungen zum zu erwartenden Zeitraum differieren. Die NASA erwartet 2068 die Wiederherstellung des Ausgangszustandes. Die Weltorganisation für Meteorologie (WMO) prognostizierte 2006, dass sich die **Ozonschicht** über der Antarktis in den nächsten 20 Jahren nur unwesentlich erholen wird, erst zwischen 2060 und 2075 erwartet man, dass der Zustand von vor 1980 wiederhergestellt ist. Danach ist über der Arktis in kalten Wintern auch in den nächsten 15 Jahren mit größeren Ozonverlusten zu rechnen.

36 Ursachen und Folgen des Ozonabbaus

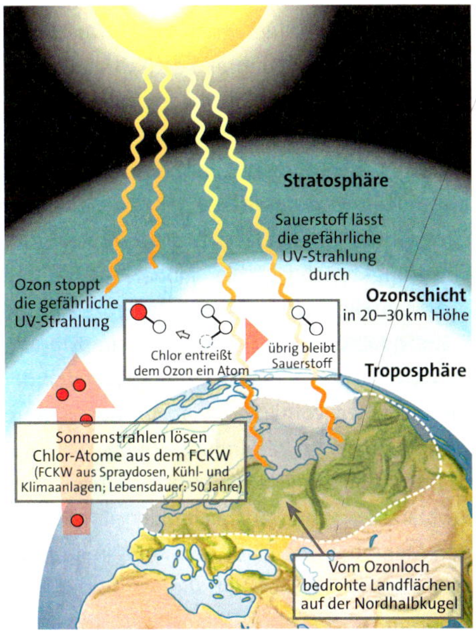

37 Problem gelöst? – Produktion von FCKW und deren atmosphärische Konzentration

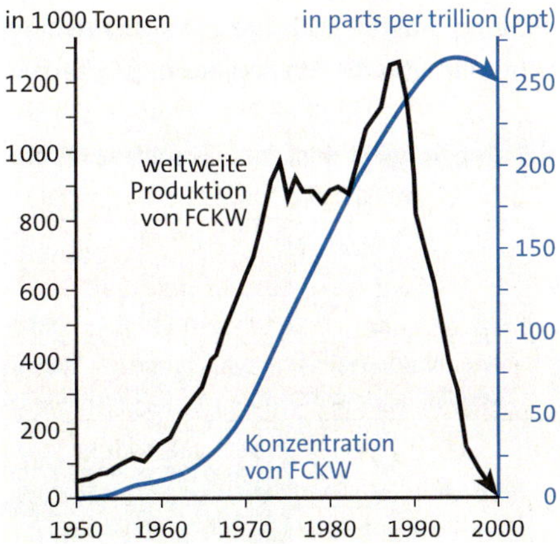

38 Chronik

1973: Entdeckung der Ozon zerstörenden Wirkung der FCKW
1977: erste weltweite Wissenschaftskonferenz zur Ozonfrage
1978: FCKW-Verbot in den USA
ab 1978: Satellitenbeobachtung des Ozonlochs
1986: Die USA fordern eine Verringerung des FCKW-Ausstoßes um 95 % in 10 Jahren
1987: UN: Verringerung um 50 % beschlossen
1988: Chlor im FCKW als Hauptursache des Ozonschwundes erkannt
1990: FCKW-Ausstieg bis zum Jahr 2000
1992: Verdünnung der Ozonschicht über der Nordhalbkugel um 20 %; Beschluss des FCKW-Ausstieges bis 1996, Entwicklungsländer ab 2007
1994: Konzentrationsmaximum von FCKW in der Atmosphäre
ab 2002: Prognose, dass das Ozonloch in etwa 40 Jahren verschwunden sein wird

21 Erklären Sie mithilfe ausgewählter Materialien auf dieser Doppelseite die Entstehung des Ozonlochs.

22 Beurteilen Sie die Veränderung der Ozonkonzentration in Material 33.

23 Chronik 38 und Grafik 37:
a) Beurteilen Sie die Reaktionsfähigkeit der internationalen Gemeinschaft auf die globalen Gefahren aus dem Ozonloch.
b) Beurteilen Sie die Reaktionszeiten bei natürlichen Regenerationsprozessen.

5

Raumstrukturen im Wandel: national – regional – global

Die Eine Erde, die unsere gemeinsame Lebensgrundlage bildet, trägt mehrere Welten. Das gilt in kultureller, vor allem aber in wirtschaftlicher und sozialer Hinsicht. Der wohlhabenden Welt fortgeschrittener Länder stehen Staaten mit großen Entwicklungsproblemen gegenüber. Dazwischen gibt es die sogenannten Schwellenländer, denen es in den letzten Jahrzehnten gelungen ist, ihre Wirtschaft zu modernisieren und auf der Grundlage eigenständiger Industrialisierungsprozesse beachtliche Wachstumsraten ihres Bruttonationaleinkommens zu erreichen.

Bei aller Vielfalt an unterschiedlich strukturierten Staaten ist ein Trend zur Regionalisierung, also zur Bildung von Wirtschaftsblöcken, Freihandelszonen oder Zollunionen, zu beobachten. Beispiele sind die Europäische Union oder die NAFTA in Nordamerika. Derartige Zusammenschlüsse fördern die Integration ihrer Mitglieder und den internen Warenaustausch. Gleichzeitig erschweren oder versperren sie aber auch den Marktzugang für Drittländer.

Alle Staaten und Staatengruppierungen, alle Länder und Regionen unterliegen heute den vielfältigen Einflüssen der Globalisierung. Die zunehmenden Verflechtungen einer arbeitsteiligen Weltwirtschaft führen zu einem tiefgreifenden Wandel aller Raumstrukturen. Diese Raumstrukturen und ihr Wandel stehen im Mittelpunkt des folgenden Kapitels. Die Betrachtung geht dabei zunächst von der nationalen und regionalen Ebene aus, ehe sie sich zur globalen Perspektive ausweitet.

1 Wirtschaftsmacht USA: Silicon Valley

2 Europäische Union: Airbus A 380 als wichtiges Gemeinschaftsprojekt

3 Globalisierung: Singapur als bedeutende Steuerungszentrale

Fünf Schritte bis zum Ziel

Ziel

- Raumstrukturen und deren Wandel in ausgewählten Industrie-, Entwicklungs- und Schwellenländern erfassen
- naturräumliche, wirtschaftliche und politische Rahmenbedingungen dieses Wandels herausarbeiten
- anhand ausgewählter Staatengruppen Prozesse regionaler Integration und Kooperation analysieren
- Auswirkungen der Globalisierung erörtern

1. Einstieg: Problemstellungen erarbeiten

- anhand des Bildmaterials auf dieser Doppelseite „Forschungs- oder Neugierfragen" zum Oberthema „Raumstrukturen im Wandel: national – regional – global" formulieren,

  Beispiel: Hängen die unterschiedlichen Entwicklungsstände einzelner Länder oder Ländergruppen eher vom naturräumlichen Potenzial oder eher von den sozioökonomischen Rahmenbedingungen ab?

- in dieser Weise weitere „Forschungsfragen" erarbeiten und schriftlich fixieren

2. Durchführung der Untersuchung

- Erarbeitung der für die „Forschungsfragen" wesentlichen Informationen aus den Materialien
- Analyse von Ursachen
- Erläuterung möglicher Folgen
- Anwendung fachspezifischer Methoden und Arbeitsweisen

3. Ergebnisse präsentieren

- Ergebnisse in unterschiedlicher Art vorstellen, vom Hausaufgabenvortrag bis zur Präsentation selbst erstellter Wirkungsgefüge

4. Ergebnisse individuell überprüfen

- Die bei Schritt 1 formulierten „Forschungsfragen" mit dem Untersuchungsergebnis vergleichen: Sind die Fragen in zufriedenstellender Weise beantwortet?

5. Erworbene Kompetenzen anwenden

- z. B. Durchführung eigenständiger Analysen weiterer Länderbeispiele
- z. B. Bewertung geodeterministischer und soziodeterministischer Vorstellungen
- z. B. sachlich fundierte Teilnahme an der Diskussion über verstärkte Entwicklungszusammenarbeit

A380
AIRBUS
AIRBUS

5.1 Räume unterschiedlichen Entwicklungsstandes

Kompetenzen erwerben:
- die Begriffe „Entwicklungsland", „Schwellenland" und „Eine Welt" erklären,
- Merkmale von „Entwicklung" und „Unterentwicklung" erläutern,
- Zusammenhänge zwischen verschiedenen Entwicklungsindikatoren in einem Wirkungsgeflecht darstellen,
- die gängigsten Systeme zur Klassifizierung von Ländern und Ländergruppen in ihrer Aussagekraft vergleichen,
- mithilfe des GIS räumliche Disparitäten ermitteln.

1 Zwei Ansichten der „Einen Welt"
Obdachlosigkeit in Johannesburg (Südafrika) und Hamburg

Was gehen uns die **Entwicklungsländer** an? Die Ungerechtigkeit in der Welt, die sich in der wachsenden Kluft zwischen einer „Gesellschaft im Überfluss" und einer „Gesellschaft in Armut" äußert, ruft zum Handeln auf – und das nicht nur aus moralischer Sicht. Zu wenig ist uns hier im „reichen Norden" offenbar bewusst, dass die Probleme im „armen Süden" auch unsere Probleme sind. Wenn tropische Regenwälder gerodet werden, um Ackerflächen für die Ernährung der wachsenden Weltbevölkerung zu gewinnen oder unseren Hunger nach Tropenhölzern, Soja oder Energierohstoffen zu stillen, hat dies Auswirkungen auf das globale Klima. Wenn Pflanzenarten vernichtet werden, gehen Genpotenziale, die für unsere medizinische Versorgung eines Tages überlebenswichtig sein könnten, unwiederbringlich verloren. Wenn sich durch den Raubbau an der Natur die Wüsten ausdehnen und Umweltflüchtlinge in ihrer Verzweiflung versuchen, in die „Festung Europa" einzudringen, wenn Migranten aus Bürgerkriegsgebieten bei uns um Asyl bitten, ist das ein Zeichen, dass die Probleme der Entwicklungsländer auch uns eingeholt haben. Wenn Menschen in Armut und Erniedrigung ihre Zuflucht im religiösen Fundamentalismus suchen, bedroht das massiv unsere Sicherheit. Wenn Hungersnöte, Verteilungs- oder Ressourcenkämpfe zu bewaffneten Konflikten führen, wenn dadurch die weltweite Militarisierung zulasten der Entwicklung geht und einige Länder sogar versuchen, sich in den Besitz von Massenvernichtungsmitteln zu bringen, wird der Weltfrieden und damit auch unsere „Friedensinsel Europa" gefährdet.

Die Welt hat sich in den letzten Jahrzehnten grundlegend geändert. Die **Transformationsprozesse** in den ehemals sozialistischen Ländern und ihre Einbindung in die Weltwirtschaft, die Terroranschläge auf das World Trade Center in New York am 11. September 2001, vor allem aber die dynamisch ablaufenden Globalisierungsprozesse haben uns vor Augen geführt, dass die Kontinente und ihre Bewohner enger miteinander verflochten sind, als man lange Zeit wahrhaben wollte. Es ist nicht mehr gerechtfertigt von der „bipolaren" Welt zu sprechen, hier die Industrieländer, dort die Entwicklungsländer. Die Welt des 21. Jh. ist vielmehr eine unteilbare Einheit geworden – wirtschaftlich, ökologisch und sozial.

„Eine Welt" mit vielen Gesichtern

2 Eine Welt – (k)eine einige Welt?

„Ein von Dürren bedrohter Kleinbauer in der Sahelzone hat eine andere Vorstellung davon, welche Probleme vordringlich zu lösen sind, als ein Fabrikdirektor in Kassel, der Arbeitnehmer entlassen muss; eine Frau in einem Elendsviertel in Nairobi, die von Gelegenheitsarbeiten lebt, hat andere Vorstellungen von einer glücklichen Zukunft als eine Chefsekretärin in einem indischen Industrieunternehmen.
Die ‚Eine Welt' ist also auch eine Welt voller Ungleichheiten, voller Gegensätze und Konflikte. Während in Malawi die Lebenserwartung eines Neugeborenen unter 40 Jahren liegt, erreicht sie in Schweden 80 Jahre und mehr. Das Vermögen der drei reichsten Menschen der Welt übersteigt das Monatseinkommen von 600 Millionen armen Menschen."

Karl Engelhard: Welt im Wandel. Die gemeinsame Verantwortung von Industrie- und Entwicklungsländern. Grevenbroich/Stuttgart: OMNIA 2004, S. 6–7

4 Bruttonationaleinkommen (BNE) pro Kopf in Kaufkraftparitäten zum US-$ 2006

Nach Der Fischer Weltalmanach 2009. Frankfurt am Main: Fischer Taschenbuch Verlag 2008, S. 536–539

Die Reichsten		Die Ärmsten	
Liechtenstein*	64 310	Liberia	260
Luxemburg	60 870	D. R. Kongo	270
Norwegen	50 070	Burundi	320
Brunei	49 900	Guinea-Bissau	460
Kuwait*	48 310	Sierra Leone	610
USA	44 070	Niger	630
Singapur	43 300	Äthiopien	630
Schweiz	40 840	Mosambik	660
Niederlande	37 940	Eritrea	680
Kanada	36 280	Malawi	690
Dänemark	36 190	Zentralafrika	690
Österreich	36 040	Ruanda	730
Irland	34 730	Togo	770
Schweden	34 310	Madagaskar	870
Bahrain*	34 310	Uganda	880
Australien	33 940	Tansania	980
Belgien	33 860	Mali	1 000
Island	33 740	Burkina Faso	1 130
Großbrit.	33 650	Sambia	1 140
Finnland	33 170	Benin	1 250

* Daten stammen aus einem anderen Jahr

5 „Eine Welt" oder „Keine Welt"

„Aus globaler Sicht sind Entwicklung, Umwelt und Friedenssicherung untrennbar miteinander verbunden. Gefordert sind globales Denken und Weitsichtigkeit, denn nur gemeinsames nachhaltiges Handeln aller Menschen kann die Zukunft der Menschheit auf Dauer sichern. ‚Eine Welt' oder ‚Keine Welt' ist keine Alternative."

Weltbank (Hrsg.): Der Weltentwicklungsbericht 2006. Düsseldorf: Droste 2006, S. 1–2, gekürzt

Kaufkraftparität = KKP-/PPP-$ = Purchasing Power Parity (vgl. Tabelle 4): Internationale Kaufkraft der Währung eines Landes; sie gibt an, wie viele Einheiten der jeweiligen Währung erforderlich sind, um den gleichen Waren- und Dienstleistungskorb zu kaufen, den man in den USA für einen Dollar erhalten könnte.

3 Ungleichheit der Lebenschancen

„Nehmen wir zwei südafrikanische Kinder ..., beide am selben Tag im Jahr 2000 zur Welt gekommen: Nthabiseng ist schwarz, hineingeboren in eine arme Familie in der Eastern-Cape-Provinz. Ihre Mutter hat nie eine formale Schulbildung bekommen. Pieter ist weiß und wächst in einer reichen Familie in Cape Town auf. Seine Mutter hat ein Studium an der nahegelegenen renommierten Stellenbosch-Universität absolviert.
Für Nthabiseng war die Wahrscheinlichkeit, im ersten Lebensjahr zu sterben, mit 7,2 % doppelt so hoch wie für Pieter. Pieter hat eine Lebenserwartung von 68 Jahren, bei Nthabiseng sind es 50 Jahre. Erwartungsgemäß wird Pieter eine 12-jährige formale Schulbildung erhalten, während Nthabiseng höchstens ein Jahr zur Schule geht. Nthabiseng wird ihr Leben lang vermutlich deutlich ärmer sein als Pieter. In ihrer Kindheit und Jugend wird sie mit geringerer Wahrscheinlichkeit Zugang zu sauberem Trinkwasser und sanitären Einrichtungen haben oder gute Schulen besuchen können ...
So gravierend die Unterschiede in den Lebenschancen für Pieter und Nthabiseng in Südafrika sein mögen – sie erscheinen geradezu winzig klein in Anbetracht der Disparitäten zwischen durchschnittlichen Südafrikanern und den Bürgern in Ländern mit höherem Entwicklungsstand. Nehmen wir Sven: Er kam am selben Tag als Sohn eines durchschnittlichen schwedischen Haushalts zur Welt. Die Wahrscheinlichkeit, dass er im ersten Lebensjahr stirbt, ist sehr gering (0,3 %). Er könnte gut 12 Jahre länger als Pieter und 30 Jahre länger als Nthabiseng leben. Er wird voraussichtlich 11,4 Jahre zur Schule gehen – 5 Jahre länger als der durchschnittliche Südafrikaner ..."

Karl Engelhard: a.a.O., S. 1–2, gekürzt

6 Was heißt Entwicklung? Zwei Ansichten Indiens
A: Tadsch Mahal; B: Pavement dwellers – Leben auf der Straße

Indikatoren des Entwicklungsstandes

„Entwicklungsländer" – ein fragwürdiger Begriff? Zumindest ist er mit Vorsicht zu verwenden, da bei seinem Gebrauch häufig Vorstellungen aus unserem Kulturkreis als Bewertungsmaßstab unreflektiert übernommen werden, was unter Umständen zu Fehlschlüssen verleitet. Unterstellt „Entwicklungsländer" nicht in unangemessener Weise, dass „Entwicklung" nach dem Vorbild der Industrieländer mit wirtschaftlichem Wohlstand gleichzusetzen ist? Entwicklung ist aber mehr als der Übergang von Arm zu Reich. Richtig ist allerdings, dass viele der sogenannten „Entwicklungsländer" in wichtigen Bereichen Defizite aufweisen, die für die Lebensqualität von Menschen von entscheidender Bedeutung sind. Unbestreitbar ist auch, dass viele von ihnen auf jahrhundertealte Hochkulturen zurückblicken können und auch in der Gegenwart Erstaunliches leisten.

Angesichts der vielen, z.T. widersprüchlichen Definitionen mag der Streit um die Frage „Was ist ein **Entwicklungsland**?" auf den ersten Blick müßig erscheinen. Aber ein Konsens in der Sache ist doch unverzichtbar, will man z.B. im entwicklungspolitischen Meinungsaustausch, bei der Vergabe von Hilfen oder in der allgemeinen wissenschaftlichen Diskussion von einer allseits akzeptierten Verständnisgrundlage ausgehen.

Mit der Schwierigkeit, den Begriff „Entwicklungsland" zu fassen, ist bereits ein erster Zugang zur Gesamtthematik „Entwicklung/Unterentwicklung" geschaffen. Umstritten ist sowohl die Frage, welche Merkmale als Grundlage einer Definition heranzuziehen sind, als auch der Versuch einer eindeutigen Abgrenzung zwischen „Industrieländern" und „Entwicklungsländern" einerseits sowie zwischen verschiedenen Entwicklungsländern andererseits.

Um eine solche Verständnisgrundlage und somit auch ein zuverlässiges Bild vom „Entwicklungsstand" eines Landes zu erhalten, muss man eine Fülle von Indikatoren aus allen Lebensbereichen heranziehen: geographische, wirtschaftliche, soziale, kulturelle, politische und ökologische. Aber selbst eine noch so umfangreiche Liste von „Merkmalen der Unterentwicklung" bleibt zwangsläufig unvollständig, denn es gibt keinen Katalog, der alle wichtigen Aspekte von Entwicklung und Unterentwicklung erfasst und gleichzeitig der Individualität eines Landes gerecht wird. Bei der Verwendung solcher Listen ist unbedingt darauf zu achten, dass man die einzelnen Indikatoren zueinander in Beziehung setzt, um ursächliche Zusammenhänge aufzeigen zu können.

Material
Kennzeichen der Unterentwicklung
104109-5101

Material
Methode Wirkungsgefüge
104109-4204

7 Indikatoren zum Entwicklungsstand ausgewählter Länder

Zusammengestellt nach Deutsche Stiftung Weltbevölkerung (Hrsg.): DSW Datenreport 2008 und Der Fischer Weltalmanach 2009. Frankfurt am Main: Fischer Taschenbuchverlag 2008

	Jährliches Bevölkerungswachstum 1990–2006 (%)	Kindersterblichkeit 2006 (pro 1000 Geburten)	Lebenserwartung bei Geburt 2006 (Jahre)	Anteil städtische Bevölkerung 2006 (in % der Gesamtbevölkerung)	BNE pro Kopf 2007 (KKP-$)	Anteil der an Unterernährung leidenden Bevölkerung 2002–2004 (%)	Alphabetisierungsrate 2005 Männer/Frauen (%)	Anteil der Bevölkerung mit Zugang zu sauberem Trinkwasser 2006 (%)	Anteil HIV-infizierter Personen 2007 (%)	Energieverbrauch pro Kopf 2005 (in kg Öleinheiten*)
Ägypten	1,9	17	71	43	5400	4	83/59	98	< 0,1	841
Angola	2,8	260	42	54	4400	35	83/54	53	2,6	615
Bangladesch	2,0	69	64	26	1340	30	54/41	74	< 0,1	158
China	0,9	24	77	41	5370	12	95/87	77	< 0,1	1316
Deutschland	0,2	4	79	75	33820	< 2,5	k.A.	100	< 0,1	4180
Indien	1,8	76	64	29	2740	20	73/48	86	0,9	491
Japan	0,2	4	82	66	34600	< 2,5	k.A.	100	< 0,1	4152
Jemen	3,6	100	62	38	2200	38	73/35	67	k.A.	319
Kolumbien	1,7	21	73	73	6640	13	93/93	93	0,6	636
Marokko	1,4	37	71	59	3990	6	66/40	81	< 0,1	458
Niger	3,5	253	56	17	630	32	43/15	46	0,8	k.A.
Peru	1,5	25	71	73	7240	8	94/82	83	0,5	506
Portugal	0,4	5	78	58	20640	< 2,5	96/92	k.A.	0,1	2575
Rumänien	–0,5	18	72	54	10980	< 2,5	98/96	74	< 0,1	1772
Russland	–0,2	16	66	73	14400	3	100/99	97	1,1	4517
USA	1,0	8	78	81	45850	< 2,5	k.A.	100	0,6	7893

*Öleinheit: Maßeinheit für den Energieverbrauch (1 kg ÖE = 10000 kcal)

8 Was ist ein Indikator – was ist er nicht?

„Der Indikator-Begriff taucht in vielfachen Bedeutungen, Zusammenhängen und Gebrauchsanweisungen auf. Häufig wird er einfach für eine als besonders wichtig erachtete statistische Größe verwandt – und dabei der schlichte Wortsinn übersehen. Ein Indikator weist auf etwas hin, was er nicht selbst oder nur partiell ist; er ‚indiziert' mehr Aspekte eines komplexen Zusammenhangs als er selbst als Maßeinheit messen kann; er ist also eine Teil- oder Ersatzeinheit. Beispiel: Die Lebenserwartung bei der Geburt misst direkt nur diese durchschnittliche Lebenserwartung, indirekt aber den Gesundheitszustand und die Lebensverhältnisse einer Gesellschaft. Eine statistische Größe ist nur dann ein Indikator, wenn sie in einen theoretischen Bedeutungszusammenhang gestellt wird, der ihr indikative Aussagefähigkeit verleiht."

Dieter Nohlen/Franz Nuscheler (Hrsg.): Handbuch der Dritten Welt, Bd. 1. Bonn: Dietz 1992, S. 77–76

Seite 275
KKP-$ = Kaufkraftparität

1 Nennen Sie, ausgehend von Tabelle 7, in einer Liste Merkmale der Unterentwicklung.

2 Stellen Sie anhand Ihrer Liste von Aufgabe 1 die Zusammenhänge zwischen einzelnen Merkmalen in einem Wirkungsgefüge dar.

3 Vielfach wird zur Kennzeichnung des Entwicklungsstandes eines Landes das Pro-Kopf-Einkommen herangezogen.
Erklären Sie Vorzüge und Schwächen dieses Indikators.

4 Erörtern Sie, ausgehend von Ihrem Wirkungsgefüge aus Aufgabe 2, wo man ansetzen könnte, um den Entwicklungsstand eines Landes zu verbessern.

5 „Entwicklung ist nicht gleich Wachstum, aber Entwicklung ohne Wachstum gibt es nicht."
Beurteilen Sie diese Aussage.

9 Länderklassifizierung der Weltbank und Least Developed Countries (Datenstand 2008)

Nach Weltbank (Hrsg.): Weltentwicklungsbericht 2007 und BMZ (Hrsg.): Medienhandbuch Entwicklungspolitik 2006/2007. Bonn 2006, aktualisiert

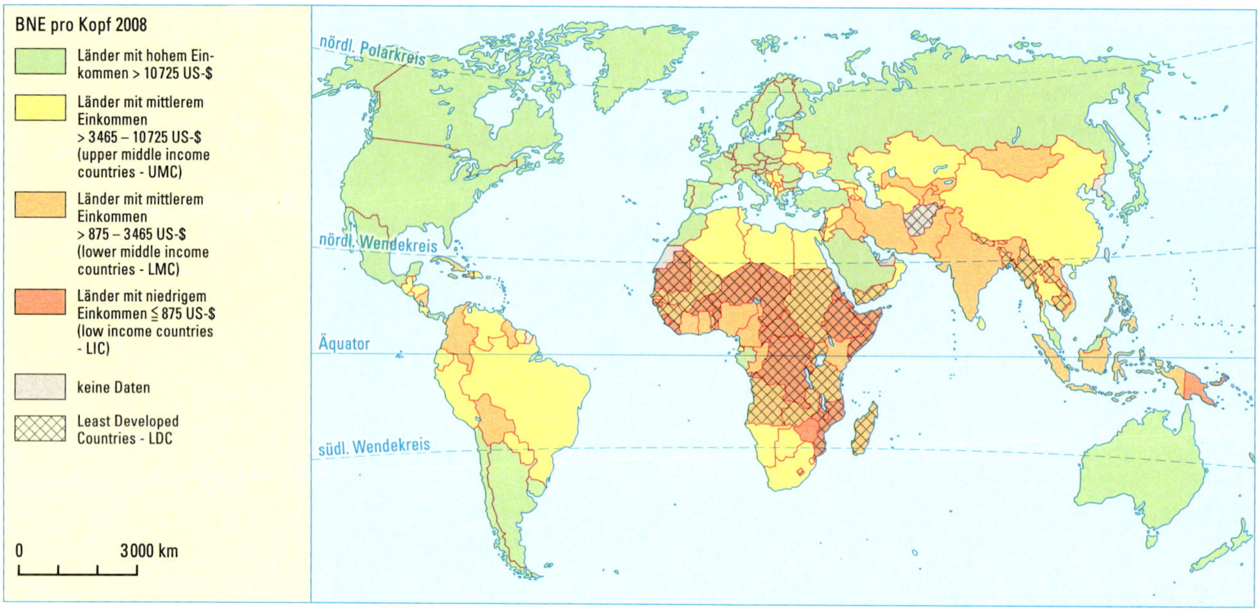

Länderklassifizierungsversuche

Die Werte der in Tabelle 7 (Vorseite) aufgelisteten Indikatoren verdeutlichen, welch starke Entwicklungsunterschiede zwischen einzelnen Ländern bestehen. Als Durchschnittswerte vermögen sie jedoch kaum eine Vorstellung davon zu vermitteln, was Unterentwicklung für den Einzelnen bedeutet. Sie eignen sich allerdings gut zum Vergleich und bilden eine Grundlage für entwicklungspolitische Entscheidungen, etwa bei der Vergabe von Hilfeleistungen. Dies gilt auch für die im Folgenden vorgestellten Klassifizierungsversuche.

Weltbankeinteilung nach dem BNE

Weit verbreitet ist eine Einteilung, die die Weltbank in ihrem jährlich erscheinenden „Weltentwicklungsbericht“ vornimmt. Sie gruppiert die Länder der Erde nach dem Bruttonationaleinkommen (BNE) pro Kopf der Bevölkerung. Die Kritik an dieser Weltbankeinteilung richtet sich vor allem gegen die einseitig wirtschaftlich bestimmte Sichtweise von „Entwicklung“, d. h. gegen die Vernachlässigung von Zielen, die sich mit dem Schlagwort „human development“ umreißen lassen.

UNO: Least Developed Countries (LDC)

Zu Beginn der 1970er-Jahre führten die Vereinten Nationen den Begriff der „Am wenigsten entwickelten Länder“ ein, um die ärmsten Entwicklungsländer gezielt bei der Vergabe von Hilfsgeldern und der Gewährung von Vorzugsbedingungen unterstützen zu können. Für die Einstufung wird ein seit 1991 mehrfach geänderter Katalog von Kriterien angewendet, um die „Elemente der Armut“ möglichst breit zu erfassen. Seit 2005 gelten folgende Kriterien:

1. Bruttoinlandsprodukt (BIP) pro Kopf im Durchschnitt von drei Jahren von unter 900 US-$,
2. Index der „physischen Lebensqualität“, berechnet aus Indikatoren für Ernährung, Gesundheit, schulische Erziehung sowie Alphabetisierungsrate der erwachsenen Bevölkerung,
3. Index für die „wirtschaftliche Verwundbarkeit“, berechnet aus Indikatoren wie Anteil der Industrie und moderner **Dienstleistungen** am BIP, Struktur des Außenhandels, Stabilität bzw. Instabilität der Agrarproduktion, Anteil der von Naturkatastrophen betroffenen Bevölkerung.

Um in die Liste der LDC aufgenommen zu werden, darf ein Land bei den Kriterien bestimmte Obergrenzen nicht überschreiten.

Material
Auswirkungen der Weltfinanz- und Wirtschaftskrise auf die Schwellenländer
104109-5102

10 Länderklassifizierung nach dem HDI (2006)

Nach Deutsche Gesellschaft für die Vereinten Nationen (Hrsg.): Bericht über die menschliche Entwicklung 2007 / 2008. Bonn: UNO-Verlag 2007

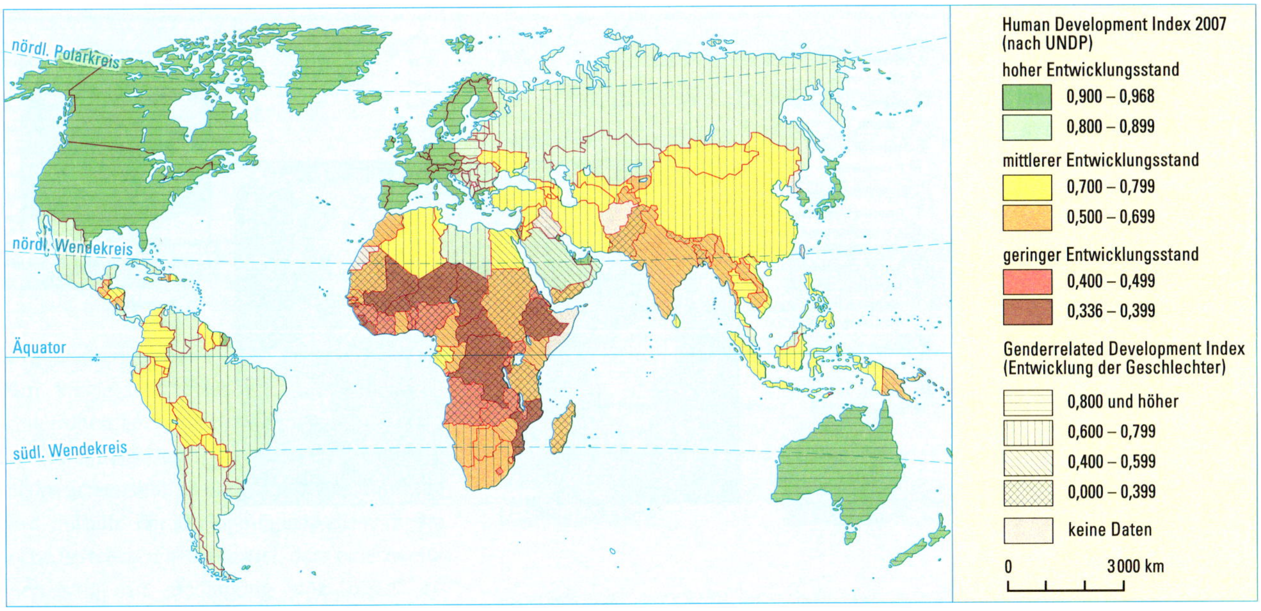

UNO: Human Development Index (HDI)

Der seit 1990 von den Vereinten Nationen jährlich veröffentlichte Human Development Report versucht den Entwicklungsstand von Ländern ausführlicher zu erfassen und zu vergleichen. Dazu bedient er sich des **HDI**. Dieser setzt sich aus Indikatoren für „wesentliche Elemente des Lebens" zusammen: Lebenserwartung bei der Geburt, Bildungsstand (Alphabetisierungsrate für Erwachsene und Einschulungsrate bei Grund-, weiterführenden und Hochschulen) sowie reale Kaufkraft pro Kopf.

Die Werte für diese drei Einzelindikatoren werden auf einer Skala von 0 bis 1 eingetragen, wobei 0 und 1 für jeweils feste Mindest- und Höchstwerte stehen. Der rechnerische Mittelwert aus den drei Einzelwerten ergibt den HDI. Er zeigt an, wie stark dieser Durchschnittswert vom Maximalwert abweicht.

Kritisiert wird am HDI, dass er einige wichtige Kriterien nicht berücksichtigt, so u.a. die unterschiedliche Menschenrechtssituation in einzelnen Ländern oder die Stellung von Frauen und Minderheiten. Daraufhin hat man in der Folgezeit den HDI mehrfach durch weitere Erhebungen ergänzt. Durch den Genderrelated Development Index (GDI) z.B. wird im Sinne des HDI die Situation der Frauen erfasst. Der Gender Equality Index (GEI) drückt das Maß der Gleichstellung der Frauen in Wirtschaft, Politik und Gesellschaft aus. Die vorliegenden Werte für diese Indizes belegen, dass Frauen in fast keinem Land die gleichen Chancen haben wie Männer.

Gemessen an ihren wirtschaftlichen Erfolgen stehen einige Entwicklungsländer an der Schwelle zu den Industrieländern und werden deshalb als **Schwellenländer** bezeichnet (engl. NIC = „**Newly Industrialized Countries**" oder „emerging markets"). Nur unterbrochen durch kurze Stagnationsphasen in den späten 1990er-Jahren weisen viele dieser Staaten, insbesondere in Ost- und Südostasien sowie in Lateinamerika, seit nunmehr zwei Jahrzehnten ein starkes Wirtschaftswachstum auf, sodass sie den Abstand zu den Industrieländern spürbar verringern konnten.

6 Vergleichen Sie die Aussagekraft der auf dieser Doppelseite vorgestellten Klassifizierungssysteme.

TERRA **METHODE**

Mit der Raumanalyse als geographischer Arbeitsmethode haben Sie in diesem Schülerbuch im Teilkapitel 3.2 (S. 192–199) auf regionaler Ebene schon gearbeitet. Das folgende Teilkapitel wiederholt vorbereitend zunächst bewusst die Arbeitsschritte einer Raumanalyse. Dann allerdings wird ein Perspektivenwechsel vollzogen. Zwei Staaten sind zu analysieren, Sie wechseln also auf die nationale Betrachtungsebene. Zudem ist deren Raumanalyse nur ein erster Schritt auf dem Weg zum Vergleich der raumprägenden Strukturen zweier von Lage und Entwicklungsstand höchst unterschiedlicher Staaten.

Kompetenzen erwerben:

- am Beispiel der Länder Japan und Bolivien die fachspezifischen Methoden Raumanalyse und Raumvergleich durchführen,
- mithilfe der Raumanalyse die natürlichen Grundlagen und die prägenden Strukturen der beiden Beispielländer erfassen,
- durch den Raumvergleich den unterschiedlichen Entwicklungsstand beider Länder erklären.

5.2 Bolivien und Japan: Ein Raumvergleich von Ländern mit unterschiedlichen Entwicklungsständen

Methode Raumvergleich

Raumanalyse

Unter den wissenschaftlichen Methoden und Arbeitsweisen kommt im Fach Geographie der Raumanalyse eine besondere Bedeutung zu. Indem sie die Vielzahl der den Raum prägenden Geofaktoren und die zwischen ihnen ablaufenden Prozesse in den Blick nimmt, ist sie in besonderem Maße geeignet, das breite Spektrum der inhaltlichen Fragestellungen des Faches Erdkunde aufzuzeigen, und indem sie ganz unterschiedliche Arbeitsmittel und Arbeitsformen anwendet, vermag sie umfassend in die Methoden des Schulfaches Erdkunde einzuführen.

Totalanalyse und themengeleitete Analyse

Eine Raumanalyse, in die sämtliche Geofaktoren einfließen (Totalanalyse), wie z. B. bei länderkundlichen Gesamtdarstellungen, sprengt in der Regel die schulischen Möglichkeiten dieser Methode. Geeigneter für schulische Zwecke, etwa in einer Facharbeit oder für ein Referat, ist die „themengeleitete Raumanalyse". Hierbei lenkt eine problemorientierte Themenstellung die Analyse auf eine bestimmte, in der Regel inhaltlich eingegrenzte Fragestellung, unter der der gewählte Raum untersucht wird. Diese Fragestellung bestimmt wiederum, welche und wie viele Geofaktoren in den Blick genommen werden müssen.

Als Untersuchungsraum bietet sich vor allem der Nahraum an, da hier Recherchen vor Ort die Arbeit erleichtern. Grundsätzlich sind aber auch ferne Räume geeignet, die mittelbar, d. h. mithilfe von Monographien, Karten, Statistiken etc. untersucht werden.

Zur Abgrenzung des Raumes können naturräumliche oder administrative Kriterien (z. B. Verwaltungseinheiten) herangezogen werden. Entscheidend sind letztlich die für die Untersuchung relevanten Geofaktoren. Auch der thematische Schwerpunkt bzw. die Leitfrage, unter die die Raumanalyse gestellt wird, kann unterschiedliche Abgrenzungen bewirken.

Arbeitsschritte bei einer themengeleiteten Raumanalyse

1. Schritt: Festlegung des Themas

Das Thema sollte aktuell sein und von einem Problem bzw. einer Leitfrage ausgehen. So würde ein Thema wie „Entwicklungsland Bolivien" entweder nur zu einem bloßen Aufzählen von Geofaktoren führen oder die Untersuchung würde zeitlich ausufern. Das Thema sollte also eingeengt werden, z. B. auf die Leitfrage: „Liegt im ländlichen Raum und in der Agrarwirtschaft ein Schlüssel zur Erklärung der Unterentwicklung Boliviens?"

2. Schritt: Erstellen eines Arbeitsplanes

Die so formulierte Leitfrage wird in Teilfragen zerlegt und unter den Geofaktoren wird eine Auswahl getroffen, mit der sich das Untersuchungsziel am besten erreichen lässt. Anschließend werden die Arbeitsschritte, die Untersuchungsmethoden und weitere Hilfsmittel festgelegt.

3. Schritt: Analyse der Geofaktoren

Bei der eigentlichen Analyse werden zunächst einzelne Geofaktoren getrennt untersucht, z. B. Naturraum, Bodenschätze, Siedlungen, Industrie, Infrastruktur, ehe dann in einem zweiten Schritt die Wechselwirkungen zwischen den einzelnen Faktoren herausgearbeitet werden.

4. Schritt: Synthese der Arbeitsergebnisse

Sie fasst das vielschichtige Beziehungsgefüge der Geofaktoren zusammen, z. B. in einem Wirkungsgefüge, und charakterisiert den Raum mit Blick auf die dominanten Faktoren.

5. Schritt: Reflexion der Arbeitsergebnisse

Die so erzielten Ergebnisse werden mit der eingangs formulierten Leitfrage verglichen. Die Wahl der angewandten Methoden und benutzten Arbeitsmittel wird nochmals überprüft, ggf. werden Lücken aufgedeckt.

6. Schritt: Darstellung der Ergebnisse

Abschließend werden die Untersuchungsergebnisse dargestellt, z. B. als Referat, PowerPoint-Präsentation oder als Ausstellung.

Lernen im Netz
Raumvergleich Russland – China
104109-3203

Raumvergleich

Beim Vergleichen wird ein Sachverhalt einem anderen gegenüber gestellt, um Übereinstimmungen und Unterschiede festzustellen und daraus weitere Fragen abzuleiten. Über den Vergleich wird ein Verständnis erreicht, das die unterschiedliche Strukturierung von Räumen aufdeckt und gleichzeitig Charakteristika und Gesetzmäßigkeiten erkennen lässt.

Das folgende Beispiel, der Vergleich der raumprägenden Strukturen der Länder Bolivien und Japan, ist auf Parallelität angelegt, um so die Gegenüberstellung zu erleichtern. Die Materialien sind jeweils in vier Themenblöcke gegliedert. Diese lassen sich entweder im direkten Vergleich nebeneinander auswerten, oder die beiden Länder werden als Ganzes nacheinander untersucht.

1 Beispiel für einen raumanalytischen Vergleich

Thema: Bolivien und Japan – Raumprägende Strukturen zweier Länder unterschiedlichen Entwicklungsstandes

Leitfrage: Wie lässt sich der unterschiedliche Entwicklungsstand der beiden Länder Bolivien und Japan erklären – trotz zahlreicher Ähnlichkeiten in der natürlichen Raumausstattung?

	Bolivien – Arbeitsmittel, Hinweise	**Japan – Arbeitsmittel, Hinweise**
Lage/Lagebeziehungen Fläche, Großlandschaften (Relief, Klima, Vegetation)	Atlas, Materialien 2–7 erste Bezüge herstellen und Rückschlüsse ziehen, z. B.: Lage zu den Weltmeeren und internationalen Handelswegen, Bewertung der Flächengröße als Gunst- oder Ungunstfaktor,	Atlas, Materialien 19, 20, 23 erste Bezüge herstellen und Rückschlüsse ziehen, z. B.: Lage zu den Weltmeeren und internationalen Handelswegen, Bewertung der Flächengröße als Gunst- oder Ungunstfaktor,
Natürliche Gunstfaktoren	Atlas, Materialien 6 und 17 Ressourcen: tabellarische Auflistung nach Arten, Größe der Vorkommen, Förderung, räumliche Lage, Probleme bzw. Gunst der Nutzung, Import-/Exportanteil Weitere Gunstfaktoren, z. B. Vielgestaltigkeit der Landschaft	Atlas, Material 24 Ressourcen: tabellarische Auflistung nach Arten, Größe der Vorkommen, Förderung, räumliche Lage, Probleme bzw. Gunst der Nutzung, Import-/Exportanteil Weitere Gunstfaktoren, z. B. weltwirtschaftliche Lagegunst
Natürliche Hemmnisse	Atlas, Materialien 4–7 Liste der natürlichen Ungunstfaktoren erstellen, z. B. Naturgefahren, Relief, Binnenlage	Atlas, Materialien 21 und 22 Liste der natürlichen Ungunstfaktoren erstellen, z. B. Naturgefahren, Relief, Raumknappheit
Bevölkerung	Materialien 8 und 9 Ethnische Zusammensetzung, regionale Verteilung, Armut	Materialien 25–28 regional Bevölkerungsverteilung, Problem Überalterung, Raumenge
Geschichte und weltwirtschaftlich/politische Einbindung	Geschichtsbuch, Internet, Mat. 9–14 Erbe des Kolonialismus, Abhängigkeit vom Ausland, neokoloniale Strukturen, Mitgliedschaft in einem Wirtschaftsbündnis?	Geschichtsbuch, Internet, Materialien 29–34 Jahre der Isolation, Öffnung und Aufstieg zur Industrienation, Übernahmen aus dem Westen, Vorbild für andere asiatische Länder?
Wirtschaft und Infrastruktur	Atlas, Internet, Materialien 3 und 15–18, 37 wirtschaftliche Monostruktur, Importabhängigkeit, Außenhandelsstruktur, Wirtschaftspolitik, Auslandsverschuldung	Atlas, Internet, Materialien 35–41 Industrie- und Wirtschaftsmacht Japan, Position im Welthandel, „Geheimnisse" des Erfolges, gegenwärtige kritische Wirtschaftslage

Abschließender bewertender Vergleich der beiden Staaten mit Blick auf Themenstellung und Leitfrage

1 Führen Sie einen Raumvergleich der Staaten Bolivien und Japan unter Beachtung der in Tabelle 1 formulierten Leitfrage sowie der Materialien auf den Folgeseiten durch.

2 Vergleichen Sie die Staaten USA und Russland mithilfe der Materialien auf den Seiten 298–325. Beziehen Sie weitere Informationen, z. B. unter den Online-Links, mit ein.

TERRA METHODE

Materialien zu Bolivien

2 Auf dem Altiplano

3 Statistik

Nach Der Fischer Weltalmanach 2010. Frankfurt am Main: Fischer Taschenbuch Verlag 2009, und The World Factbook 2009. Washington, DC: Central Intelligence Agency, 2009

Fläche (in km²)	1 098 581
Einwohner (2008)	10 027 643
Einwohner/km² (2008)	9,1
Durchschnittliche jährliche natürliche Bevölkerungsentwicklung (1990–2008, in %)	2,1
Anteil der Stadtbevölkerung an der Gesamtbevölkerung (2007, in %)	65
Lebenserwartung (2007, Jahre)	66
Einwohner unter Armutsgrenze (2007, in %)	ca. 60
Arbeitslosenrate (2007, in %)	ca. 7,5
BIP (2007, Mrd. US-$)	13,120
Realer Zuwachs des BIP (2007, in %)	4,6
BNE/Ew. (2007, in Kaufkraftparitäten – PPP – zu US-$)	1 260
Wertschöpfung des BIP (2007, in %)	
Landwirtschaft	13
Industrie	36
Dienstleistungen	51
Gesamtexport (2008, Mrd. US-$)	6,448
Gesamtimport (2008, Mrd. US-$)	4,667
Inflationsrate (2007, in %)	11,8
Auslandsverschuldung (2007, in Mrd. US-$)	4,2
Energieverbrauch/Ew. (2005, in kg Öleinheiten)	625
CO_2-Emissionen/Ew. (2006, in t)	1,4
HDI-Rang (2008, 179 erfasste Staaten)	111

Materialien zum Naturraum

4 Bolivien – ein Mosaik der Erde

„Schon die europäischen Reisenden, die im vergangenen Jahrhundert Bolivien durchquerten, berichteten zuhause, dass dieses Land eine Art Mosaik der ganzen Erde biete. Bolivien besitzt endlose Ebenen, hohe Berge, tiefe Schluchten, tropische Wälder, Sand- und Salzwüsten, gemäßigte Zonen und ewigen Schnee. Ein geographischer Reichtum von bewundernswertem Ausmaß. Freilich bedeutet dieser Reichtum, diese Fülle automatisch keinen materiellen Reichtum, der das Wohlergehen der Bewohner garantiert."

Thomas Pampuch/Agustin Echalar Ascarrunz: Bolivien. Beck'sche Reihe Länder. München: Beck 1987, S. 12

Surftipp
Informationen zu Bolivien
104109-5201

5 **Landschaftsprofil durch Bolivien**

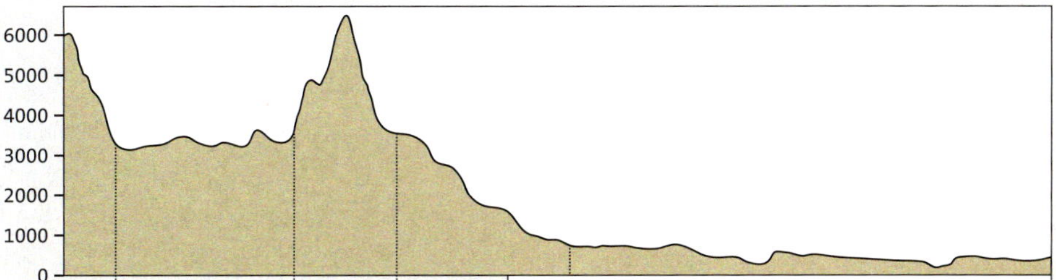

	Cordillera Occidental	Altiplano	Cordillera Oriental	Yungas	Oriente
Landschaften	Cordillera Occidental	Altiplano	Cordillera Oriental	Yungas	Oriente
Klima	trockenes Hochgebirgsklima	kühlgemäßigtes Höhenklima, trocken bis sehr trocken	Hochgebirgsklima	warmgemäßigtes subtropisches Regenklima	Norden: tropisches Regenklima Mitte: warmgemäßigtes Savannenklima Süden: warmgemäßigtes, wintertrockenes Klima
Vegetation	Hochgebirgsvegetation (Puna)	Norden: feuchte Puna (Paramo) Süden: trockene Puna mit Salzseen	Hochgebirgsvegetation (Puna)	Norden: trop. Bergwald Süden: subtrop. Bergwald	Norden: tropischer Regenwald Mitte: Feuchtsavanne Süden: Dornbuschsavanne, Trockenwald (Chaco)

6 **Bolivien: Vegetation und Landnutzung**

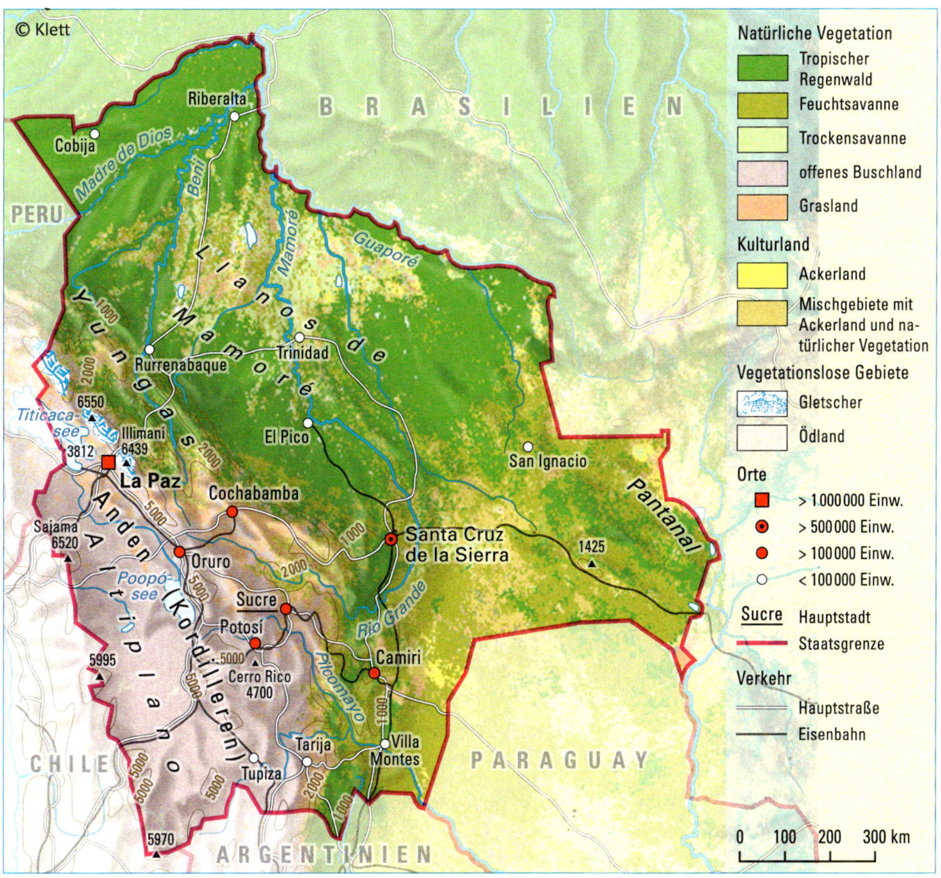

7 **Klimadiagramme Bolivien**

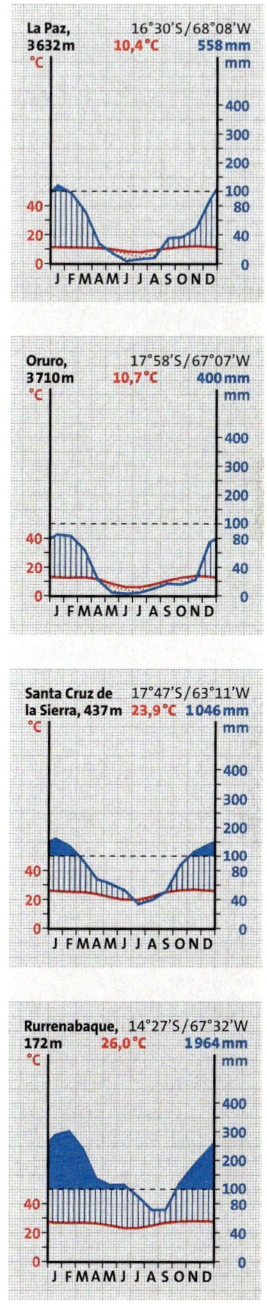

TERRA METHODE

Materialien zur Bevölkerung

8 Bolivien: Fläche, Bevölkerung, Armut

Zusammengestellt nach www.quetzal-leipzig.de und Instituto National de Estadistica [Bolivien] 2005
[1] = Fortschreibung für 2007, [2] = Zensus von 2001, [3] = Schätzung für 2007, [4] = Zensus von 2001

Departamento (Hauptort)	Fläche (km^2)	Bevölkerung (in 1000)[1]	Bevölkerungsdichte Ew./km^2	Indigene Bevölkerung (% der Gesamtbevölkerung)[2]	Armutsquote[4] (% der Gesamtbevölkerung)[2]	BIP pro Kopf (US-$)[3]
Beni (Trinidad)	213564	422.4	2,0	32,8	76,1	877,[illegible]
Chuquisacra (Sucre)	52524	621,4	11,8	65,6	70,1	957,5
Cochabamba (Cochabamba)	55631	1749,9	3,1	74,4	54,9	1217,8
La Paz (La Paz)	133985	2715,0	20,3	77,5	66,3	1212,2
Oruro (Oruro)	53588	440.7	8,2	73,9	67,8	1511,6
Pando (Cobija)	63827	72,4	1,1	16,2	72,5	1791,8
Potosi (Potosi)	118218	776,6	6,6	83,9	79,7	933,9
Santa Cruz (Santa Cruz de la Sierra)	370621	2546,9	6,9	37,5	38,1	1484,1
Tarija (Tarija)	37623	484,2	12,9	19,7	50,8	3529,0
Gesamt	1098581	9827,5	8,9	62,0	58,6	1363,0

9 Die Gesellschaft: Erbe des Kolonialismus

Ein wichtiges Kennzeichen der bolivianischen Gesellschaftsstruktur ist die Marginalisierung eines Großteils der Bevölkerung. Darunter versteht man, dass einzelne Bevölkerungsgruppen nicht oder kaum am wirtschaftlichen Wohlergehen und an den gesellschaftlichen und politischen Entscheidungen teilhaben. Sie stehen auf der untersten Stufe der sozialen Skala. In Bolivien sind dies vor allem die Indios, rund 60% der Gesamtbevölkerung. Die Indios stellen jedoch keineswegs eine homogene Gruppe dar. Schätzungen zufolge gibt es mehr als 40 verschiedene indianische Ethnien, unter denen die Aymara und Quechua die größten sind. Die Campesinos leben vor allem im Hochland als Kleinstbauern, Pächter oder Tagelöhner, z.T. auch als Gelegenheitsarbeiter oder arbeitsloses Proletariat in den Elendsvierteln der großen Städte. Ihre Lebensverhältnisse sind bis heute noch weitgehend archaisch, geprägt von Härte und Armut. Viele sind Analphabeten. Sie verstehen die spanische Sprache kaum oder nur mangelhaft, was ihnen den sozialen und wirtschaftlichen Aufstieg erschwert.

Am anderen Ende der sozialen Pyramide stehen die Kreolen, die im Lande geborenen Nachfahren der spanischen Eroberer. Sie machen nicht einmal 10% der Bevölkerung aus, leben meist in den großen Städten und nehmen wirtschaftlich, gesellschaftlich und politisch die Führungspositionen des Landes ein.

Neben diesen beiden Gruppen stehen die Cholos. Das sind Mestizen, hervorgegangen aus der Vermischung von Spaniern und Indianerinnen. Sie bilden eine eigene soziale Gruppe mit einem eigenen authentischen Klassenbewusstsein. Wirtschaftlich haben sie vielfach einen Status erreicht, der sich mit dem der Kreolen messen lässt. Man könnte sie als eine Art „aufstrebendes Bürgertum bezeichnen, vergleichbar vielleicht dem des europäischen Mittelalters". Sie beherrschen heute nicht nur den Handel, sondern auch weitgehend den modernen städtischen Dienstleistungssektor. Viele der in die Stadt ziehenden Campesinos werden dort von den Cholos assimiliert und selbst zu Cholos, sodass Cholo heute weniger eine ethnische als eine soziale Kategorie darstellt.

An der sozialen Differenzierung hat auch die Tatsache wenig geändert, dass 2005 mit Evo Morales erstmalig in der Geschichte Boliviens ein Indio zum Präsidenten gewählt wurde.

Materialien zur Geschichte und weltwirtschaftlich/politischen Einbindung

10 Bolivien – „Bettler auf dem goldenen Thron“

„In mancher Hinsicht kann Bolivien als ein fast idealtypisches Beispiel der ‚Entwicklung der Unterentwicklung' gelten. Der Weg in die latein-amerikanische Misere lässt sich in diesem Land drastisch und konkret verfolgen. Auch in den Besonderheiten der bolivianischen Geschichte, Geographie, Kultur, Wirtschaft und Politik spiegelt sich das Schicksal des Kontinents. ... Es wäre jedoch falsch, Bolivien nur als Spielball ausländischer Interessen darzustellen. Die Geographie, die Kultur, die Bevölkerung geben jedem Land ein eigenes Gepräge. Aber was daraus im Laufe der Jahrhunderte wird, das ist nun mal gerade in Lateinamerika ohne ‚abhängige Entwicklung' und ‚Ausbeutung' nicht zu klären...

Bei keinem anderen Ort der Welt kommen das Elend, die Funktionsweise und das Ergebnis des Kolonialismus so deutlich zum Ausdruck wie in der Geschichte von Potosi. Der ‚cerro rico' (reicher Berg), der sich mächtig und ebenmäßig hinter dieser Stadt auf 4700 Meter erhebt, ist gewissermaßen ein gigantisches Mahnmal für rund 300 Jahre Ausbeutung: eine Pyramide, die nicht errichtet sondern ausgehöhlt wurde, an der aber weitaus mehr Menschen arbeiteten und zugrunde gingen als an den ägyptischen.

Über 500 Schächte wurden in den Berg getrieben. Der Blutzoll der Indios, die im spanischen Kolonialreich am ‚Systeme Potosi' starben, geht in die Hunderttausende. Schon 1550 bezeichnete ein Dominikanermönch Potosi als ‚die Eingangspforte zur Hölle'. Doch diese Hölle war gepflastert mit hunderttausend Tonnen Silber – mehr als es in ganz Europa je gab. Und so wurde die ‚villa imperial' (Kaiserstadt) zur ‚Stadt, die der Welt am meisten gegeben hat und am wenigsten besitzt'...

Thomas Pampuch/Agustín Echalar Ascarrunz: Bolivien. Beck'sche Reihe Länder. München 1987, S. 10, 33, 58

11 Potosi am Fuß des Cerro Rico

12 „Teufelsmetall“ – die Bodenschätze der Anden für die Fabriken Europas und der USA

„Was im 19. Jahrhundert – nach der ‚Unabhängigkeit' der andinen Kolonien von Spanien – begann, wird im 20. Jahrhundert intensiviert: Die Kolonisierung dieser Länder durch die weltwirtschaftliche ‚Arbeitsteilung'. Das Ausbeutungsmuster ist immer das Gleiche. Der Staat, der sich in der Hand reicher einheimischer Eliten befindet, gibt ausländischen Kapitalgesellschaften Konzessionen, etwa zur Ausbeutung bestimmter Bodenschätze. Die Preise für solche Konzessionen sind in aller Regel lächerlich gering (wenn die Konzession nicht gar durch simplen Betrug ‚erworben' wurde). Die meist sehr hohen Gewinne fließen wieder ins Ausland, bis auf einen Rest, der zur Unterhaltung der nützlichen peruanischen oder bolivianischen Helfer in Staat und Wirtschaft aufgewendet wird. So wurde die Unterentwicklung dieser Länder entwickelt.“

Misereor (Hrsg.): Indios in den Anden. Leidenswege – Hoffnungswege. Aachen: MVG Medienproduktion. Aachen 1986, S. 32

TERRA METHODE

13 Kampf um Erdöl- und Erdgasexporte

„Nach der schweren politischen und wirtschaftlichen Krise der Jahre 2004/2005, in deren Zentrum vor allem die Frage um die Nutzung der Erdöl- und Erdgasreserven stand und die innerhalb von kurzer Zeit zum Rücktritt von zwei Staatspräsidenten geführt hatte, machte das Parlament den Weg für vorgezogene Kongress- und Präsidentschaftswahlen frei. Nach dem Amtsantritt des linksnationalistischen Präsidenten und Indios Evo Morales im Januar 2006 beruhigte sich die Situation im Lande, das trotz der zweitgrößten Erdgasvorkommen des Subkontinents zu den ärmsten in Südamerika gehört ... Anfang Mai verstaatlichte Morales per Dekret mit sofortiger Wirkung die Erdöl-/-gasförderung. Militäreinheiten besetzten daraufhin landesweit die von ausländischen Unternehmen betriebenen Anlagen ... Die insgesamt 26 im Land tätigen internationalen Erdöl- und Erdgaskonzerne wurden verpflichtet, innerhalb von sechs Monaten neue Verträge mit dem staatlichen bolivianischen Erdölkonzern Yacimientos Petroliferos Fiskales Bolivianos (YPFB) auszuhandeln, der künftig 50 % plus eine Stimme an den neuen Joint Ventures halten wird. Zudem wurde die Abgaben- und Steuerlast von derzeit 50 auf bis zu 82 % des Produktionswertes erhöht.“

Der Fischer Weltalmanach 2007, a. a. O., S. 79–80

14 Zeittafel zur Geschichte Boliviens

1538	Eroberung des Gebiets des heutigen Boliviens durch die Spanier
1776	Das damals noch „Alto Peru“ genannte Land wird vom „Vizekönigreich Peru“ losgelöst und dem „Vizekönigreich de la Plata“ angegliedert.
1809	Beginn der Unabhängigkeitsbewegungen unter Simon Bolivar
1825	Unabhängigkeit und Gründung der „Republik Bolivien“
ab 1840	Zahlreiche Staatsstreiche (ca. 70) zerrütten das Land. Die schnell wechselnden, z. T. korrupten Präsidenten verkaufen große Landesteile an die Nachbarstaaten.
1879–1883	Salpeterkrieg mit Chile: Bolivien verliert seine Küstenprovinz und damit sowohl reiche Salpetervorkommen als auch den direkten Zugang zum Meer.
1899	La Paz wird Regierungssitz.
1903	Brasilien annektiert einen Großteil des bolivianischen Amazonasgebietes und damit reiche Kautschukgebiete (weltweiter Kautschukboom).
1928–1935	zwei Chacokriege: Bolivien verliert riesige Landesteile im Süden an Paraguay – Beginn des langjährigen Niedergangs
ab 1939	mehrere Revolutionen und militärische Putsche
1966–1967	Che Guevara versucht, ausgehend von Bolivien die Weltrevolution anzustoßen.
1969	Bolivien wird Mitglied der neu gegründeten „Andengemeinschaft“, die seit 1995 eine Freihandelszone zwischen den Mitgliedsstaaten aufbaut.
ab 1971	mehrere Putsche durch das Militär, 1985 erreicht die Inflationsrate 25 000 %
1989	Die USA beginnen den Kampf gegen den Kokaanbau, viele Kokabauern verlieren ihre Existenzgrundlage.
2000	Die steigende Armut der Landbevölkerung führt zu Aufständen, Streiks und Blockaden, angeführt durch den Indio Evo Morales.
2006	Evo Morales wird Präsident. Das ehemals „instabilste Land Lateinamerikas“ findet schrittweise zu politischer Normalität.

15 Verschlechterung der Terms of trade

„Wie alle rohstoffproduzierenden Länder der Dritten (oder Armen) Welt litt und leidet Bolivien an der Verschlechterung der ‚terms of trade', dem Austauschverhältnis der Produkte zwischen den reichen und armen Ländern. Der Wert der Rohstoffe gegenüber den importierten Fertigwaren ist stetig gesunken, und diese Tendenz hält (von wenigen Ausnahmen und gelegentlichen Schwankungen abgesehen) weiter an. Die Importe aus den Industrieländern, die für die Entwicklungsländer heute eine Notwendigkeit geworden sind, werden immer teurer. In den fünfziger Jahren entschied sich Bolivien mit der Revolution für eine Politik der Industrialisierung und der Selbstversorgung. Gleichzeitig aber verzichtete das Land darauf – schon aufgrund der US-amerikanischen ‚Hilfe' mit Tausenden von Tonnen Getreide –, sich selbst ernähren zu können. Der beschränkte innere Markt verhinderte den Aufbau und das Wachstum einer nationalen Industrie, obwohl es eine Reihe von staatlichen Subventionen und Hilfen gab."

Thomas Pampuch und Agustín Echalar A.: a. a. O., S. 146/147

16 Auslandsverschuldung

„Die Auslandsverschuldung Boliviens konnte im Rahmen der HIPC-Initiativen (heavily indebted poor countries, hoch verschuldete arme Länder) sowie der multilateralen Erlassinitiative erheblich reduziert werden. Nominal erließen die Gläubiger rund vier Milliarden US-Dollar. Insgesamt wurden die staatlichen Auslandsschulden damit auf 4,2 Milliarden US-\$ (März 2007) reduziert. Trotzdem haben sich die positiven Wirtschaftsdaten noch nicht nachhaltig auf die Armutssituation im Land ausgewirkt, Bolivien ist nach wie vor das ärmste Land Südamerikas."

Kfw-Entwicklungsbank,
unter: www.kfw-entwicklungsbank.de (Mai 2009)

17 Bolivien – Landschaft und Wirtschaft

18 Exportstruktur Boliviens 1970 und 2008

Nach www.ine.gov.bo, Jan. 2010, und Der Fischer Weltalmanach 2007, a. a. O., S. 79

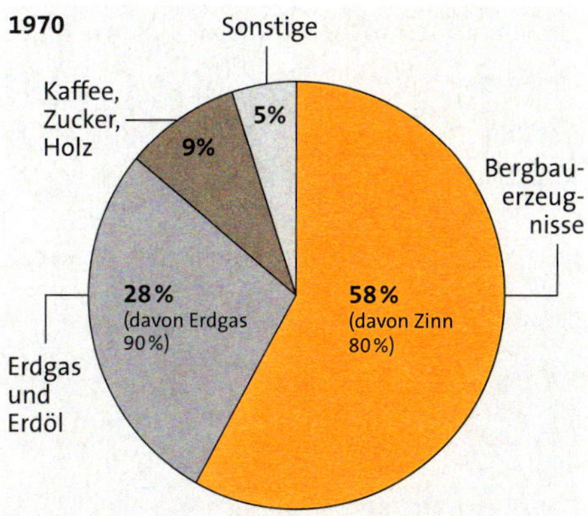

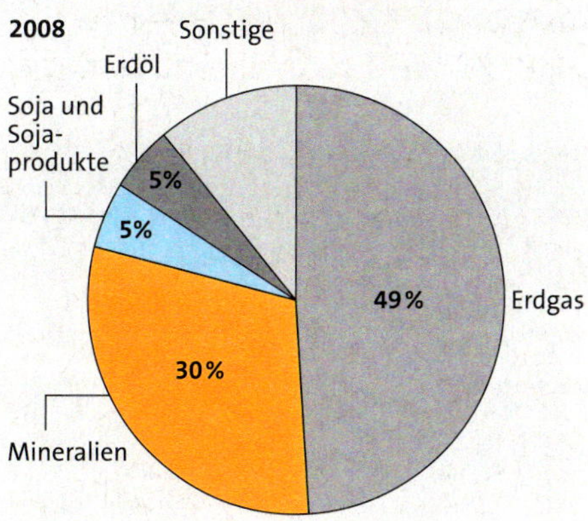

Seite 357
Terms of Trade

TERRA METHODE

Materialien zu Japan

19 Fujisan – der „heilige" Berg Japans

20 Statistik

Nach Der Fischer Weltalmanach 2010. Frankfurt am Main: Fischer Taschenbuch Verlag 2009, und The World Factbook 2009. Washington, DC: Central Intelligence Agency, 2009.

Fläche (in km²)	377 837
Einwohner (2008)	127 771 000
Einwohner/km² (2008)	338
Durchschnittliche jährliche natürliche Bevölkerungsentwicklung (1990–2008, in %)	0,2
Anteil der Stadtbevölkerung an der Gesamtbevölkerung (2007, in %)	66
Lebenserwartung (2007, Jahre)	83
Einwohner unter Armutsgrenze (2007, in %)	k. A.
Arbeitslosenquote (2006, in %)	4,1
BIP (2008, Mrd. US-$)	3 329,139
Realer Zuwachs des BIP (2007, in %)	–0,7
BNE/Ew. (2007, in Kaufkraftparitäten – PPP – zu US-$)	34 750
Wertschöpfung des BIP (2007, in %)	
Landwirtschaft	1,5
Industrie	30,1
Dienstleistungen	68,4
Gesamtexport (2008, Mrd. US-$)	784
Gesamtimport (2008, Mrd. US-$)	764
Inflationsrate (2008, in %)	1,4
Auslandsverschuldung (2009, in Mrd. US-$)	2 132,0
Energieverbrauch/Ew. (2005, in kg Öleinheiten)	4 129
CO_2-Emissionen/Ew. (2006, in t)	9,5
HDI-Rang (2008, von insgesamt 179 erfassten Staaten)	8

21 Naturgefahren in Japan

Entwurf Dr. Rolf Ziegler

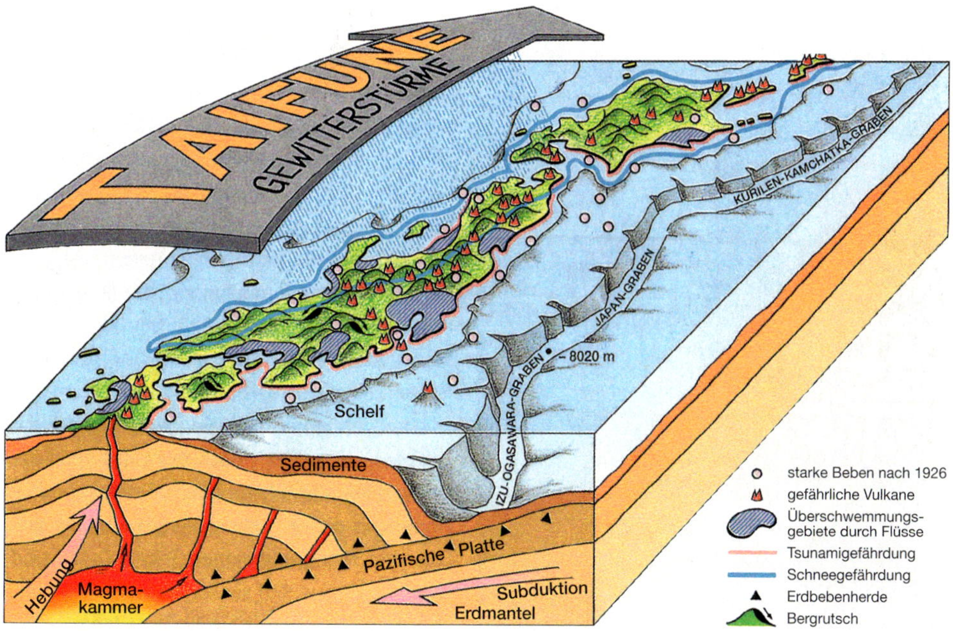

22 Japan, ein gefährlicher Archipel

Japan liegt an der geologischen Bruchzone von vier tektonischen Platten, die sich mit einigen Zentimetern pro Jahr aufeinander zu bewegen. Dabei schieben sich Teile der Pazifischen Platte unter die Eurasische Platte. Folgen der Plattenkonvergenz sind die Entstehung des japanischen Inselbogens sowie die Bildung von Subduktionszonen und Tiefseegräben vor der Pazifikküste entlang der Plattengrenzen. Die Dynamik der Plattenkonvergenz ist zum einen am gebirgigen Relief des Inselbogens zu erkennen und zum anderen an der hohen Aktivität und Intensität von Erdbeben und Vulkanismus.

Die vier Hauptinseln Hokkaido, Honshu, Shikoku und Kyushu bestehen zu etwa zwei Dritteln aus sehr steilen Gebirgen. Dies verhindert eine intensive Nutzung großer Landesteile und erklärt die Ballung von Siedlungen, Industrie und Landwirtschaft in den wenigen flachen Küstenebenen.

Im Jahresdurchschnitt werden etwa 5 000 Erdbeben gemessen. Mit Beben von zerstörerischer Wirkung ist alle acht bis zehn Jahre zu rechnen. Durch das letzte große Beben, das Erdbeben von Kobe 1995, starben etwa 6 400 Menschen, über 100 000 Gebäude wurden völlig zerstört, der Gesamtschaden wird auf 100 Mrd. US-$ geschätzt.

Der zerstörerischen Kraft der Erdbeben folgt die der Tsunamis. Das sind riesige Meereswellen, die durch submarine Beben ausgelöst werden. Die Wellen breiten sich von den Epizentren ringförmig aus, erreichen große Geschwindigkeiten und können an gefährdeten Küsten auf bis zu 30 m Höhe anschwellen.

Räumlich begrenzt sind die Auswirkungen von Vulkanausbrüchen, aber auch sie können große Zerstörungen in Siedlungen und in der Landwirtschaft zur Folge haben. Vulkanologen geben die Zahl der aktiven Vulkane auf der Erde mit etwa 600 an; 80 von ihnen finden sich auf dem japanischen Archipel.

23 Klimadiagramme Japan

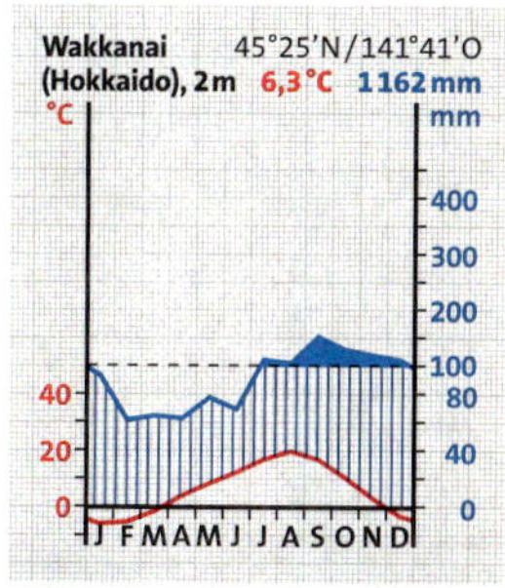

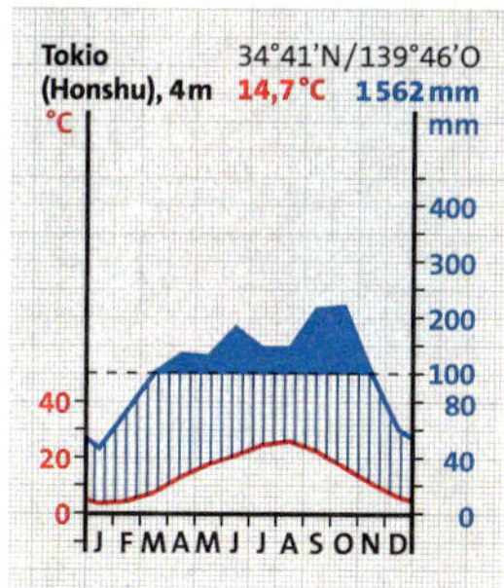

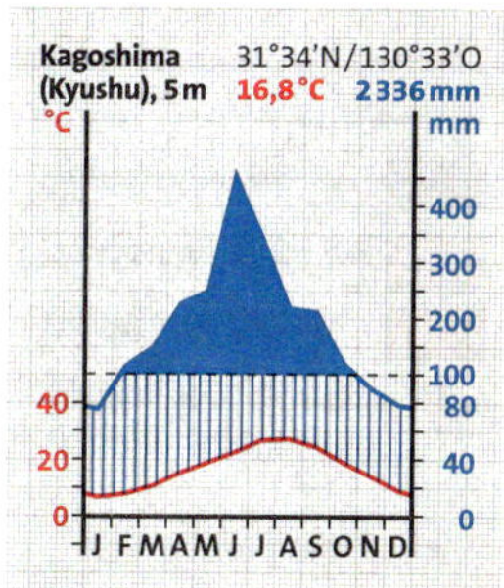

24 Importabhängigkeit Japans bei ausgewählten Rohstoffen

Nach METI, Agency for Natural Recources and Energy (ANRE), Tokyo 2009

Holz	50 %
Kohle	75 %
Erdgas	92 %
Kupfer	95 %
Zink	98 %
Bauxit	100 %
Nickel	100 %
Eisenerz	100 %
Erdöl	100 %

TERRA METHODE

35 Handelsnation Japan 2007

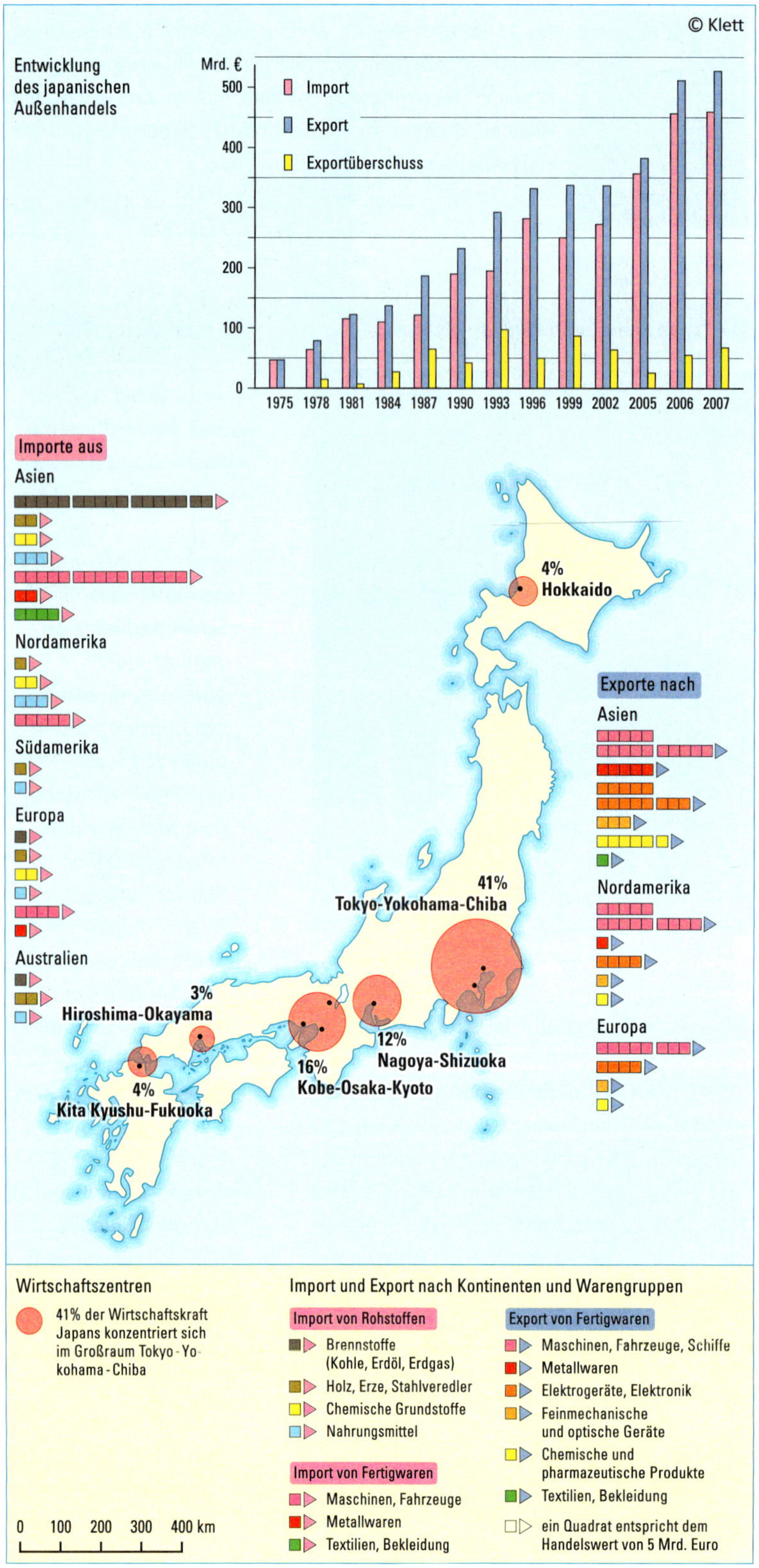

Materialien zur Wirtschaft

36 Warum Japan zu einer weltwirtschaftlichen Führungsmacht wurde

- zweitgrößter Binnenmarkt der Welt,
- enge Zusammenarbeit Staat/Industrie,
- enge Verflechtung von Unternehmen verschiedener Branchen, die sich unterstützen, z. B. über „Generalhandelshäuser“,
- Schutz der heimischen Industrie durch tarifäre Handelshemmnisse,
- Förderung der exportorientierten Industrie mit möglichst ungehindertem Zugriff auf Güter- und Kapitalmärkte Europas und Nordamerikas,
- hohes Innovationspotenzial und Beherrschung von Hochtechnologie,
- Steigerung der Produktivität durch Automatisierung und konsequente Anwendung moderner Produktions- und Organisationsformen in der Industrie, z. B. Lean Production, Just-in-time-Prinzip,
- hohe Arbeitsethik auf der Grundlage des Konfuzianismus,
- großes Augenmerk des Staates und der Bevölkerung auf Ausbildung.

37 Abhängigkeit vom Welthandel

Nach Der Fischer Weltalmanach 2010, a. a. O., und WTO Trade Statistics

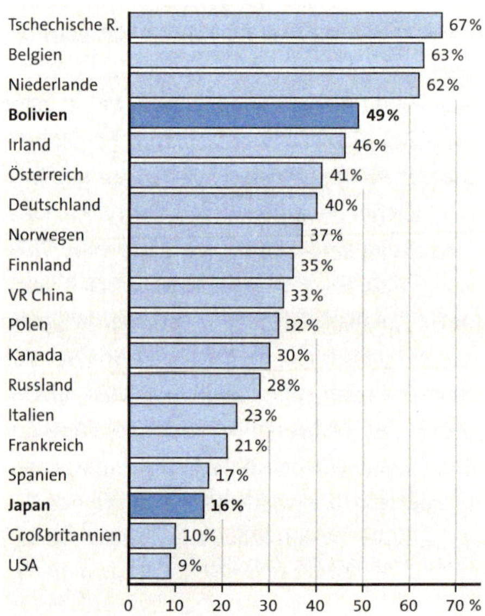

38 **Integriertes Hüttenwerk Nippon Kokan, Fukuyama, Hiroshima-ken**

39 **Gegenwärtige Lage der japanischen Wirtschaft**

„Japan wurde mit am härtesten von der weltweiten Wirtschafts- und Finanzkrise getroffen. Dabei war Japan, dessen Finanzinstitute sich kaum in den Krisensegmenten des US-amerikanischen Finanzmarktes engagiert hatten, zunächst von den Turbulenzen kaum tangiert worden. Doch im Sog der realwirtschaftlichen Krise und des Einbruchs des Welthandels ist Japans Wirtschaft so stark geschrumpft wie seit dem Krieg nicht mehr. Verschärfend wirkte, dass die Krise hier auf eine bereits rückläufige heimische Konjunktur traf. Bereits im 2. Quartal 2008 ging das japanische Sozialprodukt zurück. 2009 sanken die Exporte real um 24 % gegenüber dem Vorjahr. Das reale Bruttoinlandsprodukt (BIP) schrumpfte um 5,2 % (nach einem Rückgang um 2,1 % im Jahr 2008 gegenüber dem Vorjahr). Das ist der stärkste Rückgang der Wirtschaftsleistung innerhalb der G7-Länder. Derzeit scheint die Gefahr einer doppelten Rezession erst einmal gebannt."

www.auswaertiges-amt.de/diplo/de/Laenderinformationen/Japan/Wirtschaft, Mai 2010

40 **Japans Außenhandelsstruktur**

Nach http://de.wikipedia.org/wiki/Japan, Mai 2010

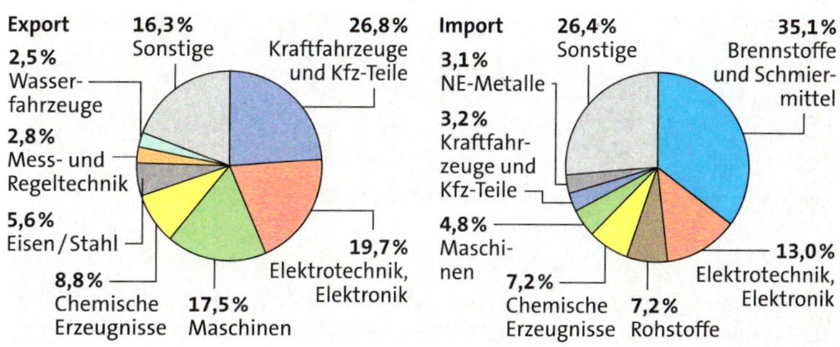

41 **Japans Stellung in der Weltwirtschaft 2008** (in Klammern: Rang)

Nach Der Fischer Weltalmanach 2010, a. a. O., und WTO Trade Statistics 2010

	Japan	USA	Deutschland	China
BNE/Kopf (US-$)	37 790 (19)	46 040 (7)	38 990 (16)	2 370 (98)
Realer Zuwachs des BIP (%)	−0,7	1,1	1,3	9,0
Einfuhr (Mrd. US-$, 2009)	551 (5)	1 604 (1)	931 (3)	1 006 (2)
Ausfuhr (Mrd. US-$)	581 (4)	1 057(3)	1 121 (2)	1 202 (1)
Inflation (%)	1,4	3,8	2,6	5,9
Arbeitslosigkeit (%)	4,0	5,8	7,8	4,2
HDI-Rang (von 179 Staaten)	8	15	23	94

5.3 Indien, bald Nummer 1 in der Weltbevölkerung?

1 Geburten- und Sterberate und natürliches Bevölkerungswachstum Indiens

Nach www.cbhidghs.nic.in/Hii2000-01/CHART2.01.htm, Dez. 2010

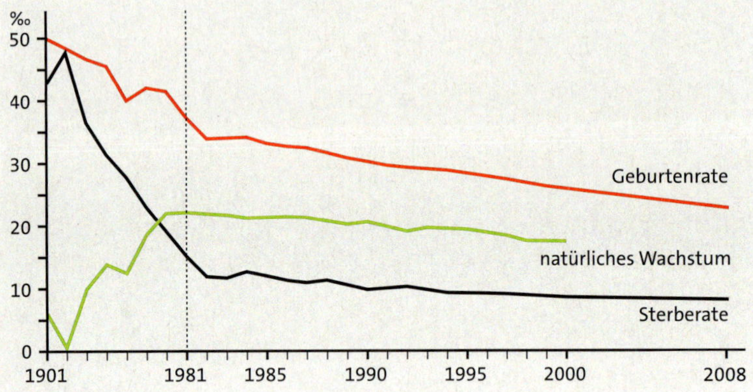

2 Entwicklung der Einwohnerzahl Indiens (* Prognose)

1901	238 000 000
1921	251 000 000
1941	318 000 000
1961	439 000 000
1981	685 000 000
2001	1 027 000 000
2007	1 130 000 000
2011 *	1 202 000 000
2021 *	1 380 000 000
2031 *	1 549 000 000
2041 *	1 698 000 000
2051 *	1 808 000 000

Kompetenzen erwerben:
- die natürliche Bevölkerungsentwicklung Indiens erfassen
- eine Bevölkerungspyramide auswerten
- den Einfluss der Lebensbedingungen auf das generative Verhalten untersuchen

Fast jede Sekunde wird in Indien ein Kind geboren, 65 000 am Tag, 24 Millionen im Jahr. Damit liegt Indien weltweit an der Spitze. Hält die Entwicklung an, wird Indien in einigen Jahren China als bevölkerungsstärkstes Land ablösen. Anders als in China ist die indische Bevölkerung sehr jung: Über die Hälfte der Inder ist unter 25 Jahre alt, nur fünf Prozent sind im Rentenalter. Der Bevölkerungsdruck ist eines der großen Probleme. Fortschritte in der Nahrungsmittelproduktion, bei der Schaffung von Arbeitsplätzen und bei der Bekämpfung der Armut werden durch die wachsende Zahl zu versorgender Menschen aufgezehrt. Bis zum Jahr 2020 werden rund 250 Millionen mehr Arbeitskräfte als heute nach einer Beschäftigung suchen. Etwa ein Viertel der Inder lebt bereits unterhalb der Armutsgrenze. In den Ballungsräumen ist die Lage noch schlimmer. So muss in der 17-Millionen-Metropole Mumbai jeder zweite Bürger mit dem Gegenwert von weniger als einem Dollar am Tag auskommen.

Familienplanung

Als eines der ersten Länder hat Indien staatliche Maßnahmen zur Familienplanung durchgeführt, um das Bevölkerungswachstum zu verringern. Im Gegensatz zu den strengen Gesetzen in China hält man jedoch an dem Prinzip der Freiwilligkeit fest. Durch Aufklärung, Werbung und Förderungsmaßnahmen soll die **Geburtenrate** gesenkt werden. Erfolge in der Familienplanung stellen sich jedoch nur langsam ein. Nach wie vor gibt es Schlagzeilen über Mitgiftmorde und Tötung von Mädchen im Mutterleib oder kurz nach der Geburt.

3 Indien: der Erde zweiter Milliardenstaat

„Mit dem Stichtag 1. März 2001 erfüllten sich die Vermutungen und Prognosen, dass Indien nach China als zweiter Staat der Erde die Milliardengrenze überschritten hat. Trotzdem hat das vorläufige Ergebnis die Experten überrascht, vielleicht auch schockiert, gingen doch die Schätzungen von maximal einer Milliarde und 14 Millionen Menschen aus. Gezählt wurden dann nicht weniger als 1 027 051 247, davon etwa 531 Millionen Männer und 496 Millionen Frauen. Hier werden wir mit der Tatsache konfrontiert, dass Indien im Gegensatz zu den westlichen Industrienationen ein ‚Frauendefizit' aufweist – oder ist es ein ‚Männerüberschuss'? – und zwar in der Größenordnung von 35 Millionen Menschen! ... Wie schwierig Langzeitprognosen in der Bevölkerungsforschung aufgrund einer Vielzahl von Faktoren, die hier einwirken, sind, geht aus dem Unterschätzen um 13 Millionen Bewohner für die Volkszählung 2001 hervor. 13 Millionen, die zusätzlich ernährt, gekleidet und ausgebildet werden müssen, für die es Schulen, Krankenhäuser und Arbeitsplätze zu schaffen gilt. Andererseits haben noch in den achtziger Jahren Experten der Vereinten Nationen für Indien im Jahr 2000 in einem Langfristszenario 1 043 Millionen Einwohner prognostiziert, das heißt um 16 Millionen Menschen mehr als dann de facto gezählt wurden. Aus dieser Sicht können also indische Behörden zu Recht darauf hinweisen, dass durch die Familienplanungsmaßnahmen viele Millionen Geburten verhindert wurden."

Heinz Nissel: Rezente Bevölkerungsentwicklung in Indien. In: Peter Hazdra, Erich Reiter (Hrsg.): Die sicherheitspolitische Entwicklung in Südasien. Wien 2002 (= Studien zur Sicherheitspolitik, Nr. 3/2002), S. 17–26; unter www.heer.at/pdf_pool/publikationen/09_sde_07_rbi.pdf, Mai 2010

Material
Bevölkerungsprobleme in China
104109-5301

4 Generatives Verhalten

„Während Maßnahmen zur Reduktion der Sterberaten staatlich verordnet und durchgeführt werden können und ohnehin auf breite gesellschaftliche Akzeptanz stoßen, erfordert die Senkung der Geburtenraten einen langen Atem: es gilt, soziale und religiöse Einstellungen zu ändern, die Indien seit Jahrtausenden bestimmt haben, über bessere ökonomische Rahmenbedingungen sowie Akzeptanz von Bildung (gerade auch für Mädchen) die Aufstiegschancen von Kindern neu zu definieren etc.
Hinsichtlich dieser neuen Vorstellungen und Verhaltensweisen besitzen zunächst die Bewohner der Städte einen deutlichen ‚Innovationsvorsprung'. Eine Auswertung der ... Geburten- und Sterberaten ... beweist, dass die ... Geburtenziffern im urbanen wie ruralen Raum gleich schnell absinken (wenn auch bei noch deutlich höherem ländlichen Ausgangsniveau) und in den Dörfern die Sterberaten deutlich schneller abnehmen als in den Städten, also eine stetige Annäherung der Quoten zu verzeichnen ist. Dies wird noch besser erkennbar bei der Kindersterberate (0- bis 6-Jährige), die ... in den Städten von ca. 63 [1981] auf 42 Promille [1997] pro Jahr sank, in den Dörfern jedoch von 120 auf nahezu 70 Promille, also mehr als doppelt so schnell. Diese massiven Veränderungen werden auf das generative Verhalten sicher dramatisch einwirken. Bei den geringen Überlebenschancen in früheren Zeiten musste ein Ehepaar, um ‚auf Nummer sicher' zu gehen, drei Söhne ‚produzieren', um mit hoher Chance einen Sohn durchzubringen (wobei nach dem Zufallsprinzip eine 50:50-Chance auf weitere drei Töchter gegeben war). Kinderreichtum beruhte also nicht auf Zufällen, sondern auf durchaus rationalen Überlegungen (Erbrecht, Totenritual usw.). Mit den geänderten Lebensbedingungen ändern sich heute ebenso die Einstellungen im generativen Verhalten, wenn auch vielleicht nicht so rasch, wie es viele Experten erhoffen."

Ebenda

5 Werbung für Familienplanung in Mumbai

6 Bevölkerungspyramide von Indien (Stand 2007)

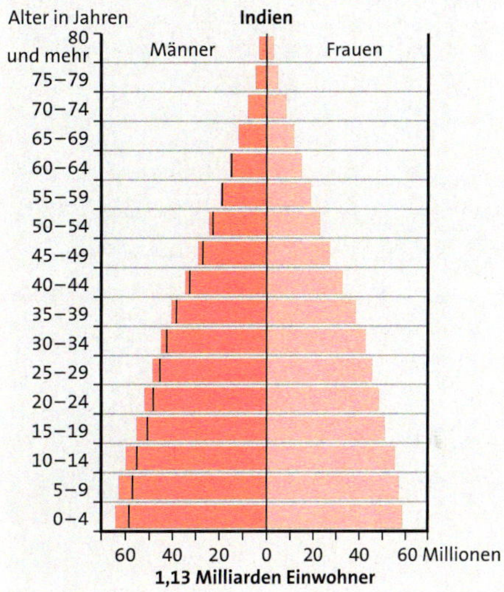

7 Familienplanungsprogramme in Indien

1952: erstes Programm; Plakatwerbung, Familienberatungsstellen, Bereitstellung von Verhütungsmitteln
1972: Legalisierung des Schwangerschaftsabbruches
1975–1977: Sterilisierungskampagnen
1978: Heraufsetzung des Heiratsalters
1979: Umbenennung von Familienplanungs- in Familienwohlfahrtsprogramm; stärkere Berücksichtigung des sozialen Umfelds
2000: Förderung der Gesundheit von Frauen und Kindern vor und nach der Geburt, Zugang zu medizinischer Versorgung

1 Natürliche Bevölkerungsentwicklung:
a) Erläutern Sie das Diagramm 1.
b) Ordnen Sie Indien in das Modell des demografischen Übergangs ein.

2 Werten Sie die Bevölkerungspyramide Indiens aus.

3 Internetrecherche und Online-Link 104109-5301:
a) Vergleichen Sie die Entwicklungen der Bevölkerung Indiens und Chinas.
b) Diskutieren Sie Wirksamkeit und Grenzen der in beiden Ländern getroffenen Maßnahmen zur Familienplanung.

4 Erläutern Sie, wie sich mit veränderten Lebensbedingungen das generative Verhalten verändert.

Seite 214/215 Demographischer Übergang

5.4 Die USA – ein Riese im Wandel

Kompetenzen erwerben:
- das naturräumliche Potenzial der USA erfassen und bewerten,
- thematische Karten im Hinblick auf Strukturmerkmale der US-amerikanischen Landwirtschaft interpretieren,
- die Entwicklung ausgewählter Wirtschaftsräume charakterisieren und vergleichen,
- Phasen der Einwanderung in die USA im Hinblick auf Anzahl und Herkunft der Migranten beschreiben.

1 Orographische Gliederung Nordamerikas

Seite 282/283
Methode Raumvergleich

Das naturräumliche Potenzial

Das charakteristische Merkmal des Naturraums der USA ist seine Größe. Dies impliziert eine Vielfalt an Großlandschaften, Klimaten, Böden und Bodenschätzen. Daraus resultieren wiederum zahlreiche Risiken und Gefahren. In der Summe erweisen sich die Größe und Vielfalt jedoch als Gunstfaktoren für die wirtschaftliche Inwertsetzung.

Relief und Großlandschaften

Die Oberflächengestalt Nordamerikas ist in ihrer räumlichen Differenzierung weitgehend auf die Art und das Alter der Bauelemente zurückzuführen. Es lassen sich sechs natürliche Großräume unterscheiden:

1. Die Küstenebenen an der atlantischen Küste der USA und am Golf von Mexiko. Sie sind von Sedimenten größtenteils mariner Herkunft in geologisch jüngster Zeit (Quartär) aufgebaut.
2. Die Mittelgebirgsregion der Appalachen aus dem Erdaltertum (Karbon) mit der östlichen vorgelagerten Piedmontregion, gegen die atlantische Küstenebene durch die Fall-Linie abgegrenzt. Die Fall-Linie erhielt ihren Namen von den an den Flüssen auftretenden Stromschnellen

Lernen im Netz
Raumvergleich Russland – China
104109-3203

und Wasserfällen. Auf kanadischem Gebiet (Neufundlandinseln und südliche Grenzbereiche des St.-Lorenz-Golfes) sind die Appalachen zu einem Rumpfgebirge mit Höhen meist unter 1 000 m abgetragen.

3. Der Bereich der Inneren Ebenen. Sie sind vornehmlich aus Kreide und tertiärem Material aufgebaut und nehmen den größten Teil der USA ein, in Kanada aber nur einen im Durchschnitt 600 km breiten Streifen. Sie gliedern sich in das glazial überformte Gebiet der Großen Seen, das alluviale Stromgebiet des Mississippi sowie das Gebiet der Prärien und Great Plains (Interior Plains in Kanada). Geomorphologisch bilden die Inneren Ebenen eine weitgespannte Plateaulandschaft, die in mehreren Stufen von etwa 300 bis 400 m im Osten auf 1 600 m westwärts zum Gebirgsfuß der Rocky Mountains aufsteigt.

4. Die Rocky Mountains und das pazifische Küstengebirge, die wiederum in mehrere Gebirgsstränge aufgespalten sind. In den USA sind zwischen den östlichen Gebirgssträngen weiträumige, meist abflusslose Becken wie das Große Becken, eingeschlossen. Zusammenfassend werden die Gebirgsstränge und intramontanen Becken auch als Kordilleren bezeichnet. Diese sind Teil des in der Erdneuzeit (Tertiär) gehobenen zirkumpazifischen Faltengebirgsgürtels, zu dem auch die Anden in Südamerika gehören. Sie sind durch eine starke geologische Instabilität gekennzeichnet, die sich in aktivem Vulkanismus und Erdbeben äußert. Mit 6 193 m (Mount McKinley) erreichen die Kordilleren in Alaska ihre maximale Höhe.

5. Der Kanadische Schild ist das älteste Bauelement des nordamerikanischen Kontinents und nimmt den größten Teil Kanadas ein (ca. 45 %). Mit einem kleinen Zipfel reicht er noch in die USA hinein. Der Kanadische Schild ist ein aus Urgestein des Archaikums (Erdfrühzeit) aufgebautes flachwelliges Hügelland, das im Erdaltertum (Kambrium) nochmals aufgefaltet, dann aber zu einem Rumpfgebirge von 200 bis 300 m Höhe abgetragen wurde. Wirtschaftlich ist er wegen seines außerordentlichen Erzreichtums von Bedeutung.

6. Der Inselarchipel nördlich des Festlandes gliedert sich in das Arktische Tiefland, das von Sedimenten vorwiegend des Erdaltertums aufgebaut wird, die dem Kanadischen Schild auflagern, und in das Faltengebirge der Innuitians (Inuit = Eskimo; den Begriff „Eskimo" sollte man vermeiden, da er von den Betroffenen als diskriminierend empfunden wird). Aufgrund der Höhenlage von bis zu 3 300 m und der Vergletscherung weist das Relief Hochgebirgscharakter auf.

Hinsichtlich der Oberflächengestaltung unterscheiden sich die USA wesentlich von derjenigen Mitteleuropas. In Mitteleuropa ordnen sich die drei großen Relieftypen Hochgebirge, Mittelgebirge und Flachland breitenparallel an: Von Süd nach Nord folgen auf das Hochgebirge das Mittelgebirge und daran anschließend das Flachland. In den USA sind die Großlandschaften anders und in annähernd meridionaler Richtung angeordnet. Diese von den mitteleuropäischen Verhältnisse abweichende Reliefgliederung hat entscheidende Auswirkungen auf die gesamte übrige Naturausstattung der USA und wirkt sich nachhaltig auf viele andere kulturgeographische Bereiche aus.

2 Monument Valley, Arizona

1 Großlandschaften mit Auswirkungen:
a) Vergleichen Sie die Anordnung der Großlandschaften der USA mit denen in Mitteleuropa (Atlas).
b) Erörtern Sie mögliche Auswirkungen auf die klimatischen Verhältnisse und den Gang der Erschließung.

Klima
Unter Klima versteht man den Gesamtcharakter der Wettererscheinungen an einem Ort. Man unterscheidet:
- Klimaelemente: Temperatur, Niederschlag, Luftdruck, Wind, Luftfeuchtigkeit, Bewölkung;
- Klimafaktoren: Lage eines Ortes im Breitenkreisnetz, Lage zum Meer oder im Kontinent, Höhenlage, Lage im Luv oder Lee von Gebirgen.

Das Zusammenspiel von Faktoren und Elementen bestimmt das Wetter bzw. Klima eines Ortes.

← Seite 76/77
Klimate der Erde

← Seite 76–83
Geozonen

Klima

Aufgrund der Raumgröße und der geographischen Breitenlage haben die Vereinigten Staaten Anteil an fast allen Klimatypen. Der größte Teil des Landes liegt in der kühlgemäßigten Zone, an die sich südwärts ab etwa dem 35. Breitenkreis die warmgemäßigte Subtropenzone anschließt. Beide Klimagürtel reichen, durch die Hochgebirgsklimate der Rocky Mountains durchbrochen, vom Pazifik bis zum Atlantik. Mit seiner Südspitze hat Florida noch Anteil an der Tropenzone. Alaska gehört größtenteils der kaltgemäßigten borealen Zone an, die im Norden in die arktische Zone mit Tundrenklima übergeht.

3 Kontinentale und maritime Verhältnisse

„Da die USA eine große Landmasse darstellen, die sich im Sommer extrem erwärmt und im Winter stark abkühlt, sind die Temperaturgegensätze auch auf der gleichen geographischen Breite enorm. Teile des Mittelwestens können jährliche Temperaturschwankungen von 60 bis 80 °C aufweisen. So kann die winterliche Temperatur ... in Ohio in kalten Wintern durchaus bei −45 °C liegen, die sommerliche Höchsttemperatur dagegen bei rund 35 °C. In Teilen der Great Plains sind Extremwerte von +50 °C und −50 °C registriert worden.
Der Einfluss des maritimen Faktors ... ist an allen Küsten der USA spürbar. Dieser maritime Einfluss mildert in Küstenbereichen generell die Temperaturen der im Winter einfließenden Kaltluftmassen. An der atlantischen Nordostküste wird es jedoch auf Höhe der Neuenglandstaaten (und nicht selten bis auf 35 °N) wegen des kalten Labradorstroms, der den nach Europa verlaufenden Golfstrom ablöst, im Winter wesentlich kälter als beispielsweise an der europäischen Atlantikküste auf gleicher Höhe. Der Einfluss von Meeresströmungen ist auch an der Westküste in unterschiedlicher Weise fühlbar. Der kühle Kalifornienstrom führt vor allem in Nordkalifornien im Sommer zu Nebel und Temperaturminderung."

Rita Schneider-Sliwa: USA. Darmstadt: Wissenschaftliche Buchgesellschaft 2005, S. 35

4 Auswirkungen des Reliefs auf das Klima

„Flächengröße und Oberflächengestaltung des Staatsgebietes [der USA] bewirken eine beträchtliche Differenzierung der klimatischen Ausstattung, die insbesondere durch die meridionale Anordnung der Gebirge von den eurasiatischen Verhältnissen abweicht. Ozeanische Einflüsse werden durch die Kordilleren weitgehend vom Landesinnern abgeriegelt, sodass kontinentale Klimamerkmale bei weitem überwiegen. Der Staueffekt der Kordilleren hat zur Folge, dass die pazifische Küste reichliche Niederschläge empfängt, die im Lee des pazifischen Gebirgssystems gelegenen intramontanen Becken jedoch außerordentlich niederschlagsarm sind und daher Wüsten- und Halbwüstencharakter besitzen. Niederschlagsarmut kennzeichnet auch die im Lee der Rocky Mountains gelegenen Great Plains. Von der Mitte des Staatsgebietes nimmt die Humidität nach Osten unter dem Einfluss feuchtwarmer Luftmassen aus dem Bereich des Golfes von Mexiko zu. Die meridionale Reliefgliederung hat zudem einen sehr viel stärkeren Luftmassenaustausch zur Folge, als er in Eurasien üblich ist."

Helmut Blume: USA. Eine geographische Landeskunde. Bd. 1. Darmstadt: Wissenschaftliche Buchgesellschaft 1975, S. 22

Luftmassen. Das Klima der USA ist in markanter Weise vom Zusammenspiel zweier großer Luftmassen geprägt: von kalter und trockener Polarluft sowie warmer und feuchter Tropenluft. Diese beiden Luftmassen stoßen etwa in Höhe von 60 °N ungehindert aufeinander, sodass es östlich der Rocky Mountains zur Ausbildung von ständig sich erneuernden Tiefdrucksystemen kommt, die mit den vorherrschenden Westwinden nach Osten getragen werden. Dadurch sind selbst an der Atlantikküste kontinentale Klimamerkmale spürbar.

2 Werten Sie die Klimadiagramme auf der nebenstehenden Seite aus.
3 Beschreiben Sie das Klima der USA in seinen wesentlichen Grundzügen.

Surftipp
Klimadaten
104109-5401

Material
Naturrisiken
104109-5402

5 Klima Nord- und Mittelamerikas

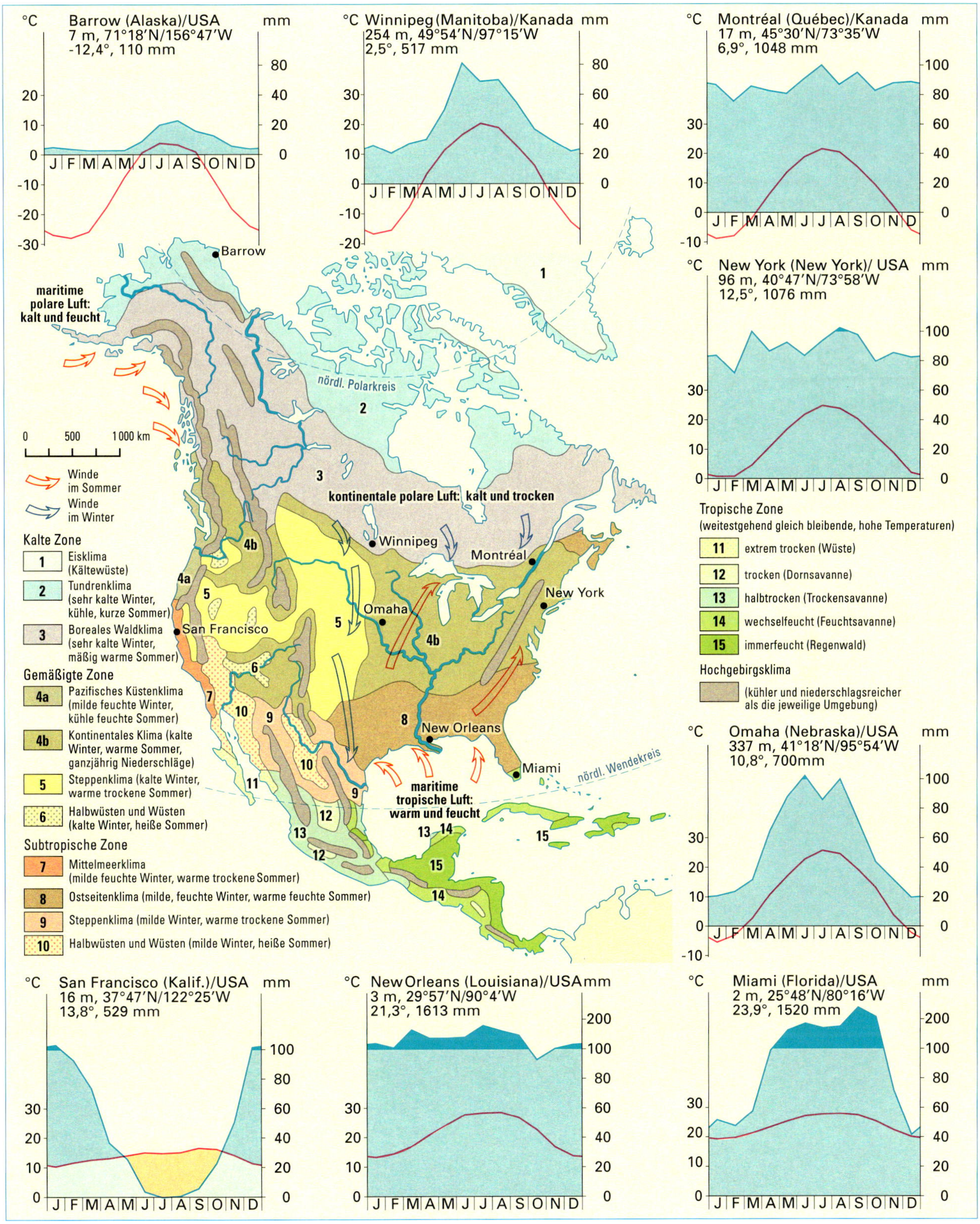

6 **Indian Summer in Neuengland**

7 **In den Everglades / Florida**

8 **In der Halbwüste im Südwesten**

Vegetation und Böden

Vegetation. Wie in allen vom Menschen besiedelten und bewirtschafteten Räumen wurde auch in den USA der Großteil der ursprünglichen Vegetation durch den siedelnden und wirtschaftenden Menschen verdrängt. Wenig oder gar nicht beeinflusst sind lediglich die Tundra in Alaska und die borealen Wälder. Auch in den Mattenregionen der Hochgebirge ist der anthropogene Einfluss gering. Im Vergleich dazu wurden die Waldformationen durch umfangreiche Rodungen erheblich reduziert bzw. durch forstwirtschaftliche Aktivitäten verändert. In den Steppengebieten ist die Langgrasprärie fast vollständig in Ackerland umgewandelt, während die Kurzgrasprärie infolge Überweidung ihren ursprünglichen Charakter vielerorts verloren hat. Die reale Vegetation weicht also erheblich von der potenziellen Vegetation ab.

9 **Die heutige Pflanzenwelt**

„Die Vegetation steht in engem Zusammenhang mit der Oberflächengestalt, den Bodenarten und den klimatischen Voraussetzungen. Deswegen entsprechen auch die Vegetationsgürtel weitgehend den Klimaprovinzen. Die bis zur Baumgrenze reichende Tundrenregion ist vegetationsarm, spärliche Moose und Flechten und andere niedere Pflanzen bedecken den nur kurze Zeit oberflächlich auftauenden Boden.

Als ein etwa 1000 km breites Band durchzieht der boreale Waldgürtel südlich anschließend den gesamten Kontinent vom Pazifik zum Atlantik. Hier sind Fichten und Kiefern, im Norden noch in Kümmerformen, im Süden schon in wirtschaftlich wertvollen Formen, vorherrschend.

Im Gebiet der gemäßigten Zone unterscheiden sich den Klimaprovinzen entsprechend, durch die jährliche Niederschlagsmenge bestimmt, drei ursprüngliche Vegetationsformen. Die Laubmischwälder des feuchteren, atlantischen Ostens ändern je nach den Bodenkomponenten und klimatischen Bedingungen ihre Zusammensetzung. Sind es im Norden, im Gebiet der Großen Seen, vor allem Buchen, Birken, Ahorne und Fichten, die den Bestand der Wälder ausmachen, sind weiter südlich Eichen und Kiefern vorherrschend. Zu ihnen treten im Bereich von Florida und des unteren Mississippi Tulpenbäume, Sumpfzypressen und Rotgummibäume. Die Graslandschaften im trockeneren Prärieland sind im niederschlagsbegünstigten Raum östlich von 100° w. L. mit einer geschlossenen Decke von hohem Gras (tall grass) bewachsen, vereinzelt von Baumgruppen und Galeriewäldern durchsetzt. Nach Westen zu werden sie baumärmer und tragen kurzes Gras (short grass), das schließlich im trockenen Süden nur noch in einzelnen Büscheln bis in den Mesquitebusch den Boden bedeckt. In der Gebirgs- und Beckenregion wechseln Wüsten und Wüstensteppen, nur vereinzelte Hänge an der Luvseite der Gebirgszüge zeichnen sich durch üppige Wälder aus, z. B. in der Sierra Nevada mit den riesigen Mammutbäumen. In den abflusslosen Becken, die teilweise von salzhaltigen Böden erfüllt sind, spielen die Salzbuschformationen, vor allem der Sagebrush (Artemisia tridentata), eine besondere Rolle; weiter südlich, im Becken von Arizona, überwiegen die Kresotbüsche.

Im Etesienklima Kaliforniens gedeihen Dornsträucher und Hartlaubgehölze, die sich mit ihren lederartigen oder fleischigen Blättern der langen Trockenzeit während der Sommermonate anpassen. Diese der mediterranen Macchie entsprechende Formation wird hier Chapparal genannt. Weiter nach Süden, in Nordmexiko, treten Kakteen, Opuntien und Agaven an ihre Stelle. Die Bodenbedeckung wird spärlicher und geht mit zunehmender Trockenheit in Dornstrauch- oder Wüstensteppe und schließlich in Wüste über. Die z. T. mangrovenbewachsene Küste am Golf von Mexiko, die mit hochstämmigen Königspalmen bestandene Küste Floridas und die an sie südlich anschließenden Koralleninseln mit ihren Kokospalmen stellen den Übergang zur tropischen Vegetationsform dar.“

Ernst Neef: Das Gesicht der Erde. Thun und Frankfurt am Main: Harry Deutsch 1977, S. 385–387

10 Die Böden Nordamerikas

Böden. Aufgrund der Vielfalt des Reliefs, der anstehenden Gesteine sowie der Vegetation, aber auch als Folge der Eingriffe durch den wirtschaftenden Menschen variieren die Böden regional und lokal stark. Deswegen gibt die obige Karte nur einen sehr generalisierten Überblick, der dennoch wichtige Aussagen zulässt über die Eignung für eine agrarische Nutzung.

Seite 72/73
Bodentypen

4 Erstellen Sie ein West-Ost-Profil der natürlichen potenziellen Vegetation der USA (Profil etwa in Höhe des 40. Breitenkreises). (Atlas, Materialien 6–9)

5 „In der Verbreitung der Böden spiegelt sich die klimatische Differenzierung der USA wider." Belegen Sie diese Aussage.

11 Die sechs größten Erdölverbraucher 2007 (in Mrd. m³)

Nach ExxonMobil: Oeldorado 2008, unter www.esso.de, Dez. 2010

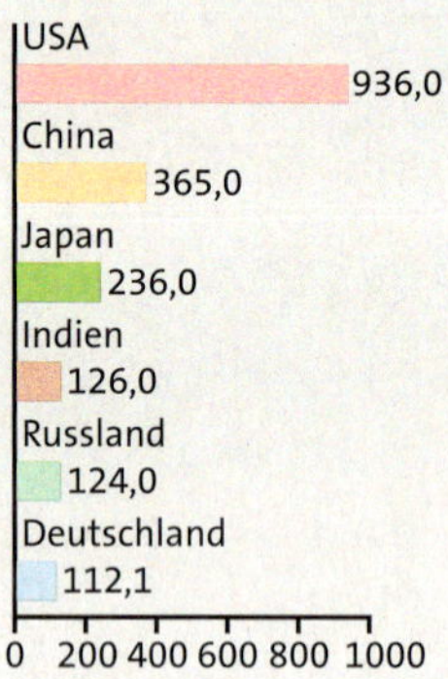

12 Die sechs größten Erdgasverbraucher 2007 (in Mrd. m³)

Nach ebenda

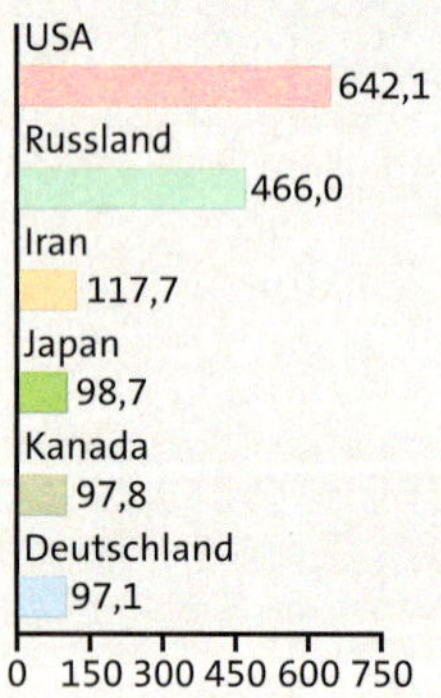

Bodenschätze und Potenzial erneuerbarer Energien

Bodenschätze. Mitentscheidend für die Entwicklung der USA zur führenden Wirtschaftsmacht der Erde war der Reichtum an Bodenschätzen und Energiequellen, die günstig über das Staatsgebiet verteilt sind und zum großen Teil unter vorteilhaften Bedingungen abgebaut werden können.

Die Verbreitung der mineralischen Bodenschätze wie auch der Energierohstoffe Kohle, Erdöl und Erdgas hängt mit dem geologischen Bau des Kontinents zusammen. Während die metallischen Rohstoffe vor allem im Gebiet der geologisch alten Kerne vorkommen (Kanadischer Schild/Erzvorkommen am Lake Superior, präkambrische Kerne einiger Felsengebirgsketten), konzentrieren sich die Steinkohlevorkommen vor allem auf Senkungszonen, die sich im Erdaltertum (Karbon), z. B. in den Randzonen der Appalachen oder im zentralen Tiefland (Illinois, Missouri), gebildet haben.

Die bedeutendsten Erdöl- und Erdgasfelder liegen in den Flachlandregionen westlich des Mississippi, in einer Zone mächtiger, flachlagernder Sedimente verschiedener geologischer Formationen, z. B. im Golfküstengebiet von Texas, im Mid-Continent-Field in Oklahoma und Kansas, im Westküstenfeld von Kalifornien, aber auch in einzelnen Senken der Rocky Mountains. Seit Ende der 1960er-Jahre fand man in der Prudhoe Bay von Alaska neue Erdöl- und Erdgasfelder, die trotz heftiger Widerstände von Umweltschutzverbänden und trotz der hohen Erschließungs- und Förderkosten (Dauerfrostboden) seit 1977 genutzt werden.

Hydroenergetisches Potenzial. Beachtlich ist auch das Potenzial an Wasserkraft. Der Ausbau der Flusssysteme hat nicht nur die Binnenschifffahrt belebt, die vordem wegen der z. T. stark schwankenden Wasserführung der meisten Flüsse nur eingeschränkt möglich war, sondern auch zu einer weitgehenden Nutzung des Energiepotenzials geführt.

Der Anteil der Wasserkraft als Energiequelle hat insgesamt in den USA eine sinkende Tendenz, einerseits, da der Bedarf schneller wächst als der Bau hydroelektrischer Anlagen möglich ist, und andererseits, da das Potenzial, auch aus ökologischen Gründen, stark begrenzt ist. Lediglich im Bereich des Tennessee, in dem seit 1933 über 20 große Staudämme zur Flussregulierung, zur Schiffbarmachung und zur Erzeugung von Hydroenergie errichtet wurden, und im Einzugsbereich des Columbia im Nordwesten spielt die hydroelektrische Energie eine

13 USA – Förderung ausgewählter Bergbauerzeugnisse und Anteil an der Weltproduktion 2006

Nach Der Fischer Weltalmanach 2009. Frankfurt: Fischer Taschenbuch Verlag 2008

	Förderung	Weltanteil	Rang
Blei	0,5 Mio. t	13 %	3
Eisenerz	52,9 Mio. t	4 %	7
Gold	242,0 t	10 %	4
Kupfer	1,2 Mio. t	8 %	2
Silber	1140 t	6 %	7
Zink	0,727 Mio. t	7 %	4
Braunkohle	76,4 Mio. t	8 %	3
Steinkohle	989,5 Mio. t	18 %	2
Erdgas	524,1 Mrd. m³	19 %	2
Erdöl	313,6 Mio. t	8 %	3
Uran	2005 t	4 %	8

14 Energieverbrauch pro Kopf (in kg Öleinheiten, 2005) und CO_2-Emissionen pro Kopf (in t, 2004)

Nach ebenda

	Energieverbrauch	Kohlendioxidemissionen
Kanada	8417	20,0
USA	7893	20,6
Norwegen	6948	19,1
Frankreich	4534	6,2
Russland	4517	10,6
Deutschland	4180	9,8
Japan	4152	9,8
Großbritannien	3884	9,8
Italien	3160	7,7
China	1136	3,9

15 Energierohstoffe in Nordamerika

Seite 248/249
Wege des Öls

überdurchschnittlich große Rolle. Eine weitere Steigerung der Energiegewinnung durch Wasserkraft – als umweltfreundliche Alternative vor allem zu den **Primärenergieträgern** Stein- und Braunkohle – ist nur begrenzt möglich.

6 Beschreiben Sie mithilfe der Materialien auf dieser Doppelseite und des Atlas die Ausstattung der USA mit mineralischen Rohstoffen und Energiequellen.

7 Vergleichen Sie die Ausstattung der USA und Russlands mit Bodenschätzen und Energiequellen.

TERRA METHODE

Karteninterpretation ist geographische Auslegung von Raumelementen in ihren gegenseitigen Beziehungen und Verflechtungen. Wie die Karte das Medium der Geographie schlechthin ist, so ist auch die Karteninterpretation – neben der Arbeit vor Ort – die wichtigste Methode, um raumbezogene Faktoren zu beschreiben, zu analysieren und zu deuten. Karten lesen und interpretieren zu können, gehört somit zu den wichtigsten Fertigkeiten, die im Geographieunterricht zu erlernen sind.

Landwirtschaft der USA

Thematische Karten interpretieren Raumnutzung und Strukturmerkmale der US-amerikanischen Landwirtschaft:

Im Gegensatz zu topographischen Karten, die eine möglichst lagegetreue Darstellung nahezu aller physiognomisch erfassbarer Erscheinungen wiedergeben, setzen thematische Karten stets ein Thema oder eine Themengruppe in den Vordergrund. Entsprechend der Vielzahl der Raumelemente ist auch die Vielfalt der thematischen Karten nahezu unerschöpflich. Sie reicht – um im Kapitel Landwirtschaft zu bleiben – von der Verbreitung bestimmter Nutzpflanzen über die Kartierung von Betriebsgrößen bis hin zur aktuellen Computerkarte, die z. B. die regionale Verteilung der Grundwassernutzung zeigt.

Bei der Auswertung einer thematischen Karte empfiehlt es sich, eine eintrainierte Schrittfolge einzuhalten. Diese kann folgendermaßen aussehen:

1. Schritt: Formales/Orientierung
- Was stellt die Karte dar? (Thema der Karte)
- Wo liegt der dargestellte Raum?
- Wie groß ist der Raumausschnitt?
- Wie aktuell ist die Karte?
- Welche Signaturen werden verwendet?
- Woher stammt die Quelle?

2. Schritt: Beschreibung
- Welche auffälligen Raumstrukturen sind zu erkennen?
- Sind Entwicklungsprozesse ablesbar?
- Lassen sich Regelhaftigkeiten finden? Gibt es Ausnahmen von diesen Regelhaftigkeiten?
- Wie lassen sich die Einzelbeobachtungen sinnvoll zusammenfassen?

3. Schritt: Erklärung
- Welche Erklärungshilfen geben Kartentitel, Legende, Namen, Beschriftungen?
- Welche kausalen und funktionalen Zusammenhänge sind erkennbar?
- Wie sind die beschriebenen Raumstrukturen, Prozesse und Regelhaftigkeiten zu erklären?
- Welche zusätzlichen Informationsträger muss ich zur Erklärung heranziehen?

4. Schritt: Bewertung
- Ist ein Maßstab angegeben?
- Ist eine Quelle genannt?
- Ist die Karte noch aktuell?
- Sind die Signaturen sinnvoll gewählt?
- Ist die Karte übersichtlich, leicht lesbar oder überladen?
- Welchen Informationswert besitzt die Karte?

16 Anzahl der Farmen und durchschnittliche Betriebsgröße in den USA (2006)

Nach Werner Klohn/Hans-Wilhelm Windhorst: Die Landwirtschaft der USA. Vechtaer Materialien zum Geographieunterricht, H. 1, 5. Aufl., Vechta 2007, S. 29

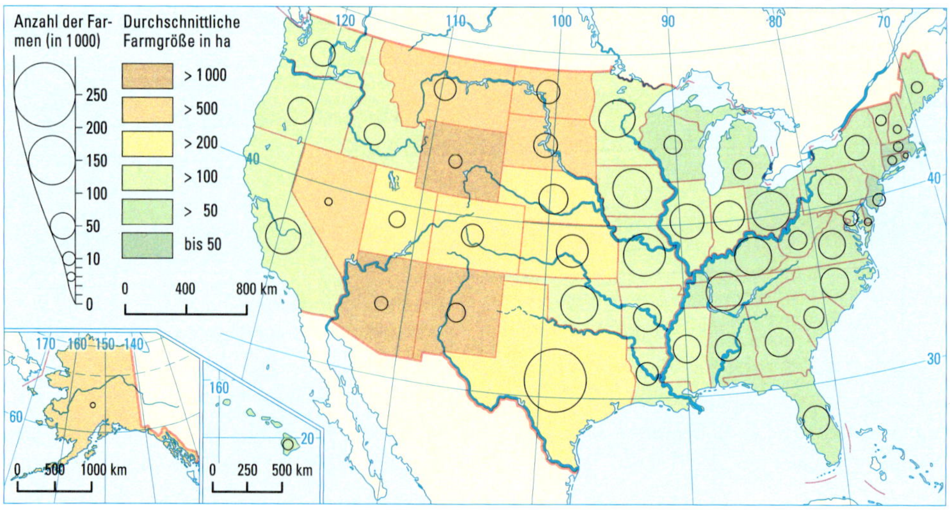

17 Agrarische Wirtschaftsräume in den USA

Nach US-Agrarreport (www.usa.gov)

18 Bewässerungsflächen in den USA (2002)

Nach Werner Klohn/Hans-Wilhelm Windhorst: a. a. O., S. 168/169

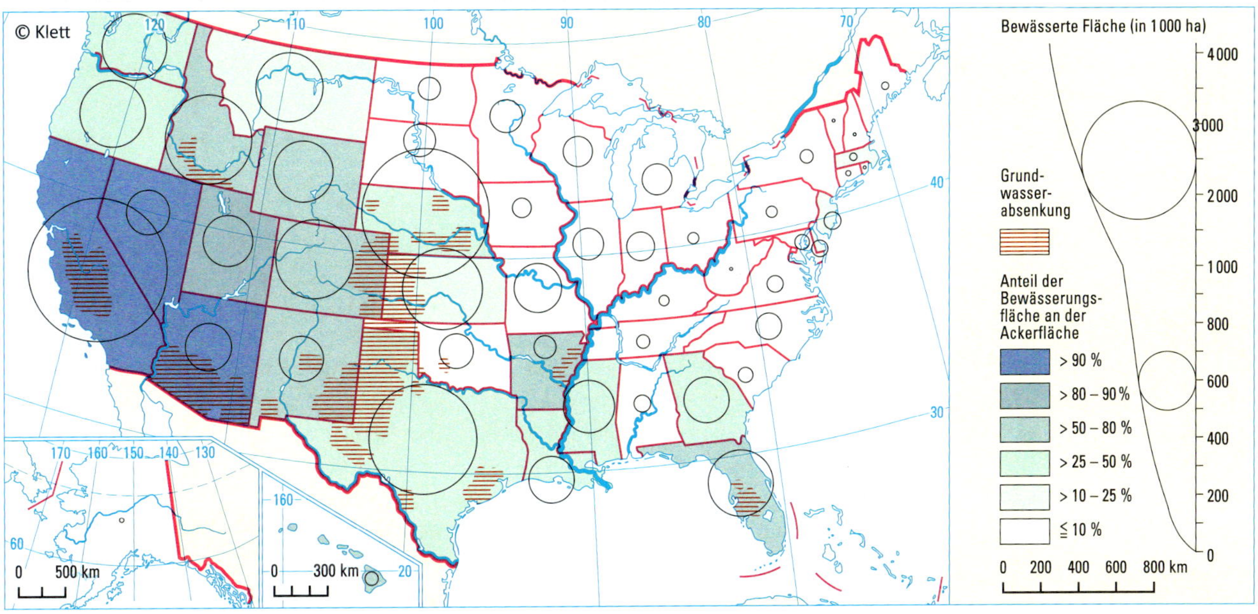

8 Werten Sie die Karte 16 mithilfe der vorgeschlagenen Interpretationsschritte aus.

9 Beschreiben Sie anhand der Karte 17 die räumliche Produktionsstruktur der Landwirtschaft der USA.

10 Arbeiten Sie mit der Karte 18:

a) Beschreiben Sie die Bewässerungsintensität in den Bundesstaaten der USA.

b) Erklären Sie die unterschiedliche Intensität aus dem Zusammenspiel von natürlichen Gegebenheiten und Anbauprodukten.

19 Badlands in der nordamerikanischen Prärie

20 Geoökologische Probleme in den Great Plains

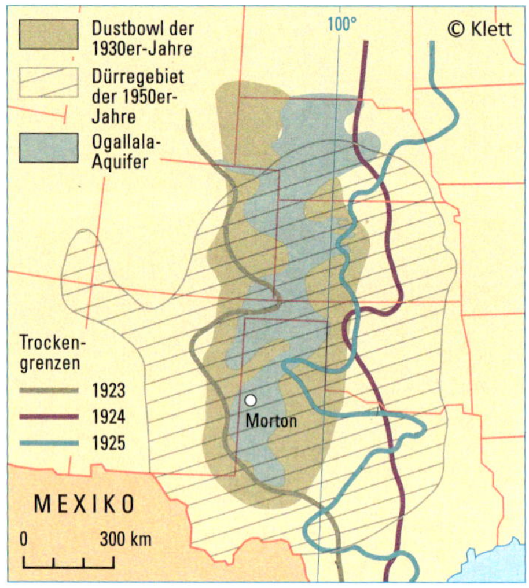

Dust bowl
Als „Staubschüssel" bezeichnet man die Teile der Great Plains, die in den 1930er-Jahren von einer jahrelang andauernden Dürreperiode mit verheerenden Staubstürmen heimgesucht wurden.

Seite 110–113
Agrobusiness/Family-Size-Farm

Geoökologische Probleme
Im westlichen Teil der Great Plains, in der Prärie, findet man fruchtbare Steppenböden. Sie entstanden in der letzten Eiszeit, sind nährstoffreich und eignen sich bei schonender Behandlung gut für den Ackerbau. Allerdings ist in der Prärie in vielen Jahren die Verdunstung größer als der Niederschlag. Die Pflanzen leiden dann an Wassermangel und starke Winde können ungeschützten Boden leicht ausblasen, besonders dann, wenn Weizen, Mais oder andere Nutzpflanzen in Monokultur angebaut werden.

Dry farming im regenarmen Westen. Regenreiche Jahre bescherten den USA bis 1930 Rekordernten. Auch im trockenen Westen gab es dank des **dry farmings** hohe Erträge. Bei diesem Verfahren folgte jeweils einem Anbaujahr ein Brachejahr. So kann der Boden die entzogenen Minerale nachbilden. Außerdem sorgen das Jäten von Unkräutern und das Eggen der Felder nach der Ernte dafür, dass dem Boden weniger Feuchtigkeit entzogen wird. Die Verdunstung lässt sich so deutlich verringern. Andererseits hilft tiefgründiges Pflügen, die Niederschläge und das Schmelzwasser besser versickern zu lassen.

Dust bowl. Doch an eines wurde nicht gedacht: In den Brachejahren lag der Ackerboden schutzlos da. Als in den 1930er-Jahren eine achtjährige Dürre folgte, konnten die starken Präriewinde vielerorts die fruchtbare oberste Schicht auswehen. Zurück blieben geschädigte Böden. Und wenn Regen fiel, kam er als Platzregen mit solcher Wucht vom Himmel, dass weiterer fruchtbarer Boden weggeschwemmt wurde. So kam es zur Bildung der Badlands durch Bodenerosion. Mehr als eine Million Hektar Ackerland wurden dadurch zerstört und rund 600 000 Farmer verloren ihre Existenzgrundlage.

Bodenschutzmaßnahmen. Aus dieser Krisensituation heraus entwickelte man Maßnahmen zum Schutz des Bodens. Statt die Felder ein Jahr lang brach liegen zu lassen, wurden Pflanzen mit tief reichenden Wurzeln angebaut, die Stickstoff aus der Luft im Boden anreichern und so die Fruchtbarkeit verbessern. Auch legten die Farmer Windschutzhecken an (wind breaks) und richteten ihre Felder – wo möglich – quer zur Hauptwindrichtung aus. Dies verringerte die Abtragung durch Wind ebenso wie der Einsatz des neuartigen Flügelgrubbers. Das pflugähnliche Gerät durchschneidet mit waagerecht angeordneten Messern die Wurzeln in 10 bis 15 Zentimeter Tiefe. Auf abgeernteten Feldern bleiben die Stoppeln dann als „Windfang" stehen (stubble mulching).
Anstelle von Monokulturen baute man nun im Fruchtwechsel (crop rotation) an; auf parallel

21 **Maßnahme gegen die Bodenerosion**

22 **Bewässerungsflächen in den Great Plains**

verlaufenden schmalen Streifen pflanzte man Futtergräser und Weizen. Die Abfolge dicht und weniger dicht wachsender Pflanzenreihen (strip farming) mindert nicht nur die Abtragung, auch die Böden laugen nicht so schnell aus. Und für besonders gefährdete Hanglagen entwickelte man das Konturpflügen (contour ploughing), bei dem die Felder parallel zu den Höhenlinien gepflügt werden. Dadurch ist die Bodenabspülung weniger stark, da jede kleine Furche wie ein Mini-Damm wirkt. Zudem reduzierte man die Bodenbearbeitung auf ein Minimum, indem man drei Arbeitsgänge in einen verlagerte: Pflügen, Eggen und Säen wird beim minimum-tillage-Verfahren von einer einzigen Spezialmaschine bewältigt, die den Boden öffnet, Saatgut einstreut und sofort wieder schließt.
Beim no-tillage-Verfahren wird das Saatgut sogar direkt in die Erde geschossen.

Bewässerungsfeldbau. Durch die Nutzung fossilen Grundwassers kann in den Great Plains Bewässerungsfeldbau betrieben werden, der das Erosionsrisiko verringert. Dazu wird dem Ogallala-Aquifer Wasser entnommen und mittels fahrbarer Karusselle von rund 800 Metern Durchmesser auf einer kreisrunden Fläche verteilt (center pivot irrigation). Doch auch die enormen Grundwasservorräte des Ogallala-**Aquifers** aus der Eiszeit schrumpfen und der Wasserspiegel sinkt weithin ab. Viele Flächen der Great Plains werden daher wohl in Zukunft wieder aus der Nutzung herausgenommen und in Grasland übergeführt werden.

23 **Wasserspiegel des Ogallala-Aquifers bei Morton, Texas** (m unter der Erdoberfläche)

01.01.1987	−211 m
01.01.1990	−221 m
01.01.1993	−220 m
01.01.1996	−229 m
01.01.1999	−232 m
01.01.2001	−234 m

Aquifer
Gesteinskörper mit Hohlräumen, der zur Leitung von Grundwasser geeignet ist (Grundwasser leitende Schicht).

Natural Resources Conservation Service
Amerikanische Bundesbehörde, die gegründet wurde, um die Bewahrung von Naturressourcen zu sichern.

11 Beschreiben Sie, welche Folgen falsche Landnutzung in der Prärie haben kann.
12 Erstellen Sie eine Liste mit Maßnahmen zum Schutz des Bodens.
13 Erklären Sie, warum die Bodenerosion besonders das Gebiet entlang der Trockengrenze gefährdet.
14 Erläutern Sie die Folgen, die sich aus dem Pendeln der Trockengrenze (Karte 20) für die landwirtschaftliche Nutzung in den Great Plains ergeben.

Seite 231
Bodengefährdung

Schwerpunkte der industriellen Entwicklung

Der Manufacturing Belt

Der **Manufacturing Belt** ist der industrielle Kernraum der USA zwischen Boston und Baltimore an der Atlantikküste bis nach Milwaukee, Chicago und St. Louis in der Landesmitte. Er gilt als größter industriell geprägter Wirtschaftsraum der Erde. Um 1890 produzierte der Manufacturing Belt 80–90% der gesamten Wertschöpfung der USA. In seiner Entwicklung wechselten mehrfach Wachstums- und Innovationswellen mit Phasen der Stagnation und Deindustrialisierung.

24 Anteil des Manufacturing Belts an der Wertschöpfung ausgewählter Branchen der USA in den „Goldenen Fünfzigern"

Nach USDC: Statistical Abstracts of the United States. Washington, D.C., verschiedene Jg.

Eisenschaffende Industrie	73,0%
Metallverarbeitende Industrie	66,5%
Maschinenbau	70,0%
Automobilindustrie	65,5%
Elektroindustrie	65,5%
Anteil an der Bevölkerung der USA	43,0%

- - →
Seite 342/243
Altindustrielle Räume in Europa

Der Sun Belt ist das südliche Pendant zur Industrieregion des Manufacturing-Belts. Er umfasst das Gebiet südlich des 37. Breitengrades der Vereinigten Staaten. Diese Region hat sich in den letzten Jahrzehnten zu einer Zukunftsregion der amerikanischen Wirtschaft entwickelt und verzeichnet einen starken Bevölkerungszuwachs. Ihren Namen verdankt die Region dem vorherrscheden Klima. Zum Sun Belt geehört beispielsweise das Silicon Valley in Kalifornien (S. 312/313).

25 Großunternehmen u. Fordistisches System: Höhepunkt der Entwicklung seit 1890

„Als Standortgunst erwiesen sich die Kohle- und Erzvorkommen. Sowohl im Raum Pittsburgh als auch in Nord-Michigan und Minnesota wurden Eisen- und Stahlwerke gegründet, ebenso an den Verkehrsdrehscheiben Cleveland am Eriesee, Chicago und Gary... Die ständig steigende Nachfrage nach Eisen und Stahl kam vom Eisenbahn-, Lokomotiven- und Waggonbau sowie vom Brückenbau und ab den 1890er Jahren vom Hochhausbau... Es entstanden die später weltbekannten Großunternehmen, allen voran die U. S. Steel Company...
Die Großunternehmen versuchten zur optimalen Kommunikation möglichst viele Schritte der Wertschöpfung in eigenen Unternehmen und in räumlicher Nähe zu konzentrieren...
Als Leitindustrie für die Regionalentwicklung fungierte die Automobilproduktion. Aus einer Vielzahl von kleinen und mittelgroßen Produktionsbetrieben bildeten sich wenige Großunternehmen. Am Ende des Konzentrationsprozesses in den 1920er Jahren dominierten die ‚Großen Drei': Ford, General Motors und Chrysler. Sie konnten sich durch Produkt- und Prozessverbesserungen durchsetzen. Entscheidend war die Neugestaltung der Produktionsweise mit der Standardisierung von Fertigungsteilen und der Einrichtung des Fließbandes...
[Ein Merkmal dieses als Fordismus bezeichneten Systems ist die] Massenproduktion, womit die Unternehmer durch große Stückzahlen Gewinne erzielen konnten (economies of scale). Auf der Nachfrageseite konnte eine gut verdienende Arbeiterschaft die notwendige Kaufkraft bereitstellen ..."

Roland Hahn: USA. Gotha und Stuttgart: Klett-Perthes 2002, S. 119–121, M6, leicht verändert

26 Krise des Manufacturing Belts

„[Früh] ... verlor Pittsburgh seinen Standortvorteil ‚auf der Kohle' ..., während andere Stahlstandorte an Bedeutung gewannen... Als auch der Eisenerzverbrauch ... (Rohstahlproduktion aus Schrott) zurückging, wurden für die Stahlwerke die Nachbarschaft zu den Abnehmern ... sowie die Beschaffungsmärkte für Schrott als Standort entscheidend. Davon profitierten vor allem die industriellen Ballungsräume an den Großen Seen, später auch die Stahlwerke an der Atlantik- und Golfküste, die hauptsächlich Importerze aus Übersee verarbeiteten.
Absatzeinbußen auf dem Stahlmarkt ... (z.B. durch Substitution von Stahl) und die Konkurrenz durch Billiganbieter ... stürzten in den 1960er Jahren auch die Stahlindustrie in eine Krise, die sich auf den gesamten Manufacturing Belt ausweitete.
Die Krise griff schließlich auch auf andere Industriegebiete des Manufacturing Belts über, wie z.B. auf die Automobilstädte Detroit und Cleveland. Der erste Ölpreisschock von 1973 leitete in dieser Branche den Wandel ein. Die US-Unternehmen erlitten enorme Marktverluste ... [Autoimporte, v.a. aus Japan]. Es kam zu Betriebsstilllegungen, zu Kapitalabzug aus den produzierenden Unternehmen und zu Entlassungen ... Hohe Arbeitslosigkeit, Abwanderung von Teilen der Bevölkerung, finanzieller Ruin zahlreicher kleinerer Gemeinden durch fehlende Steuereinnahmen und Verslumung innerstädtischer Viertel waren die Folge. Der Manufacturing Belt geriet in den schlechten Ruf, der ‚rust belt' der Vereinigten Staaten zu sein."

Arno Kreus/Norbert von der Ruhren: USA/Kanada–Russland/Nachfolgestaaten der Sowjetunion. FUNDAMENTE Kursthemen. Gotha: Perthes 2002, S. 65–66, gekürzt und leicht verändert

Material
Der industrielle Kernraum Nordamerikas
104109-5403

27 Beschäftigte in der Metallgrundstoffindustrie 1987 und 2003

Nach Roland Hahn: a. a. O.

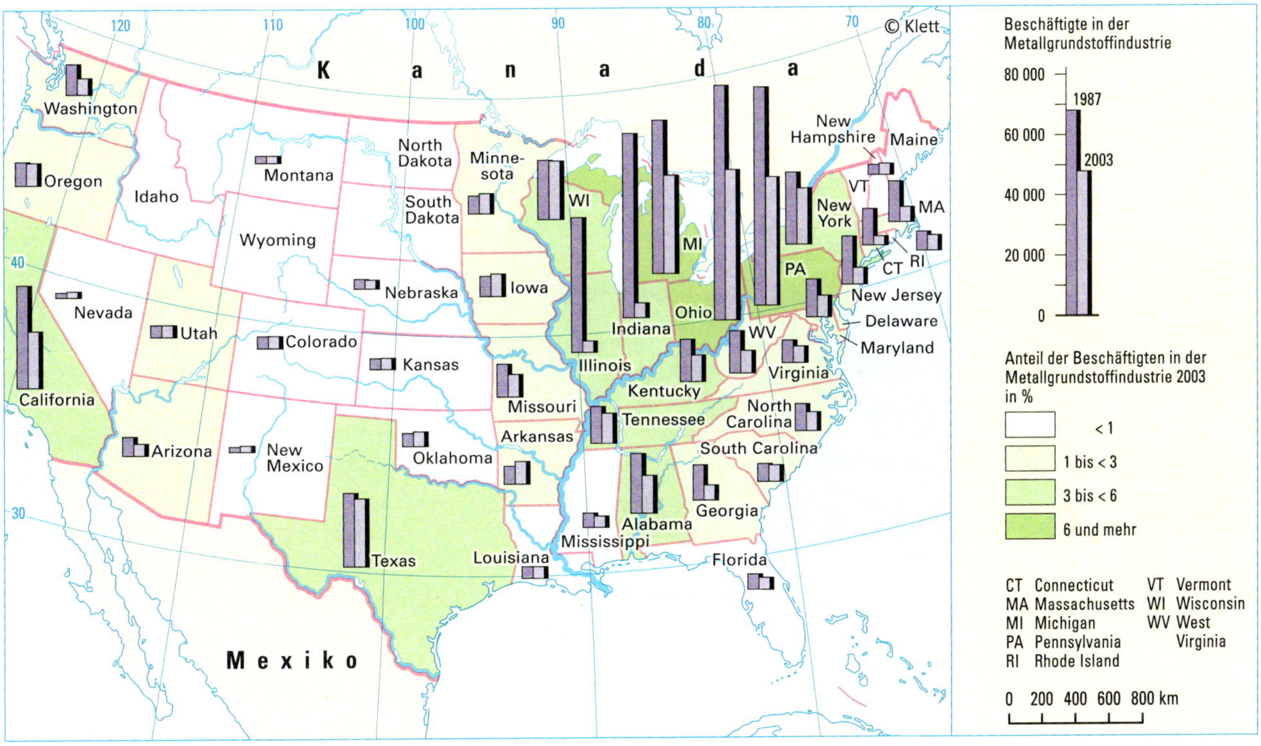

28 Neuaufschwung

„Dieses Bild hat sich inzwischen jedoch grundlegend geändert. Seit Ende der 1980er-Jahre ist sowohl ein Wandel der überkommenen Wirtschaftsstrukturen als auch eine Wiederbelebung (Revitalisierung) der städtischen Räume festzustellen ... Nach wie vor [konzentriert sich die Metallerzeugung] in den Staaten des Manufacturing Belts, vor allem in Ohio, in Pennsylvania und Indiana. Investitionen japanischer Stahlunternehmen in Indiana und Illinois haben allerdings zu einer partiellen Westverlagerung der Stahlindustrie geführt.
Die verstärkte Ansiedlung von Handels- und Dienstleistungsbetrieben, vor allem aber von Hightech-Unternehmen, war Grundlage für einen neuen Aufschwung. Die Beschäftigung in den traditionellen Industriezweigen ist dabei enorm zurückgegangen, der Dienstleistungssektor und die wissensintensiven Branchen der Hightech-Industrie haben stark an Bedeutung zugenommen. Unterstützt wird der Aufschwung durch die enge Kooperation der neuen Betriebe mit wissenschaftlichen Institutionen, z. B. der Biotechnologie, der Pharmazie oder der Informationstechnologie.“

Arno Kreus/Norbert von der Ruhren, a. a. O.

29 Manufacturing Belt – „Jobs that went up in the smoke“ (in 1 000)

Nach U.S. News & World Report, Sept. 1982, S. 53

Industriezweig	1957	1982
Stahl	791,9	306,7
Auto	760,5	533,8
Eisenbahn	1 399,8	448,4
Textil	1 073,2	633,9

15 Ermitteln Sie die Standortfaktoren, die zur Entwicklung des Manufacturing Belts geführt haben.

16 Erklären Sie den Bedeutungsverlust des Manufacturing Belts und erörtern Sie Folgen für den Gesamtraum.

17 Vergleichen Sie – ggf. in einem Referat – die Entwicklung des Manufacturing Belts mit der des Ruhrgebietes.

Seite 122–125
Ruhrgebiet

30 Halbleiterzentrum Silicon Valley

31 Anfänge des Silicon Valley

„Der Erfolg des Silicon Valley begann 1937, als die Stanford-Absolventen William Hewlett und David Packard aus einer Garage in Palo Alto heraus begannen, ein Vorläufergerät des Computers zu entwickeln... Dies führte zur Herstellung von Computern und einer heutigen Gesamtproduktion der Firma Hewlett-Packard von 80 Mrd. Dollar jährlich, einer Beschäftigung von rund 141 000 Mitarbeitern in 178 Ländern, davon 22 000 Forschern/Produktentwicklern, weltweit 17 000 Patenten, im Jahr 2002 allein 7 000 Neuanmeldungen...

Nach Rita Schneider-Sliwa: USA. Darmstadt: Wissenschaftliche Buchgesellschaft 2005, S. 190 f.

Der Sun Belt: Fallbeispiel Silicon Valley

Das „**Silicon Valley**" ist ein relativ kleines Gebiet südlich von San Francisco, das sich entlang der Bucht von San Francisco über ca. 70 km bis zur Stadt San Jose erstreckt. Aufgrund des wintermilden und sommertrockenen Klimas war es ursprünglich ein bevorzugtes Anbaugebiet für Obst, Zitrusfrüchte und Getreide. In den vergangenen vier Jahrzehnten sind die Obstbauflächen verschwunden, das Garden Valley entwickelte sich zum Silicon Valley, dem Zentrum der Halbleiterindustrie der USA mit über vier Millionen Menschen und mehr als 2 500 Hightech-Betrieben, in denen rund 700 000 Menschen arbeiten.

32 Leading Technopole in the World

"Silicon Valley has a guaranteed place in history as the original core of the revolution in information technologies. ... its reputation stems also from the Saga of Silicon Valley, hailed worldwide as an heroic model of innovation in the service of dynamic economic growth."

Manuel Castells/Peter Hall: Technopoles of the World. London, New York 1994; zitiert nach Rolf Sternberg: Technologiepolitik und Hightechregionen – ein internationaler Vergleich. Münster, Hamburg: Lit 1994, S. 98

33 Standortfaktoren

„Bereits vor der Entwicklung der Halbleiterindustrie existierten hier mehrere Elektronikunternehmen ... und auch die 1891 gegründete technikorientierte Stanford-Universität Palo Alto sowie die Existenz von Militär- und Luftfahrteinrichtungen mit ihrer Nachfrage nach Halbleiterprodukten haben sicherlich eine Rolle gespielt. Ähnliche Rahmenbedingungen existierten allerdings auch in anderen Regionen, ohne dass sich entsprechende Hightechsektoren entwickelt hätten. Offensichtlich haben im Silicon Valley besondere Umstände zu der einmaligen Agglomeration geführt:

- 1951 wurde auf dem Gelände der Stanford-Universität ein Technologiepark errichtet, der enge Kontakte und einen schnellen Technologietransfer zwischen den Universitäten und den privaten Forschungsinstitutionen sowie der Elektronikindustrie ermöglichte.
- Bereits im Zweiten Weltkrieg wurde Kalifornien Schwerpunkt für die Rüstungsforschung und die Rüstungsproduktion. Auch nach 1945 blieb das Militär wichtigster Auftraggeber für die teuren elektronischen Produkte, ehe sie serienreif und damit auch für die Privatwirtschaft erschwinglich waren.
- Mitte der 1950er Jahre verlegte der Luft- und Raumfahrtkonzern Lockheed den gesamten Forschungsbereich in den Stanford-Industrial Park; zahlreiche weitere Firmen, u. a. Fairchield, IBM und ITT folgten, um die kreative Forschungsatmosphäre zu nutzen.
- Die Region bot ansiedlungswilligen Firmen ein unternehmensfreundliches Umfeld, das anfänglich durch niedrige Grundstückspreise und Steuern gekennzeichnet war. Das milde Klima bietet außerdem attraktive Lebensbedingungen für die Arbeitskräfte und ihre Familien."

Hans-Ulrich Bender u. a.: FUNDAMENTE. Geographisches Grundbuch für die Sekundarstufe II. Gotha: Perthes 2001, S. 386–387

Material
Infoblatt Silicon Valley
104109-5404

34 „Dot Coms“ und Begleiterscheinungen des Hochtechnologiebooms

„Diese rasante Entwicklung wird jedoch auch von gewissen Unsicherheiten erschüttert. San Francisco beispielsweise hat von der jüngeren High-Tech-Entwicklung sowohl profitiert als auch die Probleme einer hochmodernen monostrukturierten Wirtschaft hinzuerhalten: Über 700 Internetfirmen, sogenannte ‚Dot Coms‘, die Technologie für das Internet entwickeln, arbeiten in der Stadt. Das Hyperwachstum der Dot Coms, welches die Arbeitslosenquote von durchschnittlich 6 % im Jahr 2000 auf unter 2 % senkte, trug auch zu einem neuen Boom im Immobilienmarkt bei, der die Mieten in einer Weise erhöhte, dass jetzt Verdrängungsprozesse eintreten... Die Computer- und Internetfirmen sorgen im Immobilienmarkt für Büro- und Wohnobjekte nicht nur für Rekordpreise, sondern sind auch Teil einer neuen Monostruktur, die bei Fehlschlägen auf dem Markt der New Economy eine ganze Region wirtschaftlich gefährden kann.“

Nach Rita Schneider-Sliwa: a. a. O., S. 190/191

35 Verblasst der Mythos?

„So belastet die Ansiedlung von Dot-Com-Unternehmen in San Francisco und im Silicon Valley die sozioökonomischen Strukturen. Seit 2001 hat die Stadtverwaltung von Palo Alto beispielsweise mit einer Notverordnung die Vermietung von innerstädtischen Verkaufsläden an Internetunternehmen untersagt... Auch im Silicon Valley und der Dot Com Area San Francisco zeigt sich der lokale Effekt der Globalisierung.“

Nach Rita Schneider-Sliwa: a. a. O., S. 190/191

36 Silicon Valley

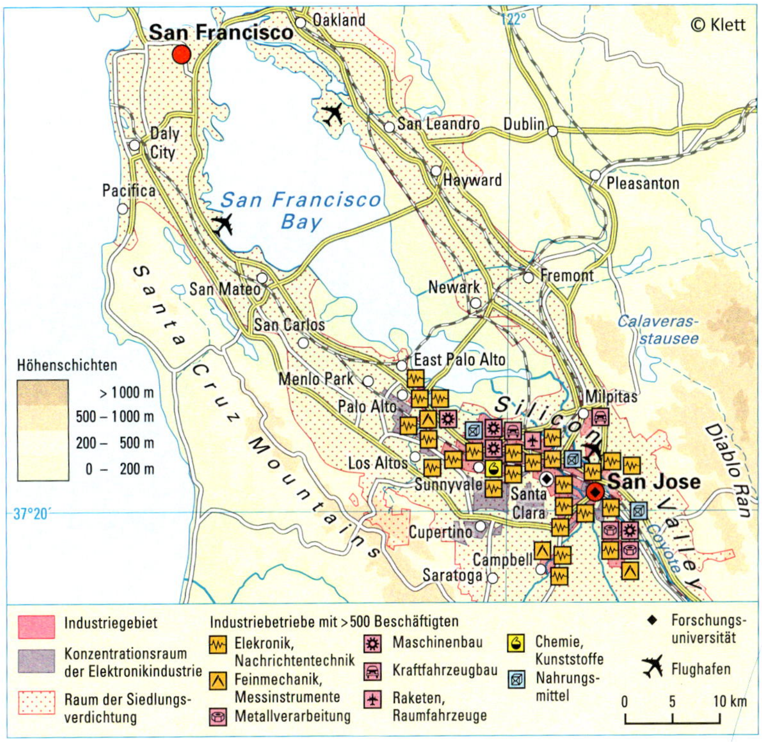

37 Umsatzentwicklung der größten Computerfirmen mit Hauptsitz im Silicon Valley (Wachstum in %, Umsätze in Mio. US-$)

Nach ebenda, S. 190, aktualisiert nach www.siliconvalley.com/sv150data, Okt. 2010

Firma	Wachstum '98–'00	Umsatz 2000	Wachstum '00–'01	Umsatz 2001	Wachstum 2009	Umsatz 2009
HP	5	49 539	–111	44 211	–2	116 756
Intel	28	33 726	–21	26 539	–7	35 127
Cisco Systems	183	23 906	–23	18 290	–10	35 533
Sun Microsystems	96	19 182	–27	14 059	–22	10 702
Oracle	55	10 970	–8	10 093	2	24 177
Applied Materials	162	10 573	–43	5 981	–25	5 529
Apple	12	6 647	–14	5 731	20	46 708

18 Untersuchen Sie die Standortfaktoren der Hightech-Industrie im Silicon Valley.

19 Vergleichen Sie die beiden Industrieregionen Manufacturing Belt (S. 310/311) und Silicon Valley nach folgenden Kriterien: industrielle Grundstruktur, Standortfaktoren, Entwicklung, Bedeutung.

20 Nennen Sie Probleme, die sich aus der starken Konzentration von Hightech-Unternehmen im Silicon Valley ergeben können.

38 **Besiedlungsgang in den USA**

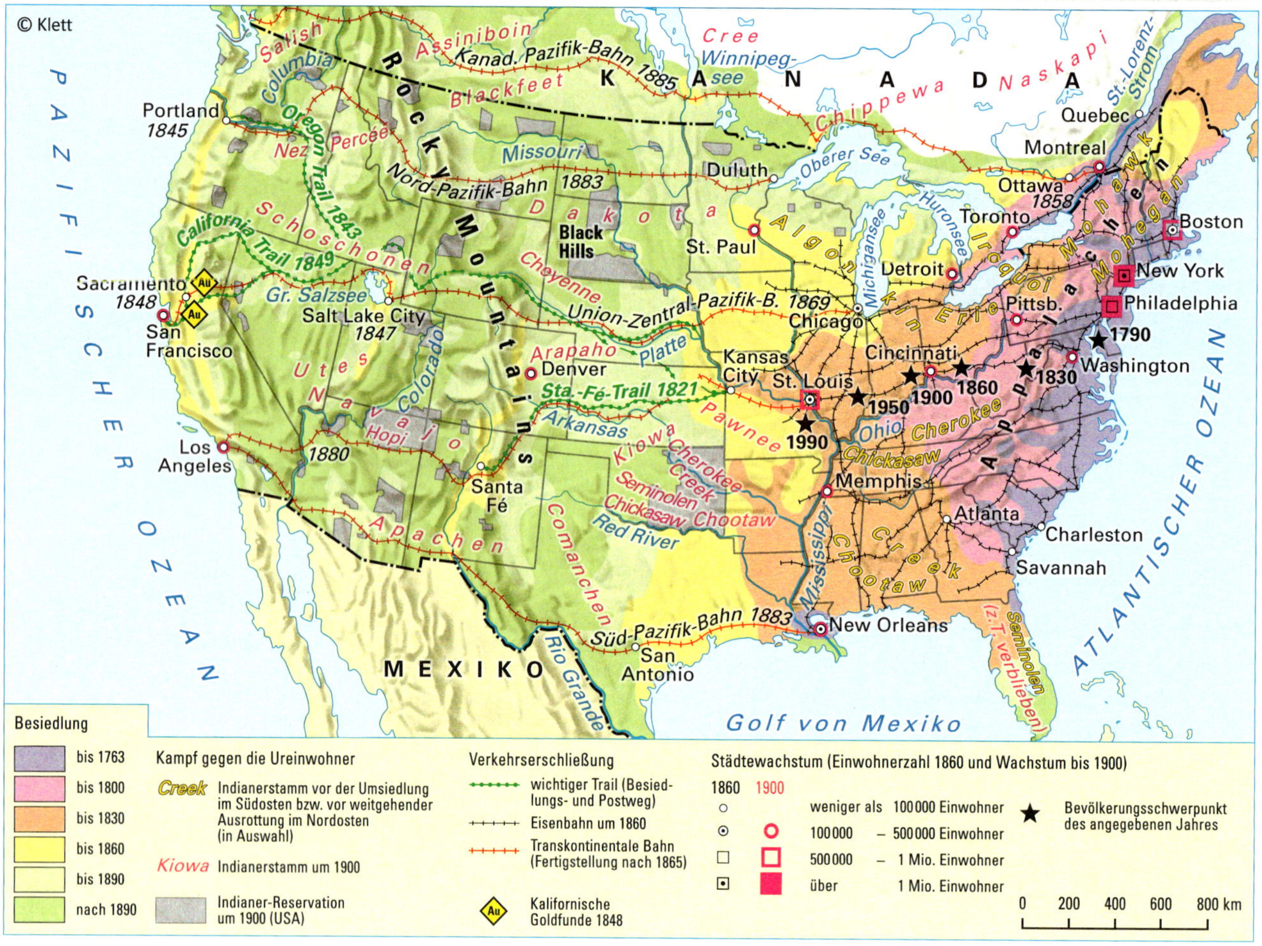

39 **Historisches Kontinuum**

„Die Erschließungsgeschichte Amerikas zeigt eine Tradition zielorientierter Ressourcennutzung und dezidiert verfolgter Wirtschaftsinteressen, die sich von der Kolonialzeit bis in die heutige Zeit gleichermaßen verfolgen lässt."

Rita Schneider-Sliwa: USA. Darmstadt: Wissenschaftliche Buchgesellschaft 2005, S. 44

40 **Vertreibung und Vernichtung der Indianer**

„Die Erschließung des Westens ist untrennbar mit der Vertreibung und teilweise Vernichtung der indianischen Ureinwohner (Native Americans) verbunden. Durch Kriege und Kontakt mit bislang unbekannten Krankheitserregern, gegen die die Indianer nicht resistent waren, wurde ihre Population im heutigen Gebiet der USA von der ursprünglich geschätzten Zahl von mehreren Millionen auf etwa 500 000 dezimiert. Zwar hatte zunächst die Bundesregierung versucht, westlich der Staaten Arkansas und Missouri territoriale Grenzen zwischen ihnen und den Siedlern festzulegen. Nach einiger Zeit jedoch wurde der Siedlerstrom auch dorthin so groß, dass diese Grenze von der Bundesregierung aufgegeben wurde, indem sie mit den Indianern zu deren Nachteil Verträge über die Gebiete schloss. Gegen ein geringes Entgelt wurden auf diese Weise weiträumige Landflächen erworben.

Nach damals vorherrschender Meinung schien es zwecklos, indianische Ureinwohner zu ‚zivilisieren'. Diese Auffassung wurde 1830 durch ein Bundesgesetz bestätigt. Es bestimmte die Vertreibung aller sich noch im Osten befindlichen Indianer in Gebiete westlich des Mississippi. Hauptsächlich davon betroffen waren die fünf Stämme der Cherokee, Chickasaw, Choctaw, Creek und Semiolen, die in South Carolina, Georgia und Florida unter dem Schutz der Bundesregierung lebten. Die Versuche der Indianer, sich juristisch gegen die Umsiedlung zu wehren, verliefen erfolglos. 1873 richtete die Bundesregierung ein

41 Einwanderer in die USA und ihre Herkunftsländer

Nach US Census Bureau: Statistical Abstract of the United States. Washington D.C., verschiedene Jahrgänge

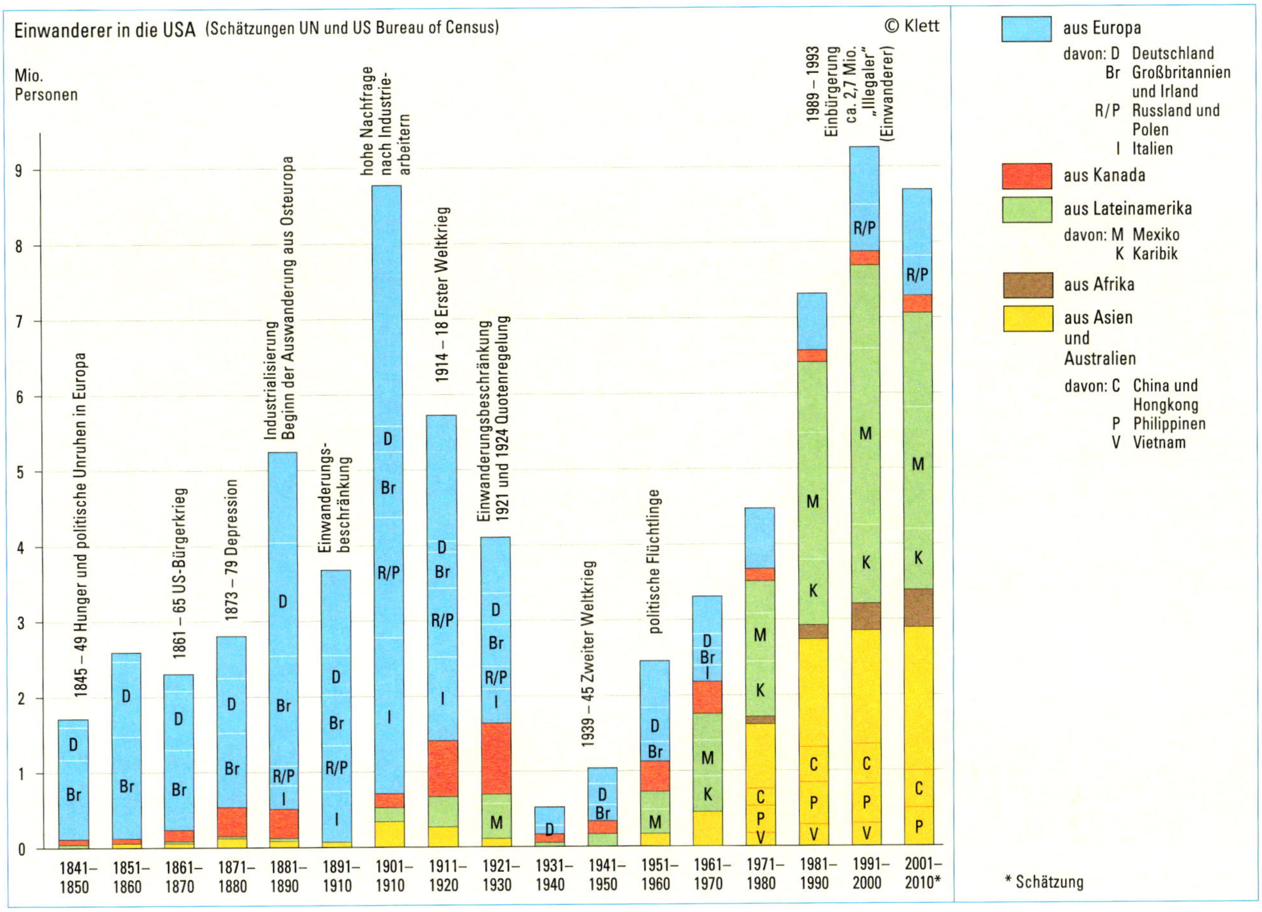

Bevölkerungsdynamik

Indianerterritorium zwischen dem Missouri und Red River im heutigen Oklahoma ein. Insgesamt wurde ihnen nur ein Drittel ihres ursprünglichen Landes westlich des Mississippi zugestanden, dessen Bodenqualität wesentlich schlechter war. 1833 wurden die restlichen 17 000 Cherokee von Bundessoldaten bewacht in das Indianerterritorium zwangsumgesiedelt. Auf der entbehrungsreichen 2 000 Kilometer langen Strecke, die als ‚Weg der Tränen' in die Geschichte eingegangen ist, verstarben etwa 4 000 Cherokee. Um 1840 war das Gebiet östlich des Mississippi für die Siedler ‚befriedet' worden."

Jörg Nagler: Von den Kolonien zur Führungsmacht. In: Bundeszentrale für politische Bildung (Hrsg.): USA. Informationen zur politischen Bildung, H. 268. Bonn 2000, S. 15

Raumerschließung und Besiedlung

Das heutige Bild der US-amerikanischen **Kulturlandschaft** entwickelte sich maßgeblich in drei Etappen der Besiedlung und Erschließung: Kolonialzeit (um 1500–1776), Pionierzeit (1790–1890), Phase der Industrialisierung, Intensivierung der Landwirtschaft und **Verstädterung** (1890 bis heute).

Seite 183 Angloamerikanische Stadt

21 Erläutern Sie den Besiedlungsgang der USA.

22 Diagramm 41:

a) Arbeiten Sie anhand von Anzahl und Herkunft der Migranten einzelne Phasen der Zuwanderung heraus.

b) Nennen Sie für ausgewählte Herkunftsländer mögliche Gründe der Auswanderung.

42 Bevölkerungsentwicklung in den USA

Nach Roland Hahn: a. a. O., aktualisiert nach US Census Bureau: www.census.gov

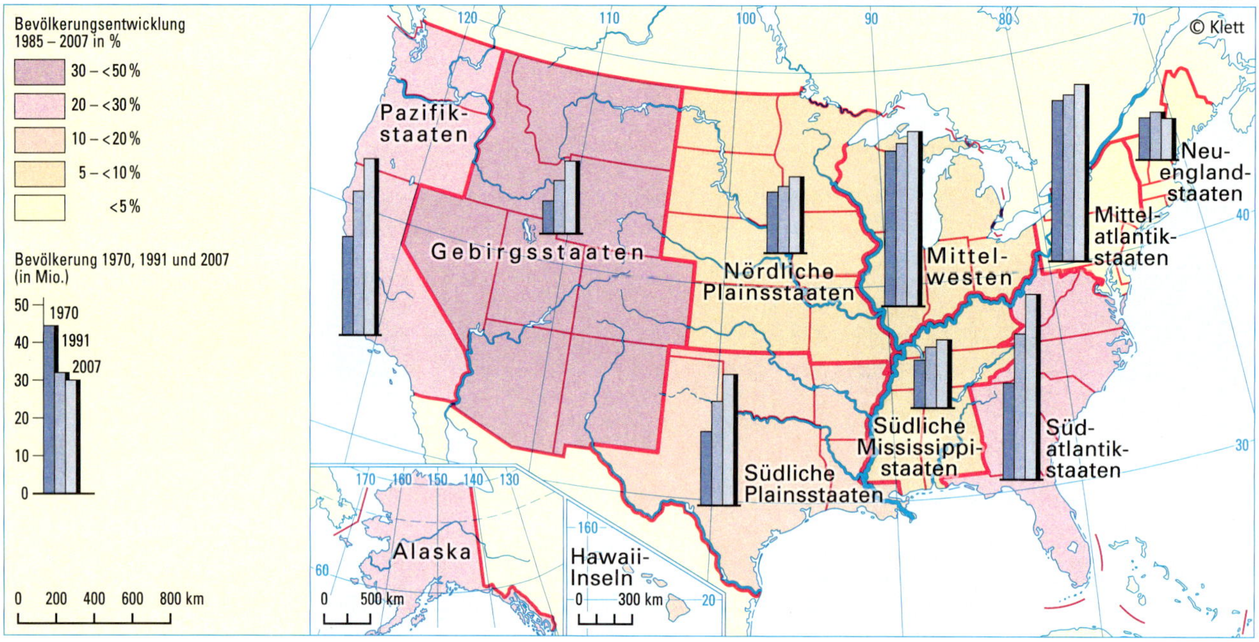

43 Nicht nur die Menschen sind in den USA mobil, sondern auch ihre Häuser

44 Ursachen des Bevölkerungswachstums in den USA 1940 – 2020
(Angaben in 1 000 bzw. %) *Prognose

Werner Klohn/Hans-Wilhelm Windhorst: Bevölkerung und Siedlung in den USA. Vechtaer Materialien zum Geographieunterricht, H. 4. Vechta 2002, S. 11

Jahr	Zuwachs durch Geburtenüberschuss	Zuwachs durch Einwanderungsüberschuss	Anteil des Einwanderungsüberschusses am Gesamtwachstum (%)
1940	1 138	77	6,3
1960	2 599	327	11,3
1980	1 605	654	29,0
1999	1 584	856	35,1
2020*	1 773	757	29,9

Bevölkerungsentwicklung und Mobilität

Im Ergebnis des ersten Zensus von 1790 wird die Gesamteinwohnerzahl mit 3,9 Mio. angegeben. Seitdem steigt sie kontinuierlich an. Bis zum Beginn des 20. Jhs. lagen die jährlichen Wachstumsraten im Durchschnitt bei über 3 %. Nach 1900 hat sich die Wachstumsrate zwar abgeschwächt, der absolute Zuwachs war mit 21 Mio. im gleichen Zeitraum trotzdem hoch. So betrug 2009 die Gesamteinwohnerzahl 305,9 Mio. Bei einer angenommenen Wachstumsrate von jährlich 0,6 bis 0,8 % wird der absolute Zuwachs auch künftig sehr hoch sein.
Der Bevölkerungsanstieg ist jedoch nicht primär das Ergebnis hoher Geburtenüberschüsse, sondern vor allem Resultat von Einwanderungen, die bis heute andauern. In historischer Zeit muss der Anstieg im Zusammenhang mit der territorialen Expansion gesehen werden, d. h. mit den umfangreichen Landerwerbungen.
Statistisch gesehen zieht jeder Amerikaner in seinem Leben vierzehnmal um. Diese Mobilitätsbereitschaft wird mit historischen Erfahrungen in Verbindung gebracht sowie gesellschaftlich interpretiert. Triebfeder ist zumeist der soziale Aufstiegswille, der sich in der Bereitschaft zum raschen Arbeitsplatzwechsel und

Material / Surftipp
Soziale Differenzierung New York / GIS Manhattan
104109-5405

45 Bevölkerungszusammensetzung in den USA

Nach P. Martin/E. Midgley: Immigration to the United States: Journey to an Uncertain Destination. Washington, D.C. 1994, und U.S. Department of Commerce, Bureau of the Census (Hrsg.): Statistical Abstract of the United States. Washington, D.C., verschiedene Jahrgänge. 2050 = Schätzung.

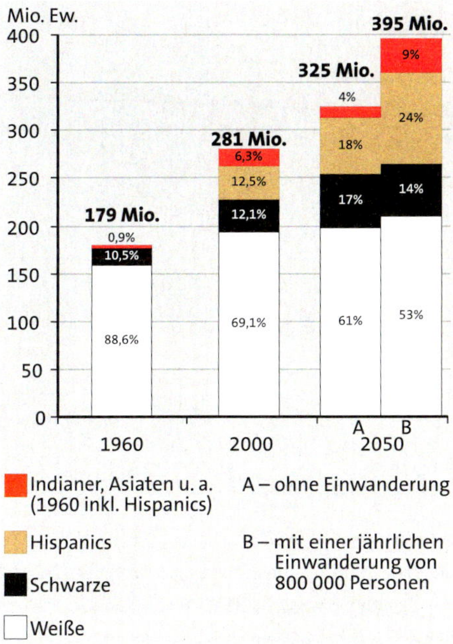

46 Vom „melting pot" zum Mosaik?

„Die USA wandeln sich von einem Staat mit überwiegend weißer Bevölkerung zu einer Gesellschaft mit sehr unterschiedlichen ethnischen Minoritäten. Mitte des 21. Jahrhunderts werden diese Minoritäten annähernd die Hälfte der Bevölkerung der USA stellen ...
Zweifelhaft erscheint die Vorstellung, dass sich die einzelnen Ethnien im Sinne des melting pot zu einem neuen gemeinsamen Ganzen zusammenfinden werden. Wenngleich dies bei den europäischen Immigranten des 19. und frühen 20. Jahrhunderts innerhalb weniger Generationen weitgehend gelungen ist, so sind die ethnischen Minoritäten, insbesondere die Schwarzen und die Indianer, noch immer nicht vollständig integriert. Als alternatives Zukunftsmodell zum melting pot wird daher ein pluralistisches oder multikulturelles Amerika gesehen, in dem die Minoritäten in vollem Umfang in die Gesellschaft integriert sind, dabei jedoch ihre ethnische Identität bewahren. Das Ergebnis wäre ein kulturelles Mosaik oder Kaleidoskop."

Werner Klohn/Hans-Wilhelm Windhorst: a. a. O., S. 70/71

47 Durchschnittliches Haushaltseinkommen nach Ethnien (1987–2007)

Nach U. S. Census Bureau: Income, Poverty and Health Insurance Coverage in the United States 2007. Washington 2008, S. 31–36

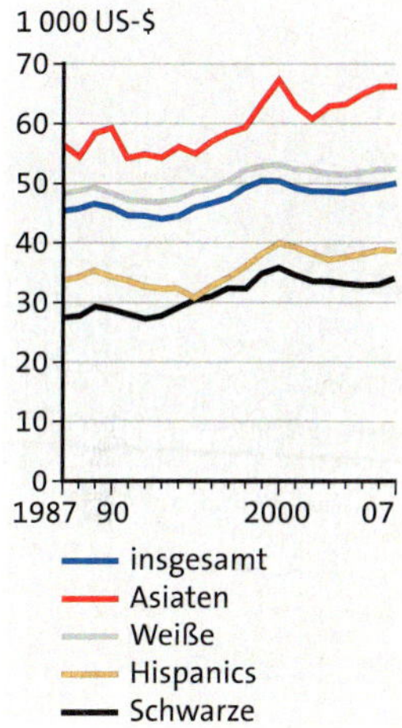

48 Arbeitslosenraten (AR, in %) in den USA nach Ethnien 2007

Nach ebenda

	Gruppe (Alter)	AR
alle Ethnien	ab 20	4,6
	16–19	15,7
Weiße	ab 20	4,1
	16–19	13,9
Schwarze	ab 20	8,3
	16–19	29,4
Asiaten	ab 20	3,2
	16–19	12,7
Hispanics	ab 20	5,6
	16–19	18,1

damit zum Umzug in Gebiete mit besseren Verdienst- und Aufstiegsmöglichkeiten zeigt.
Die starke **Mobilität** äußert sich v. a. in lokalen Wanderungen, z. B. zwischen Stadt und Land oder zwischen Stadtkern und Stadtumland, und in interregionalen Wanderungen, z. B. zwischen wirtschaftlich prosperierenden und wirtschaftlich stagnierenden Gebieten.
Ergebnis der Wanderungen: Staaten mit stark positiver Bevölkerungsentwicklung stehen Staaten mit einem langsamen Anstieg gegenüber.
In den USA ist ein demographischer Wandel zu erkennen, der sich in einer Zunahme der älteren Bevölkerung zeigt. Weitaus problematischer in seinen Auswirkungen ist jedoch der ethnische Wandel.

Ethnischer Pluralismus und Wohlstandsgefälle
Die Hispanics, lateinamerikanische Immigranten, bilden heute die größte ethnische Minderheit in den USA. Ihre und die Integration anderer Minderheiten ist nur unvollständig gelungen. Insbesondere in den Großstädten lassen sich Segregationsphänomene erkennen.
Eines der größten sozialen Probleme im „Land der unbegrenzten Möglichkeiten" ist die Kluft zwischen Arm und Reich. Die Vermögensverteilung verschiebt sich immer mehr zugunsten der Wohlhabenden. Nach offiziellen Angaben beziehen die ärmsten 20 % der Bevölkerung weniger als 4 % des gesamten Haushaltseinkommens, während die reichsten 20 % fast die Hälfte des Haushaltseinkommens auf sich vereinigen.

23 Werten Sie die Karte 42 aus. Erläutern Sie beispielhaft Ursachen der regionalen Bevölkerungsverschiebungen früher (M 38) und heute.
24 Erklären Sie, warum die Begriffe „Mosaik" und „Kaleidoskop" der demografischen Realität in den USA besser entsprechen als die Vorstellung vom „melting pot".
25 Erstellen Sie ein Referat zum Thema: „USA – Land der unbegrenzten Möglichkeiten auch im gesellschaftlichen Bereich?"

1 **Luftverschmutzung durch Russlands größten Komplex zur Nickelherstellung in Norilsk, 2006**

2 **Marode Erdölpipeline und Gasabfackelung im westsibirischen Samotlorölfeld, 2006**

Kompetenzen erwerben:
- ökologische Problemräume Russlands lokalisieren,
- geographische Arbeitsmaterialien (Diagramme, Tabellen, Karten) im Hinblick auf Umweltprobleme analysieren,
- Transformationsprobleme der russischen Landwirtschaft erläutern,
- Das ethno-territoriale Konfliktpotenzial auf dem Gebiet der ehemaligen Sowjetunion beurteilen.

5.5 Großraum mit Problemen – das Gebiet der ehemaligen Sowjetunion

Umweltprobleme

Russland ist nicht nur in geographischer oder sozialer Hinsicht ein Land der Extreme, sondern auch dort, wo sich natürliche Gegebenheiten und menschliches Handeln negativ verknüpfen – bei den Umweltproblemen. Zwar gibt es solche Probleme sowohl in den hochentwickelten Gesellschaften als auch in den Schwellen- und **Entwicklungsländern** zur Genüge, doch treten sie kaum irgendwo so massiv auf wie in Russland und den anderen Nachfolgestaaten der Sowjetunion. Die Spanne ist weit gesteckt: Bodenerosion im Schwarzerdegebiet, Verseuchung von Flüssen und Grundwasser durch ölige Substanzen in Westsibirien oder Tschetschenien, Belastung von Seen durch Industrieabwässer wie beim Baikalsee, Abholzung der sibirischen Wälder auf einer Gesamtfläche von über 50 000 km², Kontamination des Bodens durch Schwermetalle auf der Halbinsel Kola oder die Verstrahlung der Doppelinsel Nowaja Semlja durch jahrzehntelange Atomtests. Zu diesen exemplarischen Problemräumen in der Russischen Föderation kommen solche in den anderen Nachfolgestaaten. Die weltweit bekanntesten Beispiele sind hier die Verlandung des Aralsees sowie die Reaktorkatastrophe im ukrainischen Tschernobyl. Dieser „Super-GAU“ ereignete sich 1986 und forderte bis heute über eine Million Menschenleben; erst Anfang 2001 wurde der Reaktor endgültig abgeschaltet, nachdem mit ausländischem Geld die Energieversorgung der Ukraine sichergestellt worden war.

Die Gründe für diese Probleme sind jedoch nicht nur in der früheren Sowjetunion zu suchen, sondern auch in der heutigen Zeit. Der seit dem Beginn der **Transformation** bestehende Zielkonflikt lautet: Soll man Geld in die – kurzfristig unproduktive – Umweltsanierung stecken oder sollen die Einnahmen z. B. aus den Erdöl- und Erdgasexporten für die Modernisierung und weitere Umstrukturierung der Wirtschaft eingesetzt werden?

Beispiel Luftverschmutzung

Zu den aktuell besonders gravierenden Problemen gehört die Luftverschmutzung. Das liegt zum einen am Wachstum der industriellen Produktion, zum anderen auch am zunehmenden Pkw-Besatz, in dem sich in besonderer Weise die Steigerung des Lebensstandards

Lernen im Netz
Raumvergleich Russland – China
104109-3203

Material
Territorialentwicklung Russlands
104109-5501

Material
Naturpotenziale u. -risiken Russlands
104109-5502

3 Umweltschäden in Nord- und Zentraleurasien

von Teilen der Bevölkerung widerspiegelt. Da dies kaum den überwiegend armen ländlichen Raum betrifft, sind es also die Städte, die von den Schadstoffemissionen besonders betroffen sind. Die Entwicklung des Umfangs der Emissionen zeigt allerdings seit Beginn der Transformation ein uneinheitliches Bild. Als von der Luftverschmutzung besonders betroffen gilt die sibirische Industrieregion um Norilsk, in der die Metall verarbeitenden Fabriken 2 Mio. t Schwefeldioxid und Kupferoxid sowie 19 Mio. t Stickstoffoxid und 44 000 t Blei jährlich ausstoßen. Im Vergleich dazu mutet die Zahl für Moskau moderat an. In der Hauptstadt kommt man auf rund 220 kg Schadstoffemissionen je Bürger und Jahr – das ist erheblich weniger als in Norilsk, ergibt aber bei ca. 12 Millionen Einwohnern immer noch einen Jahresausstoß von über 2,6 Mio. t. Allerdings beginnt man hier, sich des Problems bewusst zu werden: Seit 2007 informieren in mehreren Stadtteilen Monitore die Menschen über die aktuelle Luftsituation.

4 Schadstoffemissionen in die Atmosphäre 1990 – 2003

Nach DGO-Forschungsstelle Osteuropa – Otto Wolff-Stiftung (Hrsg.): Russlandanalysen 63/05, S. 5

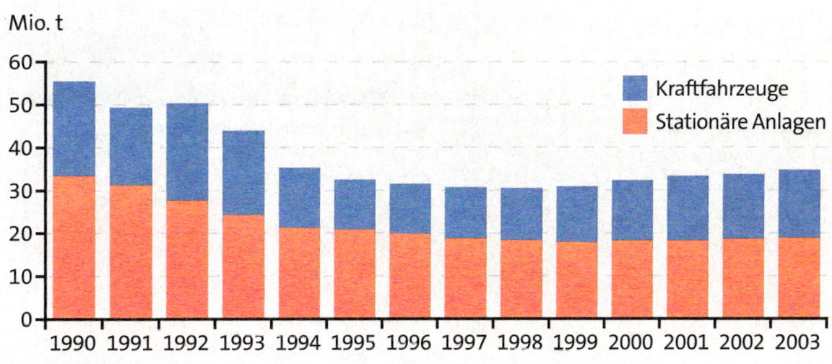

5 Urheber der Schadstoffemissionen 2003, stationäre Anlagen (in Mio. t)

Nach ebenda

Öl-, Kohleindustrie	5,2	Verkehr	2,2
Elektroenergieerzeugung	3,4	übrige Industrie	1,8
Buntmetallverhüttung	3,3	Kommunal- u. Wohnungswirtschaft	1,1
Schwarzmetallverhüttung	2,2	andere Wirtschaftszweige	0,6

6 Nutzungskonflikte in Sibirien: Eingriffe in das Ökosystem durch die Industrie

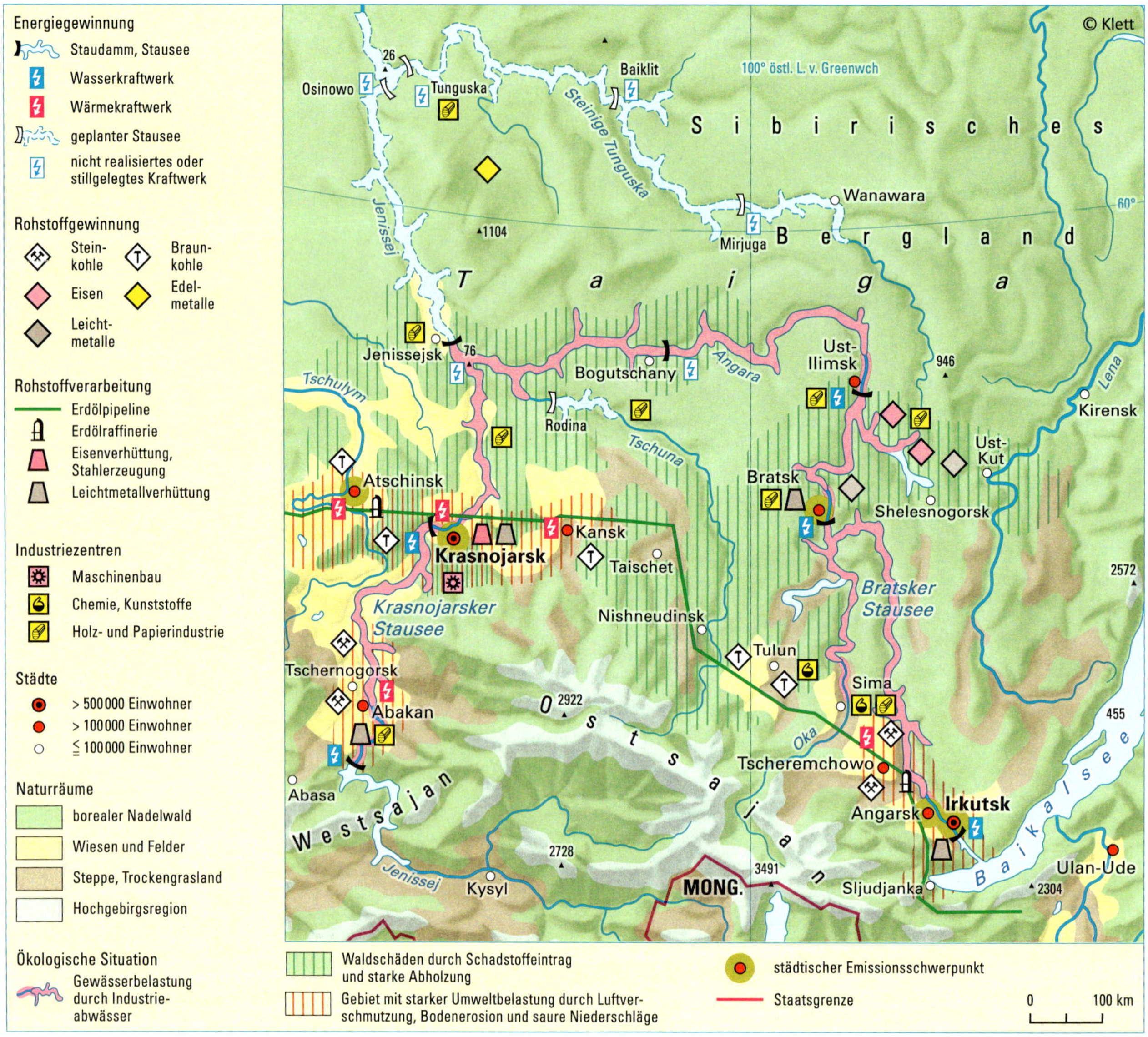

7 Luftverschmutzung 2003: die zehn russischen Städte mit der größten Belastung (Emissionen in 1 000 t) Nach ebenda

Norilsk (s. Foto 1)	2 020	Nishnij Tagil	217
Nowokusnezk	562	Omsk	192
Lipezk	376	Ufa	192
Tscherepowez	349	Angarsk (s. Karte 6)	160
Magnitogorsk	238	Krasnojarsk (s. Karte 6)	142

Anmerkung zu den Materialien 4, 5 und 7: Neuere Daten liegen nicht vor; die Werte und vor allem die Tendenzen haben sich mit hoher Wahrscheinlichkeit nicht gravierend verändert.

Raumbeispiel Sibirien. Im Städteband Irktusk-Angarsk-Tscheremchowo, Industrieregion Krasnojarsk-Bratsk (hatte in den Zeiten der Sowjetunion eine Schlüsselrolle für die Erschließung Ostsibiriens), liegt aufgrund der industriellen Verdichtung eine besonders hohe Luftverschmutzung vor. 58 verschiedene Luftschadstoffe wurden hier gezählt, und zu Beginn der **Transformation**, als man aufgrund neuer Freiheiten Zahlen veröffentlichte, lag die Herzerkrankungsrate 3,3-mal über dem russischen Durchschnitt, die Lebenserwartung rund sieben Jahre darunter.

Material
Industrie in Russlands
104109-5503

Raumbeispiel Sachalin

8 Das weltgrößte Öl- und Gasförderprojekt Sachalin II

„Moskau. ... sieht sich auch nach dem Eigentümerwechsel von Shell zu Gazprom weiterhin harscher Kritik russischer Aufsichtsbehörden und von Umweltschützern ausgesetzt. ‚Die Lage ist deutlich schlimmer geworden', sagt Dimitri Lisizyn von der Umweltorganisation Sakhalin Watch. ‚Wir stellen nun nicht mehr nur Schäden durch den Bau der Pipeline fest, sondern halten auch die Pipeline, wenn sie in Betrieb genommen werden sollte, für überaus gefährlich.'
Die technische Aufsicht stoppte den Weiterbau der 800 km langen Pipelinestränge, durch die Öl und Gas vom Norden der Pazifikinsel in den Süden gepumpt werden sollen. Beim Verlegen ... in einem Erdbeben gefährdeten Streckenabschnitt seien Bauvorschriften verletzt worden... Sakhalin Energy, das Betreiberkonsortium ..., wies die Vorwürfe zurück. Es seien Veränderungen vorgenommen worden, um die Pipeline besser gegen Umwelteinflüsse zu schützen.
Am 18. April hatte Gazprom die Aktienmehrheit von 50 % und einer Stimme an Sakhalin Energy übernommen. Shell musste seinen Anteil von 55 % auf 27,5 % reduzieren, nachdem die russischen Umweltbehörden monatelang massiven Druck ausgeübt hatten. Beobachter vermuten, die Behörden seien vom Kreml instrumentalisiert worden, um den ausländischen Mehrheitsaktionär zum Verkauf zu zwingen. Gazprom ließ sich den Einstieg in das Projekt 7,45 Mrd. Dollar kosten, ein Preis, der weithin als deutlich unter Wert bezeichnet wurde.
In dieser Woche [Ende Juli 2007] nahm die russische Umweltaufsicht eine Inspektion auf, die im September [2007] abgeschlossen sein soll. Nicht nur die Pipeline, die mehr als 1000 Flussläufe quert, sorgt für Ärger. Auch die westpazifischen Grauwale, deren Futtergründe unweit der Öl- und Gasfelder liegen, sind Umweltschützern zufolge durch den Baulärm im Schelf gefährdet.
Vor Sachalin werden 45 Mrd. Barrel (à 159 Liter) Öl und Gas vermutet. Das entspricht den verblieben Reserven in der Nordsee."

http://diepresse.com/home/wirtschaft/eastconomist/319639/print.do, Febr. 2009

Seite 84/85
Raubbau an den Wäldern der Taiga

9 Das Projekt Sachalin II in Fakten

- größtes Öl- und Gasprojekt der Welt;
- drei Offshoreplattformen im Norden der Insel, die über Unterwasserpipelines mit dem Festland verbunden sind;
- Transport über zwei parallele Pipelines über 800 km in den Süden der Insel;
- im Süden Bau der weltweit größten Gasverflüssigungsanlage mit einem Hafen und Verladeeinrichtungen für Tanker;
- Betreiber: Sakhalin Energy Investment Company mit Sitz auf den Bermudas;
- Mitfinanzierer: „Credit Suisse"-Bank.

10 Die russische Pazifikinsel Sachalin: Wirtschaft und Ökologie

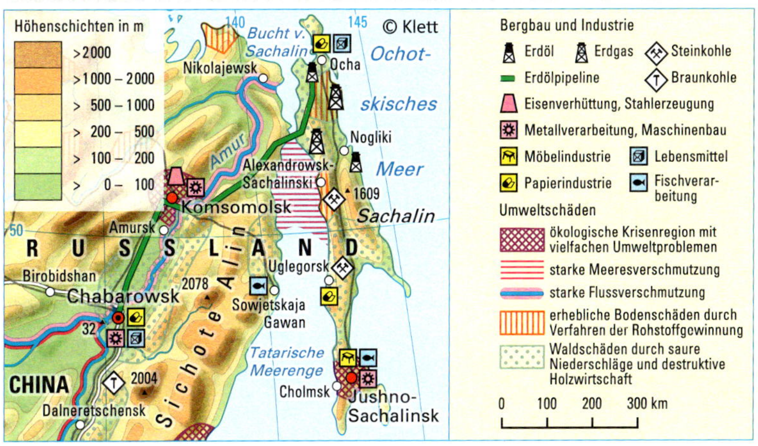

1 Nennen Sie anhand der Karte 3 beispielhafte ökologische Problemräume Russlands.

2 Werten Sie Diagramm 4 und Tabelle 5 hinsichtlich der Aussagen zu Luftemissionen aus.

3 Analysieren Sie Karte 6 unter dem Aspekt „Industrielle Eingriffe in das Ökosystem".

4 Erläutern Sie anhand der Materialien die wirtschaftlichen Intentionen, aber auch die ökologischen Probleme des Sachalin-Projekts.

Agrarwandel mit Problemen – die russische Landwirtschaft

11 Investitionsprojekt der Sibirischen Agrar-Gruppe – Modernisierung des Schweinemastkomplexes „Tomskij"

Nach dem Ende der Sowjetunion ergaben sich für die Landwirtschaft gravierende Transformationsprobleme, besonders hinsichtlich der Organisationsstrukturen, denen die politische und administrative Grundlage entzogen wurde. In den folgenden Jahren entstand das bis heute im Wesentlichen gültige Bild unterschiedlicher Unternehmensformen im Agrarsektor, in denen die Großbetriebe immer noch vorherrschend sind. So waren schon drei Jahre nach der Auflösung der Sowjetunion alleine in Russland 24 300 Kolchosen und Sowchosen privatisiert und als juristische Personen registriert (z. B. als GmbHs oder AGs). Diese Neuorganisation führte allerdings keineswegs zu einer zügigen Verbesserung der Produktions- und Ernährungssituation. Im Gegenteil: Die landwirtschaftliche Erzeugung war rückläufig und viele privatisierte Betriebe gaben auf. Das hatte verschiedene Gründe:

- Mangel an Maschinen aufgrund von fehlendem Kapital
- geringe finanzielle Unterstützung durch den Staat, der die Erschließung und Förderung von Brennstoffen, die Industrialisierung und den Ausbau der städtischen Metropolen forcierte
- Fortfall der zentralen Warendistribution
- fehlende Erfahrung im privatwirtschaftlichen Handeln (Einkauf, Produktion, Vermarktung)
- Absatzschwierigkeiten für inländische Produkte durch günstige, oft höherwertige Agrarimporte.

So konnte Russland bisher die eigene Bevölkerung nicht selbst versorgen; allerdings zeichnet sich hier ein Wandel ab.

12 Russland: Anteil der Wirtschaftssektoren am BIP 1991 und 2009, an den Beschäftigten 2009 (beides in %)

Nach CIA World Factbook, 2010

	Anteil am BIP		Beschäftigte
	1991	2009	2009
Primärer Sektor	14,3	4,7	10,0
Sek. Sektor	48,7	34,8	31,9
Tertiärer Sektor	37,0	60,5	58,1

13 Russlands Agrarsituation am Ende des vorigen Jahrzehnts

„Die russische Handelsbilanz fällt bei vielen Agrarprodukten immer noch negativ aus. Oft sind die Strukturen und Organisationen noch veraltet. Auch Industriekapital bringt die Landwirtschaft nicht automatisch auf Erfolgskurs. Vor allem bei Know-how und Fachkräften gibt es Nachholbedarf.
So langsam aber beginnen sich die Zeiten zu ändern: Die russische Landwirtschaft ist im Aufwind. Mittlerweile exportiert das Land wieder Getreide und Ölsaaten. 2008 wurde eine deutlich bessere Ernte als im Vorjahr eingefahren, einige Quellen sprechen von einem Anstieg von über 40 % im Vergleich zum sehr trockenen Jahr 2007. Gleichzeitig zeigen die Reformen der Regierung Wirkung."

Topagrar online: Russlands weiter Weg zur Agrarmacht. Unter: http://www.topagrar.com/index.php?option=com_content&task=view&id=7460&Itemid=519, Okt. 2010

Material
Sowjetische Landwirtschaft
104109-5504

Material
Russische Landwirtschaft
104109-5505

Der entscheidende Impuls für den Wandel kam durch das im Jahre 2005 aufgelegte Nationale Programm zur Entwicklung der Landwirtschaft. Zielvorgabe war vor allem die Verbesserung der Fleischversorgung der Bevölkerung und damit die Förderung der Tierwirtschaft in Agrar-Industrie-Komplexen mit bis zu 500000 Tieren. Dafür sollten alte Großbetriebe modernisiert und neue gebaut werden. Ein Beispiel hierfür ist der Schweinemastbetrieb „Tomskij" im sibirischen Bezirk Tomsk. Man will durch höhere Löhne die Situation der Arbeitskräfte verbessern, aber auch Umfang und Qualität der Produktion.

15 Agrar-Industrie-Komplex „Tomskij"

14 „Sibirische Agrargruppe" im Gebiet Tomsk

„Die Gesellschaft „Sibirische Agrargruppe" ist eine der führenden Agrar-Industrie-Gemeinschaften des Sibirischen Föderationskreises in Russland. Die Gesellschaft wurde am 14. Dezember 2000 gegründet. Der Betrieb stellt eine vertikal integrierte Agrar-Industrie-Holdinggesellschaft mit dem vollen produktionsbedingten Vertriebszyklus dar, wo alle Prozesse einer geschlossenen Kette ähnlich sind: von der Herstellung der Futtermischung bis zur Fleischproduktion und seiner Vermarktung. Zu den Haupttätigkeitsarten der Gesellschaft gehören Pflanzenproduktion, Schweinezucht, Fleischverarbeitung und seine Vermarktung. Zwei Fleischkombinate in Tomsk, zwei Schweinegroßanlagen in den Gebieten Tomsk und Swerdlowsk, eine Futtermittelfabrik, drei Landwirtschaftsbetriebe, die sich auf die Getreidezucht und Fleischviehzucht spezialisieren, und ein Verkaufsstellennetz gehören zur Zeit der Gesellschaft „Sibirische Agrargruppe". Der Betrieb hat eine starke Position auf dem Markt der Fleischproduzenten des Sibirischen Föderationskreises. Das ist einer der größten Betriebe von Tomsk und im Tomsker Gebiet. Die Gesellschaft „Sibirische Agrargruppe" nimmt den zweiten Platz auf dem russischen Markt für Schweinezucht und Fleischproduktion ein."

http://investintomsk.com/de/why/success_stories, Okt. 2010

16 Die Kehrseite: Armut und Subsistenzwirtschaft

„[Die] zweigeteilte Entwicklung – bei welcher nur wenige Megaunternehmen mit einer positiven Entwicklung glänzen, während die restlichen Betriebe ihrer schlechten wirtschaftlichen Lage nicht entkommen können – führt zu einer zunehmenden Verarmung der Bevölkerung in den ländlichen Regionen. Eine hohe Arbeitslosigkeit sowie Rückstände bei Lohnzahlungen und verzögerte Rentenzahlungen implizieren eine höhere Abhängigkeit der Dorfbevölkerung von der Subsistenzwirtschaft. Die sogenannten Hauswirtschaften sind der integrale Bestandteil in der Lebensmittelversorgung Russlands. 16 Millionen solcher Hauswirtschaften mit einem Durchschnitt von 0,4 ha gibt es. [Bei nur 6,7 % Anteil an der gesamten LNF werden in ihnen 50 % der Agrarprodukte für die Grundversorgung hergestellt.] ...
Aufgrund einer geringen Arbeitsproduktivität und -intensität besteht kaum ein Wachstumspotenzial in den Hauswirtschaften. Eine marktorientierte Produktion ist daher und auch aus Kostengründen nicht möglich."

Ildikó Lajtos: Die russische Landwirtschaft: Produktions- und Strukturentwicklung im Zuge der Transformation. In: russland analysen 98/06. Halle: Leibniz-Institut für Agrarentwicklung in Mittel- und Osteuropa, 2006, S. 4

Seite 110/111
Agrobusiness in den USA

5 „Agrarwandel mit Problemen": Erläutern Sie die Überschrift dieses Teilkapitels.

Ethno-territoriale Konflikte im Kaukasus

17 **Die Kaukasus-Region im Satellitenbild**

19 **Die Stadt Gori nach dem Konflikt in Südossetien 2008**

18 **Geopolitische Situation**

„Die allgemein als Kaukasus-Region bezeichnete breite Landenge zwischen dem Schwarzen Meer im Westen und dem Kaspischen Meer im Osten gliedert sich in fünf Naturräume: Nördliches Kaukasusvorland, Großer Kaukasus, Kleiner Kaukasus, Transkaukasische Senke (zwischen diesen beiden Gebirgszügen liegend), Hochland von Armenien.
Die geopolitische Lage und die äußerst wechselvolle Geschichte der Region an den Randlagen mehrerer früherer Großreiche hat die Kaukasusregion zu einer ebenso interessanten wie komplizierten Nahtstelle zwischen Europa und Asien werden lassen...
Nordkaukasien bildet mit seiner komplizierten ethnisch-territorialen Gliederung in sieben autonome kaukasische Republiken und mehrere überwiegend russischen Gebietseinheiten die kritische Südperipherie Russlands. Südkaukasien, aus russischer Sicht auch als Transkaukasien bezeichnet, umfasst die drei unabhängigen Republiken Georgien, Armenien und Aserbaidschan ..."

Claus Richter: CRP-Politik und Zeitgeschichte. Die Kaukasus-Region.
Unter www.crp-infotec.de/03welt/kaukasus/kaukasus.html, Okt. 2010

Vier Staaten teilen sich heute also die Kaukasusregion bzw. Kaukasien. In Wirklichkeit aber ist die räumlich-ethnische Kammerung viel differenzierter: 17 Verwaltungseinheiten gibt es mit mehr als 60 verschiedenen ethno-sprachlichen Gruppen und mehreren Religionen (Christentum, Judentum, schiitischer und sunnitischer Islam). Schon die zuletzt genannten Indikatoren weisen auf einen extrem heterogenen Raum mit großem Konfliktpotenzial hin, das seit Jahrhunderten immer wieder zu Gewalt führte. Hinzu kam, dass die kaukasischen Völker traditionell in Opposition zum sich nach Süden ausdehnenden nördlichen Nachbarn, dem russischen Reich, standen. Zwar spielt all dies auch heute noch eine Rolle, doch gehen die aktuellen Konflikte vor allem auf die Zeit der Sowjetunion zurück, mit ihren erzwungenen Veränderungen von Grenzen, Territorien und Siedlungsräumen einzelner Volksgruppen. So wurden z. B. unter Stalin unbequeme Völker wie Inguschen und Tschetschenen z. T. nach Mittelasien und Kasachstan zwangsumgesiedelt; ihre Gebiete wies man dann Gebirgsvölkern zu, die in Nordkaukasien eine bessere Lebensgrundlage fanden, aber hier auch leichter zu kontrollieren waren. Als man den deportierten Volksgruppen nach Stalins Tod die Rückkehr gewährte, fanden sie ihre Heimaträume „besetzt" vor.

Material
Karte Staaten und Völker der GUS
104109-5506

20 Zukunftsperspektiven

„Die weitere Entwicklung ist angesichts der überaus komplizierten ethnoterritorialen Situation sowie der unsicheren künftigen sozioökonomischen Lage in den Nachfolgestaaten schwer abzuschätzen. Eine kriegerische Eskalation ist nicht auszuschließen, doch erscheint eine Art mittleren Wegs zwischen Krieg und Frieden wahrscheinlicher, ein ‚Szenario der latenten Konflikte und retardierten Wirtschaftsentwicklung'. Da die russische Wirtschaft nur mit großer Mühe echte Reformen verwirklicht, bleiben viele ökonomische Ansätze Stückwerk. Die überfällige Revision der Grenzen und Territorien wird immer wieder hinausgeschoben ... [oder nur] halbherzig vorgenommen...
In Transkaukasien schwelt der Konflikt um Berg-Karabach ohne allzu heftige militärische Auseinandersetzungen weiter, die jeweiligen Zugeständnisse sind unzureichend für einen dauerhaften Friedensschluss. Den transkaukasischen Staaten könnte mittelfristig ein politischer Ausgleich mit den Staaten des Vorderen Orients und damit ein weiterer Anschluss an den Weltmarkt gelingen, ohne dass die Verflechtungen mit der Russländischen Föderation abreißen ... Aber es sind wirtschaftliche Beziehungen, die keinen raschen Ausbruch aus dem Teufelskreis der Verarmung erlauben. Dadurch wachsen die sozialen Gegensätze innerhalb der einzelnen ethnischen Gruppen und Territorien. Vor allem die Herausbildung eines sozialen Mittelstandes, der die Wirtschaftsentwicklung tragen könnte, verzögert sich auch weiterhin...
Eine Friedenschance läge wohl vor allem in einer stärkeren Demokratisierung der Nationalbewegungen, im Verzicht auf vermeintlich gerechte Forderungen, in der gegenseitigen Anerkennung einer territorialen Neuordnung und in einer wirtschaftlichen Verbesserung, die auf den eigenen Potenzialen und einem internen wie internationalen Handel beruht."

IP (Hrsg.): Jörg Stadelbauer: Krisengebiet Kaukasien. Aktuelle Lage und Entwicklungsperspektiven. Unter: www.internationalepolitik.de/ip/archiv/jahrgang1995/maerz1995/krisengebiet-kaukasien—aktuelle-lage-und-entwicklungsperspektiven.html, Okt. 2010

21 Kaukasien – politisch-administrative Gliederung 2008

Nach CRP-Politik und Zeitgeschichte: a. a. O.

22 Krisenregion Kaukasus 2008

Nach ebenda

6 Beschreiben Sie anhand des Satellitenfotos und geeigneter Atlaskarten charakteristische Merkmale der Kaukasusregion.

7 Erläutern Sie anhand der Materialien, warum für die Ereignisse in dieser Region der Begriff „Ethno-Territoriale Konflikte" in besonderer Weise zutrifft.

8 Analysieren Sie die von J. Stadelbauer dargestellten Perspektiven für die Region.

1 Mutter Europa und ihre Kinder

2 Lernen und Studieren ohne Grenzen: Grundlagen der „europäischen Identität"?

Bildung und Kultur
Sokrates

Erasmus und Comenius
Dt. Akademischer Austauschdienst, Internationale Weiterbildung und Entwicklung GmbH

Bildung und Kultur
Leonardo da Vinci

Leonardo da Vinci
Nationale Agentur Bildung für Europa

JUGEND für Europa
Deutsche Agentur JUGEND IN AKTION

Jugend für Europa

go4europe.de

Freiwilligendienst

Kompetenzen erwerben:
- mögliche Abgrenzungskriterien Europas und der Europäischen Gemeinschaft kennen,
- naturräumliche Gunst- und Ungunstfaktoren der wirtschaftlichen Entwicklung Europas erläutern,
- Grundlagen und Funktionen des EU-Binnenmarktes beschreiben,
- die Frage einer EU-Mitgliedschaft der Türkei erörtern,
- am Beispiel der Slowakei die Transformation in der Industrie darstellen,
- die weltwirtschaftliche Position der EU beurteilen,
- anhand ausgewählter Regionen räumliche Disparitäten in Europa erläutern,
- Ziele und Instrumente der EU-Regionalpolitik darstellen.

5.6 Integrationsraum Europa

Europa: Einheit und Vielfalt

Zu Beginn des 21. Jh. leben in Europa etwa 740 Mio. Menschen in 44 Staaten. In einem nun bereits fünf Jahrzehnte andauernden Integrationsprozess haben sich bis heute 27 dieser Einzelstaaten schrittweise in der Europäischen Union zusammengefunden. Sie ist in entscheidendem Maß für die Gestaltung der Existenzgrundlagen ihrer inzwischen 498 Mio. (2010) Bürgerinnen und Bürger verantwortlich.

Dieses vereinte, wirtschaftlich starke Europa ist aber auf Dauer nur lebensfähig, wenn die Menschen des „Alten Kontinents" ein europäisches Bewusstsein, eine gemeinsame Identität und damit auch Solidarität füreinander entwickeln. Nur auf dieser Grundlage lassen sich politische Entscheidungen zum Wohle aller EU-Bürger treffen. Identität entsteht aus dem Gefühl des Dazugehörens. Europa aber umfasst eine Vielzahl an eigenständigen Sprachen und Kulturen, an Regionen mit unterschiedlicher naturräumlicher Ausstattung, Tradition und Wirtschaftskraft. Kann da ein Zusammengehörigkeitsgefühl überhaupt entstehen? Kann aus dieser kulturellen und regionalen Vielfalt eine wirtschaftliche Einheit entstehen, in der sich ein gemeinsames europäisches Bewusstsein entwickelt und in der trotzdem die regionale Identität erhalten bleibt?

3 Gibt es eine „europäische Identität"?

„Befragungen ergeben, dass nur etwa einer von zehn EU-Bürgern sich in erster Linie als Europäer definiert. Neun von zehn Befragten dagegen geben klar an, dass ihre vorrangige gemeinsame Identität nach wie vor auf ihre nationale Zugehörigkeit bezogen bleibt. Demgegenüber betonen Europapolitiker und Historiker immer wieder die Gemeinsamkeiten europäischer Kultur, die sich in der Literatur, der Kunst, der Musik und in der Architektur zeigen. Auf den Eurogeldscheinen finden sich Bauwerke, wenn auch fiktive, die als besonders paneuropäisch gelten sollen.
Andererseits lautet einer der zentralen Glaubenssätze der EU: In Vielfalt vereint. Gibt es gar mehrere Identitäten? Wie kommt es nun zur Ausbildung eines europäischen Bewusstseins? Kann der Einzelne womöglich mehrere Identitäten bilden: eine individuelle, regionale, eine nationale und eine europäische Identität? Was aber macht dann die europäische Identität aus? Und noch weiter gefragt: Was ist Europa? Wo liegen dessen Grenzen und damit die der Europäischen Union?"

Simone Bub-Kalb u.a.: GWG Gemeinschaftskunde Wirtschaft 3, Gymnasium Baden-Württemberg. Stuttgart: Klett 2009, S. 174

Material
Naturpotenzial Europas
104109-5601

Material
Europäische Jugendprogramme im Überblick
104109-5602

Seite 252/253
NAFTA – Kooperation in Nordamerika

4 Grenzen und kulturelle Identität Europas

„Ein Rückgriff auf die geographischen Grenzen Europas hilft nicht viel weiter. So klar sich die Grenzen im Norden, Westen und Süden bestimmen lassen, wo der europäische Kontinent vom Polarmeer, Atlantik und Mittelmeer umrahmt wird, so umstritten ist die Begrenzung im Osten. Hier verläuft die Grenze im Wesentlichen auf dem Festland, und zwar nach traditioneller Definition entlang von Uralgebirge, Uralfluss, Kaspischem Meer, Kaukasus oder Manytschniederung, Schwarzem Meer und Bosporus. Aber diese konventionelle Abgrenzung ist mehr oder weniger willkürlich. Sie folgt keinem durchgängigen geologischen oder geomorphologischen Prinzip.
Lassen sich die Grenzen Europas bzw. der Europäischen Union durch kulturell-historische Traditionen bestimmen? Die Anerkennung der drei Grundprinzipien des Europarats – Menschenrechte, freiheitliche Demokratie, Rechtsstaatlichkeit – ist Grundlage einer gemeinsamen kulturellen Identität. Aber es gibt viele Staaten in europafernen Regionen, die sich zu den selben Grundwerten bekennen, ohne daraus das Ziel einer EU-Mitgliedschaft ableiten zu wollen. Das Christentum ist ein weiteres wesentliches gemeinsames Element der „Alten Welt". Im 18. Jahrhundert ging man davon aus, dass Europa ein zusammenhängend christlich geprägter Raum sei. Vielfach wird diese Definition auch heute noch – bewusst oder unbewusst – zugrunde gelegt. Zwar spielt die christliche Kultur seit der Renaissance, der Aufklärung und der Säkularisation im Alltag nicht mehr die dominierende Rolle, trotzdem wird es schwer fallen, zum Beispiel bei der Frage des EU-Beitritts der Türkei die Hürden dieser Tradition zu überwinden."

Wilfried Korby: Grenzen der Europäischen Union? In: Fundamente. Geographie Oberstufe. Stuttgart: Klett 2008, S. 394

5 Was ist die Europäische Union?

„Trotz endlosen Debatten über die EU ist diese ein weitgehend unbegriffenes Gebilde geblieben. Ihre Neuartigkeit unterscheidet sie von allen Konzepten von Staatlichkeit, die wir kennen. Die Europäer bilden kein Volk, keine Nation ... Direkt gesagt: Es gibt nicht Europa, sondern Europäisierung – einen historischen Lernprozess der Entdeckung und Entfaltung der europäischen Idee ...
Dieser Prozess der Selbsteuropäisierung wirkt über Grenzen hinweg. Er ist nicht an die Mitgliedschaft in der EU, wohl aber an die Antizipation der Mitgliedschaft und damit an das Versprechen gebunden, ein Land nach dem Prozess der Selbsteuropäisierung als EU-Mitglied aufzunehmen ...
Aber dieses Versprechen auf Mitgliedschaft ist nicht selbstlos. Denn zugleich ist die lockende EU-Mitgliedschaft eine Art Versicherungspolice gegen Bedrohungen, die von instabilen Nachbargesellschaften für die EU-Staaten ausgehen. Die Mitgliedschaftsverheißung stachelt diese Nicht-EU-Länder zur Selbstpazifizierung aus Eigennutz an – zum Fremdnutzen aller. Die Verbindung der EU und der Türkei beruht also auf einem grenzenüberschreitenden Länderpakt: demokratische Modernisierung und Stabilität gegen den Aufstieg in die EU.
Der Versuch, die EU über gemeinsame kulturelle Herkunft, über christlich-abendländische Werte zu definieren, muss scheitern. Die Europäische Gemeinschaft ist als Antwort auf den Horror des 20. Jh. entstanden: auf die Selbstzerstörung des abendländischen Kontinents in zwei Weltkriegen, den Holocaust, den stalinistischen Terror. Der historische Lernprozess, das europäische Wunder: wie aus Feinden Nachbarn werden, macht die Seele Europas aus ..."

Ulrich Beck: Verlockendes Versprechen. In: Süddeutsche Zeitung vom 01.12.2006. München 2006

1 Arbeiten Sie die Hauptaussagen aus der Karikatur 1 heraus.
2 Analysieren Sie durch eine Befragung in Ihrer Lerngruppe die Einstellung gegenüber einer „europäischen Identität".
3 Erstellen Sie eine Mindmap mit Ihren Vorstellungen zu einem Europa der Zukunft.
4 Diskutieren Sie unterschiedliche Abgrenzungskriterien Europas in der Gegenwart.

Der europäische Integrationsprozess: Chancen und Probleme

Europa im Jahre 1945: Der Zweite Weltkrieg ist zu Ende. Er hinterlässt 32 Mio. Tote und ein unvorstellbares Ausmaß an Zerstörung, Vertreibung, Hunger und Leid. Hass, Misstrauen und Forderungen nach Vergeltung beherrschen die Beziehungen zwischen Menschen und Staaten.
Europa ca. sechs Jahrzehnte später: Unbeschwerte Ferienreisen in fast alle Länder dieses Kontinents, Schulpartnerschaften und Freundschaftsbeziehungen über die Grenzen sind für die junge Generation eine Selbstverständlichkeit.
Was hat diesen Wandel bewirkt? Wie ist die Idee eines vereinten Europas entstanden und in welchen Etappen hat sich der Prozess der Integration entwickelt?
Angesichts der Katastrophe des Zweiten Weltkriegs argumentierten die Vertreter der Europa-Idee:

- das System souveräner Nationalstaaten in Europa sei auf Dauer nicht in der Lage, Konflikte gewaltfrei zu lösen,
- größerer Wohlstand sei erst durch die ungehinderte Entfaltung der Produktionsfaktoren in einem einheitlichen Wirtschaftsraum möglich,
- angesichts der dominierenden Stellung der beiden Weltmächte USA und Sowjetunion könne nur ein vereintes Europa die Interessen der europäischen Länder vertreten.

1948 schlossen sich 16 westeuropäische Staaten zur OEEC (Organization for European Economic Cooperation) zusammen. Sie regelte die Verwendung der Gelder aus dem Marshall-Plan, dem von den USA gestarteten Wiederaufbauprogramm für Europa. Die Sowjetunion gründete 1949 als Reaktion darauf den RGW (Rat für gegenseitige Wirtschaftshilfe).
1949 gründeten zehn westeuropäische Staaten den Europarat in Straßburg. Dieser hat sich besonders im kulturellen Bereich und im Kampf für die Menschenrechte wichtige Verdienste erworben.

6 Zeittafel – Stationen der europäischen Integration

1951: Gründung der Europäischen Gemeinschaft für Kohle und Stahl (EGKS/Montanunion) durch Deutschland, Frankreich, Italien, Belgien, Niederlande, Luxemburg
1957: Abschluss der „Römischen Verträge“ durch die sechs Montanunion-Staaten über die Gründung der Europäischen Wirtschaftsgemeinschaft (EWG) und der Europäischen Atomgemeinschaft (EURATOM)
1960: Gründung des Wirtschaftsbündnisses „European Free Trade Association“ (EFTA) durch die demokratischen Staaten Europas, die nicht Mitglied der EWG werden wollen
1962: Einrichtung des Europäischen Agrarfonds der EWG; gemeinsame Agrarpolitik als Motor der weiteren Integration festgelegt
1967: Einrichtung von „Rat“ und „Kommission“ als gemeinsame Organe der Europäischen Gemeinschaft (EGKS, EWG, EURATOM)
1972: Zusammenarbeit in der Außenpolitik
1979: Erste Direktwahl zum Europa-Parlament
1987: Schaffung der Grundlagen des einheitlichen Binnenmarktes und Festlegung neuer gemeinsamer Aufgabenbereiche (Forschung/Technologie, Umweltschutz) durch die „Einheitliche Europäische Akte“
1993: Vertrag von Maastricht über die EU; weitgehende Vollendung des Binnenmarktes; Bildung des Europäischen Wirtschaftsraumes (EWR) zwischen EU und EFTA
1998: Vertrag von Amsterdam über weitere Reformen zur Vorbereitung der EU-Erweiterung
2002: Gemeinsame Währung in der „Euro-Zone“
2005: Scheitern der europäischen Verfassung nach Ablehnung durch Volksabstimmungen in Frankreich und den Niederlanden
2009: Vertrag von Lissabon

Material
Bereiche der Integration
104109-5603

7 **Europäische Integration**

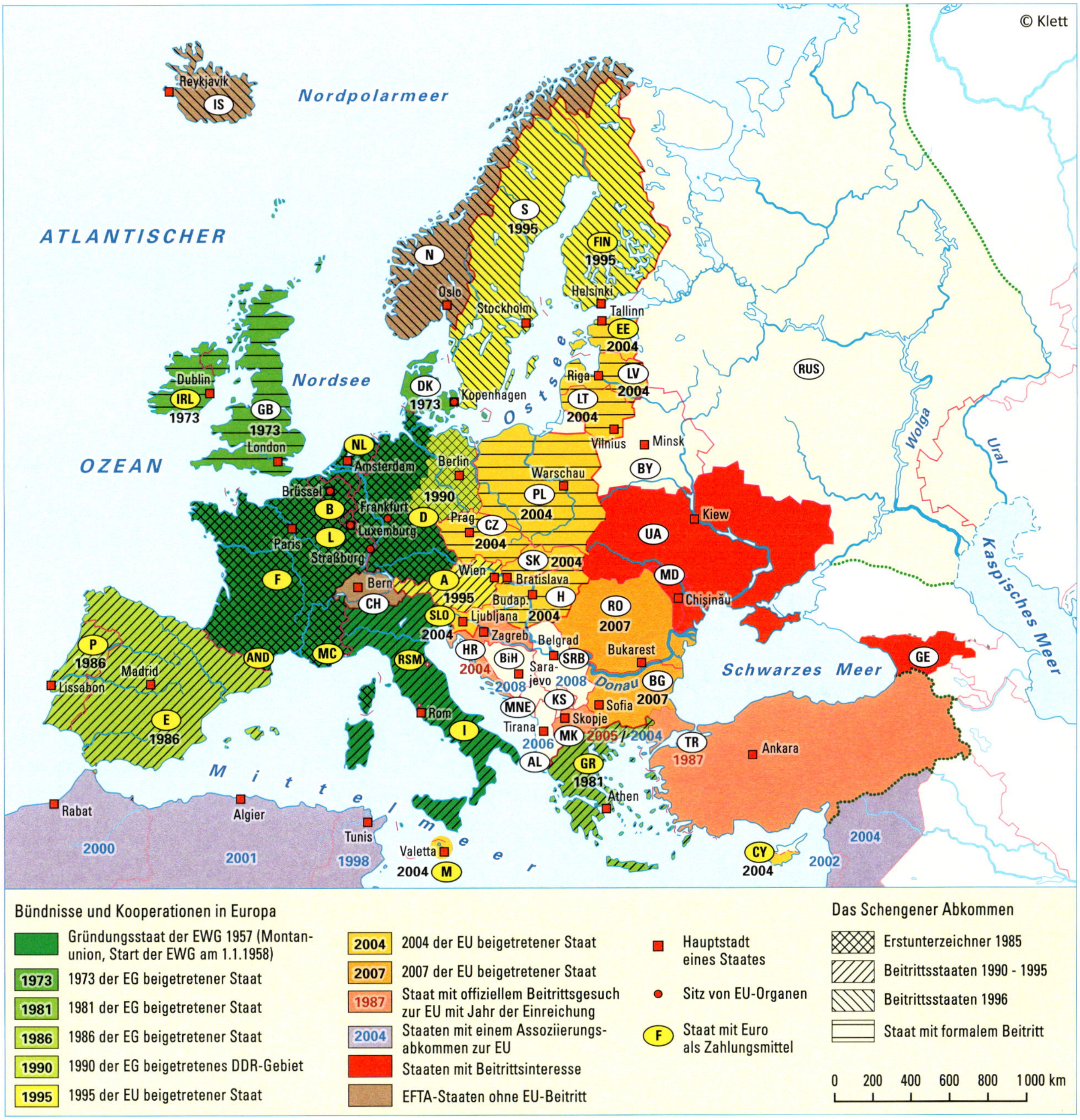

5 Erläutern Sie – unter Berücksichtigung Ihrer im Fach Geschichte erworbenen Kenntnisse – die weltpolitische Situation nach dem Zweiten Weltkrieg, aus der heraus sich zunächst verschiedene Wege der europäischen Integration ergaben.

6 Arbeiten Sie mithilfe der Karte heraus, in welchen Schritten die EU erweitert wurde.

7 Wählen Sie aus den „Stationen der europäischen Integration“ drei Etappen aus, die Sie für besonders bedeutsam halten, und begründen Sie Ihre Auswahl (vgl. auch den Online-Link 104109-5603).

Die Türkei – der Südosten Europas?

8 Nach Europa und zurück – territoriale Entwicklung der Türkei

9 Türkei und Europa – eine aktuelle Diskussion?

„Es war keineswegs der im Jahre 2004 von den Regierungen der 25 EU-Staaten getroffene Beschluss über den Beginn der Beitrittsverhandlungen mit der Türkei, der die heute so vehement geführte Diskussion um den EU-Beitritt der Türkei auslöste. Die Diskussion um den türkischen EU-Beitritt hat vielmehr eine lange Vorgeschichte; sie geht bis in die 1960er-Jahre zurück. So besteht bereits seit 1963 ein Assoziierungsvertrag der Europäischen Gemeinschaft mit der Türkei, und auf dieser Grundlage wurden in den Folgejahren mehrere Abkommen getroffen, wie z.B. der Beschluss über eine Zollunion zwischen EU und Türkei, die aber erst 1996 verwirklicht wurde. Korrekt ist wiederum, dass es gerade die im Jahre 2004 erfolgte massive Erweiterung der EU um zehn neue Mitglieder und die damals geplante Aufnahme weiterer Beitrittskandidaten waren, die die Diskussion in jüngerer Vergangenheit anheizten.

Die konfliktträchtige Diskussion um den Beitritt erfolgt auf sehr verschiedenen Ebenen. Der Streit zwischen Beitrittsgegnern und -befürwortern lässt allerdings oft vergessen, dass die ... Frage ‚Gehört die Türkei zu Europa?' nicht nur eine politische ist, sondern auch – und vielleicht sogar noch stärker – eine wirtschaftliche, kulturelle, religiöse und allgemein gesellschaftliche. Es wäre fatal, die Antwort nur in einem der vielen und mehrschichtigen Entscheidungsfelder zu suchen und entsprechend die Entscheidung einseitig aus einer Perspektive allein zu treffen."

Arno Kreus/Norbert von der Ruhren: Gehört die Türkei zu Europa? In: Klett Magazin Terrasse, Nr. 2, 1. Hj. 2007. Stuttgart: Klett, S. 8

Material
Gehört die Türkei zu Europa?
104109-5604

Surftipp
Türkei und EU
104109-5605

10 Türkei zwischen Okzident ...

11 Die Türkei – ein europäischer Staat?

„Am augenfälligsten wird das Ergebnis der Europäisierung wohl im Stadtbild von Istanbul. Für die Türkei ist diese Stadt der Träger von Wirtschaft, Politik, Wissenschaft und Kultur – und nicht die Hauptstadt Ankara im zentral-ostanatolischen Hochland. Hier, in Istanbul, boomen die Glaspaläste der Global Players, hier stellen Frauen die Hälfte der Studenten, hier streiten die Medien um die richtigen Reformen nach EU-Maß, hier laufen die entscheidenden Handels- und Verkehrsströme zwischen Orient und Okzident zusammen, hier bummeln die Touristen durch verkehrsberuhigte Einkaufs- und Fußgängerzonen mit modernen westlichen Geschäften. Kurz: Alles, was die Türkei zu einem europäischen Land macht, ist hier anzutreffen.
Die Beitrittsgegner werden ... schnell mit einem kompromisslosen Nein antworten und dabei auf folgende Fakten hinweisen: Der weitaus größte Teil der Staatsfläche liegt nach naturgeographischer Grenzziehung in Asien, und hier lebt auch die große Mehrheit der Bevölkerung. Die Religion der meisten Türken ist der Islam, dessen Entstehung und Schwerpunkt im vorderen Asien liegt. Die Türkei als Ganzes ist ein Land wirtschaftlicher Rückständigkeit – mit einem durchschnittlichen Pro-Kopf-Einkommen, das nicht einmal ein Fünftel des europäischen Durchschnitts erreicht."

Ebenda, S. 8

12 ... und Orient

13 Wirtschaftliche Grunddaten der Türkei und der jungen EU-Mitgliedstaaten im Vergleich (2008)

Nach Der Fischer Weltalmanach 2010. Frankfurt am Main: Fischer Taschenbuchverlag 2009, S. 121–544

	BIP / Kopf (€)	Arbeitslosigkeit (%)	Beschäftigte im Primären Sektor (%)	Außenhandelssaldo (Mrd. US-$)
Malta	11 150	7,3	1,9	−1,9
Türkei	5 340	10,3	33,2	+34,4
Zypern	14 785	5,0	8,0	−1,1

8 Beschreiben Sie die territoriale Entwicklung der Türkei vom 14. Jh. bis heute.
9 „Türkei – Land zwischen Orient und Okzident". Analysieren Sie unter diesem Aspekt die beiden Quellentexte 9 und 11.
10 Bewerten Sie die wirtschaftliche Situation der Türkei an der Schwelle zur EU (Tabellen 13 und 14 – Folgeseite, Online-Links dieser Seite).
11 Erörtern Sie die Frage einer türkischen EU-Mitgliedschaft.

Wandel durch Transformationsprozesse

14 Daten zum Entwicklungsstand der MOE-Länder 2008 / 2009 (* 2007, ** 2006)

Nach Der Fischer Weltalmanach 2010, Frankfurt am Main: Fischer Taschenbuchverlag 2009, und DSW-Datenreport 2010, Deutsche Stiftung Weltbevölkerung, Hannover

	Bevölkerungsentwicklung 2009 (% pro Jahr)	BIP (Mrd. €)	BIP / Kopf (€)	Erwerbstätigkeit: Landwirtschaft/Industrie/Dienstleistungen (%)	Arbeitslosigkeit (%)	Außenhandelssaldo (Mrd. €)	Städtische Bevölkerung (%)
Bulgarien	−0,4	34,1	4463	19,3/28,3/52,5	5,6	−19,6	71
Estland	0,0	15,9	11848	3,9/34,7/61,4	5,5	2,4	69
Lettland	−0,4	23,1	10149	7,9 /28,0/64,1	7,5	−4,4	68
Litauen	−0,1	32,3	9567	7,9/30,4/61,7	5,8	−5,0	67
Polen	0,1	362,1	9499	14,7/30,6/54,7*	7,1	−24,8	61
Rumänien	−0,2	137,0	6258	30,6/30,7/38,7**	5,8	−22,5	55
Slowakei	0,2	64,9	12025	3,6/34,4/62,0	9,5	−0,6	55
Slowenien	0,2	37,1	18385	8,6/34,6/56,8	4,4	−3,2	50
Tschechien	0,1	148,6	14380	3,4/38,0/58,6	4,4	2,8	74
Ungarn	−0,3	105,2	10461	4,5/32,0/63,5	7,8	−0,2	67
z. Vgl. Deutschland	−0,2	2491,4	30382	2,1/25,3/72,6	7,8	176,3	73

15 Stimmen zum EU-Beitritt Tschechiens 2004

a) „Wir suchen die Freiheit“

„'Manche Deutsche mögen noch glauben, wir leben im Böhmerwald, riechen schlecht und weil wir so faul sind, wollen wir nur das gute EU-Geld', sagt Thomas Chalupa. ‚Die Wahrheit ist: Wir sind wie der Rest der Europäischen Union. Wir haben eine ähnliche Geschichte... Wir träumten von der Freiheit, in der man sprechen, arbeiten und leben konnte, wie man wollte.' “

b) „Wir fürchten den kalt regulierten EU-Markt“

„Katerina Konecna trauert jenem sozialistischen Versorgungsstaat nach, den sie selbst kaum erlebt hat. Die 23 Jahre alte Kommunistin ist die jüngste Abgeordnete im tschechischen Parlament... ‚Wie sollen sich denn in Zukunft junge Paare noch Nachwuchs leisten', fragt sie. ‚Arbeiten und Miete zahlen und Kinder bekommen, wer soll das schaffen im kalt regulierten EU-Markt?' ... Ihr Wahlbezirk liegt in Nordböhmen, einer Region, die unter hoher Arbeitslosigkeit leidet.“

Jochen Bittner: Prags zweiter Frühling. In: DIE ZEIT, Nr. 15 vom 01.04.2004. Hamburg: Zeitverlag

Beginn einer neuen europäischen Ära

Mit großen Hoffnungen, aber auch Ängsten unter der Bevölkerung war der Beitritt der acht mittel- und osteuropäischen (MOE-) Länder zur EU am 1. Mai 2004 verbunden. Bis zum Beginn der 1990er-Jahre gehörten sie zum Ostblock oder besaßen als Teilgebiete von heute nicht mehr existierenden Staaten keine Eigenständigkeit. Gemeinsam ist diesen Ländern die kommunistische Vergangenheit, die das politische, gesellschaftliche und wirtschaftliche Leben vollständig prägte. Dies gilt ebenso für die restlichen Ostblockstaaten Rumänien und Bulgarien, die zum 1. Januar 2007 der EU beitraten, sowie für weitere Nachfolgestaaten der Sowjetunion (vgl. Karte 7, S. 329).

Transformation in der Landwirtschaft: Fallbeispiel Rumänien

16 Agrarstrukturelle Probleme Rumäniens

„Ähnlich wie in Polen treten [in Rumänien] viele der in den anderen Beitrittsländern ebenfalls zu beobachtenden strukturellen ... Probleme ... auf:

- In Rumänien ... besonders ausgeprägt ist ... [die] Aufsplitterung der landwirtschaftlichen Flächen, die von einer Vielzahl kleiner Betriebe bewirtschaftet werden...
- Anders als [z. B.] in Polen behindern in Rumänien der schleppende Reformverlauf ... und der Mangel an ausländischen Direktinvestitionen die Herausbildung wettbewerbsfähiger Strukturen...
- Für die Instandsetzung bzw. Unterhaltung von Anlagen sowie für den Kauf von Düngemitteln und Landmaschinen ist Kapital erforderlich, über das die meisten Inhaber der mehr als 4,2 Mio. unterkapitalisierten bäuerlichen Kleinstbetriebe ebenso wenig verfügen wie über den Zugang zu Krediten aus dem unterentwickelten rumänischen Bankwesen.

Anneli Ute Gabnyi: Die Landwirtschaft im Prozess der EU-Integration Rumäniens. SWP-Studie. Berlin: Deutsches Institut für Internationale Politik und Sicherheit 2003, S. 5–6, 16

17 Zwischenbilanz

„Die Lage der rumänischen Landwirtschaft ist auch 20 Jahre nach der Wende höchst problematisch. Von den 9,5 Millionen Hektar Agrarfläche werden nach Angaben der Nachrichtenagentur APA nur drei Millionen bebaut. Rumänien, einst Kornkammer Europas, bezieht heute 70 Prozent der Lebensmittel aus dem Ausland. Dabei hätte das Land die Kapazitäten, 80 Millionen Menschen zu ernähren – viermal so viel wie die Bevölkerung... Ackerflächen sind [nach wie vor] zerstückelt, die Felder werden oft noch mit archaischen Methoden bewirtschaftet... Für nötige Investitionen fehlt den Landwirten das Geld."

Ernst Fuchs in: Passauer Neue Presse vom 17.12.2009. Unter: www.pnp.de/nachrichten/spezial/spenden09/pdf/rumaenien-17-12-2009.pdf, Dez. 2010

18 Subsistenzwirtschaft noch weitverbreitet

19 EU- Maßnahmen für die landwirtschaftliche Entwicklung der neuen Mitgliedsstaaten

Der Beitrittsvertrag sah für die Länder der EU-Osterweiterung u. a. folgende Maßnahmen für den ländlichen Raum dieser Staaten vor:

- Umstrukturierungshilfen zur Erreichung der Maktfähigkeit für (halb-) subsistenzwirtschaftliche Betriebe,
- Förderung von Erzeugergemeinschaften zur besseren Produktvermarktung,
- technische Hilfen,
- Beihilfen für betriebliche Investitionen zur Modernisierung der Anlagen,
- Schaffung von Anreizen für die Niederlassung von Junglandwirten, die eine moderne Betriebsführung garantieren,
- Flurbereinigung zur Schaffung einheitlicher, besser zu bewirtschaftender Parzellen,
- Aufbau von Dienstleistungseinrichtungen zur Grundversorgung für die ländliche Bevölkerung und Wirtschaft,
- Verbesserung der ländlichen Infrastruktur.

Nach Europäische Gemeinschaften unter: http://ec.europa.eu/agricultur/rur/access/index_de.htm, Mai 2008

20 Letzte Meldung

„Die Landwirtschaft in Rumänien befindet sich nach Einschätzung des Staatssekretärs Adrian Rădulescu vom Bukarester Landwirtschaftsministerium in einer ‚Sackgasse'. Es fehlten die finanziellen Mittel, um die Modernisierung ... voranzubringen. Die Schuld daran gab Rădulescu vor allem den Banken, die den Landwirten... ‚drakonische' Bedingungen stellten."

www.topagrar.com/index.php?option=com_content&task=view&id=17086&Itemid=519, Juli 2010

Transformation in der Industrie: Fallbeispiel Slowakei

21 VW-Werk in Bratislava, Slowakei

22 Beschäftigte in der Automobilindustrie in der Slowakei (oben) und Produktionsentwicklung (Fahrzeuge) von VW-Slovakia (unten)

Nach Angaben von VW-Slovakia, a. s., unter www.volkswagen.sk/de, März 2010

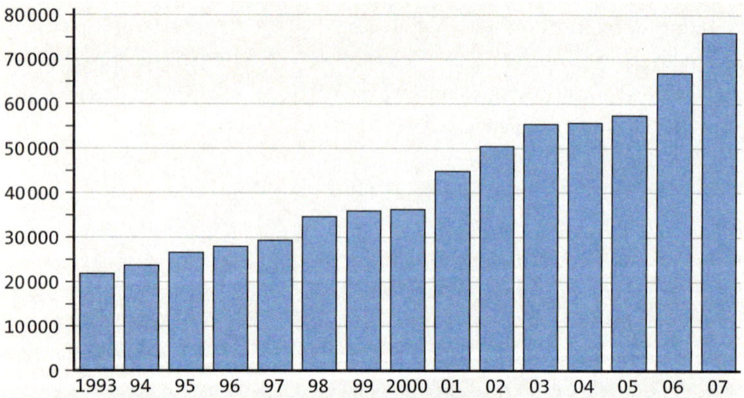

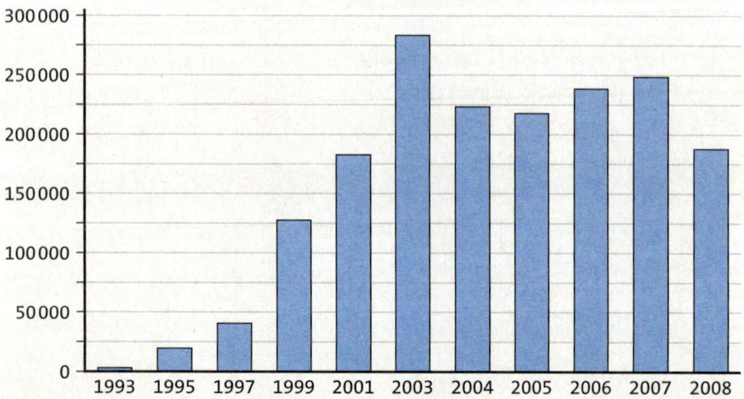

23 Standort Bratislava

„Eine knappe Flugstunde südlich von Prag gehen die Beschäftigungszahlen bislang nur steil nach oben. In der slowakischen Hauptstadt Bratislava hatte VW eine kleine Autoteilefabrik übernommen. Aus 112 Beschäftigten (1991) sind 7800 (2008) geworden. Was mit einer Passat-Kleinserie anfing, ist mittlerweile zu einem ausgewachsenen Autowerk geworden, in dem täglich bis zu 600 VW Polo/Seat Ibiza sowie 600 Geländewagen VW Touareg/Porsche Cayenne vom Band laufen können. Wie in Tschechien sind die Arbeitskosten extrem niedrig, wie dort gab es aufgrund der Maschinenbautradition ein Reservoir qualifizierter Facharbeiter und Ingenieure ... Und demnächst werden die Slowaken wohl auch das Touareg-Pendant Audi (‚Pikes Peak'/A 7) montieren dürfen... Angesichts der enormen Nachfrage für die Luxus-Offroader wurde auf die sogenannte Conti-Schicht rund um die Uhr an sieben Tagen in der Woche umgestellt. ‚Nur jedes vierte Wochenende ist komplett frei', sagt [Martin] Langfelder [37-jähriger slowakischer Elektroingenieur]. ‚Anfangs taten sich die Leute schwer mit der Umstellung, jetzt aber möchten sie nicht mehr davon weg.' Schließlich bringt die Conti-Schicht Zulagen für Nacht- und Sonntagsarbeit, und die Wochenarbeitszeit bleibt bei 37,5 Stunden... Nicht zuletzt dem erfolgreichen VW-Engagement sei es zu verdanken, dass die Slowakei jetzt auch den Zuschlag für die Werke von Peugeot und Hyundai/Kia erhalten habe, sagt VW-Manager Uhrik... Völlige Steuerbefreiung wie einst bei VW habe man wegen der EU-Wettbewerbshüter zwar nicht mehr bieten können. Aber selbstverständlich würden alle zulässigen Hilfen gewährt – vom eigenen Autobahnzubringer bis zur Ausbildung von Personal."

Dietmar H. Lamparter: Turbodiesel statt Tokaier. DIE ZEIT, Nr. 16 vom 07.04.2004. Hamburg: Zeitverlag, S. 22; z. T. aktualisiert

Anmerkung: 2007 wurde die Polo-Produktion eingestellt; im gleichen Jahr erfolgte die Aufnahme der Serienfertigung des Audi Q7 und 2008 des Škoda Octavia.

Surftipp
VW-Slowakia
104109-5606

24 Niedergang und Aufstieg

„Der Schwerpunkt der industriellen Entwicklung seit den 1950er-Jahren lag insbesondere in den energie- und rohstoffintensiven Bereichen Metallurgie, Rüstungsindustrie, Energiewirtschaft und Chemische Industrie. Im Zuge des Umbruchs 1989 kam die Schwerindustrie fast zum Erliegen. Der Anteil der Industrieproduktion am Bruttoinlandsprodukt sank von 61 % (1991) auf 24,2 % (2002), danach ist er wieder gestiegen und betrug 2007 30 %. Durch Gründung privater Klein- und Mittelstandsunternehmen erhöht sich kontinuierlich auch der Anteil des Dienstleistungsbereichs am BIP – von 33 % (1991) auf 60 % in 2007. Der Schwerpunkt liegt bei der Automobilproduktion und der dazugehörigen Zuliefererindustrie."

Auswärtiges Amt: Länderinformation Slowakei, unter: www.auswaertiges-amt.de/diplo/de/Laenderinformationen/Slowakei/Wirtschaft.html, März 2010

25 Musterknaben marktradikaler Reformen

„Keine Nation Osteuropas hat in den vergangenen Jahren ihr Image so verändert wie die Slowakei... Bis 1998 ... noch als schwerfällig und kaum EU-würdig gescholten, gilt das Land heute als einer der dynamischsten Neuankömmlinge in der Union. Wie ein Paukenschlag wirkte im Westen vor allem die Einführung der Einheitssteuer von 19 Prozent auf Einkommen und Unternehmensgewinne. Zugleich wurde Anfang 2004 die Mehrwertsteuer auf ebenfalls 19 Prozent angehoben und staatliche Fürsorgeleistungen erheblich gekürzt. Für ihre Rente müssen die Slowaken künftig teilweise privat vorsorgen: der Staat garantiert nur eine Grundsicherung. Massendemonstrationen gegen die Reformen, gerade im armen Osten des Landes, sind fast ohne Wirkung verpufft. Dabei warnt selbst die Weltbank, dass das ungestüme Tempo der Veränderungen das Land überfordern und in eine soziale Schieflage bringen könne. Sowohl bei den Einkommen ... als auch im Kaufkraftvergleich rangiert die Slowakei unter den neuen EU-Staaten im unteren Drittel."

Christian Tenbrock in: DIE ZEIT, Nr. 36 vom 26.08.2004. Hamburg: Zeitverlag, S. 22

26 Investitionen in die Automobilindustrie der Slowakei

Nach Europäische Union 1995–2010, Eurostat 2009

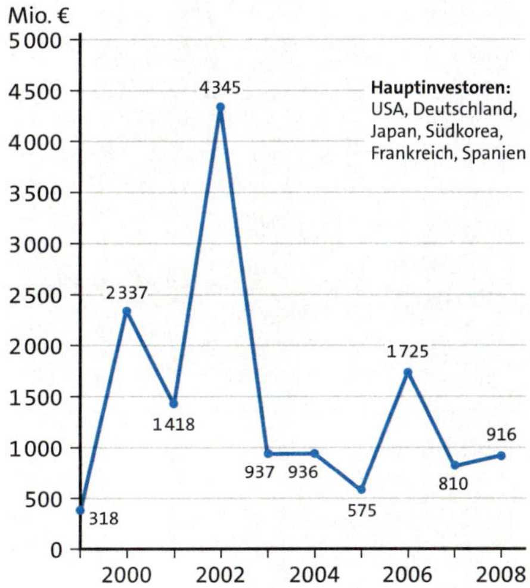

Nicht alle Regionen der Slowakei profitieren von dem spektakulären wirtschaftlichen Aufstieg gleichermaßen. Bevorzugter Raum ist eindeutig der Großraum Bratislava mit über 100 % des durchschnittlichen BIP der EU. Hier herrscht praktisch Vollbeschäftigung. Verlierer ist der Osten des Landes mit einer Arbeitslosenrate von ca. 20 %. Damit verschärft sich das seit 200 Jahren bestehende Wirtschaftsgefälle zwischen dem reichen Westen und dem armen Osten weiter. Die Gründe für die Benachteiligung des Ostens sind vor allem in seiner peripheren Lage zu den großen Märkten in Europa und der schlechten Verkehrsanbindung zu suchen, die mögliche Investoren abschrecken.

27 Arbeitskosten je Arbeitnehmerstunde im verarbeitenden Gewerbe 2008

Statistisches Bundesamt Deutschland 2009, unter: www.destatis.de

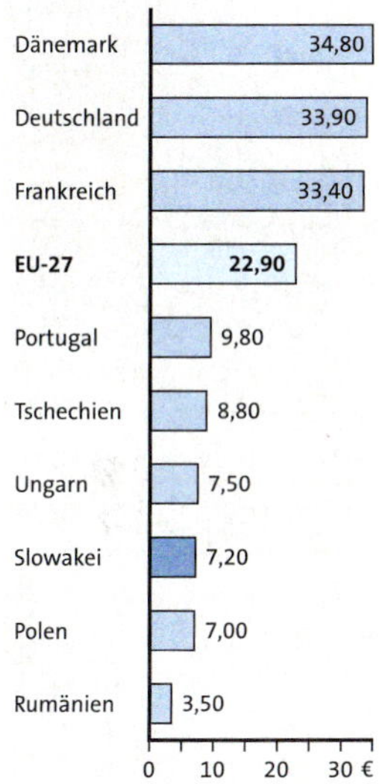

12 Erläutern Sie die Ursachen für den rapiden wirtschaftlichen Aufschwung der Slowakei seit den 1990er-Jahren.

13 Erläutern Sie die Bedeutung, die das VW-Werk in Bratislava dabei gespielt hat.

14 Bewerten Sie die in Quelle 25 dargestellten wirtschaftspolitischen Maßnahmen.

15 Chancen und Risiken der EU-Osterweiterung: Erörtern Sie in Ihrem Kurs in einem Pro- und Kontragespräch Vor- und Nachteile.
a) für den Industriestandort Deutschland,
b) für die jungen Beitrittsländer.

Seite 338/339
Deutschland – Drehscheibe Europas und Exportnation

28 Position der EU im Welthandel – Handel der wichtigsten wirtschaftlichen Zusammenschlüsse sowie Chinas und Japans 2006

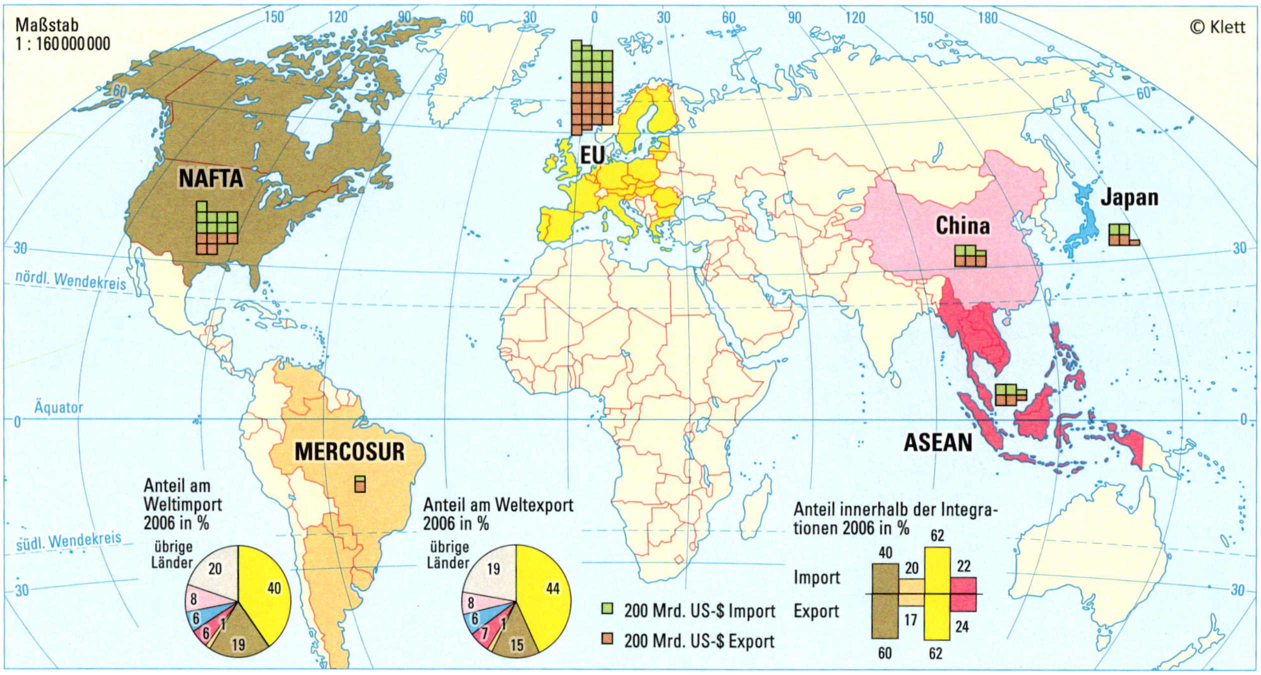

Die Stellung Europas in der Weltwirtschaft

Die Europäische Union, die 2007 ihren 50. Geburtstag feierte, ist in den fünf Jahrzehnten ihres Bestehens in politischer und wirtschaftlicher Hinsicht zu einer globalen Macht aufgestiegen. Mit ihren hohen Anteilen an den Weltein- und -ausfuhren ist sie nicht nur stärker als jeder andere Wirtschaftsblock mit der Weltökonomie verflochten, sie stellt mit den „Vier Freiheiten" ihres Binnenmarktes weltweit auch die weitreichendste Integration nationaler Volkswirtschaften dar.

Zwar betreibt jeder EU-Staat seinen Handel mit der Welt auf eigene Rechnung, die Bedingungen sind aber für alle Mitgliedstaaten einheitlich festgelegt. Die EU bestimmt die Höhe von Einfuhrzöllen aus Drittländern, schließt Handelsabkommen und entscheidet – im Rahmen der Regeln der WTO – über handelspolitische Straf- und Schutzmaßnahmen.

29 Entwicklungspolitik der EU

„Die EU ... [bringt] rund 60 Prozent der weltweiten Mittel zur Entwicklungshilfe auf... Mit vielen Entwicklungsländern in Asien und Lateinamerika hat die EU Abkommen über bevorzugten Handel, über technische und finanzielle Hilfe oder politische Zusammenarbeit abgeschlossen. Mit 12 Staaten rund um das Mittelmeer besteht die Euro-Mediterrane Partnerschaft (MEDA) . Ihr Ziel ist es, eine Zone der Stabilität und des Friedens und bis 2010 auch eine Freihandelszone zu schaffen...

Um Opfer von Naturkatastrophen und Kriegen in Entwicklungsländern zu unterstützen, wurde die humanitäre Hilfe der EU geschaffen. Nach Katastrophen, bei Krisen oder Hungersnöten kann die EU sofort mit Nahrungsmitteln, technischen Geräten und Rettungsmannschaften helfen. Seit 1992 besteht das Amt für humanitäre Hilfe, das Hilfsaktionen in der Welt finanziert und koordiniert."

Klaus Löffler: Europäisches Parlament, Informationsbüro für Deutschland (Hrsg.): Europa 2007. Berlin 2007, S. 82 und 85

Globale Konkurrenz für einen heterogenen Wirtschaftsraum

Die beeindruckenden Angaben zur Stellung der Europäischen Union in einer globalisierten Weltwirtschaft müssen nach einer kritischen Analyse in mehrfacher Hinsicht relativiert werden. So ist zunächst einmal zu beachten, dass das integrierte Europa aus Ländern besteht, die im Hinblick auf die Wirtschaftsstruktur und Wirtschaftskraft sehr große Unterschiede aufweisen. Das gilt in besonderem Maße nach den Osterweiterungen der Jahre 2004–2007. Einige wenige wirtschaftsstarke Staaten bilden das ökonomische Fundament. Zu ihnen gehören mit Deutschland, Großbritannien, Frankreich und Italien die in der sog. G 8 (Gruppe der sieben bedeutendsten Wirtschaftsmächte plus Russland) vertretenen europäischen Staaten sowie die Niederlande, Belgien und die skandinavischen Länder. Bei anderen Mitgliedern der Europäischen Union weisen die wirtschaftlichen Kennziffern eher auf den Status eines Schwellen- oder sogar **Entwicklungslandes** hin.
Die derart heterogen strukturierte Europäische Union steht also nicht nur vor der gewaltigen Aufgabe, unter großen politischen und finanziellen Anstrengungen die räumlichen Disparitäten im Innern zu überwinden, sie muss sich nach außen auch mit einer immer stärker werdenden Konkurrenz auseinandersetzen. Diese kommt zunehmend aus dem asiatischen Raum. Zu nennen sind hier in erster Linie – neben dem bereits seit längerem etablierten Japan – das durch ein anhaltend hohes Wirtschaftswachstum beeindruckende China und die sogenannten Tigerstaaten, z. B. Taiwan, Südkorea oder Malaysia. Diesen Ländern ist es gelungen, größere Marktanteile im Welthandel zu erobern.
Die asiatische Konkurrenz profitiert dabei längst nicht mehr nur von dem starken Lohngefälle gegenüber Europa. Sie bietet inzwischen in wichtigen Zukunftsbranchen wie der Informationstechnologie oder Kommunikationstechnik weltmarktfähige Produkte an. So hat zum Beispiel der „Tiger" Südkorea seit dem Jahre 2000 einen gewaltigen Satz gemacht – vom Hersteller billiger Haushalts- und Elektronikwaren zum Produzenten von Hightech-Angeboten in den Bereichen Computer, Mobilfunk, Nano- und Biotechnologie. Nicht zuletzt aufgrund dieser Produktpalette konnten die Südkoreaner ihre Warenexporte im Durchschnitt um 10 % pro Jahr erhöhen. Die Konkurrenz ist hellwach!

30 Die EU im Vergleich mit anderen Wirtschaftsräumen 2009 / 2007

Berechnet nach Der Fischer Weltalmanach 2010, Frankfurt am Main: Fischer Taschenbuchverlag 2009, und DSW-Datenreport 2010, Deutsche Stiftung Weltbevölkerung, Hannover

	EU-27	USA	China	Japan	Russland
Einwohner 2009 (Mio.)	501	309	1338	127	142
Anteil an der Weltbevölkerung (%)	7,3	4,5	19,4	1,8	2,1
BNE 2007 (Mrd. US-$)	16402	13827	3230	4530	1259
BNE pro Kopf (US-$)	32736	45840	5420	34750	14330
Anteil am Welt-BNE (%)	25,5	21,5	5,0	7,0	2,0

31 Die EU im Globalisierungsprozess?

16 Beschreiben Sie die Rolle der Europäischen Union als „Global Player".

17 Vergleichen Sie anhand der Karte 28 und der Tabelle 30 die Europäische Union mit anderen Wirtschaftsräumen.

18 Nennen Sie Faktoren, die die weltwirtschaftliche Position der Europäischen Union gefährden könnten.

19 Beurteilen Sie die Aussage der Karikatur 31.

Seite 354–367 Globalisierung

40 Ehemalige Textilfabrik in Tourcoing bei Lille

Altindustrialisierte Räume im Wandel

Die Wachstumsindustrien, die die ersten Phasen der Industriellen Revolution bestimmten, entstanden häufig auf der Grundlage günstiger natürlicher Voraussetzungen. Zu nennen ist hier in erster Linie das Vorkommen von Steinkohle und Eisenerz als Basis der **Montanindustrie**. Aber auch die Lage an schiffbaren Flüssen oder an der Küste erwies sich als vorteilhaft, konnten hier doch Rohstoffe (z.B. Baumwolle) günstig importiert oder Massengüter kostengünstig transportiert werden. Es entwickelten sich Industrieräume, deren Branchenstruktur durch einen hohen Anteil an Steinkohlebergbau, Grundstoff-, Schwer-, Textil-, Bekleidungs-, Glas- oder Porzellanindustrie gekennzeichnet war. Aber auch Hafen- und Werftstandorte gehören zu diesen altindustrialisierten Räumen.

Die genannten Gebiete litten und leiden in besonderem Maße unter dem Prozess der Deindustrialisierung mit dem Wandel zur Dienstleistungsgesellschaft. Marktsättigung und starker Wettbewerbsdruck führten im Zusammenhang mit den strukturellen Problemen (starke Monostrukturierung, hoher Anteil an Großunternehmen) zu erheblichen Arbeitsplatzverlusten und Abwanderungen. Mit welchen Maßnahmen und Strategien konnte und kann es gelingen, einen solchen Niedergang zu stoppen?

Vom Altindustriegebiet zum Dienstleistungszentrum: Fallbeispiel Region Nord-Pas-de-Calais

41 Industriepolitik und Strukturwandel

„Wie in anderen monostrukturierten Montanregionen ... hat die staatlich geförderte Ansiedlung von Montage- und Zulieferbetrieben der Automobilindustrie einen großen Beitrag zur Schaffung von Ersatzarbeitsplätzen geleistet... Die gravierendsten Probleme der Wirtschaft in der Region Nord-Pas-de-Calais sind ... die gleichen wie in anderen altindustrialisierten Regionen. So sind die Anteile der kleinen und mittleren Unternehmen (KMU) und der Unternehmen, die im Bereich der Hochtechnologien tätig sind, in der Region ... geringer als im nationalen Durchschnitt... Vor allem unter diesem Gesichtspunkt kommt dem Versandhandel und E-Commerce, welche teilweise aus der Textilindustrie hervorgegangen sind, und den häufig hoch technologisierten Dienstleistungsunternehmen, welche mit dieser neu entstandenen Handelsbranche verbunden sind, eine ganz besondere Bedeutung für die strukturelle Erneuerung der Region zu...

Neben den inzwischen international bedeutenden Einzelhandelsketten („Grande Distribution“) und der ähnlich erfolgreichen Hotelbranche (z.B. Accor-Gruppe mit den Ketten IBIS, Mercure, Novotel, Formule 1 etc.) zählt der Versandhandel zu den wichtigsten Nachfolgeaktivitäten bzw. Diversifizierungspfaden der nordfranzösischen Textilindustrie... Mit etwa 200 Versandhandelsfirmen sowie knapp 29000 Beschäftigten ist hier ein Branchencluster entstanden, das mehr als 65 % der Versandhandelsaktivitäten des Landes (und 15 % des europäischen Umsatzes) auf sich vereint. Zu dem Cluster gehören auch etwa 900 spezialisierte Dienstleister (z.B. Fotostudios, Design-/PR-Agenturen, Katalogdruckereien, Verpackungs- und Versandfirmen, Call-Center, EDV-Dienstleister etc.), die weitere 30000 Personen beschäftigen.“

Peter Dörrenbächer/Christian Schulz: Dienstleistungsstandort Nord-Pas-de-Calais. In: Geographische Rundschau, 57. Jg., H. 9. Braunschweig: Westermann 2005, S. 14–15

Surftipp
Region Nord-Pas-de-Calais
104109-5610

Material
Altindustrielle Räume Europas
104109-5611

Material
Wien: Wirtschaftsregion im Tertiärisierungsprozess
104109-2508

42 Maison Folie de Lille-Wazemme

Ehemalige Spinnerei Leclercq, 1855, geschlossen 1990. Heutige Nutzung: Ausstellungsräume, Hostel, Künstlerateliers, Hamam

45 Die Region Nord-Pas-de-Calais

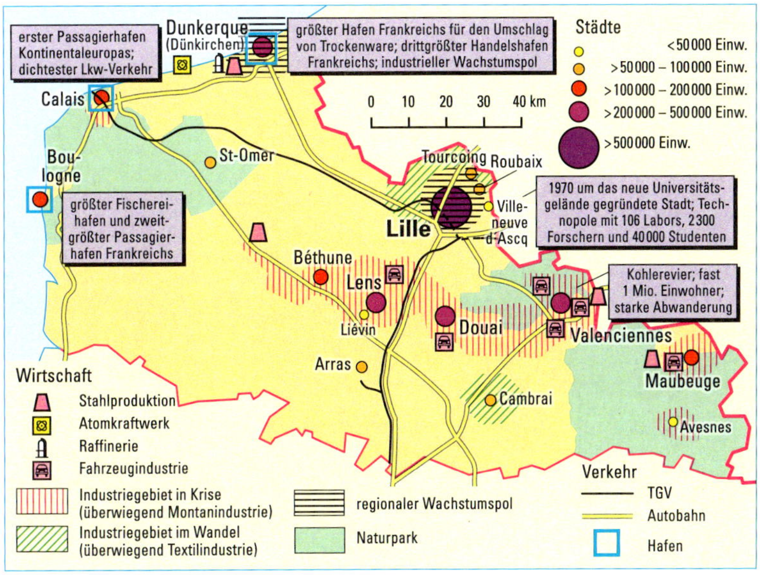

43 Eine ehemalige Industriestadt erwacht mit neuem Schwung

„Nach zwei Jahrzehnten Niedergang zieht neues Leben in Frankreichs Norden ein. In Lille ... erobern Künstler und Designer leer stehende Textilfabriken. In der frisch herausgeputzten Altstadt ... eröffnen täglich neue Kneipen, Bars und Restaurants... „Ça roule", sagen sie hier, „es läuft" – und es läuft gut für Lille... Nach Brüssel fährt der Schnellzug nur noch vierzig Minuten, nach Paris eine Stunde und nach London – dank Eurotunnel – zwei. So profiliert sich Lille erfolgreich als kulturelle und wirtschaftliche Drehscheibe zwischen den westeuropäischen Metropolen.
Trotz eines beachtlichen Wirtschaftsaufschwungs zählt die Region Lille [allerdings] immer noch vier Prozent mehr Arbeitslose als der französische Durchschnitt ... Da kam der Titel „Europäische Kulturhauptstadt 2004" gerade recht. Insgesamt 76 Mill. Euro hatten die Planer des Kulturhauptstadtjahrs für ihre Projekte bekommen. In der ganzen Region wurden damit ... zwölf ehemalige Fabriken zu „Häusern der Verrücktheiten" (Maisons Folie) umgebaut. [Es] entstanden Künstlerateliers, Theatersäle, Restaurants, Cafés, Begegnungszentren... Für André Delpont von der Wirtschaftsförderungsgesellschaft APIM ist dies ein weiterer Baustein für ein besseres Image seiner Region ..."

Robert B. Fishman: Eine erkannte Schöne im Norden. In: Schwarzaufweiß – Das Reisemagazin. www.schwarzaufweiss.de/frankreich/lille1.htm, Juli 2009, leicht verändert

Seite 122–125
Altindustrieller Raum Ruhrgebiet

Seite 310/311
Altindustrieller Raum Manufacturing Belt

44 Perspektiven der Region Nord-Pas-de-Calais

„Trotz weiterhin positiver Umsatzentwicklungen in der Versandhandelsbranche besteht die Befürchtung, internationale Konzentrationsprozesse einerseits sowie Dezentralisierungstendenzen in der Lager- und Zustellungslogistik (etwa Direktbelieferung durch den Hersteller ohne „Umweg" über den Standort des Versandhändlers) andererseits könnten mittelfristig das Standort-Cluster gefährden... Besonders förderlich sind jedoch auch ... Investitionen in die Verkehrsinfrastruktur, allen voran die TGV/Eurostar-Anbindung von Lille und Calais, die zu einem bemerkenswerten Anstieg internationaler Touristenströme, insbesondere aus Großbritannien geführt hat ..."

Peter Dörrenbächer/Christian Schulz: a.a.O., S. 17–18

46 EU-Fördergebiete 2007–2013 (NUTS-2-Regionen)

Nach Europäische Union 1995–2010

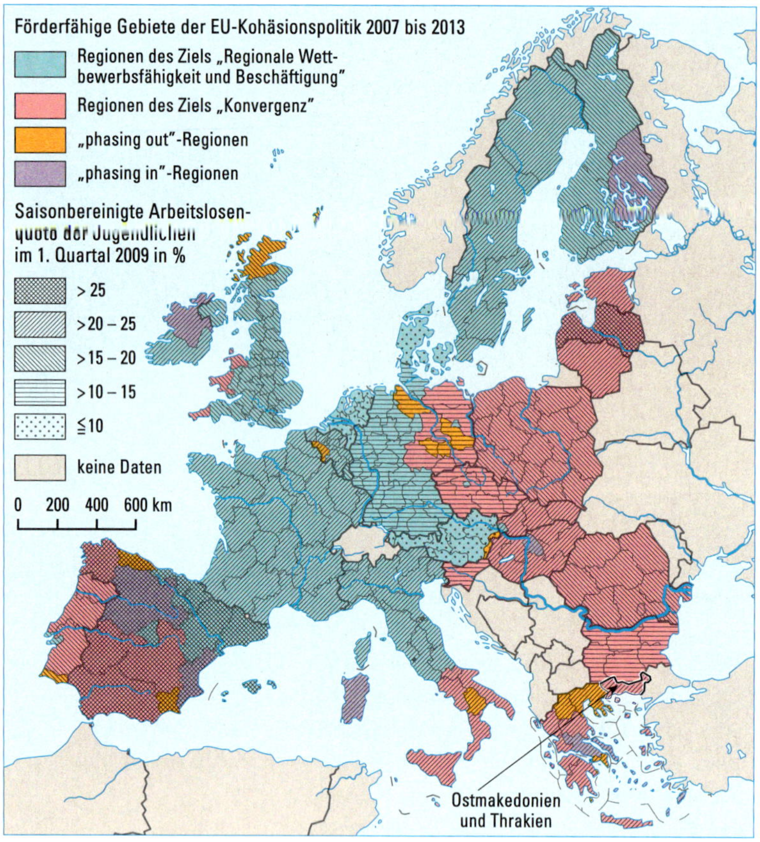

Periphere Regionen mit Entwicklungsrückstand

Mit den Erweiterungen der EU 2004 und 2007 hat sich das bereits bestehende Wohlstandsgefälle zwischen den einzelnen Mitgliedstaaten weiter verstärkt. Starke wirtschaftliche und soziale Unterschiede gibt es zwischen den Staaten, aber auch in den meisten Ländern stehen sich zentrale Aktivräume und strukturschwache **periphere Räume** gegenüber. Die EU sieht es als eine ihrer Hauptaufgaben an, diese Disparitäten im Rahmen ihrer „Kohäsionspolitik" allmählich auszugleichen. 2007 bis 2013 stehen hierfür 347 Mrd. Euro zur Verfügung.

Welche Strukturmerkmale weisen die peripheren Räume auf? Wo liegen Ursachen ihrer strukturellen Defizite? Welche regionalen Potenziale lassen sich mithilfe der EU-Finanzmittel entwickeln?

Chancen für eine „Peripherie in der Peripherie"? Fallbeispiel Ostmakedonien und Thrakien (OMT)

47 Indikatoren des Entwicklungsstandes

„Die Region Ostmakedonien-Thrakien … im Nordosten Griechenlands gehörte seit Beginn ihrer Zugehörigkeit zum neugriechischen Staat (1913/1919) zu den wirtschaftlich unterentwickelten Regionen des Landes. Das änderte sich zunächst nicht mit dem Beitritt des Landes zur EG/EU 1981. Sie blieb Peripherie in der Peripherie. Auch die Geldüberweisungen vieler Gastarbeiter und deren Rückkehr in die Heimatregion brachten keine entscheidenden Entwicklungsimpulse …

Kennzeichen der Landwirtschaft sind geringe Flächenausstattung der Betriebe, Besitzzersplitterung und mangelnde Möglichkeiten einer Betriebsaufstockung, da der Bodenmarkt auf Grund der Pachtgesetze unbeweglich ist, Merkmale, die sie mit der Landwirtschaft im übrigen Griechenland teilt. Die Arbeitsproduktivität liegt allerdings unter dem griechischen Durchschnitt.

Auch Handwerk und Industrie zeigen typische Merkmale von Peripherregionen: Die durchschnittlichen Betriebsgrößen sind gering, die maschinelle Ausstattung vieler Betriebe ist unzureichend, die Arbeitsproduktivität unterdurchschnittlich. Traditionelle arbeitsintensive Branchen dominieren über wachstumsintensive. Etwa zwei Drittel der Betriebe sind den Branchen Nahrungsmittel, Getränke, Tabak, Holz, Textil und Bekleidung zuzurechnen. An- und ungelernte Kräfte dominieren bei den Arbeitskräften wie vor 20 Jahren. Ausrüstung … und Kapazitätsauslastung sind vielfach unbefriedigend, die Wettbewerbsfähigkeit auf griechischen und außergriechischen Märkten beschränkt. Auf Grund fehlender Produktentwicklung und eigener Vermarktung fungiert insbesondere ein großer Teil der Textil- und Bekleidungsindustrie als ‚verlängerte Werkbänke' …"

Cay Lienau/Gerassimos Katsaros: Ostmakedonien und Thrakien. In: Geographische Rundschau, 56. Jg., H. 7/8. Braunschweig: Westermann 2004, S. 22

Surftipp
Region OMT
104109-5612

Material
Weitere periphere Regionen
104109-5613

48 Ausgewählte Strukturdaten der Region 2005 im nationalen Vergleich

Kommission der Europäischen Gemeinschaften: Vierter Bericht über den wirtschaftlichen und sozialen Zusammenhalt. Luxemburg 2007, S. 182

	Griechenland	Region Ostmakedonien–Thrakien	Region Attika mit Athen
Bevölkerung (Mio.)	11,064	0,607	3,958
Bevölkerungsdichte (Ew./km²)	84,6	43,2	1039,8
BIP/Kopf im Vergleich (Index: EU 27 = 100)	84,8	56,7	112,7
Jährliches Wachstum des BIP (%, Durchschnitt der Jahre 1995–2004)	3,89	2,5	4,0
Beschäftigung nach Wirtschaftssektoren (%)			
– Primärer Sektor	12,4	26,5	0,6
– Sekundärer Sektor	22,4	20,9	23,2
– Tertiärer Sektor	65,2	52,6	76,2
Arbeitslosenquote (%)	9,8	11,8	8,8

49 Gründe für wirtschaftliche Rückständigkeit

„Die periphere Lage und die nahen Grenzen zu Bulgarien und der Türkei zählen zu den wichtigsten Ursachen für die Entwicklungsdefizite... Über Jahrzehnte bildete der Eiserne Vorhang eine nahezu undurchlässige Grenze, die Grenze zur Türkei ist ebenfalls schwer bewacht. Teile der Rhodopen ... bildeten bis 1996 militärisches Sperrgebiet, das nur mit Sondergenehmigung betreten werden konnte. Auch im Grenzgebiet zur Türkei sind alle Aktivitäten eingeschränkt...

Nur ein kleiner, verkehrstechnisch schlecht angebundener direkter Grenzübergang zu Bulgarien in der Präfektur Drama liegt auf dem Gebiet von OMT, zwei Straßenübergänge bestehen zur Türkei, von denen der Übergang bei Edirne bis vor kurzem nur stundenweise geöffnet war. So fehlt den Häfen und Badeorten ein Hinterland, der Wirtschaft eine hinreichende Verkehrsanbindung."

Cay Lienau/Gerassimos Katsaros: a. a. O., S. 24, aktualisiert

50 Touristenziel Nestos (Rhodopen)

51 Potenziale der Region

„Zu den natürlichen Potenzialen der Region gehören neben den für bewässerte Landwirtschaft ausreichend vorhandenen Wasserreserven ... auch die Vorkommen bislang nur partiell ausgebeuteter Bodenschätze. An erster Stelle ist hier hochwertiger Marmor zu nennen, der in den paläozoischen Kalken der Rhodopen ... ansteht...

Als wichtigstes Potenzial für Tourismus gelten der Reichtum an Pflanzen- und Tierarten und die z.T. spektakulären Naturschönheiten. Für den Naturschutz bedeutend sind besonders die noch intakten Feuchtgebiete der Delten von Evros und Nestos, der Lagunen und Strandseen entlang der Küste sowie die extensiv durchforsteten oder sogar urwaldartigen Wälder der Rhodopen ...

Zu den anthropogenen Potenzialen gehören die kulturellen Denkmäler. Die Region besitzt eine lange Geschichte, die bauliche Zeugnisse aus drei Jahrtausenden hinterließ... Besitzt OMT derzeit noch eine ausgesprochene Abseitslage, so könnte sich dieses bald durch Eröffnung von Grenzübergängen nach Bulgarien ändern..., mit Ausbau der Häfen von Kavala, Porto Lagos und Alexandroupolis und Fertigstellung der E 90 durch das Gebiet zur türkischen Grenze und der E 85 ... von Alexandroupolis nach Norden..."*

Ebenda, S. 25–27

*Bis 2010 war von den im Quellentext 51 angesprochenen Projekten nur der Ausbau der E 90 bis zur türkischen Grenze fertiggestellt.

Regional- und Strukturpolitik der EU

Seite 200–203
Grenzüberschreitende Planung – Euregio-Regionen

52 Metropolregion Paris: Dynamik und Wohlstand

53 Dorf in Ostungarn: Rückstand und Armut

Ziele der EU-Raumordnung

Die Familie eines Bankangestellten in Paris lebt und wirtschaftet anders als die eines Landarbeiters in Ostungarn. Die Kinder haben ungleiche Bildungsmöglichkeiten, Berufsperspektiven und somit Lebenschancen. Diese räumlichen oder regionalen Disparitäten haben ihre Ursachen in unterschiedlichen naturräumlichen Ausstattungen, vor allem aber in historischen, sozialen oder politischen Einflüssen. Industrialisierung und **Tertiärisierung** von Wirtschaft und Gesellschaft haben die regionalen Unterschiede in den Lebensbedingungen zumeist verstärkt, da sich die wirtschaftliche Dynamik in erster Linie auf die Städte bzw. bereits bestehende ökonomische Aktivräume konzentrierte.

Die beiden angesprochenen Familien leben aber heute in einer politischen Gemeinschaft. Für die Europäische Union stellte sich die Frage, ob sie sich – wie bei ihrer Gründung – als reine Wirtschaftsgemeinschaft versteht, bei der es ausreicht, im Sinne liberaler Traditionen den freien Verkehr von Waren und Kapital sicherzustellen, die Entwicklung in den Teilräumen aber dem freien Spiel der Kräfte zu überlassen. Oder sollte sie anstreben, ihren inzwischen knapp 490 Mio. Bürgerinnen und Bürgern in allen Regionen humane und vor allem gleichwertige Lebensbedingungen und Chancen zu garantieren? Nur Wirtschafts- und Währungsunion oder auch Sozialgemeinschaft?

Die Antwort ergibt sich schon aus der Erkenntnis, dass ein vereintes Europa auf Dauer nur dann lebensfähig ist, wenn sich bei den Bürgern des „Alten Kontinents" auf der Grundlage sowohl des wirtschaftlichen wie auch des sozialen Zusammenhalts ein gemeinsames europäisches Bewusstsein entwickelt. Das setzt – im Sinne der sozialen Marktwirtschaft – eine Politik voraus, die das Wirken von Marktkräften und Unternehmerfreiheit verbindet mit Solidarität und gegenseitiger Unterstützung.

Zielsetzung ist dabei nicht nur die Verbesserung der Lebenschancen von Bürgern in benachteiligten Regionen. Es geht ebenso darum, durch den Abbau von Ungleichgewichten, z. B. in Ausbildung, Beschäftigung und Wettbewerbsfähigkeit, das Humankapital und die wirtschaftlichen Möglichkeiten optimal zu nutzen, um so die Gemeinschaft noch besser auf die Herausforderungen der **Globalisierung** vorzubereiten.

Material
Infoblatt EU-Regionalpolitik
104109-5614

Instrumente zum Abbau regionaler Disparitäten in der EU

Um Wirkung und Effektivität der europäischen Raumordnungspolitik im Hinblick auf das Ziel regionaler Ausgewogenheit zu überprüfen, ist die Europäische Kommission beauftragt, die soziale sowie wirtschaftliche Entwicklung in allen Teilräumen zu messen und zu vergleichen. Das „Statistische Amt der Europäischen Union" (Eurostat) hat hierfür eine räumliche Gliederung in verschiedenen Maßstabsebenen entworfen. Diese „Nomenclature des unités territoriales statistiques" (NUTS) klassifiziert neben der Ebene der Mitgliedstaaten drei weitere Gebietseinheiten:

- NUTS-1-Ebene (3–7 Mio. Ew.); entspricht in Deutschland etwa den größeren Bundesländern; 89 Gebiete
- NUTS-2-Ebene (800 000–3 Mio. Ew.); umfasst in Deutschland die Regierungsbezirke und kleineren Bundesländer; 254 Gebiete
- NUTS-3-Ebene (< 800 000 Ew.); bezieht sich in Deutschland auf Landkreise und kreisfreie Städte; 1 214 Gebiete.

54 Zwischenbilanz: Abbau der Disparitäten?

„Die Mitgliedstaaten, die im Programmzeitraum 2000–2006 die größten Empfänger von Mitteln aus den EU-Kohäsionsprogrammen waren (Griechenland, Spanien, Irland und Portugal), erzielten weiterhin beeindruckende Wachstumsraten. Die starke Wirtschaftsleistung von Regionen mit niedrigem Pro-Kopf-BIP in den letzten zehn Jahren hat bewirkt, dass sich die Regionen in der gesamten EU beim Bruttoinlandsprodukt je Einwohner einander angenähert haben.
Trotz dieser Fortschritte bleiben in absoluten Zahlen betrachtet große Unterschiede bestehen. Dies ist zum einen eine Folge der jüngsten Erweiterung und andererseits konzentrierte sich das Wachstum während der ersten Entwicklungsphase häufig auf die dynamischsten Regionen eines Landes..."

Europäische Gemeinschaften: Vierter Bericht über den wirtschaftlichen und sozialen Zusammenhalt. Luxemburg 2007, S. 10

55 Wohlstandsgefälle in der EU

Nach Europäische Union 1995–2010, Eurostat-Jahrbuch 2008 (tgs 00026)

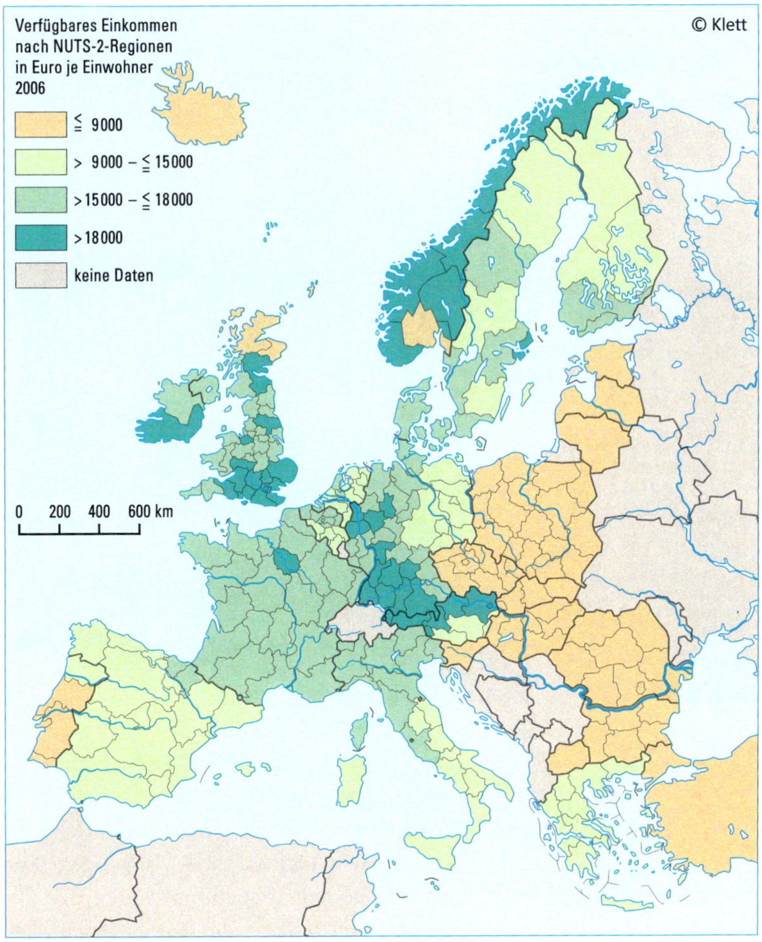

Für die definierten territorialen Einheiten erhebt Eurostat eine Fülle sozioökonomischer Informationen. Diese Daten bilden die Grundlage für den „Bericht über den wirtschaftlichen und sozialen Zusammenhalt" (Kohäsionsbericht), den die Europäische Kommission laut EU-Vertrag alle drei Jahre dem Europäischen Parlament, dem Europäischen Wirtschafts- und Sozialausschuss sowie dem Ausschuss der Regionen vorlegen muss.

26 Arbeiten Sie mithilfe von Karte 46, S. 344, und Karte 55 „Wohlstands- und Problemregionen" in der EU heraus.

27 Erläutern Sie vor dem Hintergrund Ihres Befundes aus Aufgabe 26 die Ziele der EU-Raumordnungspolitik.

56 Großprojekt der europäischen Regionalpolitik: Flughafen Athen

Zusammenarbeit in der EU: Regional- und Strukturförderung

Auf welche Weise können die regionalen und sozialen Disparitäten abgebaut werden? Für die Raumordnungspolitik der Europäischen Union ergibt sich bei der Beantwortung dieser Frage zunächst einmal ein grundlegender Zielkonflikt. Will sie ihre Wettbewerbsfähigkeit im globalen Maßstab verbessern, muss sie die Infrastrukturausstattung der bereits bestehenden dynamischen, weltwirtschaftlichen Integrationszonen weiter ausbauen und die dortige Ansiedlung von Unternehmen fördern. Denn diese Ballungsräume bieten den privaten Investoren die notwendigen Agglomerationsvorteile für ein kostengünstiges Wirtschaften.

Will sie aber im sozialstaatlichen Sinne stärker auf eine Gleichwertigkeit der Lebenschancen sowie auf eine nachhaltige und ausgewogene Raumentwicklung hinarbeiten, muss sie gezielt die peripheren Passivräume fördern. Bei dieser Strategie einer polyzentrischen Entwicklung müssten den Unternehmen also starke Anreize zur Ansiedlung an der Peripherie bzw. in Rückstandsregionen geboten werden, um den Wegfall von Agglomerationsvorteilen auszugleichen.

Das Europäische Raumentwicklungskonzept (EUREK) antwortet auf diesen Zielkonflikt einerseits mit einem gezielten Ausbau mehrerer international gut erreichbarer und miteinander vernetzter Metropolregionen, in denen die wirtschaftliche Entwicklung zur Schaffung einer Vielzahl neuer Arbeitsplätze führen soll. Andererseits sollen die strukturschwachen Räume dadurch gestärkt werden, dass – ausgehend von der Wirtschaftsförderung in kleineren Städten – aktive Regionalzentren als Impulsgeber für eine Diversifizierung der ländlichen Wirtschaft entstehen. Es gilt, den Menschen in diesen Rückstandsregionen Perspektiven anzubieten, um so die EU auch als Sozialgemeinschaft zu verwirklichen.

Die Programmperiode 2007 – 2013

Mit Beginn ihrer neuen Programmperiode im Jahre 2007 wurde eine Reform der **EU-Strukturpolitik** in Kraft gesetzt. Der Mitteleinsatz konzentriert sich jetzt auf drei neu formulierte Ziele, die mithilfe von drei Finanzinstrumenten angestrebt werden. Dabei kann die Kohäsionspolitik für den Zeitraum von 2007 bis 2013 über 35,7 % des gesamten Unionshaushaltes verfügen, was einem Betrag von 347,4 Mrd. € entspricht.

Die EU-Kommission entscheidet jährlich über die Aufteilung der Finanzmittel an die Mitgliedstaaten, wobei sie sich an den Kriterien Bevölkerungszahl, nationaler und regionaler Wohlstand sowie Arbeitslosenquote orientiert. Danach beschließt jeder Mitgliedstaat selbst, welchen strukturschwachen Räumen die Gelder zugutekommen, wobei die Förderfähigkeit und der Bedarf der Regionen zu berücksichtigen sind.

Die Hilfen für die neuen Mitgliedstaaten liegen im Durchschnitt pro Jahr um 166 % über dem Betrag der letzten Programmperiode (2000 – 2006), während den EU-15-Staaten ungefähr 30 % weniger Mittel zufließen. Eine Ausnahme bildet hier Spanien, das wegen besonderer Strukturschwächen einiger Regionen Übergangshilfen erhält.

57 Strukturpolitik der EU 2007–2013: Ziele und Finanzinstrumente

Ziele	Finanzmittel 2007–2013 insgesamt 347,4 Mrd. €	Strukturfonds für Regionen mit einem Pro-Kopf-BIP unter 75 % des EU-Durchschnitts		Kohäsionsfonds für Länder mit einem Pro-Kopf-BIP unter 90 % des EU-Durchschnitts
	davon für die Ziele	**EFRE** Europäischer Fonds für Regionale Entwicklung	**ESF** Europäischer Sozialfonds	(Spanien, Portugal, Griechenland und alle neuen Mitgliedstaaten seit 2004)
Konvergenz (Annäherung an den EU-Durchschnitt)	81,5 %	EFRE	ESF	**Kohäsionsfonds**
Regionale Wettbewerbsfähigkeit und Beschäftigung	16,0 %	EFRE	ESF	
Europäische territoriale Zusammenarbeit	2,5 %	EFRE		

Die drei Ziele der Regionalpolitik

Das Ziel der Konvergenz beinhaltet, dass durch verstärkten Einsatz von Investitionen in den am wenigsten entwickelten Regionen eine allmähliche Annäherung an den EU-Durchschnitt erreicht wird. In der EU mit ihren 27 Mitgliedstaaten betrifft dieses Ziel 84 Regionen – in 17 Staaten – mit insgesamt 154 Mio. Ew. sowie für einen Übergangszeitraum weitere 16 Regionen (mit 16,4 Mio. Ew.), deren BIP nur geringfügig über dem Schwellenwert von 75 % des Gemeinschaftsdurchschnittes liegt.

Regionale Wettbewerbsfähigkeit und Beschäftigung soll dadurch verbessert werden, dass die betreffenden Regionen durch spezielle Entwicklungsprogramme bei der Förderung von Innovationen, von unternehmerischen Initiativen und des Umweltschutzes unterstützt werden. Außerdem sollen Bildung und Qualifikation der Arbeitskräfte verbessert werden. Förderwürdig sind bei diesem Ziel insgesamt 168 Regionen mit 314 Mio. Ew.

Im Rahmen der Europäischen territorialen Zusammenarbeit sollen lokale und regionale Initiativen bei der transnationalen Kooperation gefördert werden. Die Zusammenarbeit reicht dabei vom einfachen Erfahrungsaustausch bis zu grenzübergreifenden Entwicklungsmaßnahmen. Die in grenznahen Regionen lebende Bevölkerung der EU umfasst 181,7 Mio. Ew.

Die drei Finanzinstrumente

Der Europäische Fonds für regionale Entwicklung besteht seit 1975 und versucht, durch Investitionen in Infrastrukturmaßnahmen, in das Bildungs- und Gesundheitswesen, in Forschung und Entwicklung sowie durch Förderung kleinerer und mittlerer Unternehmen zum Abbau der regionalen Ungleichgewichte beizutragen. Mithilfe des bereits 1960 geschaffenen Europäischen Sozialfonds soll durch sozial- und bildungspolitische Maßnahmen die Eingliederung von Arbeit Suchenden, Frauen, Zuwanderern und benachteiligten Personen in den Arbeitsmarkt gefördert werden. Der seit 1993 bestehende Kohäsionsfonds finanziert Projekte im Zusammenhang mit dem Umweltschutz und den europäischen Verkehrsnetzen.

28 Erklären Sie das Europäische Raumentwicklungskonzept (EUREK).

29 Projekte der EU-Regionalpolitik:
a) Ordnen Sie die Projektbeispiele auf den beiden Folgeseiten in die Zielsetzungen und Programme der EU-Regionalpolitik ein.
b) Erläutern Sie für jedes Projekt die erwarteten Folgewirkungen.

30 Überprüfen Sie anhand eines ausgewählten TEN-Projektes (Karte 60 auf S. 351), ob die Trassenführung zu einer Verminderung oder Verstärkung der regionalen Ungleichgewichte führen wird.

58 Projekt Express-Route Rias Bajas/Spanien

Projektbeschreibung:
„Dank der Unterstützung des Kohäsionsfonds arbeitet Spanien weiterhin an der Modernisierung und der Erweiterung eines gebührenfreien Autobahnnetzes. Durch die Express-Route Rias Bajas wird Galizien, eine Region im Gebirge des Nordwestens der Iberischen Halbinsel, eine neue Zufahrtsstraße zu den großen Wirtschaftszentren geboten. Sie verbindet bei einer Gesamtlänge von etwa 300 km Porrino (einen Steinwurf weit von Portugal) mit Benavente (Léon, Spanien). Ihr Bau war kein Kinderspiel – z. B. waren zur Überwindung oder Überquerung des hügeligen Reliefs mehr als 30 Talbrücken und andere Bauten erforderlich. Die Route trägt nicht nur dazu bei, der Isolation Galiziens, einer schwer zugänglichen Randzone, entgegenzuwirken, sondern auch die interne Kommunikation dieser Region im Entwicklungsrückstand zu verbessern. Schließlich führt die Express-Route auch durch die ‚montanas de Léon' und erleichtert den Einwohnern der Region damit den Zugang zum Rest der Halbinsel…"

Kontakt: Ministerio de Obras Publicas, Direccion General de Planificacion Territorial Paseo de la Castellana 67, E-28071 Madrid

Finanzierungsquelle: Kohäsionsfonds
Gesamtbudget: 856 Mio. Euro
Gemeinschaftsbeitrag: 728 Mio. Euro

Europäische Gemeinschaften (Hrsg.): Die Strukturpolitik und der Europäische Raum. Die Berge. Luxemburg 2000, S. 9

59 Projekt Energieakademie Samsø/Dänemark

Projektbeschreibung:
„100 % erneuerbare Energie! Dieser Herausforderung will sich die Insel Samsø stellen und das konkrete Beispiel für einen Plan zur Reduzierung von CO_2-Emissionen durch den großflächigen Einsatz von Wind- und Sonnenkraft liefern. Gleichzeitig werden andere Regionen Europas von den Ergebnissen dieses Projektes profitieren …
Samsø, eine im Süden der Stadt Aarhus gelegene Insel mit 4 000 Bewohnern, möchte seinen Strom- und Heizbedarf zu 100 % durch die Nutzung erneuerbarer Energie (EE) decken, während eine Offshore-Windfarm mithelfen soll, ihren Bedarf an Transportenergie zu erfüllen. 1997 wurde der ‚EE-Energieplan' ausgearbeitet, aus dem klar hervorging, dass es durchaus Lösungen gab, um dieses hochgesteckte Ziel zu erreichen – die Mitwirkung der Bevölkerung vorausgesetzt. Dies vor Augen gründete eine Gruppe von Bürgern 1997 den Verein ‚Energie und Umwelt Samsø', um die Inselbewohner zu informieren und für das Thema zu werben. Auf die Initiative dieses Vereins, des Kommunalrats, des Bauernverbandes und der Handelskammer hin wurde 1998 die Energiegesellschaft Samsø ins Leben gerufen, um die Umsetzung des Energieplans zu koordinieren. Im Jahre 2002 wurde dann die Gründung der Energieakademie beschlossen, die auf der Basis des erlangten Know-hows zur Schaffung von Arbeitsplätzen beitragen und die Insel zu einem attraktiven Ort für dänische und europäische Wissenschaftler/innen im Bereich von EE machen sollte. Gleichzeitig startete die Gemeindeverwaltung eine Entwicklungsstrategie, die erneuerbare Energien zum wichtigsten Entwicklungsmotor der Insel machten."

Kontakt:
Søren Hermansen,
Manager und Energieberater
Museumsvej 1, DK-8305 Samsø
www.energiakademiet.dk/, Jan. 2008
Finanzierungsquelle:
Europäischer Fonds für Regionale Entwicklung (EFRE)
Gesamtkosten: 1 648 647 Euro
EU-Beitrag: 405 405 Euro
sh@energiakademiet.dk/
Tel. (45) 86 59 23 22, Fax (45) 86 59 23 11

Europäische Gemeinschaften (Hrsg.): Regionen für den wirtschaftlichen Wandel. Innovation durch Regionalpolitik der EU. Brüssel 2006, S. 14

60 Transeuropäisches Verkehrsnetz (TEN-T): Hauptachsen und Projekte

Europäische Gemeinschaften (Hrsg.): Transeuropäisches Verkehrsnetz. Luxemburg 2005, S. 12–13

1 Eisenbahn: Berlin – Verona/Mailand – Bologna – Neapel – Messina – Palermo
2 Hochgeschwindigkeitsbahn: Paris – Brüssel – Köln – Amsterdam – London
3 Hochgeschwindigkeitsbahn: Südwesteuropa
4 Hochgeschwindigkeitsbahn: Osten
5 Betuwe-Eisenbahnstrecke: Deutschland – Niederlande
6 Eisenbahn: Lyon – Triest/Koper – Ljubljana – Budapest – ukrainische Grenze
7 Autobahn: Igoumenitsa/Patras – Athen – Sofia – Budapest
8 multimodale Verbindung: Portugal/Spanien – restl. Europa
9 konventionelle Bahnstrecke: Cork – Dublin – Belfast – Larne – Stranraer
10 Flughafen Malpensa
11 durchgängige Bahn-/Straßenverbindung Dänemark – Deutschland
12 Bahn-/Straße: Nordisches Dreieck
13 Straße: Großbritannien/Irland – Benelux
14 Eisenbahnhauptstrecke: Westküste Großbritannien
15 Satellitennavigationssystem Galileo
16 Schienengüterverkehrsstrecke: Sines – Madrid – Paris
17 Eisenbahn: Paris – Straßburg – Stuttgart – Wien – Preßburg (Bratislava)
18 Binnenwasserstraße: Rhein/Maas – Main – Donau
19 interoperable (techn. kompatible) Mehrsystem-Hochgeschwindigkeitsverbindung der Iberischen Halbinsel
20 Eisenbahn: über den Fehmarnbelt
21 Hochgeschwindigkeits-Seewege: Ostsee – West-, Südost- und Südwesteuropa
22 Eisenbahn: Athen – Sofia – Budapest – Wien – Prag – Nürnberg/Dresden
23 Eisenbahn: Danzig (Gdansk) – Warschau – Brünn (Brno)/Preßburg (Bratislava) – Wien
24 Eisenbahn: Lyon/Genua – Basel – Duisburg – Rotterdam – Antwerpen
25 Autobahn: Danzig (Gdansk) – Brünn (Brno) – Preßburg (Bratislava) – Wien
26 Schiene/Straßen: Irland/Großbritannien – europäisches Festland
27 Rail Baltica-Eisenbahn: Warschau – Kaunas – Riga – Tallinn
28 Eurocaprail-Eisenbahnstrecke: Brüssel – Luxemburg – Straßburg
29 Eisenbahnstrecke des intermodalen Korridors: Ionisches Meer/Adria

5.7 Kooperation in Nordamerika – die NAFTA

Kompetenzen erwerben:
- Ziele und Maßnahmen der nordamerikanischen Kooperation NAFTA beschreiben,
- Funktionsweise der Maquiladora-Industrie erklären,
- das Maquiladora-Konzept bewerten.

Seite 326–351 Integrationsraum Europa

2 Die Nordamerikanische Freihandelszone

„Die Nordamerikanische Freihandelszone (NAFTA – North American Free Trade Agreement) schließt seit dem 1. Januar 1994 die USA, Mexiko und Kanada in einem nordamerikanischen Handelsblock zusammen, um den Schutz der eigenen Märkte vor Importen aus Übersee zu gewährleisten und die internationale Wettbewerbsfähigkeit der eigenen Industrie aufzubauen. Das Abkommen hat folgende Zielsetzungen:
- Beseitigung von Einfuhrzöllen,
- Förderung fairen Wettbewerbs bei Wahrung eines angemessenen Rechtsschutzes,
- Förderung der trilateralen und multilateralen Zusammenarbeit,
- Ausbau des bilateralen und trilateralen Güter- und Dienstleistungsverkehrs sowie der Investitionstätigkeit,
- Abbau von nichttarifären Handelshemmnissen ... mit Ausnahme der sensiblen Bereiche wie Agrarprodukte, Kraftfahrzeuge, Energie und Textilerzeugnisse,
- Sonderbehandlung von einzelnen Produktgruppen ..., die der mexikanischen Sonderstellung als wirtschaftlich schwächerem Partner Rechnung tragen.

Freier Personenverkehr gehört nicht zum Abkommen der NAFTA ..."

Rita Schneider-Sliwa: USA. Darmstadt: Wissenschaftliche Buchgesellschaft 2005, S. 210

3 Beweggründe der beteiligten Länder

„Mexiko:
- Erhöhung der Attraktivität des Standorts Mexiko für Direktinvestitionen
- ... Zugang mexikanischer Exportprodukte in die USA [und] ... zu modernen Technologien
- Abbau regionaler Disparitäten

USA:
- ... Stärkung der Wettbewerbsfähigkeit der US-Industrie durch intensiveren Wettbewerb
- Gebietserweiterung des Patentschutzes für US-Patente
- Abbau von Investitionshürden für international tätige US-Unternehmen
- Unterstützung der mexikanischen Wirtschaftsreformen (politische Intentionen) und Schaffung positiver Wirtschaftsentwicklung in Mexiko
- dadurch: Eindämmung des Zustroms illegaler Einwanderer in die USA

Kanada:
- Interesse an der Wahrung der mit den USA vereinbarten Handelspräferenzen
- Furcht vor einer Handelsumlenkung der USA zugunsten Mexikos
- zusammen mit Mexiko bessere Verhandlungspositionen gegenüber den USA."

Werner Klohn: Weltwirtschaft und Globalisierung. Vechtaer Materialien zum Geographieunterricht, H. 10, 3. Aufl. Vechta 2008, S. 121

1 Warenhandel zwischen den beteiligten Ländern 2007 (in Mio. US-$)

Nach WTO: International Trade Statistics 2008

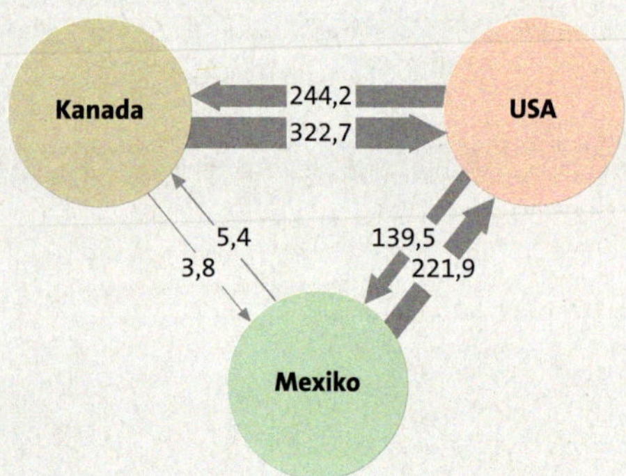

4 Wirtschaftliche Kennziffern der NAFTA-Staaten 2007/2008

Nach Der Fischer Weltalmanach 2010. Frankfurt am Main: Fischer 2009

	USA	Kanada	Mexiko
Bevölkerung (Mio.)	301,6	33,0	105,3
BIP (Mio. US-$)	14 265	1 511	1 088
BNE/Kopf (US-$)	46 040	39 650	9 400
Arbeitslosigkeit (%)	5,8	6,2	4,7
Außenhandelsbilanz (Mrd. US-$)	−800	+48	−18
Inflation (%)	3,8	2,4	5,1

Regionalwirtschaftliche Effekte der NAFTA. Beispiel: Maquiladora-Industrie

5 Was sind Maquiladoras?

„Als Maquiladoras oder auch Maquila werden die Fabriken bezeichnet, die von multinationalen Unternehmen im mexikanischen Grenzsaum entlang der US-amerikanischen Grenze angesiedelt werden. In oft primitiven Fertigungshallen werden aus importierten Vorprodukten Konsumgüter für die zollfreie Wiedereinfuhr in die USA oder auch für den Weltmarkt hergestellt. Deswegen werden die Maquiladoras oft als Weltmarktfabriken tituliert. Ganze Produktionszweige der Textil-, Automobil-, Foto- und Elektronikindustrie nutzen die niedrigen Löhne aus, indem die besonders arbeitsintensiven Fertigungsschritte von solchen Maquiladoras übernommen werden ... Heute wird der Begriff Maquiladora häufig als Synonym für derartige Lohnveredlungsfabriken des ganzen lateinamerikanischen Raumes verwendet.“

Mirko Ellrich: Infoblatt Maquiladoras.
Unter: www.klett.de, Dez. 2010

6 Schattenseiten

„Von der Ansiedlung der Maquiladores versprach sich Mexiko eine prosperierende wirtschaftliche Entwicklung... Doch das Gegenteil scheint der Fall. Ein Großteil der importierten Waren ist für die Maquiladoras bestimmt und gilt somit nur als temporäre Einfuhr. Lediglich ein sehr geringer Prozentsatz der verarbeiteten Erzeugnisse stammt direkt aus Mexiko. Die Maquiladoras tragen dadurch nicht zu der erhofften selbsttragenden wirtschaftlichen Entwicklung und Wertschöpfung bei. Im Gegenteil, es besteht eine hohe und einseitige Abhängigkeit von ausländischen Konzernen ... Konkurrenz bekommen die nordmexikanischen Maquiladoras durch andere lateinamerikanische Länder wie El Salvador. Außerdem entstehen mittlerweile ähnliche Produktionsstätten in den USA ... “

Mirko Ellrich: a. a. O.

7 Maquiladora-Beschäftigte und -Betriebe, Grenzregion, 1990 und 2005

Nach Christian Berndt: Frontera/ Borderlands. In: Geographische Rundschau Heft 1/2007. Braunschweig: Westermann, S. 20

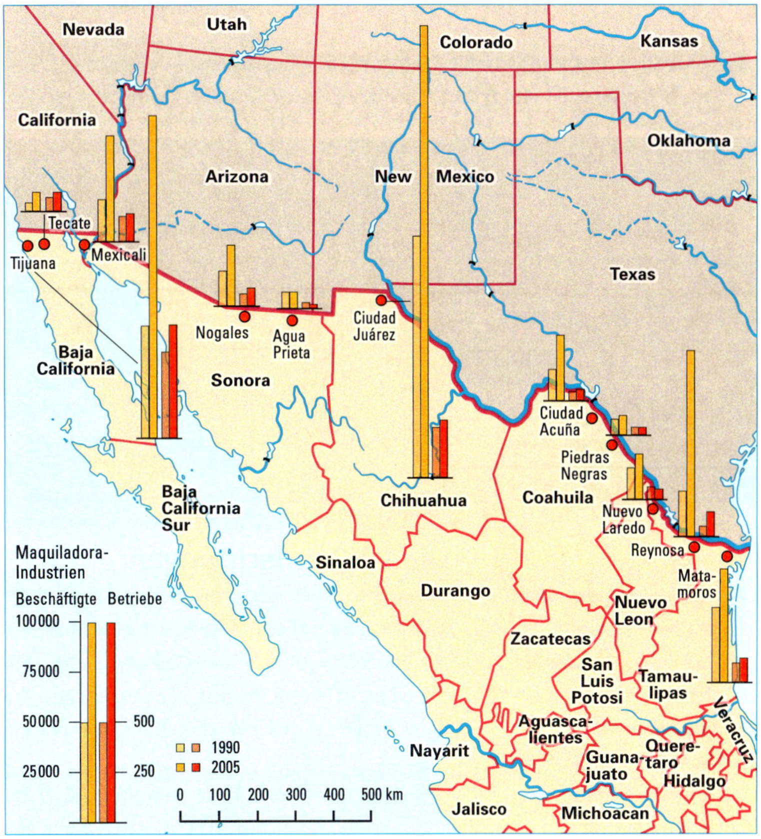

1 Erläutern Sie anhand der Materialien dieser Doppelseite sowie ergänzender Quellen (Internet) Ziele, Maßnahmen und Teilerfolge der NAFTA.

2 Werten Sie die Materialien zur Maquiladora-Industrie nach folgenden Fragen aus:
a) Was sind Maquiladoras?
b) Welche Ziele verfolgt Mexiko mit dem Konzept der Maquiladoras?
c) Welche speziellen Intentionen verfolgen die USA?
d) Wie funktioniert das Maquiladora-Konzept?
e) Wie ist das Konzept in die Wirtschaftspolitik der NAFTA eingebunden?

3 Nennen Sie zusammenfassend Erfolge und Probleme der Maquiladora-Industrie. Ergänzen Sie die in den Materialien auf dieser Doppelseite genannten Erfolge und Probleme um weitere Aspekte.

7 Kostensenkungen bei Transport und Kommunikation

Nach UNCTAD auf BBCNews unter http://news.bbc.co.uk/nol/shared/spl/hi/guides/457000/457022/img/1169220846.gif, Jan. 2008, umgezeichnet, ergänzt

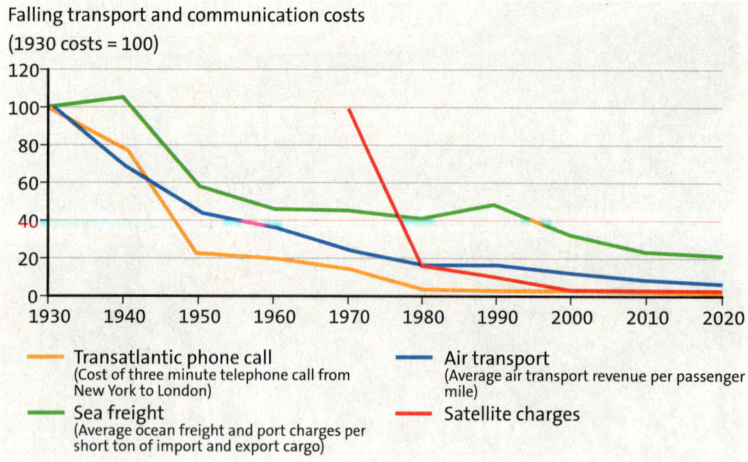

8 Dimensionen der Globalisierung

Nach G. Fuchs: Global denken lernen... In: M. Flath/G. Fuchs (Hrsg.): Globalisierung. Beispiele und Perspektiven für den Geographieunterricht. Gotha: Klett-Perthes 1998, S. 69, verändert

KOMMUNIKATION	ÖKONOMIE	GESELLSCHAFT	UMWELT
„Vernetzte Welt"	„Weltbinnenmarkt"	„Welt als globales Dorf"	„Welt als Risikogemeinschaft"
Innovationen der Telekommunikation (informationstechnische globale Vernetzung) Logistik	Liberalisierung des Handels Mobilität der Produkte, des Kapitals und der Produktionsstandorte sinkende Transportkosten regionale Arbeitsmarktentwicklungen	Souveränitätsverlust für Nationalstaaten Probleme/Chancen regionaler Identität Homogenisierung des Lebensstils? („Weltgesellschaft"?) „Verlust" räumlicher Distanz	globale Umweltgefährdungen Ressourcenverschwendung

Ausländische Direktinvestition (ADI):
Kapitalanlage im Ausland durch Erwerb von Eigentumsrechten, z. B. an Immobilien, Niederlassungen, Geschäftsanteilen, Unternehmen

Dimensionen, Ursachen und Antriebskräfte der Globalisierung

Dimensionen. Globalisierung ist mehr als nur eine globale Ökonomie. Die Prozesse und Dimensionen reichen weiter, wir alle sind betroffen (s. Übersicht 8). Von Menschen gemacht, ist sie auch formbar und veränderbar. Als Frage stellt sich allerdings: Von wem und wie?

Weltweite wirtschaftliche Verflechtungen sind im Prinzip nichts Neues, da der Austausch von Gütern schon immer einen wichtigen Bestandteil in den Beziehungen zwischen den Staaten darstellte. Neu an der **Globalisierung** sind jedoch die Dynamik, Intensität und Reichweite, in der grenzüberschreitende Aktivitäten ablaufen. Die wirtschaftliche Globalisierung, die immer noch den Kern des Prozesses ausmacht, findet auf mehreren Ebenen bzw. Märkten statt:

- auf den Gütermärkten, mit dem Welthandel mit Waren und zunehmend auch mit **Dienstleistungen**,
- auf dem Produktionsmarkt, mit dem Aufbau kostengünstiger Produktionsstätten in anderen Ländern durch Direktinvestitionen (ADI),
- auf den Finanzmärkten, mit der Liberalisierung des Kapitalverkehrs und die durch die Fortschritte in der Kommunikationstechnologie ermöglichten „unbegrenzten" Kapitalströme (durchschnittlicher täglicher Finanzhandel im Jahr 2007: 5 000 Mrd. US-$!).

Ursachen und Antriebskräfte. Mitunter entsteht der Eindruck, die Globalisierung sei quasi vom Himmel gefallen. Sie ist jedoch nichts Schicksalhaftes.

Eigentlich begann der Globalisierungsprozess bereits im 16. Jahrhundert, als in der Folge von Entdeckungen und Eroberungen die Welt von Europa aus kolonisiert wurde und weltweit Warenströme aus den Kolonien in die Mutterländer und zurück gelangten. Heute wird der Globalisierungsprozess durch das Zusammenwirken weiterer Ursachen gefördert:

- die Liberalisierung des Welthandels und die zunehmende Deregulierung der Wirtschaft, deren Entwicklung dem „freien Spiel der Kräfte" überlassen werden sollte – heute ein zentraler Kritikpunkt der Globalisierungsskeptiker bzw. -kritiker,
- die Zunahme des Containerverkehrs und die Senkung der Transportkosten sowie die Entstehung preiswerter weltumspannender Kommunikationsnetze,
- der Zusammenbruch des Sozialismus und seines abgeschotteten Wirtschaftssystems oder der ökonomische Aufstieg ehemaliger **Schwellenländer**.

Surftipp
WTO/GATT
104109-5804

Material
Zollabbau durch GATT
104109-5805

Material
EU im Welthandel
104109-5806

9 **Inter- und intraregionaler Warenhandel 2006 (Mrd. US-$)**

Datenbasis: WTO

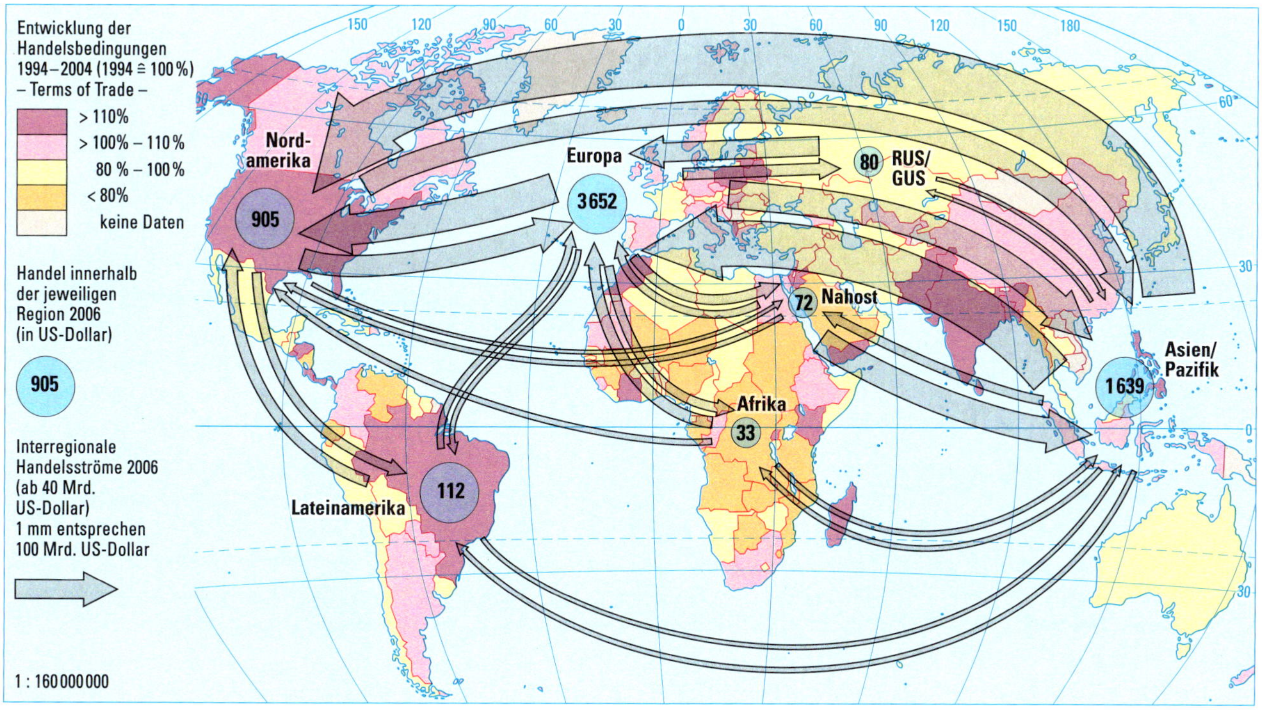

10 **Entwicklung des Weltexportvolumens nach Regionen**

Nach OECD u. WTO 2009, auf http://stat.wto.org/, Aug. 2009

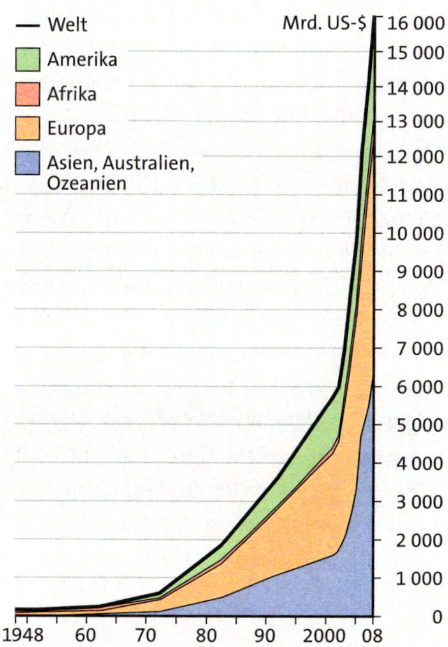

Weltweite Verflechtungen und Abhängigkeiten – Welthandel und Direktinvestitionen

Der Prozess der Globalisierung spiegelt sich besonders im Welthandel und bei den Ausländischen Direktinvestitionen (ADI) wider. Beide dokumentieren auch in deutlicher Weise die Verflechtungen einzelner Regionen oder Länder sowie ihre Abhängigkeiten.

Eine große Rolle spielen seit den 1950er-Jahren die internationalen Abkommen zur Organisation des Welthandels. Als 1995 das bis dahin gültige Zoll- und Handelsabkommen GATT durch die WTO (World Trade Organization) abgelöst wurde, geschah dies mit dem Ziel, den neuen Herausforderungen gerecht zu werden. Das heißt, die 45 Industrieländer und über 100 Schwellen- und **Entwicklungsländer** streben eine gerechtere Struktur des Welthandels an, die die Benachteiligung von Staaten oder Regionen verhindert.

Terms of Trade (ToT):
Verhältnis des Preisindexes für Importgüter zum Preisindex für Exportgüter;
die ToT verschlechtern sich z. B. für ein Land, wenn die Rohstoffe immer billiger exportiert werden müssen, während die Preise für industrialisierte Importgüter steigen.

6 Untersuchen Sie auf der Grundlage einer Internetrecherche die wichtigsten Ziele der WTO (Online-Link 104109-5804).

7 Analysieren Sie vor diesem Hintergrund die Materialien 9 und 10 zum Welthandel.

11 Ausländische Direktinvestitionen – die Spitzenreiter 2007 (in Mrd. US-$)

Nach UNCTAD, Foreign Direct Investment database, Aug. 2009

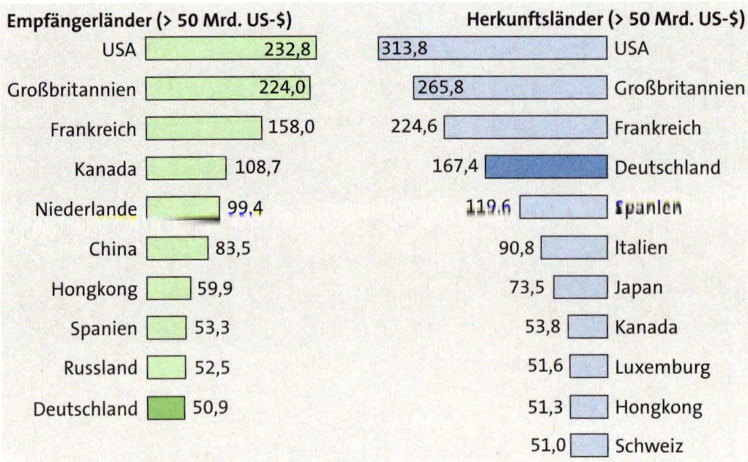

12 Entwicklung der globalen Standortstruktur bei Toyota

Zusammenstellung und Entwurf Paul Lindner, u. a. nach www.toyota.co.jp, April 2008 und Toyota Deutschland, Presseabteilung, ergänzt

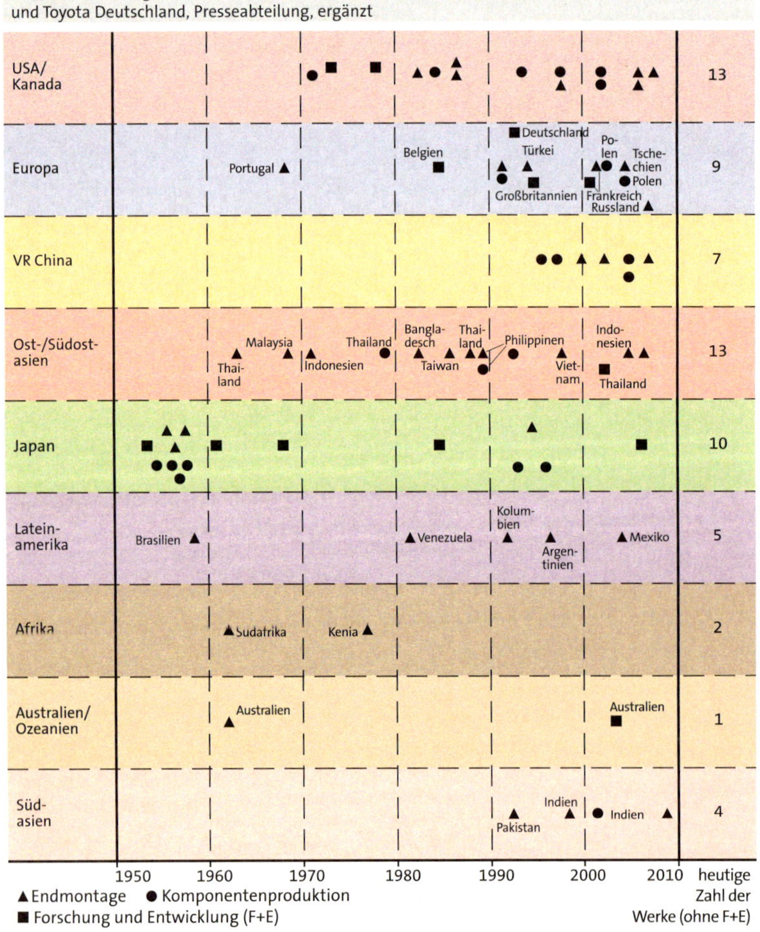

Globalisierungskritik. Die Globalisierungskritiker weisen darauf hin, dass der Welthandel zwar insgesamt zur Steigerung des weltweiten BIP beiträgt und so den Wohlstand mehrt, er gleichzeitig aber die globalen Disparitäten vergrößert. Dieser Vorwurf wird auch für die Ausländischen Direktinvestitionen geltend gemacht, deren Hauptträger die Multinationalen Konzerne sind – die Global Player.

Ein Beispiel hierfür liefert der weltgrößte Autoproduzent Toyota. Sein Aufstieg vom ausschließlich japanischen Unternehmen zum Global Player begann in den 1960er und vor allem in den 1970er-Jahren, die als das Jahrzehnt des japanischen Wirtschaftswunders gelten. Heute beschäftigt Toyota weltweit ca. 320 000 Menschen, produziert knapp neun Millionen Fahrzeuge und ist mit 239,4 Mrd. US-$ Jahresumsatz das fünftgrößte Unternehmen der Welt (2008; zum Vergleich: BIP aller afrikanischen Staaten 2004: 311 Mrd. US-$).

Betrachtet man Toyotas Investitionen zum Ausbau seiner globalen Standortstrukturen, so wird in der Tat deutlich, wie schwer es für bestimmte Regionen der Welt ist, sich in das Global Play der Transnationalen Konzerne einzubringen. Das betrifft vor allem solche wie Lateinamerika, Afrika und Südasien.

Organisationen wie „attac“, „Greenpeace“ oder das Forum „Erklärung von Bern“ setzen sich u. a. deshalb kritisch mit der Rolle der Global Player und ihrer Investitionstätigkeit auseinander.

Auswirkungen der Ausländischen Direktinvestitionen – eine Kontroverse. Für global agierende Unternehmen gibt es drei wesentliche Intentionen, die sie mit ihren Ausländischen Direktinvestitionen verknüpfen:

- Die Produktion an ausländischen Standorten mit in der Regel niedrigerem Lohnniveau spart Kosten, erhält die Konkurrenzfähigkeit und steigert die Gewinnmargen.
- Die Produktion vor Ort erleichtert es, den neuen Markt zu erschließen und so unmittelbar an seinem Wachstum zu partizipieren.
- Der Aufbau eines Vertriebs- und Kundennetzes im neuen Absatzland stellt eine unmittelbare Kundennähe her.

Material/Surftipp
Weltweite Standorte von Global Playern
104109-5802

Surftipp
NGOs
104109-5807

Material/Surftipp
Globalisierung oder Regionalisierung?
104109-5808

13 Die positiven Entwicklungsimpulse dominieren

„Für die Entwicklungsländer können die Firmennetzwerke große Wachstumschancen bedeuten, da über solche Kanäle enorme Wissensströme laufen und das Know-how der ausländischen Tochtergesellschaften auf die Wirtschaft des Gastgeberlandes überspringen kann (Spillover-Effekt) ...
Obwohl multinationale Unternehmen in vielen Branchen, etwa in der Elektronik-, Nahrungsmittel-, Glas- und Kunststoffindustrie, in Entwicklungsländern vor allem die Niedriglohnkomponenten ihrer Erzeugnisse herstellen, bieten sie dort doch zahlreiche und im Vergleich zur heimischen Wirtschaft gut bezahlte, gesicherte und mit sozialen Leistungen verbundene Arbeitsplätze.
Alles in allem ist die Tätigkeit multinationaler Unternehmen in Entwicklungsländern damit eine gute Grundlage für deren wirtschaftlichen Aufholprozess. Mit zunehmendem Entwicklungsstand eines Landes emanzipieren sich zudem immer mehr einheimische Firmen und übernehmen als Lizenznehmer oder Kooperationspartner Produktions- und Dienstleistungsfunktionen vom ursprünglichen Direktinvestor."

Georg Koopmann, in: Globalisierung. Informationen zur politischen Bildung, H. 80. Bonn: Bundeszentrale für politische Bildung 2003, S. 21

Zwar gibt es bei Ausländischen Direktinvestitionen auch negative Effekte für das Land, aus dem sie stammen, wie z. B. der mögliche Verlust an Arbeitsplätzen oder der Transfer von technischem Know-how, doch dominieren vor allem aus der Sicht der Unternehmen die positiven Wirkungen.
Schwieriger ist dagegen die Bewertung der Auswirkungen auf die Empfängerländer, besonders wenn es sich dabei um Staaten der sogenannten Dritten Welt handelt.

14 Transnationale Konzerne, Direktinvestitionen und Entwicklung: einige Mythen

„1. Der Job-Mythos
Lange nicht alle Auslandsdirektinvestitionen schaffen Arbeitsplätze. Die Gesamtsumme der Direktinvestitionen entspricht nicht neuen physischen Produktionskapazitäten. Vor allem in Lateinamerika, aber auch in Südostasien nach der Währungskrise [um 2000] floss Auslandskapital primär in den Kauf bestehender Firmen und in die Privatisierung von Staatsbetrieben. In diesen Fällen wurden häufig Arbeitsplätze abgebaut...

2. Der Mythos des billigen Kapitals
Entwicklungsländer liefern sich heute einen harten Wettbewerb um Investitionen und unterbieten sich gegenseitig mit Dumpingangeboten. Große industrielle Investitionsprojekte werden nur noch bei massiven Vorleistungen der Gastländer getätigt [Infrastrukturmaßnahmen, günstige Kredite, Steuervorteile].

3. Mythos: Die Rohstofffalle
Der ehemalige Weltbank-Chefökonom und Nobelpreisträger Joseph Stiglitz hat darauf hingewiesen, dass es für ein Land mit Rohstoffen ein leichtes ist, diese von transnationalen Unternehmen ausbeuten zu lassen. Die Entwicklung zu einer Industrie- und Dienstleistungsgesellschaft geht damit aber nicht einher ..."

Erklärung von Bern. Medienkonferenz vom 28.04.03, Referat von Andreas Missbach, auf: www.evb.ch/p25002119.html, Okt. 2009

Seite 362/363
Globalisierung – Chancen oder Risiko für die Entwicklungsländer

8 Charakterisieren Sie anhand der Grafik 11 die Kapitalströme bei den Ausländischen Direktinvestitionen.

9 Erläutern Sie am Beispiel der Standortentwicklung von Toyota (Grafik 12) die unterschiedliche regionale Wirkung Ausländischer Direktinvestitionen.

10 „Ausländische Direktinvestitionen sind ein Instrument zur Entwicklung von Ländern der Dritten Welt und damit zum Abbau der weltweiten Disparitäten." Erörtern Sie.

15 Auslandsverschuldung – Zonen der Hoffnungslosigkeit

Nach Atlas der Globalisierung. Berlin: Le Monde diplomatique/taz-Verlags- und Vertriebs GmbH 2006, S. 87

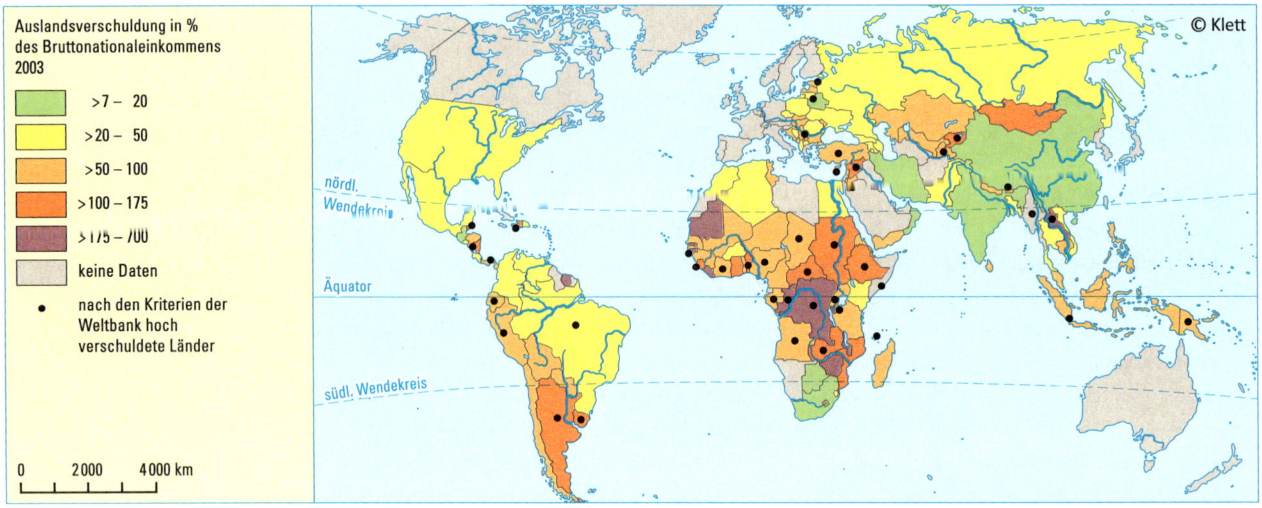

Auslandsverschuldung

Wenn ein Land das Geld zur Finanzierung von Investitionen nicht aufbringen und Preissteigerungen bei Importgütern nicht durch steigende Exporterlöse decken kann, ist es auf Kapitalimporte angewiesen. So haben sich viele **Entwicklungsländer** wegen der Verschlechterung ihrer **Terms of Trade** seit Anfang der 1970er-Jahre hoch verschuldet. Einige waren schon bald nicht mehr in der Lage, ihren Zahlungsverpflichtungen für Zins- und Tilgungsleistungen voll nachzukommen und mussten sich als zahlungsunfähig erklären, wie z. B. Mexiko im August 1982. Aufgrund sinkender Exporterlöse, weiter steigender Zinsen und Ölpreise sowie eines hohen Dollarkurses gerieten in der Folgezeit immer mehr Länder in die „Schuldenfalle". Hinzu kamen hohe Kosten für Prestigeobjekte und für die militärische Rüstung. Die Auslandsverschuldung der Entwicklungsländer wurde zu einem Dauerproblem.

Seite 357
Terms of Trade

Verschuldung ist nicht gleich Verschuldung. Auch viele westeuropäische Staaten und die USA sind hoch verschuldet. Doch handelt es sich hier weitgehend um eine Inlandsverschuldung, d. h. Kreditaufnahme bei den eigenen Bürgern. Eine solche Inlandsverschuldung engt zwar die Investitionsmöglichkeiten und den Handlungsspielraum der Staaten ein, in der Regel haben sie jedoch aufgrund ihrer Wirtschaftskraft und des Wohlstandes ihrer Bürger keine unüberwindbaren Probleme mit der Rückzahlung.
Aber selbst eine Kapitalaufnahme im Ausland kann durchaus sinnvoll sein, wenn es z. B. gilt, mit diesen Mitteln eine Initialzündung für den Wirtschaftsaufbau zu geben. Entscheidend für die Beurteilung der Schuldenlast ist die Frage, ob die Länder ihre Auslandsschulden fristgerecht zurückzahlen können und ob die Verschuldung nicht zu bedrohlichen Versorgungsschwierigkeiten bei der Bevölkerung führt.

Verschuldungskennziffern. Zur Einschätzung der Schuldensituation ist die absolute Höhe der Auslandsschulden allein nicht aussagekräftig. Die absoluten Zahlen müssen vielmehr im Verhältnis zur Wirtschaftskraft und zur Leistungsfähigkeit eines Landes gesehen werden. Zwei wichtige Kennziffern sind hierfür die Schuldenquote und die Schuldendienstquote.
Die Schuldenquote setzt die Höhe der Schulden in Beziehung zum Bruttonationaleinkommen (BNE); als kritische Obergrenze gilt eine Quote, die mehr als 150 % des BNE ausmacht.
Die Schuldendienstquote bezieht den gesamten Schuldendienst, also Zinsen und Tilgung, auf die Exporterlöse eines Berechnungsjahres; die kritische Grenze wird hier bei 50 % angesetzt.

Surftipp
Verschuldung
104109-5809

Material
Methode Wirkungsgefüge
104109-4204

Auf dieser Basis führt die Weltbank eine gesonderte Liste von Ländern mit einer besonders hohen Auslandsverschuldung: die Heavily Indebted Poor Countries (HIPC). Bei ihnen beträgt die Schuldenquote im Mittel über 320 %, d. h. sie sind nicht mehr in der Lage, den notwendigen Schuldendienst selbst zu leisten und erhalten deswegen besondere Konditionen bei Entschuldungsmaßnahmen.

Folgen der Auslandsverschuldung

Als Folge der hohen Auslandsverschuldung entsteht ein Teufelskreis von zunehmendem Kreditbedarf für die Tilgung der Auslandsverbindlichkeiten bzw. für Zinszahlungen und damit weiterer Verschuldung. Angesichts der wirtschaftlichen Misere ist die volle Rückzahlung – wenn überhaupt – nur möglich durch radikale Kürzungen der Staatsausgaben. Dies geschieht oft in den Bereichen Erziehung, Gesundheit oder Wohnungsbau. Notwendige Importe von Nahrungsmitteln oder von Investitionsgütern für den infrastrukturellen, agrarischen und industriellen Aufbau werden gestrichen. Die Folge: Firmen können keine Investitionen vornehmen, die Produktion stagniert oder sinkt, die Arbeitslosigkeit steigt, die Versorgung der Bevölkerung ist gefährdet. Die durch die hohe Auslandsverschuldung verlorene Kreditwürdigkeit verhindert jedoch auch den Zufluss von dringend benötigtem neuen Kapital und hemmt somit die Einbindung der Entwicklungsländer in den Welthandel.

Entschuldungsprogramme

Eine allseits zufriedenstellende Lösung der Schuldenproblematik gibt es nicht. Die Zahl der Vorschläge ist groß, z. B.:

- Schaffung günstiger weltwirtschaftlicher Rahmenbedingungen,
- Verringerung von Außenhandelsbeschränkungen,
- Abschaffung von Preis- und Zinskontrollen,
- Einschränkung der staatlichen Einflussnahme,
- Privatisierung staatlicher Unternehmen,
- Steigerung der Staatseinnahmen durch Steuererhöhungen,
- Verringerung von Beschränkungen für ausländische Unternehmen, um z. B. ausländische Investitionen zu fördern.

Der Katalog zeigt, dass die meisten Vorschläge auf marktwirtschaftlich-kapitalistische Instrumente setzen. Diese können sicherlich einen Beitrag dazu leisten, ein Land am globalen Markt wettbewerbsfähiger zu machen, treffen aber oft die Armen besonders hart. So räumt man heute Entschuldungsinitiativen eine höhere Priorität ein.

16 Entschuldungschronik für die HIPC-Länder

„1996 begannen die Weltbank und der Internationale Währungsfonds mit Überlegungen zu einer gezielten Entschuldung für Heavily Indebted Poor Countries (HIPC). 1999 beschloss der Weltwirtschaftsgipfel der G-7 in Köln die Einzelheiten eines Entschuldungsprogramms für ‚Low Income Countries' (LIC), d. h. Länder mit einem damaligen jährlichen Pro-Kopf-Einkommen bis 755 US-$. Unter diese Einkommens- und Verschuldungskriterien (HIPC und LIC) fielen 37 Länder mit zusammen 475 Mio. Einwohnern. Schließlich wurde 2000 für 22 Länder ein Teilschuldenerlass von insgesamt 34 Mrd. US-$ beschlossen... Zusammen mit der Gewährung neuer Kredite wurde der Schuldenerlass mit Verpflichtungen zu wirtschaftlichen und politischen Reformen verbunden, um zu verhindern, dass der positive Effekt – wie bei ähnlichen Maßnahmen in der Vergangenheit – durch Misswirtschaft, Korruption und Bereicherung der einheimischen Machteliten zunichte gemacht wird. Einen noch weiter gehenden Beschluss fasste der G-8-Gipfel 2005 in Gleneagles. Danach sollen 18 bis 38 Ländern die Schulden in Höhe von bis zu 56 Mrd. US-$ beim IWF, der Weltbank und der Afrikanischen Entwicklungsbank erlassen werden. 2006 wurde mit der Umsetzung des Programms begonnen."

Fischer Weltalmanach 2008. Frankfurt am Main: Fischer Taschenbuchverlag 2007, S. 630

17 Magerweide?

Seite 362/363
Globalisierung – Chancen oder Risiko für die Entwicklungsländer

11 Stellen Sie mögliche Auswirkungen der Auslandsverschuldung in einem Wirkungsgefüge dar.

18 Weltweite Geld-, Waren- und Touristenströme

Nach Atlas der Globalisierung. Berlin: Le Monde diplomatique/taz-Verlags- und Vertriebs GmbH 2006, S. 43

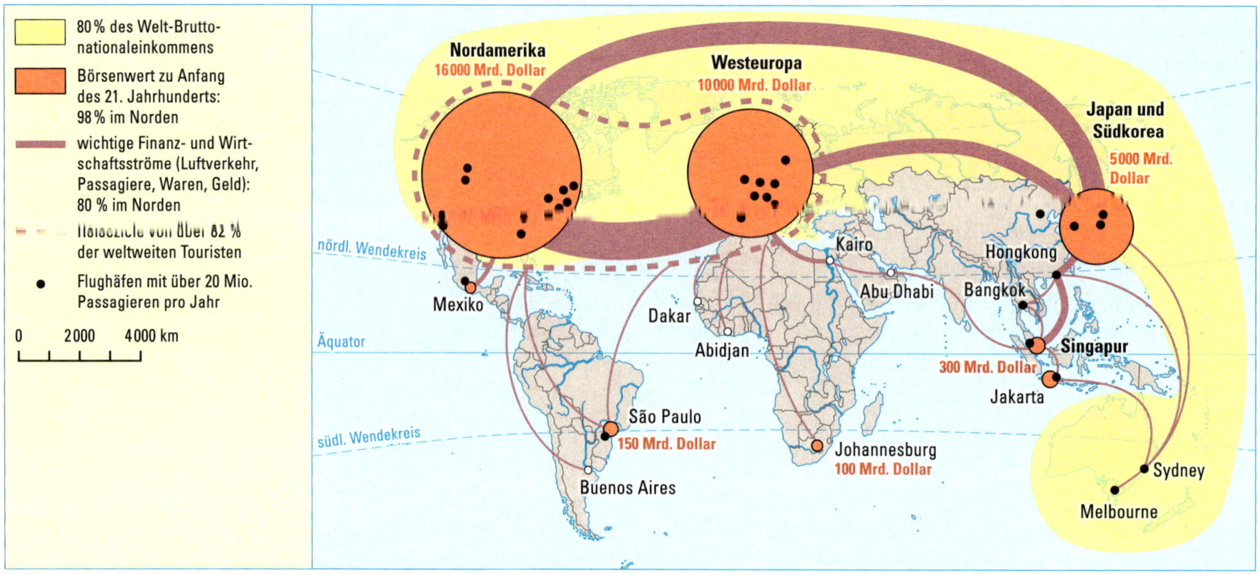

Globalisierung – Chance oder Risiko für Entwicklungsländer?

Die Frage, ob die **Globalisierung** als Bedrohung oder als Chance zu werten ist, wird widersprüchlich beantwortet. Besonders die Menschen in den ärmsten **Entwicklungsländern** sehen im Globalisierungsprozess die Hauptursache für die wachsende Kluft zwischen den reichen und armen Ländern. Ihr Vorwurf lautet: Wir sind die Verlierer der Globalisierung, unsere Entwicklungspotenziale bleiben ungenutzt, die Zahl der Armen hat sich nicht verringert. Ist diese Einschätzung korrekt? Wo liegen die Gründe für die unterschiedliche Entwicklung?

Tatsache ist, dass einige Entwicklungsländer und die meisten **Schwellenländer** mit zunehmender außenwirtschaftlicher Öffnung beachtliche wirtschaftliche Wachstumsraten erzielen konnten – und zwar in dem Umfang, wie eine Liberalisierung der Wirtschaft vorgenommen wurde und Auslandskapital einströmte.

Die meisten Entwicklungsländer hatten jedoch kaum Anteil an den „Segnungen" der Globalisierung. Nach wie vor sind sie unzureichend in die Weltwirtschaft eingebunden. Die sozialen und regionalen Disparitäten haben sich weiter vergrößert. Sie sind „Entwicklungsländer" im traditionellen Sinne geblieben.

Auch innerhalb der Länder haben sich die sozialen Gegensätze meist vergrößert. Die Hoffnung, dass die Globalisierung den Armen neue Chancen eröffnen würde, hat sich in der Regel nicht erfüllt. Die Märkte wurden zwar geöffnet, aber die Ärmsten der Armen sind von der Teilnahme an Märkten nach wie vor ausgeschlossen.

19 Bittere Medizin

Material
Genutzte Chancen?
104109-5810

Material
Pro-und-Kontra-Gespräch
104109-5811

Beispiel Südkorea

Südkorea zählt zu den vier ostasiatischen Tigerstaaten, die sich in den letzten 50 Jahren besonders dynamisch entwickelt haben. Noch um 1960 war Südkorea ein armes Agrarland. Das Bruttosozialprodukt betrug lediglich 80 US-$/Ew. Nur aufgrund massiver Entwicklungshilfe konnte eine erste Industrialisierung eingeleitet werden. Das Land verfolgte zunächst eine autozentrierte Wirtschaftspolitik, d.h. eine Ausrichtung auf die eigenen Bedürfnisse und Möglichkeiten. Produziert wurden vor allem Konsumgüter, um entsprechende Importe zu ersetzen. Diese Politik der Importsubstitution brachte aber keine wesentlichen Impulse für einen umfassenden wirtschaftlichen Aufschwung. Deshalb stellte das Land nach 1960 seine gesamte Wirtschaftspolitik um. Die Regierung verfolgte nun konsequent die sogenannte „export/growth first“-Strategie. Diese Entwicklungsstrategie setzt auf wirtschaftliches Wachstum durch eine exportorientierte Industrialisierung, mit der sich hohe Devisenerlöse erzielen lassen. Schwerpunktindustrien für Südkorea waren dabei Eisen- und Stahlindustrie, Chemie, Maschinen- und Fahrzeugbau sowie Elektrotechnik/Elektronik. Die Durchsetzung dieser exportorientierten Wachstumspolitik gelang vor allem durch die Errichtung von Großbetrieben unter strenger staatlicher Kontrolle sowie durch ein Maßnahmenpaket, das Importbeschränkungen, Exportförderung, eine gerichtete Vergabe von Krediten sowie einen hohen Arbeitskräfteeinsatz verband.

In den 1970er und 1980er-Jahren musste sich die Industrie mehrmals umstellen, wobei allerdings die grundsätzliche Exportstrategie beibehalten wurde. Gefördert wurde nun in erster Linie die kapital- und technologieintensive Hightechindustrie – mit dem Erfolg, dass Südkorea in einigen Technologiebranchen heute die weltweite Führerschaft übernommen hat.

20 Achtung! Sie verlassen den „globalisierten Sektor“! – zaghafte Öffnungsversuche Nordkoreas

Beispiel Nordkorea

Dass es kein richtiger Weg ist, sich der Öffnung zum Weltmarkt grundsätzlich zu verweigern und eine Liberalisierung der Wirtschaft vorzunehmen, zeigt das Beispiel Nordkoreas. Das Land ist einer der letzten realsozialistischen Staaten mit einer straff zentralistischen Planwirtschaft. Über Jahrzehnte war die Wirtschaftspolitik auf Autarkie ausgerichtet; nur mit der VR China gab es nennenswerte Handelsbeziehungen. Das wirtschaftspolitische Hauptaugenmerk der kommunistischen Führung lag auf der Rüstungsindustrie – auf Kosten der Landwirtschaft und der Produktion von Konsumgütern. Kaum verwunderlich, dass das Land seit Anfang der 1990er-Jahre mehrmals von Hungerkatastrophen heimgesucht wurde; es sollen bis zu 2,5 Mio. Menschen, gut ein Zehntel der Bevölkerung, verhungert sein. Deshalb unternimmt das Land zaghafte Öffnungsversuche und reformiert die Wirtschaft in marktwirtschaftliche Richtung, z. B. durch Joint Ventures und die Einrichtung von Sonderwirtschaftszonen nach chinesischem Vorbild, um ausländische Investoren anzulocken. Dadurch und mit den niedrigen Lohnkosten gelang es der Regierung, den Außenhandel zu steigern.

21 Fünf Thesen zu „Globalisierung und Entwicklungsländer“

„Globalisierungsprozesse verbinden unterschiedliche Kulturen der Welt.“

„Globalisierung wird als zutiefst unsittlich empfunden.“

„Globalisierung sorgt für Wohlstand.“

„Die gegenwärtige weltweite Finanzkrise ist ein Kind der Globalisierung.“

„Die Globalisierung bringt die Welt aus dem Gleichgewicht.“

12 Erstellen Sie mithilfe des Internets eine Präsentation zum Thema: „Süd- und Nordkorea: Beispiele für die unterschiedliche Einbindung in den Globalisierungsprozess.“

13 Erörtern Sie in Ihrem Kurs, z. B. in einem Pro-und-Kontra-Gespräch, ob die Globalisierung als Bedrohung oder als Chance für die Entwicklungsländer zu bewerten ist.

22 Im Spiegelbild der Presse

Studie: Warum die Globalisierung Deutschland nützt?
Welt online, 24.4.2007

Deutschland profitiert von der Globalisierung
IHK Berlin, 14.11.2007

Deutschland fällt bei Globalisierung zurück
Handelsblatt, 29.3.2006

Deutschland, ein Verlierer der Globalisierung
Reader Edition, 7.6.2008

Beinahe die Hälfte der Deutschen sieht in der Globalisierung für sich persönlich mehr Risiken als Chancen ...
Konrad-Adenauer-Stiftung, 2.7.2008

Globalisierung – eine Gefahr für Deutschland?

Seite 338/339
Deutschland –
Drehscheibe Europas

„Standort Deutschland" ist ein politisches Schlagwort, das umfassend ausdrückt, wie sich unser Land im internationalen Vergleich für wirtschaftliche Betätigungen und Investitionen positioniert. Hierfür gibt es erkennbare Stärken, wie z.B. die Qualifikation vieler Beschäftigter, das Forschungsniveau, die Innovationsfreudigkeit vieler Unternehmen usw. Einschränkungen zeigen sich am ehesten noch im Lohnbereich. In der Standortstärke gibt es allerdings zwischen den Bundesländern erhebliche Unterschiede. So bieten z.B. nach einer Untersuchung der Bertelsmann-Stiftung (Online-Link 104109-5813) die Länder Baden-Württemberg, Bayern und Hessen die besten Rahmenbedingungen für Innovationen in den Bereichen Forschung, Entwicklung und Unternehmertum – diese Felder werden als Grundlage für das Wachstum und die Beschäftigung in der Zukunft angesehen.

Es geht jedoch nicht nur um Deutschland als Standort. Ein weiterer Aspekt ist die Tatsache, dass es kaum ein zweites Land gibt, das so stark in den Globalisierungsprozess eingebunden ist wie Deutschland. Das kommt zunächst in der Exportstärke zum Ausdruck, die gleichzeitig allerdings auch eine starke Abhängigkeit von weltwirtschaftlichen Entwicklungen mit sich bringt. Sie zeigt sich aber auch in den Investitionen, die deutsche Firmen im Ausland tätigen, um Produktions- und Absatzmärkte zu sichern und zu stärken.

Wo also steht Deutschland im Prozess globaler Entwicklung?

23 LKW-Fertigung bei Mercedes in Brasilien

24 Gründe deutscher Unternehmen für Investitionen im Ausland 2007

(von je 100 befragten Unternehmen, Mehrfachnennungen möglich)
Nach DIHK/Globus-Infografik 1781

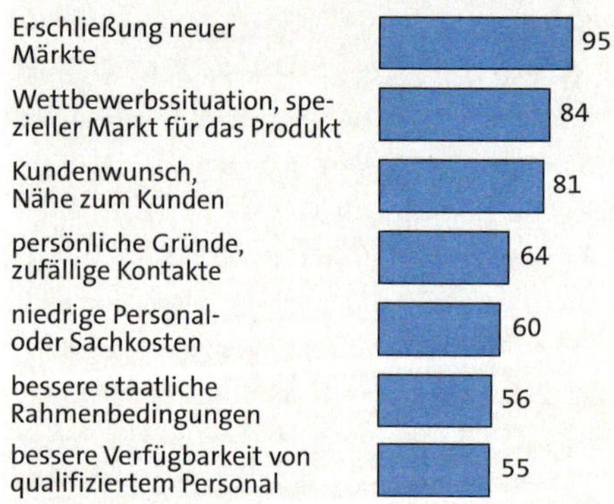

„Bemerkenswert ist die zunehmende Verschiebung der Direktinvestitionen vom industriellen in den Dienstleistungssektor. Multinationale Unternehmen finden sich nicht mehr nur im Primären Sektor (Landwirtschaft, Bergbau) und im Sekundären Sektor (Industrie). Auch Handelsunternehmen, Banken, Medienkonzerne, Hotelketten und Werbeagenturen sind heute weltweit mit Niederlassungen vertreten. 2004 wurden 63% der Direktinvestitionen im Tertiären Sektor getätigt. [Hier liegt die Bundesrepublik Deutschland allerdings deutlich hinter den USA und GB]."

Klaus-Peter Kruber-Maeyer, in: Bundeszentrale für politische Bildung (Hrsg.): Internationale Wirtschaftsbeziehungen. Informationen zur politischen Bildung, H. 299. Bonn 2008, S. 17–18

Material/Surftipp
Standort Deutschland
104109-5812

Literaturtipp
Internationale Wirtschaftsbeziehungen
104109-5813

25 Sportkleidungsfabrikation in China

26 Deutscher Außenhandel nach Warengruppen 2008

zusammengestellt nach Statistisches Bundesamt 2009

Außenhandel	Export	Import
gesamt (Mrd. Euro)	994,87	818,62
Anteil Warengruppen (%)		
Agrarprodukte, Nahrungs- und Genussmittel	4,80	7,27
Bergbauliche Rohstoffe und Erzeugnisse	0,52	11,47
Energie	0,37	0,25
Chemische Erzeugnisse u.Ä.	18,95	16,85
Stahl, Metalle, Metallwaren	9,64	10,20
Maschinenbau	14,77	7,13
Elektrotechnik/Elektronik, Feinmechanik/Optik	14,68	15,29
Fahrzeugbau	20,94	12,84
Textilien, Bekleidung, Leder	2,61	4,56
Andere Fertigwaren und bearbeitete Waren	12,72	14,14

27 Deutsche Zahlungsbilanz (Salden in Mrd. Euro)

Nach ebenda, S. 43, ergänzt nach Deutsche Bundesbank, Eurosystem, März 2009

	1990	2000	2008
Leistungsbilanz	+39,1	−35,2	+164,9
Warenhandel	+53,9	+59,1	+181,3
Dienstleistungen	−13,4	−49,0	− 28,1
Erwerbs- und Vermögenseinkommen	+18,5	− 8,3	+ 44,7
Laufende Übertragungen	−18,0	−28,0	− 33,1
Vermögensübertragungen	− 2,5	+ 6,8	− 0,1
Kapitalbilanz	−46,7	+28,3	−203,4
Restposten (statistisch nicht aufzugliedern)	+16,1	− 5,8	+ 38,6
Veränderung der Währungsreserven	− 5,9	+ 5,8	− 2,0

28 Wettbewerb der Arbeitskosten (Euro / h eines Industriebeschäftigten)

Personalzusatzkosten einschl. leistungs- und erfolgsabhängiger Sonderzahlungen;
Nach Christoph Schröder, in: IW Trends 3/2008. Köln: Institut der Deutschen Wirtschaft 2008, S. 6

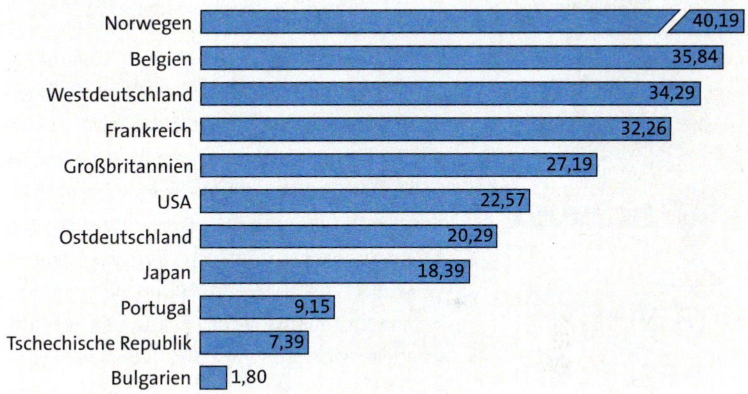

29 Deutschlands größte Kunden und Lieferanten 2008 (in Mrd. Euro)

Nach Statistisches Bundesamt 2009

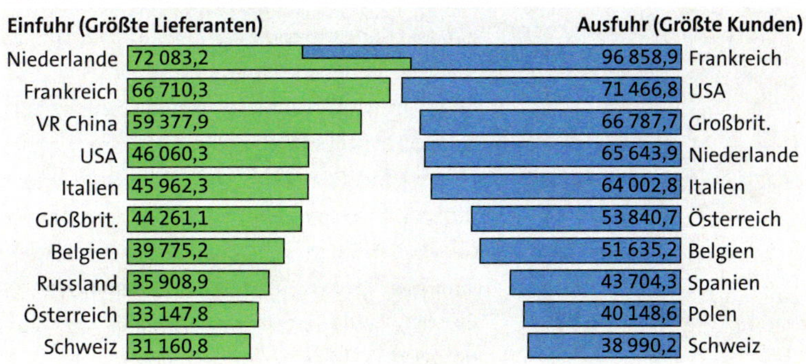

14 Charakterisieren Sie Deutschlands Position im Globalisierungsprozess.

15 Stellen Sie dar, worin Sie die besonderen Herausforderungen der Globalisierung für den Standort Deutschland sehen.

16 Überprüfen Sie nach Bearbeitung des bisherigen Kapitels Ihre Definition des Begriffes „Globalisierung“ aus Aufgabe 4, S. 355.

30 Marken des VW-Konzerns

31 VW-Werk Wolfsburg

Fallbeispiel: Global Player VW

Jedes Industrieland verfügt über sogenannte „Schlüsselindustrien". Das sind solche Branchen, denen aufgrund mehrerer Faktoren eine herausragende Bedeutung zukommt, vor allem bei der Höhe der Wertschöpfung, der großen Zahl der Beschäftigten in ihr selbst und in Zulieferbetrieben bzw. in zuarbeitenden Branchen sowie wegen des hohen Anteils am Export. Neben dem Maschinenbau, der chemischen Industrie und der elektrotechnischen Industrie gehört in Deutschland auch die Automobilproduktion dazu.

Im niedersächsischen Wolfsburg befindet sich der Hauptsitz eines der bedeutendsten deutschen **Global Player** dieser Branche, der Volkswagen Konzern. Bereits eine Übersicht der Marken, die im Unternehmen vereint sind, verdeutlicht die Internationalisierung, die der Konzern bis heute erfahren hat.

Heute ist VW einer der größten Automobilproduzenten der Welt und Europas führender Autobauer. 6,3 Mio. Fahrzeuge bedeuteten 2009 einen weltweiten Marktanteil von 11,3 %; in Europa stammten 20,9 % aller Pkw aus dem Konzern.

Was aber hat zur **Globalisierung** des Unternehmens geführt? Welche Ziele verbanden und verbinden sich mit der Strategie, aus einem nationalen Konzern einen Global Player zu formen? Und schließlich: Wie kann man die Entwicklung bewerten?

32 Produzierende Belegschaft nach Ländern (ohne Scania, Ende 2009)

Nach www.volkswagenag.com/vwag/vwcorp/info_center/de/publications/2010/03/navigator_2010.-bin.acq/qual-BinaryStorageI-tem.Single.File/Navigator_2010.web_dt.pdf, S. 37, Juni 2010

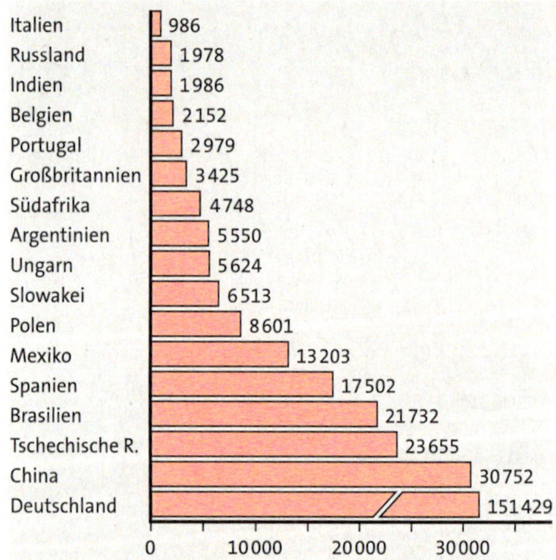

33 Mitarbeiter in der technischen Entwicklung

Nach ebenda

Nordamerika	868
Südamerika	1014
Afrika	122
Ostasien (Japan: 20, VR China: 1633	1653
Europa (ohne Deutschland)	6050
Deutschland	15266
Gesamt	25585

Surftipp
Globalisierungschronik VW
104109-5814

34 Weltweite Produktionsstandorte

Nach www.volkswagenag.com/vwag/vwcorp/content/de/the_group/production_plants.html, Juni 2010

35 Informationen zu den Standorten

Produktion
Länder:
15 in Europa
6 in Amerika, Asien und Afrika
Standorte: 61
Beschäftigte:
knapp 370 000
Fahrzeuge je Tag:
ca. 26 000
Verkauf
in 153 Ländern
weitere Firmenbeteiligungen
50 in 25 Ländern
Konzernbereich Finanzdienstleistungen
17 Standorte in 10 Ländern Europas, Asiens, Nord- und Südamerikas

Internationalisierung eines deutschen Automobilbauers

1950 werden 27 816 VW-Käfer in 17 Länder verkauft – mit dem Export beginnt schon wenige Jahre nach dem Zweiten Weltkrieg die „Internationalisierung" der Firma. Hauptabsatzmärkte sind die USA und Südamerika. Dabei verfolgt der Konzern mit dem Export zwei Ziele: Zum einen bedient man mit den USA einen wirtschaftsstarken Raum, zum anderen kann man sich mit den Exporterlösen die notwendigen Rohstoffe für die Produktion verschaffen.
Bereits 1953 erfolgt ein erster Schritt zum Aufbau von Standorten im Ausland. Man gründet mit VW do Brasil die erste Produktionsgesellschaft außerhalb Deutschlands. Der Grund ist die protektionistische Politik Brasiliens, die Autoimporte nahezu verhindert mit dem Ziel, dass ausländische Konzerne im Land selbst investieren.
1955 überlegt man eine Werksgründung in den USA, das Projekt scheitert aber an den hohen US-Löhnen. Die USA werden allerdings zum wichtigsten Auslandsmarkt. Nachdem 1956/57 Montagewerke in Südafrika und Australien eingerichtet werden, folgt 1959 der erste Bau einer kompletten Automobilfabrik im Ausland in São Bernardo do Campo (Brasilien).
1982 beginnt die „eigentliche" Globalisierung des Konzerns mit dem Gang nach Asien. In Japan kooperiert man mit Nissan, in China gründet man das erste Joint Venture mit einer chinesischen Firma in Shanghai. Das Ziel ist das gleiche wie z. B. bei dem Engagement in Südafrika: Man sucht die Präsenz auf einem neu zu erschließenden Zukunftsmarkt, also die Nähe zum potentiellen Kunden. China wird dabei zu einem besonders wichtigen Markt. Der europäische Partner qualifiziert das lohngünstige Personal und baut neue, moderne Fabriken, sodass beide Seiten profitieren. VW fasst Fuß auf einem Markt mit damals schon 900 Mio. Menschen, und China findet Zugang zu modernen Automobiltechnologien. 1986 beginnt mit der Übernahme des spanischen „Seat" die Markenexpansion.

17 Erläutern Sie anhand des Textes sowie des Internets (Online-Link 104109-5814) die Maßnahmen und Ziele der Globalisierungsstrategie von VW von 1950 bis heute.

18 Erörtern Sie, inwieweit die Entwicklung eines Unternehmens wie VW zum Global Player dem „Standort Deutschland" nutzt oder schadet.

Wichtige Begriffe
Aquifer
Dry farming
Dust bowl
EU-Binnenmarkt
EU-Strukturpolitik
Entwicklungsland
Global Player
Human Development Index (HDI)
Globalisierung
Least Developed Countries (LDC)
Manufacturing Belt
Marginalisierung
Megastadt
Neokolonialismus (Erbe des Kolonialismus)
Newly Industrialized Countries
Schwellenländer
Silicon Valley
Stabilitätskriterien
Terms of Trade
Transformation

Wissen vernetzen

1 Wirtschaftskraft der Staaten und Handelsvolumen der Wirtschaftsregionen

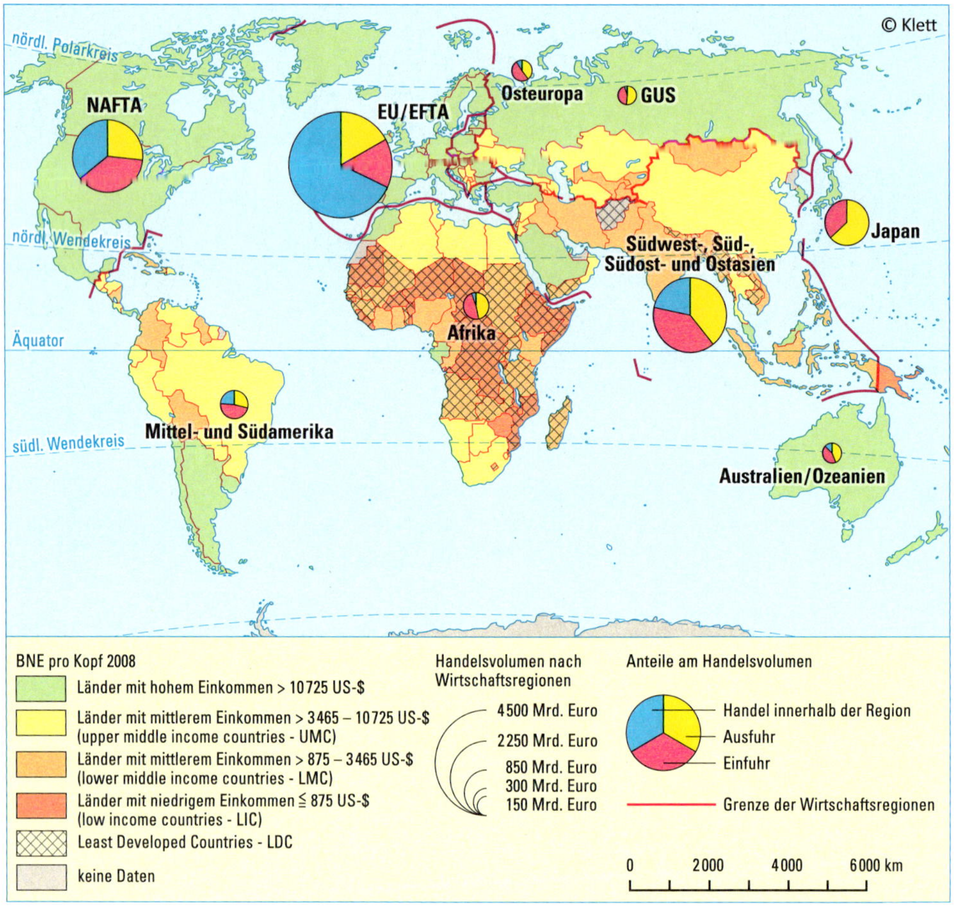

In Abhängigkeit von ihrer Wirtschaftskraft sind die einzelnen Staaten und Regionen in höchst unterschiedlichem Maße am Welthandel beteiligt. Demzufolge profitieren sie entweder sehr stark oder nur gering von der Globalisierung mit ihrer Liberalisierung der Märkte und der internationalen Arbeitsteilung. Eine genaue Analyse der Welthandelsverflechtungen macht die herausragende Stellung der Wirtschaftsregionen Nordamerika, Europa (EU und EFTA) und Südostasien deutlich. Innerhalb dieser sog. „Triade der Weltwirtschaft“ mit ihren wirtschaftsstarken Staaten spielt sich der Großteil des globalen Handels ab.

Die meisten Entwicklungsländer sind dagegen von der weltwirtschaftlichen Dynamik weitgehend abgekoppelt. Das gilt – neben Mittel- und Südamerika – insbesondere für weite Teile Afrikas. Hier haben das „koloniale Erbe“, das heißt die Ausbeutung durch europäische Kolonialmächte mit ihren Folgen, aber auch zahlreiche zwischen- sowie innerstaatliche Konflikte eine eigenständige Wirtschaftsentwicklung gehemmt. Hinzu kommt die Ungunst des Naturraumes in Teilen des Kontinents. Der Mangel an länderübegreifenden Vernetzungen in der Infrastruktur sowie nationale Egoismen haben darüber hinaus die Herausbildung regionaler Wirtschaftskooperationen verhindert.

Insgesamt ergibt sich das Bild einer Welt mit Räumen höchst unterschiedlichen Entwicklungsstandes. Es ist eine der Zukunftsaufgaben der Menschheit, hier im Sinne von Humanität, Gerechtigkeit und Friedenssicherung für einen Ausgleich zu sorgen.

Material
Bogen zur Selbsteinschätzung
104109-5901

Kompetenzen überprüfen

Überprüfen Sie – auch als Vorbereitung auf die Klassenarbeit – Ihre bei der Bearbeitung dieses Kapitels erworbenen Kompetenzen.
Führen Sie diese Selbsteinschätzung zunächst nach der folgenden Klassifikation alleine durch. 1 = stimmt; 2 = stimmt überwiegend; 3 = stimmt teilweise; 4 = stimmt nicht.

Vergleichen Sie anschließend die Ergebnisse im (Zweier-)Team.
Arbeiten Sie Möglichkeiten und Methoden heraus, festgestellte Lücken zu schließen und Defizite zu beseitigen.
Wenden Sie sich an Ihren betreuenden Lehrer, wenn Sie Hilfe oder Unterstützung benötigen.

Eine Checkliste mit der Möglichkeit zum Ankreuzen Ihres Kompetenzstandes steht als Muster im Internetauftritt dieses Schülerbuches unter dem Online-Link 104109-5901.

Kompetenzbereich Räumliche Orientierung – Ich kann ...
- ökologische Problemräume Russlands lokalisieren
- die geographischen Grenzen Europas beschreiben
- Räume großer Naturrisiken in Europa darstellen
- dynamische Wachstumsräume und Peripherregionen in der EU lokalisieren

Kompetenzbereich Fachwissen – Ich kann ...
- das naturräumliche Potenzial der USA erfassen und bewerten
- Transformationsprobleme der russischen Landwirtschaft erläutern
- den Einfluss der Lebensbedingungen auf das generative Verhalten untersuchen
- Grundlagen und Funktionen des EU-Binnenmarktes beschreiben
- den Prozess der „Marginalisierung" erläutern
- das Maquiladora-Konzept in Mexiko erklären
- Ursachen und Dimensionen der Globalisierung erklären

Kompetenzbereich Erkenntnisgewinnung durch Methoden – Ich kann ...
- thematische Karten (z.B. im Hinblick auf Strukturmerkmale der US-amerikanischen Landwirtschaft) interpretieren
- geographische Arbeitsmaterialien (Diagramme, Tabellen, Karten) analysieren
- eine Raumanalyse und einen Raumvergleich durchführen
- eine Bevölkerungspyramide auswerten
- ein Wirkungsgefüge (z. B. zu den Auswirkungen der Auslandsverschuldung) erstellen

Kompetenzbereich Kommunikation – Ich kann ...
- in einem Referat die Entwicklung des Manufacturing Belt mit der des Ruhrgebiets vergleichen
- in einem Pro- und Kontra-Gespräch Vor- und Nachteile der EU-Osterweiterung erörtern
- eine Präsentation zum Thema „Nord- und Südkorea: Unterschiedliche Einbindung in den Globalisierungsprozess" gestalten

Kompetenzbereich Beurteilung und Bewertung – Ich kann ...
- das ethno-territoriale Konfliktpotenzial im Gebiet der ehemaligen Sowjetunion bewerten
- die Erwartungen der Land-Stadt-Migranten in Entwicklungsländern (Pull-Faktoren) anhand der tatsächlichen Situation in den Städten überprüfen
- unterschiedliche Abgrenzungskriterien Europas und der Europäischen Union beurteilen
- Auswirkungen der Globalisierung auf Entwicklungsländer erörtern

6

Arbeitsanhang: Kompetenzen erfolgreich nachweisen und erweitern

Als Vorbereitung auf Ihren weiteren Bildungsweg und auf Ihren beruflichen Werdegang müssen Sie als Schülerinnen und Schüler der gymnasialen Oberstufe einerseits in der Lage sein, den eigenen Lernprozess zu strukturieren, zu verbessern und zu reflektieren. Andererseits wird von Ihnen die Fähigkeit verlangt, das im Unterricht erworbene fachliche Wissen und methodische Können auch nachzuweisen und angemessen darzustellen, z.B. in Klausuren und letztendlich auch in der Abiturklausur.

Dieser Arbeitsanhang gibt Ihnen Tipps zur erfolgreichen Bewältigung einer Klausur und die Möglichkeit, mithilfe einer Musterklausur zu trainieren. Nützlich dafür ist auch die Übersicht im hinteren Buchdeckel, in der Anforderungsbereiche und Operatoren für Prüfungsaufgaben zusammengestellt sind, die Ihnen auch bei der Lösung der Arbeitsaufträge in diesem Schülerbuch helfen.

Über die Literaturhinweise in diesem Anhang können Sie einen Einstieg für vertiefende Studien und Arbeiten finden. Das Glossar definiert für Sie wichtige Fachbegriffe, die Sie aufgelistet schon auf den Terra KOMPETENT-Doppelseiten Ihres Buches gefunden haben. Mit dem Glossar können Sie Ihr Begriffswissen festigen. Über die Seitenangaben im Register schließlich können Sie sich bestimmte Begriffe und Inhalte des Buches im Kurzzugriff erschließen.
Schon in der gymnasialen Oberstufe, erst recht aber, wenn Sie danach ein Studium aufnehmen, werden solche Arbeitstechniken hilfreich sein.

P.S. Ich liebe Dich
McDERMID
America

TERRA **METHODE**

Zu jedem Unterricht gehören notwendigerweise der Lernerfolg und dessen Kontrolle, sei es in Form mündlicher Überprüfungen, als Tests oder Klausuren.
Sie dienen Schülerinnen und Schülern sowie Lehrkräften zur Überprüfung der im Unterricht erarbeiteten Inhalte und methodischen Fertigkeiten.
Lehrerinnen und Lehrer ziehen die Ergebnisse zur Leistungsbewertung heran.
Diese Methodendoppelseite will Ihnen eine Hilfestellung bei der Bearbeitung von Klausuren geben und dient der gezielten Vorbereitung auf das schriftliche Abitur.

6.1 Eine Klausur erfolgreich bewältigen

Was wird in der Klausur verlangt?

Klausuren sollen den Lehrkräften (und den Schülerinnen und Schülern) schriftlich Auskunft darüber geben, inwieweit Unterrichtsinhalte erarbeitet sowie fachliche und methodische Kompetenzen im Unterricht erreicht wurden. Dies auch mit Blick darauf, welche Konsequenzen für die weitere unterrichtliche Arbeit in Vorbereitung auf die Abschlussqualifikationen (Abitur) zu ziehen sind.

Klausuren dienen daher in besonderer Weise der Überprüfung der inhaltlichen Kenntnisse (Fachkompetenzen) sowie der erreichten methodischen Kompetenzen in der selbstständigen problemgerechten Materialauswertung sowie der Fähigkeit, Gedankengänge stringent, sach- und fachgerecht in schriftlicher Form darzulegen. Verlangt werden von Ihnen in der Klausur also eine inhaltlich richtige und in sich logische Darstellung mit einem stetigen Materialbezug, ein klarer und verständlicher Aufbau sowie eine (fach-) sprachlich einwandfreie Formulierung.

Das klingt (und ist) anspruchsvoll. Aber keine Panik! Die nachfolgenden Tipps werden Ihnen helfen, diese Anforderungen zu erfüllen.

Vorbereitung auf die Klausur

Die notwendigen inhaltlichen Kenntnisse festigen Sie durch die Erarbeitung der entsprechenden Kapitel im vorliegenden Buch. Ziehen Sie ergänzend Ihre Mitschriften aus dem Unterricht heran. Zusammenfassungen auf Karteikarten können ebenfalls sehr hilfreich sein.

Auch zur Schulung der methodischen Fertigkeiten gibt Ihnen dieses Buch die notwendigen Hilfen. Studieren Sie gründlich die einzelnen Methodendoppelseiten bzw. -kapitel und wenden Sie das dort Gelesene an bzw. übertragen Sie es auf andere Materialien. Als Grundlage dafür können Ihnen die Arbeitsmittel und die Arbeitsaufträge in den einzelnen Kapiteln diese Buches dienen.

Vorgehensweisen in der Klausur

1. Schritt: Überblick über Thema und Aufgaben

- Prüfen Sie das Thema genau. Es gibt Ihnen in der Regel bereits einen wichtigen Hinweis auf den zu bearbeitenden Schwerpunkt.
- Lesen Sie die Aufgaben gründlich durch. Sie zeigen Ihnen die Richtung für die Erschließung des Themas. Konkretisiert werden die Arbeitsaufträge durch die verwendeten Operatoren, die klar formulieren, was konkret von Ihnen erwartet wird (vgl. den Operatorenkatalog im hinteren inneren Buchdeckel).
- Markieren Sie Schlüsselbegriffe, die Ihnen die gestellten Anforderungen erschließen. Dies hat nicht nur den Vorteil, dass Sie die Anforderungen genau kennen. Gleichzeitig erhalten Sie ein mögliches Gliederungsschema für die schriftliche Ausarbeitung.

2. Schritt: Räumliche Einordnung des Klausurbeispiels und Sichtung der Materialien

- Ordnen Sie das Klausurbeispiel räumlich ein und gliedern Sie den Untersuchungsraum, soweit das möglich ist, in Teilräume. Hier kommt der Atlas zur Anwendung.
- Verschaffen Sie sich einen ersten Überblick über die beigegebenen Materialien und ordnen Sie diese den Teilaufgaben zu. In der Regel kann man davon ausgehen, dass die Anordnung der Materialien im weitesten Sinne der Aufgabenfolge entspricht. Einige sind aber auch aufgabenübergreifend. Notieren Sie also zu den Aufgaben, welche Materialien besonders zur jeweiligen Teilaufgabe passen.

3. Schritt: Erstellen einer Lösungsskizze und eines Zeitplans

- Fertigen Sie eine Liste mit Stichworten zu den jeweiligen Teilaufgaben und Materialien an, die Ihnen bei der Reinschrift als roter Faden dienen.
- Notieren Sie relevante Fachausdrücke zu den Teilaufgaben und Materialien: Eine richtig verwendete Fachsprache spart Zeit

Literaturtipp
Klausur- und Abiturtraining Geographie
104109-6101

und Text und bringt auch am Ende zählbare Punkte, gehört sie doch zu den Kriterien der Leistungsbewertung.

- Analysieren Sie das Material, wobei Sie immer das Thema bzw. die Aufgabenstellung im Auge behalten, damit Sie keine Aussagen erarbeiten, die mit dem Thema bzw. der jeweiligen Aufgabenstellung nichts zu tun haben.
- Legen Sie einen groben Zeitplan fest und denken Sie daran, dass ausreichend Zeit für das abschließende Lesen und Korrigieren zur Verfügung stehen muss.

4. Schritt: Schriftliche Ausarbeitung

- Formulieren Sie eine kurze Einleitung, die in das Thema einführt und den Untersuchungsraum topographisch einordnet.
- Geben Sie jeder Aufgabe eine eigene thematische Überschrift und achten Sie darauf, inhaltliche Schwerpunkte zu setzen.
- Gliedern Sie Ihre Ausführungen sowohl inhaltlich als auch formal, z. B. durch Zwischenüberschriften, Unterstreichungen, Absätze, Leerzeilen etc.
- Stützen Sie Ihre Ergebnisse durch aussagekräftige Beispiele und bringen Sie dabei gezielt Ihr Vorwissen ein. Achten Sie aber darauf, dass Sie Ihr gesamtes Vorwissen nicht unterschiedslos ausbreiten und dabei das Thema bzw. die Aufgabenstellung aus dem Auge verlieren.
- Benutzen Sie nach Möglichkeit Fachtermini statt allgemeiner Umschreibungen.
- Achten Sie darauf, dass Ihre Aussagen immer einen Materialbezug haben; Vermutungen sind sprachlich als solche zu kennzeichnen; vermeiden Sie möglichst pauschale Aussagen, da diese vielfach falsch sind, weil sie zahlreiche andere (Ihnen u. U. unbekannte) Fakten nicht berücksichtigen.
- Kennzeichnen Sie wörtliche Übernahmen von Textpassagen als Zitate.
- Schließen Sie jede Teilaufgabe mit einem kurzen Fazit ab; die letzte Aufgabe erhält zusätzlich ein Fazit für die gesamte Thematik in Form eines Rückbezugs auf das Thema der Arbeit.

5. Schritt: Abschlusskontrolle

- Kontrollieren Sie bei der Lektüre, ob die jeweilige Aufgabe genau erfüllt ist und die Aussagen vernetzt und aufeinander bezogen wurden.
- Achten Sie im Detail auf folgende Punkte: Lesbarkeit des Textes, Rechtschreibung und Zeichensetzung, grammatikalische Richtigkeit, fachsprachlich korrekte Formulierungen, Logik der Ausführungen, Vollständigkeit im Hinblick auf die Arbeitsaufträge und Materialien.

--→ Operatorenkatalog im hinteren inneren Buchdeckel

Ein Hinweis zum Schluss
Lesen Sie nach der Rückgabe einer Klausur die Randbemerkungen und den Schlusskommentar des Lehrers aufmerksam durch und notieren Sie in einer Checkliste Ihre häufigsten Fehler, damit Sie diese durch zusätzliche Übungen beseitigen können. Häufen sich sachliche Fehler oder attestiert Ihnen der Lehrer in seinem Schlusskommentar lückenhaftes Grundwissen, dann dürfte Ihnen der nächste Schritt klar sein: Bemühen Sie sich intensiv, ihre Wissenslücken zu schließen sowie die fachliche und methodische Kompetenz zu verbessern. Beraten Sie sich dazu mit ihrem Fachlehrer.

TERRA METHODE

Klausurbeispiel: „Motortown" Detroit – Wandlungen einer US-amerikanischen Stadt

① **Beschreiben** Sie die Lage Detroits und die in den beiden Bildern erkennbaren physiognomischen Merkmale.	**5 VP** (Verrechnungspunkte)
② **Erläutern** Sie die Entwicklung Detroits, indem Sie dabei gezielt auch auf wirtschaftliche Zusammenhänge eingehen.	**9 VP**
③ **Überprüfen** Sie, inwieweit das Modell der US-amerikanischen Stadtentwicklung auf Detroit übertragbar ist.	**6 VP**
Gesamtpunktzahl	**20 VP**

Arbeitsmaterialien

Text 1: „Motortown" Detroit
Foto 2: Luftbild Detroit
Foto 3: Detroit, im Randbereich der Downtown
Karte 4: Agglomeration Detroit – administrative Gliederung und Bevölkerungsdichte
Tabelle 5: Bevölkerungsentwicklung der City of Detroit
Tabelle 6: Bevölkerungsentwicklung und ethnische Zusammensetzung Detroit und Region
Tabelle 7: Sozioökonomische Struktur Detroit und Region
Modell 8: Entwicklungsphasen der US-amerikanischen Stadt
Atlas

Seite 183
Angloamerikanische Stadt

1 „Motortown" Detroit

Anfang des 20. Jh. wurde Detroit das Zentrum der US-amerikanischen Automobilindustrie. Durch die Niederlassung der „Großen Drei" – General Motors, Ford und Chrysler – wurde Detroit die „Autostadt" schlechthin. Hier gab es die erste betonierte Straße und die erste Stadtautobahn; während der 1920er-Jahre entstand ein Hochhaus nach dem anderen, Warenhäuser und prunkvolle Kinos säumten die Hauptstraßen der Innenstadt, die Bevölkerung wuchs von knapp 260 000 im Jahre 1900 auf 1,85 Mio. im Jahre 1950.

Die Blütezeit der Automobilindustrie lag um 1955 mit rund 90 % der US-Autoproduktion und über 50 % der Weltautoproduktion. Zum Produktionsgebiet gehörten neben der Kernstadt Detroit zahlreiche Städte im Umland mit Zweigbetrieben der Großunternehmen.

In der zweiten Hälfte des 20. Jahrhunderts wurde die Boomtown zum Schauplatz von Rassenkonflikten zwischen der weißen und der schwarzen Bevölkerung, die zu umfangreichen Wanderungsbewegungen aus der Kernstadt ins Umland führten.

Die 1970er-Jahre brachten für die Automobilunternehmen in Detroit einen tiefgreifenden Wirtschaftseinbruch: Fast die Hälfte der Poduktionsbetriebe wurden stillgelegt, etwa zwei Drittel der Arbeitsplätze gingen verloren, die Arbeitslosigkeit stieg auf nahezu 25 %. Von diesem Einbruch hat sich die Stadt nie mehr erholt, ja, die globale Wirtschaftskrise 2008/2009 wird den Niedergang weiter beschleunigen.

Ein Ergebnis des Automobilismus, der Rassenkonflikte und der wirtschaftlichen Krise ist, dass heute etwa ein Drittel der gesamten Stadtfläche brachliegt.

Material
Schrumpfende Städte
104109-6102

Material
weitere Klausurbeispiele
104109-6103

2 **Luftbild Detroit**

3 **Detroit, im Randbereich der Downtown**

TERRA METHODE

4 Agglomeration Detroit – administrative Gliederung und Bevölkerungsdichte

Nach Roland Hahn: USA. Perthes Länderprofile. Gotha und Stuttgart: Klett-Perthes, 2002, S. 148, aktualisiert

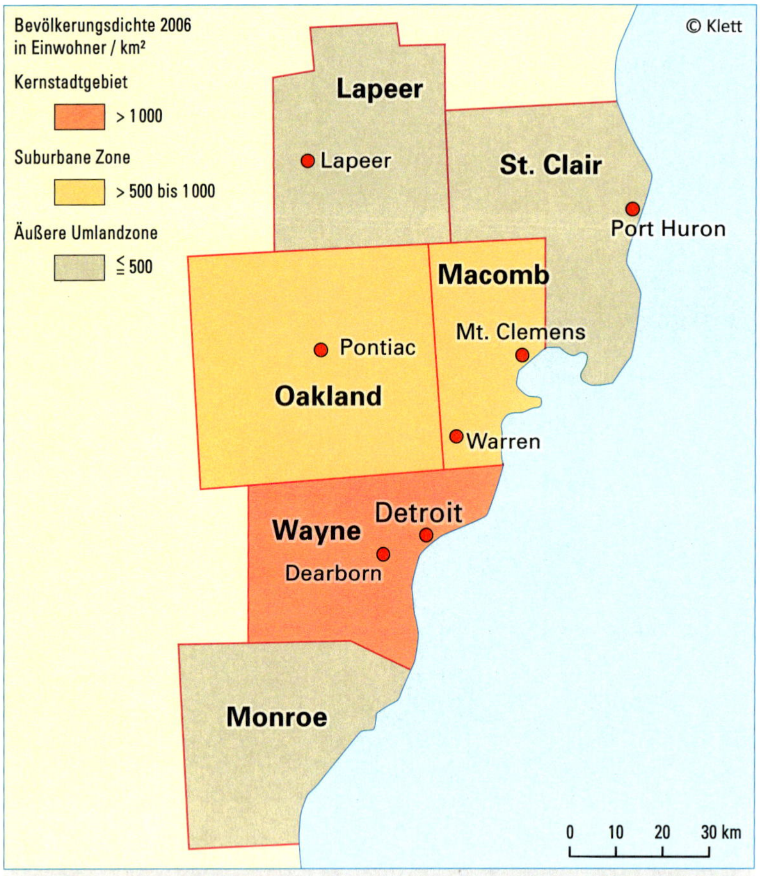

Anmerkung: Die Metropolitanregion Detroit umfasst die City of Detroit (2005: 918 849 Einwohner) sowie die drei umliegenden Counties Wayne, Oakland, Macomb. Zusammen mit der County Wayne bildet die City of Detroit das Kernstadtgebiet (1,998 Mio. Einwohner), während die Counties Oakland und Macomb mit insgesamt 2,043 Mio. Einwohnern die suburbane Zone darstellen.

5 Bevölkerungsentwicklung der City of Detroit

Nach www.wikipedia.org/wiki/Detroit

Jahr	Einwohner
1840	9 102
1850	21 019
1860	45 619
1870	79 577
1880	116 340
1890	205 876
1900	285 704
1910	465 766
1920	993 078
1930	1 568 662
1940	1 623 452
1950	1 849 568
1960	1 670 144
1970	1 511 482
1980	1 203 339
1990	1 003 339
2000	951 270
2009	910 920

6 Bevölkerungsentwicklung und ethnische Zusammensetzung Detroit und Region

Anmerkung: Der Anteil der Afro-Amerikaner in der City of Detroit beträgt 82 %.

Nach Roland Hahn: a. a. O., S. 144, aktualisiert nach: U.S. Bureau of the Census (Hrsg.): County and City Data Book. Washington, verschiedene Jahrgänge

County/Staat	Bevölkerung				Ethnische Differenzierung 2005		
	2005 (1 000)	Wachstum 1980–1990 (%)	Wachstum 1990–2000 (%)	Wachstum 2000–2005 (%)	Weiße (%)	Afro-Amerikaner (%)	Andere (%)
Kernstadtgebiet							
Wayne	1998	−9,7	−2,4	−3,1	52,5	42,2	5,3
Suburbane Zone							
Oakland	1214	7,1	10,2	1,7	81,2	11,1	7,7
Macomb	829	3,3	9,9	5,2	91,3	4,1	4,6
Michigan	10121	0,4	5,5	0,8	79,9	14,3	5,8

7 Sozioökonomische Struktur Detroit und Region

Nach Roland Hahn: a. a. O., S. 147, aktualisiert nach U. S. Bureau of the Census (Hrsg): a. a. O.

County/Staat	Durchschnittliches Monatseinkommen (2000, US-$)	Personen unter der Armutsgrenze (%)	Arbeitslosenquote (%)
Kernstadtgebiet			
City of Detroit	1582	26,1 (2005)	14,2 (2005)
Wayne	2482	19,1 (2005)	8,2 (2005)
Suburbane Zone			
Oakland	3817	8,9 (2005)	5,6 (2005)
Macomb	2742	9,1 (2005)	9,4 (2005)
Michigan	k. A.	10,5 (2000)	6,9 (2006)

8 Entwicklungsphasen der US-amerikanischen Stadt

Nach Haack Weltatlas. Gotha: Klett-Perthes 2007, S. 190

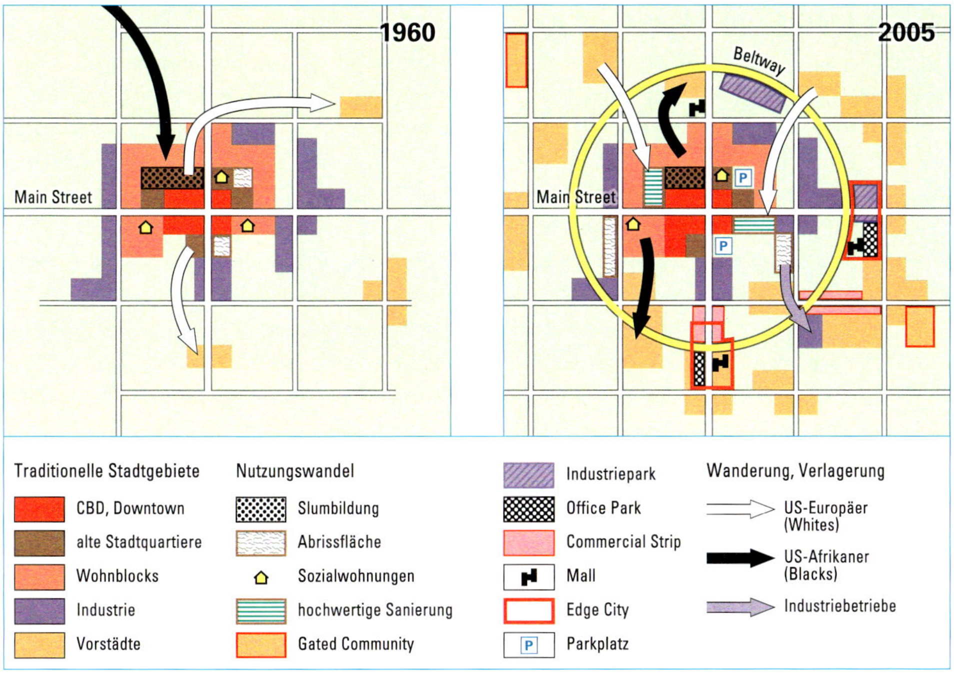

Lösung des Klausurbeispiels

Zu den Aufgaben
Aufgabe 1:
Anforderungsbereich I
Bewertung: 25 %

Aufgabe 2:
Anforderungsbereich II
Bewertung: 45 %

Aufgabe 3:
Anforderungsbereich III
Bewertung: 30 %

Prüfen Sie die Aufgabenstellung genau
Die Arbeitsaufträge enthalten meist Schlüsselbegriffe, die Ihnen die gestellte Aufgabe erschließen helfen.

Beachten Sie die Operatoren
Operatoren geben genau an, was von Ihnen in jeder Aufgabe verlangt wird. Wenn eine Beschreibung gefordert ist, dann ist eine Erklärung oder Bewertung fehl am Platz.

Achten Sie auf sinnvolles Zeitmanagement
Der Zeitrahmen ist verbindlich vorgegeben. Teilen Sie die zur Verfügung stehende Zeit genau ein, um am Ende Zeitdruck zu vermeiden. Kalkulieren Sie genügend Zeit für die Durchsicht des Geschriebenen ein, auch um noch sprachliche Unebenheiten und Fehler zu beseitigen.
Der Aufgabenblock beginnt in der Regel mit einer „Eisbrecheraufgabe“ aus Anforderungsbereich I. Bei den folgenden Aufgaben steigt der Schwierigkeitsgrad bis Anforderungsbereich III. In dieser Klausur ist zweifelsohne der zweite Arbeitsauftrag der zeitaufwändigste.

Ordnen Sie das Klausurbeispiel räumlich ein
Denken Sie daran: Geographie ist ein raumbezogenes Fach. Der Raum verdient eine besondere Aufmerksamkeit. Bei der Lagebestimmung kommt das klassische Rechercheinstrument der Geographie zur Anwendung: der Atlas.
Die Lagebestimmung ist zumeist auch ein griffiger Einstieg. Sie können diese ergänzen, indem Sie einleitend auch den thematischen Schwerpunkt der Aufgabe aufgreifen.

Benutzen Sie nach Möglichkeit Fachausdrücke
Ein an der richtigen Stelle verwendeter Fachbegriff erspart umständliche, oft ungenaue Umschreibungen. Deren Kenntnis wird von Ihnen auch erwartet, gehört doch eine richtig verwendete Fachsprache zu den Kompetenzen, die Sie erworben haben sollten, und damit zu den Kriterien der Leistungsbewertung.

Bringen Sie gezielt Ihr Vorwissen ein
In der Regel reicht das Material nicht aus, um die gestellten Aufgaben umfassend zu bearbeiten. Hier sind Sie gefordert, auf Ihr Vorwissen zurückzugreifen und sinnvolle Schlüsse zu ziehen.

Unterstützen Sie Ihre Ausführungen durch Vergleiche
Veranschaulichen Sie abstrakte Zahlen durch Vergleichswerte – möglichst aus dem bekannten Umfeld. Damit unterstreichen Sie Ihr Wissen.

Ziehen Sie am Ende ein Fazit
Dieses sollte sich auf die gesamte Thematik der Arbeit beziehen und noch einmal das Entscheidende in einem prägnanten Satz, z. B. als These, zusammenfassen. Spätestens hier können Sie auch Ihre persönliche Bewertung vorbringen. Eine deutliche Meinung ist jedenfalls besser als ein unverbindliches „ja – aber“.

Aufgabe 1

Zunächst ist mithilfe des Atlas die geographische Lage der Stadt im Manufacturing Belt zu bestimmen. Eine gelungene Antwort erkennt auch die Lage zwischen dem Eriesee und dem Lake St. Clair und damit die verkehrsgünstige Verbindung der Stadt zu den bedeutenden Industriestandorten an den Großen Seen sowie über den St. Lorenz-Seeweg zum Atlantik.

Den beiden Bildern sind markante Grundriss- und Aufrissmerkmale der City of Detroit zu entnehmen: das schachbrettartige Straßennetz und die rechteckig angelegten Baublöcke sowie die mehrspurigen Autobahnen bis zur Downtown. Deutliche Zweiteilung der Stadt in eine Kernzone mit dichter Hochhausbebauung (Downtown, Central Business District) und in scharfer Zäsur unmittelbar daran anschließend ein Übergangsbereich (transition zone), der ein heterogenes Bild aufweist: niedrige und lockere Bebauung, aufgelassene Areale, Funktionsvielfalt (Fabrik- und Wohngebäude, Parkflächen, Sportarena). Das zweite Bild dokumentiert den Verfall dieses städtischen Teilraumes. Detroit steht beispielhaft für viele andere US-amerikanische Großstädte.

Aufgabe 2

Zwei Phasen der Stadtentwicklung:

1. Aufstieg der Stadt Detroit zur „Motortown" im Gefolge der Industrialisierung, d. h. der Ansiedlung der drei großen Automobilfirmen GM, Ford und Chrysler. Rapides Flächenwachstum und Anstieg der Bevölkerung bis zur Mitte des 20. Jh.

2. Wirtschaftlicher Niedergang und Bedeutungsverlust der Stadt ab etwa 1970 als Folge der Krise der Automobilindustrie; Halbierung der Bevölkerungszahl in der City of Detroit zwischen 1950 und 2009. Der Prozess wird überlagert von ausgeprägten Suburbanisierungsvorgängen (Abwanderung großer Bevölkerungsteile aus der City und dem Kernstadtbereich an den Stadtrand einerseits und Zuwanderungen aus dem Umland in die Randzone andererseits). Folge des Suburbanisierungsprozesses: Verlagerung des Bevölkerungsschwerpunktes aus der Kernstadt in die suburbane Zone. Wie auch in anderen US-amerikanischen Großstädten geht in Detroit mit der Bevölkerungssuburbanisierung eine Suburbanisierung der Industrie und des Tertiären Sektors Hand in Hand.

Der wirtschaftliche Niedergang und die geschilderten demographisch-räumlichen Verschiebungen haben ihrerseits starke Auswirkungen auf das räumliche und soziale Gefüge der Stadt: Bedeutungsverlust der Kernstadt, Verfallserscheinung besonders in der an die Downtown unmittelbar anschließenden transition zone als Folge der Abwanderung wohlhabender Bevölkerungsschichten, hohe Wohnungsleerstände, Industriebrachen, überdurchschnittlich hoher afro-amerikanischer Bevölkerungsanteil, hohe Arbeitslosenraten, „städtische" Armut. Im Gegensatz dazu Aufwertung der suburbanen Zone und des städtischen Umlandes: Ansiedlung von Einkaufszentren (Malls) sowie von Industrie- und Officeparks, besonders im Kreuzungsbereich von Ausfall- und Ringstraßen (Vorwissen); Ausdehnung der Wohngebiete (Einzelhausbebauung), Zersiedelung des städtischen Umlandes („urban sprawl"). Das Ergebnis ist eine physiognomisch, wirtschaftlich, sozial und ethnisch fragmentierte Stadt.

Aufgabe 3

Bevor Übereinstimmungen und Unterschiede zwischen der Stadt Detroit und dem Modell herausgearbeitet werden, sollte das Modell in seinen Grundzügen beschrieben werden.

Übereinstimmende Merkmale und Prozesse: Schachbrettgrundriss, physiognomische/funktionale Gliederung in CBD/Downtown, alte Stadtquartiere, Industriegebiete und Suburbs, flächenhaftes Wachstum, Suburbanisierung von Bevölkerung, Gewerbe und Dienstleistungseinrichtungen, selektive Migrationsbewegungen, Bedeutungsverlust der Kernstadt vs. Bedeutungsgewinn der Suburbs, Deindustrialisierung der Innenstadt, Ansiedlung neuer städtischer Einrichtungen in der transition zone, z. B. Sportstätten und Parkplätze.

Unterschiede zum Modell: In den Materialien zu Detroit fehlen Hinweise auf Sanierungsmaßnahmen (gentrification), auf die Bildung von edge cities, commercial strips, malls sowie Industrie- und Officeparks.

Literatur für die Schülerhand

1. Geofaktoren, Geoprozesse, Geozonen – das System Erde–Mensch

1.1 Landschaft – ein komplexes Beziehungsgeflecht

1.1.1 Landschaft im Wandel

Monographien und Sammelwerke

Altner, Günter, u.a. (Hrsg.): Jahrbuch Ökologie. München: Beck 2004
Falk, Gregor/Scholliers, Matthias (Hrsg.): Physische Geographie. Terra Themenband. Stuttgart und Leipzig: Klett 2010
Korby, Wilfried: Bodendegradation – unser Boden in Gefahr? TERRA global. Leipzig: Klett 2006
Schulz, Jürgen: Die Ökozonen der Erde. UTB. Stuttgart: Ulmer 2002
Wittig, Rüdiger, und Bruno Streit: Ökologie. UTB basics. Stuttgart: Ulmer 2004

Zeitschriften/Themenhefte

Geographie heute, 27. Jg., H. 243/Sept. 2006: System Erde-Mensch. Seelze-Velber: Friedrich
Geographische Rundschau, 52. Jg., H. 10/2000: Ökozonen der Erde. Braunschweig: Westermann
Geographische Rundschau, 53. Jg., H. 9/2001: Landschaftsdegradation. Braunschweig: Westermann

Internetadressen (Stand: Dez. 2010)

Bundesministerium für B. u. F. – fona/ Forschung für Nachhaltigkeit: www.fona.de/de/5695
IPN Forschungsdialog System Erde: www.systemerde.ipn.uni-kiel.de
www.bmbf.de/de/917.php
Wissenschaftlicher Beirat der Bundesregierung Globale Umweltveränderungen: www.wbgu.de

1.1.2 Lithosphäre (Unruhige Erde)

Monographien und Sammelwerke

Frisch, Wolfgang, und Martin Meschede: Plattentektonik. Darmstadt: Wissenschaftliche Buchgesellschaft 2007
Küster, Hansjörg: Geschichte der Landschaft in Mitteleuropa. München: Beck 1995
Schmincke, Hans-Ulrich: Vulkanismus. Darmstadt: Wissenschaftliche Buchgesellschaft 2000

Zeitschriften/Themenhefte

Geographie und Schule, 26. Jg., H. 151/Okt. 2004: Erdbeben. Köln: Aulis
GEOkompakt, Nr. 1/2004: Die Geburt der Erde und die Entstehung des Lebens. Hamburg: Gruner + Jahr
Praxis Geographie, 38. Jg., H. 5/2008: Endogene und exogene Kräfte. Braunschweig: Westermann
Spektrum der Wissenschaft, Dossier 2/2001: Die unruhige Erde. Heidelberg: Springer

Internetadressen (Stand: Dez. 2010)

Aspekte der Plattentektonik, Schwerpunkt Nordamerika, mit vielen Links: www.usgs.gov

1.1.3 Atmosphärische Prozesse

Monographien und Sammelwerke

Gebhardt, Hans, u.a.: Geographie. Heidelberg: Elsevier, Spektrum Akademischer Verlag 2007
Häckel, Hans: Wetter & Klimaphänomene. Stuttgart: Ulmer 2007
Hupfer, Peter, und Wilhelm Kuttler: Witterung und Klima. Stuttgart, Leipzig: Teubner 2006
Latif, Mojib: Klima. Frankfurt am Main: Fischer Taschenbuch Verlag 2004
Lauer, Wilhelm, und Jörg Bendix: Klimatologie. Das Geographische Seminar. 2. Aufl. Braunschweig: Westermann 2006
Littmann, Thomas, u.a.: Elemente des Klimas. Gotha: Klett-Perthes 2004
Roth, Günter D.: Wetterkunde für alle. München: BLV Buchverlag 2008
Schoenwiese, Christian-Dietrich: Klimatologie. UTB. Stuttgart: Ulmer 2003
Weischet, Wolfgang, und Wilfried Endlicher: Einführung in die Allgemeine Klimatologie. Stuttgart: Borntraeger 2002

Zeitschriften/Themenhefte

GEOkompakt, Nr. 9/2006: Wetter und Klima. Hamburg: Gruner + Jahr 2006
Spektrum der Wissenschaft, Spezial 3/2000: Wetter und Klima. Heidelberg: Springer

Internetadressen (Stand: Dez. 2010)

Deutsches Klimarechenzentrum: www.dkrz.de
Deutscher Wetterdienst: www.dwd.de

1.1.4 Niederschlag – Grundwasser – Fließgewässer

Monographien und Sammelwerke

Deutsche Bundesstiftung Umwelt: Wasser intelligent nutzen – nachhaltig schützen. Osnabrück 2008
Hoffmann, Thomas: Weltproblem Wasser. TERRA global. Gotha: Klett-Perthes Verlag 2003
Vereinigung Deutscher Gewässerschutz e.V. (Hrsg.): Naturstoff Wasser. In: Schriftenreihe der Vereinigung Deutscher Gewässerschutz e.V. 2004, Bd. 37
Vereinigung Deutscher Gewässerschutz e.V. (Hrsg.): Sauberes Wasser für alle. In: Schriftenreihe der Vereinigung Deutscher Gewässerschutz e.V. 2004, Bd. 67
Vereinigung Deutscher Gewässerschutz e.V. (Hrsg.): Virtuelles Wasser – versteckt im Einkaufskorb. In: Schriftenreihe der Vereinigung Deutscher Gewässerschutz e.V. 2008, Bd. 74

Zeitschriften/Themenhefte

Geographie und Schule, 29. Jg., H. 167/Juni 2007: Konfliktstoff Wasser. Köln: Aulis
Geographische Rundschau, 56. Jg., H. 12/2004: Staudämme: umstrittene Projekte. Braunschweig: Westermann

Internetadressen (Stand: Dez. 2010)
Bundesministerium für wirtschaftliche Zusammenarbeit und Entwicklung: www.bmz.de/de/publikationen/index.html
United Nations Environment Programme: www.unep.org/vitalwater
UN-Seite zur Wasserdekade: www.un.org/waterforlifedecade/
Vereinigung Deutscher Gewässerschutz e.V.: www.vdg-online.de

1.1.5 Glaziallandschaft und Boden (Lüneburger Heide)

Monographien und Sammelwerke
Billwitz, Konrad: Allgemeine Bodenkunde. In: Hendl, Manfred, und Herbert Liedtke (Hrsg.): Lehrbuch der Allgemeinen Physischen Geographie. Perthes GeographieKolleg. Gotha und Stuttgart: Klett-Perthes 1997, S. 233–327
Blum, Winfried E. H.: Bodenkunde in Stichworten. Hirts Stichwortbücher. Berlin: Borntraeger 2007
Eitel, Bernhard: Bodengeographie. Das Geographische Seminar. Braunschweig: Westermann 2001
Korby, Wilfried: Bodendegradation – Unser Boden in Gefahr. TERRAglobal. Stuttgart und Leipzig: Klett 2006

1.2 Geozonen

Monographien und Sammelwerke
Bick, Hartmut: Grundzüge der Ökologie, 3. Auflage, Stuttgart u.a.: Fischer 1998
Korby, Wilfried, und Matthias Scholliers: Landschaft: Schutz und Nutzungskonflikte. TERRAglobal. Stuttgart und Leipzig: Klett 2009
Richter, Michael: Vegetationszonen der Erde. Perthes GeographieKolleg. Gotha: Klett-Perthes 2001
Schulz, Jürgen: Die Ökozonen der Erde. UTB. Stuttgart: Ulmer 2002
Scholliers, Matthias: Küsten und Meere. TERRAglobal. Stuttgart und Leipzig: Klett 2009
Wittig, Rüdiger, und Bruno Streit: Ökologie. UTB basics. Stuttgart: Ulmer 2004

Zeitschriften/Themenhefte
Geographische Rundschau, 52. Jg., H. 10/2000: Ökozonen der Erde. Braunschweig: Westermann

2. Wirtschaftliche Strukturen und Prozesse im Raum

2.1 bis 2.3 Landwirtschaft

Monographien und Sammelwerke
Agrarbündnis (Hrsg.): Landwirtschaft 2007. Der kritische Agrarbericht 2007. Rheda-Wiedenbrück: AGL Bauernblatt
Arnold, Adolf: Allgemeine Agrargeographie. Gotha: Perthes 1997
Baldenhofer, Kurt: Lexikon des Agrarraums. Gotha: Perthes 1999
Bundesministerium für Ernährung, Landwirtschaft und Forsten/für Verbraucherschutz, Ernährung und Landwirtschaft: Agrarbericht der Bundesregierung, erscheint jährlich
IMA (Informationsgemeinschaft für Meinungspflege und Aufklärung/Information.Medien.Agrar (Hrsg.): Agrilexikon, 10. Auflage, 1997. 14. Aufl., 2004. Hannover, Bonn
IMA ... (Hrsg.): Agrimente: Hannover/Bonn, erscheint jährlich
Klohn, Werner, und Hans-Wilhelm Windhorst: Die Landwirtschaft in Deutschland. Vechtaer Materialien zum Geographieunterricht, 4. Aufl., Vechtaer Druckerei und Verlag 2003
Klohn, Werner und Hans-Wilhelm Windhorst: Die Landwirtschaft der USA. Vechtaer Materialien zum Geographieunterricht, 5. Aufl., Vechtaer Druckerei und Verlag 2007
Rifkin, Jeremy: Das Imperium der Rinder. Der Wahnsinn der Fleischindustrie. Frankfurt am Main: Campus 2001
Schmidt, Götz, und Ulrich Jasper: Agrarwende oder die Zukunft der Ernährung. München: Beck 2001

Zeitschriften/Themenhefte
Geographie und Schule, 25. Jg., H. 145 / Okt. 2003: Landwirtschaftlicher Strukturwandel. Köln: Aulis
Geographische Rundschau, 56. Jg., H. 11/2004: Agrargüter und Weltmarkt. Braunschweig: Westermann
Geographische Rundschau, 58. Jg. H. 12/2006: Transformation in der Landwirtschaft. Braunschweig: Westermann
Praxis Geographie, 37. Jg., H. 2/2007: Landwirtschaft in der EU. Braunschweig: Westermann
Praxis Geographie, 37. Jg., H. 10/2007: Ernährungssicherung. Braunschweig: Westermann

Internetadressen (Stand: Dez. 2010)
Deutscher Bauernverband: www.bauernverband.de
Food and Agriculture Organization of the United Nations: www.fao.org
Information.Medien.Agrar: www.ima-agrar.de

2.4 bis 2.7 Industrie/Dienstleistungen (mit Tourismus und Verkehr)

Monographien und Sammelwerke
Batheit, Harald, und Johannes Glückler: Wirtschaftsgeographie. UTB. Stuttgart: Ulmer 2004
Bronny, Horst, Norbert Jansen und Burckhard Wetterau: Das Ruhrgebiet. Essen: Kommunalverband Ruhrgebiet 2002.
Giarini, Orio, und Patrick M. Liedtke: Wie wir arbeiten werden. Der neue Bericht an den Club of Rome. Hamburg: Hoffmann und Campe 1998

Hauchler, Ingomar, u. a. (Hrsg.): Globale Trends. Frankfurt am Main: Fischer Taschenbuchverlag (mehrere Ausgaben ab 1994)

Hesse, Markus, und Helmut Nuhn: Verkehrsgeographie. UTB. Paderborn: Schöningh 2006

Kaminski, Horst (Hrsg.): Ökonomie. Grundlagen wirtschaftlichen Handelns. Braunschweig: Westermann 2005

Kreus, Arno, Paul Lindner und Norbert von der Ruhren: Industrie/Dienstleistungen. FUNDAMENTE Kursthemen. Gotha: Klett-Perthes 2004

Kreus, Arno, und Norbert von der Ruhren: Deutschland, Terra Themenband. Stuttgart und Leipzig: Klett 2009

Kulke, Elmar: Wirtschaftsgeographie. UTB. Paderborn: Schöningh 2004

Maier, Jörg, und Reiner Beck: Allgemeine Industriegeographie. Gotha: Klett-Perthes 2000

Meyer, Bernd, und Klaus Wiegandt: Wie muss die Wirtschaft umgebaut werden? Perspektiven einer nachhaltigen Entwicklung. Frankfurt am Main: Fischer Taschenbuch Verlag 2008

Rogall, Holger: Nachhaltige Ökonomie: Ökonomische Theorie und Praxis einer nachhaltigen Entwicklung. Marburg: Metropolis 2009

Zeitschriften/Themenhefte

Geographie und Schule, 23. Jg., H. 134/ Dez. 2001: Moderne Wirtschafts- und Kommunikationsströme. Köln: Aulis

Geographie und Schule, 24. Jg., H. 135/April 2002: Geographie des Tourismus. Köln: Aulis

Geographie und Schule, 25. Jg., H. 141/Febr. 2003: Geographie und Wirtschaft. Köln: Aulis

Geographie und Schule, 25. Jg., H. 142/ April 2003: Geographie des Tertiären Sektors. Köln: Aulis

Geographische Rundschau, 53. Jg., H. 7 bis 8/2001: Industrie und Globalisierung. Braunschweig: Westermann

Geographische Rundschau, 59. Jg., H. 5/2007: Globalisierung und Verkehr. Braunschweig: Westermann

Praxis Geographie, 31. Jg., H. 6/2001: Das neue Ruhrgebiet. Braunschweig: Westermann

Praxis Geographie, 33. Jg. H. 2/2003: Industriegeographie. Braunschweig: Westermann

Praxis Geographie, 35. Jg., H. 7–8/2005: Welthandel. Braunschweig: Westermann

Praxis Geographie, 38. Jg., H. 4/2008: Automobilundustrie. Braunschweig: Westermann

Internetadressen (Stand: Dez. 2010)

Deutsches Institut für Wirtschaftsforschung Berlin: www.diw-berlin.de

ifo-Institut für Wirtschaftsforschung: www.ifo.de

Informationsdienst des Instituts der Deutschen Wirtschaft: www.iwkoeln.de

OECD: www.oecd.org

3. Siedlungsentwicklung und Raumordnung – Raumgestaltung durch die Gesellschaft

3.1 Stadt und Verstädterung

Monographien und Sammelwerke

Bähr, Jürgen, und Ulrich Jürgens: Stadtgeographie II. Regionale Stadtgeographie, 2. Aufl. Braunschweig: Westermann 2009

Benevolo, Leonardo: Die Geschichte der Stadt. Frankfurt am Main: Campus 1983.

Bronger, Dirk: Metropolen, Megastädte, Global Cities. Darmstadt: Wissenschaftliche Buchgesellschaft 2005

Bundesamt für Bauwesen und Raumordnung: Stadtentwicklung und Städtebau in Deutschland. Ein Überblick (Berichte, Bd. 5). Bonn: BBR 2000

Fassmann, Heinz: Stadtgeographie I. Allgemeine Stadtgeographie – Geographie. Westermann: Braunschweig 2009

Gaebe, Wolf: Urbane Räume. UTB. Stuttgart: Ulmer 2004

Hall, Peter, und Ulrich Pfeiffer: Weltbericht für die Zukunft der Städte, URBAN 21. Berlin: Bundesministerium für Verkehr, Bau- und Wohnungswesen 2000

Heineberg, Heinz: Stadtgeographie. UTB. Paderborn: Schöningh 2007

Korby, Wilfried: Das Jahrtausend der Städte. TERRAglobal. Gotha: Klett-Perthes 2004

Korby, Wilfried, u. a.: Städtische Räume im Wandel. FUNDAMENTE Kursthemen. Gotha: Klett-Perthes 2005

Lichtenberger, Elisabeth: Die Stadt. Von der Polis zur Metropolis. Darmstadt: Wissenschaftliche Buchgesellschaft 2002

Zehner, Klaus: Stadtgeographie. Gotha: Klett-Perthes 2001

Zeitschriften/Themenhefte

Geographie und Schule, 21. Jg., H. 118/April 1999): Ökologische Stadterneuerung. Köln: Aulis

Geographie und Schule, 23. Jg., H. 129/Febr. 2001: Suburbanisierungsprozesse in Megastädten. Köln: Aulis

Geographie und Schule, 29. Jg., H. 165/ Febr. 2007: Global Cities. Köln: Aulis

Geographie und Schule, 29. Jg., H. 166/April 2007: Schrumpfende Städte - Shrinking Cities. Köln: Aulis

Geographie und Schule, 31. Jg. H. 182/Dez. 2009: Siedlungsentwicklung – Neuere Leitbilder. Köln: Aulis

Geographische Rundschau, 52. Jg., H. 7–8/2000: Stadtgeographie. Braunschweig: Westermann

Geographische Rundschau, 57. Jg., H. 10/2005: Weltweite Verstädterung. Braunschweig: Westermann

Geographische Rundschau, 58. Jg., H. 6/2006: Großstädte in Deutschland. Braunschweig: Westermann

Internetadressen (Stand: Dez. 2010)
Deutsche Städte: www.kommon.de
Lebensraum Stadt, in Scinexx, Wissensmagazin Springer: www.geowissenschaften.de
Städte USA: www.officialcitysites.org/

3.2 Raumentwicklung und Raumordnung

Monographien und Sammelwerke
Bundesamt für Bauwesen und Raumordnung (Hrsg.): Bausteine einer nachhaltigen Raumentwicklung (Forschungen, H. 88). Bonn: BBR 1998
Bundesamt für Bauwesen und Raumordnung: Informationen aus der Forschung des BBR. Bonn: BBR (erscheint mehrmals jährlich)
Bundesamt für Bauwesen und Raumordnung: Raumordnungsbericht 2005. Bonn: BBR 2005
Korby, Wilfried, u. a.: Siedlungsentwicklung und Raumordnung, Terra Themenband. Stuttgart und Leipzig: Klett 2011
Umweltbundesamt (Hrsg.): Nachhaltiges Deutschland. Berlin: Schmidt 1998

Zeitschriften/Themenhefte
Geographie und Schule, 22. Jg., H. 123 / Febr. 2000: Landschaftsplanung. Köln: Aulis
Geographische Rundschau, 57. Jg., H. 3/2005: Raumordnung und Raumentwicklung. Braunschweig: Westermann
Praxis Geographie, 34. Jg., H. 11/2004: Aktuelle Stadtstrukturen in Deutschland. Braunschweig: Westermann
Praxis Geographie, 36. Jg., H. 10/2006: Flächennutzungskonflikte. Braunschweig: Westermann
Praxis Geographie, 37. Jg., H. 3/2007: Stadtregionen in Deutschland. Braunschweig: Westermann

Internetadressen (Stand: Dez. 2010)
Bundesamt für Bauwesen und Raumordnung: www.bbr.bund.de

4. Tragfähigkeit der Erde

4.1 Weltbevölkerung

Monographien und Sammelwerke
Bähr, Jürgen: Bevölkerungsgeographie. UTB. Stuttgart: Ulmer 2004
Deutsche Stiftung Weltbevölkerung (Hrsg.): DSW-Datenreport Weltbevölkerung. Hannover, erscheint jährlich
Hoffmann, Thomas: Flucht und Migration. TERRAglobal. Stuttgart und Leipzig: Klett 2008
Kernig, Claus D.: Und mehret euch? Deutschland und die Weltbevölkerung im 21. Jahrhundert. Bonn: Dietz 2006
Leisinger, Klaus M.: Die sechste Milliarde. München: Beck 2000
Münz, Rainer, und Albert F. Reiterer: Wie schnell wächst die Zahl der Menschen? Frankfurt am Main: Fischer Taschenbuch Verlag 2007

Zeitschriften/Themenhefte
Geographie und Schule, 30. Jg., H. 172 / April 2008: Demographischer Wandel. Köln: Aulis
Geographische Rundschau, 53. Jg., H. 2/2001: Weltbevölkerung und Migration. Braunschweig: Westermann
Geographische Rundschau, 59. Jg., H. 2/2007: Demographischer Wandel. Braunschweig: Westermann
Praxis Geographie, 37. Jg., H. 5/2007: Weltbevölkerung. Braunschweig: Westermann

Internetadressen (Stand: Dez. 2010)
Bundesinstitut für Bevölkerungsforschung; www.bib-demographie.de
Deutsche Stiftung Weltbevölkerung: www.dsw-online.de
United Nations Population Fund: www.unfpa.org

4.2 Welternährungssicherung

Monographien und Sammelwerke
Atlas der Globalisierung. Die neuen Daten und Fakten zur Lage der Welt. Paris: Le Monde diplomatique, Berlin: taz-Verlags- und Vertriebs GmbH 2006
Hoffmann, Thomas: Welternährung zwischen Mangel und Überfluss. TERRAglobal. Gotha: Klett-Perthes 2004
Korby, Wilfried (Hrsg.): Nordafrika und Vorderasien. Terra Themenband. Stuttgart und Leipzig: Klett 2009
Rifkin, Jeremy: Das Imperium der Rinder. Der Wahnsinn der Fleischindustrie. Frankfurt am Main: Campus 2001
Schmidt, Götz, und Ulrich Jasper: Agrarwende oder die Zukunft der Ernährung. München: Beck 2001

Zeitschriften/Themenhefte
Geographie und Schule, 22. Jg., H. 128 / Dez. 2000: Wasser als knappe Ressource. Köln: Aulis
Geographie und Schule, 29. Jg., H. 167 / Juni 2007: Konfliktstoff Wasser. Köln: Aulis
Geographie und Schule, 29. Jg., H. 169 (Okt. 2007): Ressourcen und Nachhaltigkeit. Köln: Aulis
Geographische Rundschau, 50. Jg., H. 7 bis 8/1998: Wasser. Ressourcen und Konflikte. Braunschweig: Westermann
Geographische Rundschau, 58. Jg., H. 2/2006: Wasserpolitik. Braunschweig: Westermann

Internetadressen (Stand: Dez. 2010)
Internationale Zusammenarbeit zur Wasserproblematik: http://ihp.bafg.de

4.3 Weltproblem Energie

Monographien und Sammelwerke

Bundesanstalt für Geowissenschaften und Rohstoffe (Hrsg.): Reserven, Ressourcen und Verfügbarkeit von Energierohstoffen. Hannover, erscheint jährlich

Hoffmann, Thomas: Weltproblem Energie. TERRAglobal. Stuttgart und Leipzig: Klett 2007

Petermann, Jürgen: Sichere Energie des 21. Jahrhunderts. Hamburg: Hoffmann und Campe 2006

Zeitschriften/Themenhefte

Bundesanstalt für Geowissenschaften und Rohstoffe (BGR) (Hrsg.): geo.standpunkt: Rohstoffe. Hannover 2005

Geographie heute, 26. Jg., H. 230/Mai 2005: Bodenschätze. Seelze-Velber: Friedrich

Geographie heute, 28. Jg., H. 249/März 2007: Energie und Nachhaltigkeit. Seelze-Velber: Friedrich

Geographie und Schule, 25. Jg., H. 146/Dez. 2003: Die Ressource Erdöl. Köln: Aulis.

Geographie und Schule, 29. Jg., H. 169/Okt. 2007: Ressourcen und Nachhaltigkeit. Köln: Aulis

Geographie und Schule, 32. Jg., H. 183/Febr. 2010: Rohstoffsicherung. Hallbergmoos: Aulis

Geographische Rundschau, 52. Jg., H. 6/2000: Ressourcen und Recycling. Braunschweig: Westermann

Geographische Rundschau, 58. Jg., H. 2/2006: Wasserpolitik. Braunschweig: Westermann

Internetadressen (Stand: Dez. 2010)

BP Statistical Review of World Energy: www.bp.com (aktuelle Daten zu allen Energieträgern, Schwerpunkt Erdöl, Erdgas)

Bundesanstalt für Geowissenschaften und Rohstoffe: www.bgr.bund.de (ständig Studien u. Publikationen zum Thema)

Gesamtverband des Deutschen Steinkohlebergbaus: www.gvst.de

Nachhaltiges Ressourcenmanagment: www.wupperinst.org/de/projekte/stichworte/ressourcenmanagement/

Regenerative Energien und Solarenergie: www.strom.de

4.4 Gefährdung des globalen Ökosystems

Monographien und Sammelwerke

BUND/Misereor (Hrsg.): Zukunftsfähiges Deutschland. Ein Beitrag zu einer global nachhaltigen Entwicklung. Basel, Boston, Berlin: Birkhäuser 1997

Cubasch, Ulrich, und Dieter Kasang: Anthropogener Klimawandel. Gotha: Perthes 2000

Endlicher, Wilfried, und Friedrich-Wilhelm Gerstengarbe (Hrsg.): Der Klimawandel, Einblicke, Rückblicke und Ausblicke, Potsdam 2007

Glaser, Rüdiger: Klimageschichte Mitteleuropas. Darmstadt: Primus 2001

Grassl, Hartmut, u. a.: Wetterkatastrophen und Klimawandel. München: Pg-Verlag 2005

Grunwald, Armin, und Jürgen Kopfmüller: Nachhaltigkeit. Frankfurt am Main: Campus 2006

Jäger, Jill, und Klaus Wiegandt: Was verträgt unsere Erde noch? Wege in die Nachhaltigkeit. Frankfurt am Main: Fischer Taschenbuch Verlag 2006

Rahmsdorf, Stefan, und Hans-Joachim Schellnhuber: Der Klimawandel. München: Beck 2006

Schmidt-Bleek, Friedrich, und Klaus Wiegandt: Nutzen wir die Erde richtig? Die Leistung der Natur und die Arbeit des Menschen. Frankfurt am Main: Fischer Taschenbuch Verlag 2006

Scholliers, Matthias: Klima im Wandel. TERRAglobal. Leipzig: Klett 2007

Wuppertal Institut (Hrsg.): Fair Future. Schriftenreihe der Bundeszentrale für politische Bildung, Bd. 533. Bonn 2006

Roth, Ernst-Peter: Ozonloch, Ozonsmog. München: Pflaum 2002

Zeitschriften/Themenhefte

Geographie heute, 27. Jg., H. 241/242/Juni 2006: Klimawandel. Seelze-Velber: Friedrich

Geographische Rundschau, 56. Jg., H. 1/2004: Klimawandel. Braunschweig: Westermann

Geographische Rundschau, 61. Jg., H. 9/2009: Klimawandel im Industriezeitalter. Braunschweig: Westermann

Praxis Geographie, 35. Jg., H. 5/2005: Klimawandel. Braunschweig: Westermann

Internetadressen (Stand: Dez. 2010)

Deutsches Klimarechenzentrum: www.dkrz.de

Infoportal für nachhaltige Wirtschaft und Politik: www.nachhaltigkeit.org

IPCC; Forschungsergebnisse zum Zustand der Atmosphäre: www.ipcc.ch

Lexikon der Nachhaltigkeit: www.nachhaltigkeit.info

Rat für nachhaltige Entwicklung der Bundesregierung: www.nachhaltigkeitsrat.de

Umweltbundesamt: www.umweltbundesamt.de

5. Raumwandel in Ländern, Regionen und global

5.1 Räume unterschiedlichen Entwicklungsstandes

Monographien und Sammelwerke

Atlas der Globalisierung. Die neuen Daten und Fakten zur Lage der Welt. Paris: Le Monde diplomatique, Berlin: taz-Verlags- und Vertriebs GmbH 2007

Engelhard, Karl: Welt im Wandel. Stuttgart: OMNIA 2007

Hauchler, Ingomar, u. a. (Hrsg.): Globale Trends. Frankfurt am Main: Fischer Taschenbuch Verlag (erscheint zweijährlich)

Korby, Wilfried: Arme Welt – Reiche Welt. TERRAglobal. Gotha: Klett-Perthes 2005

Kreus, Arno, und Norbert v. d. Ruhren (Hrsg.): Entwicklungsländer im Wandel – Leben in der „Einen Welt". Leipzig: Klett 2007

Nohlen, Dieter (Hrsg.): Lexikon Dritte Welt. Reinbeck: Rowohlt 2002

Nuscheler, Franz: Lern- und Arbeitsbuch Entwicklungspolitik. Bonn: Dietz 2005

Scholz, Fred: Entwicklungsländer. Das Geographische Seminar. Braunschweig: Westermann 2007

Weltbank (Hrsg.): Weltentwicklungsbericht (erscheint jährlich zu speziellen Themen). Deutsche Ausgabe: bis 2004 Bonn: UNO-Verlag, ab 2005 Düsseldorf: Droste

Wolf, Jürgen H.: Entwicklungsländer und Entwicklungspolitik im Rahmen globaler Strukturen und Prozesse. Paderborn: Schöningh 2003

Zeitschriften/Themenhefte

Bundeszentrale für politische Bildung (Hrsg.): Entwicklung und Entwicklungspolitik. Informationen zur politischen Bildung, Nr. 286. Bonn 2005

Geographie und Schule, 23. Jg., H. 133 / Okt. 2001: Räumliche Disparitäten. Köln: Aulis

Geographie und Schule, 27. Jg., H. 157 / Okt. 2005: Marginalsiedlungen. Köln: Aulis

Geographie und Schule, 28. Jg., H. 161 (Juni 2006): Entwicklung durch Globalisierung? Köln: Aulis

Geographische Rundschau, 54. Jg., H. 10/2002: Globalisierung und Entwicklung. Braunschweig: Westermann

Geographische Rundschau, 59. Jg., H. 9/2007: Schwellenländer. Braunschweig: Westermann

Praxis Geographie, 36. Jg., H. 5/2006: Schwellenländer. Braunschweig: Westermann

Internetadressen (Stand: Dez. 2010)

Brot für die Welt: www.brot-fuer-die-welt.de

Bundesministerium für wirtschaftliche Zusammenarbeit und Entwicklung: www.bmz.de

Deutscher Entwicklungsdienst: www.ded.org

Deutsche Gesellschaft für Technische Zusammenarbeit: www.gtz.de

Eine-Welt-Organisation: www.oneworld.org

Food and Agriculture Organization of the United Nations: www.fao.org

Kirchliche Entwicklungsdienste: www.ageh.de

Misereor: www.misereor.de

Organisation für wirtschaftliche Zusammenarbeit und Entwicklung: www.oecd.org

Weltbank: www.worldbank.org

Welthandelsorganisation: www.wto.org

5.2 Raumanalyse/Raumvergleich Bolivien – Japan

Bolivien

Monographien und Sammelwerke

Lessmann, Robert: Zum Beispiel: Bolivien. Göttingen: Lamuv 2001

Maihold, Günther, u. a.: Bolivien: Neue Wege und alte Gegensätze. Berlin: Wissenschaftlicher Verlag 2006

Pampuch, Thomas, und Augustin Echolay Ascarrunz: Bolivien. München: Beck 2009

Sevilla, Rafael, und Ariel Benevida von Horlemann: Bolivien. Das verkannte Land? Unkel: Horlemann 2001

Von Vacano, Max Josef: Bolivien in Wort und Bild. Nabu Press 2010

Internetadressen (Stand: Dez. 2010)

Auswärtiges Amt der Bundesrepublik mit Informationen zu den Beziehungen zwischen Bolivien und Deutschland, zu Wirtschafts-, Außen-, Innen-, Kultur- und Bildungspolitik, zur Geschichte, ...: http://www.auswaertiges-amt.de/DE/Aussenpolitik/Laender/

Bolivianische Botschaft in Deutschland (mit Angaben zu bilateralen Beziehungen, Investitionen und Handel, Kultur und Bildung, Medien und Tourismus): www.bolivia.de/de/index/index.html

Bolivien Info: Aktuelle Informationen und Fakten über Bolivien: http://bolivien.info-centro.com

Deutschen Stiftung für Internationale Entwicklung mit Informationen zu Kultur und Landeskunde Boliviens: http://liportal.inwent.org/bolivien.html Laenderinfos/01-Laender/Bolivien.html

Freundeskreis Deutschland – Bolivien e. V., mit weiterführenden Links: www.vamosjuntos.de/bolivien.html

Japan

Monographien und Sammelwerke

Heckl, Franz X., u. a.: Der asiatisch-pazifische Raum und Südasien. Terra Themenband. Stuttgart und Leipzig: Klett 2010

Glaser, Rüdiger, und Klaus Kremb (Hrsg.): Asien. Darmstadt, Wissenschaftliche Buchgesellschaft 2007

Kevenhörster, Paul, u. a.: Japan. Leverkusen-Opladen: Budrich 2008

Kevenhörster, Paul, u. a. (Hrsg.): Japan. Wirtschaft – Gesellschaft – Politik. Wiesbaden: VS-Verlag 2008

Mayer, Hans Jürgen, und Manfred Pohl (Hrsg.): Länderbericht Japan. Bonn: Bundeszentrale für politische Bildung 1994

Pohl, Manfred: Japan. München: Beck 2002

Zeitschriften/Themenhefte

Praxis Geographie. 37. Jg. , H. 4/2007: Japan. Braunschweig: Westermann

Internetadressen (Stand: Dez. 2010)
Bibliothek des US-amerikanischen Kongresses mit ausführlichen Literaturhinweisen zu Japan: http://lcweb2.loc.gov/frd/cs/jptoc.html
Offizielle Web-Site der japanischen Regierung (auch in Englisch): www.kantei.go.jp/foreign/index-e.html
Japanisches Wirtschaftsministerium: www.meti.go.jp (auch in Englisch)
Statistisches Büro Japan: www.stat.go.jp/englisch/index.html

5.3 Indien

Monographien und Sammelwerke
Geiger, Helmut, u.a.: Südasien. Terra Themenband. Stuttgart und Leipzig: Klett 2011
Hansen, Sven: Indien. Die barfüßige Großmacht, Edition Le Monde diplomatique, Nr. 7. Berlin 2010
Ihlau, Olaf: Indien auf dem Sprung zur Weltmacht. In: Aus Politik und Zeitgeschichte 22/2008: Bonn: Bundeszentrale für politische Bildung
Rothermund, Dietmar: Indien. Schriftenreihe der Bundeszentrale für politische Bildung, Bd. 731, Bonn 2008
Stang, Friedrich: Indien. Wissenschaftliche Buchgesellschaft, Darmstadt 2002

Zeitschriften/Themenhefte
Bundeszentrale für politische Bildung: Indien. Informationen zur Politischen Bildung, H. 296. Bonn 2007
Statistisches Bundesamt der Bundesrepublik Deutschland : Länderprofil Indien, Wiesbaden 2005
Geographische Rundschau, H. 4 / 2008: Indien. Braunschweig: Westermann
Praxis Geographie, H. 6 / 2007: Indien. Braunschweig: Westermann

Internetadressen (Stand: Dez. 2010)
Bundeszentrale für politische Bildung Bonn, Rubrik Themen: Indien: www.bpb.de/themen/1269M3,0,Indien.html
Innenministerium Indiens, Amt für Statistik und Zensus: www.censusindia.net
Meteorologischer Dienst Indien: www.imd.gov.in/
Südasien-Informationsnetz e.V.: das Informationsportal zu Südasien: www.suedasien.info/laenderinfos/280

5.4 / 5.7 USA / NAFTA

Monographien und Sammelwerke
Hahn, Roland: USA. Länderprofile. 2. Aufl. Gotha: Klett-Perthes 2002
Klohn, Werner, und Hans-Wilhelm Windhorst: Bevölkerung und Siedlung in den USA. Vechtaer Materialien zum Geographieunterricht, 3. Aufl. Vechtaer Druckerei und Verlag 2002
Klohn, Werner, und Hans-Wilhelm Windhorst: Die Landwirtschaft der USA. Vechtaer Materialien zum Geographieunterricht, 5. Aufl. Vechtaer Druckerei und Verlag 2007
Ruhren, Norbert von der: USA, Terra Themenband. Stuttgart und Leipzig: Klett 2009
Schneider-Sliwa, Rita: USA. Darmstadt: Wissenschaftliche Buchgesellschaft 2005

Zeitschriften/Themenhefte
Bundeszentrale für politische Bildung (Hrsg.): USA. Informationen zur politischen Bildung, Nr. 268. Bonn 2000
Geographische Rundschau, 53. Jg., H. 1/2001: USA. Braunschweig: Westermann
Geographische Rundschau. 57. Jg., H. 1/2005: Nordamerika. Braunschweig: Westermann
Praxis Geographie, 36. Jg., H. 3/2006: USA – Stadt & Wirtschaft. Braunschweig: Westermann

Internetadressen (Stand: Dez. 2010)
Bureau of Economic Analysis, U.S. Department of Commerce: www.bea.doc.gov
Informationen über die 50 Bundesstaaten der USA: www.theus50.com
U.S. Bureau of Labor Statistics: www.bls.gov/
U.S. Census Bureau: www.census.gov
U.S. Department of Commerce: www.stat-usa.gov
U.S. government's official site for statistic and data: http://www.usa.gov/Topics/Reference_Shelf/Data.shtml

5.5 Gebiet der ehem. Sowjetunion

Monographien und Sammelwerke
Brade, Isolde, Arne Sünnemann und Michael Anz: Russland. Aktuelle Probleme und Tendenzen. Leipzig: Leibniz Institut für Länderkunde 2004
Heckl, Franz Xaver, Arno Kreus und Norbert von der Ruhren: Russland und China. Zwei Weltmächte im Wandel. Stuttgart: Klett 2007
Hillenbrand, Olaf, und Iris Kempe (Hrsg.): Der schwerfällige Riese. Gütersloh: Bertelsmann 2003
Kreus, Arno, und Norbert von der Ruhren: USA und Russland, Terra Themenband. Stuttgart und Leipzig: Klett 2009

Zeitschriften/Themenhefte
Bundeszentrale für politische Bildung (Hrsg.): Russland. Informationen zur politischen Bildung, Nr. 281. Bonn: 2003
Geographische Rundschau, 55. Jg., H. 12/2003: Russland. Braunschweig: Westermann
Länderbericht Russland. FAZ-Institut. Frankfurt am Main, Aug. 2000 u. April 2001
Praxis Geographie, 36. Jg., H. 6/2006: Sibirien. Braunschweig: Westermann
Wostok. Informationen aus dem Osten für den Westen. Berlin: Wostok (erscheint zweimonatlich)

Internetadressen (Stand: Dez. 2010)
Deutsch-Russisches Forum: www.deutsch-russisches-forum.de
deutschsprachiges Internet-Fenster nach Russland: www.russland-news.de
Internet-Zeitung zu Russland: www.russland.ru

5.6 Integrationsraum Europa

Monographien und Sammelwerke
Herz, Dietmar, und Christian Jetzlsperger: Die Europäische Union. München: Beck 2008
Klohn, Werner, und Hans Wilhelm Windhorst: Die Landwirtschaft in Europa. Vechtaer Materialien zum Geographieunterricht, H. 7. Vechta 2009
Kreus, Arno, und Norbert von der Ruhren, (Hrsg.): Europa. Terra Themenband. Stuttgart und Leipzig: Klett 2010
Weidenfeld, Werner, und Wolfgang Wessels (Hrsg.): Jahrbuch der Europäischen Integration. Bonn: Bundeszentrale für politische Bildung, seit 1980 fortlaufend

Zeitschriften/Themenhefte
Bundeszentrale für politische Bildung (Hrsg.): Europäische Union. Informationen zur politischen Bildung, Nr. 279. Bonn: 2006
Der Bürger im Staat, H. 1/2004: Die Osterweiterung der EU. Stuttgart: Landeszentrale f. polit. Bildung Baden-Württ.
Geographie und Schule, 24. Jg., H. 136 / April 2002: Transformation ehemals sozialistischer Städte. Köln: Aulis
Geographie und Schule, 25. Jg., H. 144 / Aug. 2003: Europa der Regionen. Köln: Aulis
Geographie und Schule, 27. Jg., H. 153 / Febr. 2005: Die erweiterte Europäische Union. Köln: Aulis
Geographische Rundschau, 51. Jg., H. 10./1999: Europäische Metropolen. Braunschweig: Westermann
Geographische Rundschau, 56. Jg., H 5/2004: Regionen der EU. Braunschweig: Westermann
Geographische Rundschau, 59. Jg., H. 3/2007: Europäische Union. Braunschweig: Westermann
Praxis Geographie, 34. Jg., H. 5/2004: EU-Erweiterung. Braunschweig: Westermann

Internetadressen (Stand: Dez. 2010)
Artikel und Links über das Zusammenwachsen Europas: www.eiop.or.at/euroint
Datenbank der EU: http://epp.eurostat.ec.europa.eu/portal/page/portal/eurostat/home
Europäische Umweltagentur: www.eea.europa.eu/de/
Europäischer Datenservice des Statistischen Bundesamtes Deutschland: www.eds-destatis.de
IHK-Informationen zu ausgewählten Ländern und Regionen in der Welt, u. a. zu den EU-Beitrittsländern: www.dihk.de/inhalt/themen/international_neu/regionen
Mitteilungen des Ausschusses der [europäischen] Regionen: www.cor.europa.eu, www.dainet.de
Offizielle Web-Site der EU: http://europa.eu/index_de.htm

5.8 Globalisierung

Monographien und Sammelwerke
Hoffmann, Thomas: Globalisierung. TERRAglobal. Gotha: Klett-Perthes 2005
Klohn, Werner: Weltwirtschaft und Globalisierung. Materialien und Infos zu den Bündnissen NAFTA, EU, ASEAN, OPEC sowie zu den Wirtschaftsmächten USA, Japan, China, Deutschland. Vechtaer Materialien zum Geographieunterricht, H. 10. 3. Aufl. Vechta: Vechtaer Druckerei und Verlag 2008
Stiglitz, Joseph: Die Schatten der Globalisierung. München: Goldmann 2004

Zeitschriften/Themenhefte
Bundeszentrale für politische Bildung (Hrsg.): Globalisierung. Informationen zur politischen Bildung, Nr. 280. Bonn 2003
Geographie und Schule, 21. Jg., H. 122 / Dez. 1999: Globalisierung. Köln: Aulis
Geographie und Schule, 28. Jg., H. 161 / Juni 2006: Entwicklung durch Globalisierung? Köln: Aulis
Geographie und Schule, 30. Jg., H. 173 / Juni 2008: Welthandel. Köln: Aulis
Geographische Rundschau, 57. Jg., H. 2/2005: Welthandel und Globalisierung. Braunschweig: Westermann
Geographische Rundschau, 58. Jg., H. 7–8/2006: Globale Telekommunikation. Braunschweig: Westermann
Praxis Geographie, 31. Jg., H. 9/2001: Globalisierung. Braunschweig: Westermann
Praxis Geographie, 35. Jg., H. 7–8/2005: Welthandel. Braunschweig: Westermann
Praxis Geographie, 36. Jg., H. 1/2006: Der globalisierte Standort. Braunschweig: Westermann

Internetadressen (Stand: Dez. 2010)
ASEAN – offizielle Website der Association of the Southeast Asian Nations (mit ASEAN-Daten): www.asean.org, www.aseansec.org
Globalisierung – Allgemeine Informationen zum Thema: www.globalisierung-online.de
Attac-Homepage: www.attac.de
International Trade Administration des US-Department of Commerce: www.ita.doc.gov
MERCUSOR – offizielle Website (in Spanisch und Portugiesisch): http://www.mercosur.int/

Glossar

Den Sachzusammenhang der Glossarbegriffe erschließen Sie über das Register.

- - ➜
Seite 395 – 399

A

Agrarische Tragfähigkeit: ➜ Tragfähigkeit

Agrarpolitik: Gesamtheit der Bemühungen und Maßnahmen eines Staates, einer Staatengemeinschaft (z. B. EU) oder einer berufsständischen Organisation (z. B. Deutscher Bauernverband) zur Gestaltung der wirtschaftlichen und gesellschaftlichen Verhältnisse in der Landwirtschaft. Ziel der Agrarpolitik ist es, die Landwirtschaft in die Lage zu versetzen, ihre Aufgaben innerhalb der Volkswirtschaft besser erfüllen zu können.

Agrarreform: staatliche Maßnahmen zur Veränderung der Agrarstruktur, insbesondere zur Verbesserung der landwirtschaftlichen Produktionsbedingungen und des Lebensstandards der ländlichen Bevölkerung; zu unterscheiden sind Maßnahmen der Bodenbesitzreform und der Bodenbewirtschaftungsreform.

Agrobusiness: Bezeichnung für eine agrarindustrielle Produktionsform, die neben der Landwirtschaft alle mit ihr verbundenen Wirtschaftsbereiche zusammenfasst; z. B. die Zulieferindustrien (Düngemittel, Landmaschinen usw.), die Absatzwirtschaft für landwirtschaftliche Produkte (Genossenschaften usw.) sowie viele Be- und Verarbeitungsbetriebe im Ernährungsbereich; häufig gebraucht im Sinne von „industrialisierter Landwirtschaft".

Altindustriegebiet: Raum früher Industrialisierung, der meist auf der Montanindustrie (Bergbau, Eisen schaffende Industrie) basiert. Wesentliche Merkmale sind die industrielle Monostruktur, Betriebsstilllegungen, hohe strukturelle Arbeitslosigkeit und Abwanderungstendenzen. Altindustriegebiete gelten heute allgemein als wirtschaftliche Problemgebiete.

Angloamerikanische Stadt: der nordamerikanische Stadttyp mit seinen typischen Merkmalen Schachbrettmuster, klassische Strukturierung in CBD mit Wolkenkratzern, Übergangszone und Außenbereich, Commercial Strips entlang von Verkehrsachsen, Wohnviertel der gehobeneren Schichten in den Vororten, Gated Communities, verfallenden Kernstädte und Ghettobildung.

Anthroposphäre: der vom Menschen genutzte und beeinflusste Teil der Geosphäre. Sie umfasst hauptsächlich die Erdoberfläche, aber auch Teile der Lithosphäre (Bergbau), der ➜ Hydrosphäre (Fischerei) und der ➜ Atmosphäre (Luftfahrt).

Aquakulturen: Vermehrung und Aufzucht von Fischen, Garnelen, Muscheln, Wasserpflanzen einschließlich Algen in Süß- oder Meerwasser-Produktionsanlagen mit dem Ziel der Herstellung von Nahrungsmitteln/Industrierohstoffen oder der Aufstockung natürlicher Bestände.

Aquifer: eine poröse oder mit Klüften durchsetzte Gesteinsschicht, in der Grundwasser fließen kann.

Atmosphäre: die aus einem Gemisch von Gasen bestehende Hülle eines Himmelskörpers; speziell die Lufthülle der Erde. Sie wird untergliedert in Troposphäre, Stratosphäre, Thermosphäre, Exosphäre.

B

Bevölkerungspyramide: grafische Darstellung der Bevölkerung eines Raumes nach Alter und Geschlecht. Der Begriff Pyramide ist insofern irreführend, als die Grafiken für die meisten Länder heute keine Pyramidenform aufweisen, sondern – je nachdem, ob die Bevölkerung wächst, stagniert oder schrumpft –, eher eine Glocken- oder Urnenform haben.

Bewässerungsfeldbau, Bewässerungswirtschaft: Form der landwirtschaftlichen Bodennutzung, bei der den Nutzpflanzen wegen unzureichender Niederschläge während der Vegetationsperiode Wasser durch verschiedene technische Systeme oder Methoden zugeführt wird (z. B. durch Anzapfen des Grundwassers oder Wassergewinnung aus Fließgewässern).

Biomasse: Menge der lebenden organischen Substanz in einem Raum.

Biosphäre: der von lebenden Organismen besiedelte Bereich der Erde. Er umfasst den belebten Teil der Erdkruste, die terrestrischen Gewässer und die Ozeane sowie die unteren Luftschichten.

Blaue Revolution: Ertragssteigerung der Fisch- und Krustentierproduktion durch ➜ Aquakulturen, d. h. in von Menschen angelegten Zuchtbetrieben (z. B. Fischteiche, Lachsfarmen).

Bodenart: Bezeichnung bzw. Klassifizierung von Böden nach den Bestandteilen unterschiedlicher Korngröße, z. B. Sand-, Schluff- und Tonböden. ➜ Bodentyp

Bodendegradation: Verschlechterung der Bodenqualität durch natürliche Einflüsse und/oder menschliche Eingriffe, z. B. durch Erosion, Auswaschung von Nährstoffen oder durch zu intensive landwirtschaftliche Nutzung.

Bodenkontamination: Verunreinigung von Böden mit schädlichen Stoffen, wie z. B. Schwermetallen oder chemischen Gefahrstoffen. Der Reinigungsvorgang im Rahmen der Bodensanierung wird entsprechend Dekontamination genannt.

Bodenreform: wesentlicher Teil der ➜ Agrarreform. Im engeren Sinne ist damit die Neuorganisation der Besitzverhältnisse in der Landwirtschaft, wie z. B. 1945 in der DDR die Enteignung der Großgrundbesitzer und Verteilung des Landes an ehemalige Pächter und Lohnarbeiter gemeint.

Bodentyp: Böden mit ähnlichem oder gleichem Entwicklungsstand und damit gleichem Bodenprofil, d. h. gleicher Ausprägung der einzelnen Bodenhorizonte, werden zu einem Bodentyp zusammengefasst; z. B. Podsol, Schwarzerde, Latosol. ➜ Bodenart

Brandrodung: Rodung durch Fällen der Baumvegetation und deren anschließendes Verbrennen; in den Tropen übliches Verfahren, um Ackerflächen zu gewinnen. vgl. → Shifting cultivation

D

Dauerkultur: landwirtschaftliche Kulturart mit mehr- bis langjähriger Nutzungsdauer, vor allem Strauch- und Baumkulturen.

Demographische Prozesse: alle Prozesse, die mit Bevölkerung zu tun haben: Bevölkerungswachstum, Altersstruktur einer Bevölkerung, Bevölkerungsverteilung, Wanderungsbewegungen u. a. m.

Demographischer Übergang: Modellvorstellung der Veränderung einer Bevölkerung von der vorindustriellen Phase mit hohen Geburten- und Sterberaten über die industrielle Phase mit sinkenden Geburtenraten und leicht abnehmenden Sterberaten zur spätindustriellen Phase mit niedrigen Geburten- und Sterberaten.

Desertifikation: Prozess der fortschreitenden Degradation der symbiotischen Natur-Mensch-Produktionssysteme in ariden Gebieten. Schaffung wüstenähnlicher Bedingungen infolge der Übernutzung des Ökosystems.

Dienstleistungen: immaterielle Güter bzw. wirtschaftliche Leistungen, bei denen Produktion und Verbrauch zeitlich zusammenfallen und die deswegen nicht lagerfähig oder transportierbar sind; allgemein unterschieden wird zwischen konsumorientierten Dienstleistungen, d. h. solchen, die von Privatpersonen nachgefragt werden (z. B. Einzelhandel, medizinische Dienstleistungen), und unternehmensorientierten Dienstleistungen, die von Unternehmen nachgefragt werden (z. B. Unternehmensberatung, Marketing).

Dry farming: landwirtschaftliche Nutzungsform im Bereich der Trockengrenze, bei der durch besondere Bearbeitungsmethoden der Niederschlag von zwei oder mehr Jahren für eine Anbauphase genutzt wird.

Dust bowl: Gebiet in den südlichen Great Plains (USA), wo intensive Nutzung der Prärie in Verbindung mit mehreren Dürrejahren in den 1930er-Jahren zu verheerender Winderosion und Dürreschäden führten.

E

Entwicklungsland: Land mit Rückständen in der sozialen und ökonomischen Entwicklung, mit hoher Agrarquote und z. T. Überbesatz im Tertiären (und auch Informellen) Sektor, sowie Mängeln in der Infrastruktur. Der Anteil am globalen Ressourcenverbrauch und an global wirksamen Emissionen ist dagegen gering.

Ernährungssicherung: alle Maßnahmen zur Sicherstellung der Ernährungsgrundlage der Weltbevölkerung, z. B. Ausweitung der Produktionsflächen, Intensivierung der Produktion, Ertragsverbesserung durch standortgerechtere Nutzung, Tier- und Pflanzenzucht, Gentechnik.

Nach FAO-Angaben benötigt ein Erwachsener durchschnittlich 2400 kcal pro Tag. Dieser Wert variiert je nach Alter, Geschlecht, Berufstätigkeit und Klimaregion.

Erneuerbare Energien: Energieformen, die sich nicht wie die fossilen Energieträger erschöpfen, sondern unter den heutigen Bedingungen selbst erneuern, z. B. Energie aus Sonne, Wasserkraft, Wind und → Biomasse.

EU-Binnenmarkt: Gesamtheit des nicht grenzüberschreitenden, also innerhalb eines Staates/einer Staatengemeinschaft (hier EU) ablaufenden Güter- und Dienstleistungsverkehrs.

EU-Strukturpolitik: alle Maßnahmen zur Strukturverbesserung besonders wirtschaftlich und sozial benachteiligter Gebiete, z. B. um regionale Disparitäten in der EU abzubauen.

F

Family-size-farm: traditioneller US-amerikanischer agrarischer Familienbetrieb, als Einzelhof im Besitz und betrieben von einer Familie. Im Zuge des landwirtschaftlichen Strukturwandels stark vom → Agrobusiness bedrängt und im Rückgang begriffen.

Fertilität (-srate): Zahl der Geburten pro 1000 Frauen im gebärfähigen Alter (von 15 bis 45 Jahren).

Fordismus: Bezeichnung für ein System der Massenproduktion und des Massenkonsums, das im Bereich der Produktion durch die konsequente und systematische Nutzung der Größenvorteile („Economies of scale") gekennzeichnet ist.

Funktionale Gliederung: stadtgeographisch die Einteilung in verschiedene Stadtviertel mit vorherrschenden Funktionen, z. B. Wohn-, Geschäfts-, Banken-, Regierungsviertel und Gewerbegebiete.

G

Geburtenrate: Zahl der Lebendgeborenen pro 1000 Einwohner innerhalb eines bestimmten Zeitraumes, meist eines Jahres.

Gemeinsame Agrarpolitik (GAP): der einzige Politikbereich, der ausschließlich in die Zuständigkeit der EU fällt und vollständig von der EU finanziert wird. Sie zielt darauf ab, den Verbrauchern angemessene Preise und den Landwirten ein gerechtes Einkommen zu garantieren.

Gentrification: sozialer Aufwertungsprozess von Stadtteilen besonders der Innenstädte durch eine aufwändige Sanierung (Luxussanierung) von Gebäuden und der damit verbundenen Verdrängung einkommensschwacher Bevölkerungsgruppen.

Der Begriff geht auf die englische Bezeichnung „gentry" zurück, was frei übersetzt „feine Leute" bedeutet.

Geofaktoren: natürliche Gegebenheiten, die das Aussehen einer Landschaft bestimmen (z. B. Relief, Klima, Vegetation). Meist werden auch Gegebenheiten, die vom Menschen geschaffen wurden (z. B. Siedlungen, Verkehrswege), dazu gezählt. Unterschieden werden: endogene Geofaktoren, d. h. Kräfte, die im Innern der Erde ihren Ursprung haben (z. B. Gebirgsbildung, Vulkanismus), und exogene Geofaktoren, d. h. Kräfte, die von außen gestaltend auf die Erdoberfläche einwirken (z. B. Niederschläge, Wind).

Gewichtsverlustmaterial: Material, das bei der Verarbeitung an Volumen oder Gewicht verliert, z. B. Erze, Holz in der Möbelindustrie.

Global Change: Bezeichnung für Bemühungen um eine globale Umweltveränderung im Sinne einer → Nachhaltigen Entwicklung

Global Player, auch Multinationaler Konzern/Multi, Transnationaler Konzern/TNC: Unternehmen, das am „weltweiten Spiel" teilhat, indem es an verschiedenen Standorten in mehreren Ländern entwickelt, produziert und vermarktet. Die Ausrichtung der Unternehmenspolitik erfolgt nach den Vor- und Nachteilen der jeweiligen Länder (z. B. Lohn- und Steuerniveau, Umweltvorschriften, Zugang zu den Märkten).

Globalisierung: seit Ende des 20. Jh. besonders dynamisch ablaufender Prozess, in dem Rohstoffbeschaffung, Produktion, Handel mit Gütern und Dienstleistungen, Kapital, Kommunikation und Technologie über nationale Grenzen hinweg zu einem Weltbinnenmarkt zusammenwachsen bei abnehmenden nationalen Kontroll- und Steuerungsmöglichkeiten.

Golfstrom: Meeresströmung im Nordatlantik, die sich in einem etwa 100 km breiten Band vom Golf von Mexiko bis an die Küsten West- bzw. Nordwesteuropas bewegt. Aufgrund seiner relativ hohen Wassertemperaturen erhält der Westrand Europas eine Wärmezufuhr wie kein anderes Gebiet der Erde in vergleichbarer Breitenlage.

„Grüne Stadt": Begriff für die gesamte Vegetation einer Stadt: z. B. Fassadenpflanzen, Straßenbäume, Parkanlagen, Brachflächen, Gärten u. a.

Güterverkehrszentrum (GVZ): Räumliche Konzentration von Unternehmen mit verschiedenen logistischen Dienstleistungsangeboten, meist angesiedelt an Knotenpunkten des kombinierten Ladungsverkehrs (multimodaler Verkehr).

H

Historisch-genetische Stadttypen: stadtgeographische Typisierung nach Stadtentstehungsphasen; differenzierte Charakterisierung einzelner physiognomischer, funktionaler und sozialräumlicher Elemente der historischen Entwicklung von Städten sowie von deren Nachwirken auf die heutigen Strukturen und Funktionen einer Stadt.

Human Development Index (HDI), Index der menschlichen Entwicklung: seit 1990 von der UN benutzter Index zur Angabe des Entwicklungsstandes eines Landes nach wirtschaftlichen und sozialen Kriterien. Der HDI setzt sich zusammen aus der Lebenserwartung, dem Alphabetisierungsgrad und der realen Kaufkraft pro Kopf. Nach dem HDI werden alle UN-Mitgliedsstaaten in eine Rangfolge gebracht; der höchste Rang liegt bei 1, der niedrigste bei Null; der Durchschnittswert der Industrieländer beträgt 0,93, der Durchschnittswert der Entwicklungsländer bei 0,64; (Deutschland 2009: 0,947).

Hydrosphäre: Der von Wasser erfüllte Teil der Geosphäre. Er umfasst die Weltmeere, Flüsse, Seen, das Grundwasser sowie die ständig von Schnee und Eis bedeckten Bereiche (auch als Kryosphäre bezeichnet).

I

Innertropische Konvergenzzone (ITC): Bereich der äquatorialen Tiefdruckrinne, in dem die → Passate der Nord- und Südhalbkugel der Erde aufeinandertreffen und aufsteigen (= Konvektion, Quellbewölkung); von lat.: convergere.

Die ITC verlagert sich jahreszeitlich mit dem Sonnenstand.

Intensivlandwirtschaft: standardisierte, mechanisierte und chemisierte landwirtschaftliche Massenproduktion und Spezialisierung unter Nutzung industrieller Methoden bei hohem Kapitalaufwand mit dem Ziel höchster Erträge. Die ökologischen Folgen gelten teilweise als problematisch.

IPCC (Intergovernmental Panel on Climate Change): Wissenschaftsrat der Vereinten Nationen, der den anthropogenen Treibhauseffekt und seine möglichen Folgen erforschen soll.

K

Klimawandel: Sammelbegriff für die Veränderungen des Klimas. Meist versteht man darunter den anthropogen bedingten Klimawandel, d. h. den vom Menschen verursachten Anteil am globalen Klimawandel, z. B. durch Freisetzung von Stoffen und Gasen durch die Nutzung fossiler Energie (Öl, Gas und Kohle) in Form der CO_2-Anreicherung, durch die FCKW-Produktion, durch die Tierhaltung in Form von CH_4-Anreicherungen und durch das Einbringen von Partikeln und Stäuben im Zusammenhang mit industriellen Aktivitäten oder dem Verkehr.

Kulturlandschaft: die durch menschliche Aktivitäten (agrarische Landnutzung, Rohstoffgewinnung, Siedlungsbau, Industrie und Gewerbe) in ihrem Erscheinungsbild wesentlich geprägte → Landschaft.

Kyoto-Protokoll: internationale Übereinkunft von 2007 zum Klimawandel. Die teilnehmenden Staaten verpflichteten sich damals zu einer Verringerung der Emissionen bis 2010 um durchschnittlich 5,2 % gegenüber 1990.

L

Landschaft: Umgangssprachliche Bezeichnung für einen räumlichen Ausschnitt der Erdoberfläche. In der Geographie versteht man unter Landschaft ein → Ökosystem, das durch die Überprägung bestimmter Natur- und/oder Humanfaktoren spezifische Merkmale aufweist; je nach Vorherrschen der Art der Faktoren spricht man von → Naturlandschaft oder → Kulturlandschaft.

Landschaftshaushalt: Die für ein bestimmtes Gebiet bzw. eine → Landschaft geltenden naturgesetzlichen Beziehungen zwischen den → Geofaktoren.

Landschaftszonen (Geozone): Eine größere Landschaftseinheit, deren Existenz auf dem in den Klimazonen der Erde unterschiedlichen Strahlungshaushalt beruht; z. B. Zone der immerfeuchten Tropen. Der Begriff wird synonym zu Landschaftsgürtel gebraucht.

Landwechselwirtschaft: → Shifting Cultivation

Lateinamerikanische Stadt: südamerikanischer Stadttyp mit Straßennetz im Schachbrettmuster, dem zentralen Plaza mayor im kolonialspanischen Stil als funktionalem Zentrum, heute mit City-Entwicklung nach internationalem Standard; ungebremstes Wachstum in der Fläche, starke soziale Segregation und Fragmentierung – die Oberschicht wandert aus der Innenstadt in abgeschottete Wohnviertel am Stadtrand, innerstädtische und randstädtische Marginalsiedlungen wachsen expansiv; dynamische innerstädtische Wanderungsbewegungen, hohe Zuwanderung (Landflucht).

Least Developed Countries (LDC): Eine von den Vereinten Nationen geführte Liste der Gruppe der am wenigsten entwickelten Länder, die in den drei Kriterien Pro-Kopf-Einkommen, Humanressourcen und wirtschaftliche Verwundbarkeit einen bestimmten Schwellenwert unterschreiten (→ Human Development Index).

Logistik: Dienstleistungsbranche, die Transport und Lagerung von Wirtschaftsgütern sowie Planung und Steuerung der Warenströme organisiert.

M

Manufacturing Belt: Industrielandschaft im Nordosten der USA, die von Baltimore und Boston im Osten ca. 1 000 km bis nach St. Louis und Chicago reicht. Die Anfänge des Manufacturing Belts liegen im frühen und mittleren 19. Jh., im ausgehenden 20. Jh. hat er durch die Konkurrenz anderer Gebiete vielfach an Bedeutung verloren. Die strukturbestimmenden Branchen waren lange Zeit der Steinkohlenbergbau, die Eisen schaffende und verarbeitende Industrie, die chemische Industrie sowie der Automobilbau.

Marginalisierung: Sozialer Abstieg von Bevölkerungsgruppen in eine wirtschaftliche, gesellschaftliche und physische Randexistenz, besonders verbreitet in den Entwicklungsländern. In den Industrieländern weisen Bezeichnungen wie „Neue Armut" oder „Working Poor" auf die Folgen derartiger Prozesse hin. Ein räumlicher Ausdruck der Marginalisierung sind Slums bzw. Marginalsiedlungen.

Marine Ökosysteme: Ökosystem der Küsten und Meere; mit wichtigen Funktionen im System Erde-Mensch, zunehmend durch Übernutzung gefährdet.

Megacity/Megastadt: Großstadt bzw. Metropole mit einer Bevölkerung von mehr als 5 Mio. Einwohnern, einer hohen Bevölkerungsdichte (über 2 000 Einwohner/km²) und einer monozentrischen Struktur.

Migration (Wanderung): Nach der amtlichen deutschen Statistik jeder Wechsel des Wohnsitzes, bei dem die Gemeindegrenze überschritten wird. Je nach Dauer, Motiv, Ursache, Wanderungsrichtung und Grenzüberschreitung unterschiedlich gefasster Begriff aus der Soziologie. Es werden Binnenwanderung und Außenwanderung unterschieden. Meist sind Wanderbewegungen größerer Bevölkerungsgruppen, ausgelöst z. B. durch Krieg und existenzielle Not, gemeint.

Mobilität: Fähigkeit und Bereitschaft von Menschen zu Veränderungen, besonders beim Wohnstandort. Man unterscheidet zwischen räumlicher Mobilität (Binnen-, Ein- und Auswanderungen) und sozialer Mobilität (sozialer Auf- und Abstieg).

Monsun: Großräumiges Luftzirkulationssystem der unteren Troposphäre im Gebiet der Tropen und Subtropen, besonders ausgeprägt in Süd- und Südostasien. Kennzeichen sind: halbjährlicher Richtungswechsel der Winde, verursacht durch die jahreszeitliche Verschiebung der Windsysteme und den jahreszeitlichen Wechsel der Luftdruckverhältnisse.

Montanindustrie/Montanrevier: Sammelbezeichnung für Bergbau und die Eisen- und Stahlindustrie. Ein Montanrevier ist das Gebiet, in dem sich auf der Basis des Steinkohlebergbaus eine Hüttenindustrie (Eisen erzeugende und Eisen verarbeitende Industrie) entwickelt hat.

Mortalität: demografischer Fachbegriff für das Sterbeverhalten einer Bevölkerung → Sterberate.

N

Nachhaltige Entwicklung (Sustainable development): Entwicklungsstrategie, mit der die Lebenschancen der heutigen Generation verbessert werden sollen, ohne die Chancen künftiger Generationen einzuschränken, z. B. durch einen schonenden und umweltverträglichen Umgang mit den natürlichen Ressourcen.

Nationalpark: großräumige Naturschutzgebiete (über 10 km²) mit strengen Bestimmungen zum Schutz der Landschaft, zur Erhaltung von Flora und Fauna in ihrem natürlichen Lebensraum; unterliegen einer stark eingeschränkten Nutzung, sind aber als Erholungsgebiete zugänglich.

Naturlandschaft: eine ausschließlich durch natürliche → Geofaktoren bestimmte → Landschaft.

Neokolonialismus: als Erbe des Kolonialismus die Fortsetzung einseitiger Abhängigkeitsstrukturen zwischen ehemaliger Kolonie und ehemaliger Kolonialmacht nach Ende der Kolonialzeit, z. B. im Außenhandel.

Newly Industrialized Countries (NIC): Staaten, die durch eine dynamische Wirtschaftsentwicklung Anschluss an die Industrieländer gefunden haben und heute auf vielen Feldern mit diesen kooperieren, aber auch konkurrieren können, z. B. die vier Tigerstaaten Hongkong, Singapur, Taiwan, Südkorea, außerdem China, Indien; vgl. → Schwellenländer.

Nomadismus: Wirtschafts- und Gesellschaftsform, die auf Wanderviehwirtschaft beruht. Vollnomadismus: saisonalzyklisches Wandern ganzer Stämme und Familien entsprechend dem Futterangebot für die Herden; Halbnomadismus: Wandern meist nur der Männer mit den Herden und Zurückbleiben der Frauen am stationären Wohnplatz.

O

Ökologische Landwirtschaft: landwirtschaftliche Anbauform, die Nahrungsmittel ohne intensive Eingriffe in die Natur, z. B. durch Kunstdünger und Schädlingsbekämpfungsmittel, erzeugt. Meist vielseitiger Anbau statt Spezialisierung, um die Böden zu schonen.

Ökosystem: Ein Wirkungsgefüge, das sich aus biotischen (lebenden) und abiotischen (unbelebten) Faktoren zusammensetzt, die untereinander sowie mit ihrer Umwelt in energetischen und stofflichen Wechselwirkungen stehen.

Ölsande: Mischungen aus Ton, Silikaten, Wasser und Kohlenwasserstoffen (KW, bis ca. 20 %), die heute bevorzugt im Tagebau ausgebeutet werden, KW-Verflüssigung und Abpumpen ist auch untertage möglich; der Abbau wird angesichts steigender Ölpreise immer rentabler.

Ozonschicht: in etwa 20–50 km Höhe bildet Ozon (O_3) eine Schicht innerhalb der Stratosphäre, die einen großen Teil der UV-Strahlung absorbiert. Ozonbildung und Ozonabbau in der Ozonschicht stehen in einem Gleichgewicht. Durch die Einbringung bestimmter Gase (FCKW) in die → Atmosphäre wird dieses Gleichgewicht gestört und die schützende Ozonschicht zerstört. Bis vor wenigen Jahren war die Ausdünnung der Ozonschicht regional begrenzt insbesondere über der Antarktis zu beobachten und als Ozonloch bekannt geworden. Später war dann ein globaler Trend des Rückgangs stratosphärischen Ozons zu beobachten.

P

Passat: ganzjährige, richtungsbeständig wehende, trockene Winde, die aus den subtropischen Hochdruckgürteln in Richtung der äquatorialen Tiefdruckrinne wehen. Durch die Corioliskraft werden sie auf der Nordhalbkugel nach rechts (NO-Passat) und auf der Südhalbkugel nach links (SO-Passat) abgelenkt; vgl. → Innertropische Konvergenzzone.

Pedosphäre: oberster Bereich der Erdkruste, in dem die Bodenbildungsprozesse ablaufen.

Peripherraum: Raum, in dem gegenüber dem Gebiets- bzw. Landesdurchschnitt schlechtere Lebens- und Wirtschaftsverhältnisse herrschen, z. B. infolge einer ungünstigen Verkehrslage. Meist ist mit Peripherraum die randliche Lage eines Raumes gemeint.

Plantage: landwirtschaftlicher Großbetrieb in den Tropen und Subtropen, der in Monokultur Nutzpflanzen wie Tee, Kaffee, Kautschuk, Bananen oder Zucker für den Weltmarkt anbaut.

Plattentektonik: Lehre von Aufbau und Dynamik der äußersten Schicht der Erde. Diese besteht aus mehreren Teilen, Platten, die sich relativ zueinander bewegen.

Postindustrielle Gesellschaft: Politisch-soziologischer Begriff für die nachindustrielle Gesellschaft, gekennzeichnet durch die zentrale Stellung des theoretischen Wissens und das zunehmende Übergewicht der Dienstleistungswirtschaft über die produzierende Wirtschaft.

Primärenergieträger: Die in der Natur in ihrer ursprünglichen, also nicht umgewandelten Form, vorkommende Energie, z. B. Steinkohle, Sonnenenergie, Wind, fließendes Wasser (Rohenergie).

Primärer Sektor: Wirtschaftssektor, der die Bereiche Agrarwirtschaft, Forstwirtschaft, Fischerei sowie Bergbau und Energieerzeugung umfasst. Letztere werden in der neueren Statistik (z. B. der EU) zumeist dem Produzierenden Gewerbe zugerechnet; vgl. → Sekundärer Sektor, → Tertiärer Sektor.

Q

Quartärer Sektor: im Rahmen der Einteilung der Wirtschaftsbereiche und der Beschäftigten in Sektoren der Bereich des → Tertiären Sektors mit höherwertigen Tätigkeiten und spezialisierten Kenntnissen der Beschäftigten. Zum Quartären Sektor gehören u. a. Forschung und Entwicklung, Banken und Versicherungen, Steuer-, Rechts- und Unternehmensberatung, Lehre, Firmenmanagement.

R

Raumanalyse: geographische Untersuchung eines abgegrenzten Raumes unter einer bestimmten Fragestellung.

Regenfeldbau: Form des Ackerbaus, bei der im Gegensatz zum → Bewässerungsfeldbau ausschließlich der zur Verfügung stehende Niederschlag für den Anbau von Feldfrüchten genutzt wird.

Reinmaterial: Material, das bei der Produktion mit seinem vollen Volumen oder Gewicht in das Endprodukt eingeht, z. B. Mineralwasser.

Reliefsphäre: beschreibt die dreidimensionale Gestalt der Landoberfläche und des Meeresbodens unter Berücksichtigung der diese verursachenden Prozesse.

Revitalisierung: kennzeichnet in der Stadtgeographie die Wiederbelebung stark monofunktionaler Stadtteile, meist bezogen auf die City. Die Revitalisierung soll durch Attraktivitätssteigerung und die Schaffung von Wohnraum zu einer stärkeren Funktionsmischung führen.

S

Schwellenländer: Länder, die in ihrer wirtschaftlichen Entwicklung gegenüber einem → Entwicklungsland weiter fortgeschritten sind und sich „an der Schwelle" zum Industrieland befinden. Kriterium für die Zuordnung ist der Anteil der Industrie am BIP; vgl. → Newly Industrialized Countries

Schwerindustrie: Bezeichnung für die Eisen- und Stahlindustrie. Vielfach wird auch der Erz- und Steinkohlenbergbau mit einbezogen; in diesem Fall spricht man zusammenfassend von der → Montanindustrie.

Sekundärer Sektor: → Wirtschaftssektor, der das Produzierende Gewerbe (Industrie und Handwerk) umfasst. In der neueren Statistik werden ihm auch Bergbau und Energieerzeugung zugerechnet; vgl. → Primärer Sektor, → Tertiärer Sektor.

Shifting cultivation (→ Wanderfeldbau): Sammelbezeichnung für Formen des Ackerbaus vor allem in den Tropen, bei dem die Anbauflächen und z. T. auch die Siedlungen nach Erschöpfen der Bodenfruchtbarkeit nach → Brandrodung in einem gewissen zeitlichen Rhythmus verlegt werden.

Silicon Valley: der südliche Teil der kalifornischen Metropolregion San Francisco. Mit der Verbreitung der Computertechnik seit den 1960er und 1970er-Jahren siedelten sich im Silicon Valley zunehmend Unternehmen dieser Hochtechnologie an, u.a. Intel, Google, Yahoo, Hewlett-Packard und Apple.

Sonderkultur (Spezialkultur): ein- oder mehrjährige landwirtschaftliche Kulturen mit hohem Spezialisierungsgrad, hohem Arbeits- und Kapitalaufwand, z. B. Wein, Tabak, Spargel, Hopfen. vgl. → Dauerkulturen

(EU-) **Stabilitätskriterien**: im Rahmen des Maastricht-Vertrags von 1992 festgelegte Anforderungen des Euro-Stabilitätspaktes, die für einen stabilen Euro sorgen sollen; sie zielen auf Maßnahmen, die v.a. die Neuverschuldung und die Inflationsrate in den Mitgliedstaaten begrenzen sollen.

Standortfaktor: örtliche Gegebenheit, die die Standortwahl für einen anzusiedelnden Betrieb beeinflusst. Man unterscheidet zwischen harten Standortfaktoren, wie Rohstoffen, Verkehrsanbindung, Arbeitskräften, staatlichen Subventionen, und weichen Standortfaktoren, wie Image eines Gebietes oder Wirtschaftsklima.

Sterberate (Sterbeziffer): Zahl der Sterbefälle pro 1 000 Einwohner während eines bestimmten Zeitraumes, meist eines Jahres; vgl. → Mortalität, → Geburtenrate (Geburtenziffer)

Stickstoffkreislauf: beschreibt die Umsetzung von Stickstoff in der → Atmosphäre, → Hydrosphäre, → Pedosphäre und → Biosphäre.

Suburbanisierung: flächenhaftes Wachstum der Städte am Stadtrand, vor allem durch Abwanderung der Wohnbevölkerung aus dem inneren Stadtgebiet, häufig über die Stadtgrenzen hinaus ins nahe Umland. Der Bevölkerung folgen vielfach Industriebetriebe (Industriesuburbanisierung) sowie Handel und Dienstleistungsbetriebe (tertiäre Suburbanisierung).

Subvention: finanzielle Unterstützung eines Wirtschaftszweiges bzw. Projektes durch den Staat.

Syndrom/Syndrom-Komplexe: beschreibt in Anlehnung an die Medizin globale Umweltprobleme als „Krankheitsbilder" mit einem Wirkungsgeflecht von naturräumlichen und gesellschaftlichen Faktoren. Die Diagnose dieser Syndrome hat das Ziel, Fehlentwicklungen und ihre Ursachen zu erkennen und zu bekämpfen. Benannt wurden die verschiedenen Syndrome jeweils nach einem einzelnen signifikanten Raum- oder Sachbeispiel (z. B. Sahel-Syndrom für voranschreitende Desertifikation).

T

Terms of Trade: Verhältnis aus dem Index der Exportgüterpreise und dem Index der Importgüterpreise. Ein Rückgang dieser Maßgröße infolge steigender Preise für Importgüter (z. B. Maschinen) und sinkender bzw. stagnierender Preise für Exportgüter (z. B. Kaffee, Baumwolle) hat eine Verschlechterung der Terms of Trade zur Folge.

Tertiärer Sektor: → Wirtschaftssektor, der alle Berufsgruppen umfasst, die Dienstleistungen erbringen, z. B. Handel, Verkehr, Verwaltung, Bildungswesen sowie die freien Berufe wie Ärzte, Rechtsanwälte; vgl. → Primärer Sektor, → Sekundärer Sektor.

Tertiärisierung: Reduzierung von Arbeitsplätzen des → Sekundären Sektors und Wachstum der Zahl der Arbeitsplätze im → Tertiären Sektor. Teilweise wird auch die Übernahme von Dienstleistungsaufgaben in Betrieben des → Sekundären Sektors gemeint.

Tragfähigkeit, agrarische: Begriff für die maximale Bevölkerungszahl, die die Erde bzw. ein Teilraum der Erde auf agrarischer Grundlage auf Dauer ausreichend versorgen kann, ohne dass der Naturhaushalt nachteilig beeinflusst wird.

Transformation: gezielte Umwandlung eines wirtschaftlichen, politischen und sozialen Systems; in der ehemaligen Sowjetunion der Übergang von der Zentralverwaltungswirtschaft zur Marktwirtschaft und die Abkehr von den kommunistisch-sozialistischen Gesellschaftsidealen mit Hinwendung zu mehr Demokratie.

Transitverkehr: Verkehr zwischen zwei Ländern, wobei ein Drittland durchquert wird. So gilt z. B. die Schweiz als ein Transitland für den Alpentransitverkehr.

Transportkostenminimalpunkt: in der Standortfaktorenlehre derjenige Standort, an dem die Transportkosten am niedrigsten sind.

Trockengrenze: Grenze zwischen Gebieten mit humidem und aridem Klima, also zwischen Gebieten mit einem Niederschlagsüberschuss und einem Niederschlagsdefizit. Als agronomische Trockengrenze wird die Grenze bezeichnet, bis zu der Ackerbau ohne künstliche Bewässerung, also → Regenfeldbau möglich ist.

U

Ubiquität: Material, das überall vorkommt, keine Transportkosten bedingt und so bei der Standortwahl eines Unternehmens keine Rolle spielt; vgl. → Gewichtsverlustmaterialien → Reinmaterialien.

Umweltdegradation: die Verschlechterung des Umweltzustandes einer Region durch Erschöpfung von Ressourcen wie Luft, Wasser und Boden, die Zerstörung von Ökosystemen und das Aussterben von Wildtieren. Sie wird als unerwünschte Veränderung oder Störung der Umwelt wahrgenommen.

Der wissenschaftliche → Syndrom-Ansatz definiert 12 komplexe Umweltkrankheitsbilder als typische Ursache-Wirkungs-Muster des globalen Wandels mit Auswirkungen auf Umwelt und gesellschaftliche Entwicklung. Sie können an verschiedenen Stellen der Erde in unterschiedlicher Ausprägung auftreten.

Urbanisierung: häufig synonym verwendeter Begriff zu → Verstädterung. Meist meint Urbanisierung die Ausbreitung städtischer Lebens- und Bauformen in ehemals ländlichen Gebieten.

V

Vegetationsperiode: Die Anzahl der Tage, während der ein Pflanzenwachstum möglich ist. Sie wird auch als Wachstumszeit bezeichnet und ist vorwiegend temperaturabhängig (Tagesmittelwert über 5 °C).

Verkehrsprojekte Deutsche Einheit (VDE): 17 Großprojekte, die seit der deutschen Wiedervereinigung zur Verbesserung von Verkehrsverbindungen zwischen den Wirtschaftsräumen Ost- und Westdeutschlands in Angriff genommen wurden, größtenteils – manche mit Abstrichen – heute realisiert.

Verstädterung: Mit dem Begriff werden verschiedene Bereiche angesprochen:
1. Wachstum der Städte eines Landes hinsichtlich ihrer Einwohnerzahl und/oder Fläche;
2. Vermehrung der städtischen Siedlungen eines Landes und
3. Wachsen des Anteils der Menschen, der in Städten lebt, an der Gesamtbevölkerung eines Landes.

W

Wachstumszeit: → Vegetationsperiode

Wanderfeldbau: → Shifting Cultivation

Welthungerindex: mehrdimensionaler Ansatz zur Erfassung der unterschiedlichen Aspekte von Hunger und Unterernährung. Berücksichtigt die Versorgungssituation der Bevölkerung und die Folgen und Begleitfaktoren unzureichender Ernährung. Indikatoren: Anteil der Unterernährten an der Gesamtbevölkerung eines Landes auf Grundlage des Kalorienbedarfs, Anteil der Kinder im Alter von unter fünf Jahren mit Untergewicht, Sterblichkeitsrate von Kindern im Alter von unter fünf Jahren.

Wirtschaftssektor: Wirtschaftsbereich, in dem ähnliche Wirtschaftszweige zusammengefasst sind. Man unterscheidet den → Primären Sektor (Agrarwirtschaft, Forstwirtschaft, Fischerei, Bergbau, Energieerzeugung), den → Sekundären Sektor (Produzierendes Gewerbe mit Industrie und Handwerk) und den → Tertiären Sektor (Dienstleistungen, Verwaltung, Handel, Bildungs-, Rechts- und Gesundheitswesen, Tourismus usw.). In der amtlichen Statistik werden Bergbau und Energiewirtschaft heute dem Sekundären Sektor zugeordnet.

Z

Zentralraum: Begriff aus der Raumordnung, der große zusammenhängende städtische Siedlungsgebiete bezeichnet, die durch eine hohe Siedlungsdichte gekennzeichnet sind und eine starke Siedlungs- und Verkehrsdynamik aufweisen.

Zyklone: Bezeichnung für dynamische Tiefdruckgebiete, die an der planetarischen Frontalzone entstehen, sich in Europa mit der Westwinddrift nach Osten verlagern und das Wettergeschehen maßgeblich beeinflussen.

(G) kennzeichnet grundlegende Begriffe, die im Glossar für Sie definiert sind.

Abfluss 43, 62 f., 65, 76
Absolutismus 158
Absorption 40 f.
adiabatisch 47
Advektion 48
ADI → Ausländische Direktinvestitionen
Aerosol 38, 40, 47, 260
Agglomerationsvorteil 115, 348
Aggregatzustände des Wassers 46, 62 f.
Agrargesellschaft 129, 152
Agrarhandel 222 f.
Agrarökosystem 230, 232
Agrarpolitik 152 (G), 324 f.
Agrarreform 152 (G)
Agrarregion 82
Agrarrevolution 100
Agrarwende 108
Agrobusiness 110, 152 (G)
Alpenkonvention 151
Alpenvorland 194 f.
Alter Süden 314
Altersstruktur 210, 217, 221
Altindustriegebiet 122, 152 (G), 342
Anbaurisiko 93
angloamerikanische Stadt 183, 204 (G)
Anökumene 208
Anthroposphäre 22 f., 88 (G)
Antizyklone 45, 50, 57
Aquakulturen 238 f., 270 (G)
Aquiclude 64 f.
Aquifer 64 f., 110, 224 f., 309, 368 (G)
Arbeitslosigkeit 123, 221, 361.
Arbeitsproduktivität 323, 344
Armut 97, 126, 226, 274, 278, 286 f., 296, 323, 377
Artesisches Wassersystem 64 f., 224
artgerechte Tierhaltung 108
Asthenosphäre 31 ff.
Atmosphäre 38 ff., 46, 62 f., 88 (G)
atmosphärische Zirkulation 45, 78, 258
Ausgangsgestein 70, 72 f., 81, 95, 231
Ausgleichsmaßnahme 188 f.
Ausländische Direktinvestitionen (ADI) 134, 333, 352 ff., 358
Auslandsverschuldung 289, 360 f.
Automobilindustrie 334 f., 374, 203
azonale Vegetation 78, 81

Ballungsraum 86, 124, 227, 296, 348
Bedeutungsüberschuss 132, 157
Beregnungsbewässerung 113, 229
Betriebsgröße (Landwirtschaft) 102, 306
Bevölkerungsbewegung, natürliche 212, 218
Bevölkerungsdichte 38, 97, 190 f.
Bevölkerungsentwicklung 144, 210 ff., 316 f.
Bevölkerungspyramide 221, 270 (G), 279
Bevölkerungswachstum 210 f., 214, 296, 309
Bewässerungsfeldbau/Bewässerungswirtschaft 83, 92 f., 111 ff., 152 (G), 224, 229, 270 (G), 309
Binnenmarkt 252, 336
Bioenergie 240 ff.
biologischer Anbau 109, 230
Biomasse 240 ff., 246, 270 (G)
Biosphäre 22, 88 (G), 259
Bio-/Gentechnologie 172, 311, 337
BIP → Bruttoinlandsprodukt
Blaue Revolution 152 (G), 238
BNE → Bruttonationaleinkommen
Boden 64, 70 ff., 81 f., 93, 230 ff.
Bodenart 72 f., 81, 88 (G)
Bodendegradation 99, 152 (G)
Bodenerosion 85, 231, 308, 318
Bodenformen 194
Bodenfruchtbarkeit 73, 81, 93, 232
Bodengare 81
Bodenhorizonte 72 f.
Bodenkontamination 88 (G), 318
Bodenpreis 141, 162 f.
Bodenprofil 71 ff., 94
Bodenreform 152 (G)
Bodenschätze 252, 298, 304
Bodenschutz 189, 308
Bodentyp 72, 88 (G), 303
Bodenverdichtung 231
Bodenversalzung 225
Bodenzahl 93
borealer Wald 84, 208, 302
Börse 136 f.
Brandrodung 96 f., 152 (G), 260
Braunerde 72 f., 95
Bruttoinlandsprodukt (BIP) 124, 128, 278
Bruttonationaleinkommen (BNE) 278, 360
Bruttowertschöpfung 124
Bundesnaturschutzgesetz 188 f.

CBD → Central Business District
Central Business District (CBD) 183
Chemische Industrie 116 f., 158, 335
City 162 ff., 169
Citylogistik 148
Cluster 132, 197, 342 f.
CO_2 (Kohlenstoffdioxid) 243, 264
CO_2-Emissionen, anthropogene 243, 266, 304
Containerverkehr 145, 356
Corioliskraft 43 ff., 58, 56

Daseinsgrundfunktionen 162, 204
Dauerfrostboden 304
Dauerkultur 82, 152 (G)
Deindustrialisierung 122, 163, 310, 342
demografischer Übergang 214 f., 270 (G)
demografische Prozesse 270 (G)
Desertifikation 98 f., 152 (G), 227
Dienstleistungen 124, 128 ff., 152 (G)
Dienstleistungen, konsumorientierte / unternehmensorientierte 130 ff.
Dienstleistungsgesellschaft 124, 128 f., 160 f, 342
Dienstleistungssektor 129 f., 136, 225, 286, 311
Direktinvestition, ausländische (ADI) → Ausländische Direktinvestition
Disparitäten, räumliche / soziale 126, 274 f., 337, 340 ff., 358, 362
Dornsavanne 98 f.
Dot Com 313
Downtown 183
Dreifelderwirtschaft 232
Dritte Welt 216, 243 ff., 359
Dry farming 308, 368 (G)
Dürre 98 f., 308
Dust bowl 308, 368 (G)

Edge City 183, 377
EFTA → European Free Trade Association
„Eine Welt“ 274 f.
Einzugsgebiet 64 f.
Eis 46, 62 f.
Eisen- und Stahlindustrie 117, 122, 310 f.
Eisen-Humus-Podsol 70 f.
Eiserner Vorhang 201, 345
Eiszeit 68
El Niño (s.a. ENSO) 259
Emissionen 163, 233 f., 243, 260 ff., 266
Endenergie 242
Endmoräne 68 ff.
Energiebedarf 242, 245, 252, 254 ff.
Energieträger, fossile 240 ff.
Energieverbrauch 148, 241, 244 f.
ENSO-Phänomen 259
Enterprise Software 133
Entschuldungsprogramm 361
Entsiegelung 180
Entwaldung 97
Entwicklung 274 ff.
Entwicklungshilfe 245, 336, 363
Entwicklungsland 274 ff., 368 (G)
Entwicklungspolitik 336
Entwicklungsstrategie 363
Entwicklungszusammenarbeit 247
Erdbeben 8, 18, 29 ff., 299, 321
Erdgas 242, 254, 304
Erdöl 242, 246f., 304, 318
Erlebnisgesellschaft 138, 160
Ernährungssicherung 222, 270 (G)
Erneuerbare Energie 246 f., 270 (G)
Erosion 18 f., 73, 84 f., 99, 231
Ersatzgesellschaft (Pflanzen-) 66
EU → Europäische Union
EU-Binnenmarkt 328, 336, 368 (G)
EU-Kohäsionsprogramm 347 f.
EU-Strukturpolitik 346 ff., 368 (G)
Euratom 328
Euregio 200 ff.
EUREK 348
Europäische Union (EU) 326 ff., 330 f.
Europäische Wirtschaftsgemeinschaft (EWG) 150, 328, 346
Europäischer Fonds für Regionalentwicklung 349 f.
Europäisierung 327, 331
Europaparlament 200, 328, 347
Europarat 327 f.
European Free Trade Association (EFTA) 328
Euroregionen 200 ff.
EUROSTAT 347 f.
EURO-Zone 328
EU-Strukturpolitik 346 ff., 368 (G)
Evaporation / Evapotranspiration 63
Eventkultur 16, 18, 161
EWG → Europäische Wirtschaftsgemeinschaft
Expertenbefragung 120 f.

Familienplanung 216, 296 f.
family-size-farm 112, 152 (G)
Feldwechselwirtschaft 98
Fernhandel 144 f.
ferrallitischer Boden 73
Fertilität 212, 270 (G)
Fertilitätsrate, allgemeine / altersspezifisch 212
Finanzkrise 136 f.
Flächennutzungskonflikt 186, 226 f.
Fließgewässer 62 ff.
Flottlehm 70
Flüchtlinge 218 ff.
Fordismus 310
Forschung und Entwicklung (FuE) 116, 129 ff., 132, 349
Fourastié 128 ff.
Fragmentierung 182
Fremdlingsfluss 224
Fremdenverkehr → Tourismus
Frischluftschneise 178, 181
Frontalzone 44
Frühwarnsystem 8 f.
FuE → Forschung und Entwicklung

G8-Staaten 337, 361
Gastarbeiter 220 f., 225
Gated Community 183
GAP → Gemeinsame Agrarpolitik
GATT 357
Gazprom 321
Geburtenrate 210 ff., 270 (G), 296 f.
Geest 69
Gegenstrahlung 40
Gemeinsame Agrarpolitik (GAP) 103 ff., 152 (G), 328
Generatives Verhalten 157, 297
Gentrification / Gentrifizierung 163 ff., 183, 204 (G)
Geoelemente 22 f.
Geofaktoren 22 f., 88 (G), 176
Geographische Informationssysteme (GIS) 280 f.
Geoökosystem 98
Geschiebelehm / Geschiebemergel 68, 70
Gewichtsverlustmaterial 115, 152 (G)
GIS → Geographische Informationssysteme
Glaziale Serie 68, 195
Global Change 88 (G), 368
Global City 132, 358, 368 (G)
Global Player 248, 331, 358, 366
Globalisierung 103, 121, 144 f., 150, 152 (G), 274, 346, 354 ff., 362 ff., 368 (G)
Globalstrahlung 40
Golfstrom 78, 264 f., 270 (G)
Grabenbildung 29, 32 ff.
Großwetterlage 51
Grunddaseinsfunktionen → Daseinsgrundfunktionen
Grundmoräne 68 ff., 195
Grundwasser, gespanntes / ungespanntes, freies 62 ff.
Grundwasserspiegel 64 f., 226
„Grüne Stadt“ 180, 204 (G)
Grünes Wasser 63
Gruppenpuzzle 192 ff.
Gunstraum 76, 194
Güterverkehr 144 f.
Güterverkehrszentrum (GVZ) 148, 152 (G)
GVZ → Güterverkehrszentrum

Halbleiterindustrie 312
Haupterwerbsbetrieb 102
HDI → Human Development Index
Heavily Indebted Poor Countries (HIPC) 288, 360 f.
Heide 66 ff., 248
Hightech-Industrie 250, 311 f., 337, 363
Hispanics 317
Historisch-genetische Stadttypen 158 f., 204 (G)

Hochdruckgebiet 44, 51 f.
Human Development Index (HDI) 279, 368 (G)
Humus 70 f., 81
Hydroenergie/Wasserkraft 242, 304 f.
Hydrosphäre 22, 88 (G)

Immerfeuchte Tropen 94 ff.
Indikator 232, 254, 276 ff.
Industrialisierung 122, 160 f., 315, 342
Industrie 114ff., 128 ff., 363
Industrie-Dienstleistungsverbund 130
Industriegesellschaft 129, 158, 160
Industrielle Revolution 117
Industriestadt 158 f.
Infiltration 63 f.
Informations- und Kommunikationstechnologie 136, 144, 337, 356
Informationsgesellschaft 129 ff.
Infrastruktur 117, 146 ff., 164, 173, 348 f., 368
Innertropische Konvergenzzone (ITC) 45, 56ff., 88 (G)
Innovation 157, 193, 310, 349, 364
Integration 200 f., 218, 317, 328
Intensivlandwirtschaft 230, 270 (G)
Internationaler Währungsfonds (IWF) 361
INTERREG 349
Interzeption 63
Investition 349, 352 f., 360
Investitionsgüter 252, 361 f.
IPCC 256 f., 262, 266, 270 (G)
Isobaren 42 f.
ITC → Innertropische Konvergenzzone
IWF → Internationaler Währungsfonds

Jetstream 39, 44, 50

Kaltfront 52 f., 55
Kaltzeit 68 f., 195
Kationenaustauschkapazität 95
Kaufkraftparität/Purchasing Power Parity (KKP/PPP) 275
Kernenergie 243
Kernstadt 164, 166 f., 316 f.
Kettenmigration 219
KKP → Kaufkraftparität/Purchasing Power Parity
Klima 64, 92
Klimaarchive 258
Klimadiagramm 60 f.
Klimamodelle 260, 262
Klimaszenarien 262
Klimawandel 38, 180 f., 227, 234 f., 256 ff., 266, 270 (G)
Klimaxvegetation 66
KLV → Kombinierter Ladungsverkehr
Kohäsionsfonds (EU) 347 ff.
Kohlenstoffdioxid → CO_2
Kohlenstoffkreislauf, ozeanischer 264
Kombinierter Ladungsverkehr (KLV) 148
Kondensation 47 f., 62
Konvektion 48, 57
Konventionelle Landwirtschaft 108
Konvergenz (EU) 349
Kulturlandschaft 22 ff., 66, 88 (G), 192 f.
Kyoto-Protokoll 266 f., 270 (G)

Landschaft 22 f., 66 ff., 88 (G), 192 ff.
Landschaftshaushalt 22, 26, 86, 88 (G), 176, 232
Landschaftswandel 23
Landschaftszonen 73, 88 (G)
Land-Seewind-System 42 f., 44
Landwechselwirtschaft 83, 97, 152 (G)
Landwirtschaft 100 ff., 222 ff., 306 ff., 322 f.
Lateinamerikanische Stadt 182, 204 (G)
latente Wärme 41, 62
Laterite / Laterisierung 73
Latosole 73
LDC → Least Developed Countries
Least Developed Countries (LDC) 278, 368 (G)
Lebensmittelimporte 324 f.
Liberalisierung (Handel, Wirtschaft) 356, 362 f.
Lithosphäre 20 ff., 31 ff.
Logistik 131, 136, 144, 148, 152 (G)
Löss 70, 73
Low Income Countries (LIC) 361
Luftdruck 23, 39, 42 f.
Luftfeuchtigkeit 46 f.
Luftverkehr 146 f.
Luftverschmutzung 318 ff.
Maastrichter Verträge 328
Mall/Shopping Mall 136, 161, 377
Manufacturing Belt 310 f., 368 (G)
Maquiladoras 352 f.
Marginalisierung 286, 368 (G)
Marginalsiedlung/-viertel 182
Marines Ökosystem 236 f., 270 (G)
Marketing 114 f., 130, 161
Marktort 158
Marshallplan 328
Massenmotorisierung 145, 185
Massentierhaltung 83, 238
Meeresströmungen 237, 264 ff.
Megacity/Megastadt 204 (G), 368 (G)
melting pot 317
Metropole 168 ff., 296, 322, 343
Metropolregion 114, 168, 292, 348
Migration 212, 218 ff., 270 (G), 316 f.
Milchwirtschaft 104
Mittelosteuropäische Länder (MOE) 245
Mittelozeanischer Rücken 30 f.
Mittelzentrum 190
MNU → Multinationale Unternehmen
Mobilität 157, 160 f., 164, 218, 270 (G), 316 f.
Modell (Landschaftshaushalt) 26 f.
Monsun 58 f., 88 (G)
Montanindustrie 117, 123, 152 (G), 158, 342
Montanunion 328 f.
Mortalität 212, 270 (G)
multimodaler Verkehr 148
Multinationaler Konzern, Multinationale Unternehmen, Multi (MNU) 352 ff., 358 f.
Muttergestein 72

nachhaltige Entwicklung 152 (G)
nachhaltige Landwirtschaft 235
nachhaltige Nutzung 142, 228
nachhaltige Raumentwicklung 187, 237, 348
Nachrichtenverkehr 146
NAFTA 352 f.
Nährstoffkreislauf 85, 94 ff.
Nationalpark 16, 143, 152 (G)
Naturereignis 8
Naturkatastrophe 8

Naturlandschaft 22, 25, 88 (G), 159
Nebenerwerbsbetrieb 102
Neokolonialismus 286 f., 368 (G)
New Economy 313
New Town/Neue Stadt 158
Newly Industrialized Countries (NIC) 279, 368 (G)
NIC → Newly Industrializing Country
nichtenergetische Verwendung 242
nicht-erneuerbares (fossiles) Grundwasser 63 f.
Niederschlag 38 f., 46 ff., 62 f., 92 f.
Niederschlagsvariabilität 93
Nitrat 232 f.
Nomadismus 82, 98, 152 (G), 224
Nordischer Rat 329
NUTS 347
Nutzenergie 242
Nutzungskonflikte 86, 186, 226 f.

Oberboden 71 f., 81
Oberzentrum 190 f.
OECD → Organization for Economic Cooperation and Development
Okklusion 53 ff.
Ökologische Landwirtschaft 152 (G), 235
Ökosystem 88 (G), 176, 230
Ökumene 208
Ölsande 88 (G)
Organization for Economic Cooperation and Development (OECD) 328
Organization for European Economic Cooperation (OEEC) 328
Ortstein 71
Outsourcing 131
Ozonschicht 38, 40, 269, 270 (G)

Parabraunerde 47, 70, 81, 95
Parallelgesellschaft 316 f.
Passat 45, 56 f., 88 (G)
Passatinversion 56 f.
Passivraum 348
Pedosphäre 22, 88 (G),
Pendler 146, 162 ff.
Peripherie/Peripherraum 190 f., 204 (G), 335, 344
Persistenz 117
Personenverkehr 145 f.
pH-Wert 93
Phytoplankton 237, 264
Planfeststellungsverfahren 347 f.
Planstadt 158
Plantage 82, 152 (G)
Plattentektonik 30 ff., 88 (G)
Podsol/Podsolierung 70 ff., 81
polyzentrische Entwicklung 348
postindustrielle Gesellschaft 124, 152 (G)
PPP → Kaufkraftparität (KKP)/ Purchasing Power Parity
Präzession 258
Primärenergie 242 f.
Primärenergieträger 243, 252, 270 (G), 305
Primärer Sektor 129, 152 (G)
Produktivität 83, 100 ff., 222
Pro-Kopf-Einkommen 254
Proxydaten 259
Puffervermögen 81, 93
Push-Pull-Modell 219
Purchasing Power Parity → Kaufkraftparität (KKP/PPP)

Quartärer Sektor 129, 152 (G)

Rat für Gegenseitige Wirtschaftshilfe (RGW) 328
Raubbau 25, 67, 84 f.
Raumanalyse 192 ff., 204 (G), 282 ff.
räumliche / regionale Disparitäten 126, 190, 280 f., 337, 340 ff., 352 f.
Raumordnungsgesetz 187
Raumvergleich 282 ff.
regenerative Energie 242
Regenfeldbau 92 f., 152 (G)
Regionalpolitik (EU) 348 ff.
Reinmaterial 114, 152 (G)
Reliefsphäre 22, 88 (G)
Reserveflächen 163, 174
Reserven 254, 321
Ressourcen 157, 227, 254
Revitalisierung 88 (G), 123
RGW → Rat für Gegenseitige Wirtschaftshilfe
Rohstoffe 36, 117, 240, 245, 304
Römerstadt 158
Roterde 73
Russische Föderation 318, 324 f.
Rüstungsindustrie 312, 335, 363

Sahel/Sahelzone 93, 98 f., 275
Sahel-Syndrom 99
Sander 68 f.
sanfter Tourismus 142 ff.
Sanierung 164
Savanne 83, 98 f.
Schachbrettgrundriss 182
Schadstoffemissionen 319
Schienenverkehr 145 f.
Schuldenquote/Schuldendienstquote 360 f.
Schwarzerde (Tschernosem) 72 f., 93, 303, 318
Schwellenländer 128, 245, 279 f., 337, 356, 368 (G)
Schwerindustrie 117, 145, 152 (G)
Schwerkraft 62 ff., 64
Schwerkraftbewässerung 229
Sea-floor-spreading 31
Segregation 164 f., 182
Sekundärenergie 242
Sekundärer Sektor 129, 148, 152 (G)
Shifting cultivation 96 f., 152 (G)
Shopping Mall 136, 161
Shopping-Standort 136
Silicon Valley 312 f., 368 (G)
Slum 183, 310
Solifluktion 69
Sonderkultur 37, 152 (G), 226
Sonderwirtschaftszone 137, 363
Sorptionsvermögen 81, 93
soziale Disparitäten 275
Squatter 315
Stabilitätskriterien 368 (G)
Stadtbegriff 156 f., 204 (G)
Städtenetz 169
Stadtentwicklung 158 ff., 170 f.
Stadtgliederung, funktionale 162 f., 204 (G)
städtische Wärmeinsel 176, 179 ff.
städtischer Wärmehaushalt 178
Stadtklima 176 ff.
Stadtmanagement 161
Stadtmodelle 162, 182
Stadtplanung 162, 171, 181

Stadtrecht 156
Stadtregion 166
Stadtsanierung 162 ff.
Stadtstruktur 160
Stadttypen, historisch-genetische 158 f., 204 (G)
Stadtzentrum 162
Standortanalyse 118
Standortfaktoren 114 ff., 132, 152 (G), 166, 312
Standortmarketing 114
Standorttheorie 115
Standortwahl 114 ff., 132, 359
Statistiken 106
Steigungsregen 47
Steinkohle 117, 122, 304
Steppe 83, 302 f.
Sterberate (Sterbeziffer) 210 ff., 270 (G)
Stickstoffdünger 232
Stickstoffkreislauf 232f. , 270 (G)
Stockwerkbau 94
Strahlungsantrieb 261
Strahlungsbilanz 41, 50
Straßenverkehr 145 f.
Stratosphäre 38 f., 269
Strukturfonds (EU) 349
Strukturwandel 110, 123 ff., 128 ff., 342
Sublimation 46
Subsistenzwirtschaft 82, 224, 323
Suburbanisierung 146, 164 ff., 183ff., 204 (G)
Subventionen 105, 169, 152 (G)
Sukzession 67
Süßwasser 62 f., 250
Syndrom, Syndromkonzept 88 (G), 98 f.
Synergieeffekt 310
System (Erde-Mensch) 20 f.

Tabellen 106 f.
Taupunkt 47
Telekommunikation 146 f.
Terms of Trade 289, 357 ff., 368 (G)
Tertiärer Sektor 123 ff., 129 f., 152 (G), 157, 161, 342
Tertiärisierung 124 f., 128 ff., 152 (G), 161 ff., 185
Textilindustrie 324 f., 352 f.
Thematische Karten 306 f.
Thermalscanneraufnahme 177
Thermoisoplethendiagramm 61
Tiefdruckgebiet 42, 45, 52
Tigerstaaten 337
Titularstadt 156 f.
Tonmineral 71 f.
Topographische Karten 78 f.
Tourismus/Fremdenverkehr 138 ff., 148 ff., 224
Tragfähigkeit 76 ff., 270 (G)
Transeuropäische Netze (TEN) 174, 351
Transformation 318 f., 318 f., 321, 368 (G)
Transitverkehr 150 f. , 152 (G)
Transportkostenminimalpunkt 114 f., 117, 152 (G)
Treibhauseffekt 38ff., 72, 234
Trockengrenze 92, 152 (G)
Tropen, immerfeuchte 94 ff.
Tröpfchenbewässerung 229
Tropischer Regenwald 94 ff.
Tropopause 39, 52
Troposphäre 39, 52, 56
Tschernosem → Schwarzerde 73
Tsunami 8, 10
Tundra 302

Ubiquität 114, 152 (G)
Umweltdegradation 88 (G)
Umweltprobleme 318
Unterboden 70 ff.
Unterzentrum 190
Urban Entertainment Center 161, 163,
Urbanisierung 184 f., 204 (G)
Urstromtal 68

VDE → Verkehrsprojekte Deutsche Einheit
Vegetationsperiode/Wachstumszeit 78, 92, 152 (G)
Veredelungsbetrieb 102
Verkehr 144 ff.
Verkehrsdrehscheibe 136
Verkehrsinfrastruktur 174
Verkehrsprojekte Deutsche Einheit (VDE) 147, 152 (G)
Verkehrswende 145
Verschuldungskennziffer 360
Verstädterung 184 f., 204 (G), 314
Verwaltungsstadt 158
Vier Freiheiten (EU) 336
Viertelsbildung 157
Virtuelles Wasser 228

Wachstumszeit 78, 152 (G)
Walddegradation 97
Wanderfeldbau 82 f., 96 f., 152 (G), 260
Wanderungsbewegungen 212
Wärmegrenze 92
Wärmestrahlung 41
Warmfront 52 ff.
Warmzeit 68
Wasserbilanz 62
Wasserdampf 46, 62 f.
Wasserkraft → Hydroenergie
Wasserkreislauf 52, 62 f.
Weltbank 247, 278, 360 f.
Welthandel 145, 336, 361 f.
Welthungerindex 222 (G)
Weltwirtschaft 336, 354, 362,
Wikort 158
Wirtschaftssektor 128 ff., 152 (G)
Wirtschaftsstruktur 166, 197, 337
Witterung 51
Wohlstandsgefälle 316 f., 344, 347
Wolken 46 ff.
World Trade Organization (WTO) 135, 357
WTO → World Trade Organization
Wüste 83, 224, 300

Zentrale Orte 132, 140 f.
Zentralität 124, 190 f.
Zentralraum 190 f., 204 (G)
Zentrum-Peripherie-Strukturen 219
zonale Vegetation 78
Zooplankton 237, 264
Zwischenraum (Raumplanung) 190 f.
Zyklone 45, 52 f., 60, 88 (G)

Anforderungsbereiche und Operatoren

Schriftliches Abitur und mündliche Prüfungen
Nach einer Vereinbarung der Kultusminister sollen die Prüfungsanforderungen im Abitur in allen Bundesländern vergleichbar sein. Entscheidend für die Vergleichbarkeit der Anforderungen ist die Konstruktion der Prüfungsaufgaben. Diese sollen so abgefasst sein, dass sich die Leistungen der Prüflinge möglichst differenziert erfassen lassen. Dazu werden drei Anforderungsbereiche unterschieden, denen Operatoren zugeordnet sind.

Um den verschiedenen Anforderungsbereichen gerecht zu werden, aber auch um den Prüflingen das Verständnis für die Aufgabenstellung zu erleichtern, sind den Anforderungsbereichen sogenannte Operatoren zugeordnet. Sie sind als Verben formuliert (z.B. beschreiben, erläutern, beurteilen) und geben an, was der Prüfling konkret tun soll.

Diese Übersicht bietet Ihnen eine Hilfe zum Verständnis sowohl der Anforderungsbereiche als auch der Aufgabenstellungen in allen Klausuren der Oberstufe bis hin zu den Abiturklausuren sowie in der mündlichen Abiturprüfung. Die Operatoren wurden bewusst bereits in den meisten Aufgaben zu den einzelnen Kapiteln dieses Buches verwendet, damit Sie den Umgang mit ihnen trainieren können. Sie decken aber nicht alle Aufgabentypen eines Schulbuches ab, da dieses nicht eine primäre Abfrage- bzw. Prüfungsfunktion hat, sondern auch andere, weitergehende Ziele verfolgt.

Anforderungsbereiche	Erläuterungen – Beispiele
Anforderungsbereich I Reproduktionsleistungen umfassen das Wiedergeben und Darstellen von fachspezifischen Sachverhalten aus einem begrenzten Gebiet und im gelernten Zusammenhang sowie die Verwendung gelernter und geübter Arbeitstechniken und Methoden	– Wiedergeben von grundlegendem Fachwissen unter Verwendung der Fachterminologie – Bestimmen der Art des Materials – Entnehmen von Informationen aus unterschiedlichen Materialien – Benennen und Anwenden von Arbeitstechniken und Methoden
Anforderungsbereich II Reorganisations- und Transferleistungen umfassen das selbstständige Bearbeiten, Ordnen und Erklären bekannter Sachverhalte sowie das angemessene Anwenden gelernter Inhalte und Methoden.	– Erklären kategorialer, struktureller und zeitlicher Zusammenhänge – sinnvolles Verknüpfen und Einordnen unterschiedlicher (z.B. politischer, ökonomischer, soziologischer, historischer, raumspezifischer) Sachverhalte – Unterscheiden zwischen Sach- und Werturteil
Anforderungsbereich III Leistungen der Reflexion und Problemlösung umfassen den reflexiven Umgang mit neuen Problemstellungen, den eingesetzten Methoden und gewonnenen Erkenntnissen, um zu Begründungen, Folgerungen, Beurteilungen und Handlungsoptionen zu gelangen.	– selbstständiges Erörtern unterschiedlicher Sachverhalte – Entfalten einer strukturierten, multiperspektivischen und problemorientierten Fragestellung – Reflektieren der eigenen Urteilsbildung – problemorientiertes Umsetzen von Kenntnissen und Erkenntnissen in gestaltender Form